AF671311

Das System Bioökonomie

Daniela Thrän
Urs Moesenfechtel
(Hrsg.)

Das System Bioökonomie

Mit einem Vorwort von Dr. Christian Patermann

Hrsg.
Daniela Thrän
Department Bioenergie
Helmholtz-Zentrum für Umweltforschung
GmbH – UFZ
Leipzig, Deutschland

Urs Moesenfechtel
BioökonomieInformationsBüro
Helmholtz-Zentrum für Umweltforschung
GmbH – UFZ
Leipzig, Deutschland

ISBN 978-3-662-60729-9 ISBN 978-3-662-60730-5 (eBook)
https://doi.org/10.1007/978-3-662-60730-5

Die Deutsche Nationalbibliothek verzeichnet diese Publikation in der Deutschen Nationalbibliografie; detaillierte bibliografische Daten sind im Internet über ▶ http://dnb.d-nb.de abrufbar.

Planung/Lektorat: Stephanie Preuß
Springer Spektrum ist ein Imprint der eingetragenen Gesellschaft Springer-Verlag GmbH, DE und ist ein Teil von Springer Nature.
Die Anschrift der Gesellschaft ist: Heidelberger Platz 3, 14197 Berlin, Germany

Geleitwort

Die neue, alte Bioökonomie von heute hat sich seit ihrer Einführung als wissensbasierte Bioökonomie (Knowledge-based Bioeconomy – KBBE) durch die EU im September 2005 von einer Forschungsinitiative in Vorbereitung des 7. Rahmenprogramms[1] zu einer beachtlichen, umfassenden Wirtschaftsstrategie politisch weiterentwickelt. Rund 60 Staaten und mehr und mehr Regionen weltweit haben entsprechende unterstützende und fördernde Strategien, Aktionspläne, Roadmaps etc. verabschiedet, die entweder direkt diesen Namen tragen oder inhaltlich identische Initiativen aufweisen. Einige unter ihnen, wie etwa die EU, Deutschland und Italien haben sogar schon eine zweite Version erarbeitet! Und die Zahl der Einrichtungen, die das System Bioökonomie, das heißt eine im weitesten Sinn stärkere Nutzung biologischer Ressourcen und das Wissen darüber, fordern und fördern, wächst ständig weiter. Das Ziel: zur Ressourceneffizienz, Nachhaltigkeit, Kreislaufwirtschaft und Erreichen der Klimaziele beizutragen. Biologische Ressourcen und das Wissen über sie können auch Produkte und Verfahren mit neuen bisher nicht gekannten Eigenschaften schaffen oder „triggern“, das heißt höchst innovative Ergebnisse liefern.

Hierbei wächst allerdings die Erkenntnis, dass es nicht eine, sondern viele Bioökonomien auf der Welt gibt und geben wird. Umso notwendiger und sinnvoller ist es daher, die Grundpfeiler, die Gemeinsamkeiten beziehungsweise Alleinstellungsmerkmale des überaus komplexen Systems Bioökonomie zu erarbeiten und sich auf ihre Bedeutung und Relevanz zu verständigen: Verfügbarkeit biologischer Ressourcen mit ihren Elementen der Erneuerbarkeit, Klimaneutralität, Zirkularität, Innovation, Relevanz von Wertschöpfungsketten und -systemen – mit Auswirkungen auf Zusammenarbeit, Bildung, Ausbildung, Finanzierung und Kommunikation. Die Bioökonomie auf den Färöer-Inseln ist eben eine andere als in Finnland oder Südafrika, und die biobasierten Aktivitäten großer deutscher Chemiefirmen im Ruhrgebiet sind nicht vergleichbar mit der praktizierten Bioökonomie in der argentinischen Pampa oder den österreichischen Alpen.

Viele unterschiedliche Produkte werden heute bereits biobasiert hergestellt, weil sie deutliche Vorteile in Ressourceneffizienz und Qualität, bei den Kosten, hinsichtlich der Auswirkungen auf Gesundheit und Umwelt, ja auch auf die Nachhaltigkeit haben. Die Industrie wird diesen Weg weitergehen, ob mit oder ohne Strategien. Wie sieht vor diesem Hintergrund die veränderte Rolle der öffentlichen Hand etwa in der Forschung, bei Genehmigungen und der Regulierung aus? Sind die deutlich werdenden genannten Vorteile biobasierter Produkte und Dienstleistungen dem Verbraucher überhaupt schon bewusst? Wie wirkt sich diese schrittweise wachsende Realität einer biobasierten Welt auf unser akademisches und allgemeines Bildungs- und Ausbildungssystem, auf die sogenannten *soft skills* einschließlich der notwendigen Finanzierung aus? Werden wir uns angesichts der Konkurrenz der unterschiedlichen Nutzungen biologischer

1 Siehe ▶ https://de.wikipedia.org/wiki/Forschungsrahmenprogramm sowie ▶ https://www.horizont2020.de/.

Ressourcen, der Biomasse, ihrer Auswirkungen auf die Medien Boden und Wasser, eine oder viele Bioökonomien im großen globalen Stil überhaupt „leisten“ können, oder bleibt am Ende nur die Ressource Abfall ? Welche Rolle kann und wird hier die immer stärker ins Bewusstsein auch der Öffentlichkeit tretende digitale Transformation spielen, allein für sich oder im Zusammenwirken mit einer entsprechenden biologischen Transformation?

All diese komplexen Aspekte werden in den Ansätzen und Aufsätzen des vorliegenden Buches klar erkennbar. Das Buch unterscheidet sich dabei von vielen anderen derzeitigen Beiträgen in Europa konkret durch folgende Akzente:

- Das System Bioökonomie mit seinen vielfältigen Facetten steht im Vordergrund, nicht einzelne Module (Teilbereiche), wenn diese auch selbstverständlich intensiv behandelt werden.
- Die Unterscheidung der einzelnen Akteure in ihrer Rolle und Relevanz, von der Landwirtschaft bis zum Verbandswesen, als Erfinder oder Verbraucher, in ihren unterschiedlichen Funktionen und Interessen, wird erstmals wissenschaftlich aufgearbeitet, wobei es allerdings noch viel zu tun gibt.
- Die Differenzierung nach der wirtschaftlichen beziehungsweise instrumentellen Anwendungsform, von der abfallbasierten Bioökonomie bis zur Bioökonomie der Mikroorganismen und Pilze, geht auch auf die digitale Bioökonomie ein – ein höchst interessanter Versuch der Aktualisierung des Themas angesichts der zumindest in Deutschland immer stärker werdenden Debatte um die biologische und digitale Transformation.
- Erstmals wird die Relevanz des Begriffs Cluster, auch in praktischen regionalen Beispielen, beleuchtet, eine im Hinblick auf die Bedeutung der Wertschöpfung für die Bioökonomie sehr wichtige Arbeit, die die Wissenschaft bisher kaum vorgenommen hat, die aber recht viele praktische Konsequenzen für den praktischen Erfolg der Bioökonomien haben dürfte.
- Erstmals werden auch neue, dadurch entstehende Berufsbilder behandelt.
- Last but not least wagt sich das Buch an die Frage der Governance der Bioökonomie heran, einem Thema, in dem es bisher ganz wenig wissenschaftlich Belastbares sowohl in der deutschsprachigen als auch internationalen Literatur gibt. Hier ist also im Hinblick auf die Vielfalt der Organisationsformen und Geschäftsmodelle der Bioökonomie, auch bei Fragen der Abgrenzung, noch sehr viel Arbeit zu leisten.

Insgesamt ist das vorliegende Werk als anspruchsvoll, in der Themenwahl aber auch als mutig zu bezeichnen. Es erscheint zu einem Zeitpunkt, in dem die Bioökonomie im Wettkampf der Ideen, Strategien, Gedankenentwürfe für die Bewältigung der immensen Zukunftsfragen auf unserer Erde, in unserer heutigen Welt, sich einer weiteren Etappe ihrer Entwicklung nähert: Seit dem Beginn als Forschungsinitiative für das 7. Forschungsrahmenprogramm der EU in 2005 in Brüssel, über die Weiterentwicklung als allgemeine Wirtschaftsstrategie, als „Partner“ für die Erreichung der Nachhaltigkeitsziele und bei der Umsetzung einer Kreislaufwirtschaft, steht ihr nun die Aufgabe zu, sich mit den Potenzialen und Charakteristiken der digitalen Welt, der Künstlichen Intelligenz, der Robotik und Automatik zu messen und zu verbünden.

Dazu muss sie sich auf ihre eigenen einmaligen Qualitäten und Vorzüge besinnen, diese verdeutlichen und vor allem verständlich machen: Wer ein iPhone oder Tablet weiterentwickelt oder wer sich ums autonome Fahren kümmert, hat es da einfacher. Dieses Buch kann nach meiner Meinung hierzu einen wichtigen Beitrag leisten.

Ob und wie die Bioökonomie an Fahrt gewinnt, hängt nicht nur vom Systemverständnis der Bioökonomie ab. Die Corona-Krise hat gezeigt, dass die Bioökonomie-Transformation von weit mehr Einflussgrößen bestimmt ist, als in diesem Buch dargestellt.

Dr. Christian Patermann
Bonn
April 2020

Vorwort

Bioökonomie will Bewährtes und Neues verbinden. Seit 2016 gibt es die internationale Vereinbarung, dass dies unter den Rahmenbedingungen der Nachhaltigkeitsziele der Agenda 2030 (Sustainable Development Goals – SDGs) erfolgen soll. Dazu werden nicht nur naturwissenschaftliches Wissen und kreative technische Lösungen, sondern auch ein nachhaltiger Handlungsrahmen und ein umfassendes Zusammenspiel der Akteure benötigt. Zusätzlich gibt es viele und dynamische Entwicklungen: Innovationen im Bereich *Genome Editing* erlauben neue Erkenntnisse sowie Entwicklungs- und Steuerungsmöglichkeiten in der Bioökonomie; künftige Innovationen der synthetischen Biologie dürften diese Möglichkeiten noch beschleunigen. Mit diesen Entwicklungen sind große Chancen verbunden, aber auch Risiken, die nicht nur naturwissenschaftlich-technisch, sondern auch gesellschaftlich abgewogen werden müssen.

Auf der anderen Seite verschlechtert sich auch die Umweltsituation dynamisch: Klimawandel, Degradierung von landwirtschaftlichen Flächen, Biodiversitätsverlust schreiten bisher ungebremst voran und werden durch die zunehmende Nachfrage nach Nahrungsmitteln, Produkten und Energie noch befeuert. Das bedeutet für die Bioökonomie einerseits die klare Begrenzung ihrer zukünftigen Entwicklung im Rahmen der natürlichen Ressourcenbasis, andererseits aber auch eine höhere Erwartung an den künftigen Beitrag von biobasierten Produkten in einer zunehmend auf erneuerbaren Ressourcen basierenden Wirtschaft: für Nahrung, Baustoffe, chemische Grundstoffe, Spezialprodukte und Energie. Verbunden sind diese Erwartungen mit der großen Hoffnung die Bioökonomie umfassend zirkulär für die Transformation in ein neues Wirtschaftssystem zu verankern zu können sowie der Sorge, dass Bioökonomie als vermeintlich grünere Wirtschaft die Plünderung des Planeten weiter beschleunigt. Es sind also viele Erwartungen und Wechselwirkungen – positiv wie negativ – zu berücksichtigen, um den Weg in eine nachhaltige Bioökonomie einzuschlagen.

Dies ist nur mit einer Systemperspektive möglich, die die naturwissenschaftlich-technischen Aktivitäten der Bioökonomie entlang der biogenen Stoffströme in den gesellschaftlichen Kontext einbettet und künftige Entwicklungsmöglichkeiten und Zielkonflikte beachtet.

Dieses Buch unternimmt den Versuch das System Bioökonomie für Deutschland (und darüber hinaus) zu beschreiben und die verschiedenen Ebenen der Ressourcennutzung, der Akteure und der Rahmenbedingungen zusammen zu führen. Weil die Bioökonomie ohne Pflanzen, Holz, Mikroorganismen, aquatische Biomasse, Abfallnutzung und Daten/Informationen nicht denkbar ist, haben wir diese als Ausgangspunkt zur Beschreibung der Teilsysteme der Bioökonomie gewählt. Zur Beschreibung der konkreten Macherinnen und Macher der Bioökonomie werden Einzelperspektiven porträtiert und die Netzwerke und Cluster als Knotenpunkte des gemeinsamen Handelns dargestellt. Ebenso erfolgt eine Beschreibung der Handlungsrahmen in denen sich die Bioökonomie entwickelt. Dazu zählen beispielsweise Innovationsverständnisse, nationale und internationale Governance, Szenarien und Modelle, Monitoringaktivitäten, Berufsfelder oder Bioökonomie-Diskurse.

Schließlich erfolgt ein Blick auf das Gesamtsystem Bioökonomie und seine zukünftigen Entwicklungen – sowohl für Deutschland als auch darüber hinaus. Das Buch liefert dabei keine widerspruchsfreien Perspektiven oder ein alleingültiges Systemverständnis, sondern gibt einen Einblick in die jeweiligen, oftmals sehr dynamischen Handlungszusammenhänge von aktuellen Bioökonomie-Akteuren und ihrem jeweiligen, eigenen Verständnis davon, wie sie „das System Bioökonomie" definieren und ausgestalten. Dadurch wird die Vielfalt der Bioökonomie anschaulich, aber auch erkennbar, wo Zielkonflikte bestehen und wie sie überwunden werden können.

Dieses Buch richtet sich an Akteure aus Politik, Verwaltung und Zivilgesellschaft, Entrepreneurs und Kommunikatoren sowie Studierende und Berufsanfänger. Es ermöglicht ihnen einen schnellen, verständlichen und fachübergreifenden Überblick über die wichtigsten Zusammenhänge der Bioökonomie. Es ist als „Orientierung in der Bioökonomie" und somit als hilfreiche Verständnis- und Handlungsunterstützung gedacht. Es ergänzt die Bücher „Bioökonomie für Einsteiger" von Joachim Pietzsch und „Bioeconomy Shaping the Transition to a Sustainable, Biobased Economy" von Iris Lewandowski, die vor allem auf die Nutzbarmachung von Biomasse fokussieren. Das vorliegende Buch erscheint zur Eröffnung des „Wissenschaftsjahrs Bioökonomie 2020" – einem weiteren Meilenstein der deutschen Bioökonomie. Wir hoffen, dass es in diesem Rahmen nicht nur zur wissenschaftlichen Weiterentwicklung, sondern auch zur praktischen Einführung der nachhaltigen Bioökonomie beiträgt. Die Bioökonomie besitzt das Potenzial notwendige Transformationsprozesse nachhaltig zu gestalten. Es gilt, diese nun auch stärker in Systemzusammenhängen zu entfalten.

Wir möchten uns an dieser Stelle bei den vielen Personen bedanken, die an der Entstehung dieses Buches mitgewirkt haben. Allen voran den Autorinnen und Autoren dieses Buches, die in mühevoller Arbeit, teils zum ersten Mal, den Versuch unternommen haben ihre Wirkzusammenhänge kompakt darzustellen. Die in diesem Buch vertretenen Autoren wurden durch zahlreiche andere Personen unterstützt: durch Ideen, Zuarbeiten, Hinweise, durch Reviews, etc. Auch wenn Sie hier nicht im einzeln genannt werden, gebührt auch diesen ein besonderer Dank. Darüber hinaus möchten wir einigen Person im Speziellen danken. Allen voran Herrn von Braun, der dieses Buch inhaltlich und konzeptionell von Beginn an unterstützt und begleitet hat. Ebenso Frau Dr. Eva Leiritz (PtJ) und Frau Dr. Grit Zacharias (Freie Lektorin und Umweltwissenschaftlerin), die den ursprünglichen Anstoß zu diesem Buch gaben, Frau Diana Pfeiffer (DBFZ), die mit ihren Anmerkungen zu einer wesentlichen Schärfung des Buchkonzeptes sowie der inhaltlichen Qualität der einzelnen Texte beitrug sowie Herrn Björn Schinkel (UFZ), der durch seine grafischen Arbeiten ein schlüssiges, optisches Gesamtbild des Buches schuf und so dabei half die vielen Ideen und Konzepte der Autorinnen und Autoren zu veranschaulichen. Ebenso gilt unser besonderer Dank Frau Maxie Wolf (UFZ), die alle Texte auf ihre sprachliche und formale Konsistenz und Richtigkeit prüfte und auch sämtliche begleitende Arbeiten der Bucherstellung bis zur Übergabe an den Verlag übernahm.

Schließlich gilt unser Dank auch dem Springerverlag, der uns die Veröffentlichung dieses Buches ermöglichte und uns mit Frau Carola Lerch und Frau Dr. Stephanie Preuss stets zur Seite stand. Unser Dank gilt ebenso Ihnen, die Sie dieses Buch in den Händen halten uns ihr Interesse und Vertrauen schenken.

Wir möchten Ihnen mit unserem Buch einen Einstieg in die spannende Welt der Bioökonomie ermöglichen.

Prof. Dr.-Ing. Daniela Thrän
Urs Moesenfechtel
Leipzig
Januar 2020

Inhaltsverzeichnis

II Organisationsformen der Bioökonomie

Herausgeber- und Autorenverzeichnis

Über die Herausgeber

Prof. Dr.-Ing. Daniela Thrän

(geb. 1968) studierte Technischen Umweltschutz an der Universität Berlin und promovierte an der Bauhaus Universität Weimar. Sie erforscht, wie Biomasse möglichst nachhaltig erzeugt und verwertet werden kann. Seit 2003 ist sie Bereichsleiterin Bioenergiesysteme am Deutschen Biomasseforschungszentrum in Leipzig. Seit 2011 leitet sie das Department Bioenergie am Helmholtz-Zentrum für Umweltforschung (UFZ) in Leipzig und hat seitdem den Lehrstuhl Bioenergiesysteme an der Universität Leipzig inne. Ihre Expertise zur nachhaltigen Nutzung und Produktion von Biomasse bringt sie in zahlreiche Gremien ein. Sie leitet Forschungsprojekte im Bereich Bioenergie, Bioökonomie und Raumwirkungen der erneuerbaren Energien und hat u. a. das Smart-Bioenergy-Konzept entwickelt.

Urs Moesenfechtel

(geb. 1978) studierte von 1998 bis 2005 an den Universitäten Köln und Leipzig Germanistik, Erwachsenenpädagogik und Politikwissenschaften und ist seitdem an den Schnittstellen von Presse- und Öffentlichkeitsarbeit, Veranstaltungsorganisation und Bildungsmanagement tätig. Die Vermittlung von Umwelt- und Naturschutzthemen bildet dabei einen Schwerpunkt seiner Arbeit. Seit 2013 arbeitet er am Helmholtz-Zentrum für Umweltforschung (UFZ) und war dort bereits als Presse- und Öffentlichkeitsreferent für die Projekte „Naturkapital Deutschland (TEEB DE)", „Boden als nachhaltige Ressource für die Bioökonomie (BONARES)" sowie „Netzwerk-Forum zur Biodiversitätsforschung Deutschland (NeFo)" tätig. Ebenso arbeitet er seit 2013 am UFZ-Department Bioenergie als Wissenschaftskommunikator mit dem Schwerpunkt Bioökonomie. Dort leitete er u. a. die Kommunikationsaktivitäten im Rahmen der Begleitforschung des Spitzenclusters Bioökonomie sowie das BioökonomieInformationsBüro.

Autorenverzeichnis

Prof. Dr. Anne-Karen Beck
BioEconomy e. V.
Halle (Saale), Deutschland
anne-k.beck@bioeconomy.de

Prof. Dr. Joachim von Braun
Center for Development Research (ZEF)
University of Bonn
Bonn, Deutschland
jvonbraun@uni-bonn.de

Prof. Dr. Jan Börner
ILR Institut für Lebensmittel- und Ressourcenökonomik
Universität Bonn
Bonn, Deutschland
jborner@uni-bonn.de

Prof. Dr. Nicolaus Dahmen
Institut fuer Katalyseforschung und -technologie (IKFT)
Karlsruher Institut für Technologie (KIT)
Eggenstein-Leopoldshafen, Deutschland
nicolaus.dahmen@kit.edu

Prof. Dr. Thomas Dietz
Institute for Political Science
University of Münster
Münster, Deutschland
thomas.dietz@uni-muenster.de

Prof. Dr. Gerhard Flachowsky
Bundesforschungsinstitut für Tiergesundheit, Friedrich-Loeffler-Institut (FLI)
Braunschweig, Deutschland
gerhard.flachowsky@fli.bund.de

Dr. Jan Janosch Förster
Center for Development Research (ZEF)
University of Bonn
Bonn, Deutschland
jforster@uni-bonn.de

Prof. Dr. Erik Gawel
Department Ökonomie
Helmholtz-Zentrum für Umweltforschung - UFZ
Leipzig, Deutschland
erik.gawel@ufz.de

Prof. Dr.-Ing. Rudolf Hausmann
Fachgebiet Bioverfahrenstechnik (150k), Institut für Lebensmittelwissenschaft und Biotechnologie
Universität Hohenheim
Stuttgart, Deutschland
Rudolf.Hausmann@uni-hohenheim.de

Prof. Dr. Stefanie Heiden
Institut für Innovations-Forschung, Technologie-Management & Entrepreneurship ITE
Leibniz Universität Hannover
Hannover, Deutschland
stefanie.heiden@ite.uni-hannover.de

Christiane Hennig
DBFZ Deutsches Biomasseforschungszentrum gemeinnützige GmbH
Leipzig, Deutschland
christiane.hennig@dbfz.de

Prof. Dr. Thomas Hirth
Karlsruher Institut für Technologie (KIT)
Karlsruhe, Deutschland
thomas.hirth@kit.edu

Dr. Manfred Kircher
KADIB-Kircher Advice in Bioeconomy
Frankfurt am Main, Deutschland
kircher@kadib.de

Prof. Dr. Manfred Kirchgeorg
HHL Leipzig Graduate School of Management
Leipzig, Deutschland
manfred.kirchgeorg@hhl.de

Prof. Dr. Ronny Kittler
futureSAX GmbH
Dresden, Deutschland
info@futuresax.de

Prof. Dr. Bernd Klauer
Department Ökonomie
Helmholtz-Zentrum für Umweltforschung - UFZ
Leipzig, Deutschland
bernd.klauer@ufz.de

Prof. Dr. Charli Kruse
Institut für Medizinische und Marine
Universität zu Lübeck
Lübeck, Deutschland
charli.kruse@emb.fraunhofer.de

Prof. Dr. Iris Lewandowski
Nachwachsende Rohstoffe und Bioenergiepflanzen
Universität Hohenheim
Stuttgart, Deutschland
Iris_Lewandowski@uni-hohenheim.de

Prof. Dr. Frank Miletzky
fm innovation
Dresden, Deutschland
office@miletzky.de

Prof. Dr. Urs Moesenfechtel
Department Bioenergie (BEN)
Helmholtz-Zentrum für Umweltforschung GmbH – UFZ
Leipzig, Deutschland
urs.moesenfechtel@ufz.de

Prof. Dr. Benjamin Nummert
Europabüro Brüssel
Verband der Chemischen Industrie e. V. (VCI)
Bruxelles, Deutschland
nummert@bruessel.vci.de

Prof. Dr. Markus Pietzsch
Department of Pharmaceutical Technology and Biopharmacy c/o Biozentrum
Martin Luther University Halle Wittenberg
Halle (Saale), Deutschland
markus.pietzsch@pharmazie.uni-halle.de

Prof. Dr. Klaus Pillen
Martin-Luther-University Halle-Wittenberg
Halle (Saale), Deutschland
klaus.pillen@landw.uni-halle.de

Prof. Dr. Thomas Rausch
Universität Heidelberg
Heidelberg, Deutschland
thomas.rausch@cos.uni-heidelberg.de

Dr. Kathrin Rübberdt
Biotechnologie & Kommunikation
DECHEMA e. V.
Frankfurt am Main, Deutschland
ruebberdt@dechema.de

Apl. Prof. Dr. Rüdiger Schaldach
Kassel, Deutschland
schaldach@usf.uni-kassel.de

Dr. Harry Schindler
Deutsches
Biomasseforschungszentrum
gemeinnützige GmbH
Leipzig, Deutschland
harry.schindler@dbfz.de

Dr. Andrea Schüch
Agrar- und Umweltwissenschaftliche Fakultät
Universität Rostock
Rostock, Deutschland
andrea.schuech@uni-rostock.de

Dr. Joachim Schulze
BioEconomy e. V.
Halle (Saale), Deutschland

Prof. Dr. Ulrich Schurr
Forschungszentrum Jülich, IBG-2
Jülich, Deutschland
u.schurr@fz-juelich.de

Dr. Heike Slusarczyk
Geschäftsstelle BioSC c/o Forschungszentrum Jülich, IBG-2
Jülich, Deutschland
h.slusarczyk@fz-juelich.de

Dr. Nora Szarka
DBFZ Deutsches Biomasseforschungszentrum gemeinnützige GmbH
Leipzig, Deutschland
nora.szarka@dbfz.de

Prof. Dr.-Ing. Daniela Thrän
Department Bioenergie (BEN)
Helmholtz-Zentrum für Umweltforschung GmbH – UFZ
Leipzig, Deutschland
daniela.thraen@ufz.de

Dr. Anne-Laure Tissier
Martin-Luther-University Halle-Wittenberg
Halle (Saale), Deutschland
anne-laure.tissier@sciencecampus-halle.de

Dr. Johann Wackerbauer
Ifo Zentrum für Energie, Klima und Ressourcen
München, Deutschland
wackerbauer@ifo.de

Prof. Dr. André Wagenführ
Fakultät Maschinenwesen, Institut für Naturstofftechnik, Professor für Holztechnik und Faserwerkstofftechnik
Technische Universität Dresden
Dresden, Deutschland
andre.wagenfuehr@th-rosenheim.de

Dr. Annette Weidtmann
Landesgeschäftsstelle
Forschungsprogramm Bioökonomie Baden-Württemberg
Stuttgart, Deutschland
annette.weidtmann@uni-hohenheim.de

Prof. Dr. Ludger A. Wessjohann
Leibniz-Institut für Pflanzenbiochemie
Halle (Saale), Deutschland
Wessjohann@ipb-halle.de

Prof. Dr. Dr. Wilhelm Windisch
Department für Tierwissenschaften
Technischen Universität München
Freising-Weihenstephan, Deutschland
wilhelm.windisch@wzw.tum.de

Franziska Wolff
Freiburg – Darmstadt – Berlin
Öko-Institut/Institute for Applied Ecology
Berlin, Deutschland
f.wolff@oeko.de

Prof. Dr. Matthias Zscheile
BCM BioEconomy Cluster Management GmbH
Halle (Saale), Deutschland
matthias.zscheile@bioeconomy.de

Einführung in das System Bioökonomie

Daniela Thrän

D. Thrän, U. Moesenfechtel (Hrsg.), *Das System Bioökonomie*,
https://doi.org/10.1007/978-3-662-60730-5_1

1

1.1 Globale Herausforderungen der Zukunft

Der Mensch sammelt und speichert seit Jahrmillionen Wissen, das er zur Verbesserung seiner Lebenssituation einsetzt. Das Wissen, der Wohlstand und auch die Menschheit sind in der Vergangenheit dramatisch gewachsen. Jedoch wird ein solches Wachstum, wie wir es aus der Vergangenheit kennen, insbesondere von den Umweltwissenschaftlern als endlich angesehen. Bereits der Club of Rome hat im Jahr 1972 in seiner Schrift „Grenzen des Wachstums" darauf hingewiesen, dass das unbegrenzte Wachstum in einer Welt mit begrenzten Ressourcen unmöglich sei (Meadows et al. 1972). Heute sind die unterschiedlichen Wirkungen der Ressourceninanspruchnahme vielfältig nachgewiesen (International Resource Panel 2017). Die drängendsten globalen Herausforderungen die sich daraus in der Zukunft für die Menschheit ergeben, beziehungsweise schon jetzt bestehen, sind vor allem

1. die Erhaltung einer vielfältigen, leistungsfähigen Natur als Lebensgrundlage,
2. die Überwindung der hohen Abhängigkeit von fossilen Rohstoffen und des damit verbundenen Klimawandels mit seinen weltweiten Folgen,
3. die Versorgung einer wachsenden Weltbevölkerung mit zunehmend alternden Gesellschaften und
4. die Reduzierung der Widersprüche zwischen Wirtschaftswachstum und Nachhaltigkeit (BMBF 2014).

Das Ziel, in Zukunft die Erde so zu nutzen, dass alle Länder der Erde gerechte Entwicklungschancen erhalten und ohne dass dadurch die Entfaltungschancen zukünftiger Generationen geschmälert werden (Vereinte Nationen 2015a), haben die Vereinten Nationen (UN) bereits in der Erklärung von Rio de Janeiro im Jahr 1992 verabschiedet (Vereinte Nationen 1992). Infolge dieser Erklärung – als Antwort auf die zunehmend komplexeren weltweiten Herausforderungen – wurden im Herbst 2015 die *Sustainable Developement Goals* (SDGs) beschlossen (Vereinte Nationen 2015b), die für alle Staaten gelten und bis 2030 umgesetzt werden sollen. Die 17 Ziele und 169 Unterziele untermauern das Leitbild der nachhaltigen Entwicklung in umfassender Weise, auch wenn sie bisher noch nicht vollständig differenziert wurden und teilweise widersprüchlich sind (Pfau et al. 2014). Sie bilden einen weltweit vereinbarten Rahmen, der sowohl die Ressourcenbasis als auch Gesellschaft und Wirtschaft in ihren Entwicklungsmöglichkeiten einbezieht (▪ Abb. 1.1) Zwar haben sich die Lebensbedingungen (Lebenserwartung, Wassermangel, Wirtschaftswachstum, Armut etc.) vieler Menschen global gesehen im letzten Jahrzehnt signifikant verbessert[1]. Gleichwohl sind die globalen Herausforderungen um eine nachhaltige Wirtschaftsweise so prekär wie nie zuvor. Das Global Footprint Network berechnete, dass die Zeitspanne, in der die für das Jahr global verfügbaren Ressourcen verbraucht sind, sich seit 1987 jährlich um ein bis sechs Tage verkürzt und im Jahr 2018 auf den 1. August fiel (Mosbergen 2016).

Um die Herausforderungen zu bewältigen, muss an vielen Stellschrauben gedreht werden – in die richtige Richtung und in einem abgestimmten Zusammenspiel. Dies erfordert, sowohl das große Ganze im Blick zu haben, als auch für die verschiedenen Schrauben die richtigen Dreher zu aktivieren. Um in dem technischen Bild zu bleiben: Der Maschinenraum der Transformation hin zu einer nachhaltigen Gesellschaft ist ein komplexes System, das man als Ganzes im Blick haben, aber auch an den richtigen Stellen justieren muss. Es ist ein Raum in Bewegung, in dem nicht nur eingestellt und gesteuert, sondern auch pausenlos umgebaut wird, sodass grundlegend Neues entsteht.

Das ist unsere Motivation dieses Buch zu schreiben: Wir wollen die Bioökonomie am

1 Für weitere Informationen siehe: ▸ https://ourworldindata.org/

Abb. 1.1 Die Nachhaltigkeitsziele der Vereinten Nationen (UN). (Quelle: Vereinte Nationen 2015c)

Beispiel Deutschlands in ihren Möglichkeiten und Risiken zur Bewältigung der globalen Herausforderung als System umreißen, aber auch die Teilsysteme beleuchten, die mit ihren verschiedenen Errungenschaften, und Erwartungen die erforderlichen Räder in Bewegung setzen. Wir wollen die vielen Informationen über Bioökonomie ordnen, für verschiedene Akteure verstehbar machen und damit die „undurchdringliche" Komplexität mindern, sodass Entwicklungsperspektiven deutlicher werden. Systemwissen ist die entscheidende Voraussetzung für die Gestaltung einer nachhaltigen Bioökonomie.

1.2 Bioökonomie als Zukunftschance

Das immer wieder neue Entstehen von Leben, die Wechselwirkung mit der Natur und das Gleichgewicht biologischer Prozesse sind die zentrale Grundlage für das menschliche Dasein. Der Naturhaushalt hat diese über Jahrmillionen bereitgestellt. Diese Prinzipien der belebten Natur als Vorbild für menschliches Wirtschaften zu nutzen, wird als ein wichtiger Ansatz beim Umgang mit den globalen Herausforderungen gesehen (Biodiversity in Good Company 2016).

Betrachtet man die biologischen Prozesse im Detail, so hat sich in den vergangen Jahrhunderten und insbesondere in den letzten Jahrzehnten ebenfalls ein umfassend besseres Verständnis entwickelt: Genetik, Biotechnologie und Materialwissenschaften bieten heute die Möglichkeit, die natürlichen Prozesse nicht nur nachzubilden, sondern auch weiterzuentwickeln und eröffnen damit einen weiteren Blick auf die Frage, welchen Beitrag der Naturhaushalt bei der Lösung der globalen Herausforderungen liefern kann.

Die Idee der Bioökonomie befindet sich genau in diesem Spannungsfeld. Auch wenn der Begriff „Bioökonomie" in unterschiedlicher Weise verwendet wird (▶ Infobox: Was ist Bioökonomie?), beinhalten zumindest die umfassenderen Definitionen darin ein wichtiges Element des gesellschaftlichen Wandels hin zu einer nachhaltigen Wirtschaftsweise. Gemeinhin werden der Bioökonomie natürliche Kreisläufe zugrunde gelegt und der Anspruch formuliert, dass diese im Sinne des Umwelt- und Ressourcenschutzes erhalten werden (Berger 2018).

Was ist Bioökonomie?

Bioökonomie leitet sich aus den Begriffen bios (Leben), oikos (Haus) und nomos (Gesetz) ab. Als Prinzip wurde der Begriff erstmals in den 1960er-Jahren von Zeman verwendet (Bonaiuti 2014), der damit die biologische Basis fast aller ökonomischen Aktivitäten hervorhob. Eine andere Genese des Begriffs wird im Zusammenhang mit den Entdeckungen der Genetik in den späten 1990er-Jahren und der damit verbundenen Erwartung einer umfassenden Revolution des Industriesektors beschrieben. Heute definiert der Bioökonomierat der Bundesregierung die Bioökonomie als die Erzeugung und Nutzung biologischer Ressourcen (auch Wissen), um Produkte, Verfahren und Dienstleistungen in allen wirtschaftlichen Sektoren im Rahmen eines zukunftsfähigen Wirtschaftssystems bereitzustellen (Bioökonomierat 2019). Er benennt Land- und Forstwirtschaft, Energiewirtschaft, Fischerei und Aquakultur, Chemie und Pharmazie, Nahrungsmittelindustrie, Industrielle Biotechnologie, Papier- und Textilindustrie sowie den Umweltschutz als wichtige Anwendungsfelder. In ihrer volkswirtschaftlichen Breite, der Berücksichtigung unterschiedlichster Nutzung und zukünftiger Bedarfe vertritt diese Definition einen umfassenden (systemischen) Anspruch. Daher folgen wir ihr in diesem Buch – sowohl bei den Gesamtbetrachtungen der Bioökonomie in Deutschland als auch bei den Darstellungen einzelner Aspekte.
Darüber hinaus gibt es viele weitere Definitionen, die sich zwischen dieser umfassenden Definition und einem deutlich schmaleren Verständnis der Weiterentwicklung der industriellen Biotechnologie aufspannen. Der Begriff der „biobasierten Wirtschaft" wird häufig synonym verwendet. Der Begriff „biologische Transformation" (Biologisierung) ist ein Sammelbegriff für die zunehmende Integration von Prinzipien der Natur in moderne Wirtschaftsbereiche, beziehungsweise die Entwicklung von Produkten oder Problemlösungen, angetrieben durch den Erkenntnisgewinn in den Lebenswissenschaften und insbesondere der Biotechnologie. So wird etwa von der Biologisierung der Wirtschaft, der Biologisierung der Industrie oder der Biologisierung der Technik gesprochen.

Bioökonomie soll demnach nicht als Wirtschaftszweig verstanden werden, sondern als Zeugnis eines Umdenkprozesses zu einer „grünen Wirtschaft", der durch weitere wichtige Elemente zu ergänzen ist (Bioökonomierat 2019): Wenn ein nachhaltiger Umgang mit den natürlichen Lebensgrundlagen Wasser, Luft und Boden, der Schutz der Biodiversität sowie die Berücksichtigung sozialer Aspekte eingeschlossen werden, kann Bioökonomie einen Beitrag zu Klimaschutz, Ressourcenschonung und globaler Ernährungssicherheit leisten.

Die Chancen die dem Konzept der Bioökonomie erwachsen, zielen auf unterschiedliche Handlungsfelder (◘ Abb. 1.2):

- Die sichere Ernährung einer wachsenden Weltbevölkerung bedarf sowohl der ständigen Weiterentwicklung der bestehenden landwirtschaftlichen Produktion als auch der Entwicklung neuer Produktionssysteme, zum Beispiel für die Bereitstellung von Proteinen aus Aquakulturen, Algen, Insekten und anderen Rohstoffen oder die Etablierung von Produktionssystemen in wachsenden Städten *(urban farming).*
- Die Substitution fossiler Rohstoffe ist eine zentrale Herausforderung zur Erreichung der international vereinbarten Klimaschutzziele. Biologische Baumaterialien, aber auch biobasierte Chemieprodukte, die in Bioraffinerien erzeugt werden, gelten hier als wichtige Handlungsfelder. Energie aus Biomasse kann fossile Energieträger substituieren, ist jedoch durch die verfügbare Biomasse begrenzt, sodass ein flächendeckender Einsatz nicht möglich sein wird. Eine entsprechende Nutzung von Biomasse als Energieträger sollte daher zielgerichtet erfolgen, zum

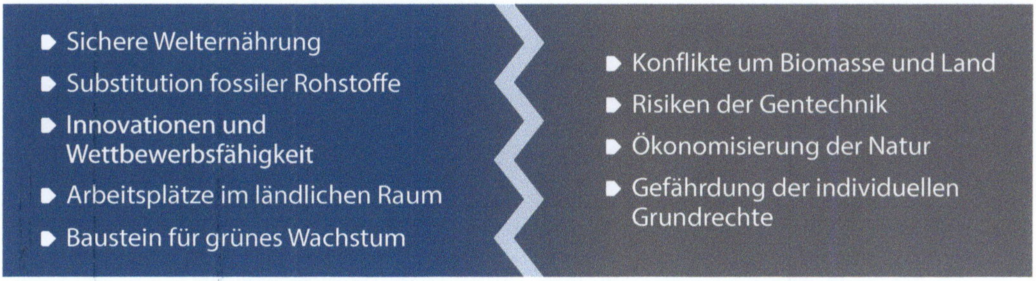

- Sichere Welternährung
- Substitution fossiler Rohstoffe
- Innovationen und Wettbewerbsfähigkeit
- Arbeitsplätze im ländlichen Raum
- Baustein für grünes Wachstum

- Konflikte um Biomasse und Land
- Risiken der Gentechnik
- Ökonomisierung der Natur
- Gefährdung der individuellen Grundrechte

Abb. 1.2 Chancen und Risiken der Bioökonomie. (Quelle: eigene Darstellung)

Beispiel zur Schließung von Stoffkreisläufen oder von Versorgungslücken in einem nachhaltigen Energiesystem.

- Neue, intelligentere Produkte und Prozesse bieten Chancen für Innovationen und Wettbewerbsfähigkeit. Materialen mit verbesserten Eigenschaften gegenüber denen aus Erdöl oder Beton können zum Beispiel ein weniger materialintensives und gleichzeitig langlebigeres Bauen ermöglichen. In der Medizin und der Pharmazie werden mit Therapien und Wirkstoffen, die individuell auf die einzelne Person abgestimmt sind, höhere Heilungserfolge als mit bis dato üblichen Produkten erzielt. Jedoch liegt ein Großteil des Innovationspotenzials noch im Dunkeln: Zum Beispiel ist nur ein sehr kleiner Teil der schätzungsweise mehreren Hundert Millionen Mikroorganismenarten, die auf der Erde leben, klassifiziert (Kallmeyer et al. 2012).
- Die nachhaltige Erzeugung und Verarbeitung von biogenen Ressourcen bietet auch die Chance, Arbeitsplätze im ländlichen Raum zu erhalten beziehungsweise neue dezentrale Wertschöpfungsketten zu schaffen. Dabei sind, das hat die Vergangenheit gezeigt, weniger technische Innovationen als vielmehr neue organisatorische und gesellschaftliche Konzepte notwendig.
- Als Baustein für „grünes Wachstum“ kann Bioökonomie dann dienen, wenn die größeren Stoffkreisläufe entsprechend gestaltet werden. Recycling und Kreislaufwirtschaft bilden hier wichtige Elemente. Die Bioökonomie, die sich an den natürlichen Stoffhaushalten orientiert, erfordert auch die Verbrauchsreduktion und Änderung im Konsumverhalten (Grefe 2016). Dafür bedarf es die notwendigen Änderungen in den Einstellungen jedes Einzelnen.
- Besondere Dynamik erhält die Bioökonomie durch ihre Entwicklungsgeschwindigkeit – aktuell im Bereich der industriellen Biotechnologie und Genetik. Dies lässt sich beispielsweise durch die Entwicklung der Kosten für die Genomsequenzierung illustrieren. Die Leistungssteigerung und Kostensenkung verläuft wesentlich rascher als beim Moore’schen Gesetz, das die Geschwindigkeit der Verdopplung der Leistungsfähigkeit in der IT-Industrie in seiner Etablierungsphase beschrieben hat (Schaller 1997). Im Jahr 2006 kostete eine Genomsequenzierung rund 14 Mio. US$, 2015 waren es nur noch 1.500 US$ (Thrän und El-Chichakli 2017). Kurzfristig ist eine weitere Kostensenkung auf 100 US$ zu erwarten (Ropers 2018). Vielfach wird davon ausgegangen, dass mithilfe der Bio- und Informationstechnologie in den kommenden Jahren technische Entwicklungen möglich werden, „die jenseits der Vorstellungskraft früherer Generationen liegen“ (Fritsche und Rösch 2017 in Berger 2018, S. 7; Harari 2018; MPG 2019).

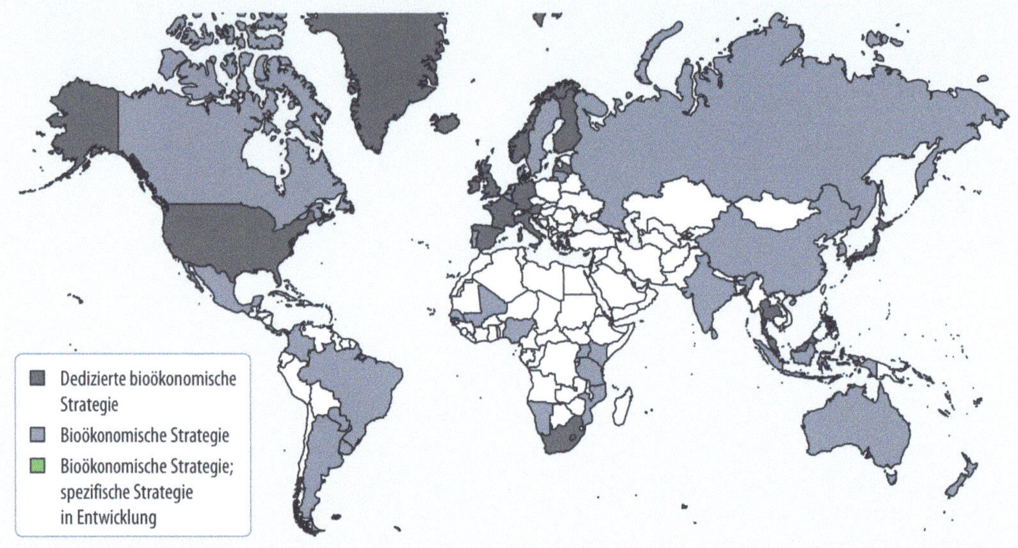

Abb. 1.3 Übersicht über verabschiedete Bioökonomiestrategien auf der Welt. (Quelle: eigene Darstellung)

Entsprechend des Potenzials und der Herausforderungen sind nicht nur in Deutschland (BMBF 2010), sondern in den letzten Jahren auch in vielen Ländern Bioökonomiestrategien verabschiedet worden (Abb. 1.3).

Während in vielen Teilen der Welt das Innovationspotenzial nicht zuletzt wegen dieser Aussichten auf neue Märkte uneingeschränkt positiv eingeschätzt wird (Zinke et al. 2016), besteht insbesondere in Deutschland und in der Europäischen Union zusätzlich erhebliche Kritik an der Bioökonomie, die eine ganze Bandbreite von Risiken adressiert:

- Die Nutzung von Pflanzen und ihren Produkten in vielfältigen Anwendungsbereichen birgt Konflikte um Biomasse und Land, das zur Bereitstellung der Biomasse benötigt wird. Artenverlust und Verschlechterung der Bodenqualität sind weltweit die Folgen einer intensiven landwirtschaftlichen Produktion.
- Aber auch Einschränkungen bei der Verteilung und beim Zugang zu Land und Nahrungsmitteln stellen erhebliche Risiken dar, wie die sogenannte „Teller-oder-Tank"-Debatte in den 2000er-Jahren gezeigt hat. Damals war durch politische Anreize in vielen Ländern gleichzeitig der Anbau von Energiepflanzen, insbesondere Palmöl und Mais, für die Biokraftstoffproduktion propagiert und gefördert worden. Weil es gleichzeitig zu einer verstärkten Nachfrage nach Nahrungsmitteln kam, stiegen die Weltmarktpreise für Agrarprodukte innerhalb kurzer Zeit drastisch. Auch wenn die tatsächlichen Auswirkungen auf die Ernährungssicherheit umstritten sind, hat das Bild des hungernden Menschen neben dem Tankdeckel eines Hochpreis-PKWs den Eindruck von ethisch unvertretbaren Nutzungskonkurrenzen gefestigt.
- Durch die Möglichkeiten einer gezielten Veränderung des Erbguts von Mikroorganismen, Pflanzen und anderer Organismen durch molekularbiologische Werkzeuge (*genome editing*[2]) hat sich

2 Diesen Begriff verstehen wir hier als Sammelbegriff für die Anwendung neuer molekularbiologischer Werkzeuge (wie zum Beispiel Zinkfinger-Nukleasen, TALEN und CRISPR/Cas. Siehe dazu auch: ▸ https://www.dialog-gea.de/de/themen/inhalte und ▸ https://de.wikipedia.org/wiki/Genome_Editing.

die Züchtung von Nutzpflanzen und die Konversion ihrer Produkte signifikant verändert. Viele Biotechnologieverfahren wurden überhaupt erst ermöglicht. Neuere Techniken – insbesondere CRISPR/Cas[3] – besitzen ein enormes Entwicklungs- und Anwendungspotenzial, da sie, verglichen mit bisherigen Methoden, weniger aufwendig und präziser einsetzbar sind und ihre Anwendung mit einer erheblichen Zeit- und Kostenersparnis verbunden ist. Absehbar wird diese Technologie den Transformationsprozess hin zur Bioökonomie entscheidend prägen, vervielfältigen und beschleunigen. Dabei wird die zentrale Frage des 21. Jahrhunderts sein, wie sich Wirtschaft und Gesellschaft diesen Entwicklungen regional bestmöglich stellen, wenn diese Technologie unsere gesamten Agrar- und Bioproduktionssysteme (und gegebenenfalls auch Ökosysteme) weltweit verändern und damit alle gesellschaftlichen Lebensbereiche tangieren wird. *Genome editing* löst schon jetzt moralische Fragestellungen von großer Tragweite aus. So birgt die Nutzung der biologischen Informationen der einzelnen Person das Risiko der Gefährdung der individuellen Grundrechte. Die Frage des Umgangs mit persönlichen genetischen Informationen ist gesellschaftlich noch nicht entschieden. Auch bergen die konsequente Erforschung und Erschließung der biologischen Prinzipien und Prozesse weitergehende gesellschaftliche Gefahren einer umfassenden Ökonomisierung der Natur. Die Sequenzierung der Gene als Grundbausteine des Lebens und ihre Freigabe zur Vermarktung durch Patentierung werden als Umwertung alles Lebendigen zum Rohstoff „Biomasse" beschrieben, die das Leben kurzfristigen Renditezielen unterwirft und damit eine Fortsetzung und Ausweiterung des an schnellen Gewinnen orientierten Systems darstellt (Gottwald und Krätzer 2014).

Bei der Bandbreite der Erwartungen verwundert es nicht, dass umfassende und widersprüchliche Wechselwirkungen zwischen den SDGs und der Bioökonomie gesehen werden. In Deutschland erwarten bioökonomieinteressierte Akteure aus Wissenschaft, Wirtschaft und Zivilgesellschaft vor allem Beiträge der Bioökonomie zu „Kein Hunger" (SDG 2), „Sauberes Wasser und Sanitärversorgung" (SDG 6), „Verantwortungsvolle Konsum- & Produktionsmuster" (SDG 12), „Maßnahmen zum Klimaschutz" (SDG 13) und „Leben unter Wasser und an Land" (SDG 14 und 15) als einstimmig sehr wichtig eingeschätzt, während zum Beispiel bei „Keine Armut" (SDG 1), „Bezahlbare und saubere Energie" (SDG7) und „Industrie, Innovationen und Infrastruktur (SDG 9)" die Meinungen deutlich auseinander gehen (Zeug et al. 2019).

Die vielfältigen Wechselwirkungen mit den SDGs verweisen auch auf ein zentrales Spannungsfeld. Es sind Akteure in verschiedensten Lebensbereichen mit der Bioökonomie befasst: Bioökonomie wird im Kontext von Land- und Forstwirtschaft, Mikrobiologie, mariner Wirtschaft und ihren jeweiligen Produkten verstanden, aber auch als Teil der Abfallwirtschaft, Energiewirtschaft und der Digitalisierung.

Im System wirken in den verschiedenen Wirtschaften beziehungsweise wirtschaftlichen Sektoren jeweils unterschiedliche Akteure zusammen. Sie bauen ihr Handeln auf ihre jeweiligen Errungenschaften und Erwartungen auf – und das kann zu Spannungen führen, aber auch beflügeln: Um die Zukunftschance der Bioökonomie zu nutzen, sind es genau diese Sektoren und Akteure, die in geeigneter Weise zusammenspielen müssen, also die in vorherigen Kapitel beschriebenen Stellschrauben drehen. Der zweite Teil dieses Buches ist daher dem Systemblick auf die Teilbereiche der Bioökonomie gewidmet.

Der Blick über den Tellerrand der Experten hinaus liefert aber auch noch ein ganz

3 Für weitere Informationen siehe: ▶ https://www.mpg.de/11018867/crispr-cas9.

anderes Bild: In der Vergangenheit kannte die Mehrheit der Deutschen, laut Umfrageergebnissen von 2013 (IfD 2013), das Konzept der Bioökonomie nicht (Bioökonomierat 2013). Neuere Untersuchungen liegen nicht vor, doch es gibt kaum Hinweise, dass sich das Bild grundlegend verändert hat. Bis heute fehlen klare Visionen oder Leitbilder, wie eine bioökonomische Zukunft aussehen soll. So zielt zwar die überarbeitete Strategie der Europäischen Union aus dem Jahr 2018 auf eine umfassende Betrachtung der Bioökonomie in einer gesunden Umwelt und auch auf die Beachtung des städtischen und ländlichen Umfeldes ab, enthält aber nach wie vor keine konkreten Ziele oder Transformationspfade (EK 2018). Auch die neue nationale Bioökonomiestrategie hat einen ähnlichen Tenor. Öffentliche Dialog- und Diskursveranstaltungen sind selten und Kritiker bezeichnen die Bioökonomie als Nebelwand (denkhausbremen 2018). Auch jüngere Untersuchungen unter Akteuren des Forst- und Holzsektors ergaben, dass große Unklarheit besteht, wie die zukünftigen Entwicklungen aussehen werden (Stein et al. 2018).

Die Bioökonomie entwickelt sich trotzdem – angetrieben von Akteuren und in regionalen Kooperationen – mit verschiedenen Motivationen und Handlungsfeldern quer durch die Wirtschaften. Diesen Machern und Organisationsformen der Bioökonomie in Deutschland widmen wir den dritten Teil dieses Buches.

1.3 Die Ressourcen der Bioökonomie

Landflächen, Biomasse, Mikroorganismen, Technologien, Wissen etc. bilden die Ressourcen der Bioökonomie. Sie werden von der Natur immer wieder neu bereitgestellt oder können durch Kreislaufschließung am Ende der Nutzung durch den Menschen generiert werden. Beide Elemente bilden gemeinsam die Ressourcenbasis.

Biomasse wird als Rohstoff in verschiedensten Verarbeitungsstufen gehandelt und auch vielfach nach Deutschland importiert. Eine nationale Betrachtung der Rohstoffe bleibt immer unvollständig. ◘ Abb. 1.4 gibt daher einen Überblick über die Landnutzung und die globalen, vom Menschen verwerteten Biomasseströme. Die abgebildeten Daten stammen aus dem Jahr 2000, da keine neueren konsistenten Bilanzen verfügbar sind. Die gesamte Menge der geernteten Biomasse ist seit 2000 angestiegen; das Gesamtbild, insbesondere im Hinblick auf die Landnutzung sowie die Größenordnungen und die Relationen der Flüsse zueinander, sollte aber im Wesentlichen nach wie vor gültig sein (Angerer et al. 2016).

Dreiviertel der globalen Landfläche – außer Grönland und Antarktis – werden bereits durch den Menschen genutzt (Erb et al. 2017). Die noch ungenutzten Landflächen bestehen zum einen aus unproduktiven Böden wie Wüsten, zum anderen aus den letzten unberührten Urwäldern. Zusätzliche Landflächen können und sollten daher größtenteils nicht kultiviert werden (Angerer et al. 2016).

Insgesamt werden jährlich 235 EJ/Jahr Biomasse vom Menschen global geerntet (Zeddies und Schönleber 2014). Diese Menge besteht zur Hälfte aus Kulturpflanzen von Ackerland, die wiederum zur Hälfte als Viehfutter verwendet werden. Die geerntete Biomasse beinhaltet weiterhin zu einem Drittel von Nutzvieh verzehrte Gräser und zu einem Sechstel Holz. Damit werden insgesamt 135 EJ, also mehr als die Hälfte der insgesamt genutzten Biomasse, zur Fütterung von Vieh verwendet. Hiervon wiederum gelangen nur 5 EJ (4 %) in Form tierischer Produkte in die menschliche Ernährung. Der Rest wird von den Tieren veratmet oder endet als Abfallprodukt (Angerer et al. 2016).

Diese Zahlen zeigen den starken Einfluss der Ernährungsgewohnheiten auf den aktuellen und künftigen Landbedarf zur Nahrungsmittelproduktion. So könnten rechnerisch bei einer rein pflanzlichen Ernährung weltweit etwa doppelt so viele Menschen von der gleichen Fläche ernährt werden wie heute.

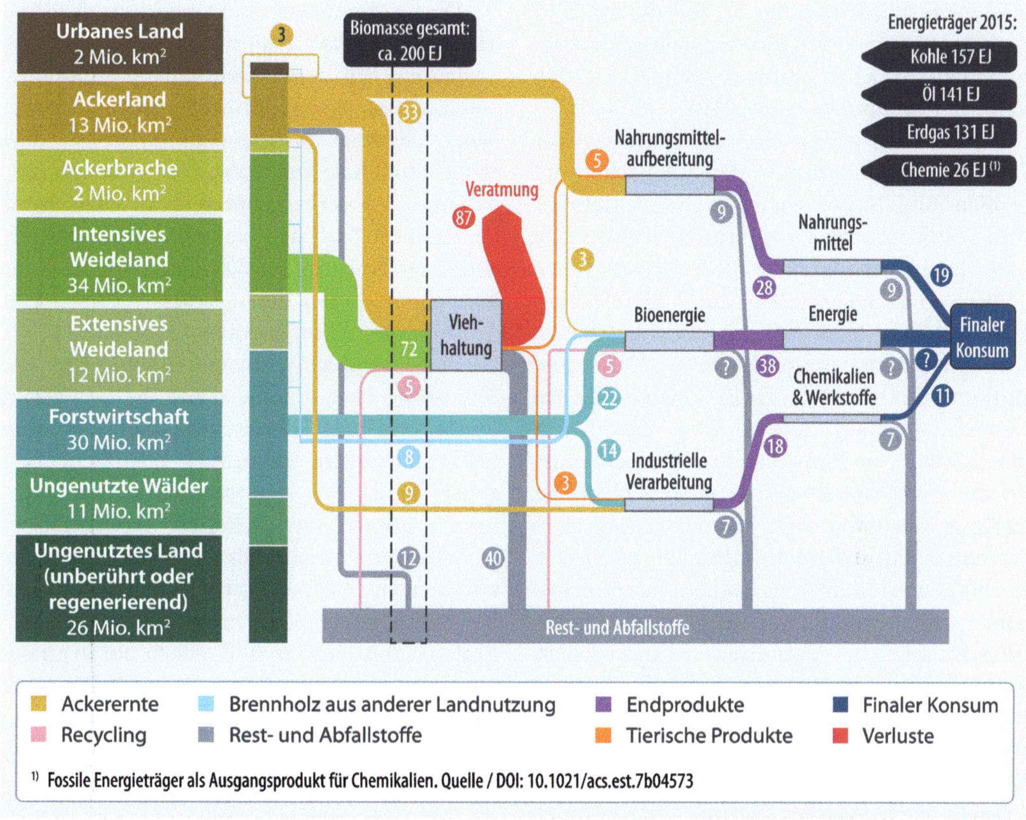

Abb. 1.4 Flussdiagramm der geernteten globalen Biomasseflüsse in Exajoule pro Jahr für das Jahr 2000. Die linke Spalte illustriert die Nutzung der globalen Landflächen. (Quelle: eigene Darstellung, basierend auf den Daten aus Angerer et al. 2016)

Es würden Agrarflächen frei, die zur Bioenergieproduktion oder anderweitig genutzt werden können. Beispielsweise könnte, wenn der Fleischkonsum halbiert würde, die Biokraftstoffproduktion um das 7,7-Fache steigen, was 14 % der Treibhausgase im Verkehrssektor eindämmen würde (Zech und Schneider 2019). Im Hinblick auf das Bevölkerungswachstum und die steigende Nachfrage nach tierischen Lebensmitteln in bevölkerungsreichen Ländern wie Indien und China geht die Ernährungs- und Landwirtschaftsorganisation der Vereinten Nationen (Food and Agriculture Organization of the United Nations, FAO) jedoch davon aus, dass die globale Agrarproduktion bis 2050 gegenüber 2005 um 60 % steigen muss (Alexandratos und Bruinsma 2012).

Aus Abb. 1.4 wird ebenfalls ersichtlich, dass weniger als die Hälfte der geernteten Biomasse (86 EJ/Jahr) in Form von Nahrungsmitteln, Energieträgern, Chemikalien und Werkstoffen beim Menschen ankommt. Ein Großteil der Reststoffe der Pflanzen- und Holzernte verbleiben auf dem Feld oder im Wald und tragen unter anderem zur natürlichen Düngung des Bodens, zur Humusbildung und zum Erhalt der Artenvielfalt (zum Beispiel Totholzkäfer) bei (IEA 2017). Nutzbare Rest- und Abfallstoffe fallen bei der Ernte und Weiterverarbeitung der Biomasse an, aber auch bei oder nach der Nutzung (Angerer et al. 2016). So werfen Verbraucher beispielsweise in Deutschland pro Einwohner jährlich etwa 70 bis 90 kg an Nahrungsmitteln weg (Kranert et al. 2012). Gleichzeitig entsteht eine vergleichbare Menge an Gebraucht- und Altholz am Ende der Nutzungsphase, das in Nutzungskaskaden weiterverwendet werden kann (Umweltbundesamt 2019).

Die Zahlen zeigen eindrucksvoll, dass die Biomassenutzung durch den Menschen im großen Bild bisher wenig kreislauforientiert und ressourcenschonend erfolgt. Jedoch gibt es bereits erfolgreiche Nischenprodukte: Phosphor ist einer jener Stoffe, deren Vorkommen sehr begrenzt ist, welcher jedoch für die Bodendüngung und Nahrungsmittelproduktion von großer Bedeutung ist. Mikroorganismen ermöglichen die Rückgewinnung von Phosphor aus Klärschlamm. So werden beispielsweise in einer Anlage der Berliner Wasserbetriebe aus dem städtischen Abwasser Phosphorverbindungen biologisch mithilfe von Mikroorganismen herausgelöst und anschließend mit einem chemisch-physikalischen Verfahren kristallisiert. Das daraus entstehende Recyclingprodukt heißt Magnesium-Ammonium-Phosphat (MAP). Die Wasserbetriebe vertreiben es als mineralischen Langzeitdünger zu geringem Preis unter der Marke „Berliner Pflanze" auch an Landwirte oder Kleinkunden (Berliner Wasserbetriebe o. D., in Thrän und El-Chichakli 2017). Zur Ressourcenschonung können künftige Ansätze zur Entwicklung nahr- und schmackhafter sowie gesunder Lebensmittelalternativen einen wichtigen Beitrag leisten. Ein Beispiel liegt in der Entwicklung von anderen Proteinquellen wie pflanzlicher Ei-, Milch- und Fleischersatz, Lebensmittel aus Pilz- oder Insektenproteinen oder im Labor gezüchtetes Fleisch (Bioökonomierat 2015).

Auch zeigt der Vergleich von Biomasse und fossilen Stoffströmen deutlich, dass es nicht nachhaltig ist, unsere aktuelle Wirtschaftsweise komplett mit Biomasse zu versorgen: Der gesamten Biomasseernte von 235 EJ/Jahr stand im Jahr 2000 ein Verbrauch an fossilen Rohstoffen von 440 EJ/Jahr gegenüber, der bis zum Jahr 2015 auf 550 EJ/Jahr gestiegen ist (Our Finite World 2018).

Die Gegenüberstellung der Stoffströme liefert eine Einschätzung der Ressourcenverfügbarkeit, Effizienz und des Substitutionspotenzials der Bioökonomie. Stoffstromanalysen haben allerdings das Darstellungsproblem, dass kleine Stoffflüsse mit hohem Wertschöpfungspotenzial schwer erkennbar sind, und damit die Chancen, die sich aus einer sehr rohstoffeffizienten Nutzung der Biomasse ergeben, leicht übersehen werden. Biologisches Wissen ist in den Analysen naturgemäß nicht enthalten.

Eine nachhaltige Bioökonomie – so die Schlussfolgerung – muss daher die begrenzten Ressourcen als Ausgangspunkt verstehen und mit starkem Nachdruck technische und gesellschaftliche Innovationen forcieren, um Ressourcen zu schonen, Kreisläufe zu schließen und gleichzeitig die Bedürfnisse einer wachsenden Weltbevölkerung zu erfüllen. Die Beschreibung möglicher Innovationen und ihrer Realisierungschancen sind daher ein zentrales Element in den kommenden Kapiteln. Die ihnen zugrunde liegenden Verfahrensprinzipien sind im folgenden Kapiteln dargestellt.

1.4 Verfahrensprinzipien einer wissensbasierten Bioökonomie

Stoffwechselaktivitäten von verschiedensten Organismen bilden den Ausgangspunkt für das Leben auf unserem Planeten, für Mikroorganismen, Pflanzen, Tiere und Menschen. Ein zentraler Stoffwechsel stellt die natürliche *Photosynthese* dar: Pflanzenzellen nutzen die Sonnenenergie, um CO_2 aus der Luft zusammen mit Wasser zu Sauerstoff und Kohlenwasserstoffen umzubauen. Letztere stellen die Basis für das Pflanzenwachstum dar: Wurzeln, Stängel und Stämme, Blätter, Blüten und Früchte werden gebildet (biologische Synthese) sowie der Transport von Nährstoffen, Informationen und Abwehrstoffen organisiert. Weil die Pflanze verschiedenste Aufgaben erfüllen muss, wird die Energiegewinnung aus dem Sonnenlicht nur im notwendigen Maße betrieben. Die Effektivität der Photosynthese bezogen auf das gesamte auf die Erde einfallende Sonnenlicht liegt unter 3 %. Mehr als 5,5 % werden nie erreicht (Chemie Lexikon o. D.). Die Photosynthese bildet eine zentrale Grundlage für alle Verfahrensprinzipien der wissensbasierten Bioökonomie, indem sie pflanzenbasierte Kohlenwasserstoffe bereitstellt (◘ Abb. 1.4).

Der Mensch, wie auch viele andere Lebewesen, nutzt die Kohlenwasserstoffe der Pflanzen für seinen eigenen Stoffwechsel – als Energielieferant. Denn Sonnenlicht erzeugt bei ihm nur gute Laune und/oder eventuell Hautreizungen. Und auch mit der Pflanzenbiomasse ist der Mensch wählerisch: Verdauen und verwerten kann er nur Früchte und Saaten sowie ausgewählte Blätter und Wurzeln. Stroh, Schalen und Holz sind keine nutzbaren Energielieferanten. Anders als viele andere Lebewesen hat der Mensch es aber über die Jahrtausende verstanden, Pflanzen anzubauen und die gewünschten Eigenschaften in den Pflanzen durch *Züchtung* zu vermehren. Der Beginn des Anbaus von Pflanzen und somit auch der Pflanzenzüchtung begann vor rund 12.000 Jahren in Mesopotamien (heute größtenteils Irak) mit Gerste (Pflanzenforschung Lexikon o. D.). Einkorn, eine Art Urweizen, trägt 500 g Korn auf einem Kilogramm Stroh (Konvalina et al. 2014). Beim heutigen Weizen stehen mehr als 1,1 kg Korn auf einem Kilogramm Stroh (Weiser et al. 2014). Und mit den neuen Methoden des *genome editing* (▶ Abschn. 1.2) geht es vielleicht noch viel weiter: Nicht nur mehr Korn zu Stroh, sondern auch mehr wertvolle Inhaltstoffe wie Vitamine und Spurenelemente im Korn, geringere Schädlingsanfälligkeit und schnelle Reife könnten die Pflanzenbiomasse zu einem noch günstigeren menschlichen Nahrungsmittel machen.

Biomasse wird auch im natürlichen Kreislauf ständig umgebaut, sowohl in der einzelnen Zelle und dem einzelnen Organismus, aber auch entlang von Nahrungsketten: Biomasse wird zum Beispiel von Insekten gefressen, die dann als Nahrung für Schnecken dienen, die beispielsweise auf dem Speiseplan von Nagetieren stehen etc. Der Stoffwechsel ist komplex, aber es gibt immer wieder ganz spezielle Strukturen, die der einzelnen Spezies einen Überlebensvorteil sichern, zum Beispiel Abwehrstoffe gegen Schädlinge, spezielle Enzyme für den Holzabbau in den Verdauungstrakten der Biber oder kautschukähnliche Substanzen im kaukasischen Löwenzahn, die vor Frostschäden schützen (Global Bioeconomy Summit 2018).

Die Liste ist beliebig lang und vieles heute noch weitgehend unerforscht. Allerdings hat der Mensch schon vor sehr langer Zeit begonnen, diese speziellen Inhaltstoffe zu extrahieren, zu fermentieren und zu konservieren sowie insbesondere in den Bereichen Kunst, Kultur und Medizin einzusetzen. Weihrauch etwa, das luftgetrocknete Gummiharz aus dem Weihrauchbaum, gilt als eines der ältesten Heilmittel der Welt. Hinweise auf die Verwendung von Weihrauch finden sich in dreieinhalbtausend Jahre alten Texten aus dem Niltal. Die Ägypter nutzten Weihrauch für Salben und zur Wundbehandlung, aber auch zur Mumifizierung der Pharaonen (Pfeifer 2018). Auch die Verarbeitung von Lebensmitteln mithilfe bestimmter Mikroorganismen und Enzyme, wie sie beispielsweise in Hefen enthalten sind, ist bereits seit Jahrtausenden bekannt (Biotechnologie.de 2019b). Beispielsweise ist die Tradition des Bierbrauens bereits in der mesopotamischen Kultur vor 6000 Jahren nachgewiesen (Hirschfelder und Trummer 2016), der Weinbau im vergleichbaren Zeitraum in Georgien (McGovern et al. 2017).

Aus diesen Ansätzen hat sich die Biotechnologie entwickelt, die Enzyme, Zellen und ganze Organismen in technischen Anwendungen nutzt. Die moderne Biotechnologie greift seit dem 19. Jahrhundert zunehmend auf mikrobiologische und seit Mitte des 20. Jahrhunderts zunehmend auch auf molekularbiologische, genetische und gentechnische Erkenntnisse und Methoden zurück (Biotechnologie.de 2019a). Dadurch ist es möglich, Herstellungsverfahren für chemische Verbindungen, zum Beispiel als pharmazeutische Wirkstoffe, chemische Grundstoffe, Biosensoren, Diagnosemethoden oder neue Pflanzensorten zu entwickeln (Biotechnologie.de 2019b). Biotechnische Verfahren können vielfältig in unterschiedlichen Bereichen angewendet werden. Teilweise wird versucht, diese Verfahren nach Anwendungsbereichen zu sortieren, wie etwa

- Medizin (Rote Biotechnologie),
- Pflanzen beziehungsweise Landwirtschaft (Grüne Biotechnologie) und
- Industrie (Weiße Biotechnologie) (Kafarski 2012).

Teilweise wird auch danach unterschieden, auf welche Lebewesen die Methoden angewendet werden, wie etwa in der blauen Biotechnologie oder gelben Biotechnologie, die sich auf Anwendungen basierend auf Meereslebewesen oder Insekten bezieht. Auch der Begriff der braunen Biotechnologie, mit dem vor allem die Abfallwirtschaft bezeichnet wird, wird verwendet (ebd.).

Das Zusammenwirken aus dem immer besseren molekularbiologischen Verständnis und Biotechnologie hat in den 1980er-Jahren die Gentechnik als neues Technologiefeld ermöglicht. Sie hat zum Ziel, die Eigenschaften von Organismen durch Eingriff in die Erbsubstanz gezielt zu verändern, um gewünschte Eigenschaften oder Produkte zielgerichtet zu erreichen. Dazu wurden Verfahren entwickelt, um beispielsweise einzelne Gene von Organismus A zu Organismus B zu transferieren. Die ersten gentechnischen Modifikationen wurden 1972 in den USA realisiert (Wu und Taylor 1971). Das geklonte Schaf Dolly wurde 1998 geboren (Wilmut et al. 2001). Mit immer präziseren gentechnischen Methoden stehen seit Mitte der 2000er-Jahre Werkzeuge zur sogenannten Genomeditierung *(genom editing)* zur Verfügung (Chandrasegaran und Carroll 2015). Mithilfe spezieller Enzyme (sogenannter Designernukleasen), ist man in der Lage, die DNA an bestimmten Zielsequenzen zu öffnen und dort zum Beispiel Gensequenzen zu entfernen, auszutauschen oder zu ergänzen. Anwendungen der Gentechnik und des *genome editing* werden in wichtigen Bereichen der Biotechnologie bereits eingesetzt (zum Beispiel weiße Biotechnologie, grüne Biotechnologie, rote Biotechnologie) (Sampson und Weiss 2013; Voytas und Gao 2014; Laible et al. 2015).

Der Ansatz der synthetischen Biologie nutzt die Werkzeuge des *genome editing*, geht aber über den Eingriff in bestehende Organismen hinaus. Es ist ein Fachgebiet im Grenzbereich von Molekularbiologie, organischer Chemie, Ingenieurswissenschaften, Nanobiotechnologie und Informationstechnik. Das Ziel ist es, biologische Systeme auf der Ebene von Molekülen, Zellen und Organismen zu erzeugen, die nicht natürlich vorkommen und die über neue Eigenschaften verfügen (EK 2005). Dabei werden verschiedene Strategien verfolgt: Zum einen werden künstliche, biochemische Systeme in Organismen integriert, die dadurch neue Eigenschaften erhalten, zum anderen werden entsprechend den biologischen Vorbildern schrittweise chemische Systeme so aufgebaut, dass sie bestimmte Eigenschaften von Lebewesen aufweisen (biomimetische Chemie). Andere Ansätze haben zum Ziel, Organismen auf die allernotwendigsten Systemkomponenten zu reduzieren (Minimalgenome), die als eine Art „Gerüst" dienen, um durch den Einbau von sogenannten *bioparts* biologische Schaltkreise zu erzeugen (ebd.). Beiden Ansätzen ist gemein, dass sie darauf abzielen, komplette künstliche biologische Systeme zu erzeugen – ein Eingriff in das natürliche System, der deutlich über die bisherigen Überlegungen der Gentechnik hinausgeht. Mit den Ansätzen der synthetischen Biologie werden auch Mechanismen zur artifiziellen Photosynthese entwickelt. Diese kann den Wirkungsrad der natürlichen Photosynthese deutlich überschreiten und bietet damit sehr hohe Innovationspotenziale für die Erzeugung von Kohlenwasserstoffen. Ihre Entwicklung befindet sich allerdings noch im Stadium der Grundlagenforschung (Fischer 2017).

Die älteste Kulturtechnik des Menschen ist schließlich die Biomasseverbrennung zur

Erzeugung von Wärme. Sie stellte bis vor ca. 200 Jahren über Jahrmillionen die wesentliche Energiequelle für den Menschen dar (Goudsblom 1992). Sie war – beziehungsweise ist in manchen Entwicklungsländern auch heute noch – bei der Energiebereitstellung in offenen Feuerstellen jedoch nicht besonders effektiv: Weniger als 10 % der Wärme eines offenen Feuers erreichen tatsächlich das Innere des Kochtopfes. Verfahrenstechnische Entwicklungen haben auch im Bioenergiebereich bessere Wirkungsgrade, eine Aufweitung der Produkte in Strom, Wärme und Kraftstoffe und weitere Produkte ermöglicht. Auch nutzt man heute nicht nur die thermischen Verfahren zur Umwandlung der Biomasse, sondern auch Fermentations- und Vergärungsverfahren sowie chemische Verfahren. Das daraus entwickelte Prinzip der Bioraffinerie ist vergleichbar mit dem einer Erdölraffinerie, in der der komplex zusammengesetzte Rohstoff Erdöl in einzelne Fraktionen getrennt und aufbereitet wird (Methan, Benzin, Diesel, Kerosin etc.), die als Kraftstoff, Energie oder Chemierohstoffe nutzbar sind (Grühling 2013). In Abhängigkeit von den regionalen Randbedingungen und den eingesetzten Biomassen können sehr unterschiedliche Bioraffineriekonzepte realisiert werden (Lindorfer et al. 2019). Erste Bioraffinerien basieren auf der Umsetzung von zucker-, öl- und stärkehaltigen Biomassen unter anderem in Bioethanol. Lignocellulosebasierte Bioraffinerien, die Stroh und Holz verarbeiten, grüne Bioraffinerien und Raffineriekonzepte auf Basis von Algen befinden sich noch im Pilotstadium (Lamers et al. 2016; Pietzsch 2017).

Nach der thermischen Umwandlung zu Wärme und Energie ist die Biomasse wieder in das Ausgangsprodukt CO_2 überführt. CO_2 bildet die Grundlage für neue Photosynthese. Durch den zusätzlichen Ausstoß von CO_2 aus der Verbrennung von fossilen Kohlenwasserstoffen ist das natürliche System jedoch gestört. Neue Überlegungen zu den Verfahren der wissensbasierten Bioökonomie gehen daher über die Elemente in ◘ Abb. 1.5 hinaus: Das CO_2 aus der Photosynthese der Atmosphäre dauerhaft zu entziehen, könnte dazu beitragen, die Erderwärmung innerhalb der in Paris vereinbarten maximal zwei Grad Celsius zu halten. Eine Option ist, Kohlendioxid in Bioenergieanlagen abzuscheiden und dauerhaft unterirdisch zu speichern (BECCS) (Angerer et al. 2016).

Die Produkte der Bioökonomie erfüllen vielfältige Funktionen in unserer Gesellschaft. Sie stillen zum einen die Grundbedürfnisse Nahrung, Kleidung, Wohnen und Kommunikation und zum anderen liefern sie die Basis für die Weiterentwicklung von grundlegendem Wissen und zunehmend existenzielleren Gestaltungsoptionen der Umwelt. Unter dem Anspruch der Nachhaltigkeit muss der Nutzen der Bioökonomie aber über die Produkte hinausgehen und Beiträge zu den verschiedenen gesellschaftlichen Verantwortungsbereichen leisten. Da greift Technik zu kurz. Ein ganzheitlicher, systemischer Blick ist notwendig.

1.5 Bioökonomie aus systemischer Sicht

Tausende Einzelteile sind notwendig, um ein Smartphone zusammenzusetzen. Jedes Teil ist wichtig. Ein Smartphone kann nur senden, empfangen, flackern und tönen, wenn die Einzelteile in der Gesamtheit organisiert und zielgerichtet zusammenspielen. Die einzelnen Komponenten und ihre Verbindung stellen ein System dar. Der Begriff leitet sich aus dem altgriechischem Wort sýstēma (σύστημα) ab, was „aus mehreren Einzelteilen zusammengesetztes Ganzes“ bedeutet. Grundsätzlich ist der Systembegriff auf verschiedenste Phänomene anwendbar – von einer Zelle des menschlichen Körpers bis hin zur Menschheit als Ganzes, aber auch für Ameisenkolonien, Nationen und Galaxien. Seit den 1950er-Jahren wurden Systemtheorien entwickelt. Unter System verstehen diese den ganzheitlichen Zusammenhang von Einheiten (Elementen), deren Beziehungen

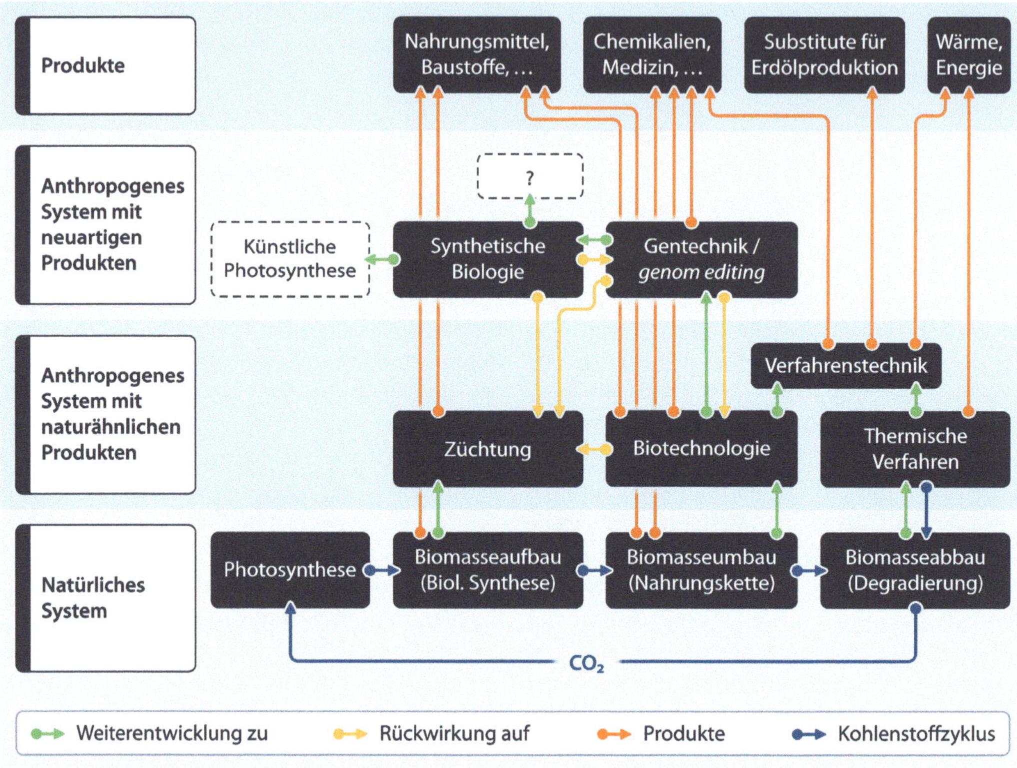

Abb. 1.5 Entwicklung der wissensbasierten Bioökonomie. (Quelle: eigene Darstellung)

untereinander sich quantitativ (höhere Anzahl von Interaktionen) und qualitativ (größere Ergiebigkeit von Interaktionen) von ihren Beziehungen zu anderen Entitäten abheben. Diese Unterschiedlichkeit in den Beziehungen konstituiert eine Systemgrenze, durch die sich das System gegenüber seiner Umwelt abgrenzt (Gabler Wirtschaftslexikon o. D.). Bioökonomie ist durch verschiedene Handlungsfelder, Akteure und Beziehungen gekennzeichnet. Es stellt ein komplexes System dar, das Ressourcen, Techniken und Wirtschaftssektoren sowie Verantwortungsbereiche miteinander in Beziehung stellt (Abb. 1.6):

- Land- und Forstwirte und Fischer stellen die Biomasse bereit,
- Techniker aus verschiedensten Bereichen (Biotechniker, Lebensmitteltechniker, Holztechniker, Konstrukteure, Pharmazeuten etc.) verarbeiten die Biomasse zu vielfältigen Produkten,
- die von Unternehmen in den Markt gebracht und gehandelt und von Konsumenten benutzt und verbraucht werden.
- Die Reststoffe werden in der Energiewirtschaft und der Abfallwirtschaft weiterverwendet beziehungsweise entsorgt.
- Forscher suchen nach neuen Komponenten, Verfahren und Produkten, aber auch nach Bewertungsmaßstäben, welche Nutzung, welche Effekte auf Umwelt, Wirtschaft und Gesellschaft haben. Politiker gestalten, unter dem kritischen Blick der Wähler, die Rahmenbedingungen, welche Anforderungen an Anbau, Produktion und Nutzung zu stellen sind, und versuchen die Stoffströme mit Zertifikaten, Steuern und Abgaben zu steuern.

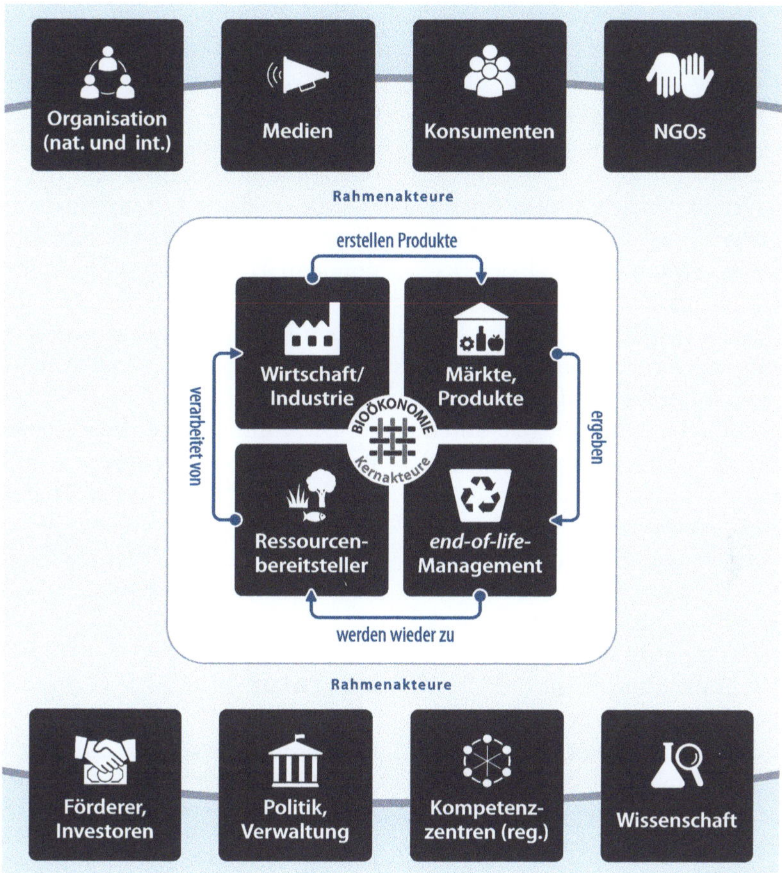

Abb. 1.6 Systembild der Elemente. (Quelle: eigene Darstellung)

- Zusammenschlüsse und Kooperationen (unterschiedlichster Art) wie zum Beispiel Kompetenzzentren, Verbände, nationale und internationale Organisationen und NGOs dienen dem Austausch, bündeln Interessen und wollen den jeweiligen Systembeitrag beschleunigen.

Die deutsche Politik versucht daher, die Bioökonomie „im System aufzustellen“ mit dem Ziel integrierte, systemische und innovative Lösungswege mit Blick auf die gesamten Wertschöpfungs- beziehungsweise Prozessketten zu entwickeln, um die Möglichkeiten und Potenziale der Bioökonomie optimal auszuschöpfen.[4] Es wird erwartet, dass sich der ökonomische Nutzen der Bioökonomie vor allem über komplexe Substitutions- und Synergieeffekte im System entfaltet kann, da nicht nur innovative einzelne Wertschöpfungsketten, sondern vor allem die Verknüpfung dieser Ketten im System einen wesentlichen Innovationsbeitrag der Bioökonomieforschung darstellen wird (Bioökonomierat 2010).

4 Für weitere Informationen siehe: ▶ https://www.baden-wuerttemberg.de/fileadmin/redaktion/dateien/PDF/Broschuere_Konzept-baden-wuerttembergische-Forschungsstrategie-Biooekonomie.pdf.

Eine systemische Betrachtung der Bioökonomie umfasst daher mehrere Systemebenen:

- Diskursfeldebene:
  Wie wird Bioökonomie definiert, worüber wird gesprochen, was wird verhandelt?
- Akteursebene:
  Wer ist aufgrund von Selbst- oder Fremdzuschreibungen (beziehungsweise durch ein definiertes Wirken innerhalb des Diskursfeldes) Teil des Diskursfeldes? Hier lässt sich unterscheiden zwischen:
  - Bioökonomie-Zirkel-Akteuren, die durch den konkreten Umgang mit Biomasse definiert werden (die relevanten Stoffströme und die diese gestaltenden Akteure)
  - Rahmenakteuren, die in dieses System hineinwirken oder durch dieses beeinflusst werden (zum Beispiel Medien, Förderer, Wissenschaft, NGOs, Politik und Verwaltung etc.)
- Handlungs-/Interaktionsebene:
  Wie agieren diese Akteure mit- und untereinander und definieren dadurch das System Bioökonomie? Was sind die Wirkprinzipien dieser Interaktion?
  - der Bioökonomiezirkel untereinander (zum Beispiel *value chains*, Prozessketten, Stoffströme, Koppel- und Kaskadennutzung, Kreislaufwirtschaft)
  - der Rahmen in Bezug auf den Bioökonomiezirkel (kritische Begleitung, Forschung, Rahmensetzung etc.)
- Rahmenebene:
  Welche Rahmen werden gesetzt oder entstehen durch diese Interaktion? (zum Beispiel Governance, Innovation, Ausbildung, Kommunikation?).

Beispiele, wie diese Systemebenen unter welchen Bedingungen konkret ausgestaltet sind, wie sie ineinanderfließen, liefern die folgenden Kapitel. So widmet sich beispielsweise Teil IV den Rahmenbedingungen und Wegbegleitern der Bioökonomie. Dies beinhaltet die Themenfelder Steuerung der Bioökonomie, nationale und internationale Kooperation, Innovationen, Ausbildung sowie Kommunikation und Nachhaltigkeitsdiskurse. Durch diese Themen sind die Teilbereiche der Bioökonomie verbunden – beziehungsweise müssen durch diese miteinander in Bezug gesetzt werden, um Bioökonomie als Gesamtsystem zu verstehen.

Mit den verschiedenen Systemperspektiven – den Teilbereichen der Bioökonomie in Teil II, den Machern in Teil III und den Wegbereitern in Teil IV – lässt sich das System Bioökonomie ebenso beschreiben und vielleicht auch die „Nebelwand" der Bioökonomie ein wenig lichten.

Diese unterschiedlichen Zugänge zu einer Beschreibung und Analyse des Systems der Bioökonomie ist für systeminteressierte Neueinsteiger in die Bioökonomie wie auch für „die alten Hasen" in den jeweiligen Teil- und Fachbereichen gedacht.

Literatur

Alexandratos, N., & Bruinsma, J. (2012). World agriculture towards 2030/2050. The 2012 Revision. ESA Working Paper No. 12-03 FAO. ▶ http://www.fao.org/3/ap106e/ap106e.pdf. Zugegriffen: 19. Juli 2019.

Angerer, G., Buchholz, P., Gutzmer, J., Hagelüken, C., Herzig, P., Littke, R., Thauer, R.K., & Wellmer, F.-W. (2016). Rohstoffe für die Energieversorgung der Zukunft. Schriftenreihe Energiesysteme der Zukunft. ▶ https://energiesysteme-zukunft.de/fileadmin/user_upload/Publikationen/PDFs/ESYS_Analyse_Rohstoffe_fuer_die_Energieversorgung.pdf. Zugegriffen: 19. Juli 2019.

Berger, L. (Hrsg.). (2018). Bioökonomie und Biodiversität. Workshop Dokumentation. Bundesamt für Naturschutz: Bonn. ▶ https://www.bfn.de/fileadmin/BfN/service/Dokumente/skripten/Skript496.pdf. Zugegriffen: 17. Juli 2019.

Biodiversity in Good Company. (2016). Biologische Vielfalt als Thema unternehmerischer Nachhaltigkeitsstrategien stärken. Erfahrungen und Empfehlungen der ‚Biodiversity in Good Company' Initiative. ▶ https://www.business-and-biodiversity.de/fileadmin/user_upload/documents/Die_Initiative/Zentrale_Dokumente/161115_Standpunktepapier_de_doppel.pdf. Zugegriffen: 17. Juli 2019.

Bioökonomierat. (2010). Innovation Bioökonomie. Gutachten der BioÖkonomieRats. ▶ https://biooekonomierat.de/fileadmin/Publikationen/gutachten/boer_Gutachten2010_lang.pdf. Zugegriffen: 18. Juli 2019.

Bioökonomierat. (2013). Der „neue" Bioökonomierat 2012–2016. ▶ https://www.nabu.de/imperia/md/content/nabude/gentechnik/tagungsergebnisse/140114-nabu-vogel-boer_vilm_2013-1.pdf. Zugegriffen: 7. Aug. 2019.

Bioökonomierat. (2015). Global visions for the bioeconomy – An international delphi-study. ▶ https://biooekonomierat.de/fileadmin/Publikationen/berichte/Delphi-Study.pdf. Zugegriffen: 18. Juli 2019.

Bioökonomierat. (2019). Was ist Bioökonomie? ▶ https://biooekonomierat.de/biooekonomie/. Zugegriffen: 17. Juli 2019.

Biotechnologie.de. (2019a). Meilensteine der Biotechnologie – ein Überblick. ▶ http://biotechnologie.de/knowledge_base_articles/2-meilensteine-der-biotechnologie-ein-ueberblick. Zugegriffen: 18. Juli 2019.

Biotechnologie. (2019b). Was ist Biotechnologie? ▶ http://biotechnologie.de/knowledge_base_articles/1-was-ist-biotechnologie. Zugegriffen: 18. Juli 2019.

BMBF (Bundesministerium für Bildung und Forschung). (2010). Nationale Forschungsstrategie BioÖkonomie 2030. Unser Weg zu einer bio-basierten Wirtschaft. Berlin/Bonn. ▶ https://www.bmbf.de/upload_filestore/pub/Nationale_Forschungsstrategie_Biooekonomie_2030.pdf. Zugegriffen: 18. Juli 2019.

BMBF (Bundesministerium für Bildung und Forschung). (2014). Wegweiser Bioökonomie. Forschung für biobasiertes und nachhaltiges Wirtschaftswachstum. ▶ https://biooekonomie.de/sites/default/files/publications/wegweiser-biooekonomiepropertypdfbereichbiooekosprachederwbtrue.pdf. Zugegriffen: 17. Juli 2019.

Bonaiuti, M. (2014). Bio-economics. In G. D'Alisa, F. Dematia, G. Kallis (Hrsg.), *Degrowth: A vocabulary for a new era* (S. 52–55). Routledge/Taylor & Francis Group: Abingdon/Oxon.

Chandrasegaran, S., & Carroll, D. (2015). Origins of programmable nucleases for genome engineering. *Journal of Molecular Biology, 428* (5) Part B, 963–989.

Chemie Lexikon. (o. D.). Photosynthese. ▶ https://www.chemie.de/lexikon/Photosynthese.html. Zugegriffen: 18. Juli 2019.

Denkhausbremen. (2018). Bioökonomie – die neue Nebelwand aus der PR-Abteilung. ▶ https://denkhausbremen.de/biooekonomie-die-neue-nebelwand-aus-der-pr-abteilung/. Zugegriffen: 18. Juli 2019.

EC (European Commission). (2005). *Synthetic biology: Applying engineering to biology: Report of a NEST-High-Level expert group*. Brussels: Office for Official Publications of the European Commission.

EC (European Commission). (2018). A sustainable bioeconomy for Europe: Strengthening the connection between economy, society and the environment. Updated bioeconomy strategy. ▶ https://ec.europa.eu/research/bioeconomy/pdf/ec_bioeconomy_strategy_2018.pdf#view=fit&pagemode=none. Zugegriffen: 7. Aug. 2019.

Erb, K.-H., Luysaaert, S., Meyfroidt, P., Pongratz, J., Don, A., Kloster, S., Kuemmerle, R., Fetzel, T., Fuchs, R., Herold, M., Haberl, H., Jones, C. D., Marín-Spiotta, E., McCallum, I., Robertson, E., Seufert, V., Fritz, S., Valade, A., Wiltshire, A., & Dolman, A. J. (2017). Land management: Data availability and process understanding for global change studies. *Global Change Biology*. ▶ https://doi.org/10.1111/gcb.13443.

Fischer, L. (2017). Zellattrappe betreibt Fotosynthese. ▶ https://www.spektrum.de/news/zellattrappe-betreibt-fotosynthese/1442259. Zugegriffen: 18. Juli 2019.

Gabler Wirtschaftslexikon. (o. D.). System. ▶ https://wirtschaftslexikon.gabler.de/definition/system-50117. Zugegriffen: 7. Aug. 2019.

Global Bioeconomy Summit. (2018). World bioeconomy exhibition. ▶ https://biooekonomierat.de/fileadmin/Publikationen/Sonstige/Ausstellungskatalog_final.pdf. Zugegriffen: 18. Juli 2019.

Gottwald, F.-T., & Krätzer, A. (2014). *Irrweg Bioökonomie. Kritik an einem totalitären Ansatz*. Berlin: Suhrkamp.

Goudsblom, J. (1992). Feuer im Industriezeitalter. In J. Goudsblom (Hrsg.), *Feuer und Zivilisation* (2. Aufl., S. 287–336). Wiesbaden: Springer VS.

Grefe, C. (2016). *Global Gardening: Bioökonomie – Neuer Raubbau oder Wirtschaftsform der Zukunft?* München: Verlag Antje Kunstmann.

Grühling, B. (2013). Bioraffinerien machen Abfall zu Erdöl-Ersatz. WirtschatsWoche. ▶ https://www.wiwo.de/technologie/green/rohstoffe-bioraffinerien-machen-abfall-zu-erdoel-ersatz/13547834.html. Zugegriffen: 18. Juli 2019.

Harari, Y. N. (2018). *21 Lektionen für das 21. Jahrhundert*. München: Beck.

Hirschfelder, G., & Trummer, M. (2016). *Bier: Eine Geschichte von der Steinzeit bis heute*. Darmstadt: Wissenschaftliche Buchgesellschaft.

IEA (International Energy Agency). (2017). Technology Roadmap. Delivering Sustainable Bioenergy. ▶ https://www.iea.org/publications/freepublications/publication/Technology_Roadmap_Delivering_Sustainable_Bioenergy.pdf. Zugegriffen: 18. Juli 2019.

IfD (Institut für Demoskopie Allensbach). (2013). IfD-Umfrage 11013.

International Resource Panel. (2017). Assessing Global Resource Use. A systems approach to resource efficiency and pollution reduction. Paris: UNEP. ▶ https://resourcepanel.org/file/904/download?token=Yvoil2o6. Zugegriffen: 17. Juli 2019.

1

Kafarski, P. (2012). *Rainbow code of biotechnology. Chemik, 66,* 811–816.

Kallmeyer, J., Pockalny, R., Ram Adhikari, R., Smith, D. C., & D'Hondt, S. (2012). Global distribution of micorbial abundance and biomass in subseafloor sediment. *PNAS.* ▶ https://doi.org/10.1073/pnas.1203849109.

Konvalina, P., Stehno, Z., Capouchová, I., Zechner, E., Berger, S., & Grausgruber, H. (2014). Differences in grain/straw ratio, protein content and yield in landraces and modern varieties of different wheat species under organic farming. *Euphytics.* ▶ https://doi.org/10.1007/s10681-014-1162-9.

Kranert, M., Hafner, G., Barabosz, J., Schuller, H., Leverenz, D., & Kölbig, A. (2012). Ermittlung der weggeworfenen Lebensmittelmengen und Vorschläge zur Verminderung der Wegwerfrate bei Lebensmitteln in Deutschland. ▶ https://www.bmel.de/SharedDocs/Downloads/Ernaehrung/WvL/Studie_Lebensmittelabfaelle_Langfassung.pdf?__blob=publicationFile. Zugegriffen: 18. Juli 2019.

Laible, G., Wie, J., & Wagner, S. (2015). Improving livestock for agriculture – technological progress from random transgenesis to precision genome editing heralds a new era. *Biotechnology Journal, 10,* 109–120.

Lamers, P., Searcy, E., Hess, R. J., & Stichnothe, H. (2016). *Developing the global bioeconomy: Technical, market, and environmental lessons from bioenergy.* San Diego: Academic Press.

Lindorfer, J., Lettner, M., Fazeni, K., Rosenfeld, D., Annevelink, B., & Mandl, M (2019). Technical, Economic and Environmental Assessment of Biorefinery Concepts. Published by IEA Bioenergy 2019.

McGovern, P., Jalabadze, M., Batiuk, S., Callahan, M. P., Smith, K. E., Hall, G. R., Kvavadze, E., Maghradze, D., Rusishvili, N., Bouby, L., Failla, O., Cola, G., Mariani, L., Boaretto, E., Bacilieri, R., This, P., Wales, N., & Lordkipanidze, D. (2017). Early Neolithic wine of Georgia in the Sousth Caucasus. *PNAS.* ▶ https://doi.org/10.1073/pnas.1714728114.

Meadows, D., Meadows, D., Zahn, E., & Milling, P. (1972). *Die Grenzen des Wachstums. Bericht des Club of Rome zur Lage der Menschheit.* Stuttgart: Deutsche Verlagsanstalt.

Mosbergen, D. (2016). We've already used up earth's resources for 2016 – And It's Only August. Huffpost. Environment. ▶ https://www.huffpost.com/entry/earth-overshoot-day-2016_n_57a4258fe4b056bad2151b49?guccounter=1&guce_referrer=aHR0cHM6Ly9lbi53aWtpcGVkaWEub3JnLw&guce_referrer_sig=AQAAAABMj7bxGNRxQYodS_ZpAEcbiOAJ7t1MSuCaAF6zf2-7OFex1t7XPEUwAQd5aiO4dBboEDJCdHp9H_RSf33EzocmYk5SpUKSQEIJnMQobNTkwqq0Em6jYOc3w8bNn-_Aq6aw6r1V9KRE1qtYGrJiSj8M4QWehA2mIN2ZN9Bzjh9M. Zugegriffen: 17. Juli 2019.

MPG (Max-Planck-Gesellschaft). (2019). Earth day 2019: „Viren können eine gesamte Population in kurzer Zeit verändern". ▶ https://www.mpg.de/13363910/earth-day-2019-reeves. Zugegriffen: 7. Aug. 2019.

Our Finite World. (2018). World energy consumption by fuel – BP. ▶ https://ourfiniteworld.com/2018/06/22/eight-insights-based-on-december-2017-energy-data/world-energy-consumption-to-2017-bp-fossil-fuel-other/. Zugegriffen: 18. Juli 2019.

Pfau, S. F., Hagens, J. E., Dankbaar, B., & Smits, A. J. M. (2014). Visions of Sustainability in Bioeconomy Research. *Sustainability, 6,* 1222–1249.

Pfeifer, M. (2018). *Der Weihrauch. Geschichte, Bedeutung, Verwendung* (3. Aufl.). Regensburg: Friedrich Pustet.

Pflanzenforschung Lexikon. (o. D.). Pflanzenzüchtung (Geschichte). ▶ https://www.pflanzenforschung.de/de/themen/lexikon/pflanzenzuechtung-geschichte-447/. Zugegriffen: 18. Juli 2019.

Pietzsch, J. (Hrsg.). (2017). *Bioökonomie für Einsteiger.* Berlin: Springer Spektrum.

Ropers, H. -H. (2018). Medizinische Genomsequenzierung: Warum Deutschland nicht länger abseits stehen darf. Konrad Adenauer Stiftung, Nr. 324. ▶ https://www.kas.de/documents/252038/3346186/Analysen+&+Argumente+324+-+Medizinische+Genomsequenzierung.pdf/b24bfa86-b10a-04d5-2870-843e3f219d79?version=1.1. Zugegriffen: 17. Juli 2019.

Sampson, T. R., & Weiss, D. S. (2013). Exploiting CRISPR/Cas systems for biotechnology. *BioEssays, 36,* 34–38.

Schaller, R. R. (1997). Moore'slaw: past, present and future. *IEEE Spectrum, 34*(6), 52–59.

Stein, M.W., Giurca, A., & Kleinschmit, D. (2018). „Wir sind die Bioökonomie" – Perspektiven von Akteuren aus dem deutschen Forst- und Holzsektor. *Allgemeine Forst- und Jagdzeitung 189.* Jg. 1/2.

Thrän, D., & El-Chichakli, B. (2017). Bioökonomie: Mehr als nur Ersatz für Öl. ▶ https://www.boell.de/de/2017/09/18/mehr-als-nur-ersatz-fuer-oel?dimension1=division_sp. Zugegriffen: 17. Juli 2019.

Umweltbundesamt. (2019). Altholz. ▶ https://www.umweltbundesamt.de/altholz#textpart-1. Zugegriffen: 7. Aug. 2019.

Vereinte Nationen. (1992). Rio-Erklärung über Umwelt und Entwicklung. ▶ https://www.un.org/Depts/german/conf/agenda21/rio.pdf. Zugegriffen: 17. Juli 2019.

Vereinte Nationen. (2015a). Millenniums-Entwicklungsziele. Bericht 2015. ▶ https://www.bmz.de/de/mediathek/publikationen/reihen/infobroschueren_flyer/infobroschueren/Materialie267_Millenniums_Entwicklungsziele_Bericht_2015.pdf. Zugegriffen: 17. Juli 2019.

Vereinte Nationen. (2015b). United Nations Sustainable Development Summit 2015. ▶ https://sustainabledevelopment.un.org/post2015/summit. Zugegriffen: 17. Juli 2019.

Vereinte Nationen. (2015c). The global goals for sustainable developments. ▶ http://www.globalgoals.org. Zugegriffen: 11. Dez. 2019.

Voytas, D. F., & Gao, C. (2014). Precision genome engineering and agriculture: Opportunities and regulatory challenges. *PLoS Biology, 12*(6), e1001877.

Weiser, C., Zeller, V., Reinicke, F., Wagner, B., Majer, S., Vetter, A., & Thrän, D. (2014). Integrated assessment of sustainable cereal straw potential and different straw-based energy applications in Germany. *Applied Energy, 114,* 749–762.

Wilmut, I., Campbell, K., Tudge, C., & Kober, H. (2001). *Dolly: der Aufbruch ins biotechnische Zeitalter.* München: Hanser.

Wu, R., & Taylor, E. (1971). Nucleotide sequence analysis of DNA: II. Complete nucleotide sequence of the cohesive ends of bacteriophage λ DNA. *Journal of Molecular Biology 57*(3), 491–511.

Zech, K. M., & Schneider, U. A. (2019). Technical biofuel production and GHG mitigation potentials through healthy diets in the EU. *Agricultural Systems.* ▶ https://doi.org/10.1016/j.agsy.2018.10.004.

Zeddies, J., & Schönleber, N. (2014). Literaturstudie: Biomasse – Flächen- und Energiepotenziale. Universität Hohenheim. ▶ http://www.forschungsradar.de/fileadmin/content/bilder/UHOH_Literaturstudie_Bioenergie_Dez14.pdf. Zugegriffen: 18. Juli 2019.

Zeug, W., Bezama, A., Moesenfechtel, U., Jähkel, A., & Thrän, D. (2019). Stakeholders' Interests and perceptions of bioeconomy monitoring using a sustainable development goal framework. *Sustainability.* ▶ https://doi.org/10.3390/su11061511.

Zinke, H., El-Chichakli, B., Dieckhoff, P., Wydra, S., & Hüsing, B. (2016). Bioökonomie für die Industrienation. Ausgangslage für biobasierte Innovationen in Deutschland verbessern. Bioökonomierat. ▶ https://biooekonomierat.de/fileadmin/Publikationen/berichte/Hintergrundpapier_ISA_Vero__ffentlichung_2.pdf. Zugegriffen: 17. Juli 2019.

Prof. Dr.-Ing. Daniela Thrän

(geb. 1968) studierte Technischen Umweltschutz an der Universität Berlin und promovierte an der Bauhaus Universität Weimar. Sie erforscht, wie Biomasse möglichst nachhaltig erzeugt und verwertet werden kann. Seit 2003 ist sie Bereichsleiterin Bioenergiesysteme am Deutschen Biomasseforschungszentrum in Leipzig. Seit 2011 leitet sie das Department Bioenergie am Helmholtz-Zentrum für Umweltforschung (UFZ) in Leipzig und hat seitdem den Lehrstuhl Bioenergiesysteme an der Universität Leipzig inne. Ihre Expertise zur nachhaltigen Nutzung und Produktion von Biomasse bringt sie in zahlreiche Gremien ein. Sie leitet Forschungsprojekte im Bereich Bioenergie, Bioökonomie und Raumwirkungen der erneuerbaren Energien und hat u. a. das Smart-Bioenergy-Konzept entwickelt.

Teilbereiche der Bioökonomie

Inhaltsverzeichnis

Sektoren der Bioökonomie

Johann Wackerbauer

D. Thrän, U. Moesenfechtel (Hrsg.), *Das System Bioökonomie*,
https://doi.org/10.1007/978-3-662-60730-5_2

2

2.1 Einleitung

Die Bioökonomie, in ihrer Eigenschaft als Wirtschaftszweig betrachtet, kann in einzelne Sektoren unterschieden werden. Dahinter steht die Vorstellung, dass man die gesamtwirtschaftliche Produktion nach verschiedenen Wirtschaftssektoren beziehungsweise Branchen aufgliedern kann, wobei der Begriff Sektor zum einen im Sinne einer hohen Aggregationsstufe (Land- und Forstwirtschaft – Industrieller Sektor – Dienstleistungssektor) oder auch auf einer niedrigen Aggregationsstufe verwendet werden kann, bei der man auch von Branchen spricht.

In Branchen werden solche Produzenten zusammengefasst, die weitgehend ähnliche Produkte beziehungsweise Dienstleistungen erstellen (zum Beispiel Automobil- oder Versicherungsbranche). In der amtlichen Statistik werden in diesem Zusammenhang exakte Wirtschaftszweigsystematiken verwendet, wie in der Bundesrepublik Deutschland die Klassifikation der Wirtschaftszweige, Ausgabe 2008 (letzte Aktualisierung nach aktuellem Stand) des Statistischen Bundesamtes, kurz WZ 2008. Diese unterscheidet die Wirtschaftszweige nach fünf Gliederungsebenen: Abschnitte, Abteilungen, Gruppen, Klassen und Unterklassen.

Die Besonderheit der Bioökonomie ist in diesem Zusammenhang, dass sie in ihrer Gesamtheit nicht einem einzelnen Abschnitt beziehungsweise einer einzelnen Abteilung, Gruppe oder Klasse zuzuordnen ist, sondern sich quer über die amtliche Statistik erstreckt. Zudem gibt es zwar zum einen Bereiche der Bioökonomie, die mit einer einzelnen Abteilung, Gruppe oder Klasse identisch sind, wie die Land- und Forstwirtschaft, zum anderen aber auch viele andere Bereiche, die selbst auf der untersten Gliederungsebene (Unterklassen) nur einen Teilbereich des jeweiligen Wirtschaftszweigs ausmachen, zum Beispiel biobasierte Kunststoffe. Letzteres macht die Beschreibung der Bioökonomie im Sinne einer Bestimmung wirtschaftlicher Kennziffern wie Umsatz, Wertschöpfung oder Arbeitsplätzen besonders schwierig. Daher ist es ratsam, mit der Untersuchung der sektoralen Struktur der Bioökonomie zunächst auf der nationalen Ebene zu beginnen, bevor man internationale Wirtschaftszweigsystematiken zugrunde legt.

Aus der spezifischen ökonomischen Sichtweise kann die Bioökonomie als eine Querschnittsbranche betrachtet werden, eine Eigenschaft, die sie mit anderen modernen Wirtschaftsbereichen wie der Umweltwirtschaft oder der Gesundheitswirtschaft teilt. Diese Querschnittseigenschaft bringt es mit sich, dass die Bioökonomie wie die anderen genannten Wirtschaftsbereiche in der amtlichen Statistik nicht eindeutig abgegrenzt werden kann und ihre vollständige Abbildung und Beschreibung auf dieser Basis schwierig ist. Wie in der Umwelt- oder der Gesundheitswirtschaft wird daher versucht, aufgrund von Forschungsprojekten und Marktstudien eine ganzheitliche Darstellung dieser Querschnittsbranche zu erreichen. Dabei gibt es noch keine einheitlichen Konventionen und die Ergebnisse hängen damit stark von den Definitionen und Abgrenzungen ab, die den verschiedenen Ansätzen zugrunde liegen.

Hier wird deswegen dargestellt, welche Ansätze zur sektoralen Betrachtung der Bioökonomie bereits verfolgt werden, auf welchen Annahmen sie basieren, welche Ergebnisse daraus resultieren und welche Vor- und Nachteile die verschiedenen Vorgehensweisen mit sich bringen beziehungsweise welche Lücken verbleiben. Dabei werden die einschlägigen Studien berücksichtigt, die bis zur Jahresmitte 2019 verfügbar waren.

2.2 Der Ansatz der Europäischen Kommission

Die Europäische Kommission beschreibt in ihrer Veröffentlichung „Bioeconomy development in EU regions“ von 2017 die Bioökonomie anhand von drei Sektoren, die sie mit „Kern-Bioökonomie", „Partielle Bioökonomie" und „Indirekte Bioökonomie" bezeichnet. Hierfür listet sie jeweils die zugehörigen Branchen auf. Zum Kern der Bioökonomie gehören demnach: Landwirtschaft, Forstwirtschaft, Fischerei und Aquakultur, Bioenergie und Biokraftstoffe, Lebensmittel und Getränke, Futtermittelindustrie sowie biobasierte Produkte und Verfahren.

Unter „Partieller Bioökonomie" werden Chemie- und Kunststoffindustrie, Baugewerbe, Papier- und Zellstoffindustrie, Pharmaindustrie, Textilindustrie, Abfallwirtschaft und Biotechnologie angeführt. Indirekt der Bioökonomie angehörig sind nach dieser Systematik Technologien, Maschinen und Ausrüstung, Dienstleistungen, Wasserversorgung und Abwasserbehandlung, Energie, Einzelhandel (EK 2017).

An dieser Zuordnung wird deutlich, dass der Kern-Bioökonomie jene Wirtschaftszweige zugerechnet werden, die vollständig biobasiert sind, wogegen es sich bei den Branchen der partiellen Bioökonomie um solche handelt, die nur teilweise biobasiert sind. Im indirekten Bereich handelt es sich schließlich um Branchen, die nicht biobasiert sind, aber teilweise in Bezug zu biobasierten Produkten stehen könnten, weil sie diese unterstützen, wie zum Beispiel Maschinen für die Landwirtschaft und Nahrungsmittelindustrie, der Wasser- und Energieverbrauch bei der Herstellung biobasierter Produkte sowie der Einzelhandel mit biobasierten Produkten. Anderseits fehlen einige Branchen, die zumindest zu nennenswerten Teilen biobasierte Produkte herstellen, wie die Herstellung von Möbeln, Holzwaren und Druckerzeugnissen oder der Schiff- und Bootsbau. Die Beschreibung der Bioökonomie ist daher unvollständig, wenn eine ganzheitliche Betrachtung dieser Querschnittsbranche verfolgt werden soll. Da es Ziel dieser Kommissionsstudie ist, die Forschungs- und Entwicklungsstrategien zur Förderung der Bioökonomie in den unterschiedlichen Regionen der Europäischen Union zu analysieren, werden die dargestellten Sektoren und Branchen sowie Produktgruppen aber ohnehin nicht quantitativ erfasst.

2.3 Der Ansatz der Bundesministerien für Bildung und Forschung und Ernährung und Landwirtschaft

In der Publikation „Bioökonomie in Deutschland", herausgegeben vom Bundesministerium für Bildung und Forschung (BMBF) und dem Bundesministerium für Ernährung und Landwirtschaft (BMEL) vom Mai 2014 werden zehn Wirtschaftszweige genannt, die für die Bioökonomie relevant sind, ihr aber nicht vollständig zuzurechnen sind, und zwar in dieser Reihenfolge: Automobilbranche, Bau, Chemie, Energie, Land- und Forstwirtschaft, Maschinenbau, Nahrungsmittelindustrie, Pharmazeutische Industrie, Konsumgüter sowie Textilien und Bekleidung. Für die einzelnen Wirtschaftszweige werden Beispiele für die jeweiligen Produkte angeführt, die der Bioökonomie zuzuordnen sind, wobei die in diesem Zusammenhang entstehenden Umsätze oder Beschäftigtenzahlen in den meisten Fällen nicht quantifiziert werden können (Ausnahmen s. ◘ Abb. 2.1). Vielmehr wird die jeweilige Gesamtzahl der Unternehmen, der Mitarbeiter und der Gesamtumsatz in den einzelnen Wirtschaftszweigen angegeben (BMBF und BMEL 2014), die somit nur zu einem unbekannten Anteil der Bioökonomie zuzurechnen wären.

Damit entsteht der Eindruck, dass durch die Angabe der Gesamtzahlen das Entwicklungspotenzial der Bioökonomie beschrieben werden soll, das erst dann ausgeschöpft würde, wenn sich die entsprechenden Branchen weitgehend oder gar vollständig auf biobasierte Produkte umstellen würden. Des Weiteren entsteht der Eindruck, dass die Reihenfolge der Aufzählung der Wirtschaftszweige eine Prioritätensetzung impliziert, da sich diese Aufzählung nicht

2

	2010	2011	2012	2013
Biopharmazeutika	3,9	4,2	4,7	
Biogasanlagen[1]				6,6
Ernährungsindustrie			170	

[1] Anlagenbau, Betrieb und Wartung von Biogasanlagen

Abb. 2.1 Umsätze in ausgewählten Bereichen der Bioökonomie nach BMBF und BMEL (Mrd. €). (Quellen: Fachverband Biogas; BPI, basierend auf Daten von Insight Health 2013; Bundesvereinigung der Deutschen Ernährungswirtschaft; zitiert nach BMBF und BMEL 2014)

an der Reihenfolge der Wirtschaftszweigsystematik orientiert. Ob diese Wirtschaftszweige tatsächlich in der gewählten Reihenfolge für die Bioökonomie von Bedeutung sind, lässt sich jedoch klar infrage stellen. Im Bereich Maschinenbau etwa werden unter anderem Landtechnik und Landmaschinen oder Gewächshaustechnik als Beispiele genannt, was darauf hinweist, dass die Publikation die am weitesten gehende Abgrenzung der Bioökonomie verfolgt, einschließlich der „Indirekten Bioökonomie" im Sinne der Kommission. Außen vor bleiben allerdings der Handel mit Bioprodukten sowie die Dienstleistungen, die in Zusammenhang mit der Bioökonomie stehen.

2.4 Der Ansatz des deutschen Bioökonomierats

Der Bioökonomierat beschreibt in seinem Gutachten „Innovation Bioökonomie" von 2010 die Wertschöpfungsketten von der Produktion von Biomasse in den Sektoren Land- und Forstwirtschaft, Fischerei und Aquakultur, Kulturmedien (Mikrobielle Produktion) und Abfallwirtschaft, die über die Aufbereitung und Veredelung unter Anwendung von Biotechnologie, Chemie, Verfahrenstechnik und Bioraffinerie in die Herstellung und Vermarktung in den Bereichen Lebensmittel, Futtermittel, biobasierte Produkte und Bioenergieträger mündet (Bioökonomierat 2010). Diese Darstellung der Wertschöpfungsketten wird flankiert durch die Aufzählung von Branchen wie Nahrungs- und Futtermittel, Getränken, Leder, Holzwaren, Papier und pharmazeutischen Grundstoffen, welche allerdings unvollständig bleibt. Auch diese Vorgehensweise gibt daher Hinweise auf die Schwierigkeiten, die einzelnen Sektoren der Bioökonomie differenziert, aber auch vollständig zu beschreiben. Dementsprechend weist der Bioökonomierat darauf hin, dass es sich gegenwärtig bei der Bioökonomie noch nicht um einen Wirtschaftssektor im traditionellen Sinne handelt, sondern vorerst um ein Konglomerat von Branchen auf dem Weg zu einem neuen Sektor.

In einer weiteren gemeinsamen Publikation des Bioökonomierats mit dem Fraunhofer Institut für System- und Innovationsforschung (ISI) mit dem Titel „Bioökonomie für die Industrienation – Ausgangslage für biobasierte Innovationen in Deutschland verbessern" vom Dezember 2016 (Zinke et al. 2016) wird zwischen acht Sektoren unterschieden, wobei deren Analyse auf die Bedeutung von Innovationssystemen ausgerichtet ist.

Hierbei handelt es sich um die Pharmazeutische Industrie, die Chemieindustrie, die Energiewirtschaft, die Biotechnologie, den Anlagenbau, die Automobilindustrie, das Baugewerbe und die Informations- und Kommunikationstechnologien. Diese Aufzählung erinnert an die sektorale Differenzierung des BMEL, wobei allerdings die Land- und Forstwirtschaft, die Nahrungsmittelindustrie sowie die Textil- und Bekleidungsindustrie fehlen. Dies ist sicherlich der Orientierung am innovativen Potenzial der beschriebenen Sektoren geschuldet. Hinzu kommen die Informations- und Kommunikationstechnologien (IuK), mit denen wohl in erster Linie die Bioinformatik gemeint ist. Insgesamt erfolgt hier wiederum eine eher weite Abgrenzung im Sinne der Europäischen Kommission, allerdings wie beim BMEL ohne Einbeziehung der Dienstleistungen und des Handels. Die Studie zitiert für einzelne Wirtschaftszweige einige empirische Branchenkennziffern: Biopharmazeutika erzielten danach 2013 mit rund 6,5 Mrd. € ein Fünftel des Umsatzes des gesamten deutschen Apothekenmarktes. Die deutsche chemische Industrie nutzte 2011 rund 19 Mio. t fossiler Rohstoffe zur stofflichen Verarbeitung und etwa 2,7 Mio. t nachwachsende Rohstoffe. Der Anteil der nachwachsenden Rohstoffe lag damit bei etwa 13 % und soll zukünftig wachsen. In der europäischen und amerikanischen Chemieindustrie sind rund 5 % der Produkte und Verfahren biobasiert. Bis 2025 wird eine Verdopplung bis Vervierfachung des biobasierten Anteils erwartet.

In den Bereichen Bioenergie und Biokraftstoffe lag die Zahl der Beschäftigten gemäß Zinke et al. 2016 im Jahr 2013 bei 126.400. Aktuellere Zahlen hierzu findet man beim Bundesverband Bioenergie (BBE). Dieser meldet für 2016 rund 105.600 Beschäftigte in der deutschen Bioenergiebranche. Der gesamte Bioenergie-Branchenumsatz lag laut BBE in 2016 bei 12,05 Mrd. € – entsprechend 40 % Anteil am Gesamtumsatz aller Erneuerbaren Energien von 29,6 Mrd. €. Die Investitionen in Bioenergie-Anlagen in 2016 lagen bei ca. 1,64 Mrd. €.

Hierbei handelt es sich hauptsächlich um Investitionen in den Neubau, zu einem geringen Teil auch um die Erweiterung oder Ertüchtigung von Anlagen. Neben den Investitionen der Energieversorgungsunternehmen sind auch die Investitionen aus Industrie, Gewerbe, Handel und privaten Haushalten enthalten (Bundesverband Bioenergie 2019).

Relativ umfassend und detailliert fällt bei Zinke et al. (2016) die Beschreibung der Biotechnologie aus. Diese weist einen hohen Anteil an kleinen und jungen Unternehmen auf. In Deutschland existieren nur rund 30 Unternehmen mit mehr als 100 Beschäftigten. Fast jede zweite Biotech-Firma ist dagegen ein Kleinstunternehmen mit weniger als zehn Mitarbeitern. Das Durchschnittsalter aller 579 Firmen lag 2014 bei elf Jahren. Sie erzielten 2014 einen Umsatz von rund 3 Mrd. € bei Aufwendungen für Forschung und Entwicklung (FuE) von ca. 1 Mrd. €. Rund die Hälfte der in Deutschland ansässigen dedizierten Biotechnologie-Unternehmen konzentriert sich auf medizinische Anwendungen. Ein Drittel der deutschen Biotech-Firmen versteht sich als Dienstleister, zum Beispiel als Auftragsproduzent für andere Biotech-Unternehmen. Nur wenige Firmen in Deutschland sind auf die industrielle (10 %) oder die grüne Biotechnologie (4 %) spezialisiert.

Auf das Zukunftsfeld „Bioinformatik" haben sich bisher rund 5 % der Firmen konzentriert. Neben den dedizierten Biotech-Firmen sind auch Unternehmen in der Branche aktiv, deren Geschäft nur zu einem Teil auf biotechnologischen Methoden beruht. Dazu zählen vor allem Konzerne aus der Pharma-, Chemie- und Lebensmittelwirtschaft. Insgesamt lassen sich in Deutschland rund 37.000 Arbeitsplätze der Biotechnologie zuordnen (biotechnologie.de 2015).

Eine aktuellere Studie mit dem Titel „The German Biotechnology Sector" der BIOCOM AG von 2017 beziffert für 2016 den Umsatz von 615 Biotechnologie-Unternehmen auf 3,5 Mrd. € bei FuE-Aufwendungen von 1,1 Mrd. € und 42.280 Mitarbeitern. Mit einer Zeitreihe von 2008 bis 2016 handelt es sich bei der Biotechnologie damit um das am besten dokumentierte Teilsegment der biobasierten Wirtschaft in Deutschland (BIOCOM AG 2017).

2.5 Der Ansatz des Johann Heinrich von Thünen-Instituts

Das Johann Heinrich von Thünen-Institut verfolgte schon in einem Bericht des Jahres 2012 mit dem Titel „Volkswirtschaftliche Bedeutung der biobasierten Wirtschaft in Deutschland" einen umfassenden Ansatz zur Quantifizierung der biobasierten Wirtschaft. Die Autoren ermitteln die volkswirtschaftliche Bedeutung der biobasierten Wirtschaft in Deutschland in einer sektorübergreifenden Gesamtschau, wobei sie sich an der Systematik der Wirtschaftszweige orientieren. In einem ersten Schritt werden die Wirtschaftsbereiche beziehungsweise Wirtschaftszweige der Volkswirtschaftlichen Gesamtrechnung (VGR) ausgewählt, die einen offensichtlichen Bezug zur biobasierten Wirtschaft haben. In einem weiteren Schritt wird versucht, diejenigen Wirtschaftszweige, die biobasierte Inputs einsetzen, zu identifizieren und zu berücksichtigen. Für den Handel werden sinnvolle Quotienten für die Quantifizierung des Anteils der Bioökonomie gebildet, die Bereiche Forschung und staatliche Einrichtungen werden dagegen generell nicht berücksichtigt. Mit dieser Vorgehensweise werden über die Nachverfolgung der Stoffströme empirische Ergebnisse für die Indikatoren Umsatz, Beschäftigung, Unternehmensanzahl und Wertschöpfung generiert, wobei die Autoren darauf hinweisen, dass lediglich grobe Abschätzungen vorgenommen werden können (Efken et al. 2012).

Immerhin bieten diese Abschätzungen ein umfassendes Bild für die sektorale Zusammensetzung der Bioökonomie im Jahr 2007 (◘ Abb. 2.2):

Nach den ermittelten Kennziffern hatte die Bioökonomie im Jahr 2007 einen Anteil von 12,5 % an der Gesamtbeschäftigung und 7,6 % an der gesamtwirtschaftlichen Bruttowertschöpfung in Deutschland. Das größte Teilsegment innerhalb der deutschen Bioökonomie nahm die Verarbeitung mit rund 37 % Anteil an den in der Bioökonomie Beschäftigten und knapp 52 % an der Bruttowertschöpfung in der Bioökonomie ein, gefolgt vom Handel mit 27 % beziehungsweise 26 % Anteil. Drittgrößtes Segment war die Erzeugungsstufe mit knapp 18 % der Beschäftigten und annähernd 12 % der Bruttowertschöpfung. Damit hatten die biobasierten Dienstleistungen mit 18 beziehungsweise 10 % den geringsten Anteil.

Die Darstellung der Bioökonomie ist hier zwar umfassend. Es wäre aber von Interesse, wenn man die ermittelten Kennziffern für den Bereich „Verarbeitung" in einer tieferen Differenzierung nach den einzelnen Industrie- und Dienstleistungsbranchen ausweisen könnte.

Im Jahr 2016 folgte mit einem Aufsatz im Wageningen Journal of Life Sciences (NJAS) unter dem Titel „Measuring the importance of the bioeconomy in Germany: Concept and

	Unternehmen (Anzahl)	**Beschäftigte** (Anzahl)	**Umsatz** (Mrd. €)	**Bruttowertschöpfung** (Mrd. €)
Erzeugungsstufe	403.924	884.436	50,8	19,0
Verarbeitung	158.845	1.823.618	334,0	84,8
Handel	127.677	1.359.574	333,9	43,6
Biobasierte Dienstleistungen	130.005	889.983	34,8	17,1
Insgesamt	818.832	4.957.530	753,5	164,5

◘ **Abb. 2.2** Kennzahlen der Bioökonomie in Deutschland nach Funktionsbereichen 2007. (Quelle: eigene Darstellung, basierend auf Efken et al. 2012)

illustration“ eine Aktualisierung durch das von Thünen-Institut. Dabei wird die Definition des Bioökonomierats zugrunde gelegt, wonach Bioökonomie definiert ist als

> „alle ökonomischen Aktivitäten, einschließlich Dienstleistungen, die in irgendeiner Weise biologische Ressourcen produzieren, verarbeiten oder nutzen" (Efken et al. 2016, o. S.).

Die unterstützenden Wirtschaftszweige (indirekte Bioökonomie im Sinne der Europäischen Kommission) bleiben dabei außen vor. Zur Quantifizierung des primären Sektors (Land- und Forstwirtschaft, Fischerei) werden Statistiken aus der Volkswirtschaftlichen Gesamtrechnung verwendet. Für alle anderen Wirtschaftszweige dient das Europäische System der Volkswirtschaftlichen Gesamtrechnung als Grundlage, darauf aufbauend werden insbesondere die Umsatzsteuerstatistik, verschiedene Kostenstrukturstatistiken und die Material- und Wareneingangserhebung zur Quantifizierung der Bioökonomie verwendet. Während der primäre Sektor vollständig der Bioökonomie zugerechnet wird, wird der Bereich der Bioenergie mithilfe von Veröffentlichungen des Bundeswirtschaftsministeriums und ergänzenden Berechnungen quantifiziert. Für die anderen Industriezweige erfolgt die Ermittlung des Bioökonomie-Anteils mithilfe der Material- und Wareneingangserhebung, die ausweist, in welchem Ausmaß biogene Ressourcen in den verschiedenen Wirtschaftszweigen als Input verwendet werden. Für den Lebensmitteleinzelhandel, Drogeriemärkte und Heimwerkermärkte werden einschlägige Schätzungen verschiedener Marktforschungsinstitute verwendet und die Gaststätten werden mangels anderer Informationen vollständig der Bioökonomie zugerechnet.

Im Gesamtergebnis (Abb. 2.3) waren im Jahr 2010 rund 5 Mio. Erwerbstätige in der Bioökonomie tätig, was 12,4 % aller gesamtwirtschaftlichen Erwerbstätigen entspricht

	2002	2006	2010
Beschäftigung in der Bioökonomie (in 1.000 Erwerbstätigen)	3.929	4.304	5.089
Anteil an der Gesamtwirtschaft	9,9 %	10,9 %	12,4 %
Bruttowertschöpfung (in Mrd. €)	115	122	140
Anteil an der Gesamtwirtschaft	5,7 %	5,6 %	6,0 %
Sektorale Aufteilung der Bruttowertschöpfung (in Mrd. €)[1]			
▸ Land- und Forstwirtschaft, Fischerei	18	15	17
▸ Bioenergie	2	6	6
▸ Industrie	47	48	45
▸ Groß- und Einzelhandel	34	37	48
▸ Dienstleistungen	14	16	24

[1)] Verlagerungen zwischen dem Industriesektor einerseits und den Sektoren Handel und Dienstleistungen andererseits beruhen teilweise auf Änderungen der statistischen Klassifikationen.

Abb. 2.3 Entwicklung der Bioökonomie in Deutschland 2002–2010. (Quelle: eigene Darstellung, basierend auf Efken et al. 2016)

und die Bruttowertschöpfung betrug 140 Mrd. € oder 6 % der gesamtwirtschaftlichen Wertschöpfung.

2

Dabei lag der Zuwachs gegenüber dem Jahr 2002 bei den Erwerbstätigen bei + 30 % und bei der Wertschöpfung bei + 22 % und damit deutlich über den gesamtwirtschaftlichen Zuwächsen (+4 % beziehungsweise + 16 %). Daraus lässt sich folgern, dass die Produktivität der Beschäftigten in der Bioökonomie zwischen den Jahren 2002 und 2010 deutlich angestiegen ist (um insgesamt + 8 %), allerdings lag sie weiterhin unterhalb der gesamtwirtschaftlichen Produktivität, da der Anteil an der gesamtwirtschaftlichen Wertschöpfung weiterhin unter dem Anteil an den in der Gesamtwirtschaft Beschäftigten lag. Im Hinblick auf die

Urheber	Sektorale Differenzierung	Informationen beziehungsweise ökonomische Kennziffern
Europäische Kommission 2017	• Unterscheidung zwischen • Kern-Bioökonomie • Partielle Bioökonomie • Indirekte Bioökonomie	Darstellung der regionalen und nationalen Bioökonomie-Strategien in den EU-Mitgliedsländern
BMBF/BMEL	10 Bioökonomie-relevante Wirtschaftszweige	• Zahl der Unternehmen, Mitarbeiter und Umsatz insgesamt (= Potenzial der Bioökonomie) • Umsatz für Biopharmazeutika, Biogasanlagen und Nahrungsmittelindustrie
Bioökonomierat 2010	Darstellung der Wertschöpfungsketten der Bioökonomie: • Produktion von Biomasse • Aufbereitung und Veredelung • Herstellung und Vermarktung	Weitgehend qualitative Beschreibung der Wertschöpfungsketten
Bioökonomierat/ Fraunhofer ISI 2016	8 Bioökonomie-relevante Wirtschaftszweige	• Biopharmazeutika: Umsatz Bioenergie: Beschäftigte, Umsatz, Investitionen (BBE 2016) • Biotechnologie: Zahl der Unternehmen, Umsatz, FuE-Aufwendungen (auch bei BIOCOM 2017)
Thünen-Institut 2012	Vier Sektoren: • Erzeugung • Verarbeitung • Handel • Dienstleistungen	• Anzahl der Unternehmen • Beschäftigte • Umsatz • Bruttowertschöpfung
Thünen-Institut 2016	Fünf Sektoren: • Land- und Forstwirtschaft, Fischerei • Bioenergie • Industrie • Groß- und Einzelhandel • Dienstleistungen	• Beschäftigte • Bruttowertschöpfung

Abb. 2.4 Vergleich der verschiedenen Ansätze zur Erfassung der sektoralen Struktur der Bioökonomie. (Quelle: eigene Darstellung)

Entwicklung der einzelnen Sektoren bleibt festzuhalten, dass das Wachstum der Bioökonomie unter anderem auf Zuwächsen im Handel und bei den Dienstleistungen beruhte, die Produktion und Verarbeitung biologischer Ressourcen stagnierte dagegen nahezu.

Die sektorale Differenzierung ist laut Efken et al. (2016) gegenüber Efken et al. (2012) kaum fortgeschritten. Der Sektor Land- und Forstwirtschaft, Fischerei entspricht der Erzeugungsstufe in der Vorgängerstudie, die dortige Verarbeitung wird lediglich in Bioenergie und Industrie unterschieden. In der neuen Studie werden zwar auch Ergebnisse für einzelne Branchen ausgewiesen, aber exemplarisch und nicht umfassend für sämtliche Branchen. Auffallend sind auch die deutlich unterschiedlichen Ergebnisse für das Jahr 2007 in der Vorgängerstudie und das Jahr 2006 in der neuen Studie. Bei diesen Ergebnissen handelt es sich um den bislang umfassendsten und aktuellsten empirischen Ansatz für die Analyse der Bioökonomie in Deutschland. Allerdings sind auch hier die Ergebnisse bereits veraltet und bedürften einer Aktualisierung.

In ◘ Abb. 2.4 werden die beschriebenen Ansätze nochmals gegenübergestellt. Daraus wird deutlich, dass sich die verschiedenen Publikationen hinsichtlich der sektoralen Differenzierung deutlich unterscheiden, denn es werden zwischen drei und zehn unterschiedliche Sektoren berücksichtigt. Dabei sind auf der Branchenebene die Bioenergie und die Biotechnologie aufgrund der ihnen zukommenden energie- beziehungsweise wirtschaftspolitischen Aufmerksamkeit quantitativ am weitest gehenden erfasst; mit Abstrichen gilt dies auch für die Nahrungsmittelindustrie und Biopharmazeutika.

Neben der Identifizierung marktfähiger bioökonomischer Produkte anhand ökonomischer Kennziffern wie Umsatz und Beschäftigte ist zu berücksichtigen, dass sich viele Innovationen und Konzepte in der Bioökonomie noch im Frühstadium der Forschung und Entwicklung befinden und damit kommerziell noch nicht weit verbreitet sind. Sie zeichnen sich daher durch einzelne Erfolgsbeispiele mit eher geringen Produktionsmengen aus. Beispielsweise liegt in den Segmenten Biokunststoffe, Biokraftstoff, biobasierte Chemikalien oder biobasierte Aroma- und Duftstoffe der Anteil der Produkte, deren Produktion Biomasse als Rohstoff und/oder biotechnische Verfahrensschritte beinhaltet, jeweils unter 5 % des jeweiligen Gesamtmarktes (Wydra und Hüsing 2018). In diesen Segmenten lässt sich die ökonomische Bedeutung innovativer biobasierter Produkte daher weniger durch Umsatz- und Beschäftigtenzahlen beurteilen, als vielmehr durch Frühindikatoren wie Patentanmeldungen und Aufwendungen für Forschung und Entwicklung.

2.6 Fazit

Zusammenfassend bleibt festzuhalten, dass die sektorale Abgrenzung in den verschiedenen vorhandenen Studien mangels einheitlicher Konventionen häufig *ad hoc* und im Hinblick auf die jeweilige Zielsetzung der entsprechenden Untersuchung gewählt wurde. Daher werden in den verschiedenen Ansätzen unterschiedliche Abgrenzungen der Bioökonomie vorgenommen und unterschiedliche Definitionen von Bioökonomie zugrunde gelegt. Es mangelt somit an der Eindeutigkeit, der Vollständigkeit und der Vergleichbarkeit in der Beschreibung der Bioökonomie und dort, wo das Kriterium der Vollständigkeit am weitest gehenden erfüllt ist, an der Aktualität der Ergebnisse (Stand Jahresmitte 2019). Es wäre daher notwendig, dass sich die Akteure der deutschen – und idealerweise auch der europäischen – Bioökonomieforschung auf gemeinsame Definitionen und Klassifikationen und auf eine kohärente Darstellung der Bioökonomie einigen, die alle relevanten Wirtschaftszweige von der Erzeugung von Biomasse über deren Verarbeitung bis hin zum Handel mit biobasierten Produkten und den

2

korrespondierenden Dienstleistungen umfasst. Dabei sollte man sich, um die Vergleichbarkeit mit anderen Branchen zu gewährleisten, an der Wirtschaftszweigsystematik orientierten – unterstützt durch die Produktionsstatistik, wenn es gilt, den biobasierten Anteil an den einzelnen Branchen zu ermitteln. Die wissenschaftlichen Grundlagen hierfür wurden in einem im Auftrag des Bundesministeriums für Wirtschaft und Energie durchgeführten Forschungsprojekt gelegt (Wackerbauer et al. 2019). Dabei wurden Methoden entwickelt, um anhand geeigneter Indikatoren die Anteile der Bioökonomie in den einzelnen Wirtschaftszweigen zu ermitteln, um deren Entwicklung umfassend und differenziert abbilden zu können. Die entsprechenden Ergebnisse werden es ermöglichen, unter Anwendung der vorgeschlagenen Vorgehensweise Aussagen über die sektorale Bedeutung der Bioökonomie in Deutschland zu treffen. Darüber hinaus fördert die Europäische Kommission unter der Kurzbezeichnung „BioMonitor" ein großes Forschungsprojekt, das auf die Quantifizierung der Bioökonomie und ihrer wirtschaftlichen, sozialen und Umweltauswirkungen in den Mitgliedsländern der Europäischen Union abzielt.

Literatur

BIOCOM AG. (2017). The german biotechnology sector – Facts & figures 2017. ► https://www.iwbio.de/fileadmin/Publikationen/IWBio-Publikationen/German-Biotech-Sector_2017.pdf. Zugegriffen: 20. Aug. 2019.

BioÖkonomieRat. (2010). Gutachten des Bioökonomierats 2010 – Innovation Bioökonomie. ► https://biooekonomierat.de/fileadmin/Publikationen/gutachten/boer_Gutachten2010_lang.pdf. Zugegriffen: 20. Aug. 2019.

biotechnologie.de. (2015). Die deutsche Biotechnologie-Branche – Daten & Fakten 2015. ► https://www.iwbio.de/fileadmin/Publikationen/IWBio-Publikationen/Biotech-Statistik-Umfrage2015.pdf. Zugegriffen: 20. Aug. 2019.

BMBF (Bundesministerium für Bildung und Forschung) und BMEL (Bundesministerium für Ernährung und Landwirtschaft). (2014). Bioökonomie in Deutschland Chancen für eine biobasierte und nachhaltige Zukunft. ► https://www.bmbf.de/upload_filestore/pub/Biooekonomie_in_Deutschland.pdf. Zugegriffen: 20. Aug. 2019.

Bundesverband Bioenergie. (2019). Wirtschaft. ► https://www.bioenergie.de/themen/wirtschaft. Zugegriffen: 20. Aug. 2019.

Efken, J., Banse, M., Rothe, A., Dieter, M., Dirksmeyer, W., Ebeling, M., Fluck, K., Hansen, H., Kreins, P., Seintsch, B., Schweinle, J., Strohm, K., & Weimar, H. (2012). Volkswirtschaftliche Bedeutung der biobasierten Wirtschaft in Deutschland. Johann Heinrich von Thünen-Institut, Arbeitsberichte aus der vTI-Agrarökonomie 07/2012. ► https://literatur.thuenen.de/digbib_extern/dn051397.pdf. Zugegriffen: 20. Aug. 2019.

Efken, J., Dirksmeyer, W., Kreins, P., & Knecht, M. (2016). Measuring the importance of the bioeconomy in Germany: Concept and illustration. *NJAS – Wageningen Journal of Life Sciences.* ► https://doi.org/10.1016/j.njas.2016.03.008.

European Commission. (2017). The future of food and farming. Communication from the commission to the European Parliament, the council, the European Economic and Social Committee and the Committee of the Regions. ► https://ec.europa.eu/agriculture/sites/agriculture/files/future-of-cap/future_of_food_and_farming_communication_en.pdf. Zugegriffen: 20. Aug. 2019.

Wackerbauer, J., Rave, T., Dammer, L., Piotrowski, S., Jander, W., Grundmann, P., Wydra, S., & Schmoch, U. (2019). Ermittlung wirtschaftlicher Kennzahlen und Indikatoren für ein Monitoring des Voranschreitens der Bioökonomie. ifo Forschungsberichte 104. ► https://www.ifo.de/DocDL/ifo_Forschungsberichte_104_2019_Monitoring-Biooekonomie.pdf. Zugegriffen: 26. Aug. 2019.

Wydra, S., & Hüsing, B. (2018). Von einer fossil basierten zu einer biobasierten Wirtschaft. *Ökologisches Wirtschaften, 1*(2018), 16–18.

Zinke, H., El-Chichakli, B., Dieckhoff, P., Wydra, S., & Hüsing, B (2016). Bioökonomie für die Industrienation – Ausgangslage für biobasierte Innovationen in Deutschland verbessern. Bioökonomierat und Fraunhofer Institut für System- und Innovationsforschung. ► https://biooekonomierat.de/fileadmin/Publikationen/berichte/Hintergrundpapier_ISA_Vero__ffentlichung_2.pdf. Zugegriffen: 20. Aug. 2019.

Dr. Johann Wackerbauer

(geb. 1957) studierte Volkswirtschaftslehre an der Ludwig-Maximilians-Universität München (LMU) mit dem Abschluss Dipl.-Volkswirt im Jahr 1984 und promovierte dort 1988 zum Dr. oec. publ. Seit 1989 ist er als wissenschaftlicher Mitarbeiter des ifo Instituts in der umweltökonomischen Forschung tätig und seit 2010 stellvertretender Leiter des dortigen Zentrums für Energie, Klima und Ressourcen. Seine Forschungsschwerpunkte liegen in den Bereichen Umweltökonomie, Umweltpolitik und Umweltwirtschaft. Er war vielen einschlägigen Forschungsprojekten des Instituts für Wirtschaftsforschung beteiligt bzw. als Projektleiter federführend tätig. Zudem ist er Autor bzw. Co-Autor zahlreicher wissenschaftlicher Publikationen zu den genannten Themen.

Pflanzenbasierte Bioökonomie

Klaus Pillen, Anne-Laure Tissier und Ludger A. Wessjohann

D. Thrän, U. Moesenfechtel (Hrsg.), *Das System Bioökonomie*,
https://doi.org/10.1007/978-3-662-60730-5_3

3.1 Übersichtsgrafik

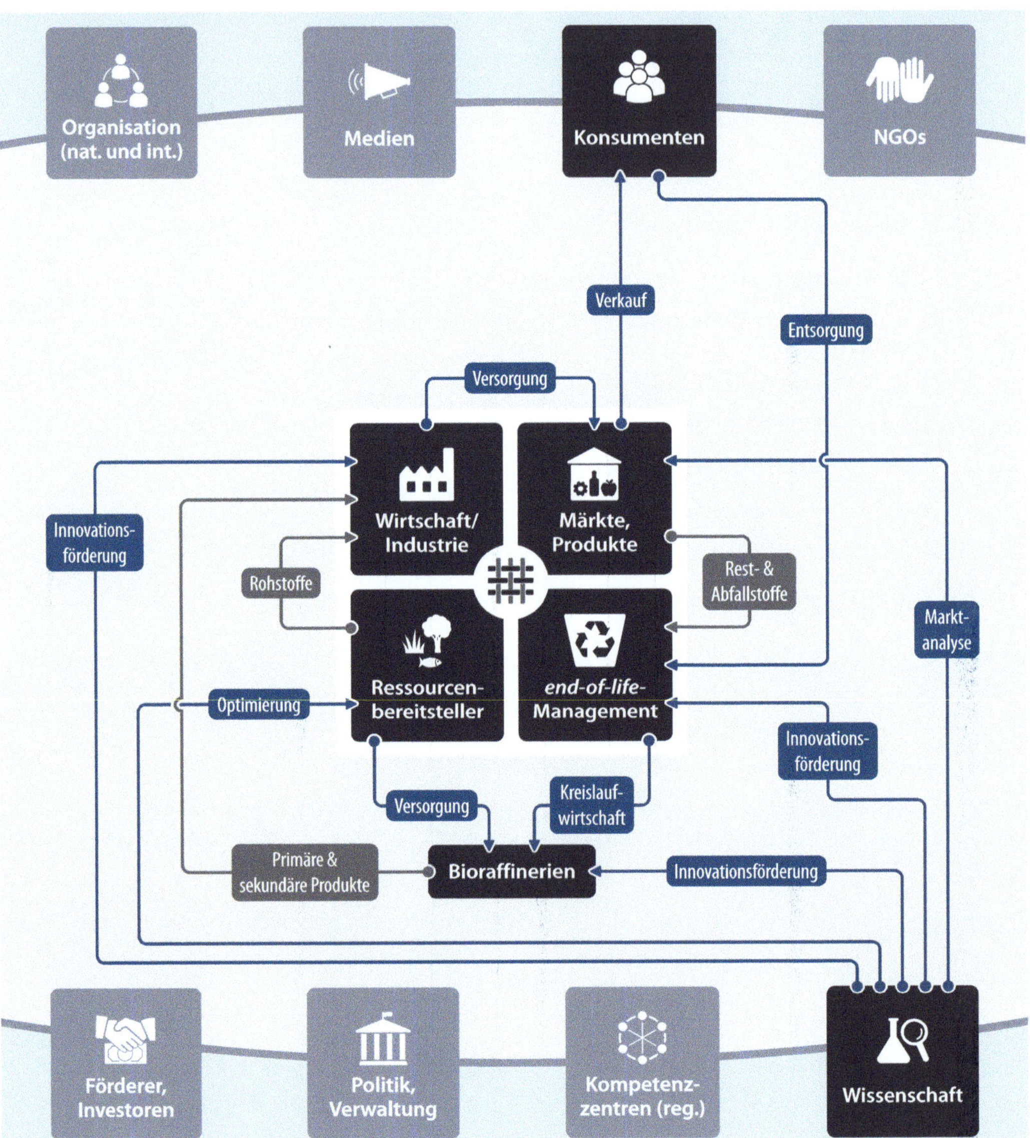

Ressourcenbereitsteller

- Agrarwirtschaft, Forstwirtschaft, Aquakulturwirtschaft, Arznei- und Gewürzpflanzenkultur

Wirtschaft/Industrie

- Lebensmittel, Kraftstoffe, Biogas, Oleochemie, Chemie, Pharmazie, Kosmetik, Papier & Zellstoffe, Verpackungen, Kunststoffe, Harze & Klebstoffe, Schmierstoffe, Farben & Lacke, Textilien, Tenside

Märkte & Produkte

- Lebensmittel, Energie, Pharmazeutika & Kosmetika, Papiere, Kunststoffe, Klebstoffe, Schmierstoffe, Farben und Lacke, Textilien, Tenside

***end-of-life*-Management**

- Kreislaufwirtschaft (Bioreaktoren), Recycling, Abbaubarkeit

Organisationen (nat. und int.)

- BIO Deutschland e. V., Bioökonomierat

Medien

- Print- und Online-Veröffentlichungen der Akteure, BIOCOM AG

Konsumenten

- Bevölkerung und Spezialanwender wie aufgeführt

NGOs

- DECHEMA e. V., Umwelt- und Verbraucherschutzverbände

Förderer, Investoren

- BMBF, BMEL, DFG, FNR, Horizon 2020, Stiftungen

Politik, Verwaltung

- Bundes- und Landesforschungsanstalten, Ministerien des Bundes und der Länder

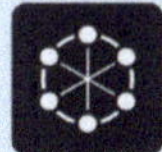

Kompetenzzentren (reg.)

- WissenschaftsCampus Halle - Pflanzenbasierte Bioökonomie, BioEconomy Cluster e. V., Bioeconomy Science Center, Cluster of Excellence on Plant Sciences, Campus Straubing für Bioökonomie und Nachhaltigkeit, Forschungszentrum für Bioökonomie, Gemeinschaft zur Förderung von Pflanzeninnovation, u. a.

Wissenschaft

- Martin-Luther-Universität Halle-Wittenberg, Technische Universität München, Forschungszentrum Jülich, Universität Düsseldorf, RWTH Aachen, Universität Hohenheim, Leibniz-Institute (für Pflanzengenetik und Kulturpflanzen, Agrartechnik und Bioökonomie, Pflanzenbiochemie), Julius Kühn-Institut, Helmholtz-Zentrum für Umweltforschung, Deutsches Biomasseforschungszentrum, Nova Institut, u. a.

3.2 Systembeschreibung

3.2.1 Zentrale Elemente des Systems im Überblick

3

Die **Ressourcen** der pflanzenbasierten Bioökonomie werden unter anderem durch die Agrar- und Forstwirtschaft sowie die Algenproduktion bereitgestellt. Die **Ressourcenbereitstellung** erfolgt in der Regel über genombasierte Pflanzenzüchtung, Hochdurchsatzphänotypisierung, Präzisionslandwirtschaft, Bioraffinerien (Zucker-, Stärke-, Pflanzenöl-, Algenlipid-, Lignocellulose-, Gasraffinerie) und Biotechnologie. Die wichtigsten **Produktionsformen** sind die Primärproduktion von Kulturpflanzen und Konversion und Verarbeitung pflanzlicher Biomasse. Lebensmittel, Energie, Pharmazeutika und Kosmetika, Papiere, Kunst-, Kleb- und Schmierstoffe, Farben und Lacke, Textilien und Tenside gelten als die **wichtigsten Produkte** der pflanzenbasierten Bioökonomie. Die wichtigsten **Märkte und Nutzungsformen** pflanzenbasierter Bioökonomieprodukte sind Ernährung (Mensch und Tier), Energie, Chemie und Gesundheitssektor sowie Material- und Bausektor. **Lebenszyklus, Kreislaufwirtschaft, Recycling und Abbaubarkeit** gelten als zentrale übergeordnete Themen der pflanzenbasierten Bioökonomie. Als wichtige **Systemgrenzen** beziehungsweise **Handlungsrahmen** sind der Tank-Teller-Trog-Konflikt, Innovationsförderung versus Vorsorgeprinzip sowie Anpassung an die Rahmenbedingungen versus Anpassung der Rahmenbedingungen zu nennen.

Die wichtigsten Elemente im Einzelnen

Pflanzen und Wirtschaft Pflanzen werden seit jeher, spätestens aber mit dem Beginn des Ackerbaus, nicht nur für die Erzeugung von Lebensmitteln angebaut, sondern auch als Wirk- und Werkstoff genutzt, etwa zur Herstellung von Arzneien und Bekleidung. Die „pflanzenbasierte Bioökonomie" ist damit keine Erfindung der Neuzeit. Mit Beginn der Industrialisierung ersetzte jedoch Erdöl in vielfältiger Weise zuvor pflanzenbasierte Erzeugnisse. Die pflanzenbasierte Bioökonomie der letzten Jahrzehnte wurde lange Zeit lediglich als Erdölersatzstrategie angesehen, um dem sogenannten *peak oil* zuvorzukommen. Hierbei ging es vor allem um die energetische Nutzung von Pflanzen. Mittlerweile gilt die pflanzenbasierte Bioökonomie aber zu Recht als Motor für notwendige Innovationen, Nachhaltigkeit und gesellschaftlichen Wandel. Pflanzenbasierte Bioökonomie bedeutet heutzutage nicht nur, zu fossilbasierten Ressourcen biologische Alternativen aus pflanzlichen Rohstoffen oder aus den Bestandteilen, die von der pflanzlichen Wertschöpfungskette abgeleitet werden, zu finden. Pflanzenbasierte Bioökonomie bedeutet auch, sich an Stoffkreisläufen aus der Natur zu orientieren *(circular bioeconomy)* und in allen wirtschaftlichen sowie gesellschaftlichen Bereichen nachzuahmen und zu erhalten (WissenschaftsCampus Halle 2017).

Die pflanzenbasierte Bioökonomie bezieht einen trans- und interdisziplinären Ansatz der Wirtschaft ein, der bei der Herstellung der primären Ressourcen anfängt, die Erzeugung eines fertigen Produkts oder einer Dienstleistung ermöglicht, und für die Akzeptanz beziehungsweise die Unterstützung der Öffentlichkeit und der Politiken sorgt.

Besonders für ein Hochlohnland wie Deutschland kann pflanzenbasierte Biotechnologie vor allem dort greifen, wo die Wertschöpfungskette hochwertige und hochpreisige Produkte oder Dienstleistungen erzeugt. Die energetische Nutzung kann, aufgrund der begrenzten Flächenverfügbarkeit in Deutschland, dagegen nur ein – wenn auch beträchtlicher – Zusatzeffekt am Ende der Wertschöpfungskette sein.

Herkunft und Verwendung der Biomasse Als erster Baustein der pflanzenbasierten Bioökonomie ist die Bereitstellung des nachwachsenden Rohstoffs zu nennen, das heißt Biomasse.

> Unter **Biomasse** versteht man die lebende und wachsende oder auch bereits abgestorbene – aber nicht fossile – Materie und daraus resultierende Abfallstoffe (ÖNORM M 7101 Bbl 2 1996). So entspricht die pflanzliche primäre Biomasse der Gesamtheit der lebenden Pflanzen und Algen sowie dem daraus resultierenden toten Material.

Pflanzenbasierte Biomasse wird erzeugt und verwendet in

- der Agrarwirtschaft (unter anderem in der Nahrungs- und Futtermittelindustrie, aber zunehmend auch für die sogenannte stoffliche Verwertung – etwa als Chemikalien oder als Faserverbundwerkstoffe – und letztlich die Energieversorgung) (Destatis 2019).
- der Forstwirtschaft (unter anderem für die Bau- und Möbelwirtschaft, die Zellstofferzeugung sowie Energie. Die Sekundärnutzung ist weniger ausgeprägt, als bei Agrarprodukten, aber in einigen Bereichen wie zum Beispiel der Lebensmittel- und Aromenindustrie bereits etabliert) (BMEL 2018).
- der Algenproduktion (unter anderem als Lebensmittel und als Bestandteile für Biokraftstoffe).

Auch wenn Wildarten von Pflanzen verwendet werden können, nutzt die Bioökonomie auf der wirtschaftlichen Ebene hauptsächlich vom Menschen kultivierte pflanzliche Biomasse wie Getreide, Raps, Kartoffel, Zuckerrübe, Holz, Algen sowie Pflanzen mit besonderen Eigenschaften, zum Beispiel Gewürz- und Heilpflanzen (Pflanzenforschung.de o. D.). Von den ca. 500.000 Pflanzenarten die zurzeit auf der Erde wachsen, werden indes nur 4 % für die Nahrungsmittel-, chemische und pharmazeutische Industrie oder für die Bereiche der Materialwissenschaften und Energiegewinnung verwendet (Pflanzenforschung.de o. D.). Selbst von diesen werden nur wenige im Sekundärbereich genutzt. Dafür zeichnet sich der Sekundärbereich aber durch hochwertige und spezialisierte Produkte aus. So lässt sich feststellen, dass in der pflanzlichen Bioökonomie derzeit viele Rohstoffressourcen und -möglichkeiten noch nicht erforscht wurden oder noch ungenutzt sind.

Stoffklassen aus der pflanzlichen Biomasse Die Bioökonomie betrachtet die pflanzliche Biomasse als Vorratsbehälter von chemischen Stoffen, die sich, unter Berücksichtigung ihrer chemischen Verbindungen, in die Gruppen der Kohlenhydrate, Polyphenole mit Lignin, Lipide (Fette, Öle, Terpenoide), Proteine und Sonstiges unterteilen lassen. Hier werden zum Beispiel Weizen und Kartoffel nicht botanisch als *Triticum aestivum* beziehungsweise *Solanum tuberosum,* sondern als stärkeliefernde Pflanzen kategorisiert. Des Weiteren werden Pflanzen zunehmend als Hersteller von Molekülen mit besonderen Merkmalen genutzt. Die spezifischen Fähigkeiten dieser Pflanzenstoffe können physikalisch, chemisch oder pharmakologisch sein. Diese komplex aufgebauten, kleinen Moleküle, die sogenannten sekundären oder spezialisierten Pflanzeninhaltsstoffe, unter denen sich zum Beispiel Farbstoffe, Geschmacksstoffe, Riechstoffe oder auch arzneiliche Wirkstoffe finden, sind vor allem hochwertige und hochpreisige Inhaltsstoffe. Sie unterscheiden sich von vielen Biopolymeren, die Verknüpfungen der einfachen Bausteine (Monomere) zu Ketten oder Netzen oder auch dreidimensionalen Strukturen (Polymere) sind. Letztere sind für den Energiegehalt, die Strukturgebung und den Nahrungsgrundbedarf verantwortlich.

Verwendung der pflanzlichen Stoffe Die pflanzliche Biomasse wird für diätetische, chemische oder stoffliche und energetische Zwecke verwendet (▫ Abb. 3.1). Die Kunst

3

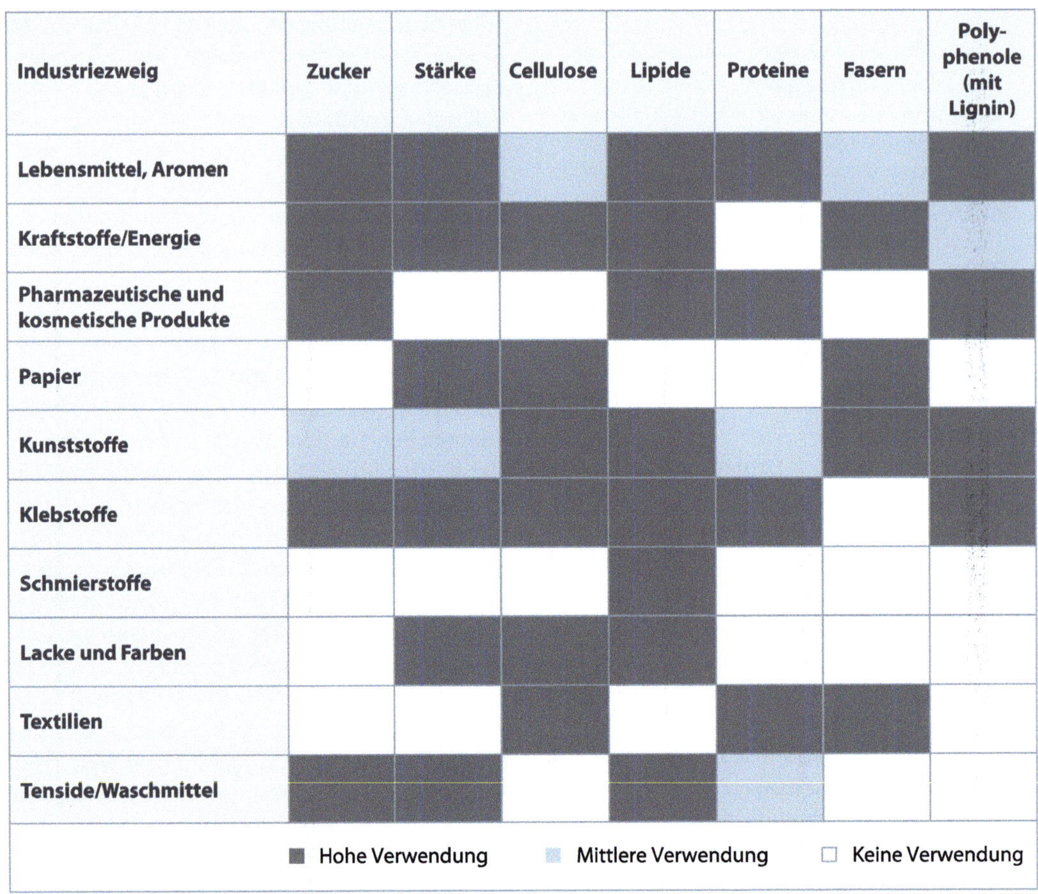

Industriezweig	Zucker	Stärke	Cellulose	Lipide	Proteine	Fasern	Polyphenole (mit Lignin)
Lebensmittel, Aromen	■	■	▒	■	■	▒	■
Kraftstoffe/Energie	■	■	■	■	□	■	▒
Pharmazeutische und kosmetische Produkte	■	□	□	■	■	□	■
Papier	□	■	■	□	□	■	□
Kunststoffe	▒	▒	■	■	▒	■	■
Klebstoffe	■	■	■	■	■	□	■
Schmierstoffe	□	□	□	■	□	□	□
Lacke und Farben	□	■	■	■	□	□	□
Textilien	□	□	■	□	■	■	□
Tenside/Waschmittel	■	■	□	■	▒	□	□

■ Hohe Verwendung ▒ Mittlere Verwendung □ Keine Verwendung

Abb. 3.1 Die industrielle Verwendung der pflanzlichen Stoffe

der Bioökonomie ist es, die Pflanzen als Bestandteillieferant zu behandeln und die Reste der Herstellung eines Produktes als Rohstoffe für ein zweites Produkt anzusehen, um dieses eventuell in einer anderen Industriebranche zu verwenden. Das heißt, man versucht mit allen Pflanzenteilen das Maximum an ökonomisch sinnvoller Verwertung zu erreichen. Dann noch verbleibende Reste können einer energetischen Verwertung zugeführt werden.

In die pflanzenbasierten Bioökonomie sind zahlreiche Industriezweige involviert (z. B. in der Kunststoffindustrie, vgl. ► Infobox „Verwendung pflanzlicher Stoffe in der Kunststoffindustrie"), die unterschiedlichste Produkte auf der Basis verschiedener Ausgangsstoffe erzeugen (Abb. 3.1).

Verwendung pflanzlicher Stoffe in der Kunststoffindustrie

Fast 300 Mio. t Kunststoff (Polymere) werden jährlich weltweit produziert, davon 5 % in Deutschland (Plastics Europe 2015). Aber die Herstellung von Kunststoffen wird anspruchsvoller: zum einen, weil Spezialanwendungen sogenannte Performance-polymere benötigen, zum anderen, weil die Schonung der Umwelt durch viele klassische Kunststoffe und deren Zuschlagstoffe wie Weichmacher nicht mehr als nachhaltig und ausreichend umweltverträglich betrachtet wird.

Für einige Anwendungen rücken daher zunehmend abbaubare Kunststoffe und solche aus nachwachsenden Rohstoffen in Betracht. Diese beiden Eigenschaften müssen aber nicht korrelieren. Kunststoffe aus nachwachsenden Rohstoffen können durchaus schwer abbaubar sein, dies ist ja oft auch ein gewollter Vorteil von Kunststoffen – wie auch bei einigen biopolymeren Naturstoffen, zum Beispiel verschiedene Holzarten, welche leicht Jahrhunderte überdauern können. Andererseits kann man auch erdölbasierte Kunststoffe chemisch so entwerfen, dass sie biologisch voll abbaubar sind, was aber oft mit wenig nachgefragten Eigenschaften und höheren Preisen einhergeht.

Um neue Alternativen für derzeit auf Erdölbasis erzeugte Kunststoffe zu schaffen, wird seit einigen Jahren an der Herstellung von Kunststoffen aus oder, unter anderem in Verbundmaterialien, mit nachwachsenden Rohstoffen gearbeitet. Biokunststoffe, die zu einem wesentlichen Anteil oder ausschließlich aus nachwachsenden Rohstoffen wie Kohlenhydraten (Cellulose etc.), Lignin, Lipiden und Proteinen bestehen, spielen eine zunehmende Rolle auf dem Kunststoffmarkt für spezielle Anwendungen (◘ Abb. 3.1).

3.3 Innovationen

3.3.1 Priorisierungsprozesse

Die ideale Wertschöpfungskette und Kreislaufnutzung von Pflanzen sieht nach einer Primärnutzung zum Beispiel in der menschlichen Ernährung vor, im Weiteren die nicht verwerteten Teile einer spezifischen Nutzung in der Bioökonomie zuzuführen, vom hochpreisigen Produkt bis hin zu günstigen Komponenten, um schließlich mit einer finalen Nutzung zur Energieerzeugung zu enden (Verbrennung, Biogas etc.), mit den daraus hervorgehenden Resten, die noch als Dünger verwendet werden können. Manche Pflanzen werden auch direkt für die bioökonomische Nutzung angebaut, da eine Verwertung als Nahrungs- oder Futtermittel nicht gewünscht oder zum Beispiel aus Qualitätsgründen nicht möglich ist. Abgesehen von den direkt verwendbaren und extrahierbaren hochwertigen Bestandteilen, etwa hochwertigen sekundären Pflanzenstoffen wie Farb- und Aromastoffe sowie einigen Lipiden und Monozuckern, sind die Massenkomponenten schwerlich in den derzeitigen Industrieprozessen nutzbar – zum Beispiel in der Chemieindustrie als Basislieferant für stoffliche genutzte Verbindungen.

3.3.2 Bioraffinerien

Um die pflanzlichen Komponenten wie Zucker, Stärke, Cellulose, Lignocellulose, Öl und Fasern in klassischen industriellen Prozessen zu nutzen, müssen diese Komponenten in Substanzen umgewandelt werden, die in die bisherigen Prozesse einfließen können *(drop in)*. Die Rohstoffe werden dafür durch Primärraffination vom Rest der Biomasse getrennt und vorbehandelt, zum Beispiel durch mechanische oder fermentative Prozesse. Danach werden sie verarbeitet und veredelt. Diese eigentliche Raffination erfolgt durch enzymatische oder fermentative, thermische, oder chemische Verfahren, die eine Aufspaltung und

3

Umwandlung der pflanzlichen Biopolymere in industriell einsetzbare niedermolekulare Stoffe bewirken. Die Nebenprodukte, sogenannte Koppelprodukte, oder Reste werden im besten Fall noch als Energie- oder Futtermittel oder zur Düngung verwendet. Dieses Gesamtkonzept wird als Bioraffinerie bezeichnet und zielt darauf, unter möglichst vollständiger Verwendung aller pflanzlichen Rohstoffkomponenten zu arbeiten. In Bezug auf die Sekundärraffination unterscheidet man die Zucker- beziehungsweise Stärke-Bioraffinerie, die Pflanzenöl und -fett Bioraffinerie, die Lignocellulose-Bioraffinerie und die Gas-Bioraffinerie (Bundesregierung 2012) (◘ Abb. 3.2).

Bioraffinerie	**Biomasse**	**Primäre Produkte**	**Sekundäre Produkte**	**Industrielle Verwendung**
Zucker-Bioraffinerie	Zuckerrüben, Zuckerrohr	Haushaltzucker, Organische Säuren, Vitamine	Aminosäuren, Milchsäure, Fermentations-produkte	Lebensmittel, Tenside
Stärke-Bioraffinerie	Kartoffel, Weizen, Mais	Stärke, Stärkemodifikate (Verdickungsmittel), Stärkeverzucker-ungsprodukte		Lebensmittel, Papier/Zellstoff/ Verpackung, Kosmetika
Pflanzenöl-Bioraffinerie	Ölsaaten, Ölfrüchte	Natives Pflanzenöl (Fette und fette Öle)	Fettsäuren, Glycerin	Kraftstoff, Oleochemie, Kosmetika, Pharmazeutika, Schmierstoffe, Tenside, Lacke, Farbe
Algenlipid-Bioraffinerie	Mikroalgen	Triglyceride, Carotinoide, Chlorophyll, Phytosterine, Proteine	Fettsäuren, Glycerin	Nahrungsmittel-industrie, Chemie-Industrie, Kosmetische Industrie, Tensidindustrie, Lackindustrie, Farbindustrie, Biogasindustrie
Lignocellulose-Bioraffinerie	Stroh (Getreide, Mais), Holz, Gras	Cellulose, Hemicellulose, Lignin, Ethanol, Terpentin	Glucose, Xylose, Essigsäure, Furfural, Phytosterole, Phenole	Chemie-Industrie, Fermentations-prozesse, Harze/Klebstoffe
Gas-Bioraffinerie	Agrarische Reststoffe (Getreidestroh), Holz	Kraftstoffe/Alkane, Methanol, Chemikalien		Kraftstoffindustrie, Chemie-Industrie, Kunststoffindustrie

◘ **Abb. 3.2** Bioraffinerien, verwendete Biomassen, erzeugte primäre und sekundäre Produkte und industrielle Verwendungen der Pflanzen

3.3.3 Innovative Technologien der Bioökonomie

Die Entwicklung innovativer Technologien wird dazu beitragen, in Zukunft den Umwandlungsaufwand zu minimieren und Endprodukte mit den gewünschten Eigenschaften zu erzeugen, obwohl sie aufgrund der Rohstoffe einen höheren Oxidationsgrad besitzen. Dies kann vor allem für die langfristige Abbaubarkeit von Kunststoffen vorteilhaft sein.

Die Innovationen, die in den letzten Jahren der pflanzenbasierten Bioökonomie erwachsen sind, sind zahlreich und können daher hier nur beispielhaft dargestellt werden. Zur besseren Übersicht werden diese hier den „klassischen" Sektoren der Bioökonomie zugeordnet.

3.3.3.1 Biotechnologie

Unter Biotechnologie versteht man die

> „Anwendung von Wissenschaft und Technik auf lebende Organismen, Teile von ihnen, ihre Produkte oder Modelle von ihnen zwecks Veränderung von lebender oder nichtlebender Materie zur Erweiterung des Wissensstandes, zur Herstellung von Gütern und zur Bereitstellung von Dienstleistungen" (OECD o. D., o. S.).

Heute ist die Biotechnologie eine hochentwickelte Querschnittstechnologie, die sich in verschiedene Anwendungsgebiete unterteilen lässt.

3.3.3.1.a Pflanzliche grüne Biotechnologie (Landwirtschaft- und Pflanzenwissenschaft) Die pflanzliche grüne Biotechnologie ermöglicht schnelle und gezielte Wege, um den Ertrag und die Nachhaltigkeit der Kulturen zu verbessern (Lokko et al. 2018).

- In der molekularen Züchtung werden neue Pflanzentypen durch eine markerunterstützte Selektion (MAS) und eine genombasierte Prädiktion (GP) schneller zu neuen Sorten entwickelt. Man spricht hier von „Präzisionszüchtung".
- Transgene Pflanzen (zuerst 1995 mit Mais, danach Baumwolle, Auberginen, Bohnen, Reis, Zuckerrohr, Pappeln etc.) sind z. B. in der Lage, ein Toxin gegen Schadinsekten (Bt-Toxin) zu synthetisieren und sich so ohne Gefahr für den Menschen und ohne Pestizidanwendung zu schützen.
- Pflanzen können auch mit Mikronährstoffen angereichert werden, um zusätzlich zur normalen Nährstoffversorgung besondere gesundheitsfördernde Zusatznutzen zu bieten *(functional food).*
- Bestandteile der Pflanze können auch in Bezug auf deren industrielle Verwendung angepasst werden. So kann der Gehalt an Lignin in Forstkulturen und Getreiden reduziert werden, mit dem Zweck, die Abfälle und Umweltverschmutzung bei der Herstellung von Papier und Biokraftstoffen zu vermindern.

3.3.3.1.b Pflanzliche rote Biotechnologie (Medizin- und Veterinärbereich) Die medizinische Biotechnologie (rote Biotechnologie) beschäftigt sich unter anderem mit der Entwicklung neuer therapeutischer und diagnostischer Verfahren.

- Mittels *microbial factories* (Fabriken in der Zelle) kann zum Beispiel die Biosynthese von Taxadien, einem Vorprodukt des Antitumorwirkstoffs Taxol, das ursprünglich aus der Rinde der pazifischen Eibe gewonnen wurde, nun in Bakterien erfolgen.
- Aber auch umgekehrt können menschliche Proteine in Pflanzen erzeugt werden, so zum Beispiel monoklonale Antikörper auch *plantibodies* genannt. Die *plantibodies,* die in transgenen Pflanzengewebe exprimiert sind, bilden eine Alternative zu klassischen Impfstoffen. Die Arbeit mit Pflanzen hat den Vorteil, dass die Produktion von *plantibodies* preiswerter und effizienter (höhere Produktionsmenge in kürzerer Zeit) als die klassische Produktion von

Antikörpern mittels Säugerzellen ist. Vor allem aber gibt es keine pflanzlichen Viren oder sonstigen Pathogene in pflanzlichen Kulturen, die bei einer Produktverunreinigung dem Menschen gefährlich werden könnten. Das heißt: Anders als bei der Antikörperproduktion in Tieren oder tierischen oder humanen Zellen besteht eine zusätzliche Sicherheit gegen Kontamination mit gefährlichen Keimen (Oluwayelu und Adebiyi 2016).

3.3.3.1.c Pflanzliche weiße Biotechnologie (Industrie mit vorwiegend mikrobiellen Prozessen) Die industrielle Biotechnologie (weiße Biotechnologie) beruht auf Fermentations- und anderen Biokatalyseprozessen.

- Technische Enzyme (wie Cellulase, Lipase, Protease, Amylase, Phytase, Xylase etc.) tragen zur Herstellung von Lebensmitteln sowie hochwertiger Chemikalien, Arzneimittel, Vitamine, Wasch- und Reinigungsmittel bei und werden zum Beispiel für die Verarbeitung von Papier, Leder und Textilien eingesetzt. Dabei spielen zunehmend auch pflanzliche Enzyme eine Rolle, etwa Terpenzyklasen in der Herstellung von Riechstoffen oder Arzneimitteln oder deren Vorstufen, wie für Taxol gegen Krebs oder Artemesinin gegen Malaria.
- Expression von technischen Enzymen in transgenen Pflanzen: Als Beispiel ist hier das Enzym α-Amylase zu nennen, das für die Umsetzung der Stärke in Alkohol oder in der Waschmittelindustrie verwendet wird. Es wurde vom Reis in Tabak verpflanzt (Kumagai et al. 2000) oder vom Bakterium *Bacillus licheniformis* in die Erbse (Biesgen et al. 2002).
- Es werden rekombinante Proteine mit verbesserten Eigenschaften produziert. Dazu werden bestimmte Aminosäuren des ursprünglichen Proteins ausgelassen oder ersetzt. So wird ein neues, effektiveres Protein gebildet und die Eigenschaften der rekombinanten Enzyme an die gewünschten Bedürfnisse sehr genau angepasst.

3.3.3.2 Pflanzliche Genomeditierung

Erzeugung rekombinanter, also genetisch angepasster, Proteine, die als eine vorteilhaftere Version des ursprünglichen (nativen) Proteins benutzt werden können. Dafür werden DNA-Sequenzen des Gens modifiziert, die für das Protein codieren. Moderne Verfahren der Genomeditierung verwenden spezifische Genscheren, um DNA-Veränderungen rückstandsfrei zu ermöglichen. Dazu sind verschiedene Enzyme nötig, die eine gezielte DNA-Sequenz schneiden, eventuell ersetzen und reparieren.

Die „Star-Methode" der Genomeditierung ist die sogenannte CRISPR/Cas-Technologie, mit der das Erbgut von Zellen nach Wunsch bearbeitet werden kann. So werden einzelne Gene ausgeschaltet oder gezielte (fremde) DNA an spezifischen Stellen des Genoms integriert. CRISPR/Cas ist universell und funktioniert bei Menschen, Tieren, Pflanzen und Bakterien (Puchta 2017). Seit mehreren Jahren verwendet die Pflanzenzüchtung die CRISPR/Cas-Technologie (Kumlehn et al. 2018). Zum Beispiel wurde 2017 gezeigt, dass die Genomeditierung von Promotoren mithilfe von CRISPR/Cas verschiedene *cis*-regulatorische Allele in der Tomate erzeugen kann. So wurden *cis*-regulatorische Allele für Gene generiert, die die Fruchtgröße, den Blütenstand und das Wachstum der Tomate regulieren. Mithilfe der Fixierung neuer Allele in transgenfreien Tomaten wurde die Feinmanipulation von Ertragskomponenten der Pflanze ermöglicht (Rodriguez-Leal et al. 2017).

3.3.4 Innovationsförderung oder Vorsorgeprinzip?

Die Forschung und die daraus resultierenden Produkte im Bereich der pflanzenbasierten

Bioökonomie sollen die Bedürfnisse der Gesellschaft erfüllen. Die Akzeptanz der Öffentlichkeit für ein solches neues, zukunftsfähiges Wirtschaftssystem kommt nicht von allein, sondern beruht auf gesellschaftlichen Lernprozessen. Dieses Lernen zielt darauf ab, Handeln und Denken zu ordnen (Pies et al. 2017). Die Ordnung des Handelns widmet sich der Kenntnis neuer Produkte und Produktionsverfahren der pflanzenbasierten Bioökonomie sowie der entsprechenden Rahmenbedingungen. Sie wird die Angebote und Nachfrage von pflanzenbasierten bioökonomischen Innovationen aufeinander abstimmen. Aber dafür ist die Ordnung des Denkens notwendig, das heißt die „kollektive Selbstverständigung über die Interessenlagen und normativen Anliegen der Bevölkerung" wie auch der zwischengeschalteten Institutionen wie Gewerbe und Handel. Beispielsweise muss das Missverständnis vom Vorsorgeprinzip im Bereich Innovationen korrigiert werden. In der Bioökonomie sollte, um ein Innovationshindernis zu vermeiden, eine potenzielle Gefahr nicht von vornherein zu Verboten führen. Stattdessen sollten die Risiken von Verbot und Nicht-Verbot parallel bewertet und erst danach eine Entscheidung getroffen (Pies et al. 2017).

3.4 Zukunftsbilder

Wie kann, wird und sollte sich die pflanzenbasierte Bioökonomie zukünftig weiterentwickeln?

Pflanzliche Bioökonomie als Kreislaufwirtschaft Grundsätzlich gilt für die pflanzenbasierte Bioökonomie der Zukunft als oberstes Ziel, die Ernährung der Menschen zu sichern, eine bessere Ernährung zu erreichen, eine nachhaltige Landwirtschaft zu fördern und nachhaltige Produktionsweisen sowie nachhaltigen Konsum sicherzustellen. Wesentliche Elemente, um dies zu erreichen, sind die Etablierung einer Kreislaufwirtschaft *(circular economy)* und der Erhalt von Biodiversität.

> „Dazu lässt sich folgern, dass es ein originäres Ziel der Bioökonomie sein muss, das Potenzial nachwachsender Rohstoffe in kaskadenartiger Nutzung bestmöglich auszunutzen. Somit ist es anzustreben, die Bioökonomie als Verbundsystem zu verwirklichen" (Pietzsch 2017, S. 140).

Kurzfristige Forschungsbedarfe der pflanzlichen Bioökonomie Angesichts knapper Ressourcen und gestiegener Erwartungen an die pflanzenbasierte Bioökonomie gilt der Grundsatz, dass vor allem Pflanzen mit hohem Inhalt an einer bestimmten Wertstoffklasse (Stärke, Zucker, Öle und Fette) züchterisch bearbeitet werden sollten, damit sie „höhere Gehalte an wertgebenden Inhaltsstoffen, geringerer Gehalte an unerwünschten Begleit- und Reststoffen sowie gesteigerter Resistenz gegen biotische und abiotische Einflüsse" gewinnen (BMELV 2012, S. 8). Neue physikalische, chemische, enzymatische, fermentative oder biotechnologische Verfahren zur Derivatisierung, Modifizierung oder Nutzung der Stoffklassen sollten daher erforscht werden. Weiterhin sollten neue Produkte auf Basis einzelner Stoffklassen sowie neue Einsatzbereiche für die Neben- und Koppelprodukte entwickelt werden. In den einzelnen Raffinerieklassen sind daher in Zukunft folgende Entwicklungen zu erwarten (Fachagentur Nachwachsende Rohstoffe e. V. 2015):

- Im Bereich Zucker: Bestehende Verfahren werden hinsichtlich der Reduktion des Syntheseaufwands, des Schutzgruppeneinsatzes und der Verwendung umwelt- und gesundheitsgefährdender Reagenzien und Lösungsmittel optimiert
- Im Bereich Stärke: Neue Stärkequalitäten werden unter Beachtung kostengünstiger und umwelt-verträglicher Bedingungen gewonnen und spezifische Eigenschaften

der verschiedenen Stärkequalitäten und deren Nebenprodukten werden aufgeklärt.
- Im Bereich Lipide: Das Einsatzspektrum von pflanzlichen Ölen und Fetten wird in den Bereichen Schmierstoffe, Tenside, Additive, Kosmetik, Polymere, Klebstoffe, Lacke und Farben erweitert werden.
- Im Bereich Proteine und Proteinpräparate: In Bezug auf die Anforderungen der technischen Anwendungsbereiche werden diese besser zu charakterisieren sein.
- Wildarten von Pflanzen: Diese werden auf besondere Inhaltsstoffe hin erforscht, um sie für die Züchtung und die Landwirtschaft nutzen zu können. Ebenso werden Lösungen für spezifische Anbauprobleme dieser Pflanzen generiert (zum Beispiel Saatgutverfügbarkeit, Düngungs- und Pflanzenschutzstrategien, Resilienz gegen biotische und abiotische Stressoren, Optimierung von Ernte-und Pflanztechnik).

Neue Zwecke der pflanzlichen Bioökonomie In den kommenden Jahren werden sich die Anwendungen im Bereich der pflanzlichen Bioökonomie drastisch vermehren, und einige der heutigen Science-Fiction-Visionen werden Wirklichkeit. Wer hätte vor ein paar Jahrzehnten an flüssiges Holz, an in Tabak produzierte menschliche Antikörper oder an Pflanzen gedacht, die, mit Drohnen erkundet, ihren Schädlingsbefall melden?

So bereitet sich die amerikanische Defense Advanced Research Projects Agency (DARPA) mit ihrem „Advanced Plant Technologies Programm" schon heute auf zukünftige Möglichkeiten vor. Hier geht es um die Entwicklung von robusten pflanzenbasierten Sensoren, die Chemikalien, Schadorganismen, Strahlungen und andere elektromagnetische Signale in der Umwelt zu registrieren und dann entsprechende Informationen über Satelliten übertragen können.[1]

Die Beispiele zeigen, dass die pflanzliche Bioökonomie die Wirtschaft und die Gesellschaft in bisher unerwarteten Anwendungsbereichen unterstützen beziehungsweise voranbringen kann. Die Herausforderung ist nun, die Grundkenntnisse über die pflanzlichen Organismen, die molekularen, zellulären und systemischen Wirkmechanismen und die Technologien, die zur Verfügung stehen, an neue Zwecke anzupassen.

3.5 Zielkonflikte

Tank-Teller-Trog-Konflikt Das oberste Ziel des Bioökonomiekonzepts besteht in der Ernährungssicherung. Doch gerade dies dürfte angesichts der weiteren Zielsetzungen schwierig zu bewerkstelligen sein, da man für die meisten Anwendungsfelder der Bioökonomie – vielleicht mit Ausnahme der Hochpreisprodukte – möglichst viel, und möglichst auch nachhaltig, Biomasse erzeugen muss. So stehen sich hier nicht nur das Wirtschaftswachstum und die gewünschte ökologische Nachhaltigkeit gegenüber, sondern auch die Nutzungspräferenzen. Zudem fehlen zumindest in Deutschland Agrarflächen, um die ausreichende Rohstoffversorgung ohne fossile Energieträger sicherzustellen, auch wenn Forst- und marine Sektoren alternative Biomasse anbieten oder das *vertical farming* Bodenfläche einsparen könnte.

Was gut klingt, ist oft keine Lösung für den Massenbedarf. *Vertical farming* zum Beispiel ist durch den Lichteinfall und die natürliche Niederschlagsmenge pro Bodenflächeneinheit beschränkt, beides aber sind entscheidende Faktoren für die Produktivität. Schlimmer wird es aus Nachhaltigkeitssicht, wenn dies durch künstliche Beleuchtung und Bewässerung ausgeglichen wird. Die Landnutzungskonflikte bei der Erstellung von Biomasse für den Teller,

1 Für weitere Informationen siehe: ▶ https://www.darpa.mil/.

Trog oder Tank führten vor allem in Entwicklungs- oder Schwellenländern zu steigenden Lebensmittelpreisen und somit zu sozialen Unruhen. Ein Beispiel hierfür ist Mexiko, wo sich im Jahr 2007 der Kilopreis für das Grundnahrungsmittel Tortilla aus Mais wegen der Doppelnutzung von Mais zur Ernährung und als Biosprit mehr als verdoppelte.

Der erste Schritt um den Konflikt um Tank, Teller und Trog zu vermeiden ist es, Prioritäten für die Nutzung nachwachsender Rohstoffe zu setzen: 1. Lebensmittel, 2. Futtermittel, 3. stoffliche Nutzung (kohlenstoffhaltige Chemikalien), 4. energetische Nutzung, 5. Düngung mit den Reststoffen. So hat sich die Bioökonomie das Ziel *food first* auf die Fahne geschrieben, so dass der Zielkonflikt geklärt zu sein scheint. Des Weiteren muss die Agrarproduktion ihre klimaschädigenden Emissionen verringern und effizienter produzieren, ohne dabei die Biodiversität durch Überdüngung oder übertriebene Flächennutzung zu gefährden. Dazu sollen verbesserte Methoden des *precision farming* mit Biodiversitätsbereichen, die Anwendung neuer Düngungsmethoden und -stoffe und neuer verträglicherer Pflanzenschutzmittel beitragen.

Wissenschaft und Öffentlichkeit zusammenbringen Bereits 2010 erklärte der deutsche Bioökonomierat, der Erfolg der Bioökonomie werde „von der gesellschaftlichen [und politischen] Akzeptanz der eingesetzten Techniken und Verfahren bestimmt“ (Müller-Röber et al. 2010, S. 30). Bisher ist der Begriff der pflanzenbasierten Bioökonomie trotz zahlreicher (politischer) Initiativen nicht in der breiten Öffentlichkeit angekommen und weitgehend unbekannt, zumal die Begriffsvielfalt von *green economy*, Grünes Wachstum und Kreislaufwirtschaft und Nachhaltigkeit zu Irritationen führen kann. Um die Transformation hin zu einer biobasierten Wirtschaft angesichts der zahlreichen Herausforderungen meistern zu können, muss in der Bioökonomie besonderer Wert auf den Dialog mit der Bevölkerung gelegt werden. Wissenschaftlich fundiert und transparent müssen die Chancen und Risiken aufgezeigt werden, ohne dabei in eine Angstkommunikation zu verfallen, mit der eine Unterscheidung zwischen Gefahr und Risiko nicht mehr möglich ist.

Richtige Verfahrensweisen auswählen Die pflanzenbasierte Bioökonomie entspricht einem holistischen Ansatz. In diesem Sinne kann sie erst erfolgreich werden, wenn fast alle Meilensteine ihrer Wertschöpfungskette erreicht sind. Dies beinhaltet die sachliche Konzeption, die Umsetzung unter Berücksichtigung der Umstände, die klare Kommunikation sowie die Unterstützung beteiligter Akteure. Mit anderen Worten: Um erfolgreich zu sein, muss die Umsetzung der Bioökonomie einer konzertierten Aktion entsprechen, um erfolgreich zu sein. Dazu sind die Zusammenarbeit aller Akteure der Bioökonomie, die Information der zukünftigen Verbraucher und die Anpassung der Politikstrategie dringend notwendig.

Verschiedene Ziele zusammensetzen oder verschiedene Akteure auf ein gemeinsames Ziel verständigen? Die Vorstellung einer pflanzenbasierten Bioökonomie mit einem linearen Ansatz, in dem Lösungen aus der Forschung bei Herstellern gleichmäßig umgesetzt werden, trügt. Stattdessen braucht die Bioökonomie implizites Wissen von Landwirten und Unternehmern, um ein gemeinsames Schaffen zu ermöglichen (EC 2016). Dieses interaktive Innovationsmodell beruht auf den Kompetenzen und dem Human- und Sozialkapital der Landwirte und -bewohner und kann ohne sie nicht erfolgreich funktionieren. In diesem Sinne muss die Bioökonomie, um erfolgreich zu werden, nicht als nebeneinander agierende Module betrachtet werden, sondern als gesamtes System.

3

Literatur

Biesgen, C., Hillebrand, H., & Herbers, K. (2002). Technical enzymes produced in transgenic plants. *Phytochemistry Reviews, 1*(1), 79–85.

BMEL (Bundesministerium für Ernährung und Landwirtschaft). (2018). Der Wald in Deutschland. Ausgewählte Ergebnisse der dritten Bundeswaldinventur. ▶ https://www.bmel.de/SharedDocs/Downloads/Broschueren/Bundeswaldinventur3.pdf?__blob=publicationFile. Zugegriffen: 5. Sept. 2019.

BMELV (Bundesministerium für Ernährung, Landwirtschaft und Verbraucherschutz). (2012). Förderprogramm Nachwachsende Rohstoffe. Förderung von Forschungs-, Entwicklungs- und Demonstrationsvorhaben. ▶ http://mediathek.fnr.de/media/downloadable/files/samples/b/r/brosch_foerderprogramm-nawaro-v05.pdf. Zugegriffen: 27. Aug. 2019.

Bundesregierung. (2012). Roadmap Bioraffinerien im Rahmen der Aktionspläne der Bundesregierung zur stofflichen und energetischen Nutzung nachwachsender Rohstoffe. ▶ https://www.bmel.de/SharedDocs/Downloads/Broschueren/RoadmapBioraffinerien.pdf?__blob=publicationFile. Zugegriffen: 27. Aug. 2019.

Destatis (Statistisches Bundesamt). (2019). Feldfrüchte und Grünland. Land- und Forstwirtschaft, Fischerei. ▶ https://www.destatis.de/DE/Themen/Branchen-Unternehmen/Landwirtschaft-Forstwirtschaft-Fischerei/Feldfruechte-Gruenland/_inhalt.html. Zugegriffen: 25. Sept. 2019.

European Commission. (2016). A strategic approach to EU agricultural research and innovation. Final paper. ▶ http://ec.europa.eu/newsroom/horizon2020/document.cfm?doc_id=16669. Zugegriffen: 27. Aug. 2019.

Fachagentur Nachwachsende Rohstoffe e. V. (2015). Förderprogramm Nachwachsende Rohstoffe. ▶ http://www.fnr.de/fileadmin/allgemein/pdf/broschueren/foerderprogramm_2015.pdf.

▶ https://www.darpa.mil.

Kumagai, M. H., Donson, J., Della-Cioppa, G., & Grill, L. K. (2000). Rapid, high-level expression of glycosylated rice alpha-amylase in transfected plants by an RNA viral vector. *Gene, 245*(1), 169–174.

Kumlehn, J., Pietralla, J., Hensel, G., Pacher, M., & Puchta, H. (2018). The CRISPR/Cas revolution continues: From efficient gene editing for crop breeding to plant synthetic biology. *Journal of Integrative Plant Biology*. ▶ https://doi.org/0.1111/jipb.12734.

Lokko, Y., Heijde, M., Schebesta, K., Scholtès, P., Van Montagu, M., & Giacca, M. (2018). Biotechnology and the bioeconomy – Towards inclusive and sustainable industrial development. *N Biotechnol, 40*(Part A), 5–10. ▶ https://doi.org/0.1111/jipb.12734.

Müller-Röber, B., Bartmer, C.-A., Büchting, A. J., Daniel, H., Kast, H., Metzlaff, M., Prüfer, D., Schön, C.-C., & Schurr, U. (2010). Pflanzenforschung für eine nachhaltige Bioökonomie. Forschungs-, Technologie- und Handlungsbedarf. Berichte aus dem BioÖkonomieRat, Bericht 2. ▶ https://biooekonomierat.de/fileadmin/templates/publikationen/berichte/Berichte02-Pflanze.pdf. Zugegriffen: 27. Aug. 2019.

OECD (Organisation for Economic Co-operation and Development). (o. D.). Biotechnology Statistics – United States. ▶ http://www.oecd.org/sti/emerging-tech/biotechnologystatistics-unitedstates.htm. Zugegriffen: 27. Aug. 2019.

Oluwayelu, D. O., & Adebiyi, A. I. (2016). Plantibodies in human and animal health: A review. *African Health Sciences, 16*(2), 640–645.

ÖNORM M 7101 Bbl 2. (1996). Begriffe der Energiewirtschaft – Allgemeine Begriffsbestimmungen. FNA 093 Energiewirtschaft.

Pflanzenforschung.de. (o. D.). Welche Pflanzenvielfalt nutzen wir? ▶ https://www.pflanzenforschung.de/de/themen/vielfalt-der-nutzpflanzen/vielfalt-nutzen. Zugegriffen: 27. Aug. 2019.

Pies, I., Hielscher, S., Valentinov, V., & Everding, S. (2017). Gesellschaftliche Lernprozesse zur Förderung der Bioökonomie – eine ordonomische Argumentationsskizze. Diskussionspapier Nr. 2017-02. ▶ https://www.econstor.eu/bitstream/10419/170458/1/dp2017-02.pdf. Zugegriffen: 27. Aug. 2019.

Pietzsch, J. (Hrsg.). (2017). *Bioökonomie für Einsteiger*. Berlin: Springer.

Plastics Europe. (2015). Plastics – the Facts 2014/15. An analysis of European plastics production, demand and waste data. ▶ https://www.plasticseurope.org/application/files/5515/1689/9220/2014plastics_the_facts_PubFeb2015.pdf. Zugegriffen: 27. Aug. 2019.

Puchta, H. (2017). Applying CRISPR/Cas for genome engineering in plants: The best is yet to come. *Current Opinion in Plant Biology, 36,* 1–8.

Rodriguez-Leal, D., Lemmon, Z. H., Man, J., Bartlett, M. E., & Lippman, Z. B. (2017). Engineering quantitative trait variation for crop improvement by genome editing. *Cell, 171*(2), 470–480.

WissenschaftsCampus Halle. (2017). Jahresbericht 2016-2017. ▶ www.sciencecampus-halle.de/index.php/Jahresbericht.html?file=tl_files/data_site/Redaktionsdaten/_PDF-Daten/Jahresbericht_ScieneCampus_201617_Web.pdf. Zugegriffen: 27. Aug. 2019.

Prof. Dr. Klaus Pillen

(geb. 1961) studierte Agrarwissenschaften an der Universität Bonn und promovierte an der Ludwig-Maximilians-Universität München (LMU) zu Fragen der Pflanzengenetik. Danach arbeitete als Stipendiat der Human Frontier Science Organization an der Cornell University, USA. Von 2006 bis 2008 leitete er die Unabhängige Forschergruppe Gerstengenetik am Max-Planck-Institut für Pflanzenzüchtungsforschung (MPIPZ) in Köln. Seit 2008 leitet er die Professur für Pflanzenzüchtung an der Martin-Luther-Universität Halle-Wittenberg. Seit 2011 ist er zudem Sprecher des WissenschaftsCampus Halle – Pflanzenbasierte Bioökonomie. Er ist Fachkollegiat der Deutschen Forschungsgemeinschaft und Vorstandsmitglied der Gesellschaft für Pflanzenzüchtung. Seine wichtigsten Forschungsinteressen sind die molekulare Pflanzenzüchtung, die Genomforschung und die Nutzung der genetischen Diversität der Gerste und des Weizens.

Dr. Anne-Laure Tissier

(geb. 1973) studierte Umwelt Toxikologie an der Universität Louis Pasteur in Straßburg und promovierte im Fachbereich Chemie an der Universität Joseph Fourier im französischen Grenoble. Sie erforschte die Schäden und Reparatur der Pflanzen-DNA sowie die Produktion von Terpenoiden in natürlichen Zellfabriken. Sie absolvierte 2006 einen zusätzlichen Master in Personalmanagement mit dem Schwerpunkt Kompetenzmanagement an der Wirtschafts- und Verwaltungsfakultät in Marseille in Frankreich. Seit 2015 ist sie die wissenschaftliche Koordinatorin des WissenschaftsCampus Halle – Pflanzenbasierte Bioökonomie.

Prof. Dr. Ludger A. Wessjohann

(geb. 1961) studierte als Stipendiat der Studienstiftung des deutschen Volkes und des Deutschen Akademischen Austauschdienstes von 1981 bis 1987 Chemie in Hamburg und Southampton in Großbritannien und promovierte an der Universität Hamburg. Er ist seit 2000 Abteilungs-Direktor am Leibniz-Institut für Pflanzenbiochemie in Halle. Er erforscht bioaktive Naturstoffe aus Pflanzen und Pilzen, die Herstellung von Wirkstoffen und verbesserten Derivaten durch chemische und biologische Synthesemethoden sowie die Aufklärung der Wirkmechanismen. Darüber hinaus ist er Sprecher des WissenschaftsCampus Halle – Pflanzenbasierte Bioökonomie, Mitglied des Fachgutachterausschusses des Deutschen Akademischen Austauschdienstes und der Alexander von Humboldt-Stiftung, Mitglied des Sachverständigenrats für Wissenschaft, Technologie und Innovation der Republik Kolumbien und Mitgründer von sechs Firmen.

Holzbasierte Bioökonomie

Frank Miletzky, André Wagenführ und Matthias Zscheile

D. Thrän, U. Moesenfechtel (Hrsg.), *Das System Bioökonomie*,
https://doi.org/10.1007/978-3-662-60730-5_4

4.1 Definitionen zu holzbasierter Bioökonomie

Die biobasierte Wirtschaft betrifft neben der Agrarwirtschaft auch die Forstwirtschaft, Holz- und Papierindustrie, chemische und insbesondere Kunststoffindustrie, Pharmaindustrie bis hin zur Energiewirtschaft. Schließlich ist

4

> „Holz die mit Abstand größte biobasierte Rohstoffquelle zur stofflich chemischen und mechanischen Nutzung für eine weite Produktpalette außerhalb des Lebensmittel- und Futtermittelbereiches. Für die Nutzung agrarischer und forstlicher Biomasse werden im Rahmen der Bioökonomie neue Wege und Technologien für eine ressourceneffiziente Nutzung und für neue Produktschienen gesucht, wobei Chemie und Biotechnologie eine wesentliche Rolle spielen" (Teischinger 2016, S. 11).

Die holzbasierte Bioökonomie nutzt den Rohstoff Holz (Stammholz, Kronenholz und gegebenenfalls Stockholz, Altholz aus vorausgegangener Nutzung) idealerweise kaskadenförmig. Hierbei werden die Veredelungsschritte immer weiter verfeinert (chemischer Aufschluss und Modifizierung) und Reststoffe sowie Nebenprodukte aus den vorangegangenen Schritten für die nächste Stufe genutzt. Erst am Ende dieses Prozesses steht dann sinnvollerweise die Nutzung der Reststoffe als Energieträger. Primäres Ziel ist aber die stoffliche Verwendung von Holz zum Beispiel zum Bauen, Wohnen oder für Papier und die damit einhergehende CO_2-Speicherung sowie zur Substitution fossiler Stoffe.

4.2 Systembeschreibung

Der Rohstoff Holz ist der älteste Baustoff und Energieträger der Menschheit. In den letzten Jahren nahm die Nutzungsvielfalt jedoch zu und die weltweite Nachfrage stieg. Neben den bisher üblichen, eher traditionellen Verarbeitungs- und Anwendungsgebieten der Sägeindustrie, der Holzwerkstoffindustrie oder der Holz- und Zellstoffindustrie stellt die Bioökonomie dem Holz eine erweiterte Rolle für die künftige Rohstoffversorgung in Aussicht (Mantau 2018). Der Grund für diesen Wandel (wieder) hin zu mehr Holzverwendung lässt sich auf mehrere Punkte zurückführen:

Werte- und Bewusstseinswandel Das zunehmende Bewusstsein für die dramatischen Auswirkungen menschlichen Wirtschaftens, unter vorrangiger Ausbeutung sämtlicher Ressourcen, fordert politische Akteure, die Wirtschaft und gesellschaftliche Gruppen zunehmend heraus, neue Wirtschaftsformen zu entwickeln. So definieren politische Programme der Bundesregierung und der EU die Bioökonomie als einen Weg zu mehr Nachhaltigkeit (BMEL 2009, 2014; EC 2019). Die „Charta für Holz 2.0" des Bundesministeriums für Ernährung und Landwirtschaft (BMEL) benennt hierfür mehrere Gründe.[1] Holz kommt dabei als der verbreitetsten und mengenmäßig größten Ressource eine besondere Bedeutung ein.

Rohstoffverfügbarkeit Im europäischen Wirtschaftsraum ist ein jährlicher Zuwachs von ca. 403 Mio. m^3 zu verzeichnen. Damit sind große Holzmengen verfügbar. Von dem insgesamt 35 Mrd. m^3 großen Holzbestand in Europas Wäldern (davon 26,5 Mrd. m^3 in den EU28) lassen sich 84 % zur Holzversorgung nutzen (Domininguez et al. 2015). 57 % des Waldbestandes bilden Nadelhölzer und 43 % Laubhölzer, deren Anteil aufgrund des angestrebten Waldumbaus steigt. Das Gebiet Deutschland, Österreich und Schweiz (DACH-Region) als Teil von Zentral-West-Europa, ist die Region mit dem größten Holzvorkommen und verfügt traditionell über große Nutzholzmengen (Domínguez et al. 2015) (▶ Abschn. 4.1).

---

1 Für mehr Informationen siehe ▶ https://www.bmel.de/DE/Wald-Fischerei/03_Holz/_texte/ChartaHolz2017.html.

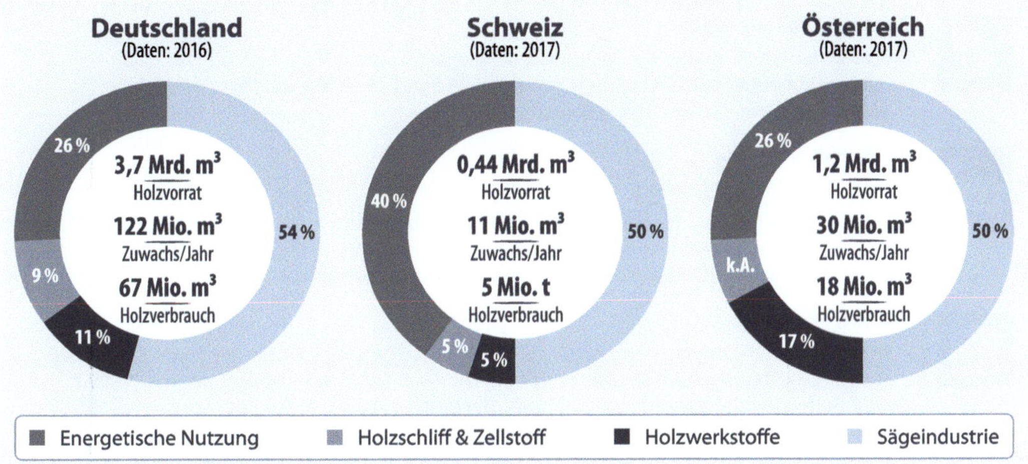

Abb. 4.1 Holzernte nach Holzverwendung, Holzvorrat und Zuwachs – DACH-Region. (Quelle: eigene Darstellung nach UNECE 2018; FNR 2018; BFS 2018; BMNT 2018)

Unter den Nadelhölzern stellt die Fichte den größten Baumanteil dar, bei den Laubhölzern ist es die Buche. Daraus erschließt sich auch die in Mitteleuropa anteilsmäßig größte Rundholzbearbeitung mit der darauffolgenden Verarbeitung (Abb. 4.1).

Akteure Die Branche teilt sich in folgende Großgruppen:

- Waldbau und Sägewirtschaft
- Holzbau und Zimmerei
- Innenausbau und Möbelherstellung
- Holzwerkstoffwirtschaft
- Zellstoff-/Papierwirtschaft
- Vliesstoff-/Textilwirtschaft
- Chemische Industrie/Pharmazie/Medizin
- Recyclingindustrie/Energiewirtschaft

Die Sägeindustrie und speziell der Holzbau nehmen dabei seit jeher eine traditionelle und dominante Vorreiterrolle bei der Verwendung von Holz und seiner höchsten Wertschöpfung ein. Eine Vielzahl hochleistungsfähiger Sägewerke mit modernen Weiterverarbeitungskapazitäten, moderne und flexibel agierende Holzbaubetriebe beziehungsweise Zimmereien sowie große namhafte Firmen der Holzwerkstoffbranche, der Zellstoff- und Papierindustrie siedeln sich seit Langem aktiv und erfolgreich in diesem Wirtschaftsbereich an (UNECE 2018) (Abb. 4.2a und Abb. 4.2b).

Anwendungsgebiete In den letzten Jahren wurden speziell in Skandinavien, Südamerika und Neuseeland wesentliche Anstrengungen unternommen, die altbekannten Anwendungsgebiete des Rohstoffes Holz entweder weiterzuentwickeln oder gänzlich neue zu entwickeln. Herauszuheben sind Entwicklungsarbeiten zur Nutzung von Lignin für die Herstellung von Carbonfasern oder die Anwendungsforschung von nano- beziehungsweise mikrofibrillierter Cellulose (NFC/MFC)[2] für unter anderem Barrierebeschichtungen und Pharmaanwendungen. Auch der Textilbereich kann nachhaltig von Holz-Bioökonomie profitieren, indem neue Cellulose-Spinnverfahren (Tencel™) mit deutlich verbesserten

2 Nano-/mikrofibrillierte Cellulose: ein durch Desintegration (Fibrillierung) von Cellulose entstehender Stoff, der aus durch Wasser und gegebenenfalls funktionelle Gruppen stabilisierten weitgehend vereinzelten Cellulose-Mikrofibrillen besteht, keinerlei kristalline Anteile mehr enthält und im Charakter ein Hydrogel darstellt.

4

Ressourcenbereitsteller

- Forstwirtschaft in staatlichem, institutionellem oder privatem Besitz. Laut Bundeswaldinventur gehören die Forsten in Deutschland zu 3,6 % dem Bund, 29 % den Ländern, 19,4 % Körperschaften und 48 % privaten Eigentümern.

Wirtschaft/Industrie

- Vollholzprodukte, Holzwerkstoffe, Fasern, Papier, Vliesstoffe, Textilien, Chemieprodukte, Energie
- Forstwirtschaft, Sägeindustrie, Plattenwerkstoffe, Möbelindustrie, Raumgestaltung, Zellstoff- und Papierindustrie, Faserindustrie und Textilindustrie, technische Textilien, Klebstoffindustrie, pharmazeutische Industrie, chemische Industrie, Automobilindustrie, Schiffbau

Märkte, Produkte

- Holz aus kaskadierender, nachhaltiger Verwendung ergibt potenziell tausende von Produkten. Je nach Desintegrationsstufe kann es sich um Endprodukte (z. B. Sägeholzprodukte, Holzwerkstoffe) oder Zwischenprodukte (Fasern, chemisch isolierte Holzkomponenten) handeln. Die Anwenderbranchen sind z. B. der Bau, Möbelindustrie, Zellstoff-und Papierindustrie, Textilindustrie, chemische Industrie, Energiewirtschaft, künftig erwartbar auch Automotive, Architektur, Gesundheitswesen u. a. Dies wird über verstärkte Forschung und Entwicklung im Werkstoffbereich sowie der Stoffwandlung möglich.

***end-of-life*-Management**

- Die Dauer des Lebenszyklus ist abhängig von den jeweiligen Produktsegmenten (diese können sehr unterschiedlich sein). Recyclingsysteme gibt es in Abhängigkeit vom Produktsegment in sehr ausgeprägter Form (Papier > 70 %) bis nicht existent (langlebige Produkte wie Möbel). In der Regel ist eine thermische Verwertung Stand der Technik. Das gilt auch für Nebenprodukte der Holzverarbeitung aus mechanischen oder chemischen Prozessen mit erheblichem positivem Klimaeffekt (z. B. Schwarzlaugenverbrennung im Zellstoffprozess).

Organisationen (nat. und int.)

- Forest based sector Technology Platform (FTP), DFWR, DHWR, Cluster Forst/Holz/Papier in diversen Bundesländern

Medien

- Internetseiten und Berichte der genannten Akteure

Konsumenten

- Bevölkerung und Spezial-Anwender wie aufgeführt

NGOs

- z. B.: FSC, PEFC, B.A.U.M., WWF, Greenpeace

Förderer, Investoren

- F&E-Förderung (EU, Bund, Länder), Stiftungen, Wirtschaftsverbände

Politik, Verwaltung

- Bundes- und Landesforschungsanstalten, Ministerien des Bundes und der Länder, Charta für Holz 2.0, Bioökonomierat

Abb. 4.2a System-Grafik. Teil 1. (Quelle: eigene Darstellung)

Kompetenzzentren (reg.)
- Thünen-Institut, PTS, IHD, FhG WKI, IAP

Wissenschaft
- Universitäten, Forschungseinrichtungen

Abb. 4.2b System-Grafik. Teil 2 (Fortsetzung von Teil 1). (Quelle: eigene Darstellung)

Eigenschaften und einem hohen Nachhaltigkeitseffekt Einzug gehalten haben und sich erfolgreich im Markt etablieren.[3] Die Entwicklungsaktivitäten sind maßgeblich auf eine stetige Effizienzsteigerung der Holznutzung sowie eine verbesserte Umweltverträglichkeit der Erzeugungsverfahren ausgerichtet.

Stoffströme Die Etablierung intelligenter Wertschöpfungsketten und -netze, eingeschlossen der dazugehörigen Haupt- und Seitenströme, bilden einen wesentlichen Schwerpunkt von Forschungs- und Entwicklungsaktivitäten (Siehe Abb. 4.6 in Box „Entwicklungspfade aus Holz für chemische Produkte").

Kaskadennutzung Das Ziel einer Kaskadennutzung in der holzbasierten Bioökonomie ist die Verarbeitung des gesamten Baums in effektiven, abgestuften Desintegrationsschritten. Im Gegensatz zu allen verfügbaren fossilen Rohstoffen stellt das Holz dabei nicht nur eine Rohstoffmasse dar, sondern verfügt ebenso über eine intelligente innere Struktur, die es zu nutzen gilt. Die holzbasierte Bioökonomie nutzt deshalb den Rohstoff Holz (Stamm-, Kronenholz, Rinde) idealerweise kaskadenförmig. Dabei werden der Rohstoff beziehungsweise daraus hergestellte Produkte in zeitlich aufeinanderfolgenden Schritten so lange, so häufig und so effizient wie möglich stofflich genutzt und erst am Ende des Produktlebenszyklus energetisch verwertet. Das Materialgefüge wird dabei stufenweise desintegriert. Um das Ziel einer hohen Rohstoffproduktivität zu erreichen, das heißt, den Gesamtnutzen pro Rohstoffeinheit zu erhöhen, sollte die Kaskadennutzung bei Holz eine mindestens zweimalige stoffliche Nutzung umfassen, und erst am Ende der Gesamtkaskade steht dann die Nutzung der Reststoffe als Energieträger. Der primäre Fokus einer bioökonomisch ausgerichteten Holznutzung ist somit die möglichst vielstufige Verwendung derselben Einheit Holz, etwa zum Bauen, Wohnen, Transportieren oder Verpacken sowie zur Wärmeerzeugung. Die Kaskadennutzung von Biomasse ist der direkten energetischen Nutzung in Hinblick auf ökologische Aspekte weit überlegen und weist auch ökonomisch starke Vorteile auf, weil sie, bezogen auf die gleiche Menge an Biomasse, die fünf- bis zehnfache Bruttowertschöpfung und ebensolche Beschäftigungseffekte schafft (Sauerwein 2016). Kaskadennutzung beginnt beim Fällen des Baumes und führt über dessen Einschnitt und Verarbeitung einzelner Bestandteile hin zu den Zielprodukten: Der Stamm gilt dabei als wertvollster Teil und wird zu Schnittholz verarbeitet. Kronen- und Restholz der Stammverarbeitung wird in der Holzwerkstoff-, Zellstoff- und Papierindustrie eingesetzt. Es entstehen daraus in der Regel Partikelwerkstoffe, faserbasierte Materialien. Restholzsortimente werden meist chemisch für die Faserwerkstoffindustrie und für Anwendungen in der Chemie und Werkstofftechnik aufgeschlossen (u. a. Fehrenbach et al.

3 Für weitere Informationen siehe ▶ http://www.lenzing.com.

2017). Die Zerlegung des Holzes erfolgt dabei in seine chemischen Komponenten:

- Lignin: Inkrustierungssubstanz des Holzes, verantwortlich für dessen hohe Stabilität, insbesondere für seine Druckstabilität – unreguläres Makromolekül aus substituierten Phenylpropaneinheiten
- Cellulose: hochgeordnetes, lineares Molekül aus ß-1,4-glykosidisch verknüpften Glukoseeinheiten mit ausgeprägter übermolekularer Struktur, die die Eigenschaften – hier vor allem die Zugfestigkeit – entscheidend bestimmt,
- Hemicellulosen: Gruppe von Kohlehydratmakromolekülen aus verschiedenen Zuckerbestandteilen (Hexosen, Pentosen) mit unterschiedlichen Funktionalitäten; stellen im Holz das vermittelnde Element zwischen den Cellulosefibrillen und dem Lignin dar
- akzessorische Bestandteile wie Terpene (Harzsäuren, Terpentinöl), Wachse und Phytosterole, die die Basis für chemisch modifizierte, neue Materialien und Chemieprodukte bilden

Holz als Halbware in Form von Schnittholz, Holzwerkstoffplatten, Furnier und Sperrholz sowie Holzstoff und Zellstoff sind für die Fertigwarenproduktion der Papier-, Bau-, Möbel und Verpackungsindustrie traditionell äußerst wichtig (FNR 2018).

Im Bereich der energetischen Verwendung dient Holz darüber hinaus zur Wärme- und Stromerzeugung.

Verfahren Der Aufschluss zur Desintegration des Holzes dient vorrangig der Erzeugung von Fasermaterial mit verarbeitungstechnisch günstigen Eigenschaften. Hierzu werden Verfahren mit vorrangig mechanischen, chemisch-mechanischen oder chemischen Prozessschritten eingesetzt:

- Der mechanische Holzaufschluss erzeugt durch Schneid- und Quetschmahlung einen noch verholzten, also ligninhaltigen, Faserstoff, der – je nach Feinheit des Aufschlusses – Anwendung in der Erzeugung von Faserplatten (Mitteldichte Faserplatten – MDF, Hochverdichtete Faserplatten – HDF), Faserformteilen oder Papier und Karton findet. Neben der rein hydromechanischen Zerfaserung wurden zahlreiche Verfahrensvarianten entwickelt, die sich auf größere Variabilität im Rohstoff (Hackschnitzel statt Stammholz), höhere Energieeffizienz (Thermisch-Mechanischer Holzstoff – TMP) und/oder ergänzend verbesserte Fasereigenschaften (Chemisch-Thermomechanischer Holzstoff – CTMP mit verschiedenen technologischen Varianten, zum Beispiel integrierter Bleiche) beziehen. Von wirtschaftlicher Bedeutung ist heute insbesondere die TMP- und CTMP-Erzeugung, da sie von allen vorrangig mechanischen Desintegrationsverfahren die beste Qualität-Effizienz-Relation aufweisen.
- Beim chemischen Aufschluss wird das Holz über die Desintegration hinaus auch in seine chemische Hauptbestandteile Cellulose, Hemicellulosen, Lignin sowie weitere akzessorische Bestandteile zerlegt (für mehr Informationen dazu siehe unter anderem Fengel und Wegener 2003). Er dient somit vorrangig dazu, delignifizierte Cellulosefasern für die Papier- und Regeneratfasererzeugung zu gewinnen.[4]
- Weltweit werden heute ca. 181 Mill. t Zellstoff erzeugt. Zunehmend erhält die Ligningewinnung (wieder) Bedeutung für weitergehende chemische Verarbeitung. Darüber hinaus spielt die Nutzung der Terpene, Phytosterole und Wachse für chemische Produkte und auch Pharmaka in der Forschung wieder eine vermehrte

4 Regeneratfaser: aus sehr reiner Cellulose über einen chemisch-physikalischen Löseprozess erzeugte Filamentfaser, die wiederum aus reiner Cellulose besteht. Neben der klassischen Viskosefaser wurden in den zurückliegenden Jahren durch neue Verfahren sehr leistungsfähige Textilfasern mit guter Umweltbilanz entwickelt (TENCEL®, LYOCELL®).

Rolle. Aus diesen Stoffen lässt sich eine ganze Palette chemischer Substanzen plattformmäßig aufbauen, aus denen unter anderem Polymere erzeugbar sind. Weiterhin können die Kohlehydratbestandteile chemisch wie auch biotechnologisch zu monomeren Zuckern oder anderen Plattformchemikalien wie Milchsäure, Bernsteinsäure, Glykole und anderen Verbindungen abgebaut werden. Sie dienen somit potenziell als Rohstoff für zahlreiche Produkte. Beispiele hierfür sind Polylactid für Verpackungen, Monoethylenglykol für Polyester, Phenolkomponenten für Harze oder Hemicellulosen für Polyester.[5] In zunehmendem Maße steht der chemische Aufschluss von Holz heute auch unter der Zielstellung der Gewinnung von Zuckern und Lignin, um damit Plattformchemie betreiben zu können.

4.3 Organisationsgrad der Branche

Die Forstwirtschaft, die Holz- und Papierindustrie und weitere verbundene Bereiche verfügen über leistungsfähige Verbandsstrukturen und unterstützende Institutionen, die die Interessen der Forst-, Holz-, Papierwirtschaft und anderer Wirtschaftsbereiche vertreten. Seit ca. 15 Jahren sind ein deutlicher Zuwachs von Branchenvereinigungen und die Verschränkung unterschiedlichster Strukturen erkennbar:

Zentrale Knotenpunkte Die zentralen Wirtschaftsspitzenverbände beziehungsweise -Organisationen (und deren jeweiligen Untergliederungen) sind der Deutsche Industrie- und Handelskammertag (DIHK), der Deutsche Forstwirtschaftsrat (DFWR), der Deutsche Holzwirtschaftsrat (DHWR), der Deutsche Säge- und Holzindustrie Bundesverband e. V. (DeSH), der Verband Deutscher Papierfabriken e. V. sowie der Verband der Chemischen Industrie. Hier werden die Interessen der jeweiligen Branche – sowie bei bestimmten Themen auch konzertiert – gebündelt und im politischen und öffentlichen Raum vertreten. Darüber hinaus ist die Holzwirtschaft durch zahlreiche branchenbezogene Verbände vertreten, so zum Beispiel die der Schreiner und Zimmerer, der Furnierhersteller, der Möbelhersteller, der Holzwerkstoffindustrie etc. Auf Initiative des Bundesministeriums für Ernährung und Landwirtschaft (BMEL) ist seit 2018 die „Charta für Holz 2.0“ in Kraft.[6] Sie verbindet Klimaschutz-, Wertschöpfungs- und Ressourceneffizienzziele. Auf ihrer Grundlage werden in unterschiedlichen Formaten diverse Interessengruppen zusammengeführt. So soll ihr politisches, wirtschaftliches und gesellschaftliches Handeln im Sinne eines ganzheitlichen Ansatzes miteinander verschränkt und aufeinander abgestimmt werden.

Ein zentraler europäischer (und auch nationaler) Netzwerkknotenpunkt der Branche ist die Forest-based sector Technology Platform (FTP) mit ihren nationalen Gliederungen (National Support Groups – NSG). Hinzu kommen diverse Cluster in den Bundesländern, die sich schwerpunktmäßig oder überwiegend mit den Themen Forst, Holz und Papier befassen (▶ Kap. 13). Politische, strategische Themen aus der Branche an die Politik und umgekehrt werden vor allem durch den Bioökonomierat auf Bundesebene sowie Bioökonomieräte in einigen Bundesländern kommuniziert.

Dezentrale Knotenpunkte Messen wie LIGNA, Interzoom, ForumHolz, Holz-Handwerk oder Zellcheming als wichtige Kommunikationsorte zur Entwicklung der Branche(n) sind weitere, dezentrale Knotenpunkte der Branche.

Zertifizierungen Der Organisationsgrad der Branche lässt sich darüber hinaus an der

---

5 Für weitere Informationen siehe ▶ www.upmpaper.com und ▶ www.bioeconomy.de.

6 Für weitere Informationen siehe ▶ www.charta-fuer-holz.de.

Zunahme von Zertifizierungssystemen festmachen. Sie ist die Folge einer gestiegenen Sensibilität der Gesellschaft bezüglich des Umgangs mit Wald als wirtschaftlichem und sozialem Wert. In den zurückliegenden Jahren wurden mehrere, weltweit anerkannte Zertifizierungssystemen eingeführt. Unter anderem:

- Forest Stewardship Coucil (FSC): 1990 als internationale NGO gegründet, mit dem Ziel, die Nachhaltigkeit der Waldbewirtschaftung durch entsprechende Zertifikate für Holz kenntlich zu machen. Der Zertifizierungsprozess orientiert sich am Nachhaltigkeitsbegriff des „Brundtland-Berichtes“ (UN-WCED 1987) und bezieht wirtschaftliche, soziale und ökologische Kriterien in die Bewertung ein. Zunehmend werden heute auch Produkte *(chain of custody)* in die Bewertung einbezogen. Unter anderem etwa wird auch das Recycling bewertet.
- Zertifizierungssystem für nachhaltige Waldbewirtschaftung (Programme for the Endorsement of Forest Certification Schemes – PEFC): 1990 als paneuropäisches System zur Zertifizierung von Waldbewirtschaftungssystemen gegründet, unter anderem vom Deutschen Holzwirtschaftsrat (DHWR). PEFC ist nach eigenen Angaben die größte Institution zur Sicherstellung und Vermarktung nachhaltiger Waldbewirtschaftung durch ein unabhängiges Zertifizierungssystem. 68 % der Waldfläche Deutschlands, das sind ca. 7,6 Mio. ha sowie 7653 Betriebe und Zusammenschlüsse in Deutschland, sind PEFC-zertifiziert.[7]
- NGOs mit Bezug zur Waldwirtschaft: unter anderem B.A.U.M., World Wildlife Fund WWF, Naturschutzbund Deutschland NABU.[8]

Ausbildung In Deutschland gibt es viele akademische Ausbildungsstätten für die verschiedenen Zweige der holzbasierten Bioökonomie. Entsprechende Studiengänge werden derzeit an der Universität Hohenheim sowie dem Campus Straubing der TU München angeboten.[9] Forstwirtschaft, teilweise in Verbindung mit Holzwirtschaft und Holztechnik, kann man heute in Deutschland an den Universitäten Hamburg, Göttingen, Dresden, Freiburg, München (Weihenstephan) sowie der Technischen Hochschule Rosenheim studieren. Holzwirtschaft wird unter anderem an der Hochschule für nachhaltige Entwicklung Eberswalde sowie den Hochschulen für angewandte Wissenschaften in Rottenburg (Holzwirtschaft) und Lemgo (Holztechnik) angeboten. Hinzu kommt die Zellstoff- und Papierwirtschaft, die an den Technischen Universitäten Darmstadt und Dresden sowie den Hochschulen für Angewandte Wissenschaften München und Karlsruhe (Duale Hochschule) studiert werden können. Zudem ist in die akademischen Ausbildungsprofile aufgrund der wachsenden Bedeutung der Bioökonomie in den vergangenen fünf Jahren Bewegung geraten und es entstehen hieraus in den kommenden Jahren erwartbar neue Studienangebote.

Forschung Die Forschung zum Thema Holz wird in Deutschland maßgeblich durch das Europäische Forschungsprogramm „Horizon 2020“ und in der Folge, ab 2021, durch „Horizon Europe“ finanziert. Hier wurden in den Jahren 2015 bis 2017 allein ca. 460 Mio. € für Forschungs- und Innovationsprojekte im Bereich des forstbasierten Sektors zur Verfügung (FTP 2019) gestellt. Auf nationaler Ebene ist vor allem die Fachagentur für Nachwachsende Rohstoffe (FNR) als Ressortorgan des BMEL für die Forschungsförderung und -koordination zuständig. Darüber hinaus ist der Projektträger Jülich (PtJ) als kompetenter Partner für die öffentliche Hand in Wissenschaft, Wirtschaft und Politik von Bedeutung.[10]

7 Für weitere Informationen siehe ▶ www.pefc.de.

8 Für weitere Informationen siehe ▶ www.baumev.de, ▶ www.wwf.de, ▶ www.nabu.de.

9 Für weitere Informationen siehe ▶ www.uni-hohenheim.de, ▶ www.tum.de.

10 Für weitere Informationen siehe ▶ www.ptj.de.

4.4 Innovationen

Voraussetzungen Zurückliegende maßgebliche Innovationswellen fußten in der Regel immer auf der Verfügbarmachung von neuen Ressourcen wie unter anderem Stahl oder Erdöl, auf denen wirtschaftliche Strukturen aufbauten. Letztlich war die intensive Ausnutzung dieser Ressourcen unter skalenökonomischen Gesichtspunkten das entscheidende Innovationsmerkmal (Nefiodow 2006) der industriellen Entwicklung seit Mitte des 19. Jahrhunderts. So entstand die heutige Werkstoffklasse der Polymerwerkstoffe in erster Linie aus der preiswerten und massenhaften Verfügbarkeit von Kohleprodukten und später Erdöl als Plattformchemikalie.

Ein Innovationsschub auf Basis von Holz folgt jedoch anderen Grundvoraussetzungen. Zwar sind weltweit große Holzvorräte vorhanden und Holz ist ein nachwachsender Rohstoff, doch er ist trotzdem begrenzt und sein Anbau wie auch seine Nutzung sind an Nachhaltigkeitskriterien geknüpft. Wertschöpfungen werden daher vor allem durch Innovationen ausgelöst, die den Ressourceneinsatz verringern oder qualitativ hochwertige Produkte hervorbringen (Radermacher 2011).

Im Gegensatz zu allen bisher im industriellen Maßstab ausgenutzten Ressourcen stellt Holz ein besonderes Material dar, dessen Eigenschaften nicht allein durch die chemische Zusammensetzung, sondern auch durch die hierarchischen Strukturebenen bestimmt wird. Sein inhomogener Aufbau und sein anisotropes Verhalten[11] bezüglich der drei Hauptrichtungen des Holzes[12] machen es zu einem äußerst komplexen Material (Wagenführ und Scholz 2018), dessen Struktur und Morphologie bei Verwertungsstrategien zu berücksichtigen ist. Innovation auf Basis von Holz liegt nicht in erster Linie in der Verfügbarmachung von Material in Kategorien von Menge beziehungsweise Masse begründet. Der besondere Wert ergibt sich aus der intelligenten Verknüpfung von Struktur und Material in der Nutzung, gepaart mit Ressourceneffizienz und Kreislaufwirtschaft. (Beispiele für Innovationen s. Infoboxen „Papierartige Wertstoffe für Falt- und Honigwagen-Sandwichkerne“ und „Hochfeste synthetische Faser aus reiner Cellulose“). Die Ressourcenbereitstellung, -entnahme, -verarbeitung, -distribution und -wiederverwertung muss dabei möglichst CO_2-effizient erfolgen. In diesem Sinn sind moderne und dezentrale Anbau-, Abbau-, Fertigungs- und Recyclingtechnologien- und verfahren zu nutzen. Innovationen im Bereich der Digitalisierung können dabei unterstützend wirken. Auf ähnlichen Überlegungen fußt teilweise die Nachhaltigkeits- und HighTech-Strategie der Bundesregierung (BMEL 2009).

Papierartige Werkstoffe für Falt- und Honigwaben-Sandwichkerne

In mehreren Forschungsvorhaben wurden adaptierte papierartige Werkstoffe für Falt-und Honigwabenkernen in Sandwichstrukturen für den Einsatz in Leichtbaustrukturen entwickelt. Dieses Material besitzt ein deutlich erweitertes Anwendungsfeld und kann in vielfältiger Weise für innovative Produkte im Bereich der leichtgewichtigen Sandwich-Strukturen oder 3D-verformbarer Strukturen eingesetzt werden. Dieser Kernwerkstoff kann dessen gewichtsspezifischen Eigenschaften experimentell und numerisch nachweisbar verbessern (■ Abb. 4.3 und 4.4).

Hochfeste synthetische Faser aus reiner Cellulose

Die Forschergruppe um Daniel Söderberg (KTH Stockholm) hat die festeste Cellulosefaser synthetisiert, die je erzeugt worden ist. Sie reicht in ihren Festigkeitseigenschaften an Carbonfasern heran und wurde durch Aneinanderführung von vereinzelten Cellulosekettten aus nanofibrillierter Cellulose synthetisiert (Mittal et al. 2018) (■ Abb. 4.5).

11 Ein Werkstoff weist ein anisotropes Verhalten auf, wenn seine physikalischen, mechanischen und chemischen Eigenschaften richtungsabhängig sind. Beispielsweise ist das Werkstoffverhalten von Holz anisotrop, weil sein Dehnverhalten und seine Festigkeit parallel oder quer zur Faserrichtung völlig unterschiedlich sind (▶ https://baulexikon.beuth.de/ANISOTROPES.HTM).

12 Die drei Hauptrichtungen sind: „longitutinal“ entlang der Achse des Stammes (parallel zur Faser), „radial“ in 90 Grad zur Jahrringlage und „tangential“ als Tangente entlang der Jahrringe.

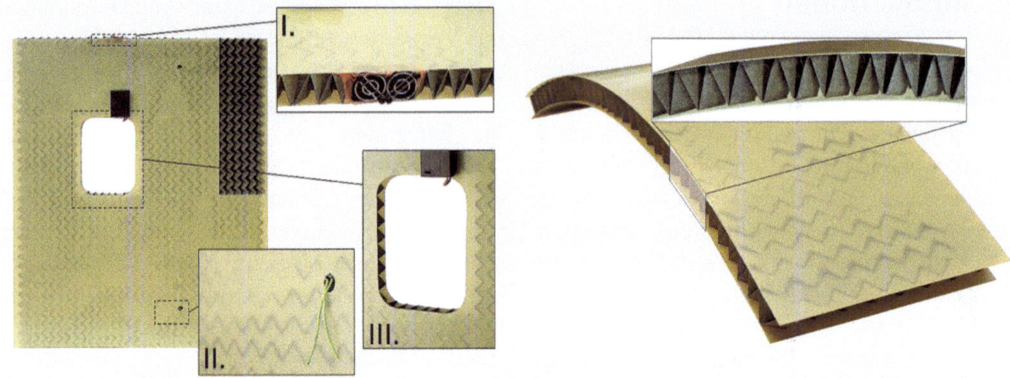

Abb. 4.3 Papierartige Werkstoffe für Falt- und Honigwaben-Sandwichkerne. (Quelle: PTS o. D., o. S.)

Abb. 4.4 3D Waben für den Möbelbau. (Quelle: Lippitsch et al. 2019)

Derzeitige Entwicklungen und Potenziale Konkrete Entwicklungen der jüngsten Zeit zeigen, welches noch nicht gehobene Potenzial sich in dem nachwachsenden Rohstoff Holz als heterogenes, hoch komplexes Polymer verbirgt. Insofern sind die hauptsächlichen Nutzungspfade des Werkstoffes aus chemischer Sicht stark strukturbezogen zuzuordnen beziehungsweise zu betrachten. (Vgl. Infobox „Entwicklungspfade aus Holz für chemische Produkte").

Entwicklungspfade aus Holz für chemische Produkte

Die angestrebte Produktpalette für neue Chemikalien und Materialien schließt die stoffliche Basis des Holzes – Cellulose, Hemicellulose, Lignin und akzessorische Bestandteile – vollständig ein.
So werden für cellulosebasierte Entwicklungen vorrangig die bereits vorgebildeten linearen Strukturen genutzt, um hohe Zugfestigkeiten realisieren zu können. Das Entwicklungsfeld beginnt bei der unmittelbaren Nutzung der Cellulose aus der nativen Zelle in Form von Fasern für Papier, Vliesstoffe und daraus aufbaubaren Verbundmaterialien. Darüber hinaus werden durch chemisch-physikalische Umformungsprozesse auch neue Filamente entwickelt, die im Textilbereich für Kleidung ebenso Einsatz finden wie in technischen Applikationen und Prozessen.
Hemicellulosen sind chemisch vielfältiger und relativ rein isolierbar. Hier stehen vor allem Ausgangsmaterialien für Biokunststoffe sowie Nahrungs- und Futterergänzungsmittel ebenso wie Kosmetika und Pharmaprodukte im Vordergrund der Entwicklungen. Unter anderem ist etwa das Öl Furfural als Nebenprodukt einiger holzchemischer Verfahren eine ideale Plattformchemikalie für Biopolyester. Alle Kohlehydratfraktionen des Holzes sind außerdem auch Ausgangsstoffe für die Herstellung von Bioethanol oder Bioglykolen als Ausgangschemikalien oder Energieträger.
Lignin als natürliche Aromatenquelle bietet ein weites Anwendungsfeld für Kunstharze und Klebstoffe – beginnend bei Phenolharzen bis hin zu Polyurethanen.
Eine besonders hohe Wertschöpfung wäre durch die Entwicklung von Carbonfasern aus Lignin erreicht, woran intensiv gearbeitet wird.
Darüber hinaus bietet Lignin eine gute Basis für Ruß und andere technische Produkte. Interessant ist auch die Nutzung des polymeren Lignins unter Einbindung von Stickstoff als Bodenverbesserer und organischer Dünger ohne Eutrophierungpotenzial (▫ Abb. 4.6).

Zur Umsetzung der in ▫ Abb. 4.2a dargestellten und zum großen Teil noch zu erforschenden Beispielprodukte geht es vor allem um die Entwicklung und Bereitstellung komplexer, unter anderem auch biochemischer Fertigungstechnologien. Dabei müssen die genannten Holzkomponenten im industriellen Maßstab verarbeitet werden, um später den Einsatz funktionalisierter Roh- und Werkstoffe im großen Maßstab zu gewährleisten. Dazu gehören in erster Linie leistungsfähige Aufschlusstechnologien sowie entsprechende *down-stream*-Prozesse zur Separierung und Gewinnung notwendiger chemischer Halbzeuge und Endprodukte.

Dies voraussetzend, zielt die Werkstoffentwicklung im obersten Segment auf die Nutzung des nativen Holzes, um daraus Verarbeitungs- und Veredelungsprodukte für konstruktive und andere Bereiche zu entwickeln und zu produzieren. Ernte- und Verarbeitungsabfälle bieten immer noch den Vorteil, dass sich auch darin die komplexen Holzstrukturen wiederfinden, sodass die Faser als wertiger Werkstoff vorliegt. Diese kann zu Faserprodukten wie Papieren, Vliesen, Platten oder Formteilen und Verbundwerkstoffen verarbeitet werden. Erst die Verarbeitungs- oder Recyclingreste dieser Produkte oder dafür speziell auf Plantagen gezüchtete Sortimente bieten die sinnvollen ökonomischen Voraussetzungen, um daraus einfache Plattformchemikalien, Bioenergieträger oder direkt Energie zu erzeugen.

Daraus ist ableitbar, dass Innovationsprozesse auf Basis des nachwachsenden Rohstoffes Holz auf den Wert der Strukturbildung in der natürlichen Holzsynthese und dessen möglichst umfassende Nutzung abheben müssen, wenn gesamtwirtschaftlich ein Vorteil entstehen soll. Dieses als Nutzungskaskade bezeichnete Verwertungskonzept stellt neben den klimarelevanten Effekten den hauptsächlichen Innovationsgewinn für die Gesellschaft dar und ist als Zusammenhang zu verstehen.

4

Innovationen in den einzelnen Teilbranchen

Waldbau und Holzbau

Durch Holzmodifikationen, Materialkombinationen (Mischbauweise), innovative baukonstruktive Lösungen (zum Beispiel bionisch inspiriert) unter anderem wird ein Holzeinsatz-Steigerungspotenzial in Abstimmung mit der Forstwirtschaft (Klimawandel, Waldumbau, Rohstoffsteigerung, unter anderem durch Kurzumtriebsplantagen) gesehen, aber auch der Holzeinsatz in neuen Anwendungsfeldern ermöglicht (zum Beispiel Energiewirtschaft: Türme und Rotorblätter der Windkraftanlagen). Holz ist nicht nur ein wichtiger CO_2-Absorber in der Wuchsphase, sondern auch ein bedeutender CO_2-Speicher durch die stoffliche Verwertung insbesondere im Bauwesen. Dies wird zur Erreichung der deutschen und globalen Klimaschutzziele bis 2050 mit beitragen.

Holzwerkstoffe

Hier kann branchenübergreifend das Bauwesen (zum Beispiel Brandschutzplatten auf Holz- beziehungsweise Papierbasis) positiv beeinflusst werden. Ein neues Anwendungsgebiet, der Holz/Holzwerkstoff-/Holz-Verbundwerkstoffeinsatz im Maschinen- und Anlagenbau einschließlich des Fahrzeug- und Flugzeugbaus, kann auf neuer konstruktiver Basis erschlossen werden. Dabei kommt neben dem Leichtbauaspekt insbesondere wieder der Klima-Aspekt zum Tragen (Ablösung von Metallen wie Stahl und Aluminium durch den CO_2-neutralen nachwachsenden Rohstoff Holz).

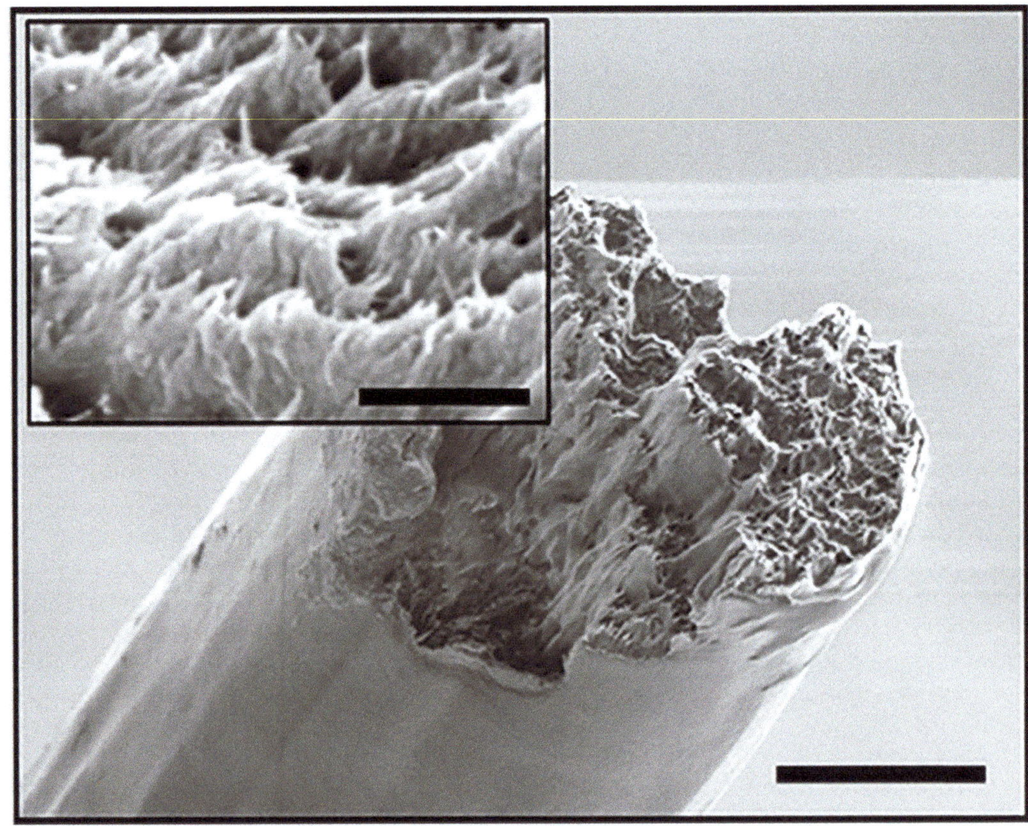

Abb. 4.5 Hochfeste Fasern aus reiner Cellulose. (Quelle: Mittal et al. 2018, S. 6370 ff)

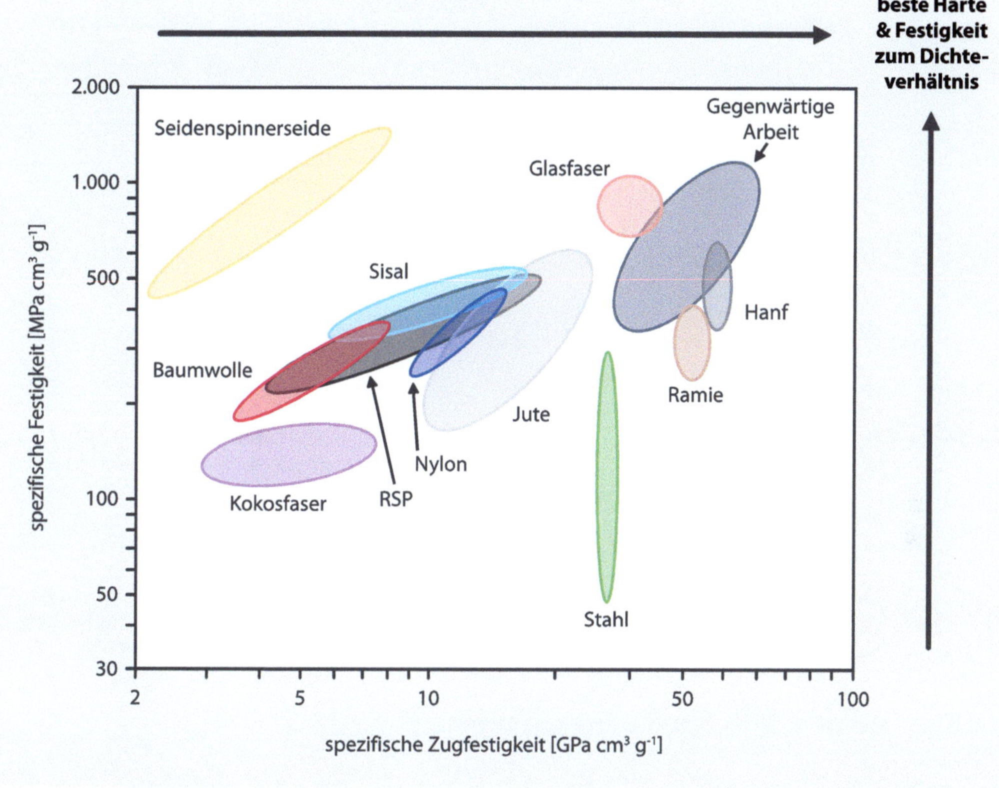

Abb. 4.5 (Fortsetzung)

Ein wichtiger Aspekt ist hierzu eine wirtschaftlich vertretbare Kreislaufwirtschaft (Kaskadennutzung), was unter anderem die Trennbarkeit der Materialverbunde im Recyclingprozess erfordert.

Zellstoff/Papier/Vliesstoffe/Textil

Große Innovationseffekte werden bei Cellulose- beziehungsweise auf Fasern basierenden neuen Technologien und Produkten mit hohem Wertschöpfungspotenzial gesehen, zum Beispiel in der *composite*-Herstellung für Anwendungen im Leichtbau, in der Verpackungsindustrie und dergleichen. Darüber hinaus sind Anwendungen in Handlungsfeldern wie etwa Architektur und Bauen, Medizintechnik und Gesundheitsvorsorge, Wohnen und Arbeiten, Lebensmittelerzeugung im urbanen Raum, Energiespeichertechnik vorstellbar. Einen umfassenden Ansatz dazu bringt die Zukunftsstudie der Papierwirtschaft „Faser & Papier 2030“ (PTS 2015).

Generell

Hohes Wertschöpfungspotenzial bei den verschiedenen Bau- und Werkstoffen haben durch die interdisziplinären Lösungsansätze die Hybridisierung, Funktionalisierung und der Leichtbauansatz, wo Holz in der industriellen Verarbeitung beziehungsweise Nutzung den anderen Materialien neben den Materialeigenschaften über den CO_2-Emmissions-Lebenszyklus auch hinsichtlich Nachhaltigkeit, CO_2-Bilanz und Rezyklierbarkeit überlegen ist. Die größte Wirkung für das Erreichen der Klimaschutzziele haben deshalb Produkte, die durch

4

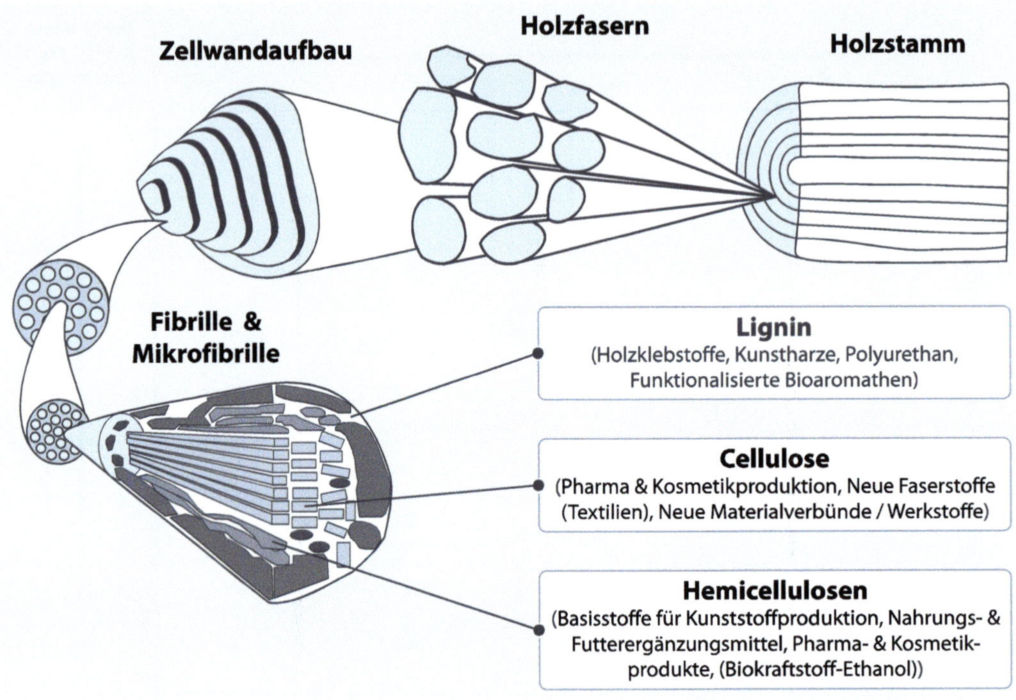

Abb. 4.6 Materialvielfalt aus Holz. (Quelle: eigene Darstellung)

Holzprodukte mit langer (Baubereich) und mittlerer Lebensdauer (Holzwerkstoffe, Möbel) substituiert werden können. Das trifft auch auf Recycling zu.

Ergänzend dazu weitere Innovationen mit hohem Wertschöpfungspotenzial:

- Werkstoffentwicklung in High-end-Anwendungen
- Recycling
  - Werkstoffentwicklung mit Fokus der Rohstofftrennung am Ende des Lebenszyklus
  - Konzepte zur Materialtrennung am Ende des Materiallebenszyklus
- Nutzung von Laubholz in Bereichen in denen bisher Nadelholz oder andere Werkstoffe dominierten (zum Beispiel Brettschichtholz (BSH) aus Buche oder Rohre aus Holz)
- Hoher stofflicher Nutzungsgrad, insbesondere Koppelproduktverwertung für chemische Produktentwicklung

Die Pharmazie und Medizin sieht ein Milliardenpotential in der Bioökonomie, indem begrenzt verfügbare Rohstoffe durch nachwachsende substituiert werden (Organobalance 2015).

4.5 Zielkonflikte

Um die Zielkonflikte verstehbar und produktiv interpretierbar zu machen, zunächst eine Vorbemerkung zum Innovationsansatz: Wald ist zu allen Zeiten ein Schnittpunkt unterschiedlichster Interessen und Nutzungen gewesen, und das setzt sich bis heute fort. Als Wirtschaftsfaktor sind der Wald und seine Nutzung bereits zahlreichen Konkurrenzen ausgesetzt. So stehen Holzgewinnung und Produktivität seit Langem im Zentrum des Wirtschaftens. Nachhaltige Bewirtschaftung unter den Bedingungen der Klimaveränderungen sind die heutigen wichtigen

Themen und stellen die Forstwirtschaft vor enorme Herausforderungen. Darüber hinaus hat der Erholungs- und Freizeitwert der Forsten zugenommen, woraus sich spezifische Ansprüche und Bedingungen ableiten lassen. Hier ist vor allem die naturschützerische Rolle des Waldes unter dem Aspekt der Erhaltung von Artenvielfalt, des Wasserhaushaltes und der Lufterneuerung in Verbindung mit Bewirtschaftung neu zu entwickeln. Das Aufeinanderprallen von emotionsgeladenen Meinungen und faktenbasierten Tatsachen bedarf einer produktiven Moderation und Erklärung.

Nutzungskonkurrenz Energie – Material Laut Statistischem Bundesamt (Destatis 2019) ist der Verbrauch als Energieholz von 2006 bis 2017 von 13 auf 19 % des Holzeinschlages gestiegen, das entspricht 9,9 Mio. fm[13]. Diese Menge wird wertiger stofflicher Nutzung entzogen, unter anderem auch unter dem Aspekt der Speicherung von fixiertem CO_2.

Im Bereich der Energieerzeugung spielt Holz dennoch keine dominierende Rolle. So wurden im ersten Halbjahr 2018 ca. 23 TWh Strom aus Biomasse erzeugt, womit ein Rückgang erkennbar wird. Zum Vergleich: Bei Photovoltaik sind es 22,3 TWh – mit steigender Tendenz. Jedoch ist die energetische Nutzung von Holz durch Verbrennung (Hausbrand) populär und gleichzeitig im Hinblick auf Staubentwicklung und nachhaltige Energieeffizienz problematisch: 2010 wurden von 135,4 Mio. fm verfügbarem Holzrohstoff in Deutschland allein 33,9 Mio. fm für den Hausbrand eingesetzt, in Summe 64,8 Mio. fm für Energiegewinnung oder Energieprodukte, das entspricht 50,5 % des Aufkommens (Mantau 2012). Mit der energetischen Nutzung ist die Umweltauswirkung aber noch nicht abgeschlossen. So wird prognostiziert, dass der Hausbrand in Europa im Jahr 2030 zu 41 % zur Emission von $PM_{2,5}$ Feinstaub und zu 69 % zur Rußemission beitragen könnte (Clean Heat 2018). Die Deutsche Umwelthilfe schätzt, dass die kurzfristigen Umweltschäden durch weittragende und regionale Rußemission die Vorteile des nachhaltigen Brennstoffes aufbrauchen oder gar überschreiten könnten (DUH 2019).

Um das Konfliktpotenzial korrekt einschätzen zu können, muss allerdings auch die Erzeugerseite, die Forstwirtschaft, betrachtet werden. So haben sich gerade durch die energetische Nachfrage die Holzpreise in den zurückliegenden Jahren soweit verbessert, dass eine ausreichende Waldpflege wieder attraktiv geworden ist, nicht zuletzt durch die jetzt absetzbaren Sortimente, die vorrangig in die Pelleterzeugung gelangen. Insofern steht nicht die energetische Holznutzung generell zur Debatte, sondern deren sortimentsgerechte Zuordnung. Zudem ist der Zuwachs in Deutschland immer noch größer als die Holzverwendung, sodass gravierende Rohstoffengpässe daher bisher noch nicht aufgetreten sind (BMEL 2014).

Waldumbau Unter Nutzungsgesichtspunkten ist der im Gange befindliche sogenannte Waldumbau weg von Nadelholzmonokulturen hin zu standortgerechteren Laub- und Laubmischbeständen mit höherem Naturwaldanteil und entsprechenden Bewirtschaftungsrichtlinien ebenfalls ein Konfliktfeld, das vor allem die materialtechnische und stoffliche Verwertung berührt (BMEL 2014). Hier ist auch wichtig zu verstehen, dass der Waldumbau keineswegs nur eine politische Forderung darstellt, sondern sich vor allem aus den Notwendigkeiten der künftigen Waldstabilität herleitet (Bolte et al. 2016). Unter veränderten Klimabedingungen und daraus resultierender Belastung durch Wetterstarkereignisse, tendenziell zunehmende Trockenheit, vermehrtem Schädlingsbefall und Ausfall von „Hoffnungsbaumarten“ wegen doch nicht

13 fm = Festmeter. Raummaß in der Forst- und Holzwirtschaft für Rundholz. Er entspricht einem Kubikmeter fester Holzmasse, berücksichtigt also die Hohlräume zwischen den Stämmen nicht mit.

ausreichender Robustheit formulieren sich die Anforderungen. So werden erhebliche Bestandsverluste bei Eiche, Esche und Kastanie erwartet. Es handelt sich hier um ein wirtschaftlich und ökologisch bedeutsames Problem mit höchster Komplexität.

4

Holznutzung Es besteht noch ein erheblicher Forschungsbedarf, um die prognostizierten künftigen hohen Buchenholzanteile einer sinnvollen und qualitativ hochwertigen Nutzung erschließbar zu machen. Unter anderem deshalb wird in Baden-Württemberg derzeit mit Konsequenz der Aufbau eines „Technikum Laubholz" betrieben (Lehner 2018), neben weiteren Aktivitäten in anderen Bundesländern.

In der Stärkung der Verwertungsoptionen liegt der Schlüssel zur Konfliktlösung: Nur eine gesicherte Nachfrage für hochwertige Produkte durch entsprechende Verarbeitungsunternehmen sichert einen nachhaltig gepflegten und produktiven Forst. Hierzu sowie zur Weiterentwicklung der Kaskadennutzung unter marktwirtschaftlichen Bedingungen – das heißt auch ohne Subventionierung bestimmter Verwertungspfade – werden noch koordinierte maßgebende Schritte unter Einbindung aller potenziellen und realen Partner erforderlich. Hier sollte die Politik eine moderierende Rolle unter gleichzeitigem Einsatz von Fördermitteln einnehmen, um die gesellschaftlichen Ziele erreichen zu können.

Literatur

BFS (Bundesamt für Statistik). (2018). Holzernte 2017. Schweizerische Forststatistik. ▶ https://www.bfs.admin.ch/bfs/de/home/aktuell/neue-veroeffentlichungen.assetdetail.5708707.html. Zugegriffen: 26. Aug. 2019.

BMEL (Bundesministerium für Ernährung und Landwirtschaft). (2009). Aktionsplan der Bundesregierung zur stofflichen Nutzung nachwachsender Rohstoffe. ▶ https://www.bmel.de/SharedDocs/Downloads/Broschueren/AktionsplanNaWaRo.pdf?__blob=publicationFile. Zugegriffen: 26. Aug. 2019.

BMEL (Bundesministerium für Ernährung und Landwirtschaft). (2014). Der Wald in Deutschland. Ausgewählte Ergebnisse der dritten Bundeswaldinventur. ▶ https://www.bmel.de/SharedDocs/Downloads/Broschueren/Bundeswaldinventur3.pdf?__blob=publicationFile . Zugegriffen: 26. Aug. 2019.

BMNT (Bundesministerium für Nachhaltigkeit und Tourismus). (2018). Holzeinschlagsmeldung über das Kalenderjahr 2017. ▶ https://www.bmnt.gv.at/dam/jcr:76a1a1da-ba38-4ebe-ab9c-4c471dafde8d/Holzeinschlag%202017.pdf. Zugegriffen: 26. Aug. 2019.

Bolte, A., Börner, J., Bräsicke, N., Degen, B., Dieter, M., Saake, B., & Schneider, B. U. (2016). Perspektiven der Forst- und Holzwirtschaft in Deutschland. Bioökonomierat. ▶ https://biooekonomierat.de/fileadmin/Publikationen/berichte/Hintergrundpapier_Forstwirtschaft_280416__final.pdf. Zugegriffen: 26. Aug. 2019.

Clean heat. (2018). Heizen mit Holz: Umweltfolgen und Lösungsansätze. ▶ https://www.clean-heat.eu/de/aktivitaeten/infomaterial/download/hintergrundpapier-heizen-mit-holz-1.html. Zugegriffen: 26. Aug. 2019.

Domínguez, G., Köhl, M., & San-Miguel, J. (2015). Part II: European forests: Status, trends and policy responses. In FOREST EUROPE: State of Europe`s Forests 2015 (S. 65–220). Ministerial Conference on the Protection of Forests in Europe. ▶ https://www.foresteurope.org/docs/fullsoef2015.pdf. Zugegriffen: 26. Aug. 2019.

Destatis (Statistisches Bundesamt). (2019). Land- & Forstwirtschaft, Fischerei. ▶ https://www.destatis.de/DE/Themen/Branchen-Unternehmen/Landwirtschaft-Forstwirtschaft-Fischerei/Fischerei/_inhalt.html. Zugegriffen: 26. Aug. 2019.

DUH (Deutsche Umwelthilfe). (2019). Clean heat. ▶ http://www.clean-heat.eu. Zugegriffen: 11. Juni 2019.

EC (European Commission) (2019). Green growth and circular economy. c.europa.eu/environment/green-enowth/ingrowth/index_en.htm. Zugegriffen: 09. September 2019.

FNR (Fachagentur nachwachsende Rohstoffe e. V.). (2018). Rohstoffmonitoring Holz. Erwartungen und Möglichkeiten. ▶ https://www.fnr.de/fileadmin/allgemein/pdf/broschueren/Broschuere_Rohstoffmonitoring_Holz_Web_neu.pdf. Zugegriffen: 26. Aug. 2019.

Fengel, D., & Wegener, G. (2003). *Wood: Chemistry, Ultrastructure, Reactions*. Berlin: De Gruyter. ISBN 3 11 0084813.

Fehrenbach H., Köppen, S. Kauertz, B., Wellenreuther, F., Baur, F., Wern, B., & Breitmayer, E. (2017). BIOMASSEKASKADEN – Mehr Ressourceneffizienz durch stoffliche Kaskadennutzung von Biomasse

– von der Theorie zur Praxis. Umweltbundesamt. ▶ https://www.umweltbundesamt.de/sites/default/files/medien/1410/publikationen/2017-06-13_texte_53-2017_biokaskaden_anlage.pdf. Zugegriffen: 2. Sept. 2019.

FTP (Forest-based sector Technology Platform). (2019). FTP Database. db.forestplatform.org. Zugegriffen: 26. Aug. 2019.

Lehner, L. (2018). Technikum Laubholz. Ergebnisse einer Machbarkeitsstudie. In 3. Bioökonomietag Baden-Württemberg, Stuttgart, 22.11.2018. ▶ https://biooeconomie.uni-hohenheim.de/uploads/media/3.Biooekonomietag_Flyer.pdf. Zugegriffen: 9. Sept. 2019.

Lippitsch, S., Korn C., Wagenführ A. & Lippert F. (2019). FlexCore – 3D Waben für den Möbelbau. Poster zu den 12. Internationalen Möbeltagen 2019 in Dresden.

Mantau, U. (2012). Holzrohstoffbilanz Deutschland, Entwicklungen und Szenarien des Holzaufkommens und der Holzverwertung 1987 bis 2015. Zentrum Holzwirtschaft. ▶ https://literatur.thuenen.de/digbib_extern/dn051281.pdf. Zugegriffen: 26. Aug. 2019.

Mantau, U. (2018). Holzrohstoffbilanzen und Stoffströme des Holzes – Entwicklungen in Deutschland 1987 bis 2016. Zitiert in: Schlussbericht. Hamburg.

Mittal, N., Ansari, F., Gowda, K. V., Brouzet, C., Chen, P., Larsson, P. T., Roth, S. V., Lundell, F., Wagberg, L., Kotov, N. A., & Söderberg, D. (2018). Multiscale control of nanocellulose assembly: Transferring remarkable nanoscale fibril mechanics to macroscale fibers. *ACS Nano, 12,* 6378–6388.

Nefiodow, L. A. (2006). *Der sechste Kondratieff: Wege zur Produktivität und Vollbeschäftigung im Zeitalter der Information.* Sankt Augustin: Rhein-Sieg-Verlag.

Organobalance GmbH. (2015). Pressemitteilung – Milliarden-Potenzial für Bioökonomie in Medizin und Pharmazie. ▶ http://biotechnologie.de/posts/1511-milliarden-potenzial-fuer-biooekonomie. Zugegriffen: 9. Sept. 2019.

PTS (Papiertechnische Stiftung). (o. D.). Papierartige Werkstoffe für Falt- und Honigwaben-Sandwichkerne. ▶ https://www.ptspaper.de/?status=details&news_id=1877&id=2809. Zugegriffen: 2. Sept. 2019.

PTS (Papiertechnische Stiftung). (2015). Faser & Papier 2030 Nachwachsende Zukunft gestalten. ▶ www.faser-papier-2030.de. Zugegriffen: 26. Aug. 2019.

Radermacher, F. J. (2011). *Welt mit Zukunft. Überleben im 21. Jahrhundert* (2. Aufl.). Hamburg: Murmann.

Sauerwein, P. (2016). Chancen und Hemmnisse für die Holzwerkstoffindustrie. Vortrag auf dem Workshop der acatech und der Sächs. Akademie der Wissenschaften zu Leipzig, 07.12.2016. Nicht veröffentlicht.

Teischinger, A. (2016). Bioökonomie in Österreich. In A. Wagenführ (Hrsg.), *Tagungsband des 17. Holztechnologischen Kolloquiums Dresden*, 28.-29. April 2016. Schriftenreihe Holz- und Papiertechnik (S. 11–17). Dresden: Institut für Holz- und Papiertechnik der TU Dresden. ISBN 978–3-86780-476-9.

UNECE (United Nations Economic Commission for Europe). (2018). UNECE Statistical Database. Forestry (FOREST EUROPE/UNECE/FAO). ▶ https://w3.unece.org/PXWeb2015/pxweb/en/STAT/STAT__26-TMSTAT1/. Zugegriffen: 1. Okt. 2018.

Wagenführ, A., & Scholz, F. (2018). *Taschenbuch der Holztechnik* (3. Aufl.). Hanser: Murmann.

WCED (World Commission on Environment and Development). (1987). *Unsere gemeinsame Zukunft. Der Brundtland-Bericht der Weltkommission für Umwelt und Entwicklung*. Greven: Eggenkamp.

Prof. Dr. Frank Miletzky

(geb. 1955) studierte Chemie an der Universität Leipzig und diplomierte und promovierte an der Technischen Universität Dresden, Institut für Holz- und Pflanzenchemie. Er war 13 Jahre in der Papierindustrie tätig und leitete danach von 2010 bis 2018 die Papiertechnische Stiftung. Dort arbeitete er vorrangig über Fasermaterialien für innovative Anwendungen, hauptsächlich im Verpackungsbereich und im Leichtbau. Er ist seit 2015 Honorarprofessor am Institut für Naturstofftechnik der Technischen Universität Dresden. Darüber hinaus ist er an der Technischen Hochschule Rosenheim im Rahmen des Aufbaus des Zentrums für biobasierte Materialien tätig. Er arbeitet in zahlreichen Gremien und Ehrenämtern, u. a. als Gutachter für die Arbeitsgemeinschaft industrieller Forschungsvereinigungen Otto von Guericke e. V. und die EuropeanCooperation in Science & Technology.

Prof. Dr. André Wagenführ

(geb. 1959) studierte Verfahrenstechnik an der Technischen Universität Dresden und promovierte dort zur enzymatischen Holzmodifizierung am Fachbereich für Holz- und Faserwerkstofftechnik. Er erforscht die technische Nutzung nachwachsender Rohstoffe entlang der Wertschöpfungskette, insbesondere des Holzes und anderer lignocelluloser Pflanzen. Er ist seit 1999 Professor mit Lehrstuhl für Holztechnik und Faserwerkstofftechnik am Institut für Naturstofftechnik der Technischen Universität Dresden. Wagenführ ist als ordentliches Mitglied der Sächsischen Akademie der Wissenschaften zu Leipzig, der Deutschen Akademie der Technikwissenschaften und als Vorstand des Netzwerkes LignoSax e. V. aktiv mit Fragen der Bioökonomie beschäftigt.

Prof. Dr. Matthias Zscheile

(geb. 1960) studierte von 1979 bis 1984 an der Technischen Universität Dresden und promovierte 1987 ebenfalls dort. Er forscht seit vielen Jahren an fertigungstechnischen Problemkreisen der Massivholzverarbeitung. Seit 2003 ist er berufener Professor an der Hochschule Rosenheim für das Lehrgebiet Fertigungstechnik. Er ist als staatlich vereidigter Sachverständiger für Maschinen und Anlagen der holzindustriellen Produktion von der Industrie- und Handelskammer München berufen. Seit 2012 ist er, zuerst als Vorstandsvorsitzender und seit Juli 2017 als Geschäftsführer, für den BioEconomy e. V. tätig, einen Verbund zur stofflichen Verwertung von Buchenholz zur Verarbeitung zu Plattformchemikalien. Im Charta-Prozess Holz 2.0 des Bundesministeriums für Ernährung und Landwirtschaft (BMEL) ist er als Arbeitsgruppenleiter tätig.

Tierbasierte Bioökonomie

Wilhelm Windisch und Gerhard Flachowsky

D. Thrän, U. Moesenfechtel (Hrsg.), *Das System Bioökonomie*,
https://doi.org/10.1007/978-3-662-60730-5_5

5

5.1 Einleitung

Im Zuge des bislang ungebremsten Wachstums der Weltbevölkerung wird der Bedarf an Lebensmitteln weiterhin steigen (FAO 2018; Searchinger et al. 2018; Smith 2018). Darin eingeschlossen ist eine massive Zunahme der globalen Nachfrage nach Lebensmitteln tierischer Herkunft, allem voran Fleisch, als „traditionellem Symbol von Wohlstand". Auf der anderen Seite leiden bereits gegenwärtig schon über 800 Mio. Menschen (etwa 11 % der Erdbevölkerung) chronisch an Hunger und etwa 2 Mrd. Menschen müssen mit einer unsicheren Lebensmittelbereitstellung leben (FAO 2019). Nach FAO-Empfehlungen (FAO 2013) sollten erwachsene Menschen zur Sicherung einer ausgewogenen Ernährung täglich etwa 20 g Protein tierischer Herkunft aufnehmen. Diese Menge wird im globalen Mittel erreicht (23,9 g/Tag), aber sie variiert zwischen 1,7 (Burundi) und 69 g (USA; Deutschland: 52,8 g/Tag). Dieser Vergleich offenbart die enorme Ungleichheit der Versorgung der Weltbevölkerung mit hochwertiger Nahrung, die sich in Zukunft vermutlich noch weiter verschärfen wird.

Darüber hinaus beansprucht die Nutztierfütterung einen erheblichen Anteil an der landwirtschaftlichen Nutzfläche. Während global im Jahr 1970 je Einwohner etwa 0,38 ha zur Verfügung standen, waren es im Jahr 2000 noch etwa 0,24 ha, und 2050 werden es voraussichtlich nur noch etwa 0,15 ha sein – in Deutschland sind es gegenwärtig etwa 0,22 ha je Einwohner. Smith (2018) sieht darin eine der größten Herausforderungen für die Menschheit. Die Haltung von Nutztieren zum Zwecke der Erzeugung von hochwertigen – allem voran eiweißhaltigen – Lebensmitteln gerät demnach zunehmend in die Diskussion um den assoziierten Verbrauch an Ressourcen (Land, Wasser, Energie) und die begleitenden Emissionen, insbesondere im gegenwärtigen „Agri-Food-System" (zum Beispiel Diaz 2019; Flachowsky et al. 2019). Auf der anderen Seite sind Nutztiere und die damit erzeugten Lebensmittel tierischer Herkunft aber auch ein bedeutsamer Wirtschaftsfaktor, insbesondere in Industrieländern. So leben beispielsweise in Deutschland mehr Nutztiere als Menschen (allein 12 Mio. Rinder, 25 Mio. Schweine und knapp 180 Mio. Stück Geflügel). Sie generieren einen etwa doppelt so hohen landwirtschaftlichen Produktionswert in Form von Rohmilch, Eiern und lebenden Schlachttieren als die Pflanzenproduktion (in Deutschland 53 vs. 23 Mrd. EUR im Jahre 2018; Kohlmüller und Koch 2019).

Der folgende Beitrag beleuchtet die agrarischen Hintergründe der gegenwärtigen Nutztierhaltung. Ein besonderes Augenmerk liegt hierbei auf der intensiven Vernetzung der Massenströme zwischen der Nutztierhaltung und der agrarischen Erzeugung von pflanzlicher Biomasse einschließlich der Rückführung großer Mengen an Nebenprodukten aus der industriellen Verarbeitung pflanzlicher Primärprodukte in den agrarischen Stoffkreislauf über die Nutztierfütterung. Daraus ergeben sich Limitierungen, aber auch neue Möglichkeiten, wie die landwirtschaftliche Tierhaltung im Kontext der nutztierbasierten Bioökonomie auf die gegenwärtigen und künftigen Herausforderungen in Deutschland reagieren könnte.

5.2 Systembeschreibung

5.2.1 Die Rolle der Nutztiere im System der agrarischen Erzeugung von Lebensmitteln

Im System der agrarischen Erzeugung von Lebensmitteln übernehmen Nutztiere eine zentrale Rolle als Transformatoren von Biomasse. Unter vollständiger Einhaltung der Massenbilanzen wird die aufgenommene Biomasse über die Prozesse der Verdauung und des Stoffwechsels in Exkremente (Kot, Harn), Gase (CO_2, bei Wiederhäuern auch CH_4) sowie in Zuwachs an Körpersubstanz, Milch oder Eiern geleitet – das heißt hauptsächlich

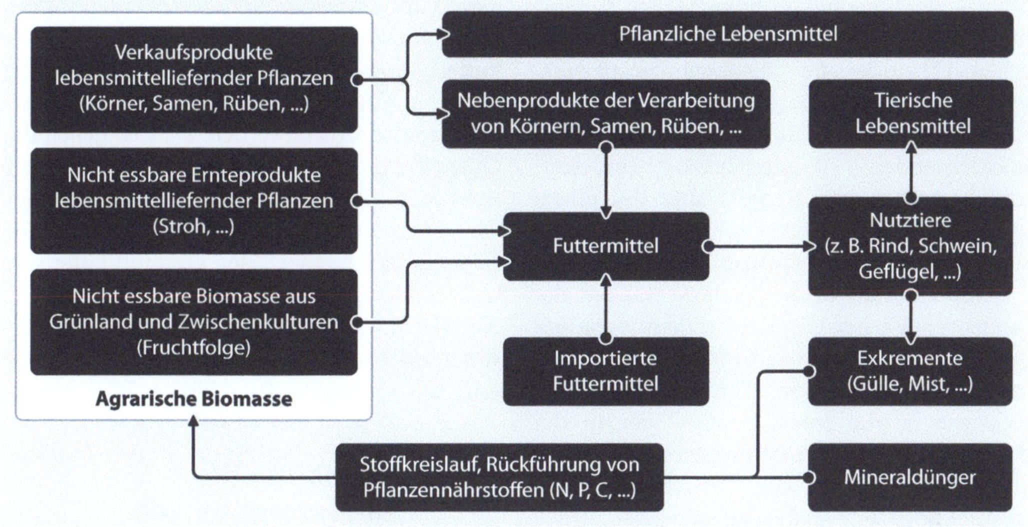

Abb. 5.1 Schematischer Fluss an Biomasse und darin enthaltenen Pflanzennährstoffen zwischen der agrarischen Pflanzen- und Tierproduktion. (Quelle: eigene Darstellung)

in den Aufbau von Proteinen, Fetten und Kohlenhydraten.

Wie Abb. 5.1 zeigt, gelangt nur ein kleiner Teil (ca. 10 bis 20 %) der pflanzlichen agrarischen Biomasse überhaupt in den menschlichen Verzehr. Hauptgrund ist der Umstand, dass der überwiegende Anteil der agrarischen Biomasse vom Menschen grundsätzlich nicht essbar ist, wie etwa Biomasse aus Grünland oder aus Zwischenkulturen. Sie stellt einen unvermeidlichen Bestandteil der gesamten agrarischen Erzeugung von Biomasse dar, denn der nachhaltige Anbau von lebensmittelliefernden Pflanzen erzwingt eine Fruchtfolge, die auch nicht essbare Zwischenkulturen enthält. Darüber hinaus sind erhebliche Anteile der landwirtschaftlichen Nutzfläche aus geographischen oder Umweltschutzgründen (Geländetopographie, Abgelegenheit, Niederschläge, Temperatur, Grundwasser, Nähe zu Fließgewässern etc.) nur als Grünland nutzbar. Aber auch bei lebensmittelliefernden Pflanzen (zum Beispiel Getreide) ist nicht einmal die Hälfte der geernteten Biomasse für die weitere Verwendung als Lebensmittel geeignet (zum Beispiel Körner versus Stroh). Diese Biomasse aus Grünland, Zwischenfrüchten und Ernterückständen macht in der Summe mehr als die Hälfte der gesamten agrarischen Biomasse aus und dient insbesondere für die Haltung von Wiederkäuern als primäre Futtergrundlage. Allerdings fand die Bearbeitung des Futterwerts dieser Biomasse durch die Pflanzenzüchtung bislang kaum Beachtung. Fortschritte in diesem Bereich werden für die nutztierbasierte Bioökonomie in Zukunft von großer Bedeutung sein. Eine besondere Hoffnung liegt hierbei in modernen Züchtungsverfahren wie das *genome editing* der futterwertbestimmenden Eigenschaften von Nutzpflanzen (Nationale Akademie der Wissenschaften Leopoldina et al. 2019).

Bei der industriellen Weiterverarbeitung pflanzlicher Verkaufsprodukte in Lebensmittel wie Mehl, Zucker oder Speiseöl beziehungsweise Energieträger wie Biodiesel und Bioethanol oder in sonstige industrielle Wertstoffe entstehen nochmals erhebliche Mengen an Nebenprodukten. Oftmals fallen sogar deutlich mehr Nebenprodukte an als das eigentliche Zielprodukt: Bei Soja etwa ist das Verhältnis 2:1, bei Raps 1,5:1. Diese Rückstände der industriellen Verarbeitung pflanzlicher Verkaufsprodukte stellen zumeist hochwertige Futtermittel dar, die vom Menschen nicht oder allenfalls eingeschränkt essbar sind. Sie werden hauptsächlich in der Ernährung von Geflügel, Schweinen und hochleistenden Wiederkäuern eingesetzt und bestreiten knapp die Hälfte des global gehandelten Mischfutters. Die „moderne" Erzeugung von Lebensmitteln tierischer Herkunft beruht somit fundamental auf der intensiven Vernetzung der biomasseverarbeitenden Industrie mit der Landwirtschaft.

Die Fütterung von Nutztieren generiert Exkremente, die einen Großteil der in der Biomasse fixierten Pflanzennährstoffe (Stickstoff, Phosphor etc.) über Wirtschaftsdünger in einer hochverfügbaren Form wieder zurück auf die landwirtschaftliche Nutzfläche bringen. Damit sind Nutztiere fundamental an der Aufrechterhaltung des agrarischen Nährstoffkreislaufs beteiligt und können in erheblichem Umfang Mineraldünger ersetzen. Die bioökonomische Betrachtung der landwirtschaftlichen Erzeugung von Biomasse muss deshalb stets auch Nutztiere mit einbeziehen. Umgekehrt wäre eine nutztierbasierte Bioökonomie ohne die Berücksichtigung ihrer fundamentalen Rückwirkungen auf die agrarische Erzeugung von pflanzlicher Biomasse unvollständig.

Die effiziente Transformation von Biomasse durch Nutztiere setzt voraus, dass das Futter hinsichtlich aller essenzieller Nährstoffe hochwertig und ausbilanziert ist. Zu diesem Zweck werden vielfach Futtermittel zugekauft, etwa Eiweißfuttermittel wie Soja- und Rapsextraktionsschrot oder Mineralfuttermittel, die zum Beispiel Phosphor enthalten. Sie generieren im Zuge der tierischen Transformation wiederum Wirtschaftsdünger. Dieser indirekte Import an Pflanzennährstoffen durch zugekaufte Futtermittel ist *per se* nicht negativ zu beurteilen, denn er kann den Export an Pflanzennährstoffen aufgrund des Verkaufs von agrarischen Produkten kompensieren. Erst bei hohen Importraten gerät der Nährstoffkreislauf zwischen der Tierhaltung und der pflanzlichen Primärproduktion aus dem Gleichgewicht. Wo dieser Punkt liegt, hängt von der Effizienz ab, mit der die in der Futterbiomasse gebundenen Pflanzennährstoffe in Verkaufsprodukte tierischer Herkunft transformiert werden. Dies ist neben der Qualität der als Futtermittel zur Verfügung stehenden Biomasse wiederum eine Frage der Nutztierspezies, der Leistungsrichtung (Fleisch, Milch, Eier), der Leistungshöhe und insbesondere der Konzeption der praktischen Nutztierfütterung, die den aktuellen Wissensstand der Tierernährungsforschung auch umsetzt.

5.2.2 Beurteilung der Transformation von Biomasse in essbares Protein

Die Beurteilung des Verbrauchs an Ressourcen durch Nutztiere und deren Umweltwirkungen erfolgt zumeist pauschal in Bezug auf ein Verkaufsprodukt (zum Beispiel ein Kilogramm Fleisch). Dieser Blickwinkel schränkt jedoch die differenzierte Betrachtung der vielgestaltigen Nutztiergruppen (etwa Geflügel, Fisch, Schwein, Wiederkäuer) und Leistungskategorien (Fleisch, Milch, Ei) sowie der hohen Variabilität der Leistungshöhe stark ein. Aus diesem Grund haben verschiedene Autoren (zum Beispiel Flachowsky und Kamphues 2012; Nijdam et al. 2012) versucht, die große Bandbreite der Erzeugungsformen von Lebensmitteln tierischer Herkunft mit objektiven Parametern zu vergleichen. Als gemeinsame Basis eignet sich hierbei insbesondere die Menge an essbarem Protein tierischer Herkunft, die letztendlich bis zum Konsumenten gelangt.

Tierart, Nutzungsrichtung, Leistungshöhe und weitere Faktoren haben erheblichen Einfluss auf die Rationsgestaltung und die Futteraufnahme von Nutztieren sowie die täglich erzeugte Menge an essbarem Protein. Die Wiederkäuer (zum Beispiel Rinder, Schafe, Ziegen) sind unter anderem in der Lage, zellwandreiche Futtermittel wie Gras oder Stroh mithilfe ihrer im Vormagensystem lebenden Mikroorganismen zur Energiegewinnung zu nutzen (► Abschn. 5.2.1). Ihre Futterrationen enthalten deshalb weit mehr nicht essbare Biomasse als die der Nichtwiederkäuer (zum Beispiel Schweine, Geflügel; ▫ Abb. 5.2). Außerdem generieren die Mikroorganismen der Vormägen aus Nicht-Protein-Stickstoff-Verbindungen (zum Beispiel Harnstoff) große Mengen an hochwertigem Eiweiß, so dass Wiederkäuer von der Zufuhr an Eiweiß über die Nahrung weitgehend beziehungsweise bei niedrigem Leistungsniveau sogar vollständig unabhängig sind und demnach grundsätzlich keine Nahrungskonkurrenten des Menschen darstellen. Erhöhte Methanbildung mit einem relativ hohen *greenhouse-gas*-Faktor (GHG; etwa 23 × CO_2; IPCC 2006) gehört zu den negativen Effekten dieser mikrobiellen Besiedlung der Vormägen.

Protein-quelle	Leistungs-höhe (je Tier und Tag)	Trocken-masse-aufnahme (kg/je Tier und Tag)	Verhältnis Grund-futter*) zu Kraft-futter*) (in % der TM)	Essbares Protein (je g/Tier und Tag)	Land-*footprint* (m^2/kg essbares Protein)[3,4,5]	Wasser-*footprint* (m^3/kg essbares Protein)[5]	*carbon-footprint* (kg CO_{2equ}/kg essbares Protein)[5]
Milch	5 kg	10	95/5	163	33 – 135	16,0	50
	10 kg	12	90/10	323	22 – 88	10,9	30
	20 kg	16	75/25	646	15 – 68	10,5	16
	40 kg	25	50/50	1292	15 – 70	12,3	12
Rind-fleisch	500 g LMZ[1]	6,5	95/5	48	72 – 295	34,0	110
	1000 g LMZ	7,0	85/15	95	41 –180	24,7	55
	1500 g LMZ	7,5	70/30	143	35 – 155	24,5	35
Schweine-fleisch	500 g LMZ	1,8	20/80	45	36 – 176	35,8	16
	700 g LMZ	2	10/90	63	30 – 148	31,3	12
	1000 g LMZ	2,2	0/100	90	24 – 120	26,1	10
Geflügel-fleisch	40 g LMZ	0,07	10/90	4,8	14 – 68	14,4	4
	60 g LMZ	0,08	0/100	7,2	12 – 60	11,8	3
Eier	50 % LL[2]	0,10	20/80	3,4	28 – 122	26,5	7
	70 % LL	0,11	10/90	4,8	26 – 105	22,5	5
	90 % LL	0,12	0/100	6,2	20 – 95	20,8	3

*) Grundfutter: frische oder konservierte Biomasse aus Grünland und Zwischenfrüchten, faserreich, nicht-essbar; Kraftfutter: qualitativ hochwertige Mischungen aus Körnern und Nebenprodukten, faserarm, teilweise essbar

1) Lebendmassezunahme pro Tag;

2) Legeleistung

3) Verschiedene Autoren kalkulierten LFP ohne Dauergrünland in Nichtwiederkäuer-Fütterung

4, 5) Hohe Schwankungen infolge unterschiedlicher Ertragsniveaus (Flachowsky et al. 2017) und verschiedener Anteile von Nebenprodukten in der Fütterung

5) Reproduktionsleistung, Erkrankungen, Tierverluste und andere Faktoren können Werte massiv beeinflussen (Özkan et al. 2016)

▫ **Abb. 5.2** Futteraufnahme, Ertrag an essbarem Protein und *footprints* (FP) je Kilogramm essbares Protein tierischen Ursprunges für verschiedene Tierarten/Kategorien und unterschiedliche Leistungshöhen (Angaben zum Futter in Trockenmasse (TM). (Quelle: eigene Darstellung auf der Basis von Flachowsky et al. 2017)

Die größten Mengen an essbarem Protein erzeugen hochleistende Milchkühe (ca. 1 kg/Tag). Bezogen auf die Lebendmasse (LM) sind legendes und wachsendes Geflügel der Milchkuh jedoch deutlich überlegen. Der geringste Proteinertrag je kg LM wird von wachsenden Wiederkäuern erzeugt, gefolgt von Mastschweinen (◘ Abb. 5.2). Je Kilogramm essbares Protein werden die Land-, Wasser- und *carbon footprints* (FP) bei höheren Leistungen geringer (s. auch Niemann et al. 2011, Windisch et al. 2013), der Kraftfuttereinsatz steigt jedoch an (◘ Abb. 5.2). Die hohen Variationsbreiten bei den Land-FP resultieren aus unterschiedlichen Einflussfaktoren bei den entsprechenden Kalkulationen (s. Fußnoten). Bezüglich der Wasser-FP (WFP) wird gegenwärtig eine kontroverse Diskussion geführt. Bei den Kalkulationen in ◘ Abb. 5.2 wurde nur das „blaue" Wasser berücksichtig, also Wasser aus Talsperren, Seen oder Flüssen. Denn nur dieses Wasser wird den Pflanzen durch menschliche Aktivität zugeführt und der Verbrauch ist auch messbar (Tom et al. 2016).

Nach den in ◘ Abb. 5.2 dargestellten Daten ist die Rindfleischproduktion besonders aufwendig bezüglich der Land- und Wasser-FP. Außerdem weist sie mit Abstand die höchsten Carbon-FP je erzeugte Proteinmenge auf. Andererseits können hier die größten Mengen an faserreicher, nicht essbarer Biomasse eingesetzt werden.

Im Zusammenhang mit der Erzeugung von Lebensmitteln tierischer Herkunft muss auch die Nahrungskonkurrenz von Mensch und Tier kritisch diskutiert werden. So gelangen FAO-Statistiken zufolge etwa 85 % der Weltsojaernte und etwa ein Drittel der Weltgetreideernte in die Tierernährung. Ein hoher Anteil dieser Biomasse könnte jedoch auch direkt von Menschen verzehrt werden. Angesichts der zunehmenden Limitierung der Ackerflächen, auf denen diese Biomasse produziert wird, und der steigenden Weltbevölkerung wird die Nutzungskonkurrenz zwischen Futter- und Lebensmittel künftig stark zunehmen. Betroffen sind insbesondere diejenigen Nutztiere, die viel „Kraftfutter" verzehren – etwa die Nicht-Wiederkäuer wie Schweine, Mastgeflügel und Legehennen (◘ Abb. 5.2), also genau diejenigen Produktionsrichtungen, die sich durch eine hohe Transformationseffizienz in der Erzeugung von essbarem Protein und vergleichsweise geringen *footprints* auszeichnen. Darin offenbart sich ein fundamentales Dilemma der Nutztierfütterung: Hohe Effizienzen und geringe Umweltwirkungen erfordern überwiegend hochwertige Futtermittel, die ihrerseits die Nahrungskonkurrenz zum Menschen verschärfen. Nicht essbare Biomasse generiert zwar mehr Emissionen, limitiert aufgrund der geringeren Futterqualität das Leistungsniveau der Tiere und ist damit insgesamt weniger effizient, kann aber ohne jegliche Nahrungskonkurrenz in essbares Protein transformiert werden. Vor diesem Hintergrund sind die vielfach kritisierte Rindfleischproduktion und die Erzeugung von Milch durchaus zukunftsfähig, zumal sich die *footprints* der Milchproduktion von denen der monogastrischen Nutztiere kaum noch unterscheiden.

Die zunehmende Nahrungskonkurrenz wird künftig Nutztiersysteme mit hohem Potenzial zur Verwertung von nicht essbarer Biomasse fördern. Darunter fallen neben den Wiederkäuern, die aufgrund ihrer Vormägen obligat nicht essbare Biomasse verdauen können, allerdings auch monogastrische Nutztiere (Schwein, Geflügel; siehe auch Hendriks et al. 2019), sofern sie beispielsweise qualitativ weniger hochwertige Nebenprodukte der industriellen Verarbeitung von pflanzlichen Primärprodukten erhalten (zum Beispiel aus der Verarbeitung von Getreide oder Raps).

◘ Abb. 5.3 (◘ Abb. 5.3) zeigt den vom Menschen essbaren Anteil (***human edible fraction;* hef**) in verschiedenen Futtermitteln. Diese jeweiligen hef-Daten sind als Wertebereiche zu interpretieren, da man zwischen essbarer und nicht-essebarer Biomasse keine scharfe Grenze ziehen kann. Demnach enthalten viele oftmals pauschal auch als „Lebensmittel" bezeichneten pflanzlichen Primärprodukte wie Getreide, Mais, Soja etc. durchaus beträchtliche Anteile an

Futtermittel	hef (%TM)		
	Niedrig	Mittel	Hoch
Gerste	40	65	80
Mais	70	80	90
Weizen	60	80	100
Sojabohnen	50	92	93
Rapssamen	30	59	87
Weizenkleie	0	10	20
Maissilage	19	29	45
Andere[1)]	0	0	0

[1)] Andere Nebenprodukte (zum Beispiel Trockenschnitzel, Biertreber, Schlempen) und Grobfutter (zum Beispiel Gras, Silage aus Gras und Leguminosen, Heu, Stroh)

Abb. 5.3 Vom Menschen essbare Fraktion in verschiedenen Futtermitteln (hef, in % der TM). (Quelle: eigene Darstellung auf der Basis von Ertl et al. 2015)

futterwürdigen Komponenten. Derartige Daten tragen zu einer Versachlichung der Diskussion um die Nahrungskonkurrenz zwischen Mensch und Tier bei. Van Zantem et al. (2016) schlagen vor, die Erzeugung von essbarem Tierprotein je Hektar landwirtschaftlicher Nutzfläche unter Berücksichtigung des Einsatzes von Nebenprodukten zu erfassen. In eine ähnliche Richtung entwickelten Nie et al. (2018) einen sogenannten *food-energy-water*-Nexus für verschiedene Futter- beziehungsweise Tierhaltungssysteme. Insgesamt zeigen die Daten das große Potenzial der Nebenprodukte der industriellen Verarbeitung pflanzlicher Rohstoffe und ihre wachsende Bedeutung in der Erzeugung von Lebensmitteln tierischer Herkunft.

5.3 Perspektiven für eine effizientere und nachhaltigere Erzeugung von Lebensmitteln tierischer Herkunft

Die Verbesserung der Transformationseffizienz von Biomasse im System der modernen agrarischen Nutztierhaltung verfolgt im Wesentlichen zwei Ziele:

a) den Verbrauch an Biomasse für nicht-produktive Lebensprozesse im Verhältnis zum Gesamtverbrauch zu minimieren (s. auch Niemann et al. 2011) und
b) die Effizienz der Transformation innerhalb der produktiven Prozesse zu optimieren.

Auch nicht-produktive Lebensprozesse, etwa der Erhaltungsumsatz, verbrauchen Energie und Nährstoffe und verursachen Emissionen. Durch Züchtung der Tiere auf höhere Leistungen wurde der Anteil des Erhaltungsbedarfs am Gesamtbedarf an Nährstoffen konsequent reduziert. Der Gewinn an Effizienz folgt jedoch einer Verdünnungsfunktion und ist demnach degressiv. Bei modernen Hochleistungsrassen sind die zu erwartenden Steigerungen an Transformationseffizienz durch bloße Züchtung auf noch höhere Leistungen relativ gering. Anders gelagert ist die Situation bei den Futterkosten und der Umweltwirkung für die Systemerhaltung der Nutztierbestände. So muss beispielsweise ein weibliches Rind erst 24 bis 30 Monate lang aufgezogen werden, bevor es mit der Milchproduktion beginnen kann. Angesichts einer mittleren Nutzungsdauer von Milchkühen in Deutschland von weniger als vier Jahren hat die Optimierung der Aufzucht und die Steigerung der Lebensleistung, zum Beispiel durch eine längere Lebensdauer, einen signifikanten Einfluss auf die Transformationseffizienz und die Umweltwirkungen des gesamten Produktionssystems. Dieses Prinzip gilt für alle Arten der Haltung von Nutztieren.

Ansätze zur Verbesserung der Verwertung der Biomasse für produktive Lebensprozesse (Wachstum, Bildung von Eiern und von Milch) erstrecken sich im Prinzip auf zwei Bereiche, a) den Verdauungstrakt und b) den Stoffwechsel hinter der Darmschranke. Wie Abb. 5.4 zeigt, wird die aufgenommene Biomasse mittels körpereigener Verdauungsenzyme und Mikroorganismen in niedermolekulare Nährstoffe zerlegt, die durch Absorption dem Stoffwechsel hinter der Darmschranke zugeführt werden. Bis zu welchem Ausmaß dies gelingt, hängt von der Übereinstimmung der Zusammensetzung der Futterbiomasse mit der Verdauungsfähigkeit der jeweiligen Nutztierspezies ab. So können beispielsweise Wiederkäuer faserreiche, nicht essbare Biomasse gut verdauen, Monogastrier dagegen allenfalls begrenzt (▶ Abschn. 5.2).

Hinter der Darmschranke unterscheidet sich die Zusammensetzung der absorbierten Nährstoffe zwischen den verschiedenen Nutztierspezies und auch dem Menschen nur noch marginal. Auch die nachfolgenden Stoffwechselprozesse sind in ihrer biochemischen Natur evolutionär höchst konserviert. Zwar kann man durch Züchtung oder pharmakologische Eingriffe – etwa die Applikation von Wachstumshormon – die Regulation des Stoffwechsels durchaus verschieben und den Fluss der absorbierten Nährstoffe in eine bestimmte Leistungsrichtung lenken. Die Effizienz der daran beteiligten Prozesse ist jedoch weitgehend determiniert und wird dann erreicht, wenn alle essenziellen Nährstoffe (zum Beispiel limitierende Aminosäuren) im Stoffwechsel in einer optimalen Relation verfügbar sind. Die tatsächlich realisierte Effizienz der Nährstofftransformation im Stoffwechsel hängt also primär davon ab, inwieweit man durch eine geeignete Fütterung die optimale Versorgung des Stoffwechsels mit den verschiedenen Nährstoffen erreicht.

Aus diesen Interaktionen zwischen Verdauungstrakt und Stoffwechsel resultieren mehrere Ansatzpunkte zur Steigerung der Effizienz und Nachhaltigkeit der Erzeugung von Lebensmitteln tierischer Herkunft.

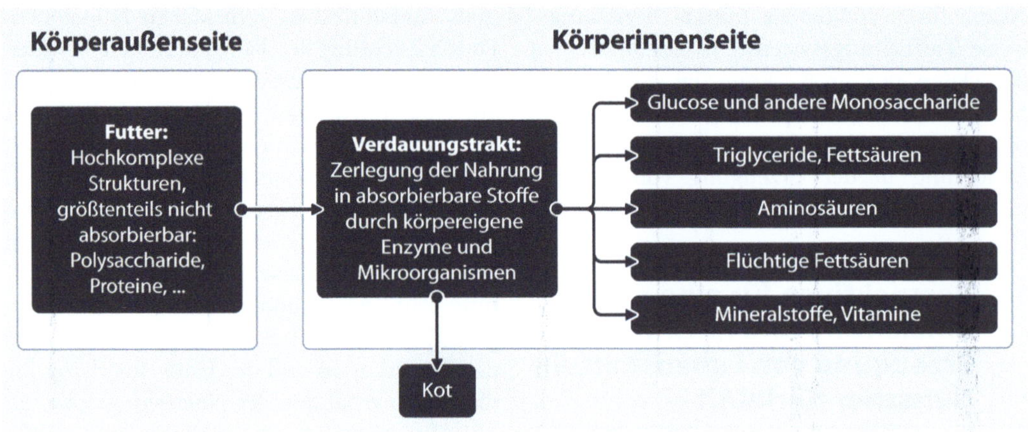

Abb. 5.4 Schema des Flusses an Biomasse von Futter über den Verdauungstrakt in den Stoffwechsel. (Quelle: eigene Darstellung)

5.3.1 Quantität und Qualität von futtertauglicher Biomasse steigern

Ein konservativer Ansatz zur Steigerung der Quantität an Biomasse zielt auf die Minimierung der Verluste entlang der Strecke vom Feld über Ernte und Konservierung (Trocknung, Silierung) bis hin zur Fütterung. Bei der Qualität der Biomasse im Hinblick auf ihre Eignung als Futtermittel sind im Wesentlichen drei limitierende Aspekte zu nennen;

a) die Gegenwart antinutritiver beziehungsweise toxischer Inhaltsstoffe,
b) hohe Anteile an Komponenten mit geringer Verdaulichkeit und
c) die Kopplung von Unterfraktionen mit hohem und niedrigem Futterwert im selben Ausgangsmaterial.

Antinutritive beziehungsweise toxische Inhaltsstoffe in ansonsten hochwertiger Biomasse sind sehr bedeutsame Flaschenhälse in der Nutzung als potenzielle Futtermittel. So enthielt Rapssamen aus früheren Sorten von Natur aus derart hohe Gehalte toxischen beziehungsweise stark antinutritiven Substanzen (Erucasäure im Öl, Glucosinolate in den wasserlöslichen Komponenten der Trockenmasse), dass sowohl die Verwendung als Lebensmittel (Speiseöl) als auch als Futtermittel (zum Beispiel Nebenprodukte der Gewinnung von Rapsöl) gar nicht oder allenfalls nur in sehr begrenztem Umfang möglich war. Die massive pflanzenzüchterische Absenkung dieser kritischen Inhaltsstoffe vor etwa zwei Jahrzehnten haben jedoch einen „Siegeszug" der eiweißreichen Nebenprodukte der Ölgewinnung aus Rapssamen in der Nutztierfütterung eingeleitet und damit das bioökonomische Profil von Raps fundamental verändert. Baumwollsamen sind ein weiterer, mengenmäßig sehr interessanter Kandidat für die Drosselung stark antinutritiver Inhaltsstoffe, insbesondere das sogenannte Gossypol. Hier wurden bereits signifikante züchterische und gentechnische Erfolge bei der Reduzierung der Gehalte an Gossypol erzielt, die die Einsatzmöglichkeiten von Baumwollsamen als eiweißreiches Futtermittel in der Nutztierfütterung beträchtlich erweitert haben (zum Beispiel Sunikumar et al. 2006). Diese Beispiele zeigen das große Potenzial der Pflanzenzüchtung und Gentechnik zur Verbesserung der Futterqualität und damit zur gezielten Einflussnahme auf die Bioökonomie des Netzwerks zwischen der agrarischen Pflanzen- und Tierproduktion einschließlich der Nebenprodukte der industriellen Verarbeitung von agrarischer Biomasse (siehe auch Flachowsky 2013; Flachowsky und Meyer 2015; NASEM 2016; ▶ Kap. 3).

Biomassen mit sehr hohen Gehalten an Lignocellulose, zum Beispiel Stroh, sind als Tierfutter, wenn überhaupt, nur für Wiederkäuer geeignet, weil das Lignin in den Vormägen kaum abgebaut werden kann und außerdem die mikrobielle Verdauung der assoziierten Cellulosestrukturen stark behindert. Dieser *caging*-Effekt des Lignins ist beispielsweise der Grund, weshalb Holz selbst für Wiederkäuer nicht als Futtermittel infrage kommt, obwohl die Cellulose *per se* einen beträchtlichen Nährwert hätte. Der Abbau von Ligninstrukturen in der Biomasse würde somit das Portfolio an potenziellen Futtermitteln sowohl quantitativ als auch qualitativ massiv erweitern (Blümmel et al. 2018). Die Machbarkeit solcher Ansätze wurde bereits vor Jahrzehnten gezeigt (zum Beispiel Kerley et al. 1985) und beispielsweise an Getreidestroh auch in der Praxis vorübergehend umgesetzt (Sundstol und Owen 1984; Flachowsky 1987), wenngleich die damaligen technischen und ökonomischen Schwierigkeiten einen breiten Einsatz verhindert haben. Mit neuen Entwicklungen in der Bioökonomie von lignocellulosereicher Biomasse wie etwa Holz könnten diese inzwischen weitgehend in Vergessenheit geratenen Ansätze jedoch wieder interessant werden.

Ein anderer Ansatz wäre die Separierung der wertvollen von den wertmindernden Unterfraktionen der Biomasse. Die Möglichkeiten reichen von der mechanischen grobgeweblichen Separierung des Pflanzenmaterials (zum Beispiel Blätter versus Stängel) bis hin zur Extraktion von hochwertigem Eiweiß aus Presssäften von grüner Biomasse oder aus Rückständen (bio-)technologischer Prozesse (zum Beispiel aus Schlempen der Bioethanolproduktion). Dies ist im Prinzip nichts Anderes als die konsequente Ausweitung lebens- und futtermitteltechnologischer Verfahren auf nicht essbare Biomasse beziehungsweise Nebenprodukte.

5.3.2 Die Verdauungskapazität der Nutztiere erweitern

Die Limitierung der Verdauungskapazität von Mensch und Tier beruht neben dem Volumen des Verdauungstrakts hauptsächlich auf einer begrenzten Ausstattung an körpereigenen Verdauungsenzymen. Die Zufuhr exogener Enzyme ist ein in der Praxis etabliertes Verfahren, diesen Flaschenhals zu weiten. Dabei können bestehende Kapazitäten verstärkt werden, etwa die Eiweißverdauung durch zugesetzte Proteasen, oder es werden grundsätzlich neue biologische Abbaufähigkeiten in den Verdauungstrakt eingeführt (► Kap. 6). Ein prominentes Beispiel sind Phytasen aus biotechnologischer Produktion (zumeist auf Basis gentechnisch veränderter Mikroorganismen). Sie ersetzen die Unfähigkeit der körpereigenen Ausstattung an Verdauungsenzymen von Tieren und Menschen zur Freisetzung von Phosphor aus der in Körnern und Samen vorkommenden Phytinsäure. Die Liste der bislang verfügbaren Enzyme ist allerdings noch sehr begrenzt. Hier liegt grundsätzlich ein enormes Potenzial für Innovationen, denn man könnte durch gezielte Supplementierung von Enzymen die Verdauungskapazität des Nutztieres an eine variable Zusammensetzung der Biomasse anpassen. Von besonderem Interesse wären hier Zusätze, die monogastrische Nutztiere zur enzymatischen Verdauung von Nicht-Stärke-Polysacchariden befähigen würden. Insgesamt liegt in der Entwicklung und großtechnischen Herstellung von Enzymen als Futtermittelzusatzstoffe der Nutztierernährung ein enormes Expansionsfeld der Bioökonomie der Mikroorganismen (► Kap. 6).

Eine indirekte Verbesserung erfährt die Verdauungskapazität durch alle Maßnahmen, die die Darmgesundheit verbessern (Applikation von organischen Säuren, Probiotika, phytogenen Zusatzstoffen, exogene Enzyme zum Abbau von Nicht-Stärke-Polysacchariden) (Gonzalez-Ortis et al. 2019).

Eine der Zukunftsvisionen beim Wiederkäuer ist die Umleitung des mikrobiellen Abbaus cellulosehaltiger Nahrungsfaser von der Essigsäurefermentation in Richtung Propionsäure. Dies würde neben der Reduzierung der Emission von klimaschädlichem Methan eine massive Steigerung der Ausbeute an Nahrungsenergie aus einem nicht essbaren Futtersubstrat nach sich ziehen, da der Brennwert des Methans in der Propionsäure chemisch gebunden bleibt und dem Stoffwechsel des Tieres als absorbierbare Nahrungsenergie zur Verfügung steht. Die mikrobielle Verdauung der Nahrungsfaser ist jedoch eng mit der Bildung von Methan gekoppelt. Maßnahmen zur Reduzierung der Methanbildung – etwa durch breit wirkende Futtermittelzusatzstoffe (Käuterextrakte, antimikrobiell wirkende Substanzen, etc.) – reduzieren deshalb oft auch die Faserverdauung und drosseln dadurch die Futteraufnahme der Tiere. In jüngster Zeit wurden jedoch Zusatzstoffe entwickelt, die hochspezifisch nur den letzten enzymatischen Schritt der Methanbildung blockieren und deshalb weniger Kollateralschäden auf die Fermentationsfähigkeit der Vormägen verursachen (Duin et al. 2016).

5.3.3 Optimierung des Stoffwechsels

Wie bereits beschrieben, geht es bei diesem Aspekt nicht um die Steigerung der Effizienz einzelner Stoffwechselprozesse, sondern darum, eine Fehlversorgung an Nährstoffen zu vermeiden – also weder Mangel noch Überschuss. Hierzu sind möglichst präzise Konzepte der Ermittlung des metabolischen Bedarfs an Nahrungsenergie und an Nährstoffen sowie des Lieferungsvermögens der Biomasse bei den jeweiligen Nutztierspezies und -kategorien erforderlich.

In Bezug auf die Sicherstellung des Bedarfs an essenziellen Inhaltsstoffen kann die Pflanzenzüchtung durchaus einen Beitrag leisten, indem beispielsweise die Anteile an limitierenden essenziellen Aminosäuren im pflanzlichen Protein erhöht werden (s. auch Flachowsky und Meyer 2015; NASEM 2016). Die Zielvorgaben an die Pflanzenzüchtung können allerdings nur relativ grob formuliert werden, da die spezifischen Bedarfsmuster je nach Tierspezies, Leistungsart und Leistungshöhe schwanken. Die Feinjustierung der Zufuhr an limitierenden Nährstoffen erfolgt dagegen über die Supplementierung des Futters mit hochreinen, synthetisch oder biotechnologisch hergestellten Stoffen (zum Beispiel kristalline Aminosäuren, Vitamine). Sie spielen in der modernen Rationsgestaltung eine fundamentale Rolle und sind unverzichtbare Instrumente der Minimierung umweltrelevanter Emissionen aus der Nutztierhaltung. So ermöglicht die konsequente Supplementierung des Futters von Schweinen und Geflügel mit limitierenden Aminosäuren eine Absenkung des Rohproteingehalts des Futters um mehrere Prozentpunkte und in dessen Folge eine Drosselung der Emissionen an Stickstoff in der Größenordnung von etwa einem Drittel im Vergleich zu Rationen ohne Ergänzung mit Aminosäuren (Flessa et al. 2012; Sajeev et al. 2018).

5.3.4 Neuartige Biomassen und Nutztiere

Neue (bio-)technologische Verfahren werden stets auch neuartige Reststoffe generieren, die sich durchaus als Futtermittel für Nutztiere eignen können. Im Sinne der Kaskadennutzung muss das ernährungsphysiologische Potenzial dieser Nebenprodukte stets mitbedacht und gegebenenfalls bereits im primären Produktionsprozess berücksichtigt werden. Daneben wird es in Zukunft zur verstärkten Kultivierung von Pflanzen kommen, die für die Ernährung von Nutztieren bislang kaum oder gar nicht in Betracht gezogen wurden. So haben viele Pflanzen aus tropischen und subtropischen Regionen durchaus hohe Potenziale für die Tierernährung, wie zum Beispiel Opuntien.

Besonders interessant erscheint in diesem Zusammenhang die pflanzliche Biomasse aquatischer Herkunft, denn sie steht mit anderen terrestrischen Biomassen nicht in Konkurrenz zur limitierten landwirtschaftlichen Nutzfläche. Beispiele für solche aquatischen Biomassen sind Makro- und Mikroalgen. Letztere werden hauptsächlich für die Gewinnung von Eiweiß (teilweise auch Fett) diskutiert und an anderer Stelle ausführlich besprochen (► Kap. 7). Makroalgen liefern dagegen hauptsächlich Kohlenhydrate, und zwar in einer für terrestrische Nutztiere enzymatisch weitgehend unverdaulichen Form (Brugger et al. 2019). Auch Fische (zum Beispiel in Aquakultur) besitzen keine geeigneten körpereigenen Verdauungsenzyme. Demgegenüber verfügen aquatische Mollusken durchaus über Verdauungsenzyme, die an die spezifischen Kohlenhydrate aus Makroalgen angepasst sind (Michl et al. 2014). Dieses Beispiel zeigt, dass die Nutzung von neuartiger Biomasse oftmals mit der Suche nach neuartigen Nutztieren einhergeht, die zu Verdauung dieser Biomasse befähigt sind – wie etwa Mollusken als potenzielle Verwerter von Makroalgen.

Dieses Grundprinzip einer möglichst guten Übereinstimmung der Eigenschaften der Biomasse und der Verdauungskapazität des infrage kommenden Transformers gilt auch für die Diskussion um Insekten als potenzielle neuartige Nutztiere. Viele der gegenwärtig für die Nutzung in Betracht kommenden Insekten sind Nahrungskonkurrenten sowohl des Menschen als auch der herkömmlichen landwirtschaftlichen Nutztiere (EFSA 2015). Für eine effiziente Transformation benötigen sie in der Regel hochverdauliche Biomasse, was auf eine limitierte Verdauungskapazität analog zu monogastrischen Nutztieren hinweist. In der Tat ist die Verdauungskapazität der einzelnen Insektenspezies bislang weitgehend unerforscht, obwohl dieses Wissen für eine nachhaltige Verwendung von Insekten als neuartige Transformer von Biomasse essenziell ist.

Grundsätzlich stellen auch Exkremente potenziell verwertbare Biomassen dar. So hat die Verfütterung stickstoffreicher Exkremente, zum Beispiel von sterilisiertem Geflügelmist, durchaus eine gewisse Tradition als Rohproteinquelle für die Mikroorganismen in den Vormägen von Wiederkäuern. Diese profitieren insbesondere in Regionen mit knappen Rohproteingehalten im Grundfutter (zum Beispiel Grasland in den Tropen) vom zusätzlichen Angebot an Stickstoff und können daraus Mikrobenprotein aufbauen, das dem Wiederkäuer wiederum als bedeutsame Proteinquelle dient. Ein anderes Beispiel ist die Verwertung von Gülle zur Aufzucht von Soldatenfliegen, die anschließend als Proteinfuttermittel für Nutztiere eingesetzt werden können. Die Verwendung von Exkrementen in der Tierfütterung ist jedoch in vielen Regionen aus Gründen der Hygiene und Lebensmittelsicherheit untersagt. In der Europäischen Union etwa zählen Exkremente in der Nutztierfütterung zu den verbotenen Stoffen.

5.4 Zielkonflikte

Wie zuvor dargestellt, wird die Nachfrage nach Lebensmitteln tierischer Herkunft weltweit voraussichtlich massiv ansteigen. Für die Tierproduktion entsteht hieraus ein enormer Zukunftsmarkt – und zwar vor allem für Verfahren mit hoher Transformationseffizienz (zum Beispiel Geflügelfleisch). Damit assoziierte relative Vorteile in der Umweltwirkung (▣ Abb. 5.2) beschleunigen diesen Trend. So ist es nicht verwunderlich, dass der Verzehr von Geflügelfleisch in den vergangenen Jahrzehnten massiv angestiegen ist und das Schweinefleisch als globalen Spitzenreiter des Fleischkonsums schon fast überholt hat (OECD/FAO 2018). Diese hocheffizienten Produktionsverfahren sind aber genau diejenigen mit der höchsten Nahrungskonkurrenz.

Der Kern des Zielkonflikts zwischen Produktionseffizienz, Umweltwirkung und Nahrungskonkurrenz liegt primär in der schrumpfenden Verfügbarkeit der landwirtschaftlichen Nutzfläche (▶ Abschn. 5.1), die zur Erzeugung von Lebensmitteln, Futtermitteln, Energieträgern und sonstigen industriellen Wertstoffen pflanzlicher Herkunft dienen muss. Die Bioökonomie der agrarischen Pflanzen- und Tierproduktion sowie die nachgeschaltete industrielle Verarbeitung ihrer Produkte sind über die landwirtschaftliche Nutzfläche untrennbar miteinander verbunden und treten somit in unmittelbare Konkurrenz zueinander. Dabei steht die Erzeugung von Futtermitteln nicht grundsätzlich zur Disposition. Auch in Zukunft werden erhebliche Mengen an nicht essbarer Biomasse aus Grünland, Koppelprodukten aus Kulturpflanzen, Zwischenfrüchten und als Nebenprodukte der industriellen Verarbeitung von pflanzlichen Verkaufsprodukten anfallen, die sich über entsprechende Produktionssysteme (allem voran Wiederkäuer) in hochwertige Lebensmittel transformieren lassen. Die dabei entstehenden Wirtschaftsdünger unterstützen den agrarischen Kreislauf an Pflanzennährstoffen und fördern damit indirekt die Erzeugung von Lebensmitteln pflanzlicher Herkunft. Zwar könnte man die nicht-essbare Biomasse auch in Biogasanlagen energetisch verwerten und die Rückstände analog zu den Exkrementen der Nutztiere in den Kreislauf der Pflanzennährstoffe zurückführen. Aber abgesehen vom Wegfall hochwertiger Lebensmittel arbeiten Biogasanlagen deutlich langsamer als die Vormägen von Wiederkäuern. So beträgt die Halbwertszeit des mikrobiellen Abbaus der organischen Substanz in den Vormägen der Wiederkäuer weniger als einen Tag, in Biogasanlagen jedoch etwa 5 Tage (Spannweite je nach Qualität der Gärsubstrate zwischen 3 Tagen und 2 Wochen (Dandikas et al. 2018)).

Die Nachteile der gezielten Verwertung von nicht essbarer Biomasse liegen in der geringeren Transformationseffizienz und die damit gekoppelten höheren Emissionen (etwa von Methan). Andere oftmals genannte negative Effekte – etwa der Verbrauch von Land und von Wasser – schlagen dagegen nicht zu Buche, solange es nur um die Nutzung der ohnehin anfallenden nicht essbaren Biomasse geht und keine zusätzlichen landwirtschaftlichen Nutzflächen (insbesondere Ackerflächen) für den Anbau von Futtermitteln verbraucht werden. Die damit erzeugbaren Mengen an Lebensmitteln tierischer Herkunft liegen allerdings deutlich unter der gegenwärtigen und erst recht der zukünftigen Nachfrage und würden eine massive Änderung der Ernährungsgewohnheiten verlangen (zum Beispiel Schader et al. 2015).

Neben der begrenzten Verfügbarkeit von nicht essbarer Biomasse wird ihre Transformation in Lebensmittel tierischer Herkunft auch durch Aspekte der Lebensmittelsicherheit limitiert. Dies gilt im Prinzip für Abfälle jedweder Art. Im Gegensatz zu Nebenprodukten aus der industriellen Verarbeitung von agrarischen Rohstoffen sind Abfälle in ihrer Herkunft unbestimmt und unkontrolliert. Sie bergen damit Risiken für den Eintrag an unerwünschten Stoffen und die Hygiene der Nahrungskette. Ähnlich zu beurteilen sind auch Exkremente, wie sie etwa für die Produktion von Insekten vorgeschlagen werden (zum Beispiel die schwarze Soldatenfliege auf Gülle) (siehe auch EFSA 2015). Grundsätzlich sollte auch die nicht essbare Biomasse ausschließlich von der regulären landwirtschaftlichen Nutzfläche bzw. der kontrollierten Verarbeitung ihrer Produkte stammen. Nur so lässt sich ein hohes Maß an Lebensmittelsicherheit garantieren.

Ein weiterer Zielkonflikt berührt die ethischen Aspekte der Tierproduktion. Nutztiere werden zunehmend als Mitgeschöpfe wahrgenommen und ihre „Ausbeutung" zum Zwecke der eigenen Ernährung infrage gestellt. Vor diesem Hintergrund hat beispielsweise die Diskussion um *artificial meat* beträchtlichen Auftrieb bekommen. Es braucht hierfür kein Nutztier getötet werden, das Wachstum der Zellkulturen ist sehr effizient, es entstehen keine Schlachtabfälle und es lässt sich ein sehr hoher Hygienestatus erzielen. Letzteres erfordert jedoch Antibiotika und birgt damit wieder ein Risiko für die Lebensmittelsicherheit. Der eigentliche Flaschenhals dieser Art der Produktion von wertvollen Lebensmitteln liegt jedoch im Bedarf an höchstwertigen Nährstoffen für die „Fütterung" der Zellkulturen. Diese Nährstoffe müssen wiederum über die agrarische Primärproduktion und/ oder aufwändige industrielle Verarbeitungsprozesse generiert werden. Damit geraten auch solche Produktionsverfahren unweigerlich in die Zielkonflikte um umweltrelevante Emissionen, Verbrauch von landwirtschaftlicher Nutzfläche und Nahrungskonkurrenz. Inwieweit sie im Vergleich zur herkömmlichen Nutztierhaltung einen bioökonomischen Fortschritt darstellen, kann erst durch umfassende *live cycle assessments* aufgezeigt werden.

5.5 Zukunftsbilder

Neben dem Zuwachs der Bevölkerung und der Temperaturerhöhung (IPCC 2019) gelten die zunehmende Urbanisierung und der weltweit steigende Wohlstand als weitere wesentliche Veränderungen, die die gegenwärtige Rolle der Nutztiere in der Versorgung der Menschen mit Lebensmitteln künftig stark beeinflussen und in Teilen auch in Frage stellen werden (Mottet et al. 2017). Die Folge ist ein Ruf nach mehr Tierprodukten und eine Ausweitung der landwirtschaftlichen Nutzflächen, teilweise durch Bewässerung mittels nicht-erneuerbarer Wasservorräte und

Abholzung von Wäldern. Weiterhin wird die Nahrungskonkurrenz zwischen Mensch und Tier – vor allem Nichtwiederkäuern – weiter zunehmen (Bryan et al. 2015) und die durch die Tierproduktion verursachten klimarelevanten Treibhausgase werden weiter ansteigen (Lesschen et al. 2011). All diese Entwicklungen laufen in eine nicht-nachhaltige Richtung und erfordern Gegenmaßnahmen. Im Kern geht es darum, den unvermeidlichen Mehrbedarf an Lebensmitteln für den Zuwachs an Menschen mit insgesamt weniger Ressourcen und Emissionen zu erzeugen („nachhaltige Intensivierung") und zusätzlich nach Alternativen für die herkömmliche Lebensmittelerzeugung zu suchen.

Der Pflanzenzüchtung – insbesondere auf der Grundlage von *genome editing* – kommt dabei eine erstrangige Bedeutung zu (zum Beispiel Anpassung an höhere Temperaturen, Trockenheit, höhere atmosphärische CO_2-Konzentrationen, Salzwasser etc. (Weigel und Manderscheid, 2012; NASEM 2016; Bailey-Serres et al. 2019; Nationale Akademie der Wissenschaften Leopoldina et al. 2019)), gefolgt von innovativen Anbautechniken, Pflanzenschutzmaßnahmen sowie Ernte- und Konservierungsverfahren (HLPE 2019). Aber auch bei der Haltung von Nutztieren wird der Zwang zur nachhaltigen Intensivierung erhebliche Änderungen erfordern. Allem voran steht hierbei die Vermeidung der Nahrungskonkurrenz zwischen Mensch und Nutztier, und zwar in zwei Richtungen:

- Es müssen die Perspektiven und Potenziale der Wiederkäuer in der Nutzung von Grasland, Koppelprodukten aus Kulturpflanzen und Zwischenkulturen im Zuge der Fruchtfolge sowie von Nebenprodukten herausgearbeitet werden. Aber auch monogastrische Nutztiere haben durchaus beträchtliche Potenziale in der Verwertung nicht essbarer Biomasse. Insbesondere Schweine sind seit ihrer Domestikation fast ausschließlich mit nicht essbarer Biomasse ernährt worden und erst in jüngster Zeit im Zuge der Züchtung auf hohe Leistungen zum Lebensmittelkonkurrenten des Menschen geworden. Diese „archaischen" Fähigkeiten monogastrischer Nutztiere gilt es zu reaktivieren.
- Die nicht essbare Biomasse aus der Pflanzenproduktion muss noch stärker als bisher als wertvoller Rohstoff betrachtet werden. Da sie künftig die Basis für die Erzeugung von Lebensmitteln tierischer Herkunft darstellen wird, muss sie hinsichtlich Menge und Qualität ebenfalls nachhaltig intensiviert werden. Auch hier sind Pflanzenzüchtung und Gentechnik (etwa in Bezug auf antinutritive oder toxische Inhaltsstoffe), Anbautechniken sowie insbesondere innovative Ernte- und Konservierungsverfahren zur Erhaltung des Futterwerts der zumeist verderblichen Biomasse gefordert. Darüber hinaus gilt es, die Nebenprodukte der Verarbeitung pflanzlicher Verkaufsprodukte konsequent in den Kreislauf der Futterwirtschaft zurückzuführen.

Die Forderung nach einer strikten Vermeidung der Nahrungskonkurrenz zwischen Menschen und Nutztieren wird sich in absehbarer Zukunft allerdings nur bedingt umsetzen lassen. So kann allein auf Basis der nicht essbarer Biomasse wohl kaum die erwartete Nachfrage nach Lebensmitteln tierischer Herkunft gedeckt werden. Die Preise für diese Lebensmittel wären sehr hoch und die Versorgung der Menschen würde noch stärker als bisher dem globalen Wohlstandsgefälle folgen. Wie in ◘ Abb. 5.5 dargestellt, sind diese sozioökonomischen Bedingungen für Art und Umfang der künftigen Tierproduktion ebenso bedeutsam wie Ressourcenverbrauch, umweltrelevante Emissionen, sowie in zunehmendem Maße auch ethische Aspekte. Es ist deshalb zu hoffen, dass sich das Verzehrverhalten der Menschen künftig ändert und dass eine limitierte Zufuhr von Lebensmitteln tierischer Herkunft allgemein akzeptiert wird. Zur Unterstützung dieser Entwicklung bedarf es einer konsequenten Weiterentwicklung von *life cycle assessments,* die objektive Vergleiche

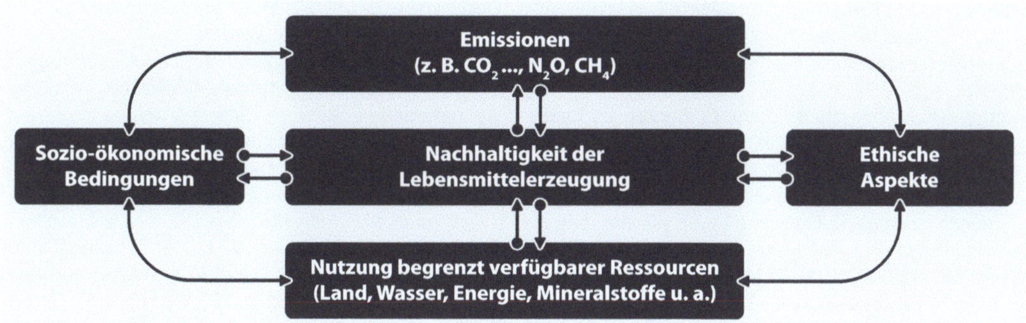

Abb. 5.5 Balance zur Nachhaltigkeit bei der Erzeugung von essbarem Protein tierischer Herkunft als Gleichgewicht zwischen begrenzt verfügbaren natürlichen Ressourcen, Emissionen, Sozio-ökonomischen Bedingungen und ethischen Aspekten. (Quelle: eigene Darstellung)

der Gesamtwirkungen von Maßnahmen und Alternativvorschlägen der Erzeugung von Lebensmitteln ermöglichen.

Abschließend stellt sich die Frage, ob es in Zukunft eine Landwirtschaft ohne Nutztiere geben wird. Schließlich werden Nutztiere nicht mehr wie früher in großer Anzahl als Arbeitstiere benötigt. Zudem würde der komplette Verzicht auf Lebensmittel tierischer Herkunft sämtliche ethisch motivierten Vorbehalte gegenüber Nutztieren eliminieren. Für den Menschen wäre dies auch kein grundsätzliches ernährungsphysiologisches Problem, solange anderweitig hochwertige Lebensmittel und gegebenenfalls auch Ergänzungsstoffe wie etwa Aminosäuren oder Vitamine stets ausreichend verfügbar sind. Auch hinsichtlich des Genusswerts existieren bereits Imitate auf pflanzlicher Basis beziehungsweise haben schon lange eine fest verankerte kulturelle Identität (zum Beispiel Tofu versus Käse). Hinzu kommen Produkte aus neuartigen technologischen Ansätzen, die unter Sammelbegriffen *cellular agriculture* oder *meat alternatives* auf wissenschaftlicher Ebene bereits diskutiert werden (zum Beispiel Grieve et al. 2019). Derartige Produkte sind allerdings eher nur für Industrieländer relevant, während die Ernährung unterentwickelter Regionen weiterhin maßgeblich von Nutztieren abhängen wird. So benötigen beispielsweise Rinder- und Schafherden im Prinzip überhaupt keine technische Infrastruktur wie Straßen, Elektrizität usw.

Die Frage nach der Verzichtbarkeit von Nutztieren berührt vielmehr das Grundprinzip der agrarischen Primärproduktion auf der Basis von Nutzpflanzen. Diese enthalten neben dem eigentlichen „Lebensmittel" immer auch erhebliche Mengen an nicht essbarer Biomasse, die zu Pflanzennährstoffen abgebaut und der landwirtschaftlichen Nutzfläche wieder zurückgeführt werden müssen (Abb. 5.1). Nutztiere vollziehen diese Funktion in einer seit Jahrtausenden etablierten Form und generieren dabei höchstwertige Lebensmittel für den Menschen (früher kam auch in Europa noch Arbeitsleistung hinzu). Der alternativlose Verzicht auf Nutztiere würde demnach nicht nur einen absoluten Verlust an Lebensmitteln nach sich ziehen, sondern auch die Produktivität des Pflanzenbaus schmälern beziehungsweise einen erhöhten Einsatz an Mineraldünger fordern.

Literatur

Blümmel, M., Teymouri, F., Moore, J., Nielson, C., Videto, J., Kodukula, P., Pothu, S., Devulapalli, R., & Varijakshapnicker, P. (2018). Ammonia fiber expansion (AFEX) as spin of technology from 2nd generation biofuel for upgrading cereal straws and stovers for livestock feed. *Animal Feed Science and Technology, 236,* 178–186.

5

Bailey-Serres, J., Parker, J. E., Ainsworth, E. A., Oldroyd, G. E. D., & Schroeder, Julian I. (2019). Genetic strategies for improving crop yields. *Nature, 575,* 109–118.

Brugger, D., Buffler, M., Bolduan, C., Becker, C., Zhao, J., & Windisch, W. (2019). Effects of whole plant brown algae (Laminaria japonica) on zootechnical performance, apparent total tract digestibility, fecal characteristics and blood plasma urea in weaned piglets. *Archives of Animal Nutrition.* ▶ 10.1080/1745039X.2019.1672479.

Bryan, B. A., Crossmann, N. D., Nolan, M., Li, J., Navarro, J., & Connor, J. D. (2015). Land use efficiency: anticipating future demand for land-sector greenhouse gas emissions abatement and managing trade-offs with agriculture, water, and biodiversity. *Global Change Biology, 21*(11), 4098–4114.

Dandikas, V., Heuwinkel, H., Lichti, F., Eckl, T., & Drewes, J. E. (2018). Correlation between hydrolysis rate constant and chemical composition of energy crops. *Renewable Energy, 118,* 34–42.

Diaz, O. (2019). Is it the agri-food-system adequated to our present needs? *EC Nutrition, 14*(1), 31–33.

Duin, E. C., Wagner, T., Shima, S., Prakash, D., Cronin, B., Yáñez-Ruiz, D. R., Duval, S., Rümbeli, R., Stemmler, R. T., Thauer, R. K., & Kindermann, M. (2016). Mode of action uncovered for the specific reduction of methane emissions from ruminants by the small molecule 3-nitrooxypropanol. *PNAS, 113*(22), 6172–6177.

EFSA (European Food Safety Authority). (2015). Risk profile related to production and consumption of insects as food and feed. *EFSA Journal.* ▶ https://doi.org/10.2903/j.efsa.2015.4257.

Ertl, P., Zebeli, Q., Zollitsch, W., & Knaus, W. (2015). Feeding of by-products completely replaced cereals and pulses in dairy cow and enhanced edible feed conversion ratio. *Journal of Dairy Science, 98,* 1225–1233.

FAO (Food and Agriculte Organization of the United Nations). (2013). Dietary Protein Quality Evaluation in Human Nutrition. FAO food and nutrition paper, 92. ▶ http://www.fao.org/ag/humannutrition/35978-02317b979a686a57aa4593304ffc17f06.pdf. Zugegriffen: 2. Sept. 2019.

FAO (Food and Agriculte Organization of the United Nations). (2018). The state of the world. 2018: The state of food security and nutrition in the world – Building climate resilience for food security and nutrition. ▶ http://www.fao.org/3/i9553en/i9553en.pdf. Zugegriffen: 2. Sept. 2019.

FAO (Food and Agriculte Organization of the United Nations). (2019). The state of food security and nutrition in the world – Safeguarding against economic slowdowns and downturns. ▶ https://reliefweb.int/sites/reliefweb.int/files/resources/ca5162en.pdf. Zugegriffen: 2. Sept. 2019.

Flachowsky, G. (1987). *Stroh als Futtermittel* (S. 255). Berlin: Landwirtschaftsverlag.

Flachowsky, G. (2013). *Animal nutrition with transgenic plants* (S. 234). Wallingford and Boston: CAB International.

Flachowsky, G., & Kamphues, J. (2012). Carbon footprints for food of animal origin: What are the most preferable criteria to measure animal yields? *Animals, 2*(2), 108–126.

Flachowsky, G., & Meyer, U. (2015). Challenges for plant breeders from the view of animal nutrition. *Agriculture, 5*(4), 1252–1276.

Flachowsky, G., Meyer, U., & Südekum, K.-H. (2017). Land use for edible protein of animal origin – A review. *Animals, 7*(3), 1–19.

Flachowsky, G., Südekum, K. H., & Meyer, U. (2019). Protein tierischer Herkunft: Gibt es Alternativen? *Züchtungskunde, 91*(3), 178–213.

Flessa, H., Müller, D., Plassmann, K., Osterburg, B., Techen, A. K., Nitsch, H., Nieberg, H., Sanders, J., Olaf Meyer zu Hartlage, O., Beckmann, E., & Anspach, V. (2012). Studie zur Vorbereitung einer effizienten und gut abgestimmten Klimaschutzpolitik für den Agrarsektor. Landbauforschung vTI Agriculture and Forestry Research. ISBN 978-3-86576-087-6.

Gonzalez-Ortiz, G., Bedford, M. R., Bach Knudsen, K. E., Courtin, C. M., & Classen, H. L. (2019). *The value of fibre – Engaging the second brain for animal nutrition* (S. 383). Wageningen: Wageningen Academic Publishers.

Grieve, B. D., Duckett, T., Collinson, M., Boyd, L., West, J., Yin, H., Arvin, F., & Pearson, S. (2019). The challenges posed by global broadacre crops in delivering smart agri-robotic solutions: A fundamental rethink is required. *Global Food Security, 23,* 116–124.

Hendriks, W. H., Verstegen, M. W. A., & Babinsky, L. (2019). *Poultry and pig nutrition – Challenges of the 21th century* (S. 424). Wageningen: Wageningen Academic Publishers.

HLPE (High Level Panel of Experts of the FAO). (2019). Agroecological and other innovative approaches for sustainable agriculture and food systems that enhance food security and nutrition. A report by the HLPE of the FAO, July 2019. ▶ http://www.fao.org/fileadmin/user_upload/hlpe/hlpe_documents/HLPE_Reports/HLPE-Report-14_EN.pdf. Zugegriffen: 2. Sept. 2019.

IPCC (International Panel of Climate Change). (2006). IPCC guidelines for national greenhouse gas inventories. ▶ https://www.ipcc-nggip.iges.or.jp/public/2006gl/. Zugegriffen: 2. Sept. 2019.

IPCC (International Panel of Climate Change). (2019). Climate change and land. approval plenary; 02.–06. August 2019. ▶ https://www.ipcc.ch/site/assets/uploads/2019/08/Fullreport-1.pdf. Zugegriffen: 9. Sept. 2019.

Kerley, M. S., Fahey, G. C. jr., Berger, L. L., Gould, J. M., & Baker, F. L. (1985). Alkaline Hydrogen Peroxide Treatment Unlocks Energy in Agricultural By-Products. *Science 15*, 820–822.

Kohlmüller, M., & Koch, T. (2019). *Markt Bilanz – Vieh und Fleisch*. In AMI (Agrarmarkt Informationsgesellschaft). Bonn: Medienhaus Plump GmbH & Agrarmarkt Informations-Gesellschaft mbH.

Lesschen, J. P., van den Berg, M., Westhock, H. J., Witzke, H. P., & Oenema, O. (2011). Greenhouse gas emission profiles of European livestock sectors. *Animal Feed Science and Technology, 166–167*, 16–28.

Nationale Akademie der Wissenschaften Leopoldina, Deutsche Forschungsgemeinschaft & Union der deutschen Akademien der Wissenschaften. (2019). Wege zu einer wissenschaftlich begründeten, differenzierten Regulierung genomeditierter Pflanzen in der EU/Towards a scientifically justified, differentiated regulation of genome edited plants in the EU. Halle (Saale). ▶ https://www.leopoldina.org/uploads/tx_leopublication/2019_Stellungnahme_Genomeditierte_Pflanzen_web.pdf/. Zugegriffen: 6. Dez. 2019.

Michl, S. C., Windisch, W., & Geist, J. (2014). Function of the crystalline style and first detection of laminarinase activity in freshwater mussels of genus Andota. *Journal of Molluscan Studies, 80*(2), 198–200.

Mottet, A., de Haan, C., Falcucci, A., Tempio, G., Opio, C., & Gerber, P. (2017). Livestock: On our plates or eating at our table? A new analysis of the feed/food dabate. *Global Food Security, 14*, 1–8.

NASEM (National Academies of Sciences, Engineering and Medicine) (2016). Genetically Engineered Crops: Experiences and Prospects; Committee on Genetically Engineered Crops: Past Experience and Future Prospects, Board on Agriculture and Natural Resources; Division on Earth and Life Studies; National Academies of Sciences, Engineering, and Medicine. Washington D.C.: The National Academies Press.

Nie, Y., Avraamidon, S., Lie, J., Xiao, X., & Pistikopoulos, N. (2018). Land use modeling based on food – energy- water nexus: A case study on crop-livestock systems. *Computer aided chemical engineering, 44*, 1939–1944.

Niemann, H., Kuhla, B., & Flachowsky, G. (2011). Perspectives for feed-efficient animal production. *Journal of Animal Science, 89*(12), 4344–4363.

Nijdam, D., Rood, T., & Westhoek, H. (2012). The price of protein: Review of land use and carbon footprints from life cycle assessments of animal food products and their substitutes. *Food Policy, 37*(6), 760–770.

OECD/FAO. (2018). OECD-FAO agricultural outlook. OECD agriculture statistics (database). ▶ http://dx.doi.org/10.1787/agr-outl-data-en/. Zugegriffen: 06. Dezember 2019.

Sajeev, E. P. M., Amon, B., Ammon, C., Zollitsch, W., & Winiwarter, W. (2018). Evaluating the potential of dietary crude protein manipulation in reducing ammonia emissions from cattle and pig manure: A meta-analysis. *Nutrient Cycling in Agroecosystems, 110*, 161–175.

Schader, C., Muller, A., Scialabba, N. E., Hecht, J., Isensee, A., Erb, K. H., Smith, P., Makkar, H. P. S., Klocke, P., Leiber, F., Schwegler, P., Stolze, M., & Niggli, U. (2015). Impacts of feeding less food-competing feedstuffs to livestock on global food system sustainability. *Journal of the Royal Society, Interface, 12*(113), 1–12.

Searchinger, T., Waite, R., Hanson, C., Ranganathan, J., Dumas, P., Matthews, E. (2018). Creating a sustainable food future: A Menu of solutions to feed nearly 10 billion people by 2050. WRR (World Resources Report) Synthesis Report by the World Bank and the UN. ▶ https://wrr-food.wri.org/sites/default/files/2019-07/WRR_Food_Full_Report_0.pdf. Zugegriffen: 03. Juni 2019.

Smith, P. (2018). Managing the global land resource. *Proceedings of the Royal Society B, 285*(1874), 1–9.

Sundstol, F., & Owen, E. (1984). *Straw and other fibrous by-products as feed. Developments in animal and veterinary sciences 14* (S. 604). Oxford: Elsevier Amsterdam.

Sunikumar, G., Campbell, L. M., Puckhaber, L., Stipanovic, R. D., & Rathore, K. S. (2006). Engineering cottonseed for use in human nutrition by tissue-specific reduction of toxic gossypol. *PNAS, 103*(48), 18054–18059.

Tom, M. S., Fischbeck, P. S., & Hendrickson, C. T. (2016). Energy used, blue water footprint and greenhouse gas emissions for current food consumption patterns and dietary recommendations in the US. *Environmental System Decisions, 36*(1), 92–103.

Van Zantem, H. H. E., Mollenhorst, H., Klootwijk, C. W., van Middelaar, C. E., & de Boer, I. J. M. (2016). Global food supply: Land use efficiency of livestock systems. *International Journal of Life Cycle Assessment, 21*(5), 747–758.

Weigel, H.-J., & Manderscheid, R. (2012). Crop growth responses to free air CO_2 enrichment and nitrogen fertilization: Rotating barley, ryegrass, sugar beet and wheat. *European Journal of Agronomy, 43*, 97–107.

Windisch, W., Fahn, C., Brugger, D., Deml, M., & Buffler, M. (2013). *Strategien für eine nachhaltige Tierernährung. Züchtungskunde, 85*(1), 40–53.

Prof. Dr. Dr. Wilhelm Windisch
(geb. 1958) studierte Agrarwissenschaften, promovierte und habilitierte an der Technischen Universität München (TUM). Er erforscht die Funktionalität der Verdauung und des Stoffwechsels landwirtschaftlicher Nutztiere bei der Transformation des Tierfutters in Lebensmittel. Von 2002 bis 2010 hatte er die Professur für Tierernährung an der Universität für Bodenkultur in Wien inne und leitet seitdem den Lehrstuhl für Tierernährung an der TUM. Er war Mitglied des Panel on Additives and Products or Substances used in Animal Feed der europäischen Behörde für Lebensmittelsicherheit, ist Vorsitzender der Gesellschaft für Ernährungsphysiologie und der Bayerischen Arbeitsgemeinschaft Tierernährung sowie Mitglied weiterer Gremien und wissenschaftlicher Gesellschaften aus dem Bereich der Nutztierernährung.

Prof. Dr. Gerhard Flachowsky
(geb. 1944) studierte Agrarwissenschaften an der Friedrich-Schiller-Universität Jena, promovierte dort und habilitierte an der Universität in Leipzig. Er forschte auf dem Gebiet der Ernährungswissenschaften mit Schwerpunkten Tierernährung und Ressourcenökonomie. Er wurde 1989 zum Professor für Ernährungsphysiologie an die Universität Jena berufen. Von 1994 bis 2009 leitete er dann das Institut für Tierernährung des Friedrich-Loeffler-Instituts (FLI) in Braunschweig. Seitdem arbeitet er dort als Senior Visiting Scientist. Er war 18 Jahre Mitglied verschiedener Panels der Europäischen Behörde für Lebensmittelsicherheit. Als Vorsitzender des Ausschusses für Bedarfsnormen der Gesellschaft für Ernährungsphysiologie, deren Ehrenvorsitzender er gegenwärtig ist, leistet er wesentliche Beiträge, um die Kenntnisse auf diesem Fachgebiet zu vertiefen.

Bioökonomie der Mikroorganismen

Manfred Kircher

D. Thrän, U. Moesenfechtel (Hrsg.), *Das System Bioökonomie*,
https://doi.org/10.1007/978-3-662-60730-5_6

6

6.1 Übersichtsgrafik

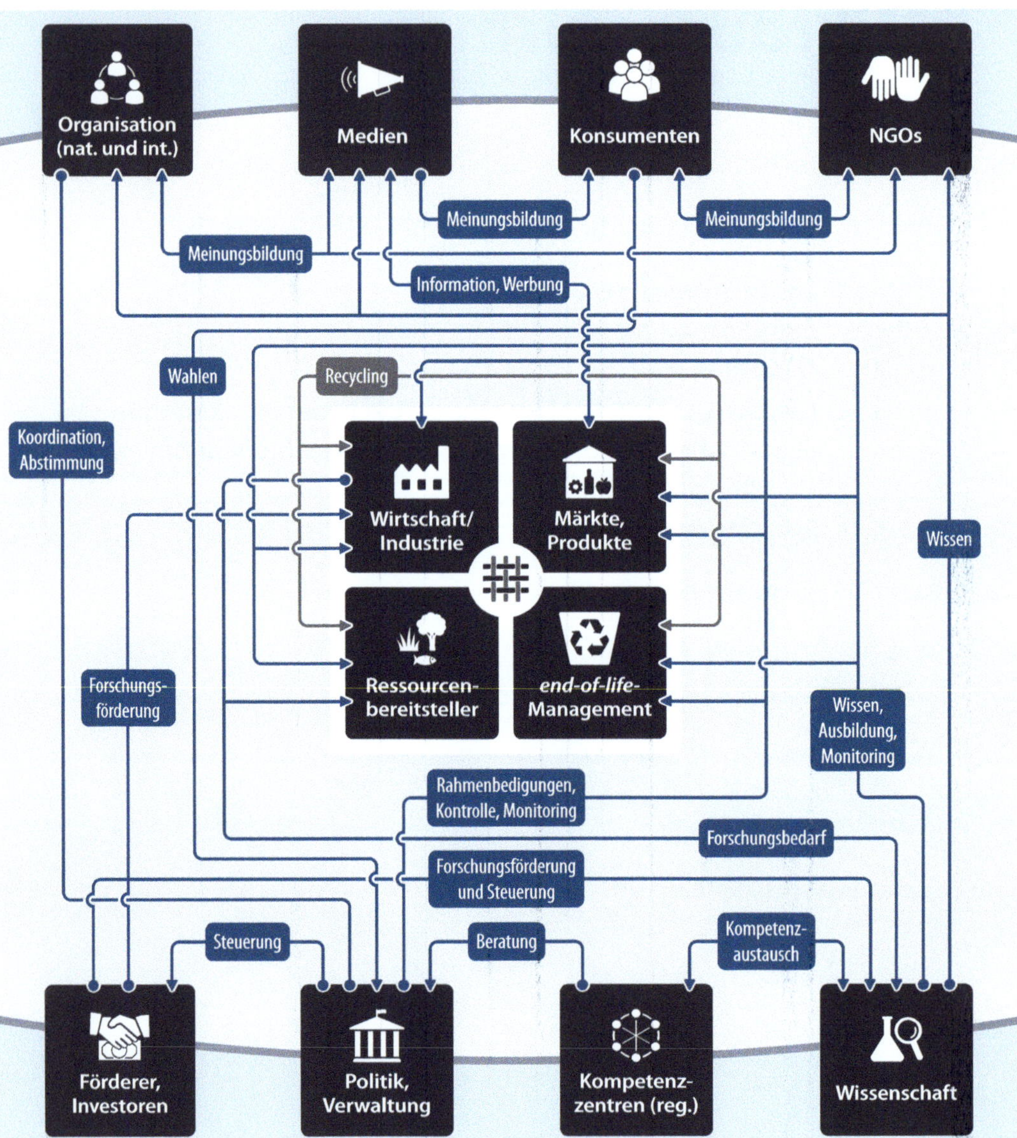

Ressourcenbereitsteller

- Zuckerraffinerien, Ölpressen, Private und kommunale Abfallbetriebe

Wirtschaft/Industrie

- AB-Enzymes (Darmstadt), BRAIN AG (Zwingenberg), c-LEcta GmbH (Leipzig), CropEnergies AG (Zeitz), Covestro Deutschland AG (Leverkusen), Evonik Industries AG (Essen), EW Biotech GmbH (Leuna), Subitec (Stuttgart)

***end-of-life*-Management**

- Private und kommunale Abfallbetriebe

Organisationen (nat. und int.)

- BIO Deutschland e.V. (Berlin), BioBall e.V. (Bioökonomie im Ballungsraum e.V.) (Frankfurt am Main), BioPro Baden-Württemberg GmbH (Stuttgart), CLIB-Cluster (Cluster industrielle Biotechnologie) (Düsseldorf), IBB Netzwerk GmbH (Industrielle Biotechnologie Bayern Netzwerk GmbH) (Planegg), VAAM (Vereinigung für Allgemeine und Angewandte Mikrobiologie e.V.) (Münster), EuropaBio (Brüssel), FAO

Medien

- TV, Zeitung, Radio, social media, Fachliteratur

Konsumenten

- Endverbraucher (Endprodukte), Unternehmen entlang der Produktionslieferkette (Rohstoffe, Vorprodukte), Abfallwirtschaft (Produkte nach Gebrauch)

NGOs

- Greenpeace, BUND

Förderer, Investoren

- Unternehmen, Venture Capital, Banken, Stiftungen, Ministerien des Landes und des Bundes, EU-Commission

Politik, Verwaltung

- Politik und Verwaltung auf kommunaler, Landes-, Bundes- und EU-Ebene

Kompetenzzentren (reg.)

- Cluster- und Technologietransferzentren, Einrichtungen zur Wirtschaftsförderung

Wissenschaft

- Forschungszentrum Jülich der Helmholtz-Gesellschaft (FZ-Jülich) (Jülich), Fraunhofer-Institut für Grenzflächen und Bioverfahrenstechnik IGB (Stuttgart), Leibniz-Institut DSMZ-Deutsche Sammlung von Mikroorganismen und Zellkulturen (DSMZ) (Braunschweig), Max-Planck-Institut für terrestrische Mikrobiologie (Marburg), Phillips-Universität (Marburg), Technische Universität München (München und Straubing), Universität Hohenheim (Hohenheim), University of Applied Sciences Aachen (Jülich), Johann Heinrich von Thünen-Institut (Braunschweig), BioSC (Bioeconomy Science Center) (Jülich)

6.2 Systembeschreibung

6.2.1 Einführung

Unter dem Begriff Mikroorganismen werden (meist) einzellige Organismen zusammengefasst, die die Mikrobiologie in Mikroalgen, Bakterien, Pilze, Archaea, Protozoen (und die zellfreien Viren) unterteilt. Sie spielen im natürlichen Kohlenstoffkreislauf eine zentrale Rolle. Mikroalgen binden wie Pflanzen photosynthetisch Kohlenstoff aus der Atmosphäre und bauen Biomasse auf. Bakterien, Pilze, Archaea und Protozoen setzen dagegen Biomasse um beziehungsweise bauen sie ab und führen den darin gebundenen Kohlenstoff wieder in die Atmosphäre zurück. Diese mikrobiellen Stoffwechselleistungen lassen sich in technischen Verfahren auch zur Herstellung kommerzieller Produkte nutzen. Industriell werden vor allem Mikroalgen, Pilze und Bakterien eingesetzt. Diese Verbindung von Mikrobiologie und Verfahrenstechnik wird als Biotechnologie bezeichnet. Sie ist an der Herstellung biobasierter Rohstoffe, aber vor allem an deren Umsetzung und der Rezyklierung von Reststoffen und Abfällen beteiligt. Das Ergebnis ist eine enorm vielfältige Produktpalette für ein ebenso breites Anwendungsspektrum. Mikrobielle Produkte bedienen unter anderem die großen Märkte der Ernährung, der Chemie- und Pharmazie, der Energie und Treibstoffe und nicht zuletzt der Abfallverwertung. Mit diesen Märkten kommt die Wirtschaft ins Spiel und die Kombination von Biotechnologie und Ökonomie führt zur Bioökonomie.

6.2.2 Definition

Mikroorganismen sind Teil des Produktionssystems auf Basis nachwachsender Rohstoffe, erzeugen in technischen Verfahren für eine Vielzahl von Märkten Zwischen- und Endprodukte und tragen dazu bei, Reststoffe und Produkte nach Gebrauch zu rezyklieren. Sie spielen also in der gesamten Verwertungskaskade nachwachsender Rohstoffe eine zentrale Rolle und sind deshalb für die Bioökonomie insgesamt von systemischer Bedeutung.

6.2.3 Die Entwicklung der Biotechnologie in der Bioökonomie

Das Leistungsspektrum von Mikroorganismen wird von Menschen schon von alters her genutzt: Böden werden so bearbeitet, dass das Zusammenwirken von Pflanzen, Tieren und Mikroorganismen durch biologische Verwitterung Humus und damit fruchtbare Böden entstehen lässt. Pflanzliche Biomasse wird mikrobiell konserviert und zu Nahrungsmitteln wie Bier, Sauerkraut und Joghurt vergoren. Auf diese Weise wurden Mikroorganismen über Jahrtausende unwissentlich genutzt. Erst seit dem 19. Jahrhundert sind sie als Biokatalysatoren erkannt und werden seit der Mitte des 20. Jahrhunderts gezielt in technischen Prozessen eingesetzt. Verbunden mit der dafür notwendigen Verfahrenstechnik war dies die Geburtsstunde der Biotechnologie, die sich seitdem als eine Basistechnologie der Bioökonomie etabliert.

Ein früher Meilenstein der Biotechnologie war es, Mikroorganismen als sogenannte Reinkultur zu verwenden, denn diese Einzeller kommen in natürlichen Ökosystemen immer als Lebensgemeinschaft verschiedenster Arten vor. Eine Art von allen anderen zu isolieren, erfordert deshalb einen besonderen Aufwand. Mithilfe mikrobiologischer Methoden gelang dies inzwischen bei zahlreichen Arten von Mikroorganismen. Die Deutsche Sammlung von Mikroorganismen und Zellkulturen in Braunschweig (DSMZ), eine der weltweit bedeutendsten Sammlungen, lagert rund 50.000 lebende Mikroorganismenstämme, von denen ausgehend Wissenschaftler in Forschung und Industrie neue Kulturen anlegen können.

Diese Stämme sind sowohl aus der Natur isolierte „Wildtypen“ als auch Mutanten und gentechnisch veränderte Mikroorganismen. Mutanten haben ein im Vergleich zum Wildtyp zufällig verändertes Erbgut, das heißt, sie verfügen über erwünschte Veränderungen und oft über weitere Nebenmutationen. Bis in die 1980er-Jahre des 20. Jahrhunderts war die Auswahl von Mutanten das Standardverfahren der Stammentwicklung, mit der Mikroorganismen für ein technisches Verfahren modifiziert werden. Seitdem hat sich die Gentechnologie als bedeutendes Verfahren etabliert. Sie ermöglicht zum einen gezielte Veränderungen unter Vermeidung unbeabsichtigter Nebenmutationen und zum anderen erweitert sie die Möglichkeit, Gene artüberschreitend auszutauschen. Seitdem gewinnt die Biotechnologie in der Pharmaindustrie an Bedeutung, weil so Mikroorganismen dazu gebracht werden, beispielsweise menschliches Insulin zu bilden.

Mit der fortschreitenden Entwicklung der DNA-Sequenzierung und -Bearbeitung hat sich die ursprüngliche Gentechnik zum *genome editing* weiterentwickelt. Heute kann das mikrobielle Erbgut punktgenau so verändert werden, dass die veränderte Zelle ein definiertes Stoffwechselprodukt herstellt. Des Weiteren verbindet die Stammentwicklung Methoden der Genetik mit den Informationstechnologien, die die Verarbeitung des großen Datenvolumens des Erbguts ermöglicht. Auf diese Weise können Biosynthesewege geplant werden, für die nach Übersetzung in den genetischen Code die entsprechende DNA-Sequenz im Labor hergestellt wird. In der sogenannten „synthetischen Biologie" werden diese Genbausteine in speziell vorbereitete Zellen eingeführt. Derartige Zellen können ganz neue, in der Natur nicht bekannte Synthesen durchführen beziehungsweise Produkte herstellen. Mikrobielle Zellen sind damit technisch als Biokatalysatoren, die genau geplante Reaktionen durchführen, einsetzbar und gewinnen so in der Chemieindustrie an Bedeutung.

Diese Fortschritte der Stammentwicklung gehen mit Methoden der Verfahrenstechnik für die verschiedenen Mikroorganismen und Anwendungen einher (Abb. 6.1). Mikroalgen können photosynthetisch ausgehend

Wertschöpfungsstufe	Rohstoff	Kommerzielle Produkte	Status
Aufbau	atmosphärisches CO2	Ernährung, Chemie, Treibstoff, Biomasse	Stand der Technik
Konservierung	pflanzliche Biomasse	Siliergut	
Umwandlung	Zucker	Ernährung, Chemie, Pharma, Treibstoff, Enzyme	
	holzartige Reststoffe (Lignocellulose)	Treibstoff	
	Biologische und synthetische Vorstufen	Pharma, Chemie	
Rezyklierung	Biomasse, Industrie- und Siedlungsabfälle	Biogas, Kompost, Klärschlamm	
	CO_2-Emission	Ernährung, Chemie, Treibstoff, Biomasse	
		Energie, Treibstoff	Demomaßstab
		Chemie	in Entwicklung

Abb. 6.1 Rohstoffe und mikrobielle Produkte verschiedener Wertschöpfungsstufen der Bioökonomie. (Quelle: eigene Darstellung)

von Kohlendioxid und Sonnenlicht Algenbiomasse aufbauen, die für verschiedenste Zwecke weiterverarbeitet wird. Wenn von verderblicher pflanzlicher Biomasse ausgegangen wird, kann sie durch mikrobielles Silieren (Ansäuern) konserviert, das heißt lagerfähig gemacht werden. Alternativ wird aus Biomasse Zucker gewonnen, der gut lagerfähig ist. Er kann fermentativ in ein vielfältiges Spektrum mikrobieller Produkte vor allem für die Lebensmittel-, Chemie- und Treibstoffindustrie umgewandelt werden. Insbesondere im Chemie- und Pharmasektor werden Mikroorganismen auch biotechnologische oder synthetische Produktvorstufen zur Umwandlung angeboten. Neue Verfahren erweitern das Spektrum möglicher Rohstoffe über die bis heute wichtigste Kohlenstoffquelle Zucker hinaus zu holzartiger Biomasse, die in land- und forstwirtschaftlichen Reststoffen sowie in Industrie- und Siedlungsabfällen enthalten ist. Neuerdings kommen auch Verfahren in die industrielle Praxis, die gasförmige Kohlenstoffquellen wie Kohlendioxid akzeptieren. Sie benötigen statt Sonnenlicht andere Energiequellen und stellen so eine Verbindung zum Energiesektor her. Mikroorganismen sind also an allen Wertschöpfungsstufen der Bioökonomie beteiligt, nämlich am Aufbau, der Konservierung und der Umsetzung biologischer Rohstoffe sowie der Rezyklierung von Abfällen.

All diese Leistungen beruhen auf der enormen Vielfalt von Mikroorganismen. ◘ Abb. 6.2 gibt einen Überblick über Verfahren für Mikroalgen, Bakterien und Pilze sowie beispielhafte Produkte und deren Märkte. Für die Biosynthese dieser Produkte brauchen die Mikroorganismen Rohstoffe und zwar sowohl als Kohlenstoffquelle als auch für die Gewinnung von Energie. Manche gewinnen Kohlenstoff und Energie aus demselben Rohstoff, andere aus verschiedenen Quellen.

Mikroalgen verwerten atmosphärisches Kohlendioxid mit Licht als Energiequelle. Sie werden je nach Erfordernis in lichtdurchlässigen Schlauchsystemen oder auch in offenen Becken kultiviert und beispielsweise für die Produktion hochwertiger Lebens- und Futtermittelfarbstoffe (zum Beispiel Carotinoide) eingesetzt. Die Algenbiomasse kann als Tierfutter verwendet werden; dies gilt auch für fast alle anderen Verfahren. Zu den Pilzen gehören Hefen, wie sie in der Herstellung von Wein und Bier, aber auch Bioethanol zum Einsatz kommen. Sie sind auf Zucker als Kohlenstoff und Energiequelle angewiesen, bei dessen Abbau unter Luftabschluss (anaerob) erhebliche Mengen Kohlendioxid emittiert werden. Bis auf sehr kleine Ausnahmen (zum Beispiel Kohlendioxid für die Getränkeindustrie) wird diese Emission nicht genutzt; sie geht in die Atmosphäre. Dies gilt auch für die Fermentation unter Belüftung (aerob), mit der beispielsweise Aspergillus-Pilze Enzyme produzieren. In diesem Fall werden meist gentechnisch veränderte Organismen (GVO) eingesetzt. Deren Biomasse ist als Tierfutter nicht zugelassen und wird entsorgt.

Bakterien werden meist aerob mit Zucker als Kohlenstoffquelle kultiviert. Manche Bakterien können aber auch andere Kohlenstoff- und Energiequellen wie beispielsweise Methan umsetzen (Methan ist der Hauptbestandteil von Biogas und Erdgas). Sie produzieren Lebens- und Futtermittelzusätze sowie Pharma- und Chemieprodukte. Oft werden mikrobielle Produkte chemisch weiterverarbeitet und führen beispielsweise zu biobasierten Kunststoffen. Ein Beispiel ist Milchsäure, die sowohl als Konservierungsmittel für Lebensmittel als auch als Ausgangsstoff für das Biopolymer Polylactid (PLA) Verwendung findet. Erst seit wenigen Jahren geraten Clostridien ins Blickfeld, die die besondere Fähigkeit haben, Kohlenmonoxid und Kohlendioxid verwerten zu können. Während Kohlenmonoxid die notwendige Energie liefern kann, braucht die Verwertung von Kohlendioxid Wasserstoff als Energiequelle. Damit eröffnet sich die Möglichkeit, auch das Nebenprodukt Kohlendioxid mithilfe von Mikroorganismen zu verwerten (Graf et al. 2014). So können bestimmte Mikroorganismen aus Kohlendioxid und Wasserstoff

Verfahren	Mikroorganismus	Kohlenstoffquelle	Energiequelle	Zielprodukt *Nebenprodukt*	Markt für Zielprodukt *Markt für Nebenprodukt*
Algen					
Algenkultivierung	*Chlorella*	CO_2	Licht	Carotinoide	Tierfutter, Ernährung
				Algenbiomasse	Tierfutter
Pilze					
Anaerobe Fermentation	Hefe	Zucker		Bier, Wein	Getränke
				Bioethanol	Treibstoff, Chemie
				Gärrest	*Futtermittel*
				CO_2	*ohne Nutzung*
Aerobe Fermentation	*Aspergillus*			Enzyme	Chemie, Diagnostik etc.
				GVO-Gärrest	*Abfallwirtschaft*
				CO_2	*ohne Nutzung*
Bakterien					
Anaerobe Fermentation	*Corynebacterium*	Zucker		Aminosäuren	Futtermittel, Ernährung, Pharma
				GVO-Gärrest	*Abfallwirtschaft*
				CO_2	*ohne Nutzung*
	Escherichia			Insulin	Pharma
				GVO-Gärrest	*Abfallwirtschaft*
				CO_2	*ohne Nutzung*
	Lactobacillus			Milchsäure	Ernährung, Chemie
				Gärrest	*Tierfutter*
				CO_2	*ohne Nutzung*
	Methylococcus	Methan		Biomasse	Tierfutter
				CO_2	*ohne Nutzung*
Anaerobe Gasfermentation	*Clostridien*	CO_2	H_2	Bioethanol *Gärrest*	Treibstoff *Abfallwirtschaft* *ohne Nutzung*
		CO			

Abb. 6.2 Biotechnologische Verfahren, Ziel- und Nebenprodukte und Märkte. (Quelle: eigene Darstellung)

Verfahren	**Mikroorganismus**	**Kohlenstoffquelle**	**Energiequelle**	**Zielprodukt** *Nebenprodukt*	**Markt für Zielprodukt** ***Markt für Nebenprodukt***
Mischkulturen					
Silage	Mischkultur	Landwirtschaftliche Biomasse		Silierte Biomasse	Tierfutter Biogas-Fermentation
Biogas-Fermentation	Mischkultur	feste und flüssige Bioabfälle		Methan	Energie
				Gärrest	Dünger
				CO_2	*ohne Nutzung*
Kompostierung				Kompost	Dünger
				CO_2	*ohne Nutzung*
Abwasserklärung				Wasser	Wasserversorgung
				Klärschlamm	*Energie*
				Methan	*Energie*
				CO_2	*ohne Nutzung*

Abb. 6.2 (Fortsetzung)

Methan erzeugen. Wenn an die anaerobe Biogasfermentation dieser Schritt der biologischen Methanisierung anschließt, kann die Methanausbeute gesteigert und die Kohlendioxidemission gesenkt werden. Weil die Herstellung von Wasserstoff allerdings energieaufwendig ist, ist das Verfahren nur tragfähig, wenn Überschussenergie verwendet werden kann.

In der industriellen Praxis der Fermentation werden Bakterien und Pilze üblicherweise in einer wässrigen Nährlösung, der Fermentationsbrühe, kultiviert. Jede Zelle hat eine Oberfläche von etwa drei Millionstel Quadratmetern, um Nährstoffe aufzunehmen und Kohlendioxid abzugeben. Die Kultivierung findet in Kesseln (Fermentern) statt, die ein Volumen von bis zu 800.000 l erreichen können. In einem Liter sind dann rund fünf Billionen Zellen aktiv, die zusammen über eine Austauschfläche von 15.000 m^2/l verfügen. Neben dem Potenzial des mikrobiellen Stoffwechsels ist es diese riesige Austauschfläche, die mikrobielle Verfahren so leistungsfähig macht.

Mischkulturen werden in der Konservierung von pflanzlicher Biomasse (Silage) und der Rezyklierung eingesetzt. Wichtige Anwendungsgebiete der Silage sind die Lagerung von Grünfutter (Gras, Futtermais, Rübenblätter etc.) für die Tierzucht sowie von Rohstoff für die Biogasfermentation (unter anderem Energiemais). Die Mischkultur der Biogasfermentation führt zu Biogas, das aus dem Energieträger Methan (60 %) und Kohlendioxid (40 %) besteht. Auch die Abwasserklärung und die Abfalldeponierung erzeugen ein ähnlich zusammengesetztes Gas (Klärgas, Deponiegas). Die beiden ersteren Verfahren produzieren außerdem mikrobielle Rückstände (Gärrest, Klärschlamm), die als Dünger ausgebracht werden können. In Deutschland wird das Methan aus beiden Quellen als Energiequelle verwertet. Der Vollständigkeit sei angemerkt, dass auch die Kompostierung ein im Wesentlichen auf Mikroorganismen basierendes Verfahren ist. Auch hier wird Kohlendioxid emittiert.

Bei der mikrobiellen Umsetzung entstehen also immer mehrere Produkte: das Zielprodukt, mikrobielle Biomasse, Kohlendioxid und Nebenprodukte des mikrobiellen Stoffwechsels. Es ist deshalb eine der ökonomischen und ökologischen Herausforderungen für die Bioökonomie, für alle Verfahrensprodukte eine wertschöpfende Verwertung zu entwickeln.

6.2.4 Die wichtigsten kommerziellen Güter der Bioökonomie

▣ Abb. 6.3 gibt einen Überblick über kommerziell wichtige mikrobielle Produkte, und es wird sich zeigen, dass mikrobielle Produkte zur Wertschöpfung in praktisch allen Bereichen der Wirtschaft beitragen.

Markt	Rohstoff	Produktbeispiele	Marktentwicklung, Status
Lebensmittel	Zucker	alkoholische Getränke, Starterkulturen, Zitronensäure, Vitamin C Lebensmittelzusätze	mit dem Markt wachsend
Futtermittel		Futtermittelzusätze, Aminoäuren, Enzyme mikrobielle Biomasse	
Enzyme		Enzyme für Synthesen,- Futtermittel, Aufschluss von Lignocellulose, Haushaltschemie u. a.	
Bioenergie		Bioethanol	Markt entsprechend Zumischungspflicht
	Lignocellulose-Zucker	Bioethanol	Wachsender Markt. Wenige Anlagen in der EU, nicht in Deutschland
	Algenöle	Biodiesel	Nischenmarkt, Pilotanlagen
	Restströme, Energiemais	Biogas	9.000 Anlagen
	CO, CO_2	Bioethanol	Nischenmarkt, Produktionsanlage in Belgien im Bau
Chemie		Fein- und Spezialchemie	7 % des Marktes
		Grundchemie	< 1 % des Marktes
	Lignocellulose-Zucker, CO, CO_2	Grundchemie	Pilotanlagen in Deutschland
Pharma	Zucker	Antibiotika, Insulin	wachsend
Abfallwirtschaft	Restströme	Biogas (Strom, Wärme, Bio-Methan)	wachsend

▣ **Abb. 6.3** Kommerziell wichtige Produkte und ihre Kohlenstoffquelle. (Quelle: eigene Darstellung)

6.2.4.1 Lebens- und Futtermittelzusätze

Die alkoholische Gärung von Wein und Bier, die mikrobielle Ansäuerung von Joghurt und Sauerkraut, das Treiben von Teig mittels Hefen und Starterkulturen in der Fleischverarbeitung belegen die uralte Rolle von Mikroorganismen in der Lebensmittelverarbeitung. In die Fleischverarbeitung gehen zum Beispiel Zitronensäure, die rein fermentativ zugänglich ist, und Vitamin C, für dessen Herstellung bio- und chemokatalytische Schritte kombiniert werden. Um den Mangel an bestimmten Aminosäuren in Futtermitteln auszugleichen, werden diese Aminosäuren fermentativ hergestellt und dem Futter zugesetzt.

Die wesentliche Kohlenstoffquelle für die hier aufgeführten Produkte ist Zucker. Die Märkte der Lebens- und Futtermittelzusätze wachsen mit der Bevölkerungszahl und dem zunehmenden Wohlstand in Schwellenländern.

6.2.4.2 Chemie

Die deutsche Chemieindustrie verarbeitet jährlich rund 2,7 Mio. t nachwachsende Rohstoffe; das entspricht einem Rohstoffanteil von 13 %. Zucker (156.000 t) und Stärke (336.000 t), von denen ein Teil mikrobiell und enzymatisch verarbeitet wird, machen unter den biologischen Rohstoffen immerhin 18 % aus (VCI 2019). Relevant sind mikrobielle Produkte vor allem im Bereich hochwertiger Hautpflege und der Haushaltschemie (Waschmittel). Die wichtigste Kohlenstoffquelle ist hier landwirtschaftlich erzeugter Zucker; die Nutzung von Holzresten, Kohlenmonoxid und Kohlendioxid ist in Entwicklung.

6.2.4.3 Pharmazeutika

Unter den wichtigsten 100 Pharmaprodukten haben Biopharmazeutika weltweit einen Umsatzanteil von 49 % (Statista 2018b). Dazu gehören auch Antibiotika, die von den Pilzen *Penicillium* und *Cephalosporium* produziert werden. Als Beispiel für ein transgenes Produkt sei mikrobiell hergestelltes Humaninsulin genannt, für das Deutschland in Frankfurt über einen der weltweit bedeutendsten Produktionsstandorte verfügt. Allein für dieses Produkt beträgt der Umsatz 4,7 Mrd. € (2016) (FNP 2016). Als Kohlenstoffquelle wird Zucker eingesetzt.

6.2.4.4 Enzyme

Die wirtschaftlich bedeutendsten Enzyme sind Carbohydrasen, die Stärke für die Getränkeindustrie in Zucker spalten, und Proteasen, die in Waschmitteln Eiweißflecken abbauen können. Weiterhin sind Lipasen (fettspaltend in Waschmitteln), Polymerasen (verknüpfen genetische Bausteine zum Beispiel in der Diagnostik) und Nukleasen (in der Forschung DNA-abbauend) relevant. Eine wichtige Anwendung in der Tierernährung ist die Erhöhung der Verdaulichkeit von Futter durch den Zusatz von Enzymen. In der Textilindustrie wird Wolle enzymatisch modifiziert um Textilien filzfrei auszurüsten (FCI 2007). Ein wachsender Bereich ist der Aufschluss von holzartiger Biomasse für die industrielle Verwertung. Dieses als Lignocellulose bezeichnete Material besteht zwar zu rund 70 % aus Zucker, der allerdings so in eine komplexe Struktur eingebunden ist, dass er für biotechnologische Verfahren nicht direkt zugänglich ist. Enzyme können diese Struktur aufbrechen und den Zucker freisetzen.

Der Enzymweltmarkt beträgt rund 8 Mrd. US$ (Allied Market Research 2018), wobei rund 64 % der Produktion in Europa, insbesondere in Dänemark, Frankreich und Deutschland liegen (Biooekonomie.de 2016). Wegen der Vielfalt der Enzyme und ihrer Anwendungen haben sich weltweit wenige Großunternehmen und zahlreiche Spezialanbieter am Markt etabliert.

6.2.4.5 Treibstoff

Mikrobiell erzeugte Treibstoffe haben 2017 zum deutschen Kraftstoffverbrauch 1,3 % beigetragen. Dies ist vor allem Bioethanol mit 1,2 Mio. t und mit einem geringen Anteil auch Biomethan (28.000 Tonnen) (FNR 2018).

64 % des Bioethanols werden in Deutschland (BDB 2017) auf Basis von Zucker (Zuckerrübe) und Stärke (Getreide, Mais hergestellt) (FNR 2016); der Rest wird importiert. Weltweit wurden 2017 79 Mio. t Bioethanol (Crop. energies 2017) vor allem auf der Basis von Zuckerrohr (Brasilien) und Mais (USA) produziert.

6.2.4.6 Biogas

In Deutschland wurden 2018 9.200 Biogasanlagen betrieben (Statista 2018a), die rund 9 Mrd. m^3 Biogas produziert haben. Bezogen auf das darin enthaltene Methan entspricht das einem Anteil von 7 % des Verbrauchs an Erd- und Biogas (Scarlat et al. 2018). Neben Abfällen wird vor allem Energiemais vergoren. Biogas wird zur Erzeugung von Strom, Wärme und Biomethan eingesetzt.

In Deutschland werden 51,4 TWh Strom aus Biomasse erzeugt, davon 34,3 TWh nach mikrobieller Umsetzung der Biomasse (95 % Biogas, 5 % Klär- und Deponiegas). Das entspricht einem Anteil von 5,2 % der deutschen Bruttostromerzeugung (FNR 2018). Insgesamt betrug der Anteil erneuerbaren Stroms in Deutschland 2016 33 % von denen 21 % biobasiert waren (BMWi 2019). Weltweit erzeugt Biogas 353 TWh (Sapp 2017).

Der Gesamtverbrauch an Wärme beträgt in Deutschland rund 2.500 TWh (BDEW 2017); davon basieren 19,2 TWh (0,8 %) auf biogenen Gasen (70 % Biogas, Biomethan 18 %, 11 % Klärgas, 1 % Deponiegas). Unter den erneuerbaren Wärmequellen haben diese Gase einen Anteil von 11,2 % (UBA 2019).

Außerdem wird Biomethan aus Biogas so aufgereinigt, dass es in das Erdgasnetz eingespeist werden kann. Im Jahr 2016 haben knapp 200 Aufbereitungsanlagen 9,4 TWh Biomethan produziert (Neumann 2018).

6.2.5 Handlungsrahmen

Wie sich die wirtschaftliche Bedeutung mikrobieller Verfahren zukünftig entwickelt, hängt nicht nur von ihrer Leistungsfähigkeit ab, sondern ganz wesentlich von dem allgemeinen Handlungsrahmen.

Politisch wird die industrielle Verwendung von Mikroorganismen unterstützt. Die entsprechenden Leitlinien zur Innovation auf dem Feld mikrobieller Verfahren und Produkte sind in der Nationalen Forschungsstrategie BioÖkonomie 2030 (BMBF 2010) des Bundesministeriums für Bildung und Forschung (BMBF) (BMBF 2010) dargelegt.

Die ökonomischen Rahmenbedingungen werden insbesondere durch das Erneuerbare Energiengesetz (EEG), Zumischungsquoten für Treibstoffe, Energiekosten und indirekt auch durch das Emissionszertifikate-Handelssystem (ETS) gesetzt. Bioethanol unterliegt als Treibstoff der EU-Richtlinie Erneuerbare Energien (EU 2009). Sie definiert das bis zum Jahr 2020 zu erreichende Mindestziel von 10 % erneuerbarer Energie als Anteil am Kraftstoffmarkt in allen EU-Mitgliedstaaten. Aus Biogas erzeugter erneuerbarer Strom wird (abnehmend) gefördert, was Anlagenbetreiber zunehmend herausfordert. Das ETS betrifft zwar nur die Emission von fossilem Kohlendioxid in definierten Branchen; bestimmt damit aber auch die Wettbewerbsfähigkeit mit Verfahren, die erneuerbare Kohlenstoffquellen verwenden. Leider wirkt sich ETS auf die Rezyklierung von Kohlendioxid nicht fördernd aus, weil die Emission ganz unabhängig von der Wiederverwendung bepreist wird. Für biobasierte Produkte außerhalb des Energiebereichs bestehen keine unterstützenden Maßnahmen.

6.2.6 Systemgrenzen

Das Erreichen der Wettbewerbsfähigkeit mit fossilbasierten Produkten ist grundsätzlich schwierig – vor allem in der jetzigen Übergangsphase in die Bioökonomie, in der fossil- und biobasierte Rohstoffe parallel verarbeitet werden und in unmittelbarem Wettbewerb stehen. Für Produkte, die ausschließlich biotechnologisch zugänglich sind oder wegen der Konsumentennachfrage biobasiert angeboten werden (Pharma, Lebens- und Futtermittelzusätze, Hautpflegeprodukte), ist die Wettbewerbsfähigkeit gegeben. Diese Produkte werden allerdings in vergleichsweise geringen Volumen hergestellt, sodass sie auf den allgemeinen Rohstoffwandel nur wenig Wirkung zeigen. Mit den in sehr großen Volumen produzierten fossilbasierten Treibstoffen und Grundchemikalien können biobasierte Alternativen dagegen kostenmäßig (noch) nicht konkurrieren. Ob es ausreicht zu warten, bis sich mit steigenden Förderkosten fossiler Rohstoffe Wettbewerbsfähigkeit von selbst ergibt, sei dahingestellt. Derzeit werden jedenfalls Steuerungsinstrumente wie beispielsweise eine Ausweitung des ETS-Systems oder die Erhebung einer Steuer auf die Emission von fossilem Kohlendioxid eingeführt.

Ein noch nicht angesprochener Kostenfaktor mikrobieller Verfahren ist die begrenzte Kohlenstoffausbeute. Sie führt dazu, dass nur ein Teil des Kohlenstoffs aus dem Rohstoff in dem Zielprodukt gebunden wird. So kann Hefe theoretisch aus 100 kg Zucker maximal 51 kg Ethanol und 49 kg Kohlendioxid bilden (Sahm und Bringer-Meyer 1987); in der Praxis liegt die Ausbeute üblicherweise niedriger. Steigern ließe sie sich durch konsequente Nutzung aller Nebenprodukte.

Kritisch zu betrachten ist auch der Bedarf an nachwachsenden Rohstoffen. Um diesen und die damit verbundene Landnutzungsänderung in Maßen zu halten, müssen mikrobielle Verfahren auf die Produktbereiche konzentriert werden, die von Kohlenstoff abhängig sind. Dies sind sinnvollerweise Produkte der organischen Chemie (einschließlich Lebens- und Futtermittelzusätzen und Pharmaprodukten) und Teilbereiche des Treibstoffmarktes (Schwerlast-, Schiffs- und Flugverkehr). Der Energiebereich sollte dagegen bevorzugt auf kohlenstofffreie Alternativen zurückgreifen.

Die absehbar eher dezentrale Produktionsinfrastruktur mikrobielle Verfahren hat eine weitere Auswirkung. Derartige Anlagen haben im Vergleich zu fossilbasierten Produktionsanlagen eine wesentlich kleinere Kapazität. Dies liegt zum einen an der aufwändigen Logistik biobasierter Rohstoffe, die kurze Transportwege verlangt, und zum anderen an den technischen Grenzen mikrobieller Verfahren. Bei derartigen Anlagen wirkt sich der ökonomisch relevante Skaleneffekt auf Investitions- und laufende Kosten weniger kostendämpfend aus, was zu grundsätzlich höheren Produktionskosten führt.

Mit der Frage der Beschäftigung wird eine bedeutende soziale Implikation mikrobieller Verfahren angesprochen. Als Exportnation wird Deutschland auch in der Bioökonomie einen großen Rohstoffbedarf haben und auf Rohstoffimport angewiesen sein. Ob dies unverarbeitete Biomasse oder eine Biomassefraktion (zum Beispiel Zucker) oder eine frühe Verarbeitungsstufe (zum Beispiel Ethanol) sein wird oder ob sich ganze Produktionsketten in globale Biomasseregionen verlagern, ist offen. In jedem Fall wird die breite Umstellung auf mikrobielle Verfahren auch Auswirkungen auf hiesige Industriezentren haben, sei es durch teilweise Verlagerung von Produktion in Biomasseregionen in Deutschland oder in andere Teile der Welt.

6.3 Innovationen

Der Vielfalt der Anwendungen von Mikroorganismen entspricht das Innovationspotenzial, das von neuen Verfahren und Produkten bis hin zum Maschinen- und Anlagenbau und der Prozessorganisation reicht. Im Folgenden werden diese Innovationsfelder erläutert und es wird anhand konkreter Beispiele gezeigt, wie Innovationen von der Wirtschaft realisiert werden – und zwar gleichermaßen von jungen Start-ups und von etablierten Großunternehmen. Dabei sei betont, dass eine wirtschaftlich wichtige Innovation nicht unbedingt wissenschaftlich anspruchsvoll sein muss. Manchmal haben auch eher unscheinbare Entwicklungen große Auswirkungen.

Verfahrensinnovationen betreffen alle Verfahrensschritte; beginnend beispielsweise beim enzymatischen Aufschluss von Holz, der Entwicklung und Optimierung von mikrobiellen Stämmen und Enzymen, mikrobiellen und enzymatischen Umsetzungsverfahren und der Aufarbeitung und Produktreinigung.

Ein Beispiel für ein innovatives Unternehmen der Stammentwicklung ist SenseUp. Das 2015 vom Forschungszentrum Jülich ausgegründete Start-up unterstützt die Entwicklung von mikrobiellen Produktionsstämmen. Für die Auswahl der besten Zellen müssen unter Umständen Millionen genetischer Varianten geprüft werden. SenseUp hat ein automatisiertes Verfahren entwickelt, das bis zu 50.000 Zellen pro Sekunde prüft (SenseUp Biotechnology 2019) und so durch Beschleunigung der Testung die Kosten senkt. Mit diesem Angebot hat sich SenseUp erfolgreich als Dienstleister am Markt etabliert.

Die Covestro AG ist ein Unternehmen der Großchemie, das ein mikrobielles Verfahren für die Herstellung eines biobasierten Produkts der Grundchemie entwickelt. Ein wichtiger Rohstoff von Covestro ist Anilin, von dem das Unternehmen mehr als 1 Mio. t jährlich für die Herstellung von Polymeren verbraucht. Tatsächlich ist ein Verfahren zu Bio-Anilin, das die mikrobielle- und chemische Katalyse verknüpft, aussichtsreich und derzeit in der Pilotierung (Jäger 2018). Die Innovation liegt hier im Rohstoff- und Verfahrenswechsel für ein an sich bekanntes Produkt.

Lanzatech (2005 in Neuseeland gegründet; heute USA) skaliert derzeit die weltweit erste Gasfermentation auf Produktionsniveau. Die Technologie greift unter anderem auf die Forschungsarbeiten von Professor Peter Dürre (Universität Ulm) zurück, um ein biotechnologisches Verfahren zu etablieren, das gasförmige Kohlenstoffquellen verwerten kann. Eine Produktionsanlage für Ethanol auf Basis von Kohlenmonoxid wird derzeit in Gent (Belgien) errichtet; sie wird das Kohlenmonoxid eines Stahlwerks als Rohstoff nutzen (ArcelorMittal 2018). Die Innovation liegt hier auf drei Ebenen: in dem Fermentationsverfahren, n der Anlagentechnik des Bioreaktors und der branchenübergreifenden Kaskadennutzung der Emission eines Stahlwerks.

Produktinnovation kann sowohl in der neuartigen Verwendung eines an sich bekannten Produkts als auch in einem neuen Produkt für eine an sich bekannte Anwendung liegen. So wurde an der privaten Universität Witten/Herdecke das Geschäftspotenzial von Ectoin erkannt, einem Schutzmolekül von Mikroorganismen, die unter extremen Bedingungen leben. Im Jahr 1993 wurde dann die bitop AG (Dortmund) ausgegründet, die heute der weltweit einzige Hersteller von Ectoin ist. Dessen Schutzwirkung ist auf viele Anwendungen übertragbar und wird für die Linderung von Hauterkrankungen, Erkältungen, Allergien, Lungenerkrankungen und trockenen Epithelien, in der unterstützenden Pflege bei Krebserkrankungen und in der Kosmetik als Anti-Aging Wirkstoff und in Sonnenschutz-Formulierungen verwendet. Der Erfolg von bitop beruht also auf der kommerziellen Nutzung der natürlichen Schatztruhe von Mikroorganismen. Das Anwendungspotenzial von Ectoin zu erkennen und dafür ein mikrobielles Herstellverfahren zu entwickeln, ist innovativ.

c-LEcta, ein 2004 in Leipzig gegründetes Unternehmen, konzentriert sich auf das Produktfeld von Enzymen. Das Unternehmen erwirtschaftet inzwischen mehr als 70 % seines Umsatzes mit selbst entwickelten Enzymen (c-LEcta 2019). Der Fokus liegt dabei auf den Lebensmittel- und Pharmamärkten, die wegen der zahlreichen Regularien als besonders anspruchsvoll gelten. Die oft sehr speziellen Problemstellungen solcher Märkte zu erkennen und ein wirtschaftlich tragfähiges Lösungsangebot zu machen, ist hier die Innovation.

Mit neuen Verfahren wird auch der Maschinen- und Anlagenbau gefordert. In der Gasfermentation beispielsweise gilt es, die geringe Löslichkeit von gasförmigen Kohlenstoffquellen in der wässrigen Nährlösung zu überwinden. Hier sind deshalb innovative Belüftungsgeräte gefragt. Ein Beispiel ist die bereits erwähnte Lanzatech.

Auch in der Organisation von Prozessabläufen liegt Innovationspotenzial. Es gilt, Anlagen und Verfahren so aufeinander abzustimmen, dass die Rohstoffe so vollständig wie möglich verwertet werden. Die dafür notwendige Prozessorganisation sind die Koppelung von Verfahrensströmen, die Kaskadennutzung von Rohstoffen zum Beispiel entlang der abnehmenden Verarbeitungsfähigkeit und die Rezyklierung. Dies kann für Materialströme sowohl innerhalb eines Industriestandorts als auch zwischen unterschiedlichen Unternehmen und auch branchenübergreifend gelten.

So betreibt die mittelständische BioWert Industrie GmbH in Brensbach (Hessen) eine Bioraffinerie, die alle Bestandteile von Wiesengras verarbeitet. Aus den Grasfasern werden Dämm- und Kompositmaterialien hergestellt. Aus dem bei der Verarbeitung des Grases anfallende Presssaft werden Proteine, Aromen und kosmetische Wirkstoffe gewonnen. Nicht mehr anderweitig verwertbare Materialien dienen als Düngemittel beziehungsweise werden mikrobiell zu Biogas vergoren (BioWert 2019). Das Biogas dient der Energieversorgung der Anlage. Die Innovation liegt hier in einer ökonomisch tragfähigen Koppelung und Kaskadennutzung aller Bestandteile eines Rohstoffs, in diesem Fall von Gras.

Ein ähnliches Beispiel bietet die Infraserv GmbH & Co. Höchst KG, der Standortbetreiber des Industriestandorts Frankfurt Höchst. Dort wird eine der größten Biogasanlagen Europas als zentrales Element einer Kaskadennutzung betrieben. Jährlich können 500.000 t Abfall zu 11 Mio. m^3 Biogas vergoren werden (Industriepark Höchst 2019). Als Rohstoffe werden am Standort entstehende industrielle Nebenprodukte und Abfälle aus der Umgebung angenommen. Das resultierende Biogas erzeugt einerseits Wärme und Strom für den Standort und wird andererseits in das kommunale Erdgasnetz eingespeist. Innovativ ist hier die Organisation der komplexen Abfallverwertung aus voneinander unabhängigen Quellen.

6.4 Zukunftsbilder

Dass der Rohstoffwandel von fossilen zu biobasierten Kohlenstoffquellen notwendig ist und bis 2050 weitgehend abgeschlossen sein muss, ist mit dem Pariser Klimaabkommen von weit mehr als 50 Staaten verbindlich anerkannt. Mit ihrer zentralen Stellung in der Bioökonomie haben mikrobielle Verfahren und Produkte deshalb abhängig von den Rahmenbedingungen sehr gute wirtschaftliche Potenziale.

Landwirtschaft Der mit der Bioökonomie absehbar zunehmende Bedarf an biobasierten Rohstoffen eröffnet der Land- und Forstwirtschaft wachsende Geschäftsfelder – und zwar nicht nur für etablierte Produkte wie Zucker, sondern auch Nebenprodukte wie Stroh und forstwirtschaftliche Abfälle. In Deutschland wurden 2018 auf 2,445 Mio. ha Energie- und Industriepflanzen angebaut. Dass 66 % dieser Flächenproduktion unter Beteiligung von Mikroorganismen verarbeitet werden, belegt die Bedeutung von Mikroorganismen (Abb. 6.4) (FNR 2019).

Lebensmittelwirtschaft Im Lebensmittel-, Getränke- und Futtermittelsektor sind mikrobielle Verfahren und Produkte bereits mit hohem Anteil etabliert, und es ist zu erwarten, dass das wirtschaftliche Potenzial mit dem Markt wächst. Überdurchschnittliches Wachstum kann für die weltweite Fleischproduktion erwartet werden – und zwar sowohl für konventionelles Fleisch als auch für Alternativen. Für alternative Fleischprodukte können sich daraus mittelfristig zunehmend werthaltige Geschäftsoptionen ergeben. So verwendet das junge Unternehmen Impossible Food (USA) beispielsweise fermentativ erzeugtes Phytohämoglobin, um Sojaprodukten Fleischgeschmack zu geben (Impossible Food 2019).

Chemiewirtschaft Biobasierte Chemieprodukte sind bereits am Markt etabliert,

Nutzpflanzen	Verwendung	Anbaufläche (1.000 ha) (nach FNR 2019)	vorwiegende Verarbeitung	Anteil Bio-Katalyse
Energiepflanzen	Biogas	1.350	Bio-Katalyse	55,3 %
	Biodiesel	560	Chemo-Katalyse	
	Bioethanol	246	Bio-Katalyse	10,1 %
	Festbrennstoffe	11	Verbrennung	
Industriepflanzen	Industriestärke	129	Chemo-Katalyse	
	Industrieöle	120	Chemo-Katalyse	
	Arznei- und Farbstoffe	12	Chemo-Katalyse	
	Industriezucker	12	Bio-Katalyse	0,5 %
	Pflanzenfasern	2	Chemo-Katalyse	
		2.442		**65,9%**

Abb. 6.4 Anteil der Biokatalyse an der Verarbeitung von Nutzpflanzen. (Quelle: eigene Darstellung, basierend auf FNR 2019)

wenn sie ausschließlich biotechnologisch erzeugt werden können oder wenn sie einer besonderen Kundennachfrage entsprechen. Dies gilt insbesondere für die Segmente der Fein- und Spezialchemie. Für Produkte der Grundchemie, die in vergleichsweise großen Volumen hergestellt werden, sind biobasierte Alternativen noch nicht konkurrenzfähig. Trotzdem besteht langfristig Potenzial, denn auch die Grundchemie muss sich dem Rohstoffwandel bis 2050 stellen.

Pharmawirtschaft Im Jahr 2017 wurden in Deutschland mit 23 Biopharmazeutika erstmals mehr biologische als chemosynthetisch hergestellte Wirkstoffe zugelassen. Dies belegt die wachsende Bedeutung bio-basierter Pharmaka, von denen viele mikrobiell hergestellt werden. Insgesamt erreichte der Umsatz von Biopharmazeutika deutscher Unternehmen mit 10,2 Mrd. € Umsatz einen Anteil von 26 % unter allen Pharmaprodukten (VFA 2018).

Treibstoffwirtschaft Angesichts des politischen Drucks in Richtung emissionsfreier Mobilität ist für den Bereich der Biotreibstoffe ein abnehmender Markt zu erwarten. Für Flugzeuge, Schiffe und den Schwerlastverkehr ist anzunehmen, dass Treibstoffe hoher Energiedichte, wie sie von kohlenstoffhaltigen Treibstoffen angeboten werden, auch weiterhin benötigt werden. In diesen Teilbereichen können sich für Biotreibstoffe langfristige Märkte entwickeln (Kircher 2015).

Bauwirtschaft Auch zur Bauwirtschaft können mikrobielle Produkte beitragen. So werden Mikroorganismen dazu eingesetzt, Gesteinspartikel durch Calciumcarbonatfällung zu Straßenbelägen oder Deichbefestigungen zu verbinden (BioCement 2016) und Zementschäden zum Beispiel an Brücken auszubessern (Basilisk 2019). Mit dem zunehmenden Bedarf emissionsarmen Bauens kann erwartet werden, dass der Markt für derartige Technologien wächst.

Abfallwirtschaft Technisch wird Biogas in der Abfallwirtschaft eine wachsende Rolle spielen können, denn dieses methanhaltige

Gas ist aus biobasierten Seitenströmen aller Produktionsbereiche herstellbar, ist vielseitig zur Herstellung von Wärme und Strom, als Treibstoff sowie als Grundchemikalie nutzbar und kann die bestehende Infrastruktur für Erdgas nutzen.

Zudem ist eine weitere Quelle durch die erwähnte Methanisierung von Kohlendioxid verfügbar. Unter Verbrauch von Überschussstrom volatiler Energien (Wind, Sonne) würde das so hergestellte Methan als Stromspeicher fungieren, für den eine umfangreiche Infrastruktur in Form des bestehenden Erdgasnetzes bereits zur Verfügung steht. Mikroorganismen, die die Methanisierung katalysieren, würden auf diese Weise zur Integration der Bioökonomie und des Energiesektors beitragen.

6.4.1 Möglichkeit der Wertschöpfung

Abb. 6.5 zeigt den Zusammenhang von Funktionalität, Wertschöpfung und Marktgröße. Die Werthaltigkeit ist ganz entscheidend von der Funktionalität eines Produkts abhängig. Sehr hoch ist sie bei Pharmazeutika, von denen eine hochspezifische Reaktion in einer ganz bestimmten Indikation erwartet wird. Die Marktgröße eines solchen hochspezifischen Produkts ist allerdings relativ begrenzt. Produkte für die Ernährung (Nahrungs- und Futtermittel), sind ebenfalls werthaltig und werden in größeren Volumina produziert. Sie sind teilweise identisch mit Chemieprodukten, die eine große Bandbreite aufweisen. Hochwertige kosmetische Wirkstoffe wie mikrobiell

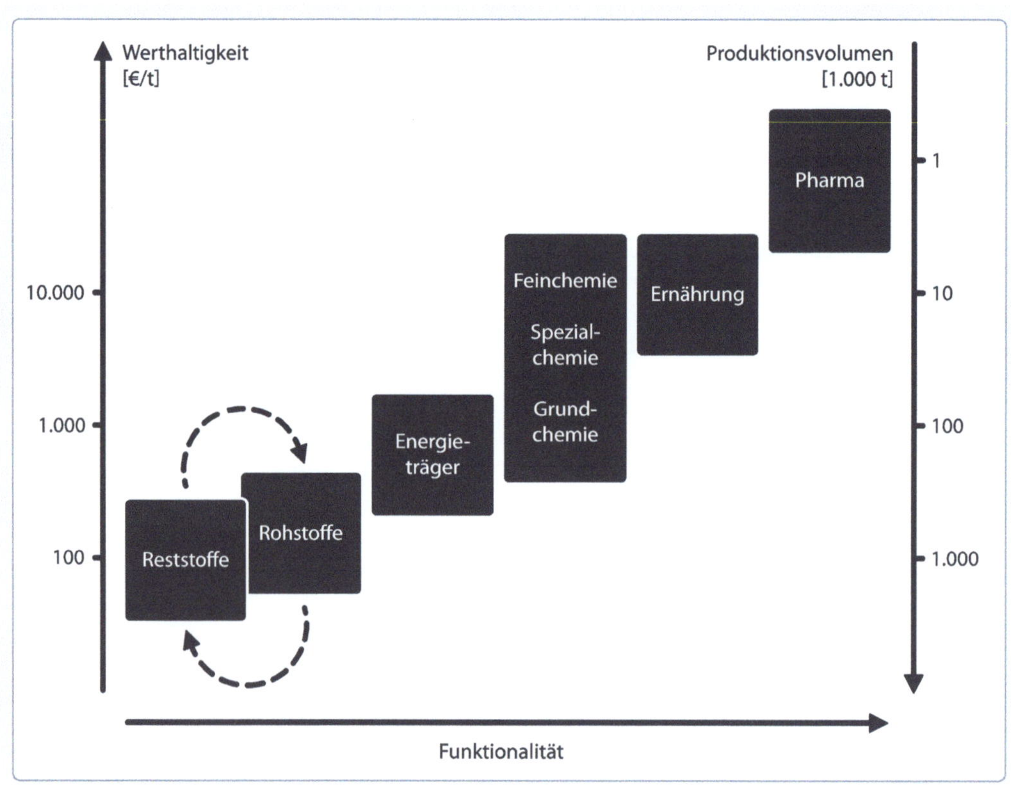

Abb. 6.5 Werthaltigkeit, Funktionalität und Produktionsvolumen mikrobieller Rohstoffe und Produktgruppen. (Quelle: eigene Darstellung)

oder enzymatisch hergestellte Weichmacher werden mit ihrem relativ geringen Produktionsvolumen zum Markt der Feinchemikalien gezählt. Zur Spezialchemie gehören beispielsweise Bausteine für Kunststoffe wie mikrobiell hergestellte Polyhydroxyalkanoate (PHA). Biobasierte Grundchemikalien können beispielsweise Methanol und Ethanol sein, also Moleküle geringer Funktionalität, aber großen Produktionsvolumens. Mit diesen beiden Produkten ist bereits die Überschneidung von Grundchemie und Energieträgern benannt, die sich auch in der Werthaltigkeit ausdrückt. Naturgemäß haben Rohstoffe das größte Produktionsvolumen. Ihre Werthaltigkeit ist aber immer noch größer als die der Reststoffe, die ihrerseits zumindest teilweise als Rohstoff rezykliert werden können. Diese Nutzungskaskade von Roh- und Reststoffen über Energien bis hin zu Pharmazeutika bringt zugleich neue Optionen in der Koppelung von Stoffströmen mit sich, die zunehmend an Forschungsinteresse gewinnen. Dazu gehört auch die stoffliche, das heißt nicht wie bisher fast ausschließlich energetische Nutzung von Reststoffen wie Siedlungsabfällen (braune Tonne), städtischem Grünschnitt, Klärschlamm, Kohlendioxid etc. (Provadis-Hochschule 2019). Neue Wertschöpfungsoptionen erreichen damit auch die Abfall- und im Fall der Verwertung von Kohlendioxid auch die Energiewirtschaft. Insgesamt steigt dadurch die Rohstoffeffizienz. Das heißt, ein höherer Anteil an Rohstoffkohlenstoff wird in werthaltige Produkte umgesetzt, beziehungsweise der Verlust in Reststoffen sinkt (Kircher 2018). Dies kann allerdings nur gelingen, wenn die Konsumenten ihren Anteil an Reststoffen in der „braunen Tonne" so zur Verfügung stellen, dass er verwertbar bleibt. Es gilt also, weiter das Bewusstsein dafür zu erhöhen, dass Reststoffe werthaltige Rohstoffe sind.

6.5 Zielkonflikte

Aus ökonomischer Sicht steht vor allem die Wettbewerbsfähigkeit biobasierter Produkte im Vordergrund. Biobasierte Rohstoffe sind im Vergleich zu fossilen teuer und ihre mikrobielle Verarbeitung vielstufig und aufwändig. Biobasierte Treibstoffe und insbesondere die großvolumige Grundchemie haben sich deshalb bisher nur in Nischen durchgesetzt.

Die ökologische Bilanz biobasierter Produkte ist über den gesamten Herstellungs- und Nutzungszyklus ökologisch vorteilhaft. Trotzdem darf ihr ökologischer Fußabdruck nicht unterschätzt werden. Die Herstellung der Rohstoffe und ihre Umsetzung gehen mit der Emission von Treibhausgasen einher. Sie müssen reduziert und möglichst ebenfalls verwertet werden.

Mikrobielle Umsetzungsverfahren setzen nur einen Teil des Kohlenstoffs der Rohstoffe in ein Zielprodukt um. Der Rest verbleibt meist als Reststoff, dessen Nutzung oft zwar technisch möglich wäre, aus ökonomischen Gründen aber unterbleibt. Die Rahmenbedingungen sollten deshalb die vollständige Verwertung von Biorohstoffen durch Koppel- und Kaskadennutzung beziehungsweise Rezyklierung unterstützen.

Ein politischer Zielkonflikt ergibt sich aus der Fokussierung des Rohstoffwandels auf erneuerbare Energien. Hier wurden Fördermaßnahmen ergriffen, die beispielsweise zu den gewünschten Investitionen in Biogasanlagen geführt haben, aber auch zu erheblichen Landnutzungsänderungen. Der Bereich biobasierter Chemikalien bleibt dagegen ohne Unterstützung.

Ein weiterer politischer Zielkonflikt besteht darin, dass die Entwicklung und Implementierung mikrobieller Verfahren grundsätzlich nur dann unterstützt wird, wenn biogene Rohstoffe verwendet werden. Forschung zur Verwertung von Kohlendioxid fossilen Ursprungs wird nur gefördert, wenn ausschließlich erneuerbare Energien eingesetzt werden. In der jetzigen Übergangsphase des Rohstoffwandels werden fossile und biogene Kohlenstoffquellen aber noch über Jahrzehnte parallel verarbeitet werden. Die industrielle Optimierung derartiger Verfahren würde deshalb beschleunigt, wenn die Rahmenbedingungen den Einsatz mikrobieller Verfahren auch für fossile Rohstoffe vereinfachen würden.

6.6 Fazit

Mikroorganismen haben in der Bioökonomie eine zentrale Funktion; sei es bei der Bereitstellung von Rohstoffen, der Umsetzung zu Produkten aller Sektoren der Bioökonomie und der Rezyklierung von Reststoffen. Das Wertspektrum der Produkte spannt sich von wenig werthaltigen Rohstoffen bis hin zu hochpreisigen Pharmazeutika. Die wissenschaftliche Kompetenz, Mikroorganismen zu leistungsfähigen Biokatalysatoren zu entwickeln, die entsprechenden technischen Verfahren und Anlagen auszuarbeiten und zu betreiben, ist für den Übergang in die Bioökonomie mitentscheidend und grundsätzlich vorhanden. Beim Übergang in die Bioökonomie sollte sich die Wirtschaft zunehmend auf die Verarbeitung vielfältiger Rohstoffe von landwirtschaftlicher Biomasse bis hin zu Siedlungsabfällen und kohlenstoffhaltigen Gasen einstellen. Insgesamt wird es darauf ankommen, bedeutende Bereiche von in Deutschland erfolgreichen Branchen auf mikrobielle Verfahren umzustellen und regionale, überregionale und internationale Versorgungsketten für biobasierte Rohstoffe entsprechend anzupassen.

Literatur

Allied Market Research. (2018). Enzymes market type (protease, carbohydrase, lipase, polymerase and nuclease, and other types), source (microorganisms, plants, and animals), reaction type (hydrolase, oxidoreductase, transferase, lyase, and other reaction types), and application (food and beverages, household care, bioenergy, pharmaceutical and biotechnology, feed, and other applications) – Global opportunity analysis and industry forecast, 2017–2024. ▶ https://www.alliedmarketresearch.com/enzymes-market. Zugegriffen: 18. Juni 2019.

ArcelorMittal. (2018). ArcelorMittal and LanzaTech break ground on €150million project to revolutionise blast furnace carbon emissions capture. ▶ https://corporate.arcelormittal.com/news-and-media/news/2018/june/11-06-2018. Zugegriffen: 18. Juni 2019.

Basilisk. (2019). Website. Basilisk self-healing concrete. ▶ http://www.basiliskconcrete.com/?Lang=en. Zugegriffen: 18. Juni 2019.

BDB (Bundesverband der deutschen Bioethanolwirtschaft). (2017). Die deutsche Bioethanolwirtschaft in Zahlen. ▶ https://bdbe.de/daten/marktdaten-deutschland. Zugegriffen: 18. Juni 2019.

BDEW. (2017). Endenergieverbrauch nach Sektoren. ▶ https://www.bdew.de/service/daten-und-grafiken/foliensatz-waermeverbrauchsanalyse/. Zugegriffen: 1. Sept. 2019.

BioCement. (2016). What is biocement? ▶ http://www.biocementtech.com/solutions/#what-is-biocement. Zugegriffen: 18. Juni 2019.

Biooekonomie.de. (2016). Enzyme – die Supertalente der Bioindustrie. ▶ https://biooekonomie.de/enzyme-die-supertalente-der-bioindustrie. Zugegriffen: 18. Juni 2019.

BioWert. (2019). Website biowert. ▶ https://biowert.com. Zugegriffen: 18. Juni 2019.

BMBF (Bundesministerium für Bildung und Forschung). (2010). Nationale Forschungsstrategie Bioökonomie 2030. Unser Weg zu einer biobasierten Wirtschaft. ▶ https://www.bmbf.de/upload_filestore/pub/Nationale_Forschungsstrategie_Biooekonomie_2030.pdf. Zugegriffen: 18. Juni 2019.

BMWi (Bundesministerium für Wirtschaft und Energie). (2019). Erneuerbare Energien. ▶ https://www.bmwi.de/Redaktion/DE/Dossier/erneuerbare-energien.html. Zugegriffen: 18. Juni 2019.

c-LEcta. (2019). c-LEcta: Financial figures for 2018 underscore successful transformation into a product company. c-LEcta Newsletter. ▶ https://www.c-lecta.com/newsroom/news/view/entry/c-lecta-financial-figures-for-2018-underscore-successful-transformation-into-a-product-company/. Zugegriffen: 18. Juni 2019.

Crop.energies. (2017). Bioethanol as a growth market. ▶ http://www.cropenergies.com/Pdf/en/Bioethanol/Markt/Dynamisches_Wachstum.pdf. Zugegriffen: 18. Juni 2019.

EU (2009). Richtlinie 2009/28/EG „Erneuerbare Energien" mit den Änderungen der Änderungsrichtlinie 2015/1513/EU. ▶ https://eur-lex.europa.eu/legal-content/DE/TXT/PDF/?uri=CELEX:32009L0028&from=DE. Zugegriffen: 2. Sept. 2019.

FCI (Fonds der chemischen Industrie). (2007). Textilchemie. ▶ https://www.vci.de/vci/downloads-vci/textilchemie-textheft.pdf. Zugegriffen: 18. Juni 2019.

FNP (Frankfurter Neue Presse). (2016). Pharmaunternehmen Sanofi: Der Weltmeister der Insulinproduktion. ▶ https://www.fnp.de/wirtschaft/pharmaunternehmen-sanofi-weltmeister-insulinproduktion-10441370.html. Zugegriffen: 18. Juni 2019.

FNR (Fachagentur Nachwachsende Rohstoffe). (2016). Bioethanol. ▶ https://biokraftstoffe.fnr.de/kraftstoffe/bioethanol/. Zugegriffen: 18. Juni 2019.

FNR (Fachagentur Nachwachsende Rohstoffe). (2018). Basisdaten Bioenergie Deutschland 2018. Festbrennstoffe, Biokraftstoffe, Biogas. ▶ http://www.fnr.de/fileadmin/allgemein/pdf/broschueren/Broschuere_Basisdaten_Bioenergie_2018_web.pdf. Zugegriffen: 18. Juni 2019.

FNR (Fachagentur Nachwachsende Rohstoffe). (2019). Entwicklung der Anbaufläche für nachwachsende Rohstoffe in Deutschland. ▶ https://mediathek.fnr.de/grafiken/daten-und-fakten/anbauflache-fur-nachwachsende-rohstoffe.html. Zugegriffen: 18. Juni 2019.

Graf, F., Krajete, A., & Schmack, U. (2014). Abschlussbericht. Techno-ökonomische Studie zur biologischen Methanisierung bei Power-to-Gas-Konzepten. Abschlussbericht- DVGW Karlsruhe. ▶ https://www.researchgate.net/profile/Frank_Graf/publication/278031528_Techno-okonomische_Studie_zur_biologischen_Methanisierung_bei_PtG-Konzepten/links/557aa2c808aeb6d8c0207c8f.pdf. Zugegriffen: 18. Juni 2019.

Impossible Food. (2019). Heme and Science. ▶ https://impossiblefoods.com/heme/. Zugegriffen: 18. Juni 2019.

Industriepark Höchst. (2019). Biogas generation: Cutting-edge energy recovery from biowaste. ▶ https://www.industriepark-hoechst.com/en/stp/menu/powered-by-infraserv/services/disposal/biogas-generation/. Zugegriffen: 18. Juni 2019.

Jäger, G. (2018). Alternative feedstocks for the polymer industry: Status and outlook, CIC2018 17.01.2018–18.01.2018, Düsseldorf. ▶ https://www.clib2021.de/veranstaltungen/cic2018. Zugegriffen: 2. Sept. 2019.

Kircher, M. (2015). Sustainability of biofuels and renewable chemicals production from biomass. *Current Opinion in Chemical Biology*. ▶ https://doi.org/10.1016/j.cbpa.2015.07.010.

Kircher, M. (2018). Implementing the bioecoomy in a densily populated and industrialised country. *Advances in Industrial Biotechnology*. ▶ https://doi.org/10.24966/AIB-5665/100003.

Neumann, H. (2018). Die Rolle von Biogas ändert sich fundamental. topagraronline 3.4.2018. ▶ https://www.topagrar.com/energie/news/rolle-von-biogas-aendert-sich-fundamental-9591564.html. Zugegriffen: 18. Juni 2019.

Provadis-Hochschule. (2019). BioBall – Bioökonomie im Ballungsraum. ▶ https://www.provadis-hochschule.de/angewandte-forschung/innovationsraum-bioball/. Zugegriffen: 18. Juni 2019.

Sahm H., & Bringer-Meyer, S. (1987). Ethanol-Herstellung mit Bakterien. *Chemie Ingenieur Technik*, *59*(9), 695–700.

Sapp, M. (2017) State of biogas in the world: 2017. Clean energy solutions center. ▶ http://www.globalbioenergy.org/fileadmin/user_upload/gbep/docs/2017_events/9_GBEP_WGCB_30_November_2017/GBEP_CESC_biogas_report.pdf. Zugegriffen: 18. Juni 2019.

Scarlat, N., Dallemand, J.-F., & Fahl, F. (2018). Biogas: Developments and perspectives in Europe. *Renewable Energy*. ▶ https://doi.org/10.1016/j.renene.2018.03.006.

SenseUp Biotechnology. (2019). Website. The screening company for the biotech industry. ▶ http://www.senseup.de. Zugegriffen: 18. Juni 2019.

Statista (2018a). Anzahl der Biogasanlagen in Deutschland. ▶ https://de.statista.com/statistik/daten/studie/167671/umfrage/anzahl-der-biogasanlagen-in-deutschland-seit-1992/. Zugegriffen: 18. Juni 2019.

Statista (2018b). Marktanteil von Biopharmazeutika am weltweiten Arzneimittelumsatz der Top 100-Präparate* in den Jahren von 2006 bis 2024. ▶ https://de.statista.com/statistik/daten/studie/311766/umfrage/biotech-produkte-anteil-an-den-top-100-praeparaten-der-pharmaindustrie-seit-2006/. Zugegriffen: 18. Juni 2019.

UBA (Umweltbundesamt). (2019). Erneuerbare Energien in Zahlen. ▶ https://www.umweltbundesamt.de/themen/klima-energie/erneuerbare-energien/erneuerbare-energien-in-zahlen#waerme. Zugegriffen: 18. Juni 2019.

VCI (Verband der chemischen Industries). (2019). Rohstoffbasis der chemischen Industrie. ▶ https://www.vci.de/vci/downloads-vci/top-thema/daten-fakten-rohstoffbasis-der-chemischen-industrie.pdf. Zugegriffen: 18. Juni 2019.

VFA (Die forschenden Pharmaunternehmen). (2018). Pressemitteilung. Biopharmazeutika legen zu: mehr Präparate, mehr Umsatz, mehr Arbeitsplätze. ▶ https://www.vfa.de/de/presse/pressemitteilungen/pr-02-2018-biopharmazeutika-legen-zu.html. Zugegriffen: 18. Juni 2019.

Dr. Manfred Kircher

(geb. 1953) bringt in seiner Beratungstätigkeit mehr als 30 Jahre Erfahrung in der Chemieindustrie und der Entwicklung eines international tätigen Bioökonomieclusters mit Unternehmen und Forschungsinstituten mit. Seine Karriere umfasst biotechnologische Forschung und Entwicklung (Degussa AG, Deutschland), Produktion (Fermas s.r.o.; Slovakei), Venture

Capital (Burrill & Company; USA) und Partnering and Branding (Evonik Industries AG; Deutschland). Als Delegierter der Evonik war er bis 2012 Vorsitzender des Vorstands des Clusters Industrielle Biotechnologie in Deutschland und entwickelte dieses Cluster deutscher und internationaler Unternehmen, Forschungsinstitute und Investoren zu einer erfolgreichen und anerkannten Organisation zur Etablierung bioökonomischer Wertschöpfungsketten. Seit 2014 ist er Vorsitzender des Beirats des Clusters Industrielle Biotechnologie und seit 2019 Mitglied des Vorstands des Vereins Bioökonomie im Ballungsraum.

Marine Bioökonomie

Charli Kruse

D. Thrän, U. Moesenfechtel (Hrsg.), *Das System Bioökonomie*,
https://doi.org/10.1007/978-3-662-60730-5_7

7.1 Übersichtsgrafik

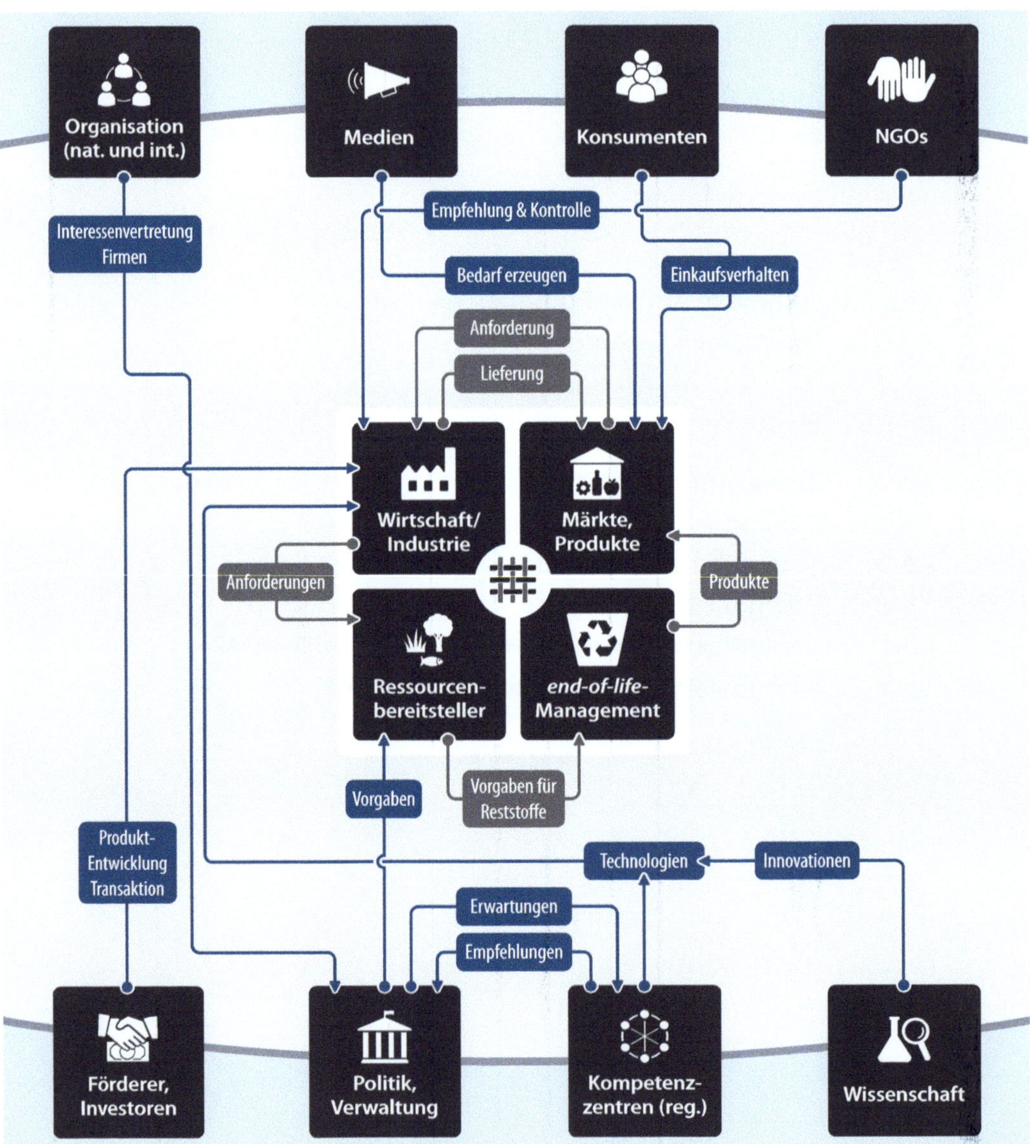

Ressourcenbereitsteller

- Aquakulturbetreiber sind in Deutschland vor allem kleine und mittelständische Unternehmen. Diese produzieren z. B. Fische, Krustentiere, Muscheln und Algen. Weltweit zeigen sie seit Jahren Wachstumsraten von ca. 6 %.
- Bioreaktoranlagen werden von verschiedenen biotechnologischen Unternehmen betrieben, die sowohl marine als auch andere Mikroorganismen nutzen und daher nicht kategorisierbar sind.

Wirtschaft/Industrie (Beispiele)

- Nahrungsmittel (Deutsche See GmbH, Sylter Algenfarm GmbH & Co.KG, Viva Maris GmbH), Medizinprodukte (aktivmed GmbH, IVF Hartmann AG, M+W Dental, Kerecis), Kosmetika (oceanBASIS GmbH, BIOMARIS GmbH & Co. KG), Fasern (smartfiber AG), Biomoleküle (Algopack, Queisser Pharma GmbH & Co. KG)

Märkte, Produkte (Beispiele)

- Lebensmittel (Fische, Krustentiere, Muscheln, Algen), Medizin (Wundauflagen, Zahnabformmassen, Medikamente), Kosmetik (Cremes, Öle, Schäume), Konsumbedarf (Stoffe, Leder, Kunststoffe), Umweltschutz (z. B. der gezielte Anbau von Wasserpflanzen und künstlichen Riffen zum Küstenschutz und Biodiversitätserhalt)

***end-of-life*-Management**

Die Dauer des Lebenszyklus ist abhängig von den jeweiligen Produktionssystemen:

- In Aquakulturkreislaufanlagen: Besatz der Anlage → Biomassevermehrung → Abfischen, Ernte, Einsammeln → Prozessierung zum Endprodukt → Endverbraucher → Rückführung in den Kreislauf (Biogas/organische Nährstoffe)
- In Bioreaktoren: Befüllen des Reaktors → Biomassevermehrung → Aufreinigung, Konzentration → Prozessierung bis zum Endprodukt → Endverbraucher → Rückführung in den Kreislauf (s. oben)

Organisationen (nat. und int.)

- z. B.: BIO Deutschland e. V., Bundesverband Aquakultur e. V., SUBMARINER Network for Blue Growth EEIG

Medien

- Print- und Online-Veröffentlichungen der Akteure

Konsumenten

- Bevölkerung und Spezialanwender wie aufgeführt

NGOs

- z. B.: DECHEMA e. V., Life Science Nord, ScanBalt BioRegion, Umwelt- und Verbraucherschutzverbände

Förderer, Investoren

- FuE-Förderung (EU, Bund, Länder), Stiftungen

Politik, Verwaltung

- Bundes- und Landesforschungsanstalten, Ministerien des Bundes und der Länder

Kompetenzzentren (reg.)

- z. B.: Fraunhofer-Einrichtung für Marine Biotechnologie und Zelltechnik (FhG-EMB, Lübeck), mariCube - Kompetenzzentrum Blaue Biotechnologie

Wissenschaft

- Universitäten, Forschungseinrichtungen

Art der Einrichtung	Institution
Cluster und Verbände	BIO Deutschland e. V., BioCon Valley GmbH, Bundesverband Aquakultur e.V., DECHEMA e. V., Kompetenznetzwerk Aquakultur (KNAQ), SUBMARINER Network for Blue Growth EEIG, Life Science Nord Management GmbH
Wissenschaft: Helmholtz-Gemeinschaft	Alfred-Wegener-Institut, Helmholtz-Zentrum für Polar- und Meeresforschung (AWI), GEOMAR Helmholtz-Zentrum für Ozeanforschung Kiel, Helmholtz-Zentrum Geesthacht Zentrum für Material- und Küstenforschung GmbH, Helmholtz-Zentrum Potsdam Deutsches GeoForschungsZentrum (GFZ)
Wissenschaft: Universitäten und Fachhochschulen	Ernst-Moritz-Arndt-Universität Greifswald, Forschungs- und Entwicklungszentrum Fachhochschule Kiel GmbH, Hochschule für Technik und Wirtschaft des Saarlandes, Meeresbiologische Wattstation Carolinensiel der Universität Münster, Technische Universität Bergakademie Freiberg, Technische Universität Hamburg-Harburg, Universität Bremen, Universität Hamburg, Universität Oldenburg, Universität Rostock, Universität zu Kiel
Wissenschaft: Einrichtungen des Bundes und der Länder	Bundesamt für Seeschifffahrt und Hydrographie, Bundesanstalt für Geowissenschaften und Rohstoffe (BGR), Bundesanstalt für Gewässerkunde, Bundesanstalt für Wasserbau, Abteilung Küste (BAW-AK), Johann Heinrich von Thünen-Institut, Wehrtechnische Dienststelle für Schiffe und Marinewaffen der Bundeswehr, Maritime Technologie und Forschung, Landesforschungsanstalt für Landwirtschaft und Fischerei Mecklenburg-Vorpommern, Common Wadden Sea Secretariat
Wissenschaft: Sonstige Institutionen	Deutsche Gesellschaft für Meeresforschung, Deutsche Hydrographische Gesellschaft e. V., Deutscher Wetterdienst, Deutsches Klimarechenzentrum GmbH, Institut für Marine Biotechnologie e. V., Deutsches Institut für Lebensmitteltechnik e. V., Gemeinschaft zur Förderung von Pflanzeninnovation e. V., Gesellschaft für Marine Aquakultur (GMA) mbH, Institut für Fisch und Umwelt
Wissenschaft: Fraunhofer Gesellschaft	Fraunhofer-Einrichtung für Marine Biotechnologie und Zelltechnik (EMB), Fraunhofer-Institut für Grenzflächen- und Bioverfahrenstechnik (IGB), Fraunhofer-Institut für Molekularbiologie und Angewandte Oekologie (IME)
Wissenschaft: Max-Planck-Gesellschaft	Max-Planck-Institut für Marine Mikrobiologie (MPI-MM), Max-Planck-Institut für Meteorologie (MPI-M)
Wissenschaft: Leibniz-Gemeinschaft	Leibniz Institut DSMZ-Deutsche Sammlung von Mikroorganismen und Zellkulturen GmbH, Leibniz-Institut für Ostseeforschung Warnemünde, Leibniz-Zentrum für Marine Tropenforschung (ZMT) GmbH, Senckenberg am Meer, Senckenberg Biodiversität und Klima Forschungszentrum
Industrie – Produktion	Sylter Algenfarm GmbH & Co.KG, algova UG, Aquacopa GmbH, Aquazosta GmbH, BlueBioTech GmbH, BromMarin GmbH, CRM – Coastal Research & Management GbR, CrustaNova GmbH, EURODUNA Rohstoffe GmbH, Evonik Industries AG, Förde Garnelen GmbH & Co. KG, FRESH Völklingen GmbH, Garnelen Farm Grevesmühlen GmbH & Co. KG, Garnelenhof Schäfer GmbH & Co. KG, Köster Marine Proteins GmbH, Marine Aquaculture Consulting, Microganic GmbH, neomar GmbH, oceanBASIS GmbH, Phytolutions GmbH, Polyplan GmbH Ingenieurbüro für Energie und Umwelttechnik, Ratz Aquakultur GmbH, Scherbrings Bio-Garnelen, Sea & Sun Technology GmbH, SeaKult - sustainable futures in the marine realm, SubCtech GmbH, Subitec GmbH, Union Agricole Holding AG, W42 Industrial Biotechnology GmbH, smartfiber AG, BIQ GbH, SSC GmbH, MINT-Engineering GmbH, Cara Royal, Sylter Algenfarm GmbH & Co. KG

7.2 Systembeschreibung

7.2.1 Zentrale Elemente des Systems im Überblick

Die **Ressourcenbasis** besteht in nachwachsenden Rohstoffen marinen Ursprungs, im Wesentlichen aus mehrzelligen Organismen (Fische, Evertebraten, Gefäßpflanzen, Makroalgen), einzelligen Organismen und Mikroorganismen. Die **Ressourcenbereitstellung** erfolgt in der Regel über die technischen Systeme Aquakulturkreislaufanlagen und Bioreaktoren. Die **Hauptprodukte** der Marinen Bioökonomie sind Nahrungsmittel, Medizinprodukte, Inhaltsstoffe für Kosmetika, Fasern (Kleidungs- und Verbundstoffe) und Biomoleküle, die in folgenden **Märkten** zur Nutzung kommen: Medizin (Wundauflagen, Medikamente), Lebensmittel (Fische, Evertebraten (Muscheln, Krebse etc.)), Algen, Lebensmittelinhaltsstoffe, Konsumbedarfsgüter (Waschmittel, Alginat, Agarose etc.) sowie Umweltschutz (Küstenschutz, Biodiversitätserhalt). Die Dauer des **Lebenszyklus** hängt von den jeweiligen Produkten ab. In Aquakulturkreislaufanlagen besteht ein Lebenszyklus hauptsächlich aus den Elementen Besatz der Anlage – Biomassevermehrung – Abfischen, Ernte, Einsammeln – Prozessierung zum Endprodukt – Endverbraucher – Rückführung in den Kreislauf. In Bioreaktoren ist ein Lebenszyklus durch die Elemente Befüllen des Reaktors Biomassevermehrung – Aufreinigung, Konzentration – Prozessierung bis zum Endprodukt – Endverbraucher – Rückführung in den Kreislauf geprägt. Alle biologischen Restabfälle, sowohl aus Aquakulturkreislaufanlagen als auch aus Bioreaktoren, können, sofern sie keine Giftstoffe angereichert haben, in letzter Konsequenz als Düngemittel in den biologischen Kreislauf zurückgeführt werden. Die **Systemgrenzen,** die auch den Handlungsrahmen der Marinen Bioökonomie bestimmen, sind z. B.: die Kosten und technischen Herausforderungen für landbasierte Seewasseranlagen, die unzureichende Kenntnis über Physiologie und Ökologie mariner Organismen, die Notwendigkeit neue Verfahren zu entwickeln, die Ermöglichung der Nutzung natürlicher Systeme unter ökologischen Vorgaben sowie die staatliche Förderung für die Entwicklung der marinen Bioökonomie.

7.2.1.1 Die wichtigsten. Elemente im Einzelnen

Die marine Bioökonomie basiert auf der **nachhaltigen Nutzung** mariner biologischer Ressourcen und hat sich in den vergangenen 15 Jahren spürbar weiterentwickelt. Derzeit werden bereits viele wirtschaftlich wichtige Güter und Rohstoffe aus dem Meer entnommen, die dort immer stärker nach ökologischen Prinzipien geerntet werden. Die Bandbreite ihrer Verwendung reicht von Nahrungsmitteln (Fische, Muscheln, Krustentiere, Algen etc.) über Medizinprodukte (Wundauflagen, Medikamente, Hilfsstoffe) und Inhaltsstoffe für Kosmetika (Algeninhaltsstoffe, Kollagen) bis hin zu Rohstoffen für verschiedene Industriezweige (Enzyme, Fettsäuren).

Daneben stellt uns das Ökosystem Meer aber auch **Serviceleistungen** bereit, deren künstliche Nachbildung hohe Kosten verursachen würde (Gelpke 2017) und deren nachhaltige Unterstützung Bestandteil der künftigen Bioökonomie sein muss. Häufig sind dies Dienstleistungen, die nicht direkt wahrgenommen werden, aber einen monetären Wert besitzen und dementsprechend für eine marine Bioökonomie auch berücksichtigt werden müssen. Dabei unterscheidet man nach unterstützenden, regulierenden, bereitstellenden und kulturellen Ökosystemleistungen, deren finanzieller Nutzen sehr komplex und schwer in seiner Gesamtheit zu erfassen ist (ebd.). Beispielsweise wurden nach Angaben des Bundesministeriums für Ernährung und Landwirtschaft bisher jährlich rund 160 Mio. € allein für den Küstenschutz ausgegeben. Ohne die Unterstützung durch biologische

Prozesse (Küsten- und Meeresorganismen) würden die Kosten weiter zunehmen.

Die derzeit immer noch vor allem Ressourcen verbrauchenden Produktionsverfahren sollen im Rahmen der Biologisierung der Wirtschaft in Kreisläufe überführt werden. Die Bundesregierung erarbeitet derzeit eine entsprechende „Bio-Agenda". Für diese schonende Nutzung der Biosphäre werden biotechnologische Verfahren benötigt (Zuber 2009), da diese in der Regel auf nachwachsenden Rohstoffen basieren, die für eine nachhaltige Wirtschaft unabdingbar sind.

Der Einsatz der marinen Biotechnologie für marine bioökonomische Produktionsverfahren ist sehr vielfältig. Durch sie hergestellte Produkte sind in verschiedenen Branchen wiederzufinden, weswegen es schwierig ist, diesen Bereich der Bioökonomie exakt einzugrenzen. Zu diesen Branchen zählen: Nahrungsmittelwirtschaft, Medizin, Kosmetikindustrie, Energiewirtschaft, Materialentwicklung, Umweltschutz etc. Dabei fängt die marine Biotechnologie gerade erst an sich zu entwickeln, sodass ihre Einsatzmöglichkeiten derzeit noch nicht abzuschätzen sind. Obwohl zwei Drittel der Erdoberfläche von Wasser bedeckt sind, sind diese deutlich schlechter erforscht als die terrestrischen Bereiche unseres Planeten. Dennoch wird allgemein davon ausgegangen, dass in der Zukunft viele Ressourcen aus dem Meer für neue biotechnologische Verfahren zur Verfügung stehen werden (Vondracek 2012; Stieber 2015; Fraunhofer VLS 2017). Das ERA-NET Marine Biotechnology[1] koordiniert und fördert auf europäischer Ebene Aktivitäten und Entwicklungen im Bereich der marinen Biotechnologie beziehungsweise Bioökonomie. Auch hier geht es um die breite Nutzung mariner Ressourcen von Biomolekülen mariner Organismen bis hin zur kompletten Organismennutzung.

1 Für weitere Informationen siehe ▶ http://www.marinebiotech.eu.

Die genannte Ressourcenbereitstellung kann über verschiedene biologische Agenzien (Organismen, Materialien) erfolgen:

- mehrzellige Organismen (Fische, Evertebraten, Gefäßpflanzen, Makroalgen)
- einzellige Organismen
- Mikroorganismen (vor allem Cyanobakterien)
- aus den Organismen isolierte Zellkulturen
- aus den Zellen isolierte Biomoleküle (zum Beispiel Enzyme mit geringen Temperaturoptima)

Die benötigten **mehrzelligen Organismen** werden vor allem in Aquakulturanlagen produziert. Im Jahr 2016 waren es bereits 80 Mio. t mit einem Wert von 232 Mrd. US$, das entsprach 47 % der globalen Fischproduktion. Diese Anlagen können sich im offenen Gewässer befinden, wobei in diesem Fall dafür Sorge getragen werden muss, dass das umgebende Ökosystem nicht beeinträchtigt wird. Es geht also um die Entwicklung von Null-Emissionsanlagen, wie sie in verschiedenen Strategiepapieren gefordert werden (Haas et al. 2015).

In Island wird die gesamte Meeresbewirtschaftung nach bioökonomischen Prinzipien umgebaut. Dabei werden beispielsweise vor der Befischung die Bestände durch unabhängige Institute entsprechend ihrer Belastbarkeit bewertet. Jungfische werden geschützt und auch Algen nur soweit abgeerntet, dass sie sich bis zur nächsten Ernte wieder regeneriert haben. Zusätzlich entstehen viele Initiativen, die die entstehenden Abfälle zu weiteren Produkten aufarbeiten – etwa die Nutzung von Fischinnereien für Öl- und Enzymgewinnung, die Chitosanherstellung aus Garnelenresten oder die Nutzung von Algenfasern und -inhaltsstoffen für die Bekleidungs- beziehungsweise Kosmetikindustrie (BIOCOM AG 2018; Guðfinnsson et al. 2007; Unterwegs Outdoor Shop GmbH).

Eine Alternative dazu stellen landbasierte Aquakulturkreislaufanlagen dar (ebd.). Diese sind kontrollierbar, sie können in der Nähe der weiterverarbeitenden Industrie

Produkte aus Fischen	Produkte aus Algen
Fischfleisch	Algengerichte
Fischmehl	Alginat
Fischöl	Agar
Fischzellkulturen	Lebensmittelfarbstoffe/Antioxidantien
Wundauflagen aus Fischkollagen	Textilfasern
Fischleder	Kosmetikinhaltsstoffe

Abb. 7.1 Für eine verbesserte Wertschöpfung können aus Aquakulturorganismen durch Weiterverarbeitung eine größere Vielfalt an Produkten gefertigt werden

errichtet werden und die Produkte werden nicht durch äußere Einflüsse beeinträchtigt. Für eine profitable Nutzung solcher Anlagen müssen deren Produkte künftig breiter genutzt werden. Möglichkeiten dafür sind in Abb. 7.1 angegeben.

Eine weitere Möglichkeit der Bereitstellung von mehrzelligen Organismen, ist die gezielte Vermehrung und Entnahme von Algen aus der Umwelt. Gerade in eutrophierten Gewässern könnten dadurch sowohl CO_2 als auch überschüssige Pflanzennährstoffe dem System entzogen und somit gleichzeitig ein Beitrag zur Gesundung des Ökosystems geleistet werden. Es versteht sich von selbst, dass diese Verfahren nur unter genauer Beobachtung des jeweiligen Ökosystems möglich sind, um eine negative Beeinflussung zu verhindern.

Einzellige eukaryotische und prokaryotische Organismen sowie Zellkulturen werden vor allem in Bioreaktoren verwendet. Hier werden sie vermehrt und die von ihnen hergestellten Produkte, wie Fettsäuren, Enzyme und andere Biomoleküle, werden in speziellen technischen Verfahren aus den verwendeten *batches* abgetrennt. Besonders der Einsatz von Biomolekülen aus Meeresorganismen lässt noch viele Anwendungsmöglichkeiten erwarten. Derzeit werden zum Beispiel fluoreszierende beziehungsweise lumineszierende Proteine zur Sichtbarmachung zellulärer Strukturen eingesetzt. Das typische Beispiel hierfür ist das aus der Qualle *Aequorea victoria* stammende grün fluoreszierende Protein (GFP). Besonders intensiv ist jedoch die Suche nach pharmakologisch nutzbaren Naturstoffen aus dem Meer.

Der Einsatz von Mikroalgen in Bioreaktoren erfolgt vor allem mit limnischen Algen, obwohl auch hier bereits Systeme mit marinen Spezies entwickelt werden (Vondracek 2012). Die Nutzung der Algen aus diesen Photobioreaktoren steht noch am Anfang, wobei sie in erster Linie für die Produktion von Biokraftstoffen und Omega-3-Fettsäuren genutzt werden sollen. Weiterhin werden sie für Häuserfassaden als Luftreiniger (CO_2-Aufnahme) eingesetzt und anschließend der weiteren Verwertung zugeführt (zum Beispiel BIQ GmbH, SSC GmbH, MINT-Engineering GmbH).

Die Nutzung von sowohl **einzelligen als auch mehrzelligen marinen Algen** für die Biotechnologie bringt noch viele weitere Vorteile mit sich. Beispielsweise produzieren sie viele nutzbare Produkte für pharmazeutische, kosmetische oder Lebensmittelprodukte. Eine neue Entwicklung untersucht die Herstellung und Nutzung von Fasern aus marinen Makroalgen für die Bekleidungsindustrie (s. smartfiber AG und SeaCell) sowie als Plastikersatz (Hermann 2013).

Die Dauer des Lebenszyklus der benötigten Ausgangsprodukte ist abhängig von den jeweiligen Produktionsverfahren und Verwertungen, wie sie am Beispiel von Aquakulturkreislaufanlagen und Bioreaktoren beschrieben wurden.

7

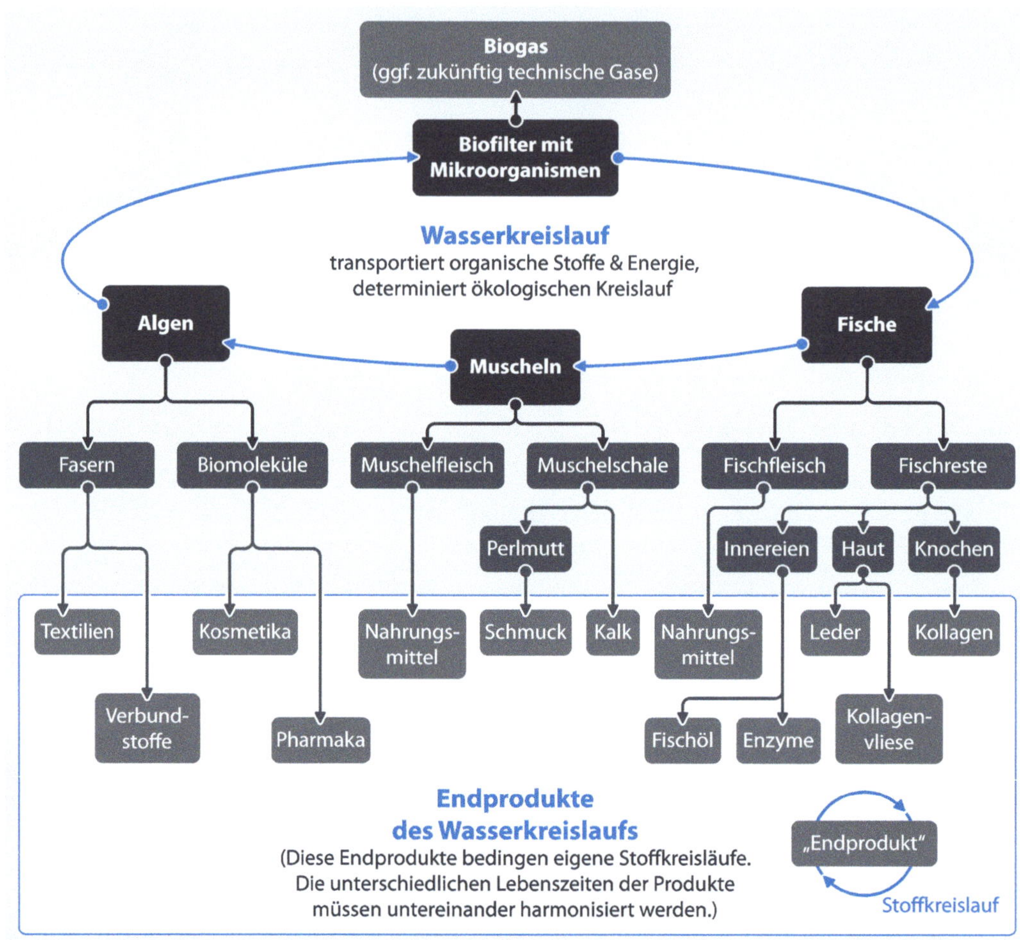

Abb. 7.2 Bioökonomische Harmonisierung der Lebenszyklen verschiedener Produkte in einem-kaskadenartig nutzbaren Produktionsverfahren. (Quelle: eigene Darstellung)

Der Lebenszyklus der oben beschriebenen Endprodukte sollte im Idealfall geschlossen sein, da aufgrund der angestrebten Kreislaufwirtschaft die benötigten Rohstoffe und Produkte permanent nachproduziert werden. Die entstehenden Reststoffe werden kaskadenartig weiterverarbeitet oder gehen zum Beispiel als Nährstoffe zurück in den biologischen Kreislauf. Hierbei ist darauf zu achten, dass bei unterschiedlichen Produkten die aus denselben Ressourcen hergestellt werden (zum Beispiel Konsumgüter und Nahrungsmittel aus Fischen), die entsprechenden Lebenszyklen und Kreisläufe harmonisiert werden müssen, um reine Abfallprodukte zu vermeiden.

Am Beispiel einer multitrophischen Anlage, die Fische, Muscheln, Algen und Mikroorganismen enthält, wird das Problem in Abb. 7.2 kurz erläutert. Beschrieben ist eine Integrierte Multitrophische Aquakulturanlage. Die hierbei möglichen Endprodukte sind im unteren weißen Kasten grau unterlegt. Da alle unterschiedliche Lebenszeiten haben, muss deren Produktion für eine ideale Kreislaufwirtschaft kontinuierlich so aufeinander abgestimmt werden, dass kein Abfall entsteht.

Aus dem produzierten Fisch können also zum Beispiel verschiedene Produkte entstehen, die unterschiedliche Lebenszyklen haben. Diese sind für Nahrungsmittel und Kollagenvliese relativ kurz, während sie für Leder wesentlich länger sind. Für eine perfekte Kreislaufanlage müssten diese aufeinander abgestimmt sein. Um beispielsweise den Markt nicht mit Leder zu überschwämmen, müssen andere Produkte produziert werden, etwa Kollagenvliese aus den Hautresten. Auf der anderen Seite können langlebigere Lebensmittel wie beispielsweise Fischkonserven für eine Harmonisierung des gesamten Systems sorgen. Anhand dessen wird deutlich, wie komplex das Problem der Produktion in Kreisläufen ist.

Die wichtigsten Akteure der marinen Bioökonomie sind in der Tabelle in ▶ Abschn. 7.1 zusammengefasst. Aufgrund der dargelegten Erklärung, dass vor allem in größeren Unternehmen der Bereich der marinen Bioökonomie (Biotechnologie) nicht gesondert ausgewiesen ist, beansprucht diese Zusammenstellung keinen Anspruch auf Vollständigkeit.

Die Grenzen der marinen Bioökonomie ergeben sich zurzeit vor allem aus der technischen Nachgestaltung des marinen Milieus für die Vermehrung der benötigten Organismen bei landgestützten Aquakultur- oder Bioreaktoranlagen – vor allem in den Bereichen, in denen nicht auf den Einsatz von Metallen verzichtet werden kann. Das betrifft in erster Linie die Mess-, Steuer- und Regeltechnik. Hier müssen Innovationen unterstützt werden, die es ermöglichen, diese Anlagen langfristig unter Salzwasserbedingungen zu betreiben, ohne dass die Instrumente und Anlagen korrodieren. Dabei kommt immer mehr Kunststoff anstelle von Eisen zum Einsatz, wobei auch hier neue biologische Kunststoffe weiterentwickelt werden. Die weiterhin benötigten korrosionsanfälligen Materialien müssen soweit geschützt werden, dass eine Korrosion weitgehend verhindert wird, um damit die Investitionskosten dieser Anlagen so gering wie möglich zu halten.

Für Aquakulturen im offenen Gewässer stehen derzeit noch keine Null-Emissionsanlagen zur Verfügung, sodass es immer noch zu Belastungen der Umwelt als auch zu Beeinträchtigungen der kultivierten Bestände kommen kann. In einigen Ländern ist man diesem Ziel durch intensive Kontroll- und Regulierungsmaßnahmen aber schon deutlich nähergekommen. Dabei muss vor allem der Nährstoffeintrag in die Umwelt und die Belastung mit Krankheitserregern aus dem vorhandenen Umgebungsmilieu verhindert werden. Die zweite Herausforderung besteht im Biofouling der im Wasser liegenden Materialien. Diese müssen permanent gereinigt werden, was sowohl zur Belastung der Umwelt als auch der Zuchtorganismen führt.

Mit die größten Hemmnisse bei der breiten Einführung mariner Zuchtanlagen stellen neben der intensiven Schulung der Betreiber die hohen Kosten dar, die solche Anlagen verursachen (Meyer et al. 2016) und sich in den Produkten niederschlagen. Dem kann entgegengewirkt werden, indem einerseits die Produktionskosten reduziert und andererseits die Erlöse erhöht werden. Für die Kostenreduktion sind Kreislauf- und Aquaponikanlagen und vor allem integrierte multitrophische Aquakulturanlagen (IMTA) intensiv weiter zu entwickeln und auszubauen. Durch sie wird das Wasser mehrfach genutzt, zum Beispiel für die parallele Produktion von Fischen, Muscheln und Algen. Hierbei erfährt der Wasserkörper von Kompartiment zu Kompartiment eine zusätzliche Reinigung, was den Wasserverbrauch reduziert und die Wasseraustauschrate verringert. Aquaponik- und Kreislaufanlagen werden derzeit schon wirtschaftlich genutzt, wobei es sich hierbei vor allem um kleine und mittelständische Unternehmen handelt. Derzeit ist auch die Entsorgung der Restwassermengen ein weiterer Kostenfaktor. Hierfür müssen vor allem für die Entsalzung neue Lösungen gefunden werden, um dann die Biofilterabfälle einer herkömmlichen Entsorgung zum Beispiel in Biogasanlagen oder als Gartendünger zuzuführen. Für die Überwachung und Kontrolle des Zustandes der verwendeten Organismen müssen mehr und mehr sensorbasierte automatische Systeme entwickelt und eingesetzt werden, um auch in diesem bisher noch sehr arbeitsintensiven Bereich Kosten durch Verluste und Krankheiten zu verringern (Stentiford et al. 2017). Schließlich ist es auch zwingend erforderlich, besonders für die Fischzucht, die Entwicklung von Futtermitteln zu forcieren, die auf Fischmehl aus Wildfängen verzichten können (Davidson et al. 2016; Nagel et al. 2016; Michl et al. 2017). Hierbei werden vor allem Pflanzenproteine oder Evertebraten als Ersatz untersucht; aber auch Zellkulturen, wie sie für die Entwicklung von *In-vitro*-Fleisch verwendet werden, könnten hierfür eingesetzt werden.

Die Nutzung offener Gewässer, besonders für die Algenernte, muss unter entsprechenden ökologischen Vorsichtsmaßnahmen geregelt und möglich gemacht werden, um hierdurch gezielt überzählige Biomasse aus den meist eutrophierten Gewässern der deutschen Küsten zu entnehmen. In Island wird das bereits beispielhaft praktiziert. Zur Entlastung der Fischbestände in den offenen Meeren wäre es auch notwendig, definierte Gebiete für Aquakulturen auszuweisen. Hierfür muss die Entwicklung integrierter multitrophischer Systeme forciert werden, um eine aussagekräftige Risikoeinschätzung zu ermöglichen und weitestgehend Null-Emmissionsanlagen zu ermöglichen.

Eine Grundvoraussetzung für den weiteren Aufbau der Bioökonomie ist die staatliche Unterstützung für die Entwicklung entsprechender Produktionsverfahren sowie für die weitere Erforschung mariner Organismen hinsichtlich ihrer biotechnologischen Nutzbarmachung. Schließlich ist es uns nur möglich, die Systeme zu nutzen, die wir auch umfassend verstehen – und das sowohl auf biochemisch-physiologischer als auch auf Ökosystemebene.

Des Weiteren geht es auch um eine breite Aufklärung und Information der Verbraucher, um die teilweise noch vorhandene Skepsis vor diesen neuen Technologien und den damit hergestellten Produkten zu verringern. Dazu sollte ein breiter Konsens zwischen Produzenten und Verbrauchern hergestellt werden, um auf bestehende Bedenken, aber auch Bedürfnisse schnell reagieren zu können.

7.3 Innovationen

Entscheidende **technische Innovationen** in der marinen Bioökonomie sind im Bereich der Kultivierung von Aquakulturorganismen von Algen bis Fischen zu verzeichnen. Nur eine nachhaltige Aquakultur kann die Entnahme der benötigten Meeresorganismen aus dem natürlichen System ersetzen. Besonders die Entwicklung landbasierter Kreislaufanlagen macht deshalb enorme Fortschritte. In diesen können inzwischen Fische, verschiedene Evertebraten als auch Makroalgen produziert werden. Dabei werden immer mehr Entwicklungsprojekte realisiert, in denen verschiedene Organismen zusammen in IMTA-Anlagen gehalten werden (Walker 2016; Kleitou 2018). In den vergangenen Jahren konnte neben dem Ausbau von Offshore- und küstennahen Aquakulturanlagen die Entwicklung autonomer, frei schwimmender Käfiganlagen beobachtet werden, die das Problem der örtlichen Konzentration organischer Stoffe umgehen und die natürliche Verbreitung der Organismen nachstellen wollen.[2]

Erste Bioreaktoren für die Vermehrung von pflanzlichen beziehungsweise tierischen Einzelzellen werden ebenfalls bereits erprobt. Diese ermöglichen die Produktion bestimmter Zelltypen und den von ihnen produzierten, gewünschten Biomolekülen.

Auch im Bereich der **Produktentwicklung** sind viele neue Ideen umgesetzt worden. So werden immer mehr Algen für die Produktion von Fettsäuren und Ölen eingesetzt, wobei vor

2 Für weitere Informationen siehe ▶ https://www.innovasea.com/.

allem Lebensmittelzusatzstoffe, wie Alginat, Agar-Agar oder Carrageene, aber auch Biotreibstoffe hergestellt werden (Puri 2017; Wibawa et al. 2018). Aus den Celluloseanteilen der Algen werden Fasern entwickelt, die schon für Textilien mit besonders guten hautverträglichen Eigenschaften verwendet werden.[3] Der Einsatz solcher Fasern für Verbundwerkstoffe wird aktuell ebenfalls diskutiert.

In der Fraunhofer-Einrichtung für Marine Biotechnologie und Zelltechnik werden Fischzellen auf ihre ökonomische Nutzung hin getestet (Rakers et al. 2010, 2011, 2014). Dabei ist ein breites Potenzial für den Einsatz dieser Zellen in der Erprobung. Fischzellen können beispielsweise für die Herstellung von Fischviren wie dem Koi-Herpesvirus eingesetzt werden und so zur Produktion von Impfstoffen beitragen. Ferner können sie für die Produktion von hochwertigen Biomolekülen wie Enzymen, Fettsäuren und Proteinen die reich an essentiellen Aminosäuren sind, genutzt werden. Denkbar ist auch ein Einsatz für die Produktion von Fischzellmehl als Ersatz von Fischmehl oder direkt als Nahrungsmittel (zum Beispiel Finless Foods). Weitere Beispiele für die unterschiedliche Verwertung von Algen und Fischen sind in ◘ Abb. 7.1 dargestellt. Neben neuen Pharmaka, Kosmetika und Nahrungsmitteln werden auch aktivierbare Biomoleküle wie marine Enzyme künftig an Bedeutung gewinnen, da diese in der Regel ein niedrigeres Temperaturoptimum haben als solche von Landlebewesen. Dadurch können für viele industrielle Prozesse die Energiekosten reduziert werden (Vondracek 2012).

Marine Moleküle, die bereits zur Anwendung kommen, sind beispielsweise Leuchtproteine oder Toxine aus Quallen beziehungsweise Meeresschnecken (*Aequorea victoria* beziehungsweise *Conus magus*), die völlig neue Märkte erschlossen haben. Die Organismen im Meer konnten sich über viele Millionen Jahre länger an ihre ökologischen Nischen anpassen als Landlebewesen, sodass aus der Erforschung der Meere in den nächsten Jahren noch viele neue Entdeckungen zu erwarten sind. Das könnten zum Beispiel Biomoleküle mit technologisch nutzbaren Eigenschaften sein, die Anreicherung seltener Stoffe im Meer durch marine Organismen wie auch die Neutralisierung schädlicher Substanzen durch marine Mikroorganismen (Yakimov et al. 2007).

Im Bereich der **Innovation der Produktionsprozesse** ist zu erwarten, dass integrierte multitrophische marine Aquakulturanlagen an Land soweit ausgebaut werden, dass sie rentabel zu bewirtschaften sind. Neue Bioreaktoren für Fischzellen sollen es ermöglichen, zellbasierte bezahlbare Nahrungsmittel, sogenanntes *In-vitro*-Fleisch, industriell herzustellen. Diese Aufgabe wird in den nächsten zehn Jahren gelöst werden, da die Bereitstellung hochwertigen Eiweißes für die Ernährung der Menschheit essenziell sein wird. Schon jetzt wechselt diese Entwicklung von der Akademie in die Industrie (zum Beispiel Finless Foods). Aktuelle Marktanalysen sagen entsprechende Entwicklungen in diesem neuen Segment der Nahrungsmittelproduktion voraus, etwa die von MarketsandMarkets[4]. Einige dieser Innovationen im Bereich der Fischverarbeitenden Industrie sind in ◘ Abb. 7.3 dargestellt.

Als Voraussetzung für künftige Innovationen ist es notwendig, das Ökosystem Meer weiter und tiefgehender zu erforschen, um vor allem die vielfältigen ökologischen, physiologischen, molekularbiologischen und biochemischen Prozesse besser zu verstehen. Dadurch wird es möglich, neue Organismen beziehungsweise Produkte aus bekannten Organismen für die Industrie nutzbar zu machen. Zu begrüßen sind hier die

3 Für weitere Informationen siehe ▶ http://www.smartfiber.de/home/.

4 Für weitere Informationen siehe ▶ https://www.marketsandmarkets.com/Market-Reports/cultured-meat-market-204524444.html.

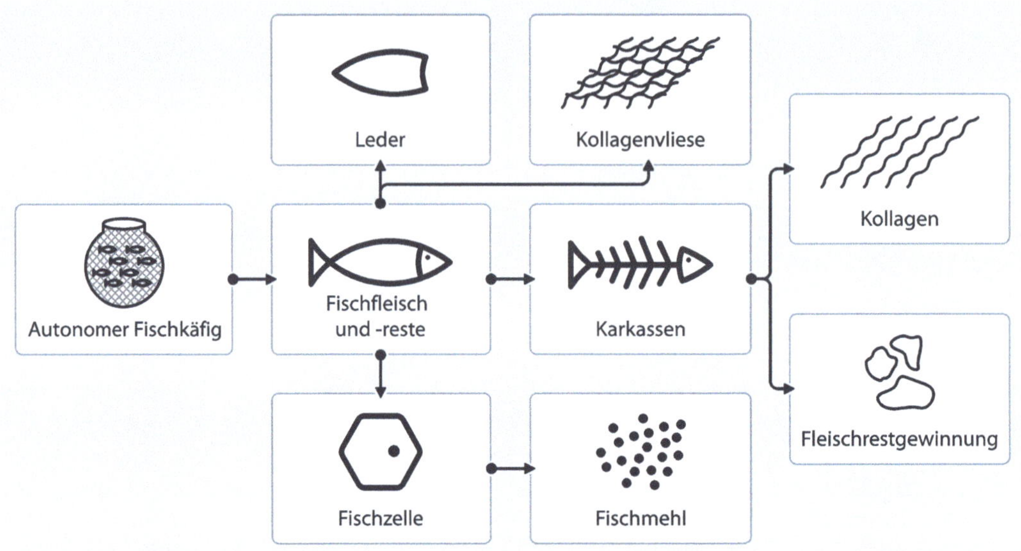

Abb. 7.3 Anteil Aktuelle Innovationen im Bereich der Fischproduktion und -verarbeitung. (Quelle: eigene Darstellung)

Innovationen im Bereich des öffentlichen Sektors. So wurden sowohl von der Bundesregierung als auch von der Europäischen Union gezielt für den Bereich der marinen Bioökonomie neue Fördermöglichkeiten geschaffen, zum Beispiel die Programme „Neue biotechnologische Prozesse auf der Grundlage mariner Ressourcen – BioProMare" und das ERA-NET Marine Biotechnology.

7.4 Zukunftsbilder

Nach Angaben des Biotechnologie-Reports 2004 der Wirtschaftsprüfungsgesellschaft Ernst & Young macht die marine oder blaue Biotechnologie bei den bisher verwendeten Biotechnologien nur 1 % aus, was verglichen mit der Artenvielfalt im Meer im Verhältnis zu den limnischen und terrestrischen Arten deutlich unterrepräsentiert ist. Deshalb wird allgemein davon ausgegangen, dass die marine Biotechnologie als Basis für eine marine Bioökonomie in den kommenden Jahren erheblich an Bedeutung gewinnen wird.

7.4.1 Komplexe Aquakulturanlagen

Das größte Wachstum wird vermutlich im Bereich der Nahrungsmittelwirtschaft zu verzeichnen sein. Die Schere zwischen dem Bedarf an marinen Nahrungsmitteln und den zur Verfügung stehenden Ressourcen wird immer größer (Chomo und De Young 2015). Das ist der Grund dafür, dass die Entwicklung von Aquakulturanlagen immer weiter vorangetrieben wird. **Anlagen im offenen Gewässer** stehen dabei ständig vor der Herausforderung, dass sie das Ökosystem nicht beeinflussen dürfen. Daher werden erhebliche Anstrengungen unternommen, um Anlagen an Land wirtschaftlich effektiver zu machen. Im limnischen Bereich existieren bereits verschiedene Pilotanlagen, die beispielsweise Fisch und Pflanzenzucht kombinieren.[5] Zukünftig

5 Für weitere Informationen siehe ▶ www.fish-for-life.org; ▶ http://bundesverband-aquaponik.de/; ▶ https://www.igb-berlin.de/kloas.

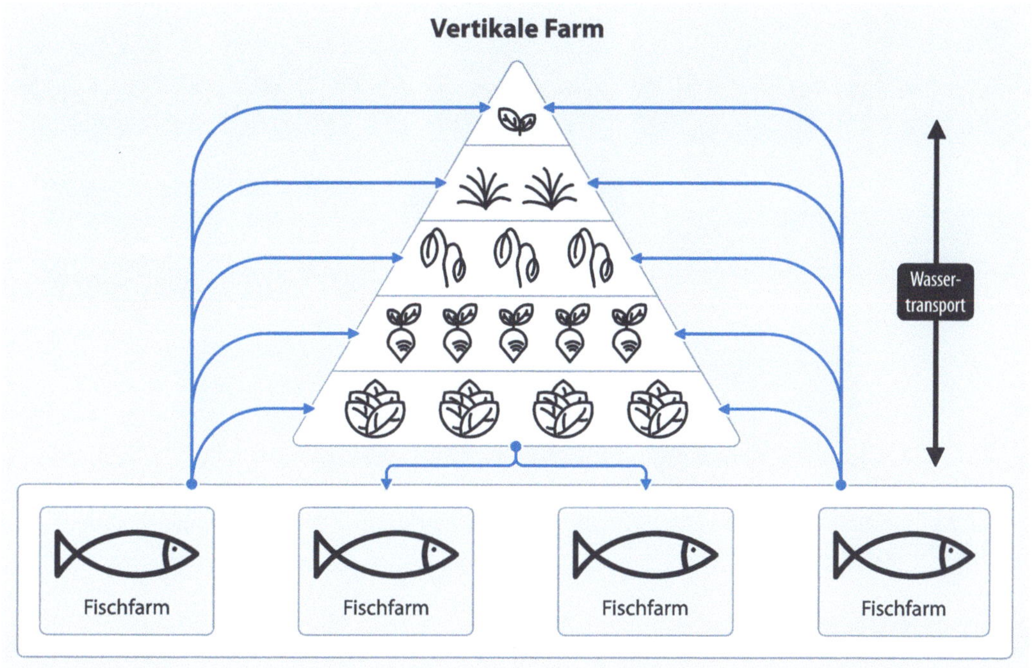

Abb. 7.4 Schematische Darstellung der Verknüpfung von stadtnahen vertikalen Pflanzenfarmen mit Aquakulturkreislaufanlagen. (Quelle: eigene Darstellung)

wird es sinnvoll werden, diese mit *vertical-/urban farming*-Komplexen zu verbinden (Abb. 7.4). Ähnliches wird sich auch für marine Anlagen entwickeln, da der Bedarf an Meeresorganismen ständig wächst (Richter und Betz 2011). Nach Angaben der Wirtschaftswoche vom 5. September 2018 wurden allein in Deutschland 2017 für Fisch und Meeresfrüchte im Vergleich zum Vorjahr im Einzelhandel 2,6 % mehr ausgegeben (3,9 Mrd. €). Der durchschnittliche Verkaufspreis für Fisch und Fischprodukte stieg insgesamt um 3,8 %. Der deutsche Einzelhandel verkaufte 2017 rund 413.500 t Fisch und Meeresfrüchte, das waren 0,7 % mehr als im Vorjahr.

Wie in Abb. 7.4 dargestellt, wird in einer vertikalen Pflanzen- und Fischfarm das nährstoffreiche Wasser aus dem Fischwasser für die Bewässerung und Düngung der Pflanzen genutzt und kann so vorgeklärt wieder einfacher für die Nutzung im Fischbecken verwendet werden. Durch solche Anlagen kann die Lebensmittelproduktion dichter an die Städte herangeholt werden, was lange Transportwege spart. Außerdem werden hierdurch keine wertvollen landwirtschaftlich nutzbaren Flächen benötigt.

Zu Entlastung der offenen Gewässer müssen kombinierte **landbasierte Anlagen** entwickelt werden. Neben der Herstellung von Nahrungsmitteln aus den verschiedenen Trophiestufen (Fische, Muscheln, Algen etc.) können künftig in diesen Kreisläufen auch weitere Organismen mit einbezogen werden, die beispielsweise industriell nutzbare Biomoleküle produzieren. Auch hier wäre eine Kombination mit *vertical-farming*-Bereichen wünschenswert. Dafür müssen aber entsprechend salzresistente Pflanzen gezüchtet oder neue Entsalzungsanlagen entwickelt werden. Für eine breite nachhaltige Etablierung der marinen Bioökonomie wird das eine zwingende Voraussetzung werden. Die dabei einzubindenden Wirtschaftszweige sind sehr vielfältig, sie reichen von der Materialentwicklung über Kunststoffbau, Mess-, Steuer-,

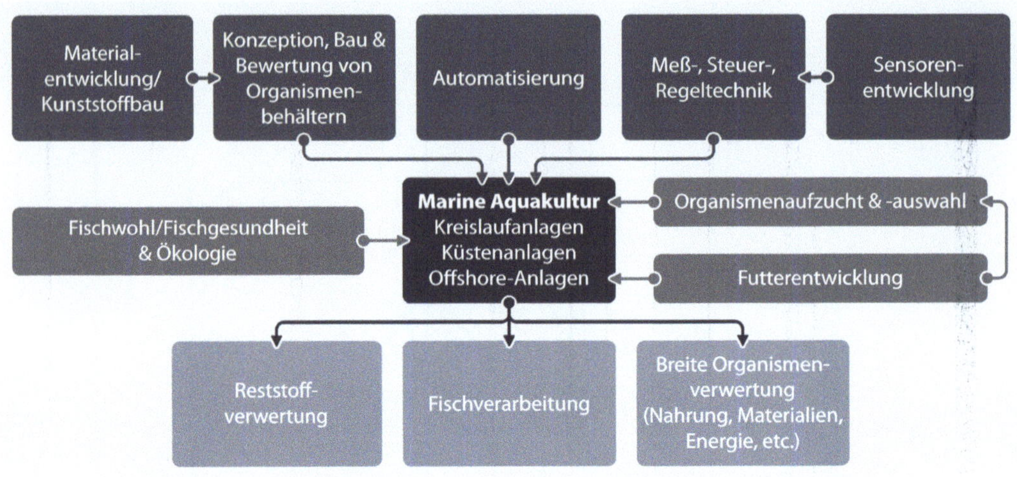

7

Abb. 7.5 Möglichkeiten der Wertschöpfung bei der Produktion und dem Betrieb moderner Aquakultursysteme. (Quelle: eigene Darstellung)

und Regeltechnik bis hin zur Nahrungsmittelwirtschaft und der Medizin (Abb. 7.5).

Die bisher noch hohen Kosten sind der entscheidende Kritikpunkt an entsprechenden Anlagen. Dennoch gibt es viele Bemühungen, auf diesem Gebiet weiter voranzukommen. Einige erfolgreiche Ansätze sind bereits in der Entwicklung (Meeresfischzucht Völklingen, Cara Royal, Sylter Algenfarm GmbH & Co. KG etc.). Zudem wird kritisiert, dass es bisher noch immer zu wenig aussagekräftige Daten zu integrierten multitrophischen Aquakulturanlagen gibt. Vor allem im Bereich der Untersuchungen der zu vergesellschaftenden Arten ist noch wenig bekannt, obwohl hierfür entsprechende Annahmen aus den bekannten Ökosystemen getroffen werden können.

7.4.2 Makroalgennutzung

Auch die Nutzung von Makroalgen wird eine neue Dimension annehmen. Durch ökologisch begleiteten Anbau von Makroalgen im offenen Gewässer kann der Eutrophierung der Gewässer und der CO_2-Zunahme entgegengewirkt werden. Das bedeutet, dass einerseits überschüssige Pflanzennährstoffe wie Phosphor- und Stickstoffverbindungen sowie Kohlenstoffdioxid aufgenommen und gleichzeitig für verschiedene Industriezweige (Ernährungswirtschaft, Kosmetik, Pharmakologie, Materialwirtschaf) wichtige Produkte generiert werden (Walter o. D.). Diese Form der Meeresnutzung stößt teilweise noch auf Widerstand, da eine Beeinflussung des marinen Ökosystems befürchtet wird. Hier muss ein gesellschaftlicher Konsens herbeigeführt werden, indem die Verbraucher auch über den ökologischen Nutzen dieser Art der Meeresbewirtschaftung aufgeklärt werden. Nur dadurch kann für entsprechend hergestellte Produkte eine breite Akzeptanz erzeugt werden, was für deren Absatz unerlässlich ist. In Island wird das schon beispielhaft praktiziert, wie es zum Beispiel für die Produktion der SeaCell™MT-Faser beschrieben wird.

Die Randmeere werden bereits stark durch den Menschen beeinflusst, und speziell der Eintrag von Pflanzendüngemitteln aus der Landwirtschaft wird in den nächsten Jahren nicht zu verhindern sein. Daher sollte alles unternommen werden, um nachhaltige Veränderungen so gering wie möglich zu halten. Ein sorgsames oberflächliches Abernten der Algen wäre hierfür die Methode der Wahl.

Entsprechende Untersuchungen hinsichtlich möglicher negativer Beeinträchtigungen der Umwelt sind dennoch vorher zwingend erforderlich.

Eine noch immer ungenutzte Rohstoffquelle ist der alljährlich an den Stränden anfallende Strandanwurf oder Treibsel. Für dessen Nutzung sind bereits verschiedene Untersuchungen durchgeführt worden, sei es als Dämmmaterial oder als Tierfutter (s. Projekt „POSIMA"). Leider konnten diese Untersuchungen bisher immer nur Teilaspekte der Nutzung klären. Auch hierfür wären weitere umfangreiche Forschungen notwendig. Beispielsweise werden vor allem im Herbst große Mengen Seegras an die Strände gespült, das besonders als Dämmmaterial sehr gute Eigenschaften aufweist, da es schlecht brennt, sowie schimmel- und ungezieferresistent ist (s. zum Beispiel Seegrashandel).

7.4.3 Mikroalgennutzung

In den vergangenen Jahren wurde auch immer wieder der Einsatz von Mikroalgen für die Produktion von Biodiesel diskutiert (Irmer 2015). Auch hier gibt es sowohl vonseiten der Industrie als auch von öffentlichen Stellen verschiedene Bemühungen, neue Möglichkeiten aufzuzeigen. In der Regel handelt es sich aber um limnische Algenarten und nur selten um marine Spezies. Für den letzten Fall müssen die schon vorhandenen verschiedenen Photobioreaktoren an marine Systeme adaptiert werden, was sich vor allem auf die Materialbeständigkeit und die Salzentsorgung bezieht. Die Problematik der Kraftstoffherstellung aus Algen wird sehr kontrovers diskutiert. Einerseits ist die Vermehrung in relativ einfach herzustellenden Photobioreaktoren ein enormer Vorteil gegenüber der Erzeugung von Biodiesel über Landpflanzen. Andererseits sind Untersuchungen durchgeführt worden, die eine sinnvolle energetische Herstellung von Kraftstoffen als derzeit nicht realisierbar darstellen (LaMonica 2014). Es bedarf sicher noch vieler Studien, um eine entsprechende Nutzung von Mikroalgen zu ermöglichen. Ob eine solche Nutzung von marinen Arten als Alternative zu den limnischen Algen einen Vorteil darstellt, ist eher fraglich.

7.4.4 Weitere Forschungsansätze

Viele neue Ideen beschäftigen sich mit der Möglichkeit, marine Organismen für die Konzentration seltener Substanzen im Meerwasser einzusetzen. So sind beispielsweise Schnecken (Chrysomallon squamiferum) aus der Tiefsee bekannt, die ihren Fuß mit Eisensulfit überziehen, oder Mikroorganismen, die Gold in sich anreichern können (Kashefi et al. 2001). Um diese Eigenschaften aber einmal biotechnologisch nutzen zu können, ist noch viel Grundlagenforschung notwendig.

Eine zwingende Voraussetzung dafür wird sein, dass die hierfür benötigten Aquakulturbeziehungsweise Bioreaktoranlagen marktfähig sind. Aber je höher die ökologischen Auflagen für den Betrieb von Aquakulturen im offenen Gewässer weltweit werden, umso attraktiver stellen sich landbasierte Systeme dar. Der Vorteil dieser Anlagen besteht darin, dass sie permanent und umfassend überwacht werden. Es können zudem weitere Organismen mit in dem Kreislauf gehalten werden, die zum Beispiel hochkomplexe Biomoleküle produzieren. Diese können in der Pharma- und Kosmetikindustrie Verwendung finden. Die noch stärkere Nutzung von polymerisierbaren Molekülen beziehungsweise von Pflanzenfasern für Kleidungsstoffe oder Verbundwerkstoffe wird derzeit ebenfalls untersucht (Redaktion Pflanzenforschung 2010). Zukünftig wird sich die marine Bioökonomie sowohl an Land als auch im offenen Gewässer abspielen. Wir werden das Meer schonend und nachhaltig nutzen, ähnlich, wie es derzeit in Island vorgemacht wird. Aber alle Produktionsverfahren, die wirtschaftlich erfolgreich an Land stattfinden können, werden sich auch nach dorthin verlagern. Aquakulturen im offenen Gewässer werden nur dann eine Zukunft haben, wenn sie die Emission von Stoffen und Organismen verhindern und die Belastung mit Krankheitserregern vermeiden können. Auf jeden Fall müssen sie sich in das sie umgebende System einpassen.

7.5 Zielkonflikte

7.5.1 Ökonomische Zielkonflikte

Solange es einen Markt für günstige Produkte gibt, die nicht nachhaltig – also nicht nach bioökonomischen Regeln – hergestellt werden, wird sich in diesem Bereich auch keine Kreislaufwirtschaft durchsetzen. Um dies zu erreichen müssen a) echte Alternativen zu den herkömmlichen Produkten angeboten werden und b) Produkte zu wettbewerbsfähigen Preisen zu erhalten sein. Hierfür fehlt es teilweise noch an den notwendigen Rahmenbedingungen, wie der Entwicklung neuer Produktionsverfahren oder einer steuerlichen Entlastung solcher innovativ arbeitenden Betriebe. Die neue steuerliche Forschungsförderung auch für mittelständische Betriebe ist auf jeden Fall ein Schritt in die richtige Richtung.

7.5.2 Ökologische Zielkonflikte

Konservierender Naturschutz verhindert häufig die ökonomische Nutzung biologischer Ressourcen. Hierfür fehlen bisher noch Konzepte, die es ermöglichen, unter nachhaltigen Verfahren Gebiete zu bewirtschaften und dennoch die Biodiversität zu erhalten. Möglichkeiten dafür wurden in den vorherigen Kapiteln diskutiert. Derzeit werden auch noch immer zu viele Produkte dem Ökosystem entnommen, ohne entsprechende Nachbesatzmaßnahmen durchzuführen. Kompensationen durch ausreichende landbasierte Aquakulturanlagen fehlen ebenfalls. Eine weitere größere Herausforderung ist es, die bereits mögliche, schonende Meeresnutzung im Bereich der Algenernte gesetzlich abzusichern und so zu ermöglichen, dass diese Arbeiten für Betreiber solcher Anlagen attraktiv werden. Dazu ist einerseits ein breit angelegter gesellschaftlicher Aufklärungsprozess über Chancen und Risiken notwendig, andererseits aber auch die Schaffung von Rahmenbedingungen, die höchstmögliche Sicherheiten bieten – sowohl für das Ökosystem als auch für die Bewirtschafter.

7.5.3 Technische Zielkonflikte

Die Entwicklung von Anlagen sowohl für verschiedene Ansätze zur wirtschaftlichen Produktion von Meeresfischen an Land als auch von Null-Emissionsanlagen im offenen Gewässer befindet sich noch in einem relativ frühen Stadium, sodass diese noch keine echte Alternative zur herkömmlichen Produktion von marinen Organismen darstellen.

Ähnlich verhält es sich bei der Entwicklung von Bioreaktoren für die Vermehrung von tierischen und pflanzlichen Einzelzellen. Die vorhandenen Ansätze stehen bisher vor allem im Labormaßstab zur Verfügung und können z. T. noch nicht wirtschaftlich gewinnbringend eingesetzt werden. Es fehlt noch ein entsprechendes wirtschaftliches Engagement, um solche Anlagen im Großmaßstab zu betreiben. Die größte technische Herausforderung wird der Umgang mit dem salzhaltigen Wasser in landbasierten Aquakulturanlagen sein. Die Lösung hierfür besteht in technisch machbaren und kostengünstigen Rückgewinnungsanlagen, sodass auch hierfür Kreislaufanlagen das Mittel der Wahl sind.

7.5.4 Zielkonflikte im wissenschaftlichen Bereich

Eines der wesentlichen Hemmnisse für die stärkere Entwicklung der marinen Bioökonomie ist das noch zu geringe Wissen, was wir über die biologischen Vorgänge im Lebensraum Meer haben. Das reicht von ökologischen Zusammenhängen bis hin zu molekularen und biochemischen Vorgängen. Hierfür ist eine breit angelegte Grundlagenforschung notwendig, flankiert von parallelen Untersuchungen zu möglichen Anwendungen.

Die daran interessierten Firmen sind noch zu wenig mit den entsprechenden Forschungseinrichtungen vernetzt, was beispielsweise durch eine steuerliche Entlastung der notwendigen Forschungs- und Entwicklungsarbeiten zu erreichen wäre. Eine darauf ausgelegte effektive Innovations- und Förderkulisse fehlt derzeit noch.

7.5.5 Zielkonflikte auf Verbraucherseite

Auf der Verbraucherseite ist eine weit verbreitete Skepsis gegenüber biotechnologischen Verfahren und den damit hergestellten Produkten festzustellen. Hier fehlt es an einer breit angelegten Aufklärung, die die Grundlagen, Möglichkeiten, aber auch Risiken dieser Technologien erläutert und damit die Akzeptanz beim Verbraucher erhöht. Eine marine Bioökonomie kann nur dann erfolgreich sein, wenn sie von wirtschaftlichem Interesse ist und gewinnbringend arbeiten kann.

Literatur

BIOCOM AG Berlin. (2018). Bioökonomie.DE – Island. ▶ https://biooekonomie.de/island. Zugegriffen: 23. Jan. 2020.

Chomo, V., & De Young, C. (2015). Towards sustainable fish food and trade in the face of climate change. Fisheries Biores. ▶ https://www.ictsd.org/bridges-news/biores/news/towards-sustainable-fish-food-and-trade-in-the-face-of-climate-change. Zugegriffen: 15. März 2018.

Davidson, F., Barrows, F. T., Kenney, P. B., Good, C., Schroyer, K., & Summerfelt, S. T. (2016). Effects of feeding a fishmeal-free versus a fishmeal-based diet onpost-smolt Atlantic salmon Salmo salar performance, water quality and waste production in recirculation aquaculture systems. *Aquacultural Engineering*. ▶ https://doi.org/10.1016/j.aquaeng.2016.05.004.

Fraunhofer VLS. (Hrsg.). (2017). Blue biotechnology – Start into a new dimension. ▶ https://www.lifesciences.fraunhofer.de/content/dam/vls/en/documents/Blue_Biotechnology.pdf. Zugegriffen: 28. Dez. 2018.

Gelpke, N. (Hrsg.). (2017). World Ocean Review – Band 5 Die Küsten – ein wertvoller Lebensraum unter Druck. Kapitel 02 Mit den Küsten leben und Kapitel 04 Küsten besser schützen. ▶ https://worldoceanreview.com. Zugegriffen: 15. März 2018.

Guðfinnsson, E. K., Sigurjónsson, J., Ásgeirsson, Þ., & Bjarnason, P. (2007). Erklärung über verantwortliche Meeresfischerei in Island. ▶ https://www.responsiblefisheries.is/media/1/statement_on_responsible-fisheries_de.pdf. Zugegriffen: 23. Jan. 2020.

Haas, S., Rößner, Y., Schröder, J., Bronnmann, J., Jooss, F., Loy, J.P., & Schulz, C. (2015). Konzeptionierung einer umweltverträglichen, marinen Aquakultur in Schleswig-Holsteinischen Ostseeküstengewässern. Abschlussbericht. ▶ https://www.schleswig-holstein.de/DE/Fachinhalte/F/fischerei/Downloads/KonzeptstudieUmweltvertraeglicheAquakultur.pdf?__blob=publicationFile&v=3. Zugegriffen: 14. März 2018.

Hermann, L. (2013). Algenzucht liefert Rohstoff für umweltfreundlichen Kunststoff. ▶ https://www.vdi-nachrichten.com/Technik-Wirtschaft/Algenzucht-liefert-Rohstoff-fuer-umweltfreundlichen-Kunststoff. Zugegriffen: 28. Dez. 2018.

Irmer, J. (2015). Bioenergie. Mit Algensprit ans Ziel. ▶ http://www.spektrum.de/news/energiewende-mit-algen-zu-sauberer-energie/1352317. Zugegriffen: 15. März 2018.

Kashefi, K., Tor, J. M., Nevin, K. P., & Lovley, D. R. (2001). Reductive precipitation of gold by dissimilatory Fe(III)-Reducing bacteria and archaea. *Applied and Environmental Microbiology*. ▶ https://doi.org/10.1128/AEM.67.7.3275-3279.2001.

Kleitou, P., Kletou, D., & David, J. (2018). Is Europe ready for integrated multi-trophic aquaculture? *A survey on the perspectives of European farmers and scientists with IMTA experience*. ▶ https://doi.org/10.1016/j.aquaculture.2018.02.035.

LaMonica, M. (2014). Der geplatzte Traum vom Mikrobensprit. Technology Review. ▶ https://www.heise.de/tr/artikel/Der-geplatzte-Traum-vom-Mikrobensprit-2109860.html. Zugegriffen: 15. März 2018.

Meyer, S.,Griese, M.,Schlachter, M., Gehlert, G., & Schulz, C. (2016). Konzeptstudie zur Nutzung der Synergieeffekte zwischen Industrieparks und Ernährungswirtschaft insbesondere der Aquakultur in der Region Unterelbe. ▶ http://www.knaq-sh.de/fileadmin/daten/dateien/KNAQ/DE/Konzeptstudie_Aquakultur_Unterelbe_final_.pdf. Zugegriffen: 15. März 2018.

Michl., S.C., Weis, B., Hutchings, J.A., & Schulz, C. (2017). Plastic responses by wild brown trout (Salmo trutta) to plant-based diets. *Aquaculture*. ▶ 10.1016/j.aquaculture.2017.04.006.

Nagel, F., Appel, T., Rohde, C., Kroeckel, S., & Schulz, C. (2016). Blue mussel protein concentrate versus prime fish meal protein as a dietary attractant for turbot (Psetta maxima L.) given rapeseed protein-based diets. *Journal of Aquaculture Research and Development*. ▶ https://doi.org/10.4172/2155-9546.s2-012.

Puri, M. (2017). Algal biotechnology for pursuing omega-3 fatty acid (bioactive) production. *Engineering*. ▶ https://doi.org/10.1071/ma17036.

Rakers, S., Gebert, M., Uppalapati, S., Meyer, W., Maderson, P., Sell, A. F., Kruse, C., & Paus, R. (2010). ‚Fish matters': The relevance of fish skin biology to investigative dermatology. *Experimental Dermatology*. ▶ https://doi.org/10.1111/j.1600-0625.2009.01059.x.

Rakers, S., Klinger, M., Kruse, C., & Gebert, M. (2011). Pros and cons of fish skin cells in culture: Long-term full skin and short-term scale cell culture from rainbow trout, Oncorhynchus mykiss. *European Journal of Cell Biology*. ▶ https://doi.org/10.1016/j.ejcb.2011.08.0032011

Rakers, S., Imse, F., & Gebert, M. (2014). Real-time cell analysis: Sensitivity of different vertebrate cell cultures to copper sulfate measured by xCELLigence®. *Ecotoxicology*. ▶ https://doi.org/10.1007/s10646-014-1279-6.

Redaktion Pflanzenforschung. (2010). Rohstoffe aus dem Wasser. ▶ http://www.pflanzenforschung.de/de/journal/journalbeitrage/rohstoffe-aus-dem-wasser-1078. Zugegriffen: 15. März 2018.

Richter, F.J., & Betz, M. (2011). Fischkonsum und Nachhaltigkeit. ▶ http://www.fischinfo.de/images/broschueren/pdf/ZB_Fische_RZ_web_Final.pdf. Zugegriffen: 15. März 2018

Unterwegs Outdoor Shop GmbH. Über Palgero Gesundheit einfach anziehen! ▶ https://www.unterwegs.biz/palgero.html. Zugegriffen: 23. Jan. 2020.

Stentiford, G. D., Sritunyalucksana, K., Flegel, T. W., Williams, B. A. P., Withyachumnarnkul, B., Itsathitphaisarn, O., & Bass, D. (2017). New paradigms to help solve the global aquaculture disease crisis. PLoS Pathogens 13. ▶ 10.1371/journal.ppat.1006160.

Stieber, R. (2015). Marine Biotechnologie: Neues aus dem Meer. GIT-Labor – Portal für Anwender in Wissenschaft und Industrie. ▶ http://www.git-labor.de/forschung/lebensmittel/marine-biotechnologie-neues-aus-dem-meer. Zugegriffen: 14. März 2018.

Vondracek, I. (2012). Marine Biotechnologie: Ungeahnte Hoffnungsträger aus der blauen Tiefe. Gesundheitsindustrie BW. ▶ https://www.gesundheitsindustrie-bw.de/de/fachbeitrag/dossier/marine-biotechnologie-ungeahnte-hoffnungstraeger-aus-der-blauen-tiefe/. Zugegriffen: 15. März 2018.

Walker, T. (2016). Prototype land-based IMTA system combines best of two concepts. Aquaculture North America. ▶ https://www.aquaculturenorthamerica.com/research/prototype-land-based-imta-system-combines-best-of-two-concep-1123. Zugegriffen: 15. März 2018.

Walter, T. (o. D.). Makroalgen – Wirkstoffe und Potenziale. ▶ http://fileserver.futureocean.org/wissenstransfer/thorsten-walter.pdf. Zugegriffen: 15. März 2018.

Wibawa, D. S., Nasution, M. A., Noguchi, R., Ahamed, T., Demura, M., & Watanabe, M. M. (2018). Microalgae oil production: A downstream approach to energy requirements for the minamisoma pilot plant. *Energies*. ▶ https://doi.org/10.3390/en11030521.

Yakimov, M. M., Timmis, K. N., & Golyshin, P. N. (2007). Obligate oil-degrading marine bacteria. *Current Opinion in Biotechnology*. ▶ https://doi.org/10.1016/j.copbio.2007.04.006.

Zuber, P. (2009). *Innovationsmanagement in der Biotechnologie. Nachhaltigkeit als Leitbild einer entwicklungsbegleitenden Evaluierung*. Wiesbaden: Springer Gabler.

7

Prof. Dr. Charli Kruse

(geb. 1960) studierte Marine Ökologie an der Universität Rostock und promovierte hier im Fachgebiet Zoologie. Er erforscht zelluläre Mechanismen und deren Beeinflussung durch ökologische Prozesse. Basierend auf diesen Erkenntnissen entwickelt er neue biotechnologische Verfahren für industrielle Anwendungen. Er ist seit 2012 Direktor des Institutes für Medizinische und Marine Biotechnologie der Universität zu Lübeck und seit 2013 Geschäftsführender Leiter der Fraunhofer-Einrichtung für Marine Biotechnologie und Zelltechnik (EMB). Er ist Mitglied im Bund der Deutschen Industrie e. V. im Ausschuss Umwelt, Technik und Nachhaltigkeit sowie im Arbeitskreis Nationale Forschungs- und Innovationspolitik. Zudem leitet er die Arbeitsgemeinschaft Industrielle Zelltechnik des Branchenverbands BioDeutschland e. V. Darüber hinaus ist er im Präsidium des Bundesverbands Aquakultur tätig und Mitglied der Deutschen Gesellschaft für Zellbiologie sowie der Deutschen Gesellschaft für Regenerative Medizin.

Abfall- und reststoffbasierte Bioökonomie

Andrea Schüch und Christiane Hennig

D. Thrän, U. Moesenfechtel (Hrsg.), *Das System Bioökonomie*,
https://doi.org/10.1007/978-3-662-60730-5_8

8.1 Einleitung

> „Leitprinzip der Bioökonomie ist der Aufbau einer Kreislaufwirtschaft, die im Sinne von Ressourceneffizienz und Nachhaltigkeit eine bestmögliche Verwertung sowie Mehrfachnutzung von Rohstoffen und Stoffströmen – auch sektorenübergreifend – ermöglicht" (BMBF 2014, S. 6).

Biogene Abfall- und Reststoffe stehen nicht in Konkurrenz zur Nahrungs- oder Futtermittelproduktion. Zudem sind die Risiken für Ökosysteme und Nahrungsmittelsicherheit bei deren Nutzung wesentlich geringer als bei Waldholz und Agrarbiomasse, weshalb vor allem Rest- und Abfallstoffe zur Bereitstellung von Bioenergie genutzt werden sollten (acatech et al. 2019).

Für eine nachhaltige Gestaltung der Bioökonomie ist die Nutzung biogener Abfall- und Reststoffe aus den genannten Gründen sehr wichtig. Im Fokus dieses Kapitels stehen die Einordnung, der aktuelle Status und die Funktion biogener Abfälle und Reststoffe sowie Zielkonflikte bei deren Nutzung.

8.2 Systembeschreibung

In der abfall- und reststoffbasierten Bioökonomie stehen verschiedene Akteursgruppen in Beziehung zueinander. In Abb. 8.1 werden diese vereinfacht skizziert. Um die Zusammenhänge der abfall- und reststoffbasierten Bioökonomie besser einordnen zu können, werden nachfolgend einige wichtige Begriffe definiert, Akteure und deren Zuständigkeiten beschrieben und der Rechtsrahmen erläutert.

Abfälle sind laut rechtlicher Definition alle Stoffe oder Gegenstände, derer sich ihr Besitzer entledigt, entledigen will oder entledigen muss, vgl. § 3 Abs. 1 Kreislaufwirtschaftsgesetz (KrWG 2012). Dies trifft auch für biogene Abfälle zu. Bioabfälle im Sinne des KrWG sind laut § 3 Abs. 1

> „biologisch abbaubare pflanzliche, tierische oder aus Pilzmaterialien bestehende Garten- und Parkabfälle, Landschaftspflegeabfälle, Nahrungs- und Küchenabfälle aus Haushaltungen, aus dem Gaststätten- und Cateringgewerbe, aus dem Einzelhandel und vergleichbare Abfälle aus Nahrungsmittelverarbeitungsbetrieben sowie Abfälle aus sonstigen Herkunftsbereichen [...] soweit vergleichbar mit den vorher genannten Abfällen".

Die Bioabfallverordnung (BioAbfV 1998) definiert Bioabfall noch genauer mittels Stofflisten und Erklärungen. Bioabfall entsteht demzufolge beim Konsumenten in den Haushalten, in den Kommunen bei der Grünflächenpflege, bei der Verarbeitung von Biomasse in der Industrie, aber auch im Handel als Marktabfall. Ebenfalls ein biogener Abfall, soweit er dem § 3 Abs. 1 KrWG unterliegt, ist Altholz. Die Altholzverordnung (AltholzV 2002) unterscheidet dabei Industrierestholz und Gebrauchtholz, wobei diese einen Holzanteil von mehr als 50 %[1] aufweisen müssen. Industrierestholz fällt in holzbe- oder verarbeitenden Betrieben an, Gebrauchtholz wird meist mit der Sperrmüllsammlung in den Kommunen gesammelt. Ein weiterer wichtiger biogener Abfall ist Klärschlamm, welcher in den Haushalten und der Lebensmittelverarbeitung entsteht und in Kläranlagen anfällt.

Reststoffe oder Koppelprodukte sind laut rechtlicher Definition keine Abfälle. Sogenannte Koppelprodukte entstehen neben der angestrebten angebauten Biomasse, zum Beispiel Stroh bei der Produktion von Getreide, Reststoffe neben den Hauptprodukten in Produktionsprozessen, etwa Sägespäne bei der Produktion von Holzprodukten. Wird

1 Bezogen auf die Masse beziehungsweise das Gewicht.

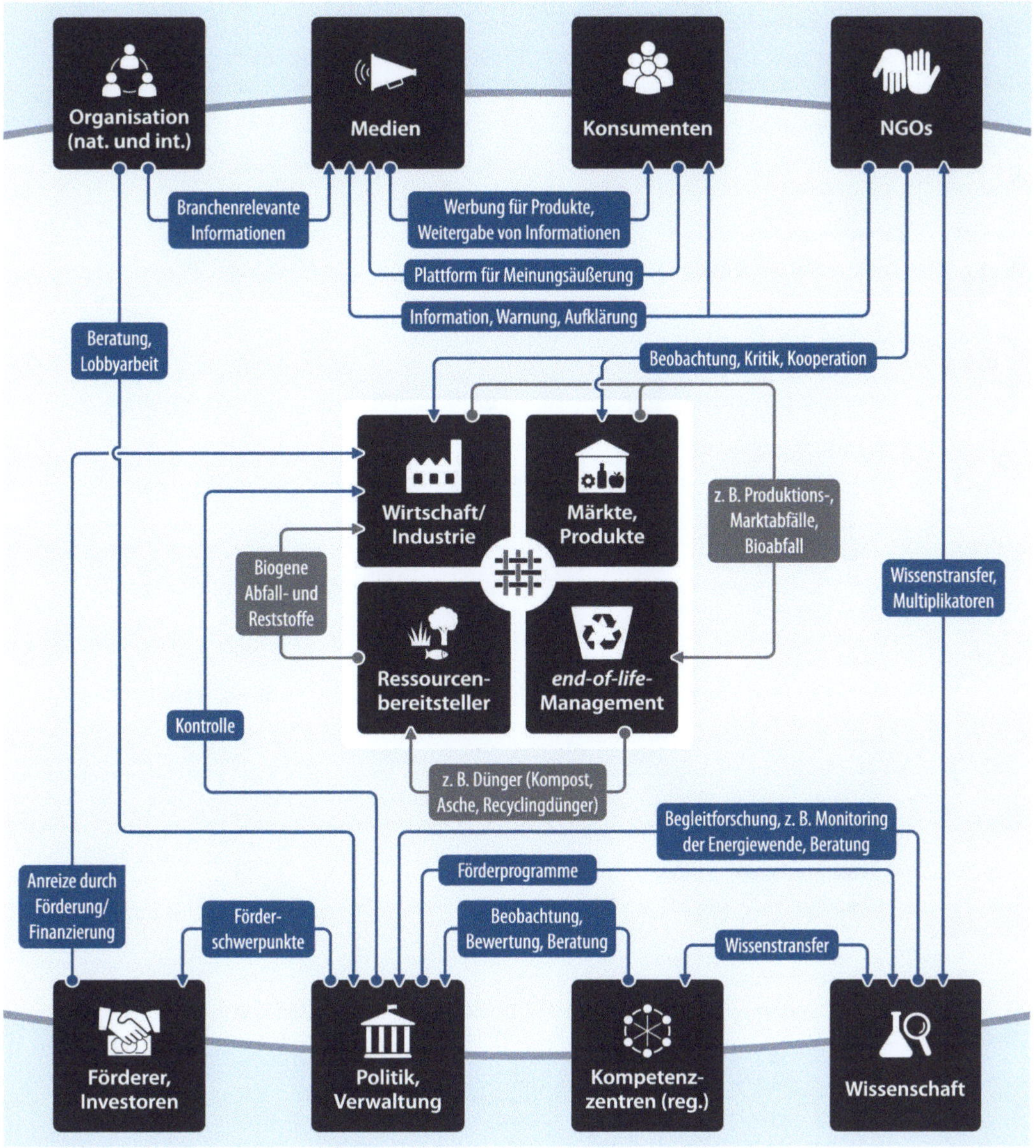

Abb. 8.1 Zusammenwirken der Akteursgruppen einer abfall- und reststoffbasierten Bioökonomie (stark vereinfacht). (Quelle: eigene Darstellung)

ein Reststoff- oder Koppelprodukt wiederverwendet, vermarktet (zum Beispiel unbelastete Sägespäne) oder zur Herstellung anderer Produkte verwendet, ist dieser als Nebenprodukt einzuordnen (§ 4 KrWG). So ist beispielsweise Restholz, welches als Koppel- oder Nebenprodukt anfällt, kein Altholz. Dies betrifft unter anderem unbelastetes Restholz beziehungsweise Sägespäne aus der Holzbe- und -verarbeitung oder Waldrestholz, welches bei der Durchforstung anfällt. Pflanzenreste, die auf forst- oder landwirtschaftlich genutzten Flächen anfallen und auf diesen Flächen verbleiben, sind laut der Bioabfallverordnung (BioAbfV 1998) keine Bioabfälle. Dies trifft zum Beispiel für Stoffe wie Stroh, Stallmist oder Gülle zu, die

Ressourcenbereitsteller

- Biomasse von Land- und Forstwirtschaft, Fischerei, Gartenbau, Landschaftspflege u. a., z. B. Mist und Gülle, Stroh, Waldrestholz, Landschaftspflegematerial

Wirtschaft/Industrie

- Lebensmittel- und holzverarbeitende Industrie, Biokraftstoffhersteller u. a., z. B. Unilever, Danone, Kellogg's, Ecomotion, Verbio...

Märkte, Produkte

- Lebensmittel, Biobasierte Nonfood Produkte wie z. B. Möbel, Kosmetik, Baustoffe, Energie

***end-of-life*-Management**

- Öffentlich-rechtliche Entsorgungsträger (örE), Gewerbliche Abfallsammler und Verwerter u. a., findet statt z. B. in Abfallvergärungs-, Kompostierungsanlagen, Biomasseheizkraftwerken

Organisationen (nat. und int.)

- z. B. BBE, AEE, DGAW, Gütegemeinschaft Kompost, Bauernverband, Fachverband Biogas ...

Medien

- Werbung, Nachrichten und Berichte in TV, Internet, sozialen Medien, Tageszeitungen; Artikel in Fachzeitschriften

Konsumenten

- sind zugleich Verbraucher von Gütern, Abfallproduzent und z. T. -Verwerter, werden stark von Medien beeinflusst

NGOs

- z. B. Deutscher Naturschutzring (DNR) Dachverband der Deutschen Natur-, Tier- und Umweltschutzorganisationen, Umwelt- und Verbraucherschutzverbände

Förderer, Investoren

- Föderprogramme z. B. ZIM Landesförderinstitute, Banken, Projektträger z. B. FNR, PtJ

Politik, Verwaltung

- Bundesministerien wie BMU, BMWi, BMEL, BMBF und Landesminsiterien und Ämter z. B. LUNG, StÄLU

Kompetenzzentren (reg.)

- z. B. Kompetenzzentrum Bioabfall der Landesanstalt für Umwelt Baden Württenberg oder 3N Kompetenzzentrum e. V.

Wissenschaft

- Universitäten, Hochschulen, Forschungsinstitutionen, Forschungsabteilungen in Wirtschaft und Industrie

Abb. 8.1 (Fortsetzung)

zum Erhalt der organischen Bodensubstanz auf den Feldern genutzt werden.

Ein Stoff ist dann nicht mehr als Abfall einzuordnen (Ende der Abfalleigenschaft), sobald dieser laut § 5 KrWG ein

> „Verwertungsverfahren durchlaufen hat und so beschaffen ist, dass er […] für bestimmte Zwecke verwendet wird, ein Markt für ihn oder eine Nachfrage nach ihm besteht, er alle für seine jeweilige Zweckbestimmung geltenden technischen Anforderungen sowie alle Rechtsvorschriften und anwendbaren Normen für Erzeugnisse erfüllt sowie seine Verwendung insgesamt nicht zu schädlichen Auswirkungen auf Mensch oder Umwelt führt".

Dies ist insofern relevant, da die Bioökonomie insbesondere auf die Verlängerung von Wertschöpfungsketten durch Kaskadennutzung und die kombinierte stoffliche und energetische Nutzung biogener Ressourcen ausgerichtet ist.

Abb. 8.2 gibt einen Überblick zu den Arten der eingesetzten Biomassen zur Erzeugung der energetischen Produkte Strom, Wärme und Kraftstoffe. Es wird deutlich, dass Rest- und Abfallstoffe in einem sehr breiten Spektrum von Bioenergietechnologien Einsatz finden und erneuerbare Energien in allen Sektoren bereitstellen können (Abfall- und Reststoffe sind beispielhaft genannt).

Rest- und Abfallstoffe unterliegen bei der energetischen und auch der stofflichen Nutzung differenzierten Stoffströmen. In einer bioökonomisch ausgerichteten Wirtschaft sind dabei insbesondere solche Biomasseströme von Wichtigkeit, welche in großer Menge auftreten, sortenrein sind und/oder wertgebenden Eigenschaften und Inhaltsstoffen aufweisen, wie zum Beispiel hohe Gehalte an Zucker, Fett oder Lignin. Aktuell werden in Deutschlands Haushalten pro Jahr 10,3 Mio. t an Bioabfall getrennt gesammelt, davon ca. hälftig in der Biotonne (Biogut) sowie durch Bring- oder Holsysteme Garten- und Parkabfall, sogenannter Grünabfall (Destatis 2018, Bezugsjahr 2017). Seit 2015 soll dieser Bioabfall flächendeckend gesammelt werden, um einerseits den organischen Anteil im Restabfall zu senken, und um ihn andererseits als wertvolle Ressource nutzbar zu machen. Die gesammelte Menge an Biogut stieg in den letzten Jahren leicht an (Destatis 2018; BMU 2018). Das technische Potenzial an biogenen Siedlungsabfällen (inklusive unter anderem der organische Anteil des Restabfalls, Marktabfälle, gewerbliche Speisereste, Klärschlamm) liegt laut Brosowski et al. (2019) zwischen 26 und 44 Mio. t Trockenmasse. Durch den anhaltenden Ausbau der Sammlung ist mit einer weiterhin steigenden Menge an Biogut zu rechnen. Bioabfälle werden in Kompostierungsanlagen oder kombiniert mit Vergärungsanlagen behandelt und als Kompost oder Gärrest überwiegend in der Landwirtschaft verwertet (Schneider et al. 2018; Ewens 2018). Klärschlamm fällt mit 1,8 Mio. t Trockensubstanz gegenüber den Bioabfällen in geringerer Menge an, enthält aber nennenswerte Mengen an begrenzt verfügbarem Phosphor, dessen Kreislaufführung für eine nachhaltige landwirtschaftliche Produktion immer wichtiger wird (Roskosch et al. 2018).

Industrielle Reststoffe fallen mit ca. 15 Mio. t Trockenmasse an (technisches Potenzial, Brosowski et al. 2019) und sind schon weitgehend genutzt. Allerdings besteht Potenzial zu einer höherwertigeren und/oder effizienteren Nutzung im Sinne der Bioökonomie.

Wie in Abb. 8.3 ersichtlich, ist die Menge an biogenen Reststoffen welche in der Landwirtschaft anfällt, wie zum Beispiel Stroh als Koppelprodukt, Mist, Gülle etc. mit jährlich zwischen 16 und knapp 35 Mio. t Trockenmasse sehr groß (technisches Potenzial, Brosowski et al. 2019). Diese Biomassen werden aktuell in der Tierhaltung (Stroh) und final als organische Dünger eingesetzt, wobei unter Berücksichtigung von Naturschutz- und Nachhaltigkeitsaspekten noch erhebliche Mengen zur energetisch-stofflichen Nutzung verfügbar sind (bis zu 26 Mio. t Trockenmasse pro Jahr) (Brosowski et al. 2019). Holz- und forstwirtschaftliche Reststoffe weisen mit maximal 36,6 Mio. t Trockenmasse pro Jahr ebenfalls ein großes technisches Potenzial auf. Obwohl die stoffliche und energetische Nutzung holzartiger Reststoffe sehr gut ausgebaut

8

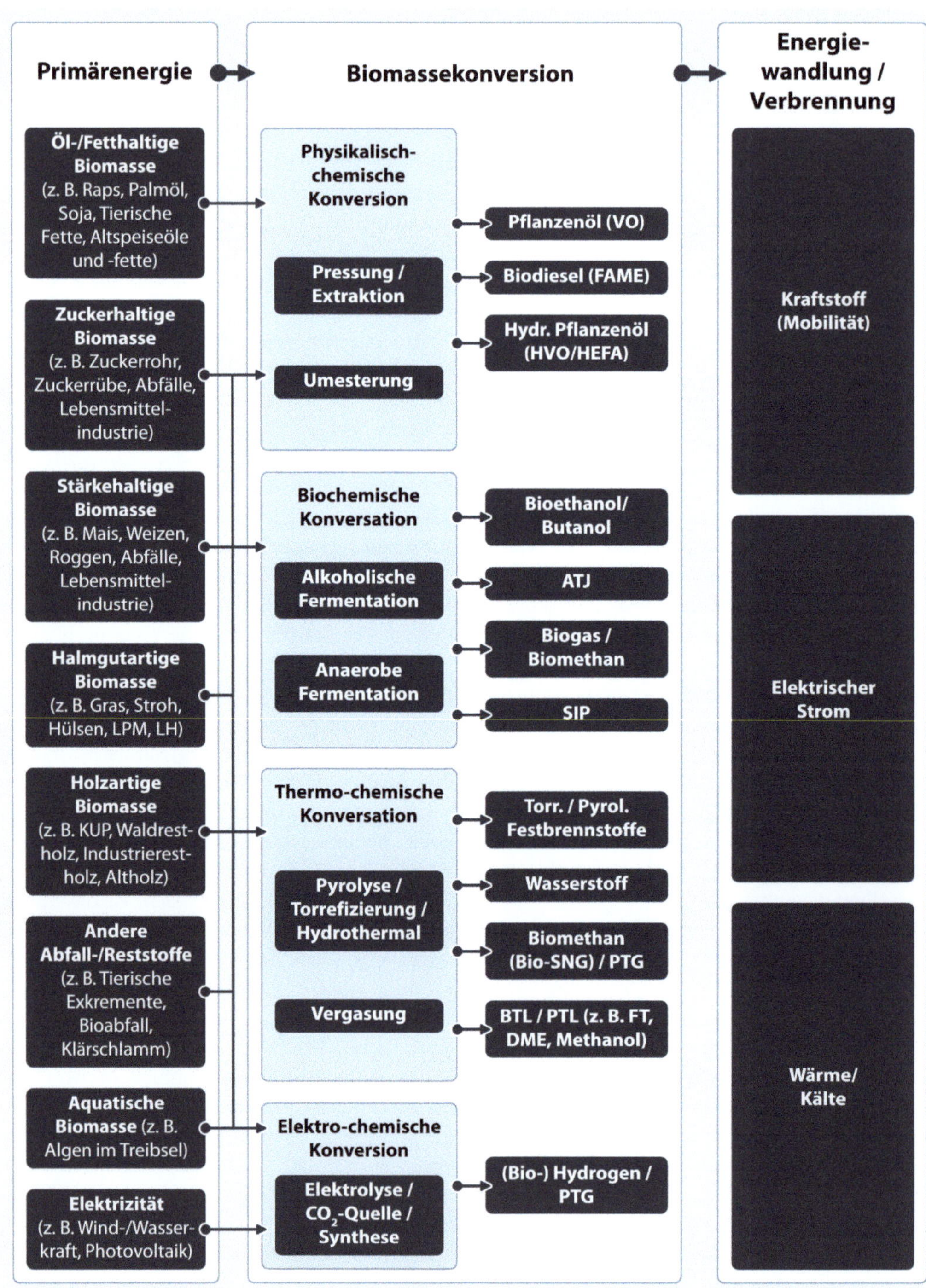

Abb. 8.2 Übersicht Biomassen und Konversionspfade (farblich hervorgehobene Biomassen sind den Abfällen und Reststoffen zuzuordnen). (Quelle: eigene Darstellung nach acatech et al. 2019)

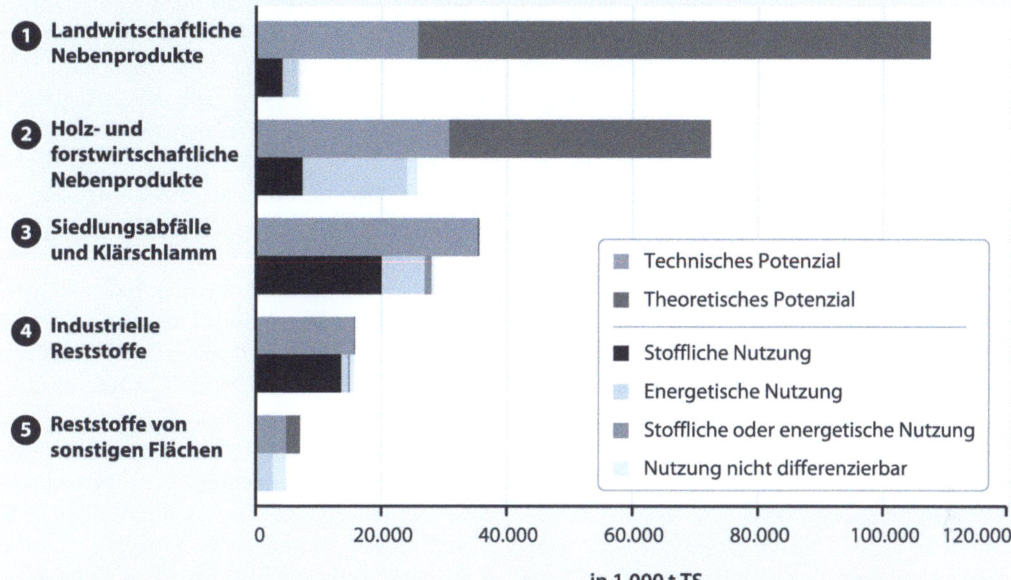

1 **22 Einzelbiomassen:** Gärreste, Gemüseanbau, Zuckerrübenblätter, Kartoffelkraut, Getreidestroh, Rapsstroh, Sonnenblumenstroh, Körnermaisstroh, Körnermaisspindeln, Hülsenfrüchtestroh, Rindergülle, Rinderjauche, Schweinegülle, Schweinejauche, Hühnerflüssigmist, Stallmist Rinder, Schweinemist, Hühnertrockenkot, Pferdemist, Schafsmist, Ziegenmist, Sonstiger Geflügelmist

2 **7 Einzelbiomassen:** Waldrestholz (Nadel/Laub), Rinde, Sägenebenprodukte und Hobelspäne, Schwarzlauge, Sonsitiges Industrierestholz, Altholz

3 **14 Einzelbiomassen:** Biogut privaten HH, Grüngut, Biog. Anteil Alttextilien, Altpapier, Speiseöle/-fette aus privaten HH, Lebensmittelabfälle im Handel, Küchen-/Kantinenabfälle, Laub, Biog. Anteil Straßenkehricht, Biog. Anteile Kanalgut, Schlämme Nahrungsmittelindustrie, Schlämme Zellstoff-/Leder-/Textilindustrie, Klärschlamm kommunale Kläranlagen, Biog. Anteil Abwässer zur anaeroben Behandlung

4 **23 Einzelbiomassen:** Fleisch-, Fisch-, Obst-, Gemüse-, Kartoffel-, Milch-, Getreide-, Tabakverarbeitung, Reststoffe aus Ölmühlen, Stärkeproduktion, Brot-/Backwarenherstellung, Brauereien, Mälzereien, Brennereien, Winzereien, Zucker-, Kakao-, Fertiggerichte-, Kaffee-, Futtermittel-, Hefe-, Bioethanolproduktion, Glycerin aus der Biodieselproduktion

5 **11 Einzelbiomassen:** Halmgut und Holz von Landschaftspflegeflächen, Straßenbegleitgrün/-holz, Bahnbegleitgrün/-holz, Halmgut/Holz von Obstplantagen, Hamlgut/Holz von Weinbauflächen, Treibsel/-Schwemmholz

Abb. 8.3 Biomasse-Reststoffpotenziale und deren aktuelle Nutzung. (Quelle: eigene Darstellung nach Brosowski et al. 2019)

ist, sind hier ebenfalls nennenswerte, noch nicht erschlossene Potenziale vorhanden (bis zu 10,9 Mio. t Trockenmasse bzw. ca. 200 PJ[2]) (Brosowski et al. 2019).

Im Jahr 2015 wurden ca. 3,7 % des Endenergieverbrauchs aus Abfällen[3] bereitgestellt (UBA 2019). Statistische Daten zum aktuellen Stand des Anteils biogener Abfall- und

2 PJ = Petajoule; Maß für Energie.

3 Inklusive nicht biogene Abfälle; entspricht 320 PJ Endenergie (brutto) (Bezugsjahr 2015).

Reststoffe am End- oder Primärenergieverbrauch in Deutschland sind nicht verfügbar. Bei Einsatz des noch ungenutzten Potenzials biogener Abfall- und Reststoffe könnten 7 bis 9 % des aktuellen Primärenergieverbrauchs in Deutschland aus Abfallbiomasse gedeckt werden (Brosowski et al. 2016). Dieser Anteil entspricht in etwa dem derzeitigen Anteil der Bioenergie[4] am Endenergieverbrauch (UBA 2019). Bei einer Halbierung des Primärenergieverbrauchs[5] wäre es künftig möglich, 13 bis 17 % aus biogenen Abfall- und Reststoffen zu decken (Klepper und Thrän 2019).

In Deutschland werden aktuell schon biogene Rest- und Abfallstoffe für die Erzeugung von erneuerbarer Wärme und Strom eingesetzt, aber auch für die Herstellung von Biokraftstoffen (Naumann et al. 2019; Daniel-Gromke et al. 2017). Der Strom wird dabei in Kraft-Wärme-Kopplung bereitgestellt. Dazu wird meist die für 20 Jahre garantierte Einspeisevergütung im Rahmen des Erneuerbare-Energien-Gesetz (EEG) beziehungsweise das aktuelle Ausschreibungsmodell für Strom aus Biomasse genutzt. Für die gekoppelte Strom- und Wärmeerzeugung in Biogasanlagen finden tierische Exkremente, Bioabfall und gewerbliche Abfälle Einsatz (Daniel-Gromke et al. 2017). Ihr Anteil liegt bei einem Viertel an der gesamten biogenen Rohstoffbasis. Größere Vergärungsanlagen speisen auch aufbereitetes Biogas als Biomethan ins Erdgasnetz ein.

Die Nutzung von biogenen Rest- und Abfallstoffen im Kraftstoffsektor hat in den letzten Jahren an Bedeutung gewonnen. So stellten Altspeiseöle und -fette den größten Anteil an den Rohstoffen für die Biodieselproduktion im Jahr 2017 dar. Das im Verkehrssektor eingesetzte Biomethan wurde zu 100 % aus Abfall- und Reststoffen hergestellt (Naumann et al. 2019). Der seit 2015 zunehmende Einsatz von Rest- und Abfallstoffen im Biomethanbereich ist insbesondere dadurch begründet, dass hier die Herstellung vergleichsweise günstig und die möglichen Einsparungen von Treibhausgasen (THG) mit bis zu 90 % sehr hoch sind. Es stellt damit eine günstige Option zur Erfüllung der in Deutschland geltenden Treibhausgasquote dar. Hingegen spielen Abfall- und Reststoffe für die Produktion des in Deutschland eingesetzten Bioethanol mit einem Anteil von 0,2 % an der Rohstoffbasis (60 TJ[6]) bislang eher eine marginale Rolle (Naumann et al. 2019).

Abfall- und reststoffbasierte Kraftstoffe können zu den sogenannten fortschrittlichen erneuerbaren Kraftstoffen zählen, wie zum Beispiel Methan aus Bioabfall (Meisel et al. 2019). Mit der Neufassung der Erneuerbaren-Energien-Richtlinie wurde den fortschrittlichen Biokraftstoffen auf Abfall- und Reststoffbasis gemäß Anhang IX, Teil A (RED II 2018) mit der Etablierung einer eigenen Unterquote von 3,5 % am EU-Kraftstoffmix bis zum Jahr 2030 mehr Relevanz zugesprochen. Allerdings ist dieses Ziel unter Berücksichtigung einer doppelten Anrechenbarkeit nicht ambitioniert genug, um eine umfassendere Nutzung von Rest- und Abfallstoffen im Kraftstoffbereich zu erreichen (Naumann et al. 2019). Unter Annahme des aktuellen Endenergieverbrauchs von 2755 PJ (in 2017, BMWi 2018a, b) im deutschen Verkehrssektor entsprechen diese 3,5 % Anteil reell nur 1,75 % beziehungsweise 48 PJ.

Neben den gesetzlichen Rahmenbedingungen stellen die technologische Entwicklung von Aufschlussverfahren sowie die Anpassung und Optimierung von Anlagenkonzepten zum Beispiel für die Verwendung ligninhaltiger Biomasse eine Herausforderung dar. Momentan befindet sich die Integration dieser Prozesse im Demonstrationsstadium.

4 8,8 % Bioenergieanteil in 2018 ergibt sich wie folgt: 16,5 % Anteil erneuerbarer Energie am Endenergieverbrauch; 53 % der bereitgestellten erneuerbaren Energie war Bioenergie.

5 Bis 2050 wird eine Halbierung des Primärenergieverbrauchs angestrebt (Energiekonzept 2050, Bundesregierung 2010).

6 TJ = Terajoule, 1 TJ ≈ 278 MWh, Maß für Energie.

Darüber hinaus müssen die Kosten dieser Produktionsverfahren gesenkt werden, damit diese sich gegenüber bestehenden Verfahren etablieren können. Eine Markteinführung würde die Palette der einsetzbaren Reststoffe wie unter anderem Stroh erweitern und damit eine umfassendere energetische Nutzung dieser Stoffströme ermöglichen (acatech et al. 2019).

8.2.1 Rechtsrahmen für biogene Abfälle und Reststoffe

Der rechtliche Rahmen für biogene Abfälle und Reststoffe wird durch Gesetze und Richtlinien auf EU- sowie auf Bundes- und Landesebene vorgegeben. Für Abfälle gibt die verbindliche Abfallhierarchie vor, in welcher Rangfolge Maßnahmen der Abfallbewirtschaftung stehen: 1) Vermeidung, 2) Vorbereitung zur Wiederverwendung, 3) Recycling, 4) sonstige Verwertung, insbesondere energetische Verwertung, 5) Beseitigung (KrWG § 6). Die gilt auch für biogene Abfälle. Langfristig soll die Beseitigung im Sinne einer kaskadischen Nutzung ohne Abfälle *(zero waste)* weitgehend vermieden werden. Die abfall- und reststoffbasierte Bioökonomie konzentriert sich vor allem auf die Bereiche der kombinierten stofflichen und energetischen Verwertung und des Recyclings. Die ◘ Abb. 8.4 gibt einen Überblick über die relevante Gesetzgebung, wobei diese nur eine Auswahl darstellt und nicht als umfassend anzusehen ist.

Neben den aktuellen Verordnungen und Gesetzen haben auch bundesdeutsche Strategien und Programme Einfluss auf die abfall- und reststoffbasierte Bioökonomie und unterstützen diese damit:

- So wird laut Klimaschutzplan 2050

> „die Nutzung von Bioenergie aus Rest- und Abfallstoffen einen wichtigen Beitrag zur sektorenübergreifenden Energieversorgung leisten[…] Dabei ist es wichtig, effiziente Strategien zur stofflichen Nutzung von

◘ **Abb. 8.4** Gesetzgebung auf nationaler Ebene mit Bezug zu Bioenergie beziehungsweise biogenen Abfall- und Reststoffen (Auswahl). (Quelle: eigene Darstellung)

biogenen Ressourcen zu entwickeln, bei denen die energetische Verwertung erst am Ende einer Kaskade steht (S. 35)". Weiterhin wird die „[…] Entwicklung hin zu fortschrittlichen Biokraftstoffen vor allem auf Basis von Rest- und Abfallstoffen und mit hohen THG-Minderungswerten (S. 51)" erwartet. „Exemplarisch muss zum Beispiel die Ressource Bioabfall noch stärker als bisher energetisch und stofflich in Kaskaden genutzt werden" (BMU 2016, S. 58).

- Die deutsche Nachhaltigkeitsstrategie fordert unter anderem eine Steigerung der Gesamtrohstoffproduktivität von +1,5 % pro Jahr (2030), was nur durch Abfallvermeidung und eine Verlängerung der Nutzungsdauer zum Beispiel durch Kaskadennutzung erreicht werden kann (Bundesregierung 2016).
- Auch das Deutsche Ressourceneffizienzprogramm II (2016) formuliert eine Steigerung der Gesamtrohstoffproduktivität: bis 2030 gegenüber 2010 um 30 % (BMUB 2016).

Die Abfallvermeidung, insbesondere von Lebensmittelabfällen, wird als wichtiges Ziel aller drei Programme formuliert. Arbeitskreise wie der Arbeitskreis „Grundsatzfragen der Abfallwirtschaft" der Deutschen Gesellschaft für Abfallwirtschaft e. V. befassen sich intensiv mit Kriterien für ein hochwertiges Recycling. Als Positionspapier werden damit Impulse in die Politik und Ausgestaltung von rechtlichen Rahmenbedingungen gegeben.

8.2.2 Zuständigkeiten und Akteure

Je nach Herkunft gibt es für biogene Abfälle und Reststoffe verschiedene Zuständigkeiten und Akteure. Die Landesämter sind für die Einhaltung von abfallrechtlichen Vorschriften (zum Beispiel Kontrolle von Nachweisen, Betreiberberichten, Datenerhebung) und Immissionsschutz zuständig und den entsprechenden Ministerien der Länder unterstellt. Im Bereich der land- und forstwirtschaftlichen Reststoffe sind die Landwirtschaftsministerien zuständig.

Abfälle aus Haushalten und haushaltsähnlicher Gewerbeabfall müssen den Stadt- und Landkreisen, welche als öffentlich-rechtliche Entsorgungsträger (örE) fungieren, überlassen werden (§ 17 KrWG). Der örE ist für die Sammlung, Entsorgung beziehungsweise Verwertung zuständig. Die Qualität und Quantität von kommunalem Bioabfall werden von vielen Faktoren und Akteuren beeinflusst: Die Gebührenstruktur, Sammelbehältergröße und Abfuhrintervalle bestimmt der örE. Wieviel tatsächlich gesammelt wird und wie sortenrein der Bio- beziehungsweise Grünabfall ist, hängt neben dem Sammelsystem auch stark vom Konsumentenverhalten ab, das wiederum von der Akzeptanz der Getrenntsammlung in der Bevölkerung abhängig ist. Aufklärung in den Medien oder auch durch gezielte Öffentlichkeitsarbeit vor Ort über die Sinnhaftigkeit der Bioabfallsammlung und deren positive Wirkung auf Umwelt und Klima können den Bürger motivieren und somit Menge und Qualität des gesammelten Bioabfalls positiv beeinflussen. Ein verbesserter Service zum Beispiel durch kürzere Sammelintervalle im Sommer gegen Geruchsentwicklung oder das Zurverfügungstellen von geeigneten Sammelbeuteln helfen, die Akzeptanz zu verbessern (Kern et al. 2018). Ein Angebot größerer Sammelbehälter führt in der Regel zu höheren Sammelmengen an Gartenabfällen (Kern et al. 2010).

Die Behandlung und Verwertung der Bioabfälle erfolgt in Anlagen, die Kommunen oder auch Privatunternehmer betreiben können. Dieser Betreiber ist auch für die Vermarktung der Recyclingprodukte (gegebenenfalls Energie) und die Entsorgung nicht verwertbarer Fraktionen zuständig. Wird die Behandlung des Abfalls vergeben, kann die Kommune über die Gestaltung der Ausschreibung Einfluss auf die Art der Behandlung nehmen und zum Beispiel die Integration einer Vergärungsstufe fordern. Klimaschutzziele, gesetzliche Vorgaben oder günstige wirtschaftliche Bedingungen (in der Vergangenheit das Erneuerbare-Energien-Gesetz [EEG]) können dafür Auslöser sein. Die Recyclingprodukte wie etwa Komposte oder Gärreste werden überwiegend als Dünger in der Landwirtschaft verwertet oder an Kleinverbraucher verkauft, wo daraus wieder Nahrungsmittel, Futter oder pflanzliche Rohstoff entstehen können. Oder sie werden an Erdenhersteller vermarktet, die dann zumeist Produkte wie Qualitätserden oder organische Dünger für den Einzelhandel herstellen.

Biogene Abfälle aus Industrie und Gewerbe wie zum Beispiel der Gastronomie, Schlachtereien, Nahrungsmittelherstellern etc. müssen nicht der örE übergeben, aber von einem Fachentsorgungsbetrieb behandelt werden. Der Entsorgungsbetrieb ist für die Sammlung und Behandlung beziehungsweise Verwertung wie auch für die Vermarktung der Endprodukte (Stoffe, Energie) und die Entsorgung nicht verwertbarer Fraktionen zuständig. Teils besteht ein Markt für schadstofffreie, gut vergärbare Abfälle zur Verwertung in Vergärungsanlagen. Die ordnungsgemäße Entsorgung muss in jedem Fall nachgewiesen werden.

Klärschlamm entsteht auf Abwasserkläranlagen, betrieben von Zweckverbänden oder Kommunen. Die Behandlung (Vergärung, Stabilisierung, Trocknung) kann entweder dort oder auf anderen auch privatwirtschaftlichen Anlagen erfolgen. Die Verwertung in der Landwirtschaft ist derzeit noch möglich – lokal allerdings unterschiedlich. Die Entsorgung in Verbrennungsanlagen, welche meist in privater Hand sind, nimmt stetig zu.

Für Nebenprodukte liegt die Zuständigkeit in privater Hand, Behörden haben allerdings Kontrollaufgaben, um sicherzustellen, dass die Verwendung insgesamt nicht zu schädlichen Auswirkungen auf Mensch und/oder Umwelt führt. Es besteht ein Markt für Nebenprodukte wie unbelastetes Holz, Sägespäne oder Stroh. Andere gewerbliche Akteure nutzen Nebenprodukte als Ressource zum Beispiel zur Herstellung von Spanplatten, Dämmmaterialien, Baustoffen, Chemikalien etc. Diese Anlagen befinden sich in der Regel ebenfalls in privater Hand. Daten, wie viele dieser Nebenprodukte anfallen und wiederverwertet werden, sind nicht verfügbar. Laut Untersuchungen von Mantau et al. (2018) wird Holz schon kaskadisch genutzt. Dies lässt sich unter anderem daraus ableiten, dass in Deutschland jährlich ca. 127 Mio. m^3 Holz einer Nutzung zugeführt, aber nur 62,5 Mio. m^3 aus dem Wald entnommen wurden (Bezugsjahr 2016, Daten wurden export- beziehungsweise importbereinigt) (Mantau et al. 2018).

Interessenvertretungen repräsentieren ihre jeweilige Branche, klären über diese auf und treten für eigene Interessen ein. Sie sind auch in der Politikberatung aktiv und betreiben Lobbyarbeit, um ihre Position zu stärken und zum Beispiel politische Prozesse in ihrem Sinne zu beeinflussen. Darüber hinaus können sie auch beratende und/oder Kontrollfunktionen übernehmen wie zum Beispiel die Gütegemeinschaft Kompost. Diese vergibt und überwacht ein Gütesiegel, welches festgelegte Qualitäten von Komposten und Gärprodukten garantiert. Die Gütegemeinschaft gibt auch Handlungsempfehlungen für Hersteller und Anlagenbetreiber sowie Anwender heraus.

8.3 Zielkonflikte

Durch die abfall- und reststoffbasierte Bioökonomie entstehen heute und auch künftig verschiedene Zielkonflikte, welche es zu lösen gilt. Diese Konflikte werden durch die verschiedenen Interessen der Akteursgruppen verursacht, resultieren aber auch aus gegenläufigen beziehungsweise konkurrierenden übergeordneten Zielen. Als Annäherung an eine Strukturierung der Zielkonflikte werden in ◘ Abb. 8.5 ausgewählte Ziele der Akteursgruppen im Hinblick auf ökologische, ökonomische Aspekte oder andere Ziele beziehungsweise Wünsche skizziert.

	Ökologische Aspekte	Ökonomische Aspekte	sonstige Ziele / Wünsche
Konsument / Bürger	Intakte saubere Umwelt	Qualitativ hochwertige und bezahlbare Produkte / Energie; niedrige Gebühren für das Abfallmanagement	Unbelastete, gesunde Lebensmittel, Arbeitsplätze
Privater Sektor / Wirtschaft	Geringe Emissionen	Optimierung von eigenen Prozessen/ Anlagen ggf. verbunden mit Ausbau der Kapazitäten; Marktanteile für Produkte/ Technologien/ Energie; Gewinnabsicht	
Banken / Investoren	Zukunftsträchtige, saubere „grüne" Technologien	Innovationen mit wirtschaftlichem Potenzial; Gewinnaussichten	
Politik / Verwaltung	Klimaschutzziele, energiepolitische, umweltpolitische Ziele	Kostendeckung für Abfallbehandlung; regionale Wertschöpfung	Einhaltung von Vorschriften und Gesetzen (z. B. Entwicklung zur Kreislaufwirtschaft); Infrastrukturentwicklung
Wissenschaft	Umwelt- und Natur-, Klimaschutz	Mittel für Forschung einwerben	Neue Erkenntnisse generieren, freie Forschung, Begleitforschung
Gemeinnützige Organisationen (int./nat.) / NGOs, Vereine, Verbände	z. B. intakte Umwelt, Schutz von gefährdeten Tierarten, Verbraucherschutz	Mitglieder werben / halten	Durch Informations-weitergabe und Kampagnen Einfluss-nahme von Konsument, Politik, Wirtschaft ggf. Wissenschaft, Diskussion / Dialog
Medien		(bei privaten Medien auch Gewinnabsicht)	Informationsverbreitung, Bildungsauftrag, Aufmerksamkeit von Konsument, Politik und Wirtschaft

Abb. 8.5 Ziele von Akteursgruppen. (Quelle: eigene Darstellung)

Es ist offensichtlich, dass die Ziele der verschiedenen Akteursgruppen zum Teil erheblich voneinander abweichen, was zu Zielkonflikten führt. Nachfolgend werden insbesondere solche Zielkonflikte aufgegriffen und näher erläutert, welche für eine abfall- und reststoffbasierte Bioökonomie besonders relevant sind.

8.3.1 Zielkonflikte im Aufkommen, Sammlung und Aufbereitung von biogenen Abfall- und Reststoffen

Biogene Abfall- und Reststoffe sind begrenzt verfügbar. Die gesammelte Menge an kommunalem Bioabfall lässt sich zwar durch eine erweiterte Sammlung erhöhen, generell sollte es oberste Priorität haben, Abfälle zu vermeiden – besonders Lebensmittelabfälle. Eine hochwertige Verwertung ist nur mit wenig zersetztem sortenreinem Bioabfall mit vertretbarem Aufwand möglich. Der Aufwand für kurze Entleerungszyklen welche zu „frischem" Bioabfall führen, steht dabei der Wirtschaftlichkeit der Sammlung gegenüber, speziell in dünner besiedelten Gebieten. In Deutschland ist die Trennung von Abfällen seit Langem etabliert, dennoch stellen Fehlwürfe die Bioabfallbewirtschaftung vor enorme Probleme. Die Einbeziehung von Verdichtungsräumen in die Bioabfallsammlung führt zwar zu höheren Sammelmengen an Küchenabfällen, aber auch zu höheren Fremd- und Störstoffanteilen, welche technisch nur begrenzt beherrschbar sind. Begleitende Aufklärung kann hier zu Verbesserungen unter anderem bei der Akzeptanz der sauberen Abfalltrennung führen.

Betreiber von Abfallbehandlungsanlagen haben aktuell das Ziel der sicheren Abfallverwertung bei vertretbaren Kosten (Abfallgebühren) beziehungsweise der Ertragsoptimierung (vor allem Energie und/oder hochwertigen Kompost) und nicht, einen Rohstoff bereitzustellen oder neue Produkte herzustellen. Aktuell besteht ein Problem Kompost in der Landwirtschaft kostendeckend abzusetzen, was mit verbleibenden Fremdstoffen (Plastik, Glas), bürokratischen Hürden, dem Angebot an alternativen organischen Düngern und den Auflagen der Düngeverordnung zusammenhängt (Kern et al. 2018; Idelmann und Kleyboldt 2018; Block 2018). Dieses steht aktuell der Kreislaufführung von Bioabfall und der bedarfsgerechten Verwertung von Komposten und Gärprodukten entgegen.

Biologisch abbaubare Verpackungen senken zwar den Verbrauch fossiler Rohstoffe, deren Recycling ist in den etablieren Recyclingsystemen jedoch schwierig beziehungsweise sie erschweren auch das Recycling von konventionellem Kunststoff.

Im Bereich der landwirtschaftlichen Reststoffe besteht ein sehr großes Biomassepotenzial. Dieses zu heben, ist allerdings mit verschiedenen Hürden verbunden. Beispielsweise wird Stroh als Koppelprodukt der Getreideproduktion bereits in der Landwirtschaft zum Erhalt der organischen Bodensubstanz oder in der Tierhaltung eigesetzt. Für den Landwirt besitzt es mindestens den Wert der enthaltenen Mineralstoffe, den er bei Entnahme ersetzen muss. Es besteht zum einen die Herausforderung der Logistik für eine Biomasse mit geringer Energiedichte, zum anderen der Zusammenhang von Nachfrage und Angebot, welche sich auf den Preis auswirkt. Geschäftsmodelle für neue Nutzungen im Sinne der Bioökonomie sind deshalb schwierig zu entwickeln. Für die Nutzbarmachung von Gülle und Mist verringert ebenfalls der geringe Energiegehalt die Transportwürdigkeit.

Weitere Biomassen, deren Nutzbarmachung mit verschiedenen Schwierigkeiten verbunden ist, sind die Landschaftspflegematerialien. Diese können halmgutartig oder holzig sein, was unterschiedliche Verwertungswege erfordert. Auch bei Landschaftspflegematerialien ist eine effiziente und wirtschaftliche Logistik schwierig zu bewerkstelligen, was auch durch die Vielzahl der beteiligten Akteure und deren Zuständigkeiten erschwert wird (zum Beispiel Landwirte, Kommunen, Landschaftspflegeverbände, Boden- und Wasserverbände, Straßenbauämter etc.). Die Akteure agieren meist isoliert. Zudem entstehen rechtliche Hürden der Nutzung, wenn das Material als Abfall eingeordnet wird.

8.3.2 Zielkonflikte in der energetischen und stofflichen Nutzung von biogenen Abfall- und Reststoffen

Zielkonflikte bei der energetischen Nutzung von Rest- und Abfallstoffen entstehen durch die Verfolgung *eigenständiger* Ziele in der Klima-, Energie- und Umweltpolitik. So kann das Ziel, dass Bioenergie aus Rest- und Abfallstoffen einen wichtigen Beitrag zur sektorenübergreifenden Energieversorgung liefern soll, eine Herausforderung darstellen. Aufgrund des begrenzten Aufkommens von Rest- und Abfallstoffen können diese Stoffströme perspektivisch nicht alle Sektoren gleichermaßen bedienen. Es muss daher ihr Systembeitrag identifiziert und entwickelt werden. Entscheidend ist hier der Einsatz von biogenen Rest- und Abfallstoffen an den Stellen, wo andere erneuerbare Energien keinen Beitrag leisten können oder nur zu höheren Kosten (acatech et al. 2019).

Darüber hinaus können politische Instrumente, die eine verstärkte Nutzung in der Energieversorgung anreizen, die stoffliche Nutzung dieser Stoffströme beeinträchtigen. Ein prominentes Beispiel ist der Einsatz von Altholz zur Strom- und Wärmeerzeugung. Das Deponierungsverbot und die gleichzeitige Einführung der Förderung der energetischen Nutzung von Altholz im Rahmen des EEGs haben zwar dazu geführt, dass aktuell alle Altholzströme in einer Verwertung gebunden sind. Allerdings konkurrieren die energetische und stoffliche Altholznutzung, was zu einem Anstieg der Preise geführt hat mit teilweise einer höheren Zahlungsbereitschaft auf Seiten der energetischen Nutzung.

Des Weiteren ist anzumerken, dass die Kaskadenführung von Biomasse die Gefahr birgt, dass sich Schadstoffe bei Kreislaufführung anreichern. Auch ist zu beachten, dass biobasierte Materialien degradieren. Anders als bei kommunalem Bioabfall konkurrieren Abfallvergärungsanlagen um industrielle organische Abfälle für welche teils hohe Entsorgungsgebühren eingenommen werden können oder welche einen hohen Energiegehalt und günstige Gäreigenschaften besitzen.

Biogene Abfälle und Reststoffe sind oftmals in verschiedenen Systemen nutzbar. Wie beschrieben, besteht schon heute bei Abfallrestholz eine Konkurrenz zwischen thermischer und stofflicher Nutzung. Der Nutzungspfad wird dabei von Kostenfaktoren bestimmt, nicht von Nachhaltigkeitskriterien.

Aktuelle Zuständigkeiten und der Rechtsrahmen für biogenen Abfall und Reststoffe sichern die Einhaltung der umweltgerechten Behandlung und Entsorgung oder den Schutz landwirtschaftlicher Produktionsflächen, können aber gleichzeitig neuartige Verwertungspfade behindern.

8.4 Innovationen

Das neue an einer künftigen Bioökonomie ist, dass biogene Abfälle und Reststoffe die Basis bilden sollen. Diese sollen nicht vordergründig behandelt und entsorgt werden, sondern Rohstoff sein, der in Kaskaden verwertet wird. Dies ist aber nur mit grundlegend veränderten Denkweisen, neuen Geschäftsmodellen und angepassten Rahmenbedingungen möglich. Zum Beispiel verbessert das recyclingorientierte Design von Konsumgütern deren Wiederverwertungsmöglichkeiten enorm oder macht ein Recycling sogar erst möglich. Künftig müssen auch biobasierte Produkte recyclingfähig sein. Verarbeitungsprozesse müssen so angepasst werden, dass neben geringerem Rohstoff- und Energieverbrauch auch Abfallströme vermieden oder nutzbar gemacht werden können. Das Potenzial biogener Abfall- und Reststoffe ist begrenzt. Durch die Optimierung der bestehenden Nutzung und Mobilisierung bisher ungenutzter Potenziale kann eine zukünftig effizientere Anwendung umgesetzt werden.

Die Weiterentwicklung von neuen Recyclingmethoden, Produkten und Verfahren zur Schaffung und Verlängerung von Wertschöpfungsketten ist auch schon heute Bestandteil von Forschung und Entwicklung. Einige Beispiele werden in diesem Kapitel kurz beschrieben. Die für eine abfall- und reststoffbasierte Bioökonomie notwendigen Innovationen müssen aber weit darüber hinaus gehen und schließen, neben den technischen und wirtschaftlichen, auch soziale Aspekte ein.

Künftig werden die Konversionsprozesse, welche Biomasse zu Chemikalien, Produkte, Wärme oder Energie umwandeln, enger miteinander verknüpft. In Bioraffineriekonzepten werden dann beispielsweise nicht nur ein Hauptprodukt sowie Abfälle und Reststoffe, sondern mehrere Haupt- und Nebenprodukte und/oder Energie bereitgestellt. So können bei der Verwertung biogener Abfälle und Reststoffe nicht nur Energie und organischer Dünger generiert werden, sondern hochwertige Recyclingprodukte, welche als Ausgangsstoff für die Weiterverarbeitung dienen, wie zum Beispiel organische Säuren, Proteine, Fasern etc.

Kohlendioxid aus Biomasseanlagen würde künftig nicht mehr als Emission in die Atmosphäre entlassen, sondern auch in Kreislaufführung gehalten oder gespeichert und damit entzogen (BECCS[7]). Die dafür notwendigen Technologien sind heute schon verfügbar, etwa die biologische oder katalytische Methanisierung, die Herstellung von Methanol etc. CO_2 fällt als Nebenprodukt bei der Biogasaufbereitung an und wird bisher sehr selten stofflich genutzt, insbesondere bei Abfallvergärungsanlagen. Mittels biologischer Methanisierung kann das im Biogas enthaltene CO_2 auch ohne Abscheidung genutzt werden. Zusammen mit einer Elektrolyse, welche Überschussstrom aus fluktuierenden Quellen nutzt, können Biomasseanlagen so einen wertvollen Beitrag zur Energiewende und Klimaschutz leisten. Innovationsbedarf besteht in der Entwicklung der BECCS Anlagentechnik selbst sowie in der Ausgestaltung und Errichtung einer Transport- und Speicherinfrastruktur für das Kohlenstoffdioxid (Thrän 2019).

In ▫ Abb. 8.6 werden beispielhaft einige innovative Verfahren vorgestellt. Diese sind überwiegend noch in der Entwicklung oder Erprobung, manche sind aber auch schon in der Praxis umgesetzt. Aus den technischen Innovationen können sich wirtschaftliche entwickeln, zum Beispiel neue Geschäftsmodelle.

Soziale Innovationen können die Akzeptanz von neuen Produkten oder Verfahren erhöhen oder beispielsweise zu einer höheren Qualität und Quantität gesammelter Abfallfraktionen führen. So arbeiten Abfallwirtschaftsbetriebe daran, die Sammlung verbraucherfreundlicher zu gestalten und den Bürger in Entscheidungsprozesse einzubinden. Insbesondere neue Medien bieten sich dazu an, neben klassischen Maßnahmen wie Bürgerbefragungen und Ähnlichem. Positive Erfahrungen wurden in Pilotprojekten gesammelt, bei denen mittels Apps Bürgerfeedback zur Zufriedenheit bei der Abfallsammlung eingeholt wurde: Sammelplatz sauber, Container überfüllt und Ähnliches. Mit diesen Rückmeldungen wurden die Routen der Abfallsammelfahrzeuge gesteuert, was zu Kosteneinsparungen (keine Leerfahrten) und zufriedeneren Kunden (Bedarf wird berücksichtigt) geführt hat. Abfallwirtschafts-Apps und Websites wurden entwickelt und ständig verbessert, die zum Beispiel bei der sortenreinen Sammlung helfen sollen (was kommt wo rein, wo sind passende Entsorger zu finden). Entsorgungskalender-Apps der örE sind schon Stand der Technik und erinnern an Sammeltermine oder informieren über Änderungen.

In der internationalen Forschung finden sich verschiedenste Ansätze für die abfall- und reststoffbasierte Bioökonomie. So wird intensiv der Weg von den „klassischen" Bioraffinerien zu einer nachhaltigen Kreislaufwirtschaft diskutiert (O'Callaghan 2016; Venkata Mohan et al. 2016; Maina et al. 2017; Nizami et al. 2017; Bell et al. 2018; Dahiy et al. 2018; Zabaniotou 2018).

Innovative Verfahren und Wertschöpfungsketten können aber auch neue Konflikte hervorrufen. Neue Verwertungswege können beispielsweise die Wirtschaftlichkeit bestehender Verwertungsanlagen gefährden (auch wenn diese nachhaltig arbeiten). Im Bereich der industriellen organischen Abfälle besteht schon jetzt Konkurrenz, bei welcher der geringste Entsorgungspreis und nicht die nachhaltigste Verwertung entscheidet. Neue Produkte können sich letztlich nur dann durchsetzen, wenn sie gesellschaftlich, also vom Verbraucher, akzeptiert werden. Der Gesetzgeber kann allerdings einen angepassten rechtlichen Rahmen für innovative Verfahren und neue Wertschöpfungsketten bieten.

---

7 BECCS – Bioenergy with Carbon Capture and Storage.

Produkt	Erläuterung
Silikat	Silikat aus Biomasse wie Stroh, Seggen (Aschen) usw. unter anderem zur Herstellung von Katalysatoren oder zur Verwendung als Additiv Kunststoffen und Elastomeren, Farben und Lacken sowie Leimen und Dichtmassen.
Lignin	Gewinnung aus landwirtschaftlichen oder holzigen Reststoffen oder Gärresten.
Zucker	Gewinnung lignocellulosebasierter Zucker als industriell verfügbare Basischemikalie für anschließende hochwertige Bioprodukte (Biochemikalien, Biopharmaka, Biokunststoffe etc.) aus landwirtschaftlichen Reststoffen wie z. B. Stroh. z. B. durch LC2GreenSugar®-Verfahren[1].
Biopolymer	Im Verbundforschungsprojekt SYNPOL[2] wurde daran geforscht Biopolymere durch Synthesegas-Fermentation zu gewinnen. Als Ausgangssubstrat wurde organischer Abfall genutzt.
Chemikalien und Hilfsstoffe	Beispiel Lederindustrie: kollagenhaltige Falzspäne und Schnittabfälle werden dazu genutzt Nachgerbstoffe der Marke „X-Biomer" vor Ort herzustellen und zu verwenden (LANXESS[3]). Beispiel Bioraffinerie (IBÖM02: CapAcidy[4]): kombinierte Produktion der Fettsäuren Capron- und Caprylsäure und Biogas aus Biomasse, ein Projekt des Helmholtz-Zentrums für Umweltforschung und des Deutschen Biomasseforschungszentrums welches in 2019 den Biogas-Innovationspreis erhalten hat. Das entwickelte Verfahren basiert auf einem anaeroben Fermentationsprozess, in dem komplexe Substrate ohne kostenintensive Vorbehandlung eingesetzt werden können. Dem folgt eine Abtrennungs- und Aufreinigungskaskade, zur Gewinnung der mittelkettigen Fettsäuren.
Protein und Fett	Verwertung von Bioabfall und organischen Reststoffen durch die Soldatenfliege[5]: In Österreich produziert die Firma „ECOFLY GmbH" 500 Mg Larven wöchentlich und bereitet diese zu Fischmehlersatz für die Aquakultur auf wobei als Nahrungsquelle hier das industrielle Nebenprodukt Biertrester dient. In Sachsen wurde erfolgreich im Pilotmaßstab (Firma "Bio S") Öl soll aus den Soldatenfliegenlarven separiert. Dieses kann als Ersatz für Palmöl dienen.
Biokohle	Über thermochemische Prozesse (pyrolytische oder hydrothermale Prozesse) kann aus Biomasse Biomassekarbonisat (Biokohle) hergestellt werden (Quicker et al. 2016). Diese Verfahren sind schon lange bekannt wie z. B. für die Holzkohleherstellung. Im Bereich der feuchten biogenen Abfälle bieten die hydrothermalen Verfahren vielfältige Anwendungen, wobei die praktische Umsetzung mit Herausforderungen verbunden ist. Die Firma TerraNova[6] hat erfolgreich eine HTC-Anlage für die Behandlung von Klärschlamm entwickelt und in die Praxis überführt. Die Biokohleherstellung kann dabei mit einer Phosphorrückgewinnung gekoppelt werden. Verfahren anderer Firmen sind ebenfalls marktreif.

1) https://www.oav.de/iap-32017/artikel-417.html
2) http://www.synpol.org/Dissemination/
3) https://lanxess.de/de/corporate/corporate-responsibility/credentials/auszeichnungen/
4) https://biooekonomie.de/foerderprojekt/ibom02-capacidy-bio-basierte-capron-und-caprylsaure-herstellung-aufreinigung-0
5) Die Fliegen/Maden gelten als Nutztiere und dürfen deshalb kein Futter aus Proteinen von Wiederkäuern, Küchen- und Speiseabfällen, Fleisch- und Knochenmehl sowie Gülle erhalten (Verordnung (EU) 2017/893).
6) http://terranova-energy.com

Abb. 8.6 Beispiele für neue Produkte, Verfahren oder Anwendungen, welche organische Abfälle und Reststoffe oder Agrarreststoffe nutzen. (Quelle: eigene Darstellung)

8.5 Zukunftsbilder

Wie sieht nun eine abfall- und reststoffbasierte Bioökonomie der Zukunft aus? Die Szenarien reichen vom „Wünschenswertem" (ideal aus individueller Akteurssicht) über das „Mögliche" (Ableitung aus Kombination widerspruchsfreier Entwicklungsrichtungen) und „Wahrscheinlichem" (zum Beispiel durch Expertenprognosen) bis zum „Nachhaltigen" (Bewertung der Entwicklungsrichtungen unter Nachhaltigkeitsaspekten) (Schug et al. 2007, 2008).

Die vollständige, umweltverträgliche Verwertung aller Siedlungsabfälle im Sinne einer Kreislaufwirtschaft, welche eine Abfallablagerung auf Deponien überflüssig machen soll, wird großen Einfluss auf die deutsche Abfallwirtschaft haben. Für das „Wirtschaften ohne Abfall", das heißt ein „Kreislaufwirtschaften", wird ein umfängliches Recycling nötig, aber auch die Akzeptanz der Recyclingprodukte in Wirtschaft und Gesellschaft. Im Projekt „KIDA – Kooperation in der Abfallwirtschaft" wurden Zukunftsbilder der Abfallwirtschaft untersucht und diskutiert (Zeithorizont 2007 + zehn bis 15 Jahre). Aus dem genannten Projekt wurden verschiedene Szenarien entwickelt (Schug et al. 2007, 2008):

- Szenario 1: ökologisch orientierte Ressourcenwirtschaft unter Energiegesichtspunkten bei kommunaler Verantwortung mit gleichzeitiger internationaler Ausrichtung sowie Konzentration der Akteure
- Szenario 2: regionale Orientierung der Abfallströme ohne Einbindung von Umweltgesichtspunkten bei hohen Kosten
- Szenario 3: vollständige Verwertung der geringer werdenden Abfallmengen in Großanlagen bei gleichzeitig ausreichender Energie- und Rohstoffverfügbarkeit, auch aufgrund der energetischen Verwertung von Abfällen

Um die Zukunftsbilder näher zu beschreiben, wurden im Rahmen von Workshops von verschiedenen Akteursgruppen (Projekt KIDA) aus möglichen Entwicklungsszenarien ausgewählt. Mögliche Entwicklungsrichtungen des Schlüsselfaktors „Abfall als Ressource" wären beispielsweise (Schug et al. 2008):

- Eine weltweite Rohstoffverknappung veranlasst die Aktivierung aller Rohstoffressourcen im Abfall und führt zu einer Verwendung bis zum letzten Gramm.
- Skandale im Zusammenhang mit Sekundärrohstoffen haben die Akzeptanz bei den Anwendern und in der Bevölkerung völlig zusammenbrechen lassen. Alle verlangen „Primärware".
- Hohe Primärenergiepreise machen den Einsatz von Abfällen als Brennstoff wirtschaftlich. Selbst hoher Aufwand bei der Aufbereitung wird in Kauf genommen.
- Der Rohstoffhunger der sogenannten Schwellenländer wie China oder Indien saugt den Weltmarkt leer. Die Anforderungen an die Materialen liegen in diesen Regionen deutlich unter dem europäischen Standard – der „Mitverbrennungsmarkt" in Europa bricht zusammen.

Der Blick auf die vor ca. zwölf Jahren entwickelten Zukunftsbilder (Projekt KIDA) erlaubt eine Einschätzung, ob die erwartete Entwicklung eingetreten ist. Einiges wurde durch gesetzliche Rahmenbedingungen anders geregelt, manch globale Einflussfaktoren sind stärker oder schwächer – die Entwicklung vieler der betrachteten Schlüsselfaktoren ist immer noch unklar und es wird in den Akteursgruppen kontrovers diskutiert, welches die richtige Richtung sein sollte.

In einer ökologisch orientierten Ressourcenwirtschaft (Szenario 1) wird davon ausgegangen, dass Abfall künftig bis zum letzten Gramm verwertet wird, wogegen dies in Szenario 3 kritisch gesehen wird. Dort wird eher davon ausgegangen, dass die Akzeptanz von Sekundärrohstoffen aufgrund von Qualitätsmängeln zusammenbricht (Schug et al. 2008). Dies zeigt deutlich, dass ein Gelingen des aus Ressourcen- und Klimaschutzgründen „Wünschenswertem" – der vollständigen Verwertung von Abfall – mit Hürden verbunden ist, vor allem mit Blick auf die Akzeptanz. Die Kaskadennutzung der Ressource Abfall ist in der abfall- und reststoffbasierten Bioökonomie ein zentrales Element. Die weitgehende Nutzbarmachung bisher noch nicht optimal verwerteter Abfall- und Reststoffströme wird als kurz- und mittelfristig umsetzbar gesehen, um zum Klimaschutz beizutragen.

Sehr idealisierte Zukunftsbilder der Bioökonomie wurden im Projekt „BioKompass – Kommunikation und Partizipation für die gesellschaftliche Transformation zur Bioökonomie" erarbeitet (Kimpeler et al. 2018). Biogene Abfälle und Reststoffe werden dabei weitgehend vermieden, unvermeidbare Abfälle recycelt sowie regionale Stoffkreisläufe gefördert. Je nach Szenario werden globale Stoffkreisläufe mitbetrachtet. Allen Szenarien gemein sind aber die radikale Umgestaltung der Lebensgewohnheiten inklusive der Ernährung (massive Reduzierung des Fleischkonsums) bis zum Konsumverhalten und der Abfallvermeidung – insbesondere von Lebensmittelabfällen – sowie ein hohes Umweltbewusstsein in der Bevölkerung.

Die energetische Verwertung von Rest- und Abfallstoffen, welche nicht für eine stoffliche Nutzung oder Recycling geeignet sind, findet im Gegensatz zur Nutzung von Energiepflanzen eine hohe Akzeptanz. Dies begründet sich insbesondere darin, dass der Anbau von Primärrohstoffen für eine energetische Nutzung in Konkurrenz zur Lebens-, Futtermittel- oder auch der biobasierten Werkstoffproduktion in einem hohen Flächenbedarf oder aber auch in einer ungewünschten Veränderung des Landschaftsbildes gesehen wird. Eine aktuelle Untersuchung zu zukünftigen Einsatzfeldern von Bioenergie stellt dar, dass die Rohstofffrage die entscheidende Komponente für die Generierung von gesellschaftlicher Akzeptanz und damit einer erfolgreichen Anwendung von Biomasse im Energiesystem ist. Folglich wird bei der Bewertung der Rolle von Bioenergie im zukünftigen Energiesystem auf einen verstärkten Einsatz von Rest- und Abfallstoffen für die Erweiterung der Ressourcenbasis abgestellt (Klepper und Thrän 2019).

Wesentliche Faktoren für die Akzeptanz von Energieinfrastrukturen sind

- die Einsicht in die Notwendigkeit,
- ein wahrgenommener persönlicher Nutzen,
- erlebte Selbstwirksamkeit sowie
- emotionale Identifikation (acatech et al. 2019).

Diese Faktoren beeinflussen auch die Akzeptanz einer umfassenden stofflichen Nutzung von Abfall und Reststoffen in einer künftigen Bioökonomie und besonders die Umstellung von Lebensgewohnheiten.

In ▸ Abschn. 8.2 wurde teils schon ausgeführt, welchen Entwicklungen die beschriebenen Abfall- und Reststoffströme unterliegen. In Deutschland wird trotz Zuwanderung weiterhin von einem leichten Bevölkerungsrückgang ausgegangen (Destatis 2019) der zusammen mit einer zunehmenden Abfallvermeidung langfristig zu sinkenden Abfallmengen führen könnte. Eine Wirtschaft ohne Abfälle ist ein ambitioniertes Langzeitziel, welches neben der Umsetzung technischer Innovationen nur mit gesellschaftlichen Umbrüchen und breiter Akzeptanz zu erreichen ist.

Es ist in Expertenkreisen allerdings unstrittig, dass die thermische Abfallbehandlung aus Gründen des Umwelt- und Gesundheitsschutzes auch in Zukunft ein wichtiger Pfeiler der Abfallwirtschaft sein wird. Inwieweit Abfall ein fester Bestandteil der Energieversorgung wird, ist schwer abzuschätzen. Da in den nächsten Jahren viele thermische Kraftwerke vom Netz gehen, die auch in die Kraft-Wärme-Kopplung eingebunden waren, könnten energetische Abfallverwertungsanlagen eine Lücke in der Wärmeversorgung schließen (Flamme et al. 2018). Eine optimierte energetische Abfallnutzung der Zukunft könnte mit folgenden Schlagworten charakterisiert werden: integriert, dezentral und wärmegeführt.

Abfälle sollten demnach dort verwertet werden wo sie anfallen, was in der Regel auch eine effektive Wärmeabnahme ermöglicht. Der integrierte Betrieb verschiedene Anlagen zur Ver- und Entsorgung kann dabei Synergien heben, dadurch Kosten senken und den ökologischen Nutzen optimieren (zum Beispiel das System Müllverbrennung – Kläranlage – Bioabfallbehandlung) (Flamme et al. 2018).

Folgt man den Analysen des Weltklimarates (IPCC) wird Bioenergie ab Mitte des Jahrhunderts mit hoher Wahrscheinlichkeit nicht nur CO_2-neutral sein, sondern durch BECCS dazu beitragen, CO_2 aus den Stoffkreisläufen zu entnehmen und dauerhaft speichern zu können (Rogelj et al. 2018). Damit bestehen für die künftige Nutzung für

Bioenergie unterschiedliche Zielbilder. Je nachdem welche Entwicklungen gesellschaftlich proirisiert, akzeptiert und gefördert werden, ergeben sich verschiedene bevorzugte Biomasseanwendung. Sogenannte Schaltstellen oder Weichenstellen *(switch points)* sind (acatech et al. 2019):

- Wärmenetzinfrastruktur: vorhanden oder nicht?
- Technologien für flüssige Biokraftstoff basierend auf Lignocellulose: marktreif oder nicht?
- CCS-Technologie als Klimaschutzinstrument: akzeptiert oder nicht?

Wenn eine Wärmenetzinfrastruktur erhalten und ausgebaut wird, basiert die Wärmeversorgung je nach Siedlungsstruktur auf kleinen und großen Kraft-Wärme-(Biomasse-) Anlagen. Dies wird Zusammengehen mit einer flexiblen Strombereitstellung, um fluktuierende erneuerbare Energien zu unterstützen. Hierfür kommen sowohl vergärbare Biomasse als auch Stroh und Holz in verschiedene Technologien zum Einsatz. Sollte dieser Weg nicht priorisiert werden, wird lignocellulosehaltige Biomasse verstärkt für Wärme in industriellen Prozessen und BECCS und möglicherweise in größerem Maßstab für Biokraftstoffe eingesetzt, sogenannte Lignofuels. Sollten derartige Kraftstoffe aus Lignocellulose wettbewerbsfähig werden, könnten diese in zentralen großmaßstäbigen Bioraffinerien hergestellt werden. Solche sehr aufwendigen Bioraffinerien können nur dann wirtschaftlich arbeiten, wenn ein industrieller Maßstab erreicht wird. Dafür notwendige Vorstufen, welche Inhaltsstoffe konzentrieren, müssen dezentral hergestellt werden, um die Transportwürdigkeit der biogenen Inputstoffe zu erhöhen. Gleichzeitig muss sich auch ein Markt für die neuen Kraftstoffe und die Nebenprodukte entwickeln. Die Anwendung der CCS-Technologie als Klimaschutzinstrument hat großen Einfluss auf die zukünftig bevorzugten Bioenergietechnologien, es ergibt sich aus Effizienzgründen die Priorisierung von großen Biomasseanlagen und der Biomassenutzung in industriellen Prozessen. Notwendig für eine breite Umsetzung sind neben der Marktreife der CO_2-Abtrennung aus Rauch- beziehungsweise Abgasen auch der sichere Transport und die Lagerung des abgetrennten Kohlendioxids.

Entscheidungen über die genannten drei Schaltstellen werden zu klaren Präferenzen führen, wo die begrenzte Biomasse in Zukunft eingesetzt werden soll. Die Kaskadennutzung von biogenen Abfall- und Reststoffe trägt unabhängig davon dazu bei, Energie und Ressourcen zu sparen und darüber hinaus CO_2 in Produkten temporär zu speichern.

Literatur

acatech – Deutsche Akademie der Technikwissenschaften, Nationale Akademie der Wissenschaften Leopoldina, & Union der deutschen Akademien der Wissenschaften. (Hrsg.) (2019). Biomasse im Spannungsfeld zwischen Energie- und Klimapolitik – Strategien für eine nachhaltige Bioenergienutzung (Schriftenreihe Energiesysteme der Zukunft). ▶ https://www.acatech.de/Publikation/biomasse-im-spannungsfeld-zwischen-energie-und-klimapolitik-strategien-fuer-eine-nachhaltige-bioenergienutzung/. Zugegriffen: 2. Apr. 2019.

AltholzV. (2002). Verordnung über Anforderungen an die Verwertung und Beseitigung von Altholz (Altholzverordnung – AltholzV, Ausfertigungsdatum: 15.08.2002).

Bell, J., Paula, L., Dodd, T., Németh, S., Nanou, C., Mega, V., & Campos, P. (2018). EU ambition to build the world's leading bioeconomy – Uncertain times demand innovative and sustainable solutions. *New Biotechnology*. ▶ https://doi.org/10.1016/j.nbt.2017.06.010.

BioAbfV. (1998). Verordnung über die Verwertung von Bioabfällen auf landwirtschaftlich, forstwirtschaftlich und gärtnerisch genutzten Böden (Bioabfallverordnung – BioAbfV), Ausfertigungsdatum: 21.09.1998.

Block, R. (2018). Rechtliche Vorgaben der Düngeverordnung beim Komposteinsatz. In M. Kern & T. Raussen (Hrsg.), *Neue Perspektiven für die Bioabfallwirtschaft* (S. 27–34). Witzenhausen: Witzenhausen Institut für Abfall, Umwelt und Energie.

BMBF (Bundesministerium für Bildung und Forschung). (2014). Wegweiser Bioökonomie, Forschung für biobasiertes und nachhaltiges Wirtschaftswachstum. ▶ https://biooekonomie.de/sites/default/files/publications/wegweiser-biooekonomiepropertypdfbereichbiooekosprachederwbtrue.pdf. Zugegriffen: 21. Aug. 2019.

BMU (Bundesministerium für Umwelt, Naturschutz und nukleare Sicherheit). (2016). Klimaschutzplan 2050, Klimaschutzpolitische Grundsätze und Ziele der Bundesregierung. ▶ https://www.bmu.de/fileadmin/Daten_BMU/Download_PDF/Klimaschutz/klimaschutzplan_2050_bf.pdf. Zugegriffen: 2.Apr. 2019.

BMU (Bundesministerium für Umwelt, Naturschutz und nukleare Sicherheit). (2018). Abfallwirtschaft in Deutschland 2018, Fakten, Daten, Grafiken. ▶ https://www.bmu.de/fileadmin/Daten_BMU/Pools/Broschueren/abfallwirtschaft_2018_de.pdf. Zugegriffen: 2. Apr. 2019.

BMUB (Bundesministerium für Umwelt, Naturschutz, Bau und Reaktorsicherheit). (2016). Deutsches Ressourceneffizienzprogramm II Programm zur nachhaltigen Nutzung und zum Schutz der natürlichen Ressourcen. ▶ https://www.bmu.de/fileadmin/Daten_BMU/Pools/Broschueren/progress_ii_broschuere_bf.pdf. Zugegriffen: 2. Apr. 2019.

BMWi (Bundesministerium für Wirtschaft und Energie). (2018a). Energiedaten: Gesamtausgabe. ▶ https://www.bmwi.de/Redaktion/DE/Downloads/Energiedaten/energiedaten-gesamt-pdf-grafiken.pdf?__blob=publicationFile&v=34. Zugegriffen: 21. Aug. 2019.

BMWi (Bundesministerium für Wirtschaft und Energie) (Hrsg). (2018b). Erneuerbare Energien in Zahlen. Nationale und internationale Entwicklung im Jahr 2017. ▶ https://www.bmwi.de/Redaktion/DE/Publikationen/Energie/erneuerbare-energien-in-zahlen-2017.pdf?__blob=publicationFile&v=27. Zugegriffen: 21. Aug. 2019.

Brosowski, A., Thrän, D., Mantau, U., Mahro, B., Erdmann, G., Adler, P., Stinner, W., Reinhold, G., Hering, T., & Blanke, C. (2016). A review of biomass potential and current utilisation – Status quo for 93 biogenic wastes and residues in Germany. *Biomass and Bioenergy, 95*(2016), 257–272.

Brosowski, A., Krause, T., Mantau, U., Mahro, B., Noke, A., Richter, F., Raussen, T., Bischof, R., Hering, T., Blanke, C., Müller, P., & Thrän, D. (2019). How to measure the impact of biogenic residues, wastes and by-products: Development of a national resource monitoring based on the example of Germany. *Biomass and Bioenergy*. ▶ https://doi.org/10.1016/j.biombioe.2019.105275.

Bundesregierung (2010). Bundestag stimmt Energiekonzept 2050 zu. ▶ https://www.bundesregierung.de/breg-de/suche/bundestag-stimmt-energiekonzept-2050-zu-409414. Zugegriffen: 21. Aug. 2019.

Bundesregierung. (2016). Deutsche Nachhaltigkeitsstrategie, Neuauflage 2016. ▶ https://www.bundesregierung.de/resource/blob/975292/730844/3d30c6c2875a9a08d364620ab7916af6/deutsche-nachhaltigkeitsstrategie-neuauflage-2016-download-bpa-data.pdf?download=1. Zugegriffen: 21. Aug. 2019.

Dahiy, S., Naresh Kumar, A., Shanthi Sravan, J., Chatterjee, S., Sarkar, O., & Venkata Mohan, S. (2018). Food waste biorefinery: Sustainable strategy for circular bioeconomy. *Bioresource Technology*. ▶ https://doi.org/10.1016/j.biortech.2017.07.176.

Daniel-Gromke, J., Rensberg, N., Denysenko, V., Trommler, M., Reinholz, T., Völler, K., Beil, M., & Beyrich,W. (2017). Anlagenbestand Biogas und Biomethan – Biogaserzeugung und -nutzung in Deutschland, DBFZ Report Nr. 30/2017. ▶ https://www.dbfz.de/fileadmin/user_upload/Referenzen/DBFZ_Reports/DBFZ_Report_30.pdf. Zugegriffen: 21. Aug. 2019.

DESTATIS (Statistisches Bundesamt). (2018). GENESIS Online Datenbank. Aufkommen an Haushaltsabfällen, Erhebung der öffentlich-rechtl. Abfallentsorgung, Deutschland. ▶ https://www-genesis.destatis.de/genesis/online/logon?sequenz=tabelleErgebnis&selectionname=32121-0001&zeitscheiben=2. Zugegriffen: 21. Aug. 2019.

DESTATIS (Statistisches Bundesamt). (2019). 14. Koordinierte Bevölkerungsvorausberechnung – Basis 2018. ▶ https://www.destatis.de/DE/Themen/Gesellschaft-Umwelt/Bevoelkerung/Bevoelkerungsvorausberechnung/aktualisierung-bevoelkerungsvorausberechnung.html. Zugegriffen: 21. Aug. 2019.

Ewens, H.-P. (2018). Entwicklungen in der Bioabfallwirtschaft in Deutschland. In M. Kern & T. Raussen (Hrsg.), *Neue Perspektiven für die Bioabfallwirtschaft* (S. 9–13). Witzenhausen: Witzenhausen Institut für Abfall, Umwelt und Energie.

Flamme, S., Hanewinkel, J., Quicker, P., & Weber, K. (2018). Energieerzeugung aus Abfällen Stand und Potenziale in Deutschland bis 2030. UBA Texte 51/2018. ▶ https://www.umweltbundesamt.de/sites/default/files/medien/1410/publikationen/2018-06-26_texte_51-2018_energieerzeugung-abfaelle.pdf. Zugegriffen: 21. Aug. 2019.

Idelmann, M., & Kleyboldt, P. (2018). Von der Aufbereitung bis zur Vermarktung – Neue Wege der Kompostvermarktung. In M. Kern & T. Raussen (Hrsg.), *Neue Perspektiven für die Bioabfallwirtschaft* (S. 40–51). Witzenhausen: Witzenhausen Institut für Abfall, Umwelt und Energie.

Kern, M., Raussen, T., Funda, K., Lootsma, A., & Hofmann, H. (2010). Aufwand und Nutzen einer optimierten Bioabfallverwertung hinsichtlich Energieeffizienz, Klima- und Ressourcenschutz. UBA Texte 43/2010. ▶ https://www.umweltbundesamt.de/sites/default/files/medien/461/publikationen/4010_0.pdf. Zugegriffen: 25. Apr. 2019.

Kern, M., Siepenkothen, H.-J., & Turk, T. (2018). Erfassung und Qualität von haushaltsstämmigen Bioabfällen. In M. Kern & T. Raussen (Hrsg.), *Neue Perspektiven für die Bioabfallwirtschaft* (S. 53–68). Witzenhausen: Witzenhausen Institut für Abfall, Umwelt und Energie.

Kimpeler, S., Schirrmeister, E., Hüsing, B., & Voglhuber-Slavinsky, A. (2018). Zukunftsbilder aus dem Leben in einer Bioökonomie – Kurzfassung. Fraunhofer-Institut für System- und Innovationsforschung. ▶ https://www.isi.fraunhofer.de/content/dam/isi/dokumente/ccv/2018/Zukunftsbilder_BioKompass_Kurzfassung.pdf. Zugegriffen: 21. Aug. 2019.

Klepper, G., & Thrän, D. (Hrsg.) (2019). Biomasse im Spannungsfeld zwischen Energie- und Klimapolitik. Potenziale – Technologien – Zielkonflikte. Schriftenreihe Energiesysteme der Zukunft. ▶ https://www.acatech.de/Publikation/biomasse-im-spannungsfeld-zwischen-energie-und-klimapolitik-potenziale-technologien-zielkonflikte/. Zugegriffen: 21. Aug. 2019.

KrWG. (2012). Gesetz zur Förderung der Kreislaufwirtschaft und Sicherung der umweltverträglichen Bewirtschaftung von Abfällen (Kreislaufwirtschaftsgesetz – KrWG), Ausfertigungsdatum: 24.02.2012.

Maina, S., Kachrimanidou, V., & Koutinas, A. (2017). A roadmap towards a circular and sustainable bioeconomy through waste valorization. *Current Opinion in Green and Sustainable Chemistry, 8,* 18–23.

Mantau, U., Döring, P., Weimar, H., Glasenapp, S., Jochem, D., & Zimmermann, K. (2018). Rohstoffmonitoring Holz – Erwartungen und Möglichkeiten. Fachagentur Nachwachsende Rohstoffe. ▶ https://www.fnr.de/fileadmin/allgemein/pdf/broschueren/Broschuere_Rohstoffmonitoring_Holz_Web_neu.pdf. Zugegriffen: 21. Aug. 2019.

Meisel, K., Millinger, M., Naumann, K., Majer, S., Müller-Langer, F., & Thrän, D. (2019). Untersuchungen zur Ausgestaltung der Biokraftstoffgesetzgebung in Deutschland – Arbeitspapier. DBFZ. ▶ https://www.dbfz.de/fileadmin/user_upload/Referenzen/Studien/Ausgestaltung_Biokraftstoffgesetzgebung.pdf. Zugegriffen: 22. Aug. 2019.

Naumann, K., Schröder, J., Oehmichen, K., Etzold, H., Müller-Langer, F., Remmele, E., Tuneke, K., Raksha, T., & Schmidt, P. (2019). *Monitoring Biokraftstoffsektor* (4. überarbeitete und erweiterte Aufl.) DBFZ Report Nr. 11. ▶ https://www.dbfz.de/fileadmin/user_upload/Referenzen/DBFZ_Reports/DBFZ_Report_11_4.pdf. Zugegriffen: 21. Aug. 2019.

Nizami, A. S., Rehan, M., Waqas, M., Naqvi, M., Ouda, O. K. M., Shahzad, K., Miandad, R., Khan, M. Z., Syamsiro, M., Ismail, I. M. I., & Pant, D. (2017). Waste biorefineries: Enabling circular economies in developing countries. *Bioresource Technology.* ▶ https://doi.org/10.1016/j.biortech.2017.05.097.

O'Callaghan, K. (2016). Technologies for the utilisation of biogenic waste in the bioeconomy. *Food Chemistry, 198,* 2–11.

Quicker, P., Kruse, A., Weber, K., & Blöhse, D. (2016). Thermochemische Prozesse zur Herstellung von Biomassekarbonisaten. In P. Quicker & K. Weber (Hrsg.), *Biokohle – Herstellung, Eigenschaft und Verwendung von Biomassekarbonisation* (S. 15–82). Wiesbaden: Springer Vieweg.

RED II. (2018). European Parliament and Council of the European Union: Proposal for a Directive of the European Parliament and of the Council on the promotion of the use of energy from renewable sources: RED II 2018. ▶ http://www.europarl.europa.eu/doceo/document/TA-8-2018-0444_EN.html. Zugegriffen: 9. Sept. 2019.

Rogelj, J., Shindell, D., Jiang, K., Fifita, S., Forster, P., Ginzburg, V., Handa, C., Kheshgi, H., Kobayashi, S., Kriegler, E., Mundaca, L., Séférian, R., & Vilariño, M. V. (2018). Mitigation pathways compatible with 1.5°C in the context of sustainable development. Global warming of 1.5 °C. An IPCC special report on the impacts of global warming of 1.5 °C above pre-industrial levels and related global greenhouse gas emission pathways, in the context of strengthening the global response to the threat of climate change (Chapter 2). Intergovernmental Panel on Climate Change.

Roskosch, A., Heidecke, P., Bannick, C.-G., Brandt, S., Bernicke, M., Dienemann, C., Gast, M., Hofmeier, M., Kabbe, C., Schwirn, K., Vogel, I., Völker,D., & Wiechmann, B. (2018). KLÄRSCHLAMMENTSORGUNG in der Bundesrepublik Deutschland. Umweltbundesamt. ▶ https://www.umweltbundesamt.de/sites/default/files/medien/376/publikationen/2018_10_08_uba_fb_klaerschlamm_bf_lol.pdf. Zugegriffen: 26. Aug. 2019.

Schneider, M., Röhlen, S., & Abel, C. (2018). Vermarktungsalternativen für Komposte außerhalb der Landwirtschaft. In M. Kern & T. Raussen (Hrsg.), *Neue Perspektiven für die Bioabfallwirtschaft* (S. 35–39). Witzenhausen: Witzenhausen Institut für Abfall, Umwelt und Energie.

Schug, H., Krück, C., Ploetz, C., & Zweck, A. (Hrsg.) (2007). Nachhaltigkeit, Kooperationen und die Zukünfte der Abfallwirtschaft, Aktuelle Problemstellungen und Lösungsansätze aus Theorie und Praxis. Zukünftige Technologien Consulting. ▶ https://www.vditz.de/fileadmin/media/publications/pdf/Band_68_nachhaltigkeit_kooperationen_zukuenfte_abfallwirtschaft.pdf. Zugegriffen: 21. Aug. 2019.

Schug, H., Krück, C., Ploetz, C., Werner, T., & Zweck, A. (2008). Die Zukunfts(t)räume der Abfallwirtschaft. Der Almanach der Recycling-Branche 2008 (S. 12–15). ▶ https://www.vditz.de/fileadmin/media/publications/pdf/zukunftstraeume_RecyclingAlmanach.pdf. Zugegriffen: 21. Aug. 2019.

Thrän, D. (Hrsg.) (2019). Interdisziplinäres Bewertungsinstrument für Bioenergie-Entwicklungspfade. Materialien zur Analyse „Biomasse im Spannungsfeld zwischen Energie- und Klimapolitik. Potenziale – Technologien – Zielkonflikte. Schriftenreihe Energiesysteme der Zukunft". ▶ https://www.akademienunion.de/fileadmin/redaktion/user_upload/Publikationen/Stellungnahmen/ESYS_Materialien_Bioenergie.pdf. Zugegriffen: 21. Aug. 2019.

UBA (Umweltbundesamt). (2019). Erneuerbare Energien in Zahlen. ▶ https://www.umweltbundesamt.de/themen/klima-energie/erneuerbare-energien/erneuerbare-energien-in-zahlen#statusquo. Zugegriffen: 21. Aug. 2019.

Venkata Mohan, S., Nikhil, G. N., Chiranjeevi, P., Nagendranatha Reddy, C., Rohit, M. V., Naresh Kumar, A., & Sarkar, O. (2016). Waste biorefinery models towards sustainable circular bioeconomy: Critical review and future perspectives. *Bioresource Technology, 215,* 2–12.

Verordnung (EU) 2017/893 der Kommission vom 24. Mai 2017 zur Änderung der Anhänge I und IV der Verordnung (EG) Nr. 999/2001 des Europäischen Parlaments und des Rates sowie der Anhänge X, XIV und XV der Verordnung (EU) Nr. 142/2011 der Kommission in Bezug auf die Bestimmungen über verarbeitetes tierisches Protein (Text von Bedeutung für den EWR) (ABl. Nr. L 138 vom 25.05.2017 S. 92, ber. L 312 S. 93).

Zabaniotou, A. (2018). Redesigning a bioenergy sector in EU in the transition to circular waste-based bioeconomy – A multidisciplinary review. *Journal of Cleaner Production, 177,* 197–206.

Dr. Andrea Schüch

(geb. 1971) studierte den Diplomstudiengang Landeskultur und Umweltschutz an der Universität Rostock und promovierte dort. Sie erforscht Fragen der Optimierung der stofflichen und energetischen Verwertung von biogenen Abfall- und Reststoffen sowie der Integration der Bioenergie und der Sektorenkopplung. Basis dafür bilden internationale Forschungsprojekte sowie das Landesexzellenzprojekt Netzstabil, in welchem sie aktuell tätig ist. Sie ist seit 2007 wissenschaftliche Mitarbeiterin an der Agrar- und Umweltwissenschaftlichen Fakultät der Universität Rostock. In der internationalen Arbeitsgruppe Abfallmanagement ist sie seit 2010 Mitglied. Des Weiteren engagiert sie sich in der Arbeitsgemeinschaft Bioenergie des Landesverbands Erneuerbare Energien Mecklenburg-Vorpommern e. V. sowie im norddeutschen Kooperationsverbund der Energieforschung.

Christiane Hennig

(geb. 1982) ist wissenschaftliche Mitarbeiterin in der Abteilung Bioenergiesysteme am Deutschen Biomasseforschungszentrum in Leipzig. Hier beschäftigt sie sich mit Themen der nachhaltigen Energieversorgung, der Ökonomie von Bioenergiesystemen sowie der Bioökonomie und Energiepolitik. Ihr Arbeitsschwerpunkt liegt auf der Energiewende und den Strategien zur Förderung der Nutzung von Biomasse zur Energieerzeugung. Sie hat einen Master in Umweltmanagement und -politik der Lund Universität in Schweden absolviert sowie einen MBA der Central European University. Seit 2008 ist sie Mitglied und Leiterin der Arbeitsgruppe Bioenergy Task 40 der internationalen Energieagentur sowie Mitglied der Deutschen Akademie der Technikwissenschaften (acatech). Dort ist sie wissenschaftliche Referentin in der Arbeitsgruppe Bioenergie.

Digitale Bioökonomie

Kathrin Rübberdt

D. Thrän, U. Moesenfechtel (Hrsg.), *Das System Bioökonomie*,
https://doi.org/10.1007/978-3-662-60730-5_9

9

9.1 Übersichtsgrafik

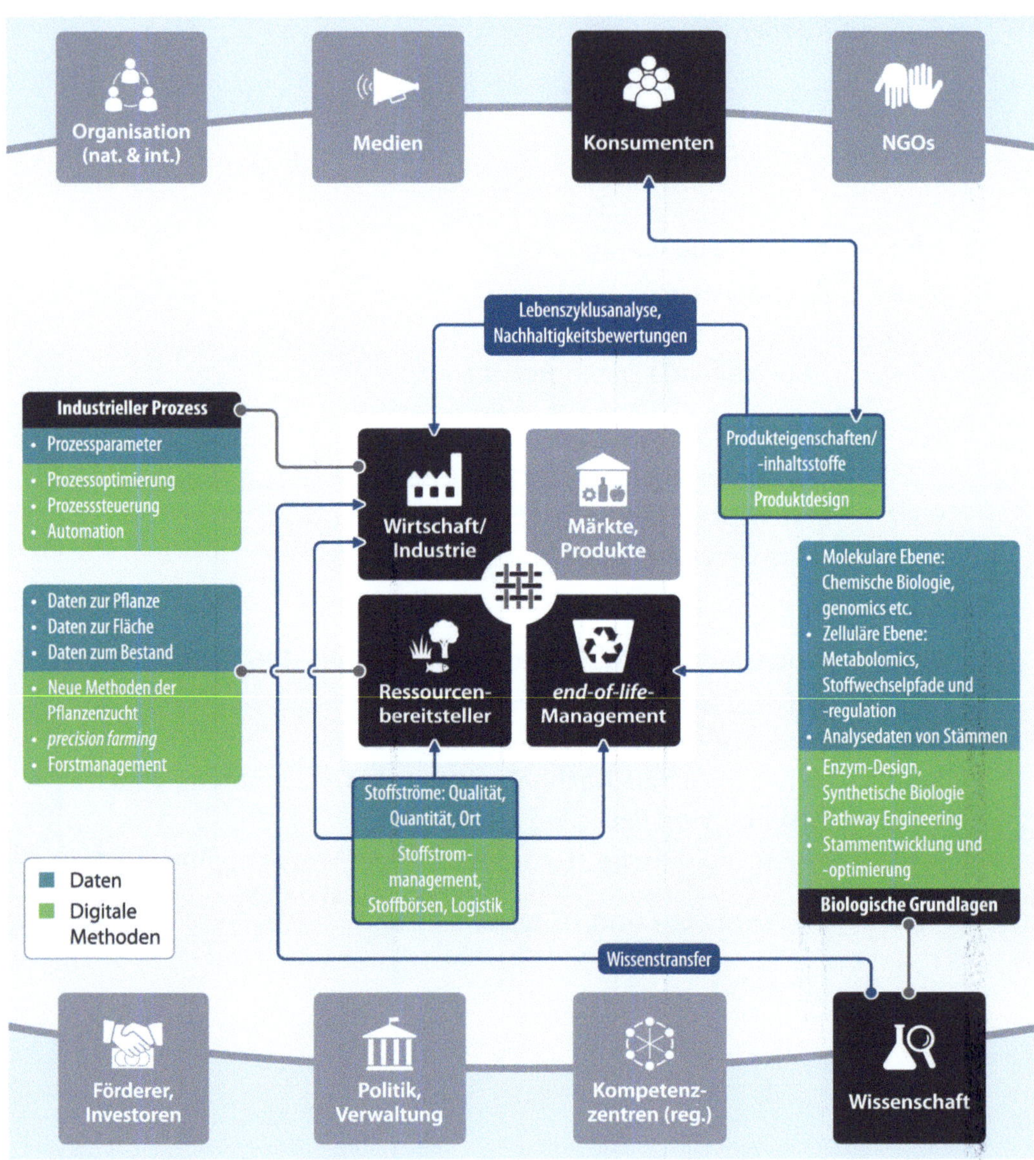

9.2 Systembeschreibung

„Digitalisierung" ist in aller Munde – aber nicht immer meinen diejenigen, die darüber reden, das Gleiche. Die Interpretationen reichen vom Ausbau der Datenautobahn, bei dem es sich eher um eine Frage der Infrastruktur handelt, bis zur Künstlichen Intelligenz als Vision für eine mittlere bis fernere Zukunft, in der Maschinen einen großen Teil der Arbeit übernehmen. Umfang und Zeithorizont dessen, was unter Digitalisierung verstanden wird, unterscheiden sich bisweilen ganz erheblich.

Auch im Kontext der Bioökonomie beschreibt „Digitalisierung" eine ganze Reihe unterschiedlicher Aspekte. Allen gemeinsam ist, dass es im Kern um die Erfassung, die elektronische Verarbeitung und den Austausch von Daten geht. Für die biotechnologische Forschung und Entwicklung kann folgende Definition gelten:

> » „Unter dem Begriff ‚Digitalisierung' verstehen wir dabei die umfassende Virtualisierung, d. h. die Schaffung digitaler Abbilder, von Ressourcen, Abläufen und Prozesse im Rahmen der Entwicklung von Produkten und Produktionsverfahren bis hin zum Betrieb biotechnologischer Produktionsprozesse" (DECHEMA 2018, S. 4).

Durch neue Analysemethoden („Big Data") und die Verknüpfung von Daten aus unterschiedlichen Quellen lassen sich neue Erkenntnisse gewinnen. Zur Digitalisierung gehört auch die Rückwirkung: So lassen sich Prozesse auf unterschiedlichsten Ebenen automatisch steuern und optimieren. Als Ziel kann in der Regel gelten, die Ressourcen- und Produkteffizienz zu steigern – und zwar auf allen Stufen der Wertschöpfung von der Forschung und Entwicklung bis zur Schließung von Stoffkreisläufen im großen Rahmen (Klitkou et al. 2017). In der Bioökonomie betrifft dies nicht nur das einzelne Labor oder Unternehmen und seine internen Datenströme, sondern umfasst verschiedene Sektoren wie Landwirtschaft, Logistik, verarbeitende Industrie bis hin zu Endverbrauchern und Behörden. Gleichzeitig müssen Regeln für die Datenströme geschaffen werden, etwa durch das Setzen von Standards, die Datenflüsse überhaupt erst ermöglichen, oder durch Governance, die den Datenschutz sicherstellt.

9.2.1 Datenquellen

Angesichts der Vielfalt an Daten, die im Kontext der Bioökonomie anfallen, scheint diese Branche für die Digitalisierung prädestiniert. So laufen in der Bioökonomie auch schon seit einiger Zeit Digitalisierungsaktivitäten an unterschiedlichsten Stellen des Bioökonomiezirkels. Sie reichen von der molekularen Ebene bis zur systemischen Betrachtung der Bioökonomie in allen ihren Dimensionen, erstrecken sich aber bisher meist nur auf einen Teilbereich wie Hochdurchsatztechnologien in Forschung und Entwicklung oder die Verfügbarkeit und Planbarkeit von Ressourcen aus Land- und Forstwirtschaft. Die Herausforderung liegt darin, diese Daten, die unterschiedlichste Dimensionen beschreiben und dementsprechend in einer Vielzahl von Formaten vorliegen, sinnvoll zu verknüpfen und zu interpretieren.

Daten fallen unter anderem in der **Pflanzenzucht** an, angefangen vom Screening der Inhaltsstoffe unterschiedlicher Pflanzen für die Zuchtauswahl bis zu molekularbiologischen Methoden, mit denen sich Eigenschaften anhand des Genoms eruieren lassen. In der Landwirtschaft selbst spielen Daten mit Bezug zur **Fläche** – etwa Bodeninhaltsstoffe oder Feuchtigkeitsgrad – eine Rolle, aber auch Wetterdaten. Und sowohl in der Land- wie in der Forstwirtschaft lassen sich mithilfe von Fernerkundung Daten zum **Bestand** pro Fläche und zum Zustand der Pflanzen (Reifegrad, Krankheiten, Schädlingsbefall etc.) ermitteln.

9.2.1.1 Forschung und Entwicklung

Für die Nutzung nachwachsender Rohstoffe spielen biotechnologische Methoden eine wesentliche Rolle. Enzyme sind in der Lage, die komplexen Bestandteile der Biomasse passgenau zu transformieren. Um solche Verfahren gezielt zu entwickeln und einzusetzen, ist ein Verständnis des Geschehens auf der molekularen Ebene wichtig. Enzymatische

Prozesse werden schon lange in der Industrie eingesetzt. In der Lebensmittelherstellung sind sie fast so alt wie die Verarbeitung von Lebensmitteln selbst – ein gerne zitiertes Beispiel für die enzymatische Fermentation mit Ganzzellen ist das Bierbrauen, das bereits bei den Sumerern ca. 3000 vor Christus bekannt war. Über die pharmazeutische Industrie mit ihren großen und komplexen, häufig auf Naturstoffen basierenden Molekülen hat die Biotechnologie inzwischen auch in der chemischen Industrie Einzug gehalten. Ihre Vorteile für viele Anwendungen liegen auf der Hand: hohe Selektivität bei vergleichsweise milden Bedingungen und eine sehr hohe Effizienz insbesondere bei gezielten Modifizierungen komplexer Moleküle. Enzyme zeichnen sich dadurch aus, dass sie nach einem „Schlüssel-Schloss"-Prinzip funktionieren: Das Molekül, das verändert werden soll, passt auf genau eine bestimmte Weise zum Enzym. Ermöglicht wird dies durch die häufig sehr komplizierten Strukturen der Enzyme, die sich zudem im Zuge von Reaktionen verändern können. Erst durch neue Möglichkeiten in der Analytik ist es in den vergangenen Jahren gelungen, die Wirkmechanismen nicht nur zu verstehen, sondern auch vorhersagen zu können. Die erheblichen Datenmengen, die dabei anfallen, werden nicht nur in Datenbanken gespeichert, sondern auch zur gezielten Entwicklung neuer Enzyme genutzt (▶ Abschn. 9.3.1.2).

In vielen biotechnologischen Verfahren kommen unterschiedliche Produktionsorganismen wie Bakterien, Hefen oder Pilze zum Einsatz. Verglichen mit zellfreien Systemen sind solche Prozesse zwar aufwändiger hinsichtlich der Aufarbeitung, können aber deutlich robuster sein. Um die Systeme besser zu verstehen und einsetzen zu können, wird die zelluläre Ebene umfassend analysiert. Um die Ausbeuten zu erhöhen, gilt es nicht nur, den geeigneten Organismus zu finden, sondern ihn auch möglichst hinsichtlich Produktionsraten zu optimieren. Außerdem müssen die Stämme tolerant gegenüber den erwünschten Produkten und etwaigen Nebenprodukten sein, und sie müssen Schwankungen bei Prozessparametern wie pH oder Temperatur vertragen, damit die Prozesse möglichst robust laufen.

9.2.1.2 Prozessentwicklung & Verfahrenstechnik

Ein einzelner Syntheseschritt macht noch keinen ganzen Prozess aus; die meisten Verfahren kombinieren mehrere Umwandlungsschritte, ehe aus dem Rohstoff die gewünschte Molekülstruktur geworden ist. In den vergangenen Jahren ist ein verstärkter Trend zur Kombination von biotechnologischen und chemischen Reaktionsschritten zu beobachten, um jeweils die Alternative mit der höchsten Effizienz zu nutzen. Das führt allerdings zu neuen Herausforderungen – angefangen von der Frage nach den Lösungsmitteln (chemische Umsetzungen erfolgen meist in organischen Lösungsmitteln, während in der Biotechnologie Wasser zum Einsatz kommt) über die Erschließung von neuen Prozessfenstern (Temperatur, pH, Druck etc.), die ein durchgängiges Verfahren mit wenig zwischenzeitlichen Aufarbeitungsschritten ermöglichen, bis zu den sehr unterschiedlichen Voraussetzungen für die Isolierung der Produkte. Jeder einzelne Reaktionsschritt ist mit einer Menge von Daten verknüpft, die die Reaktionsbedingungen, aber auch Reaktionsgeschwindigkeiten, Ausbeuten und vieles mehr umfassen.

Ein wesentlicher Schritt der Prozessentwicklung ist das *upscaling*, die Übertragung aus dem Labormaßstab in größere Volumina. Was im Reagenzglas funktioniert, lässt sich nicht einfach in einem größeren Reaktor 1:1 abbilden. In der Vergangenheit war dafür meist eine stufenweise Anpassung notwendig – vom Labormaßstab mit einigen 100 mL über das Technikum bis zum Hektoliterbereich bis zum großskaligen industriellen Prozess – die im Wesentlichen auf Versuchen beruhte. Heute arbeiten Forscher und Entwickler an Simulations- und Modellierungsmethoden, die auf Basis vorhandener Daten und Modelle eine direkte Berechnung großvolumiger Prozesse möglich machen.

9.2.1.3 Prozesskontrolle und -optimierung

Industrielle Prozesse werden auch nach ihrer Einführung kontinuierlich überwacht und verbessert. Prozesskontrolle und -optimierung beruhen auf der ständigen Beobachtung der Verfahren hinsichtlich der Prozessparameter wie Temperatur, pH oder Druck sowie der Produktkontrolle. Während dafür früher Proben entnommen und ins Labor gebracht wurden, wird heute so viel wie möglich im laufenden Prozess *(inline)* gemessen, um möglichst schnell auf Abweichungen reagieren zu können. Außerdem werden die Prozesse fortlaufend optimiert, um Energie- und Ressourcenverbrauch zu senken, Ausbeuten zu erhöhen und Kosten zu senken.

9.2.2 Datenaustausch

Die Bioökonomie als ganzheitlicher Ansatz ist auf das Zusammenwirken verschiedenster Bereiche angewiesen. Entsprechend wichtig ist der Austausch von Daten zwischen verschiedenen Sektoren, der bisher jedoch meist unidirektional erfolgt und in aller Regel nur zwischen zwei Feldern stattfindet.

9.2.2.1 Stoffstrommanagement

Ein wesentlicher Unterschied zwischen der bisherigen hauptsächlich fossil basierten Wirtschaft und der Bioökonomie ist die Frage nach Rohstoffbereitstellung und -verfügbarkeit. Während fossile Ressourcen in der Regel aus punktförmigen Quellen (Ölfelder, Kohleminen) stammen und innerhalb einer gewissen Schwankungsbreite sehr ähnlich zusammengesetzt sind, sind die Rohstoffquellen für die Bioökonomie in der Regel dezentral, variieren saisonal, und die Zusammensetzung von Biomassen kann sich erheblich unterscheiden. Deshalb kommt dem Stoffstrommanagement eine entscheidende Rolle zu. Die Fragen nach der Rohstoffverfügbarkeit ist schon auf der Makroebene einer der wesentlichen Diskussionspunkte der Bioökonomie. Bisher fokussierten entsprechende Studien auf der Ebene der Europäischen Union vor allem auf die Biomasseverfügbarkeit für Bioenergie und auf größere Räume wie Deutschland oder die Europäische Union insgesamt (EK 2019; Elbersen et al. 2012; BMU und BMELV 2009). Für die einzelne Anlage sind die regional verfügbaren Mengen die ausschlaggebende Frage (Verband Region Rhein-Neckar 2010). Saisonale Schwankungen können zu geringen Anlagenauslastungen oder sogar -stillständen führen und damit die Wirtschaftlichkeit negativ beeinflussen. Deshalb ist die Frage, welche Stoffströme verfügbar sind und wo sie hingelenkt werden, eine der wesentlichen Herausforderungen für die Umsetzung der Bioökonomie. Benötigt werden dafür Daten zur Zusammensetzung, Menge und Ort der Biomasse sowie den Bedarfen beziehungsweise Verarbeitungsmöglichkeiten und zu möglichen Transportwegen.

9.2.2.2 Integration der *supply chain*

Bisher spielte die datentechnische Integration der *supply chain* in der Prozessindustrie eine eher untergeordnete Rolle. Anders als bei Konsumgütern wie Autos, Kleidern oder Lebensmitteln sind Massenprodukte wie Plattformchemikalien weit vom Endverbraucher entfernt und wenig differenzierbar. Erst mit dem neuen Trend zu kleineren Chargen und neuen Geschäftsmodellen, die statt eines chemischen Bulkprodukts kundenorientierte Lösungen anbieten (Bjacek 2014), spielt die Rückwärtsintegration von Daten über die Wertschöpfungskette hinweg eine größere Rolle: Sie ermöglicht es Unternehmen, ihre Produktion stärker an Kundenbedürfnissen auszurichten. Dafür müssen Daten wie spezifische Kundenwünsche, Liefermengen nach Zeit und Ort und zusätzliche Serviceleistungen gebündelt und in die Produktion zurückgespielt werden; von dort aus werden wiederum die Bestellungen an Zulieferer gesteuert, im Extremfall bis zum Beginn der Wertschöpfungskette beim Rohstoffproduzenten.

9.2.3 Datenspeicherung

Angesichts der enormen Datenmengen, die heute schon täglich im Internet, in der Forschung oder in der industriellen Prozessüberwachung anfallen, stellt sich die Frage nach geeigneten Speichermethoden. Herkömmliche Speichersysteme haben begrenzte Kapazitäten, benötigen Raum und Rohstoffe und nicht zuletzt Energie – der CO_2-Fußabdruck der digitalen Gesellschaft wird zunehmend zum Thema.

Statt auf neue elektronische Speichermedien richtet sich der Blick auf biologische Systeme. Schließlich ist die DNA nichts anderes als ein sehr kompakter Datenspeicher. Bis zu 215 Petabyte (das sind 215 Mio. GB) an Information lassen sich in einem Gramm DNA speichern. Bei richtiger Lagerung kann sie über Jahrhunderte und Jahrtausende konserviert werden, und das „Datenformat" ist von der Natur vorgegeben und damit unabhängig von der Technologie auch für künftige Generationen lesbar (Service 2017). Nicht nur Wissenschaftseinrichtungen, sondern auch Unternehmen forschen schon an Möglichkeiten, die Prozesse zur Datenspeicherung in DNA kostengünstiger und schneller zu machen (Pharmabiz 2018). Noch allerdings ist die Methode zu teuer und für Alltagsanwendungen auch zu langsam.

9.2.4 Übergreifende Datenmodelle

Die Vision der Bioökonomie beinhaltet Nachhaltigkeit als Grundvoraussetzung. Ein auf Biomasse basierendes Wirtschaftssystem kann nur dann nachhaltig sein, wenn alle Stufen von Land- und Forstwirtschaft über Logistik und Verarbeitung bis zu Gebrauch und Recycling berücksichtigt werden. Das heißt, dass die Daten jeder einzelnen Stufe dem Produkt als „Rucksack" mitgegeben werden. Dazu gehören Modelle vom „Fußabdruck" (meist bezogen auf einzelne Umweltparameter wie Wasserverbrauch oder CO_2-Emission), Methoden zur Messung der Ressourceneffizienz von Verfahren bis hin zur Ökobilanz oder Lebenszyklusanalyse in ihren verschiedenen Varianten (▶ Kap. 20). All diesen Methoden ist gemeinsam, dass sie einen enormen Datenbedarf haben, um aussagekräftige Ergebnisse zu liefern (Saurat et al. 2015; O'Rourke 2014).

9.3 Innovationen

Die Übersicht zeigt, wie viele Daten für die Bioökonomie von Bedeutung sein können. Während innerhalb der einzelnen Sektoren verschiedenste, auf Digitalisierung beruhende, Innovationen bereits heute im Einsatz sind oder kurz vor der praktischen Einführung stehen und die Effizienz innerhalb der einzelnen Bereiche erheblich erhöhen, stehen digitale Modelle, die auf Datenaustausch basieren oder ganze Systeme beschreiben, eher noch am Anfang. Gerade hier sind jedoch die Innovationspotenziale voraussichtlich am größten.

9.3.1 Digitalisierung einzelner Bereiche

9.3.1.1 Ressourcen

Die Digitalisierung kann wesentliche Beiträge zu einer effizienteren Flächennutzung leisten. Das fängt bei der Pflanze an: Moderne Analyse- und Hochdurchsatzverfahren ermöglichen es, die Zucht von Pflanzen mit bestimmten Eigenschaften erheblich zu beschleunigen (Koch 2014; Spektrum o. D.). Dazu werden unter anderem die erwünschten Zuchtmerkmale bereits im Genom analysiert und selektiert. Hochdurchsatzanalysetechniken erlauben es, die Stoffwechselprodukte der Pflanzen simultan zu erfassen. Ein Beispiel für den Einsatz solcher Methoden ist die Züchtung des Russischen Löwenzahns für die Herstellung von Biokautschuk (FNR 2011). Dank der neuen Techniken konnten geeignete Pflanzen ausgehend von einem Projekt im Jahr 2011 ausgewählt und optimiert werden, und sieben Jahre später werden Autoreifen aus dem Löwenzahnkautschuk getestet (Continental 2016) – eine enorm kurze Entwicklungszeit für ein solches Verfahren. Der Markteinführung stehen allerdings bisher die (noch) nicht wettbewerbsfähigen Kosten entgegen.

Doch die Digitalisierung der Landwirtschaft endet nicht bei der Pflanze. Unter *precision farming* versteht man die ortsdifferenzierte und zielgerichtete Bewirtschaftung landwirtschaftlicher Nutzflächen. Dabei werden die Unterschiede innerhalb eines Feldes kleinräumig berücksichtigt. Fernerkundungsdaten können beispielsweise Auskunft über Feuchtigkeit oder Chlorophyllgehalt geben, Sensoren an den Landmaschinen ermitteln während der Fahrt über das Feld Parameter wie den Stickstoffgehalt. Anhand dieser Daten können dann kleinste Flächeneinheiten punktgenau mit Dünger, Pflanzenschutzmitteln oder Wasser versorgt werden (Pößnek 2011). Auch in der Forstwirtschaft hat die Digitalisierung bereits Einzug gehalten: Mithilfe von Drohnen können Waldbestände aus der Luft kartiert und auf Schäden überprüft werden. Moderne Forstmaschinen können mit Sensoren die Holzerntemengen erfassen und die Verkaufssortimente optimieren (Forstpraxis 2017).

Umfassende Daten über die verfügbaren Ressourcen sollen zukünftig in das Stoffstrommanagement eingehen. Bestrebungen gehen dahin, integrierte Modelle zu entwickeln, bei denen die Rohstoffe analysiert und die Analysedaten zu ihrer Zusammensetzung und zu Stoffgehalten zusammen mit Angaben über die Rohstoffmenge und den Herkunfts- oder Lagerort in Stoffstrombörsen eingespeist werden. In solchen Börsen könnten dann Verfügbarkeit und Bedarf zusammengeführt und gleichzeitig optimale Transportrouten ermittelt werden, um die Biomasse mit möglichst wenig Aufwand vom Anbieter zum Verbraucher zu bringen.

Bei anderen Ressourcen wie Schwämmen oder Mikroalgen steht die systematische Erfassung der Potenziale noch am Anfang; so sind von geschätzt mehr als 100.000 Algenarten bisher weniger als 10.000 klassifiziert (Bippes et al. 2016).

9.3.1.2 Industrielle Prozesse

Forschung und Entwicklung

Plausible Schätzungen sagen, dass nicht einmal 1 % der Mikroorganismen im Labor kultivierbar ist. Deshalb werden neue mikrobielle Enzyme heute meistens zuerst *in silico* entdeckt, also durch die Computeranalyse der Genomdaten von sehr diversen Mikroorganismengemeinschaften, zum Beispiel aus Böden oder Abwässern. Die Datenmengen und der Rechenaufwand der Metagenomanalyse sind gigantisch, denn die mehrere Gigabasen großen Datensätze aus den Sequenzierungen müssen im Computer zu überlappenden Genomsequenzen zusammengesetzt (assembliert) und auf proteintypische Sequenzmuster durchsucht werden. Durch die enormen Fortschritte der Bioinformatik und der chemischen Biologie, die ohne entsprechende Möglichkeiten zur Datenverarbeitung nicht möglich gewesen wären, ist das Verständnis für die Funktionsweise von Biomolekülen in den letzten Jahren enorm vertieft worden. So können heute „maßgeschneiderte“ Enzyme entwickelt werden. Beispielsweise enthält die Braunschweiger Datenbank BrEnDa Daten zu über 84.000 Enzymen (BRENDA o. D.). Insgesamt sind in wissenschaftlichen Datenbanken mittlerweile mehr als 20 Mio. Proteinsequenzen, „Baupläne der Enzyme“, hinterlegt. Deutlich geringer ist die Zahl der bekannten dreidimensionalen Proteinstrukturen, von denen zur Zeit rund 140.000 in der Protein Data Bank archiviert sind. Diese Informationen sind wichtig für das gezielte *In-silico*-Design von neuen Enzmyen mit genau vorherbestimmten Funktionen (Bornscheuer et al. 2012). Zu ihrer Erzeugung nutzt man die gerichtete molekulare Evolution von jenen Bereichen eines Enzyms, die für die zu optimierenden Funktionen relevant sind. Die modernen datenintensiven Hochdurchsatzmethoden erlauben es, die Mechanismen der Evolution im Reagenzglas *(in vitro)* anzuwenden und aus Bibliotheken von 10^9 bis 10^{10} Molekülvarianten die gewünschten Enzyme „herauszufischen".

Doch nicht nur auf molekularer, sondern auch auf zellulärer Ebene eröffnet die Digitalisierung neue Wege:

> „Tomorrows bioeconomy relies on emerging technologies such as synthetic biology (the direct engineering of microbes and plants), proteomics (the large-scale study and manipulation of proteins in an organism), and bioinformatics (computational tools for expanding the use of biological and related data), as well as new technologies as yet unimagined" (US Government 2012, S. 1).

All diese Methoden beruhen darauf, sehr große Datenmengen zu gewinnen und zu verarbeiten: Komplette genetische Informationen (Genom), das gesamte Proteininventar einer Zelle (Proteom) oder alle Stoffwechselprodukte (Metabolom) werden analysiert und ausgewertet, um zum Beispiel neue Produktionsmöglichkeiten zu erschließen. Durch das sogenannte *pathway engineering* wird der Stoffwechsel der Zelle so „umgebaut", dass Sekundärmetabolite in viel höherem Maß produziert werden, also Nebenprodukte des zellulären Stoffwechsels. Moderne Methoden des *genome editing* wie CRISPR/Cas ermöglichen es, einzelne Gene gezielt auszutauschen. Die synthetische Biologie hat zum Ziel, mithilfe von „Bio-Bricks", also biologischen Bausteinen, Stoffwechselwege beziehungsweise Organismen zusammenzubauen, die bestimmte Aufgaben optimal erfüllen (Becker et al. 2016). Voraussetzung für den Einsatz all dieser Verfahren und ihre Weiterentwicklung ist neben der Entwicklung von Auswertungsmethoden eine leistungsstarke IT-Infrastruktur (Deutsche Akademie der Naturforscher Leopoldina e. V. 2014).

Prozessentwicklung und Verfahrenstechnik

Eine wesentliche Voraussetzung für die Entwicklung biotechnologischer Prozessschritte ist die Stammentwicklung, das heißt die gezielte Auswahl und Zucht von Mikroorganismen, die sich für eine bestimmte Produktionsaufgabe als besonders geeignet erwiesen haben. Dazu werden heute viele Testansätze im Rahmen von Hochdurchsatzverfahren weitgehend automatisiert durchgeführt: In winzigen Reaktionsgefäßen werden die Kulturen angesetzt, das Screening und die Auswahl der Stämme, die weiter entwickelt werden, erfolgen mithilfe von Maschinen. Über 10.000 Stämme können so pro Woche getestet werden.

Auch für die Entwicklung der Prozesse werden Hochdurchsatzmethoden in miniaturisierten Reaktoren eingesetzt. Die Analytik und Auswertung erfolgt automatisiert. So können Reaktionsbedingungen innerhalb kürzester Zeit optimiert werden. Mithilfe von modernen Simulations- und Modellierungsverfahren lassen sich nicht nur einzelne Schritte vorausberechnen, sondern ganze Synthesewege. Gerade bei der Integration von chemischen und biotechnologischen Verfahren, die ganz unterschiedlichen Voraussetzungen folgen, ist der Einsatz von Algorithmen zur Ermittlung des „kleinsten gemeinsamen Nenners" eine wesentliche Hilfe in der Prozessentwicklung.

Für biotechnologische Verfahren ist das *upscaling* in der Regel komplexer als für klassisch-chemische Verfahren. Die Biotechnologie unterliegt deutlich mehr Faktoren und Wechselwirkungen, und Inhomogenitäten im Reaktor können dazu führen, dass sich an einigen Stellen die Populationen ganz anders entwickeln, als es eigentlich erwünscht ist. Auch dieser Schritt erfolgt mittlerweile häufig mit Hilfe von Modellierungsberechnungen – oder man verzichtet gleich ganz darauf und folgt stattdessen Ansätzen des *up-numbering:* Anstelle eines großen Reaktors werden viele kleine Reaktoren eingesetzt. Das erlaubt gleichzeitig, Produktionsmengen extrem flexibel anzupassen.

Prozesskontrolle und -optimierung

Auch, wenn der Prozess dann im industriellen Maßstab läuft, hört der Einfluss der Digitalisierung nicht auf – ganz im Gegenteil. Prozesse werden zunehmend automatisiert. Möglich ist dies dank neuer Sensoren, die in Echtzeit und möglichst nicht-invasiv eine Vielzahl von Prozessdaten erfassen und an die Steuerung melden, die die Daten sofort verarbeiten. Das kann bis dahin gehen, dass der Sensor selbst steuernd in den Prozess eingreift und damit ein unabhängiger lokaler Regelkreis entsteht. Dabei wandert die „Intelligenz" zunehmend aus einer zentralen Leitstelle in die einzelnen Sensoren selbst. Damit wird das Problem der riesigen zu transportierenden Datenvolumina teilweise umgangen und die Reaktionszeiten verringern sich (DECHEMA 2017). Neue optische Sensoren erlauben die parallele Messung mehrerer Parameter. Solche Geräte können eine vollständige Spektralanalyse durchführen und so beispielsweise Stickstoffverbindungen, organische Verbindungen und weitere Messgrößen gleichzeitig und in Echtzeit bestimmen – wichtig für Umweltüberwachung, aber auch Biogasanlagen oder fermentative Verfahren. Gleichzeitig zeigt sich, dass biotechnologische Prozesse mit ihrer hohen Komplexität und Eigendynamik aus wissenschaftlicher Sicht nicht vollständig modellierbar sind. Diverse relevante Parameter wie die Biomassekonzentration können *in situ* nur sehr schwer oder gar nicht direkt bestimmt werden, was zu hohen Ungenauigkeiten führt. Deshalb entwickeln Wissenschaftler Prozessüberwachungssysteme, die auf *fuzzy logic* basieren (Birle 2017). Solche Systeme sollen das abbilden, was bei einem menschlichen Anlagenführer als Erfahrungswissen oder „Bauchgefühl" in Entscheidungen einfließt. Sie können trotz Ungenauigkeiten oder unvollständiger Informationen Prozessoptimierungen vornehmen und so zum Beispiel Fermentationen in der Lebensmittelindustrie steuern. Bisher werden viele dieser Innovationen allerdings dadurch behindert, dass keine gemeinsamen Datenstandards existieren und die Durchlässigkeit innerhalb der Produktionsanlage nicht gegeben ist.

9.3.1.3 Stoffstrommanagement

Eine ganze Reihe von Projekten auf nationaler und EU-Ebene widmet sich derzeit der Frage, wie Stoffströme nicht nur erfasst werden können, sondern wie die Verfügbarkeit von unterschiedlichsten Biomassen je nach Ort und Zeit mit den Bedarfen der Verarbeiter in Einklang gebracht werden und aktiv gemanagt werden können. So hat das EU-Projekt DataBio zum Ziel, mithilfe von Big-Data-Methoden das Anbauportfolio optimal auf die Bedürfnisse der verarbeitenden Industriezweige abzustimmen (DataBio o. D.).

9.3.1.4 Integration der Lieferkette

Die Integration der Lieferkette *(supply chain)* vom Rohstofflieferanten über den Verarbeiter bis zum Endkunden ist das Herzstück des Konzepts von „Industrie 4.0". Das macht auch vor der Bioökonomie nicht halt. In der Medizin in Form personalisierter Medikamente oder bei Verbraucherprodukten wie Müsli oder Kleidung ist das individualisierte Produkt bereits etabliert. Gerade bei verbrauchernahen Produkten, etwa Kosmetika oder Lebensmitteln, sind solche Ansätze auch im Rahmen der Bioökonomie leicht denkbar. Etwas weiter weg erscheinen sie bei der Produktion von Chemikalien oder Kunststoffen, die dann weiterverarbeitet werden. Kundenansprüche schnell in Produkte umzusetzen, setzt voraus, dass ein Datenstrom über die gesamte Wertschöpfungskette läuft. Dem stehen bisher nicht nur technische Hürden wie unterschiedliche Datenformate im Weg, sondern auch Bedenken hinsichtlich der Wahrung von Betriebsgeheimnissen.

9.3.2 Systemische Ansätze

Zur Bewertung der Bioökonomie aus systemischer Sicht fehlen bisher nicht nur Daten, sondern auch entsprechende Datenmodelle. Die Bundesregierung hat mit dem Projekt „Bioökonomie-Monitoring" einen Impuls gegeben, entsprechende Grundlagen zu schaffen. Basierend auf drei Säulen – Rohstoffverfügbarkeit (Thünen-Institut o. D.), wirtschaftliche Aspekte (Fraunhofer ISI o. D.) und Nachhaltigkeit sowie ein integriertes Modellierungstool (UFZ 2017) – soll ein umfassendes systemisches Monitoring etabliert werden, dass die Basis für weiterreichende Entscheidungen liefern kann.

9.3.3 Neue Geschäftsmodelle

Die Digitalisierung eröffnet auch Möglichkeiten für neue Geschäftsmodelle. Wer führt Messungen durch? Oder – gerade bei der Datenintegration über mehrere Unternehmen hinweg – wer fungiert als neutraler „Datenmakler" und stellt sicher, dass kritische Daten nicht in unbefugte Hände gelangen? Im *precision farming* beispielsweise übernehmen *farming*-Dienstleister sehr häufig die geokodierte Bodenbeprobung, die Planung des Einsatzes der Düngemittel und die Erstellung entsprechender Karten (Pößnek 2011). Es gibt bereits Ansätze für Start-up-Unternehmen, die sich als Dienstleister für Datenhaltung und -austausch etablieren.

9.4 Zukunftsbilder

Das größte Potenzial der Digitalisierung für die Bioökonomie liegt in der Konvergenz der genannten Einzelinnovationen. Die Kombination der unterschiedlichen Technologien im Zusammenspiel mit weiteren Trends wie der Miniaturisierung kann dazu führen, völlig neue Ansätze für die Bioökonomie umzusetzen, die ohne die Digitalisierung nicht denkbar wären.

9.4.1 Vision: Industrielle Entwicklungspipeline

Schon heute haben zahlreiche neue Methoden in den Forschungs- und Entwicklungslaboren Einzug gehalten. Die konsequente Kombination dieser Methoden, die zum großen Teil auf Miniaturisierung, Automation und/oder Digitalisierung beruhen, hat das Potenzial, dass industrielle Entwicklungsprozesse zukünftig vollständig anders ablaufen als heute und in neue Geschäftsmodelle und Märkte münden. Erste Unternehmen setzen bereits weitgehend auf die Generierung und Auswertung großer biotechnologischer Datenmengen für die Entwicklung von Antikörper- oder Gendatenbanken, die im Auftrag anderer Firmen aufgebaut und ausgewertet werden. Auch die Arbeitswelt für Wissenschaftler wird sich grundlegend verändern, wenn Arbeitsabläufe systematisch flexibilisiert und digital unterstützt werden.

> » „Die industrielle Entwicklungs-Pipeline der Zukunft wird damit mehr einer automatisierten Fertigungsstraße in der Automobilindustrie ähneln als einem klassischen Laborbetrieb. Die Mitarbeiter entsprechender Firmen können sich im Labor durch Assistenzsysteme auf das Wesentliche konzentrieren und arbeiten überwiegend am Computer, wo sie biologische Systeme und Prozesse am Reißbrett entwerfen, Experimente unter Ausnutzung verteilter Ressourcen in Auftrag geben und automatisierte, modulare aufgebaute Produktionsprozesse mit intelligenten Sensornetzwerken überwachen"
> (DECHEMA 2018, S. 9).

Solche Konzepte sind besonders interessant im Bereich der Prozessentwicklung, wo es darum geht, geeignete molekulare Strukturen oder Organismen aus einer Vielzahl von Möglichkeiten auszuwählen. Ansatzweise umgesetzt sind sie schon in der Entwicklung von Biopharmazeutika, beispielsweise bei Antikörpern oder in der personalisierten Medizin. Voraussetzung für eine flächendeckende und unternehmensübergreifende Umsetzung auch für die industrielle Biotechnologie sind allerdings unter anderem, Schnittstellen und Datenstandards zu schaffen und verschiedene Technologien gezielt zu einem stringenten Gesamtkonzept zusammenzuführen.

9.4.2 Vision: Integrierte flexible Bioraffinerie

Ein zentrales Konzept der Bioökonomie ist die integrierte Bioraffinerie. Ähnlich wie heute in petrochemischen Raffinerien eine Reihe von Plattformchemikalien produziert werden, aus denen dann die gesamte Vielzahl chemischer Produkte hergestellt wird, soll in einer Bioraffinerie aus Biomasse ein großes Produktportfolio hergestellt werden. Bestehende Anlagen basieren auf einem einzigen Rohstoff, in der Regel auf Zucker, Stärke oder Pflanzenöl. Einige Visionen gehen noch einen großen Schritt weiter: Die flexible Bioraffinerie könnte unterschiedlichste Rohstoffe verarbeiten, von Grünschnitt über Stroh bis hin zu Reststoffen der Lebensmittelverarbeitung, und damit das Problem der lokalen und saisonalen Rohstoffverfügbarkeit weitgehend lösen. Eine solche hochflexible Anlage müsste modular aufgebaut sein, sodass je nach Rohstoff und Produktpalette von der Rohstoffzuführung über die Vorbehandlung und Verarbeitung bis zur Produktaufbereitung die einzelnen Anlagenteile kombiniert und ausgetauscht werden könnten. Erste Ansätze dafür gibt es im Bereich flexibler Lignocellulose-Bioraffinerien, die auf unterschiedliche Rohstoffe wie Sägespäne oder verschiedene Stroharten angepasst werden können. Die Voraussetzung dafür sind „intelligente" Komponenten: Module, die eine bestimmte Funktion erfüllen, kommunizieren miteinander, passen sich automatisch aneinander an und kontrollieren sich gegenseitig. Dafür braucht man ubiquitäre Schnittstellen und Datenstandards, die eine nahezu beliebige Kombination von Modulen abdecken. Die chemische Industrie entwickelt heute bereits solche modularen Konzepte. Für eine flexible Bioraffinerie, die ein weit größeres Rohstoffspektrum abdecken müsste, wäre die Zahl möglicher Module noch einmal deutlich höher und die Vielfalt – vom Schüttguttrichter über Trocknungseinrichtungen und Mahlwerke, um nur den Schritt der Rohstoffzuführung und -aufbereitung zu betrachten – weit größer.

9.4.3 Vision: Dezentrale Bioökonomie

Einer der wesentlichen Unterschiede zwischen der fossilbasierten Wirtschaft und der Bioökonomie ist, wie erwähnt, dass die Ressourcen dezentral anfallen. Neben dem Ansatz, die Logistik zu optimieren, gibt es noch eine andere Denkrichtung: Warum soll die Weiterverarbeitung nicht dort stattfinden, wo die Biomasse anfällt? Modelle dafür reichen von der mobilen Anlage im Container zur Gewinnung von Phytoextrakten bis zum 3-D-Drucker (BioPro o. D.) in jedem Haushalt, der sein Kunststoffgranulat vom nächsten Bauernhof bezieht. Um diese Vision umzusetzen, müssten neben entsprechenden technologischen Voraussetzungen ganz neue Betreibermodelle entwickelt werden, oder die Anlagen müssten so hochgradig automatisiert sein und autonom arbeiten, dass auch jemand ohne eine spezifische verfahrenstechnische Ausbildung sie einsetzen kann. Anlagen könnten je nach Rohstoffaufkommen mobil zum jeweiligen Betrieb transportiert werden und würden den Rohstoff in ein verkaufsfähiges Produkt verarbeiten, zum Beispiel Kunststoffgranulat.

9.4.4 Vision: Maximale Nachhaltigkeit und Wertschöpfung vom Acker bis zum Recycling

Eine der Schlüsselfragen auf dem Weg zur nachhaltigen Bioökonomie ist, welcher Rohstoff zur Herstellung welchen Produkts eingesetzt werden soll. In der Forstwirtschaft existieren bereits Modelle, bei denen anhand der Parameter eines Baumes (Umfang, Rundung etc.) die Verwertung mit der maximalen Wertschöpfung ermittelt wird. In der Prozessindustrie stehen solche Modelle noch am Anfang. Die Vision: Verfügbare Rohstoffe und gewünschte Produkte werden in einen Algorithmus eingespeist, der ermittelt, welcher Rohstoff mit welchen Verfahren in welches Produkt umgewandelt wird, um maximale Wertschöpfung bei gleichzeitig größtmöglicher Nachhaltigkeit über das gesamte Portfolio zu erzielen.

Für die Herstellung spezifischer Produkte existiert häufig eine Vielzahl unterschiedlicher Syntheserouten auf Basis unterschiedlicher Rohstoffe. Durch die zunehmende Integration von biotechnologischen und chemischen Verfahren, bei denen ein Prozessschritt enzymatisch, ein anderer „klassisch-chemisch" durchgeführt wird, steigt die Anzahl der Möglichkeiten noch weiter. Das bedeutet allerdings, dass für jede mögliche Syntheseroute beziehungsweise jeden einzelnen Syntheseschritt und jeden Rohstoff alle Daten zu Energiebedarf, Effizienz, Nebenprodukten und deren Verwertung, Daten zum ökologischen Fußabdruck und vieles mehr verfügbar sein müssen. Darüber hinaus beinhalten Entscheidungen häufig auch Parameter, die sich nicht in Form „objektiver" Daten abbilden lassen. Eines der bekanntesten Beispiele ist Vanille, die sowohl natürlich als auch biotechnologisch als auch synthetisch hergestellt werden kann. Jenseits der verfügbaren „nackten Zahlen" sind Wertmaßstäbe für die Herstellung (zum Beispiel Existenzsicherung für Bauern versus Flächenverbrauch oder „natürlich" versus „chemisch-synthetisch") individuell und können im Zielkonflikt stehen.

9.4.5 Vision: Biologische Transformation der Wertschöpfung

Noch einen Schritt weiter geht das Konzept der „Biologischen Transformation der Wertschöpfung", das derzeit diskutiert wird. Es beschränkt sich nicht mehr allein auf die Betrachtung der Bioökonomie als Wirtschaftssystem, sondern bezieht die Integration von digitaler und technologischer Sphäre in die Betrachtung ein.

> „Nicht zuletzt führt die umfassende Interaktion technischer, informatorischer und biologischer Systeme zur Schaffung völlig neuer, autarker Produktionstechnologien und -strukturen, sog. biointelligente Wertschöpfungssysteme. Im Kern vollzieht sich der Wandel hin zu einer personalisierten Gesundheitsversorgung, intelligenter Verkehrsorganisationen sowie dezentraler Herstellung von Konsumgütern und Nahrungsmitteln mit Hilfe von Smart Biomanufacturing Devices (intelligenten dezentralen Produktionszellen). Aus der technischen Erneuerung der industriellen Wertschöpfung entwickelt sich eine fortschrittliche Wirtschaftsform: Die technologiebasierte Bedarfswirtschaft" (Fraunhofer IPA 2019, S. 9.).

9.5 Zielkonflikte und Hürden

Praktische Hürden für die Digitalisierung bestehen heute vor allem im Bereich der nicht-einheitlichen Datenstandards. Die Durchlässigkeit des Datenaustausches scheitert häufig schon innerhalb eines Bereichs an fehlenden Schnittstellen und unterschiedlichen Datenformaten. Zwar wird in bestimmten Feldern wie im Labor, bei Biobanken oder in der Prozessindustrie derzeit an herstellerübergreifenden Standards gearbeitet, aber die Umsetzung wird noch einige Zeit in Anspruch nehmen.

Darüber hinaus spielen Fragen des Datenschutzes und des *ownerships* eine Rolle. In Bezug auf Unternehmen geht es um geschäftskritische Daten, die innerhalb des eigenen Unternehmens gehalten werden sollen. In Bezug auf das Individuum betrifft dies vor allem das Konsumverhalten, das jedoch für eine Integration der Wertschöpfungskette und die Entwicklung kundenspezifischer Produkte ein wesentlicher Faktor ist.

In der Öffentlichkeit werden sowohl Teilaspekte als auch die Bioökonomie in Gänze kritisch diskutiert. Fragen betreffen dabei vor allem den Einsatz von modernen Züchtungsmethoden und *genome editing*. Die Frage der rechtlichen Einordnung von *genome editing* ist nach wie vor offen; die starke Ablehnung von Gentechnik in Deutschland und Europa führt dazu, dass ein Teil der theoretisch verfügbaren Methoden nicht genutzt werden kann. Wenn diese Einschränkungen weiter ausgeweitet werden, besteht die Gefahr, dass die Forschung in diesem Bereich im globalen Vergleich weiter an Boden verliert.

Der zweite, fundamentalere Punkt betrifft die Bioökonomie insgesamt: Inwieweit unterziehen wir die Biosphäre einer rein ökonomischen Betrachtung und unterwerfen die Natur einem maximalen Effizienzdenken? Die meisten Effekte der Digitalisierung zielen auf eine Effizienzsteigerung ab; dem stehen Forderungen vor allem von Umweltverbänden entgegen, das derzeitige Konsumverhalten grundsätzlich zu überdenken. Andererseits kann die Digitalisierung der Bioökonomie dazu genutzt werden, Ressourcenverbrauch – einschließlich Flächen – so gering wie möglich zu halten und neue Spielräume auch für Biodiversität zu erschließen.

Noch weiter gehen warnende Stimmen, die in der Digitalisierung einen Weg sehen, „den Menschen zu hacken". Wenn Biologie vollständig durch Daten erfasst, beschrieben und gesteuert werden kann, warum sollte das nicht auch auf das Individuum zutreffen? Die ethische Auseinandersetzung über die Menschenwürde im Kontext solcher biologistischer Ansätze wird bereits geführt. Beispiele für eine aufkommende Debatte über die gesellschaftlichen und ethischen Folgen der Verknüpfung von Digitalisierung und Biologisierung ist der Umgang mit Genomdaten einzelner Menschen als „logische" Fortsetzung der Erfassung von Gesundheitsdaten oder die Berechnung und Manipulation nicht nur von Kaufentscheidungen, sondern auch von politischen Entscheidungsprozessen (Harari 2018).

Bisher noch weniger diskutiert sind die strukturellen Folgen insbesondere einer dezentralen Bioökonomie. Die Folgen einer kompletten Abkehr von der fossilbasierten Industrie hin zu einer Bioökonomie, die nicht in großen Verbundanlagen, sondern dezentral stattfindet, wären gravierend und wahrscheinlich nur mit den regionalen Folgen des Kohleausstiegs vergleichbar.

Schließlich betrifft die Fragen nach den Auswirkungen der Digitalisierung für die Arbeitswelt auch die Bioökonomie. Augenfällig wird dies bei der Diskussion über moderne Forschungsmethoden und „smarte Labore", die die Rolle der dort Arbeitenden fundamental verändern – im schlimmsten Fall zu einem „ausführenden Organ", das von Künstlicher Intelligenz gesteuert wird, im besten Fall zu einem Wissenschaftler, der die automatisierten und „intelligenten" Werkzeuge zu seiner Unterstützung nutzt und seine Kreativität in viel stärkerem Maße einbringen kann als heute.

Literatur

Becker, A., Luzhetskyy, A., Takors, R., Weber, W., & Wiechert, W. (2016). Positionspapier: Innovationsmotor Synthetische Biologie. Vorgelegt von der DECHEMA-Fachgruppe Systembiologie und Synthetische Biologie. ▶ https://dechema.de/dechema_media/Downloads/Positionspapiere/PP_SynthBio_2016_A5.pdf. Zugegriffen: 17. Juli 2018.

BioPro. (o. D.). Biobasierte Kunststoffe für den 3D-Druck. ▶ https://www.bio-pro.de/de/projekte/cluster-biopolymere/biofabnet/. Zugegriffen: 17. Juli 2018.

Bippes, M., Brauer, T., Brück, T., Buchholz, R., Cotta, F., Friedl, T., Griehl, C., Griesbeck, C., Heckenberger, U., Kistenmacher, H., Michels, J., Mostertz, M., Muffler, K., Müller-Rees, C., Posten, C., Ripplinger, P., Schmidt, K., Stute, S., Trösch, W., & Verseck, S. (2016). Mikroalgen-Biotechnologie. Gegenwärtiger Stand, Herausforderungen, Ziele. DECHEMA. ▶ https://dechema.de/dechema_media/Downloads/Positionspapiere/PP_Algenbio_2016_ezl.pdf. Zugegriffen: 8. Jan. 2019.

Birle, S. J. (2017). Fuzzy logic based solutions for the management of uncertainty-biased process control of fermentative systems. Dissertation, Technische Universität München. ▶ https://mediatum.ub.tum.de/doc/1327234/1327234.pdf. Zugegriffen: 8. Jan. 2019.

Bjacek, P. (2014). Chemicals in transition: Using technology to conquer megatrend challenges. Accenture. ▶ https://www.accenture.com/us-en/blogs/blogs-using-technology-to-conquer-megatrend-challenges. Zugegriffen: 17. Juli 2018.

9

BMU (Bundesministerium für Umwelt, Naturschutz und Reaktorsicherheit), & BMELV (Bundesministerium für Ernährung Landwirtschaft und Vebraucherschutz). (2009). Nationaler Biomasseaktionsplan für Deutschland. Beitrag der Biomasse für eine nachhaltige Energieversorgung. ▶ https://www.eti-brandenburg.de/fileadmin/user_upload/downloads2009/nationaler_biomasseaktionsplan_bf.pdf. Zugegriffen: 8. Jan. 2019.

Bornscheuer, U. T., Huisman, G. W., Kazlauskas, S., Lutz, S., Moore, J. C., & Robins, K. (2012). Engerineering the third wave of biocatalysis. Nature. ▶ https://doi.org/10.1038/nature11117.

BRENDA. (o. D.). The comprehensive enzyme information system. ▶ https://www.brenda-enzymes.org/. Zugegriffen: 8. Jan. 2019.

Continental. (2016). Continental brings dandelion rubber to commercial vehicles. Continental-Pressemitteilung. ▶ https://www.continental-tires.com/car/media-services/newsroom/taraxagum/2016-09-15-dandelion-rubber-commercial-vehicles. Zugegriffen: 17. Juli 2019.

DataBio. (o. D.). Projektwebseite. ▶ https://www.databio.eu/en/summary/. Zugegriffen: 17. Juli 2018.

DECHEMA. (2017). Positionspapier: Smarte Sensoren für die Biotechnologie. ▶ https://dechema.de/dechema_media/Downloads/Positionspapiere/PP_SmartSensors.pdf. Zugegriffen: 8. Jan. 2019.

DECHEMA. (2018). Positionspapier: Neue Schubkraft für die Biotechnologie. Miniaturisierung, Automatisierung und Digitalisierung revolutionieren die Entwicklung biotechnologischer Prozesse und Produkte. ▶ https://dechema.de/dechema_media/Downloads/Positionspapiere/PP_Schub_Biotechnologie_2018_A5.pdf. Zugegriffen: 8. Jan. 2019.

Deutsche Akademie der Naturforscher Leopoldina e. V. – Nationale Akademie der Wissenschaften. (2014). Zukunftsreport Wissenschaft. Lebenswissenschaften im Umbruch – Herausforderungen der Omics-Technologien für Deutschlands Infrastrukturen in Forschung und Lehre. ▶ https://www.leopoldina.org/uploads/tx_leopublication/2014_Zukunftsreport_Langfassung_web.pdf. Zugegriffen: 8. Jan. 2019.

Elbersen, B., Startisky, I., Hengeveld, G., Scheelhaas, M.-J., Naeff, H., & Böttcher, H. (2012). Atlas of EU biomass potentials. Deliverable 3.3: Spatially detailed and quantified overview of EU biomass potential taking into account the main criteria determining biomass availability from different sources. Biomass Futures. ▶ https://ec.europa.eu/energy/intelligent/projects/sites/iee-projects/files/projects/documents/biomass_futures_atlas_of_technical_and_economic_biomass_potential_en.pdf. Zugegriffen: 17. Juli 2019.

Europäische Kommission. (2019). Biomass availability and sustainability information system (BASIS). ▶ https://ec.europa.eu/energy/intelligent/projects/en/projects/basis. Zugegriffen: 17. Juli 2018.

FNR (Fachagentur Nachwachsende Rohstoffe). (2011). Kaukasischer Löwenzahn – künftige Rohstoffquelle für die Reifenindustrie?. FNR-Pressemitteilung. ▶ https://news.fnr.de/index.php?id=8145&tx_news_pi1%5Bcontroller%5D=News&tx_news_pi1%5Baction%5D=detail&tx_news_pi1%5Bnews%5D=3345&cHash=a4a9dd257a0564352d67e0e188336690. Zugegriffen: 17. Juli 2018.

Forstpraxis. (2017). ThüringenForst: Digitalisierung initiiert Branchenwachstum. ▶ https://www.forstpraxis.de/thueringenforst-digitalisierung-initiiert-branchenwachstum/. Zugegriffen: 17. Juli 2018.

Fraunhofer IPA (Fraunhofer-Institut für Produktionstechnik und Automatisierung IPA). (2019). Biointelligenz: Eine neue Perspektive für nachhaltige industrielle Wertschöpfung. Ergebnisse der Voruntersuchung zur biologischen Transformation der industriellen Wertschöpfung (BIOTRAIN). Stuttgart: Fraunhofer.

Fraunhofer ISI (Fraunhofer- Institut für System- und Innovationsforschung ISI). (o. D.). Ermittlung wirtschaftlicher Kennzahlen und Indikatoren für ein Monitoring des Voranschreitens der Bioökonomie (Bioökonomie-Monitoring). Projektwebseite. ▶ https://www.isi.fraunhofer.de/de/competence-center/neue-technologien/projekte/biooeko-monitoring.html. Zugegriffen: 17. Juli 2018.

Harari, Y. N. (2018). The new challenges of the twenty-first century. Rede anlässlich der Eröffnung der Jahrestagung des Deutschen Ethikrats 2018. ► https://www.ethikrat.org/fileadmin/jahrestagung-2018-simultanmitschrift. Zugegriffen 13. Dez. 2019.

Klitkou, A., Bozell, J., Panoutsou, C., Kuhndt, M., Kuuslsaarl, J., & Beckmann, J. P. (2017). Background paper: Bioeconomy and digitalisation. MISTRA – The Swedish Foundation for Strategic Environmental Research. ► https://www.mistra.org/wp-content/uploads/2017/12/Bilaga-1-Bakgrundsdokument-Bioeconomy-and-Digitalisation.pdf. Zugegriffen: 8. Jan. 2019.

Koch, M. (2014). Moderne Labormethoden ergänzen die klassische Pflanzenzüchtung. Innovation. ► https://www.magazin-innovation.de/export/sites/magazin-innovation.de/extras/dokumente/Innovation-ab-4-13/1-14-moderne-labormethoden.pdf. Zugegriffen: 8. Jan. 2019.

O'Rourke, D. (2014). The science of sustainable supply chains. *Science*. ► https://doi.org/10.1126/science.1248526.

Pharmabiz. (2018). Molecular assemblies completes store and receive digital information in DANN. ► http://www.pharmabiz.com/NewsDetails.aspx?aid=110850&sid=2. Zugegriffen: 28. Aug. 2018.

Pößnek, J. (2011). Precision Farming im Pflanzenbau. Landesamt für Umwelt, Landwirtschaft und Geologie, Freistaat Sachsen. ► https://www.landwirtschaft.sachsen.de/landwirtschaft/download/Precision_Farming-Endfassung-Internet-v2.pdf. Zugegriffen: 17. Juli 2018.

Saurat, M., Ritthoff, M., & Smith, L. (2015). Overview of existing sustainability assessment methods and tools, and of relevant standards: Sustainability assessment tools to support decision-making in the process industries. ► https://www.spire2030.eu/sites/default/files/users/user355/SAMT_D.1.1_final_updatedlinks_Dec2016.pdf. Zugegriffen: 3. Sept. 2019.

Service, R. F. (2017). DNA could store all of the world's data in one room. Science. ► http://www.sciencemag.org/news/2017/03/dna-could-store-all-worlds-data-one-room. Zugegriffen: 8. Jan. 2019.

Spektrum. (o. D.). Lexikon der Biologie – Pflanzenzüchtung. ► https://www.spektrum.de/lexikon/biologie/pflanzenzuechtung/50727. Zugegriffen: 17. Juli 2018.

Thünen-Insitut. (o. D.). Bioökonomie-Monitoring. Projektwebseite. ► https://www.thuenen.de/de/institutsuebergreifende-projekte/biooekonomie-monitoring/. Zugegriffen: 17. Juli 2018.

UFZ (Helmholtz Zentrum für Umweltforschung). (2017). SYMOBIO – Systemisches Monitoring und Modellierung der Bioökonomie. Projektwebseite. ► https://www.ufz.de/index.php?de=37150. Zugegriffen: 17. Juli 2018.

US Government. (2012). National Bioeconomy Blueprint released. White House President Barack Obama. ► https://obamawhitehouse.archives.gov/sites/default/files/microsites/ostp/national_bioeconomy_blueprint_april_2012.pdf. Zugegriffen: 8. Jan. 2019.

Verband Region Rhein-Neckar. (2010). Biomasse-Stoffstrommanagement für die Region Rhein-Neckar. Metropolregion Rhein-Neckar. ► https://www.edoweb-rlp.de/resource/edoweb:7007444/data. Zugegriffen: 8. Jan. 2019.

Dr. Kathrin Rübberdt

(geb. 1973) studierte Chemie an der Georg-August-Universität Göttingen und der Universität Leipzig und promovierte an der Georg-August-Universität Göttingen. Von 2001 bis 2008 arbeitete sie in verschiedenen Unternehmensberatungen im Strategiebereich. Außerdem schloss sie ein Zusatzstudium der Betriebswirtschaftslehre an der Fernuniversität Hagen ab. Seit 2008 ist sie in der Geschäftsstelle der Gesellschaft für Chemische Technik und Biotechnologie e. V. tätig und übernahm 2011 die Leitung von deren Abteilung Biotechnologie.

Organisationsformen der Bioökonomie

Inhaltsverzeichnis

Akteure der Bioökonomie

Urs Moesenfechtel

D. Thrän, U. Moesenfechtel (Hrsg.), *Das System Bioökonomie*,
https://doi.org/10.1007/978-3-662-60730-5_10

10.1 Einführung

Die Bioökonomie wird durch Akteure aus Industrie, Forschung und Gesellschaft getragen, gestaltet und hinterfragt. Sie sind in zahlreichen Handlungsfeldern aktiv. Dieses Kapitel stellt einige dieser Akteure aus unterschiedlichsten Feldern vor. Sowohl Einzelportraits von „Bioökonomiemachern" wie auch Vorstellungen von Netzwerken, Clustern oder Plattformen bieten eine Übersicht über die Organisatorinnen und Organisatoren sowie Organisationsformen der Bioökonomie. Dabei liegt ein Augenmerk auf den in Deutschland verbreiteten Clustern, in denen sich mehrere Akteure der Bioökonomie zusammenfinden, vor allem regional und meist an einer bestimmten Biomasseressource ausgerichtet. Zusätzlich wird auch ein Ausblick auf die europäischen Organisationsformen der Bioökonomie gegeben.

Viele Akteure sind trotz Cluster, Netzwerke und Plattformen nicht zentral organisiert und stehen nur mit den Akteuren in Beziehung, die zu ihren individuellen Bedürfnissen passen. Dennoch eignet sich vor allem die Vorstellung der in Deutschland aktiven Cluster zur Illustration der bioökonomischen Besonderheiten der Interaktion. Diese Besonderheit liegt in ihrer inter- und transsektoralen Vernetzung, die aufgrund des Wettbewerbs zu bestehenden Industrien und Verbünden herkömmlicher Wirtschaftsformen erfolgt. Ihre Stärke liegt in dem Anspruch eine nachhaltige Koppel- und Kaskadennutzungen, Kreislaufwirtschaft und Wissenschaftsintegration aufzubauen.

Das vorliegende Buch unternimmt hier den Versuch einer Eingrenzung und Konkretisierung dieser Akteure und Akteurszusammenschlüsse. So wird vorgeschlagen, die Akteurslandschaft grundsätzlich in zwei bzw. drei Hauptgruppen zu unterteilen:

- „Bioökonomie-Zirkel-Akteure", die durch den konkreten Umgang mit Biomasse entlang der bioökonomierelevanten Stoffströme definiert werden, wie z. B. Biomasseressourcen-Produzenten, Biomasseressourcen-Verarbeiter, Marktdistributoren, Recycler etc.,
- „Bioökonomie-Rahmen-Akteuren", die in dieses System hineinwirken oder durch dieses beeinflusst werden. Dies wären z. B. Medien, Förderer, Wissenschaft, NGOs, Politik und Verwaltung etc. sowie
- Akteure, die als „Vernetzer" angesehen werden können, wie z. B. Logistiker, IT-Dienstleister oder auch Clusterorganisatoren.

Diese grobe Unterteilung strukturiert die folgenden Darstellungen. Dabei ließ sich nicht auf zahlreiche Forschungsarbeiten zurückgreifen, eine bereits bestehende Gesamtbetrachtungen lag nicht vor. Dies ist der Komplexität des Bioökonomiesystems sowie der Tatsache geschuldet, dass die Bioökonomie als ein noch im Aufbau befindliches Wirtschafts- und Gesellschaftssystem angesehen werden kann. Nichtsdestotrotz wird im Folgenden eine erste Übersicht über die Akteurslandschaft in Form von Selbstportraits gegeben.

10.2 Christian Schiffner – Forstingenieur

Quelle: privat

Ich heiße Christian Schiffner und bin seit 2008 Diplom-Forstingenieur. Als freiberuflicher Förster und Geschäftsführer der holzimpuls Service u. G., die 2017 aus dem Holzimpulszentrum Rottleberode hervorgegangen ist, beschäftige ich mich mit nahezu allen Aspekten der Waldbewirtschaftung, der Holznutzung und damit einhergehenden Natur- und Umweltschutzbelangen. Das holzimpulszentrum versteht sich als wichtigen Baustein einer holzbasierten Bioökonomie. Meine Tätigkeiten als wissenschaftlicher Mitarbeiter der Hochschule Rosenheim unterstreicht dieses Selbstverständnis. Dort widme ich mich wissenschaftlichen Fragestellungen, die Nachhaltigkeits- oder Innovationsfragen der Holzindustrie betreffen. Darunter fällt z. B. die Entwicklung von Strategien zur wirtschaftlichen Nutzung und waldbaulichen Behandlung stark schälgeschädigter Laubholzbestände.

Als Förster stehe ich am Anfang der Rohstoffkette Holz und trage zeitgleich die Verantwortung für den Erhalt von Wald, Holz und Natur für nachfolgende Generationen. Mit dem Wissen zu klimatischen Veränderungen und Standortbedingungen treffe ich z. B. passgenaue Entscheidungen über die Pflege und den Erhalt eines bestimmten Waldabschnitts. Wir pflanzen neue Bäume und entnehmen Holz unter Berücksichtigung der Schutz- und Erholungsbedürfnisse des Waldes.

Der Wald ist aber nicht nur „Ressourcenlieferer“. Er bietet einen einzigartigen Lebensraum für Tiere und Pflanzen. Ebenso ist er Erholungsraum für uns Menschen, wichtig für das Klima, er speichert und filtert Wasser und reinigt unsere Luft. Zwar wird Wald immer auch von konkreten Eigentümern bewirtschaftet, jedoch nehmen wir als gesamte Gesellschaft die „Ökosystemleistungen“ des Waldes in Anspruch, z. B. die Wasserfiltration. Der Wald ist damit immer auch ein „öffentliches Gut“ und seine Bewirtschaftung daher nicht nur privatwirtschaftlichen Nutzungsinteressen unterworfen. Die Waldbewirtschaftung unterliegt vielmehr zahlreichen Interessen und Anforderungen, die in Einklang gebracht werden müssen. Das kann nur gelingen, wenn Wälder so bewirtschaftet und gepflegt werden, dass sowohl ihre Schutz- und Gemeinwohlleistungen wie auch ihre Holzerzeugnisse auf ganzer Fläche gleichzeitig und ständig gesichert werden. Wir Forstleute sprechen hier von nachhaltigen Bewirtschaftungsstrategien, die durch die Einhaltung fachlicher Qualitätsstandards umgesetzt werden.

Holz ist ein traditionsreicher Werkstoff aus dem heute weitaus mehr entstehen kann als ein Haus. Für die direkte Verfeuerung – so schön ein Kaminfeuer auch ist – ist er eigentlich viel zu schade. Eine energetische Verwertung sollte daher immer erst am Ende einer Rohstoffnutzung stehen. Angesichts der vielfältigen Nutzungsmöglichkeiten von Holz ist die Holzindustrie einer der tragenden Wirtschaftszweige für die Bioökonomie. Doch die Arbeit der Forstwirtschaft steht zunehmend in der Kritik, weil viele Arbeitsabläufe in der Bevölkerung nicht hinreichend bekannt sind und daher zu Missverständnissen führen. Ein Grund dafür liegt vermutlich in einer zunehmenden Urbanisierung und damit Naturentfremdung der Gesellschaft. Durch den fehlenden Kontakt zur Natur – darunter verstehe ich nicht städtische Parks, sondern eher ausgedehnte Waldflächen – wird Natur romantisiert. „Bewirtschaftete Natur“ lässt sich mit diesem Idealbild nicht vereinbaren.

So nimmt der Protest gegen notwendige forstschutzrelevante Maßnahmen zu. Auch wenn dadurch z. B. Wege freigehalten, spezifische Waldlebensraumtypen erhalten oder wiederhergestellt oder Naturverjüngungen gesichert werden. Natürlich ist eine Erntemaschine im Wald ist ein starker Eingriff, aber eben auch notwendig, wenn man den Rohstoff Holz gewinnen will. Darüber hinaus ist es oftmals für den Wald schonender und auch wirtschaftlicher, kurze, gezielte Eingriffe mit Erntemaschinen vorzunehmen, anstatt über einen längeren Zeitraum mit kleineren Maschinen (z. B. Kettensägen) im Wald zu arbeiten.

Ich bin der Überzeugung, dass eine moderne Forstwirtschaft, die mit Maß und Ziel den Rohstoff Holz bereitstellt, mit Naturschutzanforderungen durchaus gut kombinierbar ist. Schließlich leistet besonders der nachhaltig bewirtschaftete Wald verglichen mit herkömmlicher Forstwirtschaft, aber auch mit anderen Ökosystemen oder bisherigen technischen Lösungen effektiv den größten Beitrag zur langjährigen CO_2-Bindung – und damit auch zum Klimaschutz.

Meine Aufgabe als Förster besteht darin, den Wald als Ökosystem- und Wirtschaftsfaktor für Nachfolgegenerationen zu erhalten. Wesentlicher Bestandteil ist dabei nicht nur die konkrete Arbeit im Wald, sondern auch die Netzwerkarbeit in Wirtschaft, Wissenschaft und Gesellschaft. So ist auch die Öffentlichkeitsarbeit zu einem wichtigen Bestandteil der Arbeit eines Försters geworden. Dass so viele unterschiedliche Gruppen „den Wald" von in Anspruch nehmen, führt selbstverständlich dazu, dass alle „Waldthemen" sehr kontrovers diskutiert werden. Dies wird mit einer sich entwickelnden Bioökonomie nicht weniger werden, schließlich wird durch die Bioökonomie der Bedarf an Holz steigen. Die bestehenden und zukünftig zunehmenden Kontroversen haben auch den Vorteil, dass wir als Förster über das Ökosystem Wald, die Holzwirtschaft und die holzbasierte Bioökonomie informieren können.

Ich setze mich für eine neugierige, achtvolle, wertschätzende, aber auch entmystifizierte Sicht auf den Wald und seine Bewirtschaftung ein. Dazu biete ich z. B. interaktive Waldführungen an, informiere – nicht nur im Internet – über holzbasierte Produkte, setze mich in Gremien für eine nachhaltige Forstwirtschaft ein und vieles mehr. Zusammen mit unseren Netzwerkpartnern und kompetenten Fachkollegen möchte ich vor allem eine junge Generation für den Wald interessieren, damit sie sich für den Erhalt dieses wichtigen Eckpfeilers unserer Natur und unserer Wirtschaft einsetzt.

Für die Bioökonomie wünsche ich mir, wenn die Erforschung dieses Rohstoffs vorangetrieben wird und vermehrt Produkte marktfähig werden, die nicht nur im Baumarkt, sondern z. B. auch in der Apotheke, im Supermarkt oder im Autohaus zu finden sind.

Ja, ich bin auf dem Holzweg. Und der führt mich und die Bioökonomie in eine nachhaltige, innovative und nachwachsende Zukunft!

10.3 Daniela Pufky-Heinrich – Wissenschaftlerin

Quelle: privat

Mein Name ist Daniela Pufky-Heinrich. Ich habe als Chemikerin im Fachbereich Technische Chemie promoviert. Seit sieben Jahren leite ich die Arbeitsgruppe für Chemische Prozesse am Fraunhofer-Zentrum für Chemisch-Biotechnologische Prozesse CBP.

Als wissenschaftliche Einrichtung steht die Fraunhofer-Gesellschaft für angewandte Forschung und die Schaffung von Innovation im industriellen Umfeld. Gemeinsam mit dem Land Sachsen-Anhalt und dem Bund wurde das Zentrum 2009 am Chemiestandort Leuna gegründet und fokussiert seitdem nachhaltige Verfahren für die Nutzung von Biomasse in der Chemie- und Prozessindustrie. Der Auftrag der Fraunhofer-Gesellschaft und der Fördermittelgeber lautete, eine Basis für ein Innovationzentrum zu schaffen, das die wissensbasierte Bioökonomie anspricht und vorantreibt.

Als Gruppenleiterin habe ich den Themenbereich Chemie und Aufarbeitungstechnik aufgebaut. Mein Ziel als Wissenschaftlerin war und ist es, zukünftige Forschungsschwerpunkte und deren Marktpotenzial abzusehen und dafür die entsprechende Infrastruktur zu schaffen. Eine Herausforderung, die Weitblick und strategisch sinnvolle Entscheidungen erforderte. Diese Zeit war sehr spannend und viel Enthusiasmus, Entschlossenheit und Beharrlichkeit waren notwendig. Nach Abschluss der Aufbauphase wurde ich zur stellvertretenden Zentrumsleiterin ernannt und kümmere mich seitdem um die strategische und wissenschaftliche Ausrichtung des Arbeitsbereichs sowie des gesamten Zentrums.

Die Forschungs- und Politikstrategie Deutschlands und europaweit beeinflusst maßgeblich unsere Aktivitäten. Die Entwicklung von Herstellungswegen für biobasierte Fein- und Plattformchemikalien, bioaktive Wirkstoffe, Polymergrundbausteine oder Kraftstoffe sind Beispiele unserer Arbeiten. Zucker, Lignocellulosen, Ölsaaten oder auch Mikroalgen werden physikalisch aufgeschlossen, chemisch oder biotechnologisch umgewandelt und für die industrielle Nutzung aufbereitet. Hierbei steht der Ersatz von erdölbasierten Produkten im Fokus. Die Prozessentwicklungen sind produktgetrieben. In den letzten Jahren haben wir Verfahren zur Herstellung von Olefinen aus Holz für die Verwendung als Polyethylen und Polypropylen entwickelt, Kraftstoffe wie Isooktan oder ETBE wurden aus Zuckerlösung gewonnen und Betakarotin aus der Mikroalge *Dunaliella salina*.

Sehr aktuelles Forschungsthema ist die stoffliche Nutzung von Kohlenstoffdioxid als alternative Kohlenstoffquelle, welches derzeit im Mittelpunkt von Fördermaßnahmen des Bundes steht. Unsere Aufgabe ist es, die Kopplung der Technologien zu evaluieren und diese aufeinander abzustimmen. Darüber hinaus demonstrieren wir die gesamte Prozesskette vom Kohlenstoffdioxid und erneuerbaren Energien bis hin zur aufgereinigten Chemikalie. Wesentlicher Bestandteil ist auch die Lieferung an Mustermengen für Anwendungstests wie bspw. als Flüssigkraftstoff. Dadurch kann der Transfer in die industrielle Umsetzung vorbereitet und beschleunigt werden.

Bei der Biomasseverwertung fallen große Mengen Rest- und Abfallstoffe an. Als zusätzlicher Aspekt ergeben sich daraus Verwertungsstrategien für die Nutzung von Abfällen oder Nebenprodukten, z. B. aus der Ölsaatenindustrie oder der Holz- und Zellstoffproduktion. Neuartige Produkte wie Bio-Aromaten oder pharmazeutisch aktive Wert- und Wirkstoffe können auf diesem Wege gewonnen werden. Dieser Verwertungspfad birgt für die Industrien die Chance, die Wertschöpfung aus ihren Stoffströmen zu erhöhen, und ist beispielhaft für die Kaskadennutzung entsprechend eines Bioraffineriekonzepts. Allerdings muss, anders als bei *drop-in*-Chemikalien für die neuen Produkte, häufig erst noch ein Markt entwickelt werden, was deren industrielle Umsetzung verzögern kann und zusätzlich herausfordert.

Eine besondere Faszination besteht für mich in der interdisziplinären und branchenübergreifenden Zusammenarbeit. Innovation und Entwicklung passiert an Schnittstellen: Forstwirte werden zukünftig Klebstoffhersteller beliefern, die Zellstoffindustrie wird zum Chemikalienhersteller und die Ölmühlen produzieren Produkte für die pharmazeutische Industrie. Es ist spannend, die verschiedenen Interessen zu vereinen, Ideen zu entwickeln und Neues auf den Weg zu bringen. Grundlagen zu schaffen und interdisziplinäre Projekte zu Forschungsthemen zu initiieren, gemeinsam mit anderen Wissenschaftlern, sind hierfür enorm wichtig. Ich den vergangenen Jahren habe ich Kooperationen mit Hochschulen,

Universitäten und anderen Forschungseinrichtungen aufgebaut und intensiviert. Offene Diskussionen und der unvoreingenommene Austausch von Wissen und Know-how über die Fachgrenzen hinweg sind essenziell.

Deutschland treibt seit Jahren das Thema Bioökonomie voran und sollte auch weiterhin Technologievorreiter sein. Die Entwicklung innovativer und neuartiger Verfahren ist wichtig, um die Konzepte zu evaluieren und umzusetzen. Dazu braucht es Risikobereitschaft und Durchhaltevermögen von Seiten der Politik und vor allem der Industrie. Letzteres hat gerade in Deutschland mit Hinblick auf die chemische Industrie noch Potenzial. Lange Abschreibungszeiträume für Industrieanlagen und der große Energiebedarf für die Produktion, einhergehend mit der Abhängigkeit vom Energiepreis, schmälern den Innovationsdrang. Gerade deshalb sollte der Technologietransfer aus der Wissenschaft in die industrielle Umsetzung weiterhin beschleunigt und aktiv unterstützt werden.

Im Rahmen von öffentlich geförderten Projekten haben wir die Gelegenheit, strategische Entwicklungen für die nachhaltige Verwertung biogener Stoffströme zu forcieren. Der gezielte Aufbau von Forschungsschwerpunkten zur mittel- und langfristigen industriellen Umsetzung ist dabei ein wichtiger Aspekt. Hierbei steht nicht nur die technische Machbarkeit im Fokus, sondern es dreht sich auch um auch Fragestellungen zur nachhaltigen Erzeugung der Biomasse, des Umweltschutzes sowie der globalen Ernährungssicherheit. Lifecycle-Analysen sollten deshalb in Entwicklungsvorhaben ebenso Bestandteil sein wie Technologieanalysen und techno-ökonomische Bewertungen.

Der Wissenstransfer und die Veröffentlichung unserer Forschungstätigkeiten ist ein wichtiger Bestandteil unserer Arbeiten am Fraunhofer CBP. Die Erkenntnisse fließen deshalb auch in die Lehre und Ausbildung von Studenten ein. Für mich ist es Ansporn und Herzensangelegenheit, mein Wissen und die Erfahrung zu Themenstellungen der Bioökonomie weiterzugeben. Dies ist ein Beitrag zur gesellschaftlichen Akzeptanz und zur Aufgeschlossenheit gegenüber neuartigen Prozessen und Produkten.

10.4 Holger Zinke – Biotechnologe

Quelle: Kristian Barthen, Archiv BRAIN AG

Mein Name ist Holger Zinke, ich bin 55 Jahre alt. Ich sehe in der „Biologisierung" der Wirtschaft die Möglichkeit, die entscheidenden Herausforderungen der Zukunft zu meistern. Ob Klimawandel, Ressourcenverbrauch oder die Konsumbedürfnisse einer wachsenden Bevölkerung betroffen sind – die Idee, Prinzipien der Natur in Wirtschaft und Industrie zu integrieren, könnte entscheidende Lösungen liefern.

Als Mikro- und Molekularbiologe habe ich mein Arbeitsleben der Realisierung dieser Vision gewidmet. Dazu gründeten wir 1993 das Unternehmen „BRAIN" – ein auf die Weiße/Industrielle Biotechnologie und Bioökonomie spezialisiertes Technologieunternehmen. Mittlerweile ist Brain ein börsennotiertes Unternehmen und beschäftigt ca. 230 überwiegend wissenschaftlich tätige Mitarbeiter. BRAIN hat mittlerweile sechs Tochtergesellschaften und unterhält über 100 Kooperationen mit zahlreichen Unternehmen der chemischen und der Konsumgüterindustrie. Von 1993 bis 2015 war ich für BRAIN als Geschäftsführer und Vorsitzender des Vorstands dann bis 2017 als stellvertretender Vorsitzender des Aufsichtsrats tätig, seit 2011 betreibe ich daneben eine Beteiligungs- und Managementgesellschaft und baue eine Akademie und einen Business-Inkubator zum Thema auf.

BRAIN hat über viele Jahre eine sehr umfangreiche Sammlung von Mikroorganismen angelegt. Auf dieser Grundlage werden mit klassisch mikrobiologischen, molekularbiologischen und molekulargenetischen Methoden, Enzyme-, Biokatalysatoren und bioaktive Naturstoffe für industrielle Anwendungen entwickelt. Im Kern geht es immer darum Mikroorganismen ihre Geheimnisse zu entlocken: Wie und warum wirken sie in diesem oder jenem Anwendungsfall? Wie kann man ihre Eigenschaften erkennen, verbessern, isolieren, nutzen? Wie interagieren ihre wirksamen Substanzen mit anderen Stoffen? Wie lassen sich aus diesem Wissen Produkte entwickeln?

Nehmen wir als Beispiel die Schweißbildung nach körperlicher Anstrengung. Wir fragen uns: Wie kommt es eigentlich zur Schweißbildung? Wie entsteht der unangenehme Geruch? Können wir Deodorants Mikroorganismen zusetzen, die diese Geruchsbildung verhindern? In vielen Deos werden dazu Aluminiumsalze eingesetzt. Die sind aber nicht nur für den Körper schädlich, weil sie die Schweißporen verstopfen, sondern auch für die Umwelt. Wir haben also eine Schweißzelle quasi „nachgebaut“ und daran zigtausende pflanzliche Substanzen bzw. sogenannte Metaboliten getestet. Am Ende konnten wir Stoffe isolieren, die die Schweißbildung reduzieren, andere, die das mikrobielle Wachstum der geruchsverursachenden Bakterien beeinflussen.

Anderes Beispiel: Ein Bakterium modifzieren wird gerade gentechnisch so, dass es in relevanten Größenordnungen CO_2 verstoffwechselt und mit Milchsäure ein Vorprodukt für Bioplastik herstellt. Wenn das nicht nur im Labor funktioniert, sondern in großtechnischen Anlagen einsetzbar wird, dann würde das ein immenser Beitrag für die Lösung des Klimawandels- und des Ressourcenknappheitsproblems sein. Unsere Produkte haben Auswirkungen auf große Industriezweige und mit Sicherheit auf die Nachhaltigkeit unserer bestehenden bzw. zukünftigen Wirtschaft. Ein gewisser Durchbruch war eine Studie vor etwa 15 Jahren. Sie zeigte, dass sich durch ein „Waschenzym“ Kleidung bei 40° Waschtemperatur genauso sauber waschen lässt wie bei 60° – und sich damit gleichzeitig CO_2-Emmissionen reduzieren lassen. Die Reduktion betrug schon im Jahr 2006 hochgerechnet 1,4 Mio. Tonnen CO_2 in Deutschland – nicht als „Potential“, sondern als reelle Einsparung.

Noch bei Gründung vor 25 Jahren haben wir mit solchen „bioökonomischen Ideen“ meist Kopfschütteln hervorgerufen. Es gab keinen gesellschaftlichen Veränderungswillen, geschweige denn einen politischen. Der damalige, allgemeine Zukunftsoptimismus war noch stark ausgeprägt, dass Nachhaltigkeitsüberlegungen nur eine untergeordnete Rolle spielten. Jedoch sind die „Folgeschäden“ dieses Wirtschaftssystems mittlerweile im allgemeinen Bewusstsein angekommen. Der Zukunftspessimismus der damit einhergeht führt zwar einerseits zu vielen Bedenken, die mit Neuerungen verbunden sind, siehe „Gentechnikdebatte“; aber er führt eben auch dazu, dass wir überhaupt darüber nachdenken unser Wirtschaftssystem auf der Basis biobasierter Ressourcen umzubauen, womöglich auch neu aufzubauen.

„Wir Biotechnologen“ wollen mit unseren Ideen, Methoden, Verfahren und Produkten zu dieser Transformation, dieser „Biologisierung“ beitragen – auch wenn unsere Innovationen vielleicht nicht so „augenscheinlich“ sind wie z. B. der auf Messen ausgestellte Autoreifen aus Löwenzahn oder ein Fahrrad aus Bambus.

Trotz aller Änderungen die bereits stattgefunden haben: Das große „Narrativ“ der Bioökonomie, der Beitrag der Biologie zur Nachhaltigkeit, reicht nicht aus um weitere

Veränderungen anzustoßen. Gerade große etablierte Unternehmen neigen nämlich nicht dazu sich globalpolitische Vorgaben zu eigen zu machen oder voran zu bringen. Es sind vielmehr die Querdenker und Unternehmensgründer die neue Wirtschaftsideen entwickeln und umsetzen und alte Industriezweige zu Veränderungen zwingen. Die gilt es zu unterstützen – und das passiert an einigen Stellen auch. Durch staatliche Förderprogramme, Initiativen, Cluster. Das ist alles nicht völlig verkehrt, aber eben auch sehr formalisiert. „Transformation" lässt sich aber nicht „am Reißbrett" organisieren. Junge Unternehmen benötigen vor allem ein funktionierendes Kapitalmarktökosystem mit Risikokapitalinvestoren, die an ihre Idee glauben und mit der Idee auch Geld verdienen wollen. Diese Unterstützer gibt es in Deutschland jedoch viel zu wenig, anders als etwa in den USA, in Israel und Kanada. Hierzulande begegnet man Neuerungen mit zu viel Vorsicht, vertraut auf den Staat der alles richten wird. Ich vermisse eine ausgeprägte „Chancenkultur".

Die bisherigen staatlichen Maßnahmen führen nicht stark genug dazu, dass sich das ändert. Dabei könnte man eine Chancenkultur viel einfacher fördern: Ich spreche mich dafür aus, dass durch steuerliche Anreize mindestens 1 % des Anlagesuchenden, privaten Kapitals mobilisiert wird und in Technologieunternehmen fließt. Zurzeit ist es jedoch so, dass Kapitalströme entweder zur Bestärkung bestehender Industrien eingesetzt werden – oder aber ins Ausland fließen. Deutschland ist gut in der anfänglichen, strukturellen Unterstützung von Start-Ups, aber diese bleiben dann nicht hier? Das muss sich ändern.

Eine Faustregel sagt: Wir müssen alle 10 Jahre mindestens 20 % zusätzliche Volkswirtschaft schaffen, mit neuen Produkten und neuen Geschäftsmodellen. Damit erneuert sich eine Volkswirtschaft, um nicht nur zukunftsfähig zu sein, sondern auch den großen Herausforderungen begegnen zu können. Die Bioökonomie kann diese Erneuerung leisten. Hier gibt es die „Wissensexplosion" die mit verändertem gesellschaftlichem Bewusstsein einher geht. Hoffentlich haben wir in 20 Jahren diese neuen Industriezweige aufgebaut, die die fossile Wirtschaft ablösen kann.

10.5 Steffi Ober – Netzwerkerin einer NGO

Quelle: Daniel Flaschar

Mein Name ist Steffi Ober, ich bin promovierte Tierärztin und habe zusätzlich einen Master in Public Policy an der Humboldt-Viadrina School of Governance in Berlin absolviert. Mit diesem naturwissenschaftlichen wie auch geisteswissenschaftlichen Hintergrund arbeitet ich für den Naturschutzbund Deutschland (NABU) als Teamleiterin des Bereichs Ökonomie und Forschungspolitik. Darunter fällt auch die Bioökonomie.

Als mit der Gründung des ersten Bioökonomierates 2009 die Etablierung einer deutschen Bioökonomie ihren Anfang nahm, beteiligte sich der NABU gleich zu Beginn – und als erste Naturschutzorganisation überhaupt – an den Diskussionen. Davor waren es vor allem die Themen Biodiversität und Gentechnik, zu denen der NABU seine Positionen und seine Expertise einbrachte, was hauptsächlich der starken Biotechnologieausrichtung der Forschungspolitik geschuldet war. Doch mit dem Bioökonomierat 2009 wurde das Thema Bioökonomie auch unter diesem Namen ein wichtiges Handlungsfeld des NABU. Ein umfassendes Bioökonomieverständnis entwickelte sich bei allen Beteiligten jedoch erst mit der Zeit – und ist bisher auch nicht abgeschlossen.

Ich durfte diesen Prozess für den NABU inhaltlich-strategisch vorantreiben. Zunächst galt es, das Thema innerhalb der Verbändeszene bekannt zu machen und für ein gemeinschaftliches Engagement zu werben – und dieses dann letztlich zu organisieren. Bioökonomie war anfangs kein Begriff oder kein Thema, zu dem man sich engagiert hätte. Bei vielen NGO-Akteuren stand damals die Fragen im Raum, ob „Bioökonomie" lediglich ein neues „Buzz-Word" sei, ob das Konzept Tragfähigkeit besäße, ob es Sinn habe, sich unter diesem „*umbrella*-Begriff" zu engagieren. Die Arbeit von Umweltverbänden ist in der Regel auf einzelne Themenfelder fokussiert, sei es Landwirtschaft, Pflanzenzucht, Ernährung oder Meere (und viele andere mehr). Komplexe Problemzusammenhänge stoßen intern wie extern auf Hindernisse. Querschnittsthemen haben es in Umweltverbänden entsprechend schwer, da in den Organisationen eher sektoral gearbeitet wird. Dennoch: Es ist gelungen, das Thema Bioökonomie innerhalb der Verbändeszene zu etablieren, auch wenn der Grad der Beschäftigung innerhalb der Verbände sehr unterschiedlich ist und von reinen Diskussionsrunden und informellen Austauschmöglichkeiten bis hin zu konkreten politischen Handlungsstrategien reicht. Oftmals wurden auch bestehende Themenkomplexe wie z. B. „Bioenergie" oder „Biodiversität" um Bioökonomiethemen erweitert. Viele der Aktivitäten finden jedoch nicht auf der Mitglieder-, sondern auf der Verbandsebene statt. So engagierten sich bspw. mehrere Umweltorganisationen auf europäischer Ebene im Zusammenhang mit dem BioEconomy Stakeholders Panel der EU und erstellten ein BioEconomy Manifest. Mittlerweile konnte sich ja durch Unterstützung des BMU ein Verbändedialog etablieren, der den gemeinsamen Austausch und politische Sichtbarkeit unterstützt.

Mir ist es seit vielen Jahren ein Anliegen, die Wissenschaftspolitik mit der Arbeit der NGOs zusammenzuführen, damit gemeinsam eine strategische Ausrichtung der Bioökonomie diskutiert und mitgestaltet wird. Hier wurde In den vergangenen Jahren manches erreicht. In den Anfangsjahren haben die Umweltverbände politisch so gut wie keine Rolle gespielt. Die ersten Ausschreibungen zu Bioökonomiethemen spiegeln dies wider: In den Förderprogrammen, die teilweise bis 2016 liefen, wurden erst sehr spät gesellschaftlichen Fragestellungen aufgegriffen. Heute wird der gesellschaftliche Diskurs mitgedacht und Ausschreibungen auf den Weg gebracht, die explizit gesellschaftspolitische Fragestellungen in den Blick nehmen. Mir geht es darum, dass die Bioökonomie kein Exklusivthema der Wirtschaft oder Politik ist. Allerdings könnte hier die Politik noch viel mehr ihre Rolle wahrnehmen den Austausch zwischen organisierter Zivilgesellschaft, Wissenschaft und Wirtschaft und die strategische Einbindung zu fördern und zu unterstützen.

Ich sehe sowohl den Begriff als auch das, was sich mittlerweile unter diesem Begriff entwickelt hat, als enorme Chance an. Hier werden unterschiedliche und oftmals konkurrierende Ansprüche – ob das Ressourcen, Marktanteile, politische Einflusssphären oder anderes ist – zusammengedacht. Am Beispiel „Flächen" lässt sich das gut verdeutlichen: Lange konnte man beobachten wie unterschiedlichste Akteure, ob in den Bereichen Landwirtschaft, Energie, Materialerzeugung, Infrastruktur oder Naturschutz, ohne gegenseitige Absprache Nutzungsansprüche geltend machten und so planten und agierten, als hätte man jeweils selbst die alleinigen Zugriffsrechte. Jeder versuchte, sein eigenes System auf Kosten des jeweils anderen zu optimieren – und das konnte und kann schlicht nicht funktionieren. Die Bioökonomie bietet die Möglichkeit die einzelnen Nutzergruppen aufzufächern, sie transparent zu machen, Trade-offs zu benennen. Über die Bioökonomie können konkurrierende Gruppen zusammengeführt werden. Es können Räume geschaffen werden, in denen es möglich ist, Konflikte gemeinsam auszuhandeln.

Diese systemische Herangehensweise ist der große Vorteil der Bioökonomie gegenüber anderen, bisherigen Denk- und Handlungsansätzen. Entsprechend setze ich mich auch innerhalb der Verbändeszene stark dafür ein, die Bioökonomie als Chance für einen systemisch agierenden Naturschutz zu begreifen. Dabei ist Bioökonomie ein zusätzlicher Raum, der von uns genutzt werden kann. Vor allem, wenn es um die Diskussion geht, wie wir unsere Flächen zukünftig nutzen wollen – ob für Nahrung, Energie, Erholung, Materialien etc. Gerade die Bioökonomie bietet sowohl Lösungen an, wie der enorme Druck auf die Flächen zu mindern ist – und ebenso löst bzw. wird die Bioökonomie einen weiteren, zusätzlichen Flächennutzungsdruck auslösen. Sie ist also Lösung und Problem zugleich. Für die Naturschutzverbände eröffnen sich damit auch neue Möglichkeiten vormals divergierende Überzeugungen und Konzepte neu zu denken. Fakt ist, dass wir das Level auf dem wir derzeit produzieren und konsumieren, nicht halten können. Unsere Welt ist bereits jetzt an die Grenzen des ökologisch Machbaren angelangt. Durch das Konzept der Bioökonomie können diese Ursachen und Auswirkungen sowohl besser und deutlicher in den Blick genommen als auch Lösungen gesucht werden.

In den nächsten Jahren sehe ich meine Aufgabe vor allem darin, den gesellschaftlichen Diskurs „auf der Straße" voranzutreiben. Die Energiewende ist weiten Teilen der Bevölkerung ein Begriff. Die Notwendigkeit einer „Stofflichen Wende", einer „Defossilierung" aber nicht. Erdöl steckt in vielen Alltagsprodukten, in jeder Handyhülle, jedem U-Bahn-Sitz und auch in meinem Fahrrad. Es reicht eben nicht aus nur unseren Strombedarf neu und erdölunabhängig zu gestalten. Damit dieser gesellschaftliche Diskurs beginnt und möglichst bald zu einer gesellschaftlichen Transformation führt, muss das Thema auch – und viel entschiedener als bisher – in den politischen Entscheidungsstrukturen verankert werden.

Darüber hinaus muss der Transformationsprozess auch ökonomisch unterstützt werden. Die Subventionen für eine umweltschädliche, erdölbasierte Produktion müssen umgewidmet werden. So sollen Flächen-/Ressourceninanspruchnahmen sowie soziale Auswirkungen in der Produktion viel stärker als bisher Eingang in Unternehmensbilanzen finden. Wir brauchen neue ökonomische Instrumente, damit Externalitäten preislich darstellbar werden. Das gilt sowohl für erdöl- wie auch biobasierte Produkte. Nur so kann die Bioökonomie marktwirtschaftlich konkurrenzfähig werden, ohne dass durch sie alte Fehler wiederholt und neue gemacht werden. Die Herausforderung besteht darin, Bioökonomieprodukte zu entwickeln, die ökologisch wie sozial nachhaltig sind. Das ist keine leichte Aufgabe! Wir Umweltverbände können hier unsere Expertise über den Diskursraum Bioökonomie einbringen.

Mir ist es ein persönliches Anliegen daran mitzuwirken.

10.6 Viola Bronsema – Geschäftsführerin eines Branchenverbandes

Quelle: BIO Deutschland e. V.

Mein Name ist Viola Bronsema; ich bin promovierte Diplombiologin und Geschäftsführerin des Branchenverbands Biotechnologie-Industrie-Organisation Deutschland e. V. – kurz BIO Deutschland. Elf Unternehmer haben BIO Deutschland 2004 gegründet. Derzeit hat der Verband 33 Mitgliedsunternehmen und Organisationen. Er unterstützt die Entwicklung der modernen Biowissenschaften als einen innovativen und finanziell starken Industriezweig innerhalb der deutschen Wirtschaft.

Wir sehen die Biotechnologie als zentrales Element einer wissensbasierten Bioökonomie an. So setzen wir uns dafür ein, dass sich auf der Grundlage der Biowissenschaften neue Handlungsspielräume bei der Produktion von Gütern, bei der Entwicklung innovativer Produkte, bei der Etablierung progressiver Wertschöpfungsketten und letztlich bei der Bildung neuer Kundengruppen für die Industrie eröffnen.

Als Geschäftsführerin bin ich die vom Vereinsvorstand bestellte „besondere Vertreterin" des Verbands. Mir obliegt die Leitung der Geschäftsstelle in Berlin, wo ich insbesondere für Personalangelegenheiten und die laufenden Geschäfte der Verwaltung verantwortlich bin. Zu meinen Tätigkeiten zählen u. a. Abstimmungen mit dem Vereinsvorstand (z. B. zu Budgetplanung und Controlling), das Erstellen von Konzepten zur Verbandsentwicklung, Netzwerkaktivitäten zur Erreichung der Vereinsziele, die Mitgliederbetreuung und -Gewinnung, die Kommunikation mit Politik und Medien sowie die Mitarbeiterführung.

Seit 2010 gibt es in Deutschland Forschungs- und Politikstrategien für eine biobasierte Wirtschaft, eine Bioökonomie. Deutschland ist damit einer der industriestrategischen Vorreiter für dieses globale Thema. Der Koalitionsvertrag der neuen Bundesregierung sieht entsprechend vor, dass der Wandel zu einer auf erneuerbaren Ressourcen beruhenden Wirtschaft mithilfe der Bioökonomie weiter vorangetrieben wird. Dies soll durch die ressortübergreifende Agenda „Von der Biologie zur Innovation" unterstützt werden, die von Wirtschaft, Wissenschaft und Zivilgesellschaft gemeinsam erarbeitet werden soll. Ähnliche Bestrebungen finden sich auch auf europäischer Ebene. Seit 2012 existiert eine Bioökonomiestrategie, die zum November 2017 evaluiert wurde und bis zum dritten Quartal 2018 aktualisiert werden soll. BIO Deutschland begleitet diese Prozesse im Namen der deutschen Biotechnologie-Industrie. So sind wir u. a. seit Anfang 2017 Mitglied im Bundesverband der Deutschen Industrie (BDI).

Biotechnologie gewinnt zunehmend in Bereichen Bedeutung, die über Ernährung hinausgehen. Beispiele finden sich in der Medizin (Diabetes-, Krebs- und Rheumamedikamente), Umwelt (Kläranlagen, Wasch- und Pflegemittel), bzgl. Klima (CO_2-neutrale Produktion), Rohstoffe ((abbaubares) Bioplastik) und Energie (Biokerosin). Die Nachhaltigkeit der Technologie ist häufig in den biologischen Produktionsverfahren und in der CO_2-neutralen Gewinnung und Umwandlung von nachwachsenden Rohstoffen begründet. Die Biotechnologie-Industrie, die chemische und pharmazeutische Industrie, aber auch andere Branchen nutzen in ihren Geschäftsmodellen bereits heute biobasierte Rohstoffe, Prozesse und Produkte.

Ich bin der Ansicht, dass Deutschland sehr gute Voraussetzungen für die Etablierung einer Bioökonomie als weiteres Standbein der Industrie bietet. Und zwar so frühzeitig, dass sie, wenn z. B. der Bedarf an Impfstoffen, Medikamenten, Saatgut, Lebensmitteln etc. steigt, genügend Handlungsoptionen zur Verfügung stehen. Bereits 2009 formulierte die OECD:

> » „Hoffentlich sind wir schnell genug mit der Produktentwicklung und mit der gesellschaftlichen Aufgeschlossenheit für neue Methoden und innovative Produkte. Schließlich gilt es, die Versorgung einer wachsenden globalen und in vielen Regionen auch stark alternden Gesellschaft mit Nahrung und Medizin dauerhaft sicherzustellen".

Diese Herausforderungen sind der Ansporn für unsere Arbeit als Verband und meine Tätigkeit für ihn. Dass ich, zusammen mit unseren hauptamtlichen und ehrenamtlichen Mitarbeitenden, mit unternehmerisch denkenden Forschenden und mit mutigen wie weitsichtigen Politikern an diesen spannenden Zukunftsthemen arbeiten kann, erfüllt mich mit Freude, Respekt, und Neugierde auf das Kommende.

10.7 Anne-Christin Bansleben – Firmengründerin

Quelle: Andreas Troitsch

Ich habe ursprünglich Ernährungswissenschaften an der Hochschule Anhalt in Bernburg studiert und mich im Bereich Biochemie und pflanzliche Analytik spezialisiert. In Pflanzen „hineinzuschauen" und herauszufinden, was für Produkte sich aus ihnen entwickeln lassen, hat mich schon früh fasziniert. Daher habe ich nach dem Abschluss des Studiums als wissenschaftliche Mitarbeiterin die Leitung eines Forschungsprojektes an der Hochschule übernommen.

Die Projekte der Gruppe zielten auf eine enge Verzahnung zwischen Wissenschaft und Wirtschaft ab. Mehrere Projekte fokussierten auf die Erforschung von Rhabarber, da die Hochschule die Möglichkeit besitzt, auf unterschiedliche Spezies zurückzugreifen. Es gibt ungefähr 40 Rhabarbersorten, die an der Hochschule bereits sehr gut erforscht wurden. Unsere Gruppe fand heraus, dass in den Wurzeln bestimmte Rhabarberspezies Inhaltsstoffe vorliegen, die Leder haltbar machen können. Diese Inhaltstoffe haben wir isoliert und in Kooperation mit einem Unternehmen einen Rhabarberextrakt entwickelt, der zur Gerbung eingesetzt werden kann.

Gerbereien wollen aber für einen neuartigen Gerbprozess keine neuen Anlagen bauen, sondern bestehende Systeme nutzen. Die Umstellung des Gerbprozesses auf Pflanzenbasis sollte auch wirtschaftlich machbar sein. Eine Investition in eine neue Anlage tätigt niemand, wenn noch nicht sicher ist, wie sich ein neues Produkt auf dem Markt etablieren wird.

Um Rhabarberextrakt in bestehende Gerbsysteme und -prozesse einzufügen, war viel Detailwissen zu den physiologischen und physikalischen Eigenschaften des Stoffes notwendig. Die ersten Gerbergebnisse sahen sehr vielversprechend aus. Wir konnten zeigen, dass der Austausch von Chromsalzen oder anderer Schwermetallen die bisher zur Gerbung verwendet werden, durch unseren Pflanzenextrakt möglich ist. Ca. 80 % aller weltweit hergestellten Leder werden mit Chemikalien gegerbt, die hohe Umweltgefahren bergen. Für ungefähr 6 m^2 Haut benötigen wir nur den Extrakt einer drei bis vier Jahre alten Rhabarberwurzel. Dieses Extrakt ist für Mensch und Umwelt ungefährlich. Die nächste Herausforderung bestand in einem *upscale:* Sowohl die Extraktherstellung wie auch die Ledergerbung selbst sollten ja auch im Industriemaßstab gelingen.

Auch hier waren wir erfolgreich, also gründeten wir 2010 die Firma „rhubarb technology" und das Leder-Modelabel deepmello mit Sitz in Leipzig. Wir hatten uns schon so sehr in das Rhabarberthema vertieft, dass wir den eingeschlagenen Weg weitergehen wollten. Es ließen sich zahlreiche

Unterstützer gewinnen, die, so wie wir, das Potenzial des pflanzlichen Gerbens erkannten. Der Übergang von einer reinen Forschungstätigkeit zu einer Firmengründung war jedoch alles andere als einfach. Viel Zeit und Energie flossen in den Aufbau der Firma. Traditionelle Geldgeber konnten mit unserer innovativen Idee nichts anfangen und auf Forschungsgelder konnten wir ebenfalls nicht zurückgreifen. So stemmten wir die Finanzierung fast ausschließlich durch privat eingebrachtes Kapital. Sämtliche Mittel flossen dabei in die Entwicklung des Produkts, an Angestellte war nicht zu denken.

Unser Produkt „Rhabarberleder" ist mittlerweile ausgereift. Da wir mehrere Felder bewirtschaften, auf denen die Pflanzen in unterschiedlichen Wachstumsstadien stehen, können wir im Zyklusverfahren dauerhaft und das ganze Jahr über ernten. Auf relativ kleiner Fläche lassen sich große Mengen des Rohstoffs produzieren. Die Stängel der essbaren Rhabarbersorten, die wir verwenden, verkaufen wir an den Lebensmittelhandel. Aus den Stängeln und Blättern der nichtessbaren Sorten entwickeln wir Inhaltsstoffe für unsere Kosmetiklinie, da diese antioxidativ wirksam sind. Alle nicht verwendbaren Bestandteile verbleiben im Boden und dienen als Dünger.

Zurzeit kümmern wir uns hauptsächlich um den Vertrieb und die Marktetablierung. Daneben forschen wir weiterhin zu alternativen Ledergerbverfahren und entwickeln im Hintergrund neue Produkte. Der Bedarf an weiteren, nachhaltigen Gerbtechnologien ist eindeutig vorhanden, die Innovationsmöglichkeiten in diesem Bereich sind noch lange nicht ausgeschöpft. Wir nutzen bei der Entwicklung neuer Produkte unseren „Blick von außen". Wir entstammen nicht dem traditionellen, jahrhundertealten Gerberhandwerk, wir führen nicht, wie andere, etablierte Prozesse weiter. Nur so können wir neue Ideen entwickeln, die bisher in dieser Branche keine Relevanz hatten.

Die bereits an der Hochschule bestehenden Kooperationen mit „Bioökonomie-Akteuren" waren und sind für unsere Firma am Markt ein entscheidender Schlüssel zum Erfolg. Wir erhalten darüber vor allem Hinweise zur Verbesserung unserer Produkt- und Firmenidee. Bei konkreten betriebswirtschaftlichen oder Fragen zu dem uns neuen Fashionmarkt, haben wir jedoch gezielt externe Berater hinzugezogen.

Der „Ledermarkt", in den Bereichen Herstellung, Handel und Vertrieb, ist ein alteingesessener Markt. Die meisten Gerber sehen die Verwendung von Chrom – trotz aller bekannten Umweltgefahren – nicht als problematisch an und halten daran fest. Neuen Verfahren stehen sie skeptisch gegenüber. Um mit neuen Ideen punkten zu können, bedarf es daher eines großen Wissens um bestehende Prozesse und deren Veränderungsmöglichkeiten. Ebenso bedarf es einer hohen Überzeugungskraft, die nur über eine außerordentliche Produktqualität möglich ist.

Unsere Produkte – von der Handtasche bis zum Autositzbezug – werden mittlerweile großtechnisch hergestellt. Aber nicht nur unser Rhabarberextrakt, sondern auch unsere Häute werden ökologisch nachhaltig und regional in Deutschland produziert. Darüber hinaus sind wir der alleinige Vertreiber unserer Produkte. Diese Aspekte sind ein maßgebliches Kaufargument für unsere Kunden. Doch die Etablierung eines innovativen Produktes bedarf einer zusätzlichen und direkten Kundenkommunikation. Nur so können wir uns als zuverlässige, langfristige Geschäftspartner präsentieren. Fast alle Unternehmen (über 100), die sich im Ledersektor mit nachhaltigen Produkten beschäftigen, kennen uns, interessieren sich für unsere Produkte oder arbeiten bereits mit uns zusammen. Unsere Geschäftstätigkeiten zielen darauf ab, dass sich noch mehr große, sichtbare Marken im kommerziellen Sektor für unser Produkt interessieren. Das können alle Unternehmen sein, die Leder einsetzen, nicht nur im Fashionbereich.

10.8 Kai Hempel – Firmengründer

Quelle: Christoph Bockisch

Ich heiße Kai Hempel und wohne in Leipzig. Während meines BWL-Studiums reifte der Plan, eine eigene Firma zu gründen. Vor ca. vier Jahren hörte ich dann, dass in Leipzig weitere Lizenzen für die Fischzucht vergeben würden. Bis zu diesem Zeitpunkt hatte ich keinerlei Ahnung von Fischzucht. Doch die Neugierde überwog – und so entstand mein erster Businessplan.

Der ließ sich jedoch mit herkömmlichen Zuchtfischen nicht realisieren. Der finanzielle Einsatz für die benötigte Infrastruktur, für Futtermittel und Arzneistoffen war zu hoch. Ebenso blieb die Nachhaltigkeit auf der Strecke. Ich benötigte also einen anspruchsloseren Zuchtfisch, der mit dem begrenzten Platz einer Aquakultur besser zurechtkommt. Ich stieß bei meinen Recherchen schließlich auf den afrikanischen Raubwels, der diese Anforderung erfüllte. Er benötigt darüber hinaus wesentlich weniger Antibiotika als andere Zuchtfische. Es blieb das Problem mit den zu hohen Futterkosten.

Zur Fischzucht von Raubfischen wird zum Teil immer noch Fischmehl verwendet. Mittlerweile werden statt Fischmehl auch oft Soja, Algen oder Erbsen eingesetzt – doch pflanzliche Proteine decken nicht das gesamte von Fischen benötigte Proteinspektrum ab. Der Raubwels ist zwar grundsätzlich ein Allesfresser, benötigt jedoch ebenfalls tierische Proteine für sein Wachstum. Diese sind jedoch sehr teuer, sodass mein Businessplan nicht mehr aufging. Daher habe ich nach alternativen Proteinquellen zur Futtermittelverwendung gesucht. Eine Lösung besteht in der Produktion von Insekten als alternative tierische Proteinquelle.

So gründeten wir die madebymade GmbH, deren Geschäftsführer ich zusammen mit Dr. Jonas Finck nun seit 2017 bin. Unser Gründerteam besteht mit mir aus insgesamt zwei Betriebswirten und einem Biologen. Zu meinen Aufgaben zählen die Öffentlichkeitsarbeit, der Verkauf unserer Produkte und die Kommunikation mit Geldgebern. Die Kernidee von madebymade ist: „110 %"-Kreislaufwirtschaft. Ein System bei dem keine nicht zu verwertenden Reststoffe übrigbleiben. Dazu sammeln wir bisher ausschließlich pflanzliche Reststoffe aus der Lebensmittelindustrie oder dem Einzelhandel ein. Wir könnten auch tierische Produkte als Futter verwenden, also z. B. Fleisch und Milch, tun dies jedoch noch nicht aufgrund der hohen rechtlichen Hürden.

Diese Reststoffe werden geschreddert und an unsere Insektenlarven verfüttert. Mögliche Falschstoffe im Futter, wie z. B. Glas oder Plastik, werden zuvor aussortiert. Theoretisch könnten Fremdstoffe auch im Futter bleiben. Unsere Larven ernähren sich ausschließlich von den organischen Stoffen und fressen praktisch darum herum. Die Ausscheidungen der Larven, das Larvensubstrat, werden gesiebt, so von Falschstoffen getrennt und schließlich zu organischem Dünger verarbeitet. Die Larven werden zunächst getrocknet und dann gepresst. So erhalten wir vom Presskuchen abgesehen noch tierische Fette und Öle. Der Presskuchen selbst wird zu Mehl verarbeitet. Dieses „Proteinmehl" kann dann z. B. als Bestandteil von Tierfutter verwendet werden. Ein Großteil der Produktion läuft automatisch ab. Nichts muss händisch sortiert werden. Ebenso bleibt nichts an Reststoffen übrig. Wir sind ein *zero-waste*-Unternehmen.

Die Idee, aus Insekten Proteine zu erzeugen, ist nicht gänzlich neu. Es gibt eine große weitere Firma in Deutschland sowie internationaldiverse Marktteilnehmer z. B. in Kanada oder den Niederlanden. Ich sehe allerdings kein großes Problem durch die Mitbewerber für uns, denn der Bedarf an alternativen Proteinquellen ist weltweit noch lange nicht gedeckt. Bisher importiert Deutschland ca. 200.000 t Fischmehl für die industrielle Tierzucht pro Jahr. Zurzeit beschäftigten wir uns vor allem mit der ersten Ausbaustufe unserer Produktionsanlage in der Nähe von Leipzig. Unser mittelfristiges Ziel ist, bis zu 25 t Reststoffe aus Lebensmittelindustrie oder dem Einzelhandel pro Tag zu verarbeiten. Wir werden zukünftig z. B. von einer Leipziger Firma beliefert, die Obst und Gemüse verarbeiten. Dort fallen bis zu 10 t Reststoffe pro Tag an – und dabei handelt es sich nicht einmal um ein besonders großes Unternehmen. Das Potenzial möglicher Reststoffe ist also enorm. Aus 2 kg Reststoffen können wir ca. 1 kg Insekten produzieren. Zunächst ist geplant, bis zu 250 t Proteinmehl pro Jahr herzustellen und natürlich auch zu verkaufen. Wir benötigten für die gleiche Menge an Protein nur einen Bruchteil der Fläche einer Sojafarm. Und: Wir verwenden ausschließlich Rohstoffe, welche nicht mehr für den menschlichen oder anderweitig tierischen Verzehr geeignet sind.

Unsere Produktionsstätte ist modular aufgebaut und funktioniert wie ein Systembaukasten, Unser Ziel ist es, bis Mitte 2020 nicht nur die Endprodukte zu verkaufen, sondern auch Systemlösungen für andere mögliche Produzenten weltweit anbieten zu können. Wir benötigen lediglich die vorhandene Reststoff-Inputmenge um eine passgenaue Systemlösung konzipieren und liefern zu können, z. B. als Mitteltechnologie- oder als *downgrade*-Modell. Wir haben derzeit u. a. Interessenten aus Polen, Spanien und der Dominikanischen Republik.

Begonnen haben wir mit nicht viel mehr als einer Idee und dem daraus entstandenem Businessplan, bei dessen Erstellung uns die Gründerinitiative Smile aus Leipzig unterstützt hatte. Durch sie und durch sehr viel Eigenleistung bauten wir Kontakte zu möglichen Investoren auf. Schließlich erhielten wir von einem sächsischen Investor der Golzern Holding eine „Early-Bird-Finanzierung" und konnten mit dem Bau unserer ersten Anlage beginnen.

Die größte Herausforderung für unsere Firma besteht in der Skalierung. Wir müssen möglichst schnell die Produktion steigern. Nur so lässt sich eine Marktfähigkeit erreichen. Schaffen wir das nicht, werden wir zukünftig nicht bestehen. Doch wir wissen: Unsere Endprodukte finden Anklang und besonders unser Modulsystem unterscheidet uns von anderen Firmen. Diese betreiben, soweit wir wissen, immobile Großanlagen. Unser Modulsystem hingegen ist so geplant, dass es auf der ganzen Welt schnell einsetzbar ist. So können wir nachhaltig in größeren Mengen, vor Ort produzieren.

Eine weitere Herausforderung ist die Verwaltung. Ob es um Tierfutter, Lebensmittel oder ähnliches geht – für „Insekten" gab es bis vor Kurzem keine rechtlichen Regelungen. Entsprechend oft hatten wir bei den Zuständigen mit Verständnis- und Verständigungsschwierigkeiten zu kämpfen. Wir verstehen uns als Futtermittelproduzenten – doch müssen wir auch die gleichen oder sogar mehr Auflagen wie andere erfüllen? Krankheiten, Emissionen, Tötungen … bezüglich Insekten ist das alles Neuland. Unterliegen Insekten bspw. der Schlachtverordnung? Laut Definition muss beim Schlachten Blut fließen. Insekten haben aber kein Blut. Und ein Tierfutterproduktionsbetrieb muss per Definition Insektenfrei sein. Das ist bei uns natürlich nicht so leicht umzusetzen. Viele solcher Fragen wurden in den letzten Monaten gelöst, auch auf europäischer Ebene, aber ganz sicher bleibt die Zukunft spannend.

Eines steht jedoch fest: Wir von madebymade gehen den Dingen gerne auf den Grund

und sind hartnäckig. Es braucht diesen Drang, dranzubleiben. Sonst kann man keine Firma gründen.

10.9 Andrea Noske – Referatsleiterin im BMBF

Quelle: BMBF/Hans-Joachim Rickel

10

Ich heiße Andrea Noske und bin Diplom-Ingenieurin in Werkstoffwissenschaften im Hüttenwesen. In meinen ersten drei Berufsjahren habe ich mich mit der Forschungsförderung von Projekten zum bakteriellen Laugen von Erzabraumhalden beschäftigt. Ein Verfahren, dass dann Anfang der 1990er-Jahre eingestellt wurde, da die Rohstoffpreise den Aufwand nicht rechtfertigten. Heute erleben diese Verfahren unter dem Stichwort „Biomining" eine Renaissance und gelten als Teil der Bioökonomie. Seit 1988 bin ich nicht nur in der Projektförderung des Bundes tätig – ich war auch vier Jahre als Wissenschaftsattaché an der Deutschen Botschaft in Washington, DC, USA. Seit 1993 bin ich Bundesbeamtin im BMBF und derzeit Leiterin des Referats „Nachhaltiges Wirtschaften; Bioökonomie".

In dieser Zuständigkeit fördert mein Referat mit über 130 Mio. € jährlich Forschungs- und Entwicklungsprojekte (FuE) im Bereich der Bioökonomie – von der Gewinnung biologischen Wissens über Methoden und Technologien bis hin zur Anwendungsorientierung im Labormaßstab. Durch unsere Fördermaßnahmen versuchen wir die „Innovationspipeline" auf dem Weg zu mehr biobasierten Produkten, Verfahren und Dienstleistungen zu füllen. Darüber hinaus stehen wir im aktiven Dialog mit allen Stakeholdern aus Wissenschaft, Wirtschaft und Gesellschaft und treiben die Entwicklung eines Monitorings der Bioökonomie voran.

Für mich als „gelernte" Ingenieurin ist es faszinierend zu erleben, wie in der Bioökonomie Lebens- mit Technikwissenschaften kombiniert werden. Hier lassen sich Türen in völlig neue Dimensionen aufstoßen. Dazu muss aber die Wissenschaft den Freiraum haben, auch ungewohnte Pfade einschlagen und Risiken eingehen zu dürfen. Nur so lassen sich die besten Lösungswege für eine biobasierte Zukunft finden. Es geht nicht allein darum, Technologien kontinuierlich weiterzuentwickeln, sondern darum, an ganzheitlichen Lösungen zu arbeiten. Die können sowohl einer einzelnen Technologie als auch technologieübergreifenden Ansätzen oder sozialen Innovationen entspringen. Insbesondere brauchen wir aber eine technologieoffene Forschung, ohne Scheuklappen und Denkverbote.

Darüber hinaus sind auch Fragen nach dem Wert von Ökosystemdienstleistungen und Natur, nach dem Zugang zu Ressourcen, nach Verteilungsgerechtigkeit und nach Suffizienz wichtig. Am Ende stehen Transformationsprozesse von einer Größenordnung, die weit über einzelne Technologien, Disziplinen und Themen hinausreichen. Sie werden Auswirkungen haben auf die Art, wie wir produzieren, arbeiten und leben. Wir müssen deshalb die bürgernahe Fachkommunikation und Partizipation intensivieren, damit die Besonderheiten der biobasierten Wirtschaft für die Menschen greifbar werden.

Der doppelte Befund, dass ein dringendes Erfordernis zu handeln besteht und dass die Bioökonomie neue Möglichkeiten dazu eröffnet, wird prägend sein für die neue Nationale Bioökonomiestrategie. Aufbauend auf bisherigen Erfahrungen und Erfolgen setzt die Strategie neue Schwerpunkte, um die Potenziale der Bioökonomie noch besser und zügiger zu erschließen. Benötigt werden vor allem nachhaltige Lösungen, die wirkliche Alternativen zu überkommenen Produktionsformen anbieten, indem sie systemische Zusammenhänge zwischen biologischen Systemen und ihrer Umwelt berücksichtigen und nicht punktuell ein Problem durch ein anderes ersetzen. Unterschiedliche Perspektiven müssen verknüpft und Wechselwirkungen auf allen Ebenen beachtet werden. Gerade die Verbindung von biologischem Wissen mit ökonomischem Denken – der Kunst des Haushaltens unter Bedingungen der Knappheit – kann zu neuen Durchbrüchen führen.

Das Thema Bioökonomie hat in den vergangenen Jahren auch global erheblich an Bedeutung gewonnen. Mittlerweile gibt es weltweit rund 50 Staaten, die Bioökonomiestrategien entwickelt haben. Diese Programme sind abhängig von den jeweils zur Verfügung stehenden biogenen Ressourcen, den politischen, sozialen und technologischen Rahmenbedingungen und verdeutlichen somit die große Spannbreite der Bioökonomie. Der Trend zeigt, dass immer mehr Länder große Hoffnungen in die Potenziale bioökonomischer Lösungen setzen. Er zeigt aber auch, dass die Entwicklung der Bioökonomie auf internationale Kooperation angewiesen ist, um die ehrgeizigen übergreifenden Ziele zu erreichen. Dabei ergeben sich vielfältige Chancen zum Austausch.

Gerade die Zusammenarbeit mit den europäischen Partnern ist mit den bewährten Instrumenten der Forschungs-, Entwicklungs- und Innovations-Kooperation ein wichtiges Schlüsselelement. Insgesamt werden wir die Entwicklung der Bioökonomie auf EU-Ebene im konstruktiven Dialog mit den Partnern aktiv begleiten, denn das ist auch das Instrument, wo sich innovative Regionen grenzübergreifend etablieren können. Der Wissensaustausch über Ländergrenzen hinaus setzt Synergieeffekte frei, sowohl für die beteiligten Kooperationspartner als auch für die Bioökonomie als Ganzes. Der im Oktober von den EU-Kommissaren für Forschung, Landwirtschaft und Umwelt vorgestellte Aktionsplan auf dem Weg zu einer starken europäischen Bioökonomie ist ein großer Schritt.

10.10 Hans-Jürgen Froese – Referatsleiter im BMEL

Quelle: Privat

Mein Name ist Dr. Hans-Jürgen Froese. Ich bin Leiter des Referats 525 „Bioökonomie, Stoffliche Biomassenutzung" im Bundesministerium für Ernährung und Landwirtschaft (BMEL). Von 1983 bis 1988 habe ich Geographie mit den Nebenfächern Agrarökonomie und Volkswirtschaftslehre an der Justus-Liebig-Universität in Gießen studiert und anschließend ein Forschungsprojekt zu agrarhandelspolitischen Fragen der EG-Süderweiterung bearbeitet.

Seit Januar 1992 bin ich im BMEL beschäftigt. Neben verschiedenen Referentenfunktionen war ich als Agrarattaché an den deutschen Botschaften in Madrid (1997–2000) und Buenos Aires (2003–2008) tätig. Anschließend wechselte ich in das Referat für Bioenergie im BMEL und war dort insbesondere mit internationalen Fragen und der Erarbeitung der Nachhaltigkeitsregelungen für Biokraftstoffe befasst. Seit November 2010 – mit Unterbrechung für eine Auslandstätigkeit von August 2013 bis Dezember 2014 – leite ich das Referat 525. Dort bin ich für Fragen der Nationalen Politikstrategie Bioökonomie und für das BMEL-Förderprogramm Nachwachsende Rohstoffe verantwortlich.

Mein Tagesgeschäft wird sehr stark von organisatorischen Fragen der Projektförderung, der Fachaufsicht über den Projektträger Fachagentur Nachwachsende Rohstoffe e. V. (FNR), und von diversen Anfragen zu bioökonomierelevanten Themen bestimmt. Längerfristige Tätigkeiten sind Überlegungen zu Neukonzeptionen des Förderprogramms Nachwachsende Rohstoffe, der Bioökonomiestrategien, zur weiteren Gestaltung des Bioökonomiemonitorings und des Bioökonomiedialogs mit der Gesellschaft.

Bioökonomie bedeutet für mich – in Kurzform –, mit unseren biogenen Ressourcen verantwortungsvoll umzugehen. Dabei sind insbesondere die Grundsätze der Nachhaltigkeit und Effizienz zu beachten, und zwar auf allen Stufen der Wertschöpfungskette und in allen Wertschöpfungsbereichen, sei es im *food*- oder *Non-food*-Sektor. Die hinter dem Begriff „Bioökonomie" stehende Nutzung biologischer Ressourcen wird angesichts der kommenden Herausforderungen in den Bereichen Ernährungssicherheit, Energie- und Rohstoffversorgung einer weiterwachsenden Weltbevölkerung sowie mit Blick auf den Klima- und Naturschutz eine zunehmend wichtige Rolle spielen. Ob auch die Bioökonomie in Form von strategischen Ansätzen oder als Wirtschaftskonzept hier in diesem Trend „mitläuft", wird insbesondere davon abhängen, ob sich politische Bioökonomiestrategien durchsetzen und mit Blick auf ihre Implementier- und Sichtbarkeit überzeugen können, oder ob man stärker auf sektorspezifische Einzelstrategien setzt, etwa Biotechnologie, Digitalisierung, Biodiversität, Ackerbau, Grünland, Tierwohl, Wald etc.

An der Bioökonomie fasziniert mich vor allem ihre Bandbreite. Sie ist ein umfassendes Themenfeld, das viele Sektoren und Aktivitäten umfasst. Unter dem Dach der Bioökonomie kann man sich sowohl mit zukunftsweisenden innovativen biotechnologischen Verfahren als auch mit Fragen der Flächennutzungskonkurrenzen und Formen der nachhaltigen Rohstoffbereitstellung beschäftigen. Für mich ist dabei besonders wichtig, dass wir einen nachhaltigen Bioökonomiepfad beschreiten, der die Erhaltung unserer natürlichen Ressourcen für die kommenden Generationen immer im Blick behält.

Den größten Vorzug und damit auch einen gewissen Erfolg der Politikstrategie Bioökonomie als solche sehe ich im holistischen Ansatz, der alle biogenen Rohstoffnutzungen für alle Verwendungsbereiche umfasst und mit dem Zukunftsfragen – wie etwa zur künftigen Verfügbarkeit von nutzbarer Biomasse – tendenziell besser beantwortet werden können als dies über partielle, sektorbezogene Betrachtungen möglich wäre (Beispiel Bioenergie). Künftige Herausforderungen der Strategie-Implementierung sehe ich insbesondere in der möglichst weitgehenden Konkretisierung und Bewertung von Politikmaßnahmen. Denn nationale Maßnahmen werden nicht nur im nationalen Maßstab zu bewerten sein, sondern auch hinsichtlich ihrer Wirkungen in anderen Ländern/Regionen.

Mit der Forschungsstrategie Bioökonomie 2030 und der Nationalen Politikstrategie Bioökonomie hat die Politik erste Rahmenbedingungen für eine nachhaltige Bioökonomieentwicklung geschaffen. Aber auch verschiedene sektorspezifische Einzelstrategien und Aktionspläne der Bundesregierung tragen hierzu bei. Sie sind im Lichte weiterer Entwicklungen zu überprüfen und gegebenenfalls anzupassen.

Die globalen Entwicklungsziele der Vereinten Nationen (SDGs) und die Nationale

Nachhaltigkeitsstrategie stellen für die Bioökonomiestrategie den obersten Bezugsrahmen dar. Insofern orientiert sich die Bioökonomiestrategie insbesondere an den in diesem Rahmen vorgegebenen Nachhaltigkeits- und Effizienzzielen.

Der erste Schritt zum Aufbau einer solchen Gemeinschaftspolitik für Bioökonomie ist die Diskussion der Frage, ob eine solche EU-Bioökonomiepolitik als Ergänzung zu den bereits bestehenden Gemeinschaftspolitiken überhaupt gewünscht und erforderlich ist (ob sie bspw. Politikmaßnahmen enthält, die in den bereits bestehenden Gemeinschaftspolitiken nicht oder nicht angemessen adressiert werden können) und von den EU-Mitgliedstaaten mitgetragen wird. Ferner dürfte die Frage der Ressortzuständigkeiten sowohl auf der Ebene der Europäischen Kommission als auch in den Mitgliedstaaten nicht einfach zu lösen sein, da die Bioökonomiepolitik mindestens die Fachpolitiken der Agrar-, Wirtschafts-, Wissenschafts- und Umweltressorts berührt.

Angesichts begrenzt verfügbarer biogener Ressourcen und knapper werdender fossiler Rohstoffe sind insbesondere Forschungsaktivitäten zur Erhöhung der Ressourcennutzungseffizienz, darunter auch das breite Feld der Züchtungsforschung, aber auch Innovationen bei Biomasseaufschlussverfahren, bei Recyclingverfahren und zur effizienteren Verwertung von Rest- und Abfallstoffen, wichtig. Ebenso sind Forschungsanstrengungen zur Verringerung der Treibhausgasemissionen zu verstärken – über alle Stufen der Wertschöpfungsketten hinweg. Dabei kommt Agrarrohstoffen aus der Landwirtschaft eine besondere Rolle zu, da sie sowohl für die Ernährung als auch für zahlreiche andere Verwendungen im „*Non-food*-Sektor" – sei es im stofflichen oder energetischen Bereich – genutzt werden können.

Die Bundesministerien haben zu allen Fragen der Umsetzung der Politikstrategie Bioökonomie eine Interministerielle Arbeitsgruppe (IMAG) eingerichtet. Die IMAG tagt je nach Bedarf, i. d. R., aber mindestens zweimal jährlich. Dort wird u. a. über die verschiedenen Bioökonomie-Aktivitäten der Ressorts informiert, und es werden – je nach Möglichkeit – Einzelmaßnahmen koordiniert.

Der Begriff „Bioökonomie" ist definitorisch sehr breit unterlegt und damit den Bürgern nicht leicht vermittelbar. Verständnis- und Akzeptanzprobleme können m. E. nur über längerfristig angelegte zielgruppenspezifische Informations- und Dialog-Maßnahmen ausgeräumt werden. Eine nachhaltige Bioökonomie-Entwicklung kann nur gelingen, wenn neben Politik und Wissenschaft hierbei auch die Wirtschaftsakteure mit entsprechenden Investitionsentscheidungen sowie die Verbraucher mit gezielten Kaufentscheidungen diesen Prozess mittragen. Ohne deren Bereitschaft, neue biobasierte Produkte auf nachhaltige Weise zu erzeugen bzw. nachhaltig erzeugte Produkte zu konsumieren, geht es nicht.

10.11 Isabella Plimon – Aktiv für die Bioökonomie in Österreich

Quelle: BMNT/Paul Gruber

Mein Name ist Isabella Plimon und ich bin Abteilungsleiterin für innovative Technologien und Bioökonomie im Bundesministerium für

Nachhaltigkeit und Tourismus in Österreich. Ich vertrete Österreich außerdem im Strategic Energy Technology Plan (SET-Plan) und im Programmausschuss für Energie von Horizon 2020. Vor meinem Eintritt in das Ministerium war ich Beraterin für internationale Energiepolitik und Umweltpolitik bei einem ehemaligen Minister für Wissenschaft, Forschung und Wirtschaft in Österreich. Davor vertrat ich für fast zehn Jahre die Interessen österreichischer Unternehmen auf nationaler, EU- und internationaler Ebene in der Energie- und Klimapolitik. Meine Abschlüsse der Wirtschaftsuniversität Wien und der Technischen Universität Berlin helfen mir außerdem, das Thema Bioökonomie übergreifend mit Blick auf die damit verknüpften Wertschöpfungsketten zu betrachten. Diese Erfahrungen im Bereich der Energie- und Klimapolitik sowie der Vertretung von Unternehmen helfen mir den Fokus auf den Beitrag zur langfristigen Decarbonisierung von innovativen, biobasierten Ideen und den Chancen für den Wirtschaftsstandort zu legen. Gemeinsam mit meinem Team die erste sektorübergreifende, ganzheitliche Bioökonomiestrategie für Österreich zu entwickeln und jetzt umzusetzen, war und ist eine sehr spannende Aufgabe. An dieser Stelle möchte ich mich auch bei Gottfried Lamers und Bernhard Zenz bedanken, den Bioökonomie-Experten in meinem Team! Mit ihrem Wissen, Herzblut und Enthusiasmus haben sie maßgeblich dazu beigetragen, dass die österreichische Bioökonomiestrategie im März 2019 von der Bundesregierung beschlossen wurde.

Bioökonomie steht für ein Wirtschaftskonzept, das fossile Ressourcen (Rohstoffe und Energieträger) durch nachwachsende Rohstoffe in möglichst allen Bereichen und Anwendungen ersetzen soll. Sie umfasst alle industriellen und wirtschaftlichen Sektoren, die biologische Ressourcen produzieren, ver- und bearbeiten oder nutzen. Die Bioökonomie bietet damit die große Chance, globalen Herausforderungen wie dem fortschreitenden Klimawandel, der Lebensmittel- und Wasserknappheit oder Umweltbelastungen zu begegnen und gleichzeitig die ökonomische Entwicklung zu stärken. Um den Schritt hin zur Umsetzung der bisher wissensbasierten Bioökonomie – unter Einbindung der relevanten Stakeholder und unter Nutzung aller politischen Instrumente – zu machen, hat sich die Bundesregierung im Regierungsprogramm und der #mission2030, der Klima- und Energiestrategie Österreichs, vorgenommen, eine Strategie für Bioökonomie in Österreich zu erstellen. Diese österreichische Bioökonomiestrategie wurde am 13. März 2019 beschlossen. Sie stellt einen wesentlichen Eckpfeiler der Klima- und Energiestrategie dar und unterstützt die Decarbonisierung des Wirtschaftssystems. Der Fokus auf den Klimaschutz baut aber natürlich auf den sektoralen Stärken in der Land-, Forst-, und Abfallwirtschaft sowie den produzierenden Unternehmen und der Forschung in Österreich auf. Darauf aufbauend, wird bis ein Bioökonomie – Aktionsplan mit konkreten Umsetzungsmaßnahmen erstellt.

Auch haben wir für die österreichische Bioökonomiestrategie Leitlinien im Sinne der Sustainable Development Goals (SDGs) erarbeitet, die sich einerseits in ihrer Zielsetzung positiv auf die Bioökonomie auswirken, aber auch die begrenzenden Faktoren aufzeigen. Denn die Bioökonomie kann eine zukunftsfähige und nachhaltige Wirtschaftsform sein – sie muss sich aber entlang der zuvor dargestellten Leitlinien bewegen. Ein bloßes Steigern von Effizienz birgt etwa die Gefahr, dass erzielte Gewinne durch rebound-Effekte wieder zunichtegemacht werden. Daher braucht es außerdem Verhaltens- und Werteänderungen, sowohl bei Produzierenden als auch bei Konsumierenden, um alle Ziele der Bioökonomiestrategie zu erreichen. Aus diesem Grund sind aus unserer Sicht neben den Effizienz- auch Suffizienzmaßnahmen, Kreislaufkonzepte und die Einbeziehung des individuellen Konsumverhaltens essenzielle Säulen einer nachhaltigen Bioökonomie.

Aufgrund der komplexen Charakteristik der biogenen Ausgangsmaterialien erfordert die industrielle Verarbeitung biogener Rohstoffe in hochwertige Produkte ausgereifte Technologien und Prozesse. Integrierte Konzepte für die stoffliche sowie energetische Nutzung dieser Rohstoffe stellen daher außerdem ein zentrales Thema der Bioökonomie dar.

Die deutsche Bioökonomiestrategie war, wie auch andere Strategien, Inspiration für die österreichische Strategie. Letztere hat einige Aspekte besonders herausgearbeitet, z. B. den Bezug zu den SDGs und das Ansprechen der Aspekte der Effizienz, Suffizienz und des individuellen Konsums. Aufgrund der laufenden Diskussionen gehe ich davon aus, dass diese Aspekte auch in der Überarbeitung der deutschen Strategie einfließen werden. In unserer Analyse verschiedener Bioökonomiestrategien haben wir Deutschland als sehr anwender- und industrieorientiert wahrgenommen, die finnische Strategie hingegen als eher rohstoffzentriert. Der Zugang Österreichs, sektorübergreifend zu arbeiten, um auf den Klimaschutzgedanken zu fokussieren ist da etwas anders gewählt. Die österreichische Bioökonomiestrategie deckt daher auch Forschung, Ressourcen, Technologien und Produkte gleichermaßen ab. Die politischen Handlungsfelder der Strategie adressieren alle Sektoren.

Gemeinsam haben beide Strategien sicher, dass sie Bioökonomie als Chance für den Wirtschaftsstandort sehen. Ich hoffe, dass sich daraus auch in Zukunft gemeinsame Aktivitäten ergeben. Im Gegensatz zu Deutschland hat Österreich auch keinen Meerzugang, die Potenziale einer „blue bioeconomy" haben daher in Deutschland natürlich einen größeren Stellenwert. So wie Österreich einige Stärkefelder hat, auf denen die Bioökonomie aufbaut, etwa die Zellstoff- und Papierindustrie oder die Holzwirtschaft, so hat auch Deutschland global relevante Stärkefelder. Diese Technologieführerschaft Deutschlands z. B. im Chemiebereich ist daher sicher eine spannende Chance für die Bioökonomie.

Urs Moesenfechtel

(geb. 1978) studierte von 1998 bis 2005 an den Universitäten Köln und Leipzig Germanistik, Erwachsenenpädagogik und Politikwissenschaften und ist seitdem an den Schnittstellen von Presse- und Öffentlichkeitsarbeit, Veranstaltungsorganisation und Bildungsmanagement tätig. Die Vermittlung von Umwelt- und Naturschutzthemen bildet dabei einen Schwerpunkt seiner Arbeit. Seit 2013 arbeitet er am Helmholtz-Zentrum für Umweltforschung (UFZ) und war dort bereits als Presse- und Öffentlichkeitsreferent für die Projekte „Naturkapital Deutschland (TEEB DE)", „Boden als nachhaltige Ressource für die Bioökonomie (BONARES)" sowie „Netzwerk-Forum zur Biodiversitätsforschung Deutschland (NeFo)" tätig. Ebenso seit 2013 ist er am UFZ-Department Bioenergie als Wissenschaftskommunikator mit dem Schwerpunkt Bioökonomie tätig. Dort leitete er u. a. die Kommunikationsaktivitäten im Rahmen der Begleitforschung des Spitzenclusters Bioökonomie sowie das BioökonomieInformationsBüro.

Cluster, Netzwerk, Plattform: Organisationsformen der Bioökonomie

Manfred Kirchgeorg

D. Thrän, U. Moesenfechtel (Hrsg.), *Das System Bioökonomie*,
https://doi.org/10.1007/978-3-662-60730-5_11

11.1 Einleitung

Nahezu alle wirtschaftlichen Sektoren sind von diesem Transformationsprozess betroffen. Deshalb wurden in Deutschland im Jahre 2013 durch die Verabschiedung einer „Nationalen Politikstrategie Bioökonomie“ alle Akteure in Wirtschaft, Politik und Gesellschaft aufgerufen, diese Herausforderungen anzunehmen (BMEL 2014). Dementsprechend kann die Bioökonomie als ein Musterbeispiel für den Einsatz netzwerkbasierter Organisationsprinzipien angesehen werden, denn es gilt,

1. traditionelle Wertschöpfungsketten durch die Einbeziehung neuer Akteure und Rohstoffe in allen Stufen zu transformieren.
2. neue Wertschöpfungsketten mit neuen wie auch etablierten Unternehmensakteuren zu formieren, um biobasierte Innovationen zu entwickeln und zur Marktreife zu bringen.
3. durch intelligente Verknüpfungen innerhalb biobasierter Wertschöpfungsketten den Prinzipien der Kaskaden- und Kopplungsnutzung sowie Kreislaufökonomie zu folgen, um die Ressourceneffizienz bei der Verwendung von Biomasse zu erhöhen (BMEL 2014; Leal Filho 2018).

Die Transformation zur Bioökonomie erfordert ein „enges Zusammenwirken politischer, wirtschaftlicher, wissenschaftlicher, ökologischer und sozialer Akteure“ (BMEL 2014, S. 21). Dabei ist es notwendig, dezentrale und regional verankerte Stoff- und Energiekreisläufe von biobasierten Produkten zu organisieren und diese auch mit nationalen und globalen Märkten zu verknüpfen. Aus diesem Anspruch heraus stellt der Transformationsprozess zur Bioökonomie ein Anwendungsfeld dar, in dem netzwerkbasierte Organisationsformen zur Anwendung gelangen.

11.2 Organisationsformen der Bioökonomie

Angesichts der sich abzeichnenden ökologischen Herausforderungen (z. B. Klimawandel, CO_2-Emissionen, Plastikmüll in Ozeanen) sind auf dem Transformationspfad die notwendigen Lern-, Innovations-, Umsetzungs- und Akzeptanzprozesse zu beschleunigen. Somit kommt der Frage nach effizienten Organisationsformen für solche komplexen und akteursübergreifenden Transformationsprozesse eine besondere Bedeutung zu.

Vor diesem Hintergrund haben seit Anfang der 1990er-Jahre Clusterkonzepte sowohl in der Politik wie auch in der Wirtschaft eine besondere Aufmerksamkeit erlangt (z. B. Porter 1990, 2008a; Delgado et al. 2012). Dieser Ansatz wurde z. B. auch im Spitzencluster Bioökonomie Mitteldeutschland durch ein zielgerichtetes Clustermanagement professionalisiert (▶ Abschn. 11.3).

Mit dem Voranschreiten der Digitalisierung haben sogenannte Plattformstrategien zur Koordination von Interaktionen bzw. Markttransaktionen weltweit an Bedeutung gewonnen. Vielfältige Beispiele von Suchmaschinenanbietern bis hin zu BtoB- sowie BtoC-Vermarktungsplattformen unterstreichen diese Entwicklung. In der betriebswirtschaftlichen Forschung finden sich zunehmend Beiträge zu den Besonderheiten und Ausprägungsformen der Plattformökonomie, mit deren Verbreitung auch ein grundlegender Wandel in nahezu allen Branchen erwartet wird. Somit stellt sich die Frage, welche Gemeinsamkeiten und Unterschiede zwischen Cluster- und Plattformkonzepten (Cooke 2012) auch mit Bezug auf den Transformationsprozess zur Bioökonomie bestehen.

11.2.1 Zum begrifflichen Verständnis: Cluster und Netzwerke

Die Auseinandersetzung mit Clustern und Clusterprozessen setzt ein Verständnis über den verwendeten Clusterbegriff voraus. Gemäß der begrifflichen und konzeptionellen Abgrenzung von Clustern nach Michael Porter (2008a, b) stellen Cluster eine geografische Konzentration von Unternehmen (spezialisierte Lieferanten, Unternehmen in ergänzenden, verwandten Branchen und verbundene Einrichtungen wie z. B. Universitäten, Forschungsinstitute, Wirtschaftsverbände) dar, die in bestimmten Feldern ihrer Wertschöpfungskette oder auf Grund gemeinsamer Interessen untereinander kooperieren, auch wenn sie marktbezogen als Wettbewerber auftreten.

Von einem Cluster kann nur dann gesprochen werden, wenn sich eine ausreichende Anzahl von Unternehmen (kritische Masse) in räumlicher Nähe befindet, deren Aktivitäten sich entlang einer Wertschöpfungskette ergänzen oder miteinander verwandt sind. Hierdurch können unternehmensübergreifende Synergien und lokale Externalitäten entstehen bzw. genutzt werden (Brenner und Fornahl 2003). Gemeinsame Problemstellungen und Projekte können durch einen intensivierten Erfahrungsaustausch, eine effizientere Arbeitsteilung und einen verbesserten Zugriff auf kritische Ressourcen letztlich in Wettbewerbsvorteilen für alle beteiligten Akteure münden. Im Einzelnen können durch Clusterprozesse Effizienzvorteile (Geld, Zeit, Human Resources), Imagevorteile, Innovationsvorteile sowie höhere Gründungs- und Neuansiedlungsquoten erzielt werden.

Für die Bestimmung der kritischen Masse lassen sich keine generellen Richtwerte angeben. Als Indikatoren zur Bestimmung der kritischen Massen werden häufig folgende Indikatoren herangezogen (Brenner und Fornahl 2003; EK 2016): die Zahl und Größe von Unternehmen innerhalb einer Region, Umgebungsbedingungen spezifiziert durch Forschungsinstitutionen, Bildungseinrichtungen, Infrastrukturen, Humankapital, Verfügbarkeit natürlicher Ressourcen. Letztlich hängt die Entstehung und Entwicklungsdynamik eines Clusters von vielen Einflussfaktoren ab, die im Rahmen einer Ausgangsanalyse anhand des sogenannten Diamant-Modells zu erfassen und zu bewerten sind (► Abschn. 11.2.4).

Verwirrung herrscht oftmals hinsichtlich der Gemeinsamkeiten und Unterschiede zwischen dem Netzwerk- und Clusterbegriff. Grundsätzlich gilt folgende Feststellung:

- Jedes Cluster ist ein Netzwerk,
- aber nicht jedes Netzwerk ist ein Cluster.

Netzwerke können als ein übergeordnetes Konzept verstanden werden. Sie werden als ein Geflecht von Interaktionen zwischen Individuen bzw. Organisationen gekennzeichnet. Gegenüber Netzwerken unterscheiden sich Cluster dadurch, dass die Akteure

- einen Bezug zur Wertschöpfungskette aufweisen müssen, d. h., es handelt sich um Akteure, die innerhalb der Wertschöpfungskette unterschiedliche oder gleiche Funktionen wahrnehmen, sowie Akteure, die verwandte Wertschöpfungsfunktionen oder unterstützende Funktionen ausüben,
- eine räumliche Nähe haben und
- eine kritische Masse übersteigen.

Die Diskussion um die Wirkung und den Erfolg von Clusterprozessen wird in der Praxis wie auch in der Wissenschaft kontrovers geführt. Vielfach hat sich auch eine negative Grundhaltung gegenüber dem Clusterkonzept herausgebildet, weil zahlreiche Bemühungen in der Vergangenheit nicht den gewünschten Erfolg zeigten. Dies lag jedoch häufig mehr in der mangelhaften Umsetzung als im Grundgedanken des Clusteransatzes begründet (z. B. Fromhold-Eisebith und Eisebith 2008; Porter 2008b; Thomi und Sternberg 2008; Azúa Mendia 2009; Sövell 2009; Sövell et al. 2009). Aufgrund der Vielzahl von zu berücksichtigenden Akteuren und Einflussfaktoren findet die Erkenntnis eine ungeteilte Zustimmung, dass ein systematisches Clustermanagement (siehe auch ◘ Abb. 11.2) eine zentrale Erfolgsvoraussetzung für die Entwicklung und Profilierung eines Clusters darstellt (Porter 1990, 2008a, b).

Cluster sollten eine Offenheit gegenüber Veränderungen haben, und es hängt von der Ausgestaltung des Clustermanagements sowie den beteiligten Clusterakteuren ab, wie Anpassungsprozesse in Wertschöpfungsketten aufgegriffen werden. Gerade bei Veränderungsprozessen kann ein Vorteil in der Nutzung der „kollektiven Intelligenz" aller Clusterakteure gegenüber isolierten Strategiekonzepten liegen. Insbesondere der Erfahrungsaustausch zwischen verschiedenen Clustern – z. B. zwischen dem Automotive-Cluster und Chemiecluster zur Entwicklung von biobasierten Dämm- und Kunststoffen – kann in neuen Innovationsfeldern wie etwa der Bioökonomie münden, die über bestehende Clusterprozesse schnell bearbeitet werden können.

11.2.2 Clusterdefinition und Clusteridentifikation

Eine kontrovers diskutierte Frage bezieht sich auch auf den Sachverhalt, ob Cluster ***top-down*** definiert werden können oder ob Cluster aufgrund bestehender Agglomerationen quasi empirisch aus der ***bottom-up*-Perspektive** zu identifizieren sind (Abb. 11.1). Letzterer Ansatz geht davon aus, dass die Keimzelle für den Clusterprozess bereits in einer bestehenden Agglomeration liegt. Empirisch lassen sich Cluster dadurch identifizieren, dass eine räumliche Ballung von Unternehmen existiert, die horizontal (auf der gleichen Wertschöpfungsstufe) oder vertikal (durch Zulieferer- und Abnehmerbeziehungen verbunden) in einer Wertschöpfungskette angesiedelt und durch bestimmte Agglomerationseffekte zu erkennen sind. Weiterhin ist ein Cluster durch einen gewissen Vernetzungsgrad der Unternehmen gekennzeichnet. Letzterer kann anhand der Intensität des Informationsaustausches, der Existenz gemeinsamer Projekte oder wirtschaftlicher Beziehungen, etwa Zulieferer- oder Abnehmerbeziehungen, gemessen werden.

Beim *top-down*-Ansatz schwingt die Erwartung mit, dass Agglomerationen und damit Agglomerationseffekte innerhalb der Wertschöpfungskette geplant und realisiert werden können, ggf. auch ohne eine hinreichende kritische Masse an Akteuren in der Anfangsphase. Gezielte Ansiedlungspolitik

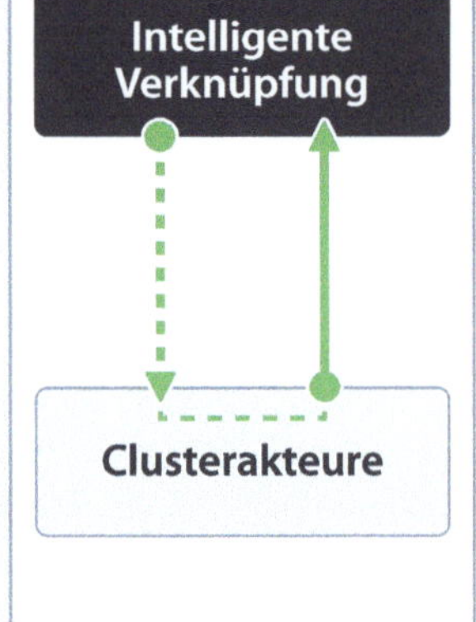

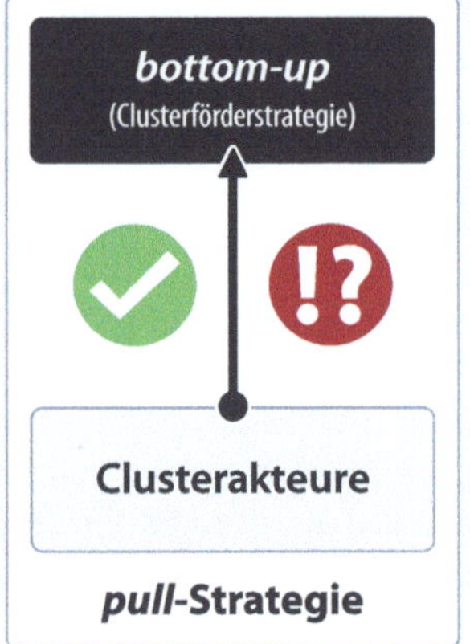

Abb. 11.1 Intelligente Verknüpfung von *top-down-* und *bottom-up*-Ansatz zur Initiierung von Clusterprozessen. (Quelle: eigene Darstellung)

wird hierbei als Instrument verstanden, um die kritische Masse an Akteuren im Zeitablauf für einen Clusterprozess zu erreichen. Der *top-down*-Ansatz setzt also stärker an der Gestaltbarkeit von Clusterprozessen und clusterspezifischen Rahmenbedingungen an, damit Keimzellen entstehen können.

Grundsätzlich erweist sich weder ein reiner *top-down*-Ansatz noch ein *bottom-up*-Ansatz als zielführend. Während bei Ersterem ggf. die Sichtweise und das Potenzial der Clusterakteure nicht hinreichend berücksichtigt werden und ein erheblicher Ressourcen- und Zeitbedarf für die Entwicklung eines Clusters notwendig sind, werden beim *bottom-up*-Ansatz womöglich Chancen der clusterfördernden Gestaltung von Rahmenbedingungen nicht hinreichend genutzt, weil nur vorhandene Agglomerationen den Ausgangspunkt für einen Clusterprozess bilden. Werden bspw. Fördermittel und Clusterorganisationen bereitgestellt, ohne eine hinreichende Beteiligung der Akteure der Wertschöpfungsstufen sicherzustellen, verkümmert eine Clusterentwicklung, wenn keine Fördermittel mehr verfügbar sind.

Als zielführend erweist sich eine geschickte Kombination von *top-down*- und *bottom-up*-Ansatz. Insbesondere im intensiven Regionen- und Ansiedlungswettbewerb sind gezielte Überlegungen darüber anzustellen, wie durch ein geschicktes Zusammenspiel beider Betrachtungen die Stärken und bestehenden Keimzellen für Clusterprozesse erkannt, clusterspezifische Rahmenbedingungen verbessert werden und die Clusterakteure eine führende Rolle im Clusterprozess übernehmen.

11.2.3 Clustermanagement als Erfolgsfaktor der Clusterentwicklung

In den modernen Ansätzen der Clusterentwicklung wird die Funktion des Clustermanagements als wesentlicher Erfolgsfaktor eingestuft. In Anlehnung an einen Managementprozess können auch für ein **Clustermanagement** die in ◘ Abb. 11.2 dargestellten Aufgaben und Planungsstufen hervorgehoben werden.

1. Situationsanalyse: Das Clustermanagement kann sich nur auf Grundlage einer sorgfältigen und regelmäßigen Situationsanalyse ein Bild von den Standortfaktoren und den Clusterakteuren verschaffen, um daraufhin Ziele und Visionen für den Clusterprozess ableiten zu können.
2. Aufbauend auf der Situationsanalyse lässt sich eine Vision festlegen, unter der die Clusterakteure den Clusterprozess voranbringen wollen. Die Vision, z. B. „einen in Europa führenden Biotechnologiestandort aufzubauen" ist dann mit konkreten Zielen für den Clusterprozess zu hinterlegen, die nach Inhalt, Ausmaß und Zeitbezug zu präzisieren und fortzuschreiben sind. Für die Erreichung der Ziele sollten unter Beteiligung der Clusterakteure Strategien bzw. langfristige Verhaltenspläne und Handlungsfelder abgesteckt werden, die in Abhängigkeit von der jeweiligen Clustersituation (Stärken, Schwächen, Chancen, Risiken) zu justieren sind.
3. Für die Umsetzung der Strategien sind gewisse organisatorische Grundstrukturen und Zuständigkeiten zu definieren. Hier spielt auch die Festlegung der Form der Institutionalisierung eine maßgebliche Rolle (z. B. Verein, GmbH).

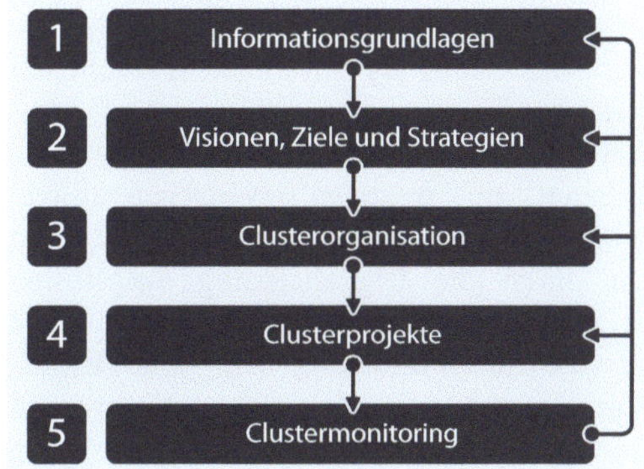

◘ **Abb. 11.2** Planungsschritte und Aufgaben des Clustermanagements. (Quelle: eigene Darstellung)

4. Clusterprojekte stellen dann jene konkreten Aktivitäten dar, die durch Kooperation von Clusterakteuren realisiert werden. Sowohl für die Festlegung der strategischen Schwerpunkte als auch für die erfolgreiche Durchführung der Projekte sind personelle Ressourcen abzustellen. Je komplexer und heterogener die Cluster zusammengesetzt sind, umso schwieriger ist die Definition gemeinsamer Handlungsfelder und Projekte.
5. Im letzten Schritt ist durch ein Clustermonitoring sicherzustellen, dass der Zielerreichungsgrad der Aktivitäten kontinuierlich verfolgt wird und ggf. Anpassungen vorgenommen werden.

Weltweite Analysen zu Clusterprozessen belegen, dass ohne gewisse Organisationsstrukturen eine Professionalisierung und Beschleunigung einer Clusterentwicklung nicht zu erreichen sind (siehe z. B. die dokumentierten Clusterprojekte auf der Internetplattform des MOC-Netzwerkes, MOC 2019).

11.2.4 Einflussfaktoren und Entwicklungsdynamik von Clustern

Ob Clusterprozesse erfolgreich verlaufen und ob die beteiligten Akteure und die Region hierdurch ihre Wettbewerbsfähigkeit steigern können, hängt von vielen Einflussfaktoren ab. Die bisher häufig als entscheidend erachteten Wettbewerbsfaktoren wie Zugang zu Rohstoffen, Arbeitskosten oder Skaleneffekte verlieren im heutigen Wirtschaftsumfeld an Bedeutung. Die Gründe hierfür sind in den durch die Digitalisierung ausgelösten disruptiven Veränderungen zu sehen, die verstärkt die Bündelung von Innovationskompetenzen auch über Branchengrenzen hinweg erfordert. In diesem Zusammenhang gewinnen kooperative Ansätze wie Allianzen, strategische Partnerschaften und Netzwerke an Bedeutung.

Nach Porter beruhen regionale und nationale Wettbewerbsvorteile auf vier entscheidenden Determinanten, die er in einem strategischen Diamanten gemäß ◘ Abb. 11.3 darstellt (Porter 1990). Es gilt entsprechend, das regionale Wirtschaftsumfeld möglichst positiv zu gestalten, um so für die lokalen Unternehmen die Voraussetzungen zur Entwicklung von Wettbewerbsvorteilen zu schaffen. Letztlich beeinflussen die Faktoren der regionalen Wettbewerbsfähigkeit die Innovationskraft und hierüber die Wettbewerbsfähigkeit von den einem Cluster zugehörigen Unternehmen. Schließlich wird über die Wettbewerbsfähigkeit auch die Lebensqualität innerhalb einer Region gefördert. Die entscheidenden Faktoren gemäß dem Diamant-Modell sind:

- **Faktorausstattung:** Zwar sind hier auch die klassischen Produktionsfaktoren wie Arbeitskraft, Boden, natürliche Ressourcen und Kapital gemeint, aber diese Betrachtungsweise ist nicht vollständig. In modernen Volkswirtschaften werden die entscheidenden Produktionsfaktoren – z. B. qualifizierte Arbeitskräfte, Wissen oder Infrastruktur – nicht vererbt, sondern bewusst generiert und entwickelt.
- **Nachfragesituation:** Hierbei kommt es nicht auf die Größe des Heimatmarktes, sondern vielmehr auf die Zusammensetzung und Art der Nachfrage an. Zum einen entstehen Wettbewerbsvorteile, wenn die Nachfrager einer Region den Unternehmern früher oder klarer ein Bild der zukünftigen Bedürfnisse liefern. Zum anderen führen besonders fordernde Nachfrager dazu, dass Unternehmen schneller zu Innovationen gegenüber Mitbewerbern gezwungen werden.
- **Verbundene und unterstützende Branchen:** International wettbewerbsfähige lokale Zulieferer liefern schnell und kostengünstig Vorleistungen. Noch wichtiger als die Verfügbarkeit von Teilen, Systemkomponenten und Maschinen ist aber die Rolle der Zulieferer für Innovationen und Produktverbesserungen, die durch die engen Arbeitsbeziehungen

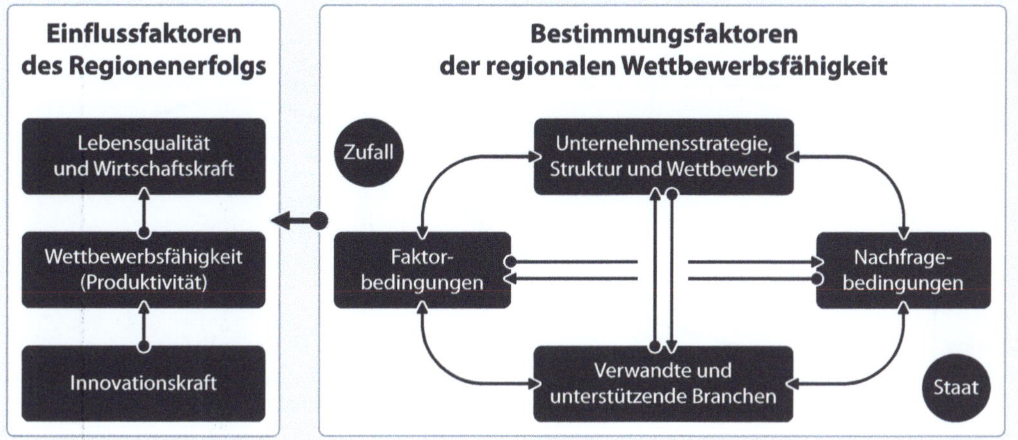

Abb. 11.3 Determinanten der regionalen Wettbewerbsfähigkeit nach Porter. (Quelle: eigene Darstellung nach Porter 1990)

zwischen den verschiedenen Partnern in der Wertschöpfungskette entstehen.

- **Unternehmensstrategie, -struktur und Wettbewerb:** Grundsätzlich gibt es nach Porter nicht eine spezifische erfolgreiche Strategie oder Struktur. Es ist stattdessen entscheidend, dass Unternehmensziele, -strategie und -struktur aufeinander und auf die Unternehmensumwelt abgestimmt sind.

Daneben spielen noch weitere Sachverhalte für die Clusterentwicklung eine Rolle. Es gibt unterschiedliche Meinungen darüber, ob die öffentliche Verwaltung (Bund, Länder, Städte und Gemeinden) einen aktiven Part in der Förderung von Clusterprozessen spielen sollte oder ob möglichst wenig öffentliche und staatliche Eingriffe zu besseren Ergebnissen führen. In diesem Zusammenhang zeigt sich, dass ein intelligentes Zusammenspiel von öffentlichen und privaten Akteuren die besten Erfolgsvoraussetzungen schafft. Zu den bereits genannten Determinanten der regionalen Wettbewerbsvorteile nennt Porter zusätzlich noch den **Zufall** als Einflussfaktor. Es handelt sich dabei um Ereignisse, die mit der Situation einer Region zusammenhängen, die aber weder die beteiligten Unternehmen noch die öffentliche Hand beeinflussen können.

Je nach Konstellation der Einflussfaktoren sowie der Professionalität des Clustermanagements und der Clusterorganisation kann sich eine mehr oder weniger dynamische Entwicklung des Clusterprozesses ergeben. Um die Clusterdynamik darzustellen, können Clusterlebenszyklusbetrachtungen herangezogen werden (z. B. Kirchgeorg und Fiedler 2004). In Abb. 11.4 sind idealtypische Lebenszyklusphasen eines Clusterentwicklungsprozesses dargestellt, wobei in bestimmten Regionen bereits historisch gewachsene Verflechtungen zwischen regionalen Akteuren bestehen können, die nicht durch einen gezielten Clusterentwicklungsprozess initiiert und etabliert wurden.

Die bewusste Entwicklung einer Clusterorganisation wird häufig durch *Clusterpreneure* initiiert, zu denen führende Unternehmensvertreter, Wissenschaftler sowie Vertreter der Wirtschaftsförderung oder von Regionenmarketing-Initiativen gehören können. Findet die Idee der Clusterentwicklung insbesondere bei den zentralen Akteuren einer Branche hinreichende Akzeptanz, so formiert sich vielfach eine Initiativgruppe, die wesentliche Infrastrukturvoraussetzungen und Organisationsstrukturen für den Clusterentwicklungsprozess prüft und erste Schritte für die Etablierung eines zielgerichteten Clusterbildungsprozesses einleitet.

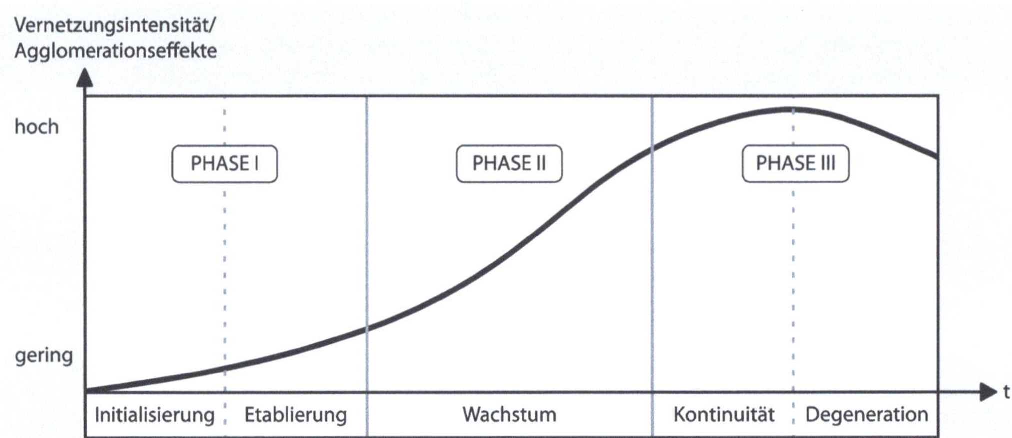

Abb. 11.4 Lebenszyklusphasen eines Clusterentwicklungsprozesses. (Quelle: eigene Darstellung nach Kirchgeorg und Fiedler 2004)

11

In der *Etablierungsphase* bindet die Initiativgruppe dann weitere Akteure aus den Bereichen Wirtschaft, Wissenschaft, Verwaltung und Politik ein, um den Vernetzungsgrad zur Generierung von Agglomerationseffekten zu forcieren. Im Falle einer erfolgreichen Clusterentwicklung bilden sich weiterführende vertikale, horizontale und laterale Kooperationen zwischen den Akteuren, sodass sich der endogene Entwicklungsprozess mit überproportionalen Wachstumsraten fortsetzt (Phase II). Nach der Wachstumsphase können Cluster auch durch *Reife- und Degenerationsphasen* (Phase III) geprägt sein. Diese können durch Branchenkonjunkturen sowie Branchenveränderungen bedingt sein oder dadurch, dass sich im weltweiten Wettbewerb attraktivere und wettbewerbsfähigere Clusterstrukturen herausgebildet haben. Dies führt dazu, dass die Unternehmen einen Standortwechsel vornehmen, was in einer Degeneration von Agglomerationseffekten resultiert.

11.2.5 Grundsätzliche Ansätze und Instrumente zur Clusteranalyse

Im Rahmen der Analyse von Clusterprozessen und deren Wirkungen können zwei grundsätzliche Vorgehensweisen unterschieden werden: Zum einen die Erfassung und Analyse **objektiv ermittelbarer Daten** zur Beschreibung und Analyse der Wirkungen des Clusterprozesses. Zum anderen besteht die Möglichkeit, den Clusterprozess auf der Grundlage der **subjektiven Einschätzungen der beteiligten Clusterakteure** zu analysieren.

Gerade in der ersten Phase der Clusterentwicklung erweist sich ein geeignetes Clustermonitoring als besonders wichtig, um die Schritte der Clusterbildung erfolgreich aufsetzen zu können. Da sich die Wirkungen von Clusterprozessen erst mittel- und langfristig in Form von objektiv messbaren Agglomerationseffekten zeigen, spielt kurzfristig die Zufriedenheit der Clusterakteure mit dem Prozess als Erfolgsindikator eine wichtige Rolle. Langfristig sind hohe Zufriedenheitswerte nur mit quantifizierbaren Effekten für die Clusterakteure zu erzielen, aber gerade in der Initialphase der Clusterentwicklung sind die subjektiven Einschätzungen ein wichtiger Orientierungspunkt.

11.3 Herausforderungen des Bioökonomieclusters in Mitteldeutschland

Die Umsetzung einer Bioökonomie und innovative Integration, Verarbeitung und Vermarktung nachwachsender Rohstoffe erfordern eine interdisziplinäre Verknüpfung verschiedener Wirtschafts- und Forschungsbereiche entlang unterschiedlicher Stoffstrom- und Wertschöpfungsketten. Hierdurch entstehen sowohl ein erheblicher Kooperationsbedarf wie auch ein Koordinierungsaufwand zwischen den verschiedenen Partnern in den sich neu formierenden Stoffstrom- und Wertschöpfungsketten (European Association for Bioindustries 2005; Kircher 2012), sodass dem Clusteransatz in der Bioökonomie eine besondere Bedeutung beizumessen ist. Aufgrund der interdisziplinären Verknüpfungen sind für eine regionale Agglomeration und Clusterprozesse im Rahmen der Bioökonomie allerdings eine hinreichend große Anzahl und Vielfalt geeigneter Partner vorauszusetzen (Bioökonomierat 2010).

Ein solches international wettbewerbsfähiges Cluster – eine geographische Ballung verbundener und verwandter Unternehmen und Begleiteinrichtungen – muss sich erfahrungsgemäß über einen längeren Zeitraum entwickeln und kann nur unter besonderen Förderbedingungen (oder Zufällen) aus dem Nichts entstehen.

Die als „Mitteldeutschland" bezeichnete Region der Bundesländer Sachsen, Sachsen-Anhalt und Thüringen verfügt über Clusterpotenziale in der ausgeprägten Forst- und Agrarwirtschaft, dem ebenso traditionsreichen Maschinen- und Anlagenbau sowie der modernen Energiewirtschaft mit Schwerpunkt im Bereich Erneuerbare Energien (u. a. Solar Valley Mitteldeutschland), kann mehrere moderne Biotechnologiestandorte (u. a. in Dresden, Jena, Leipzig und Halle/Saale) aufweisen und verfügt außerdem über ein breit aufgestelltes Verarbeitendes Gewerbe (Kirchgeorg und Wurpts 2011).

Wie Abb. 11.5 darstellt, wurde im Cluster Bioökonomie eine neuartige Verknüpfung zwischen diesen bisher nur partiell verbundenen Sektoren und Clustern im Sinne einer *„smart specialization"* hergestellt (EC 2016; David et al. 2009).

Angesichts der einleitend hervorgehobenen Besonderheiten des Transformationsprozesses der Bioökonomie weisen auch Bioökonomiecluster Besonderheiten im Vergleich zu „herkömmlichen" Clustern auf, wie sie bisher dominierend in den Bereichen der Informationstechnologie, der Automobilindustrie oder Biotechnologie und sonstigen „klassischen" sowie „modernen" Industrien gefördert und wissenschaftlich untersucht wurden. Die avisierte Verbindung der Unternehmen und Forschungseinrichtungen besteht nämlich nicht in einer oder wenigen Wertschöpfungsketten mit einem oder einigen weni-

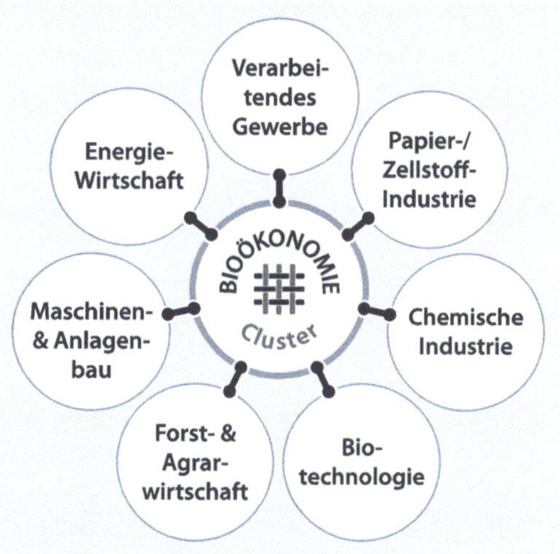

Abb. 11.5 *„Smart specialization"* des Bioökonomieclusters Mitteldeutschland. (Quelle: eigene Darstellung auf Grundlage von Informationen der Spitzencluster-Homepage, ► www.bioeconomy.de)

gen exportorientierten Endprodukten, sondern in mehreren neuen, dem Nachhaltigkeitsprinzip untergeordneten Stoffstromketten, aus denen sich wiederum eine Vielzahl unterschiedlichster und neuer, zum Teil völlig fremder Wertschöpfungsketten – und somit Endprodukte – ableiten lassen.

Die im Zuge des Clusterprozesses angestrebten neuen Wertschöpfungsketten der Bioökonomie sollen einerseits im werkstofflichen Bereich und andererseits im biochemischen Bereich durch innovative Konversionsprozesse entwickelt werden. Dabei anfallende Nebenprodukte sollen – je nach optimalem Nutzungsgrad – entweder energetisch oder ggf. als Nährstoffe weiterverwendet werden, um den Prinzipien der Kaskaden- und Kopplungsnutzung gerecht zu werden (BMEL 2014).

Phasen- sowie situationsspezifisch lassen sich erhebliche Professionalisierungspotenziale mithilfe der auf Cluster übertragenen Managementmethoden erschließen. Die ◘ Abb. 11.6 gibt einen Überblick von Instrumenten, die das mitteldeutsche Spitzencluster Bioökonomie entwickelt und eingesetzt hat. Sie bilden eine wichtige Informationsgrundlage zur Professionalisierung des Clustermanagements.

Durch den Einsatz von verschiedenen Instrumenten im Rahmen des Clustermanagements konnten folgende Ergebnisse erzielt werden:

1. Für die Profilierung von Bioökonomieclustern im internationalen Wettbewerb stellte ein **nationales und internationales Benchmarking** eine zentrale Informationsgrundlage dar. Hierüber konnten auch Cluster identifiziert werden, mit denen im Rahmen einer Internationalisierung des mitteldeutschen Spitzenclusters Kooperationen zur Bildung eines Metaclusters etabliert wurden.
2. **Agglomerationsanalysen** gaben darüber Auskunft, in welchem Umfang Unternehmen aus clusteraffinen Branchen in einer Region vertreten sind und inwieweit im Bundesländervergleich überdurchschnittliche Agglomerationseffekte erzielt werden können.
3. **Zufriedenheitsanalysen** bei den Clusterakteuren gaben dem Clustermanagement als zentralem Kontrollinstrument Auskunft darüber, inwieweit die Erwartungshaltungen der Akteure im Rahmen der frühen Phase der Clusterentwicklung

▸ **Clustersteckbrief**	Enthält auf einen Blick alle relevanten Status quo- und Entwicklungsdaten eines analysierten Clusters.
▸ **Clustermapping**	Optische Darstellung aller Clusterakteure bzw. Institutionen (Unternehmen, Universität, Verwaltung etc.) und deren Austauschbeziehungen.
▸ **Clusterakteursanalyse**	Liste der Clusterakteure kombiniert mit Sekundär- und Befragungsdaten zur Clusterbedeutung und zum Partizipations- und Zufriedenheitsgrad mit Clusteraktivitäten.
▸ **Clusterentwicklungsanalyse**	Lebenszyklusdarstellungen eines Clusters auf der Grundlage von erfolgsrelevanten Veränderungsdaten.
▸ **Clusterportfolios**	Integrierte Darstellung von verschiedenen Clustern anhand von kritischen Erfolgs- (Output) und Einflussfaktoren (Input). Dient auch zur Ermittlung von Clusterüberschneidungen.
▸ **Clustereinflussfaktorenanalyse**	Erfassung fördernder und hemmender Einflussfaktoren der Clusterentwicklung.
▸ **Clusterbenchmarking**	Vergleichende Analyse von Branchenclustern anhand ausgewählter Erfolgskriterien.

◘ **Abb. 11.6** Übersicht zu den im Rahmen der Untersuchung verwendeten Analyseinstrumenten

erfüllt wurden bzw. wo Erwartungslücken zu schließen waren.

4. Auf der Grundlage von Zufriedenheits- und Erwartungsanalyse der Clusterakteure wurde ein umfassendes **Serviceportfolio** vom Clustermanagement entwickelt, um Akteuren spezifische Unterstützungsleistungen anbieten zu können.
5. Gerade in der Wachstumsphase des Spitzenclusters Bioökonomie war ein professioneller **Business-Development-Prozess** – initiiert durch das Clustermanagement – von besonderer Relevanz, um die Ressourcen auf der Grundlage von Projektprioritäten effizient verteilen zu können. Hierzu konnten die für das Spitzencluster entwickelten *Scoring*-Modelle zur Projektbewertung und zur Erstellung eines Projektportfolios eingesetzt werden.
6. Die im Bioökonomiecluster entwickelten Produktinnovationen wurden systematisch erfasst, und im Rahmen eines **Mehrwertkataloges** wurden Nutzenvor- und Nutzennachteile (im Vergleich zu klassischen Produktvarianten, die nicht biobasiert waren) einander gegenübergestellt, um hierüber Marktpotenziale und Anhaltspunkte für die Positionierung biobasierter Produktinnovationen zu identifizieren.
7. Die Internationalisierung des mitteldeutschen Spitzenclusters Bioökonomie stellt einen logischen Entwicklungsschritt innerhalb der Wachstumsphase dar. Auf dem Weg zur Gestaltung eines Metaclusters können Erkenntnisse zu **Internationalisierungsstrategien** von Netzwerken und Unternehmen auf Clusterkontexte übertragen werden.

11.4 Ausblick: Verknüpfung von Cluster- und Plattformstrategien

Durch die Digitalisierung haben digitale Plattformstrategien im letzten Jahrzehnt an Bedeutung gewonnen. Angesichts der Besonderheiten, die digitale Plattformen auszeichnen, findet auch der Begriff „Plattformökonomie“ zunehmend Verwendung.

Das Prinzip der Plattformökonomie zeichnet sich dadurch aus, dass eine Vielzahl von Anbietern mit ihren Produkt- und Dienstleistungsangeboten auf einer Plattform mit Nachfragern zusammengebracht werden. Vom Bundesministerium für Wirtschaft und Energie werden digitale Plattformen als „internetbasierte Foren für digitale Interaktion und Transaktion“ definiert (BMWi 2017, S. 21). Zu entsprechenden Plattformen gehören u. a. Suchmaschinen, Vergleichs- und Bewertungsportale, Marktplätze, Handelsplattformen oder soziale Netzwerke.

Die Plattformökonomie besteht aus mindestens drei Akteursgruppen: Dem Plattformbetreiber, einer Vielzahl von Anbietern und einer Vielzahl von Nachfragern (zweiseitige Märkte). Mithilfe von digitalen Plattformen lassen sich i. d. R. zwei Effekte erzielen (Tiwana 2014; BMWi 2017):

1. Netzwerkeffekte: Sie beschreiben den Nutzen (Netzwerkexternalitäten), den Anbieter und/oder Nachfrager auf Plattformen dadurch erhalten, dass immer mehr Akteure auf einer Plattform aktiv sind. Mehr Anbieter führen zu einem größeren Angebot, das wiederum mehr Nachfrager anzieht. Netzwerkeffekte können sowohl zwischen der Anbieter- und Nachfragerseite bestehen bzw. auf nur einer Marktseite. So können z. B. Nachfrager auch untereinander in Interaktion treten und hierdurch einen größeren Nutzen erhalten. Dieser kann z. B. in einer höheren Anzahl an Kundenbewertungen liegen, die das empfundene Kaufrisiko eines einzelnen Nachfragers senken.
2. Skalierungseffekte: Digitale Plattformen werden auch zur Begründung der Null-Grenzkostenökonomie herangezogen, d. h., zusätzliche Transaktionen zwischen Anbietern und Nachfragern erzeugen für den Plattformenbetreiber kaum zusätzliche Kosten (Grenzkosten). Somit haben Plattformenbetreiber zwar häufig hohe

Fixkosten aufgrund der Hardware-/Softwareinfrastrukturen, aber damit einhergehen jedoch ggf. nur geringe Grenzkosten. Dies führt dazu, dass Plattformen Skalierungsstrategien folgen, weil mit zusätzlichen Transaktionen keine bzw. geringe Grenzkosten verbunden sind.

In ◘ Abb. 11.7 sind ausgewählte Merkmale von Cluster- und Plattformenkonzepten gegenübergestellt. Beide Konzepte können als netzwerkartige Koordinations- bzw. Organisationsformen eingestuft werden, die letztlich Netzwerkeffekte durch den gegenseitigen Austausch von Akteuren generieren (Asheim et al. 2011). Auffallend ist, dass über die Clusterdefinition die regionale Eingrenzung von Akteuren erfolgt und lokale Externalitäten bzw. Netzwerkeffekte eine Rolle spielen. Digitale Plattformen hingegen haben keine lokale Begrenzung, d. h., sie können ggf. global die Vernetzung von Akteuren vorantreiben. Speziell über das Phänomen der Null-Grenzkostenökonomie können bestimmte digitale Plattformenkonzepte sogar global skalieren, d. h., zusätzliche Anbieter und Nachfrager ohne zusätzliche Grenzkosten miteinander vernetzen. Während in einem regionalen Cluster die Akteure bereits durch die lokale Präsenz an Netzwerkeffekten partizipieren können, so müssen sich die Akteure für eine Präsenz auf digitalen Plattformen aktiv entscheiden. Dabei kann der Zugang durch den Plattformenbetreiber reguliert werden (offene vs. geschlossene Plattformen). Während offene Plattformen z. B. im Rahmen von Innovationsprozessen die Kreativität der Masse nutzen, können geschlossene Plattformen einen

Kriterien	**Cluster**	**Plattformen**
Definition	Regional begrenzte Netzwerke von Unternehmen, Forschungseinrichtungen, Dienstleistern und anderen verbundenen Institutionen, die über gemeinsame Austauschbeziehungen entlang einer Wertschöpfungskette entstehen und über welche lokale Externalitäten zur Erzielung von Wettbewerbsvorteilen genutzt werden können.	Digitale Plattformen sind internetbasierte Foren für digitale Interaktion und Transaktion. Zu den Plattformen gehören u. a. Suchmaschinen, Vergleichs- und Bewertungsportale, Marktplätze, Handelsplattformen, soziale Netzwerke.
Anbieter	regional begrenzt	regional unbegrenzt
Nachfrager	regional begrenzt	regional unbegrenzt
Koordinator	Clustermanagement	Plattformenbetreiber
Zugang	durch lokale/n Präsenz/Standort und Mitgliedschaft in Clusterinitiativen	offene Plattformen: freier Zugang geschlossene Plattformen: Betreiber definiert Zugangsberechtigung
Kommunikation	offline/persönlich und online/digital	online/digital
Infrastruktur	Physische Infrastrukturen, ggf. auch Nutzung digitaler Kommunikationsformen	Digitale Plattform (Hardware und Software)
Effekte	Lokale Netzwerkeffekte	Lokale und globale Netzwerkeffekte, Skalierungseffekte (aufgrund geringer Grenzkosten bzw. Null-Grenzkosten-ökonomie)

◘ **Abb. 11.7** Übersicht von Merkmalen verschiedener Cluster- und Plattformkonzepte. (Quelle: eigene Darstellung)

Sicherheitsvorteil und eine stärkere Kontrolle der Transaktionsprozesse bieten.

Gegenüber offenen, global zugänglichen Plattformen ist der Vernetzungsradius bzw. sind die Netzwerkeffekte von klassischen Clustern regional begrenzt, weil hier den physischen Austauschbeziehungen bzw. der Offline-Kommunikation eine besondere Bedeutung beigemessen wird. Wiederum ist durch das Entstehen von Metaclustern – d. h., Cluster vernetzen sich über Regional- bzw. Ländergrenzen hinweg mit anderen Clustern – auch die Möglichkeit gegeben, dass überregionale Vernetzungseffekte genutzt werden können.

Wagt man einen Ausblick, so scheint eine Kombination von Cluster- und Plattformstrategien (Cooke 2012) eine interessante Vorgehensweise darzustellen, um die Vorteile beider Organisationsformen miteinander zu verbinden.

Literatur

Asheim, B., Boschma, R., & Cooke, P. (2011). Constructing regional advantage. Platform policies based on related variety and differentiated knowledge bases. *Regional Studies, 45*(6), 1–12.

Azúa Mendia, J. I. (2009). *Clusterizing and glokalizing the economy: The magic of the process: Successful development of clusterization and glokalization processes to improve competitiveness, thus creating intelligent territories*. Bilbao: Enovatinglab.

Bioökonomierat. (2010). Arbeitsgruppe Biotechnologie: Empfehlungen zum Aufbau einer wettbewerbsfähigen und nachhaltigen Bioökonomie – Beitrag der Industriellen Biotechnologie zum wirtschaftlichen Wandel in Deutschland. Positionspapier, Berlin. ▶ https://www.iwbio.de/fileadmin/templates/publikationen/berichte/Berichte04-Biotechnologie.pdf. Zugegriffen: 10. Jan. 2020.

BMEL (Bundesministerium für Ernährung und Landwirtschaft). (2014). Nationale Politikstrategie Bioökonomie – Nachwachsende Ressourcen und biotechnologische Verfahren als Basis für Ernährung, Industrie und Energie. ▶ https://www.bmbf.de/files/BioOekonomiestrategie.pdf. Zugegriffen: 27. Aug. 2019.

BMWi (Bundesministerium für Wirtschaft und Energie). (2017). Weissbuch Digitale Plattformen – Digitale Ordnungspolitik für Wachstum, Innovation, Wettbewerb und Teilhabe. ▶ https://www.bmwi.de/Redaktion/DE/Publikationen/Digitale-Welt/weissbuch-digitale-plattformen.pdf?__blob=publicationFile&v=24. Zugegriffen: 27. Aug. 2019.

Brenner, T., & Fornahl, D. (2003). Politische Möglichkeiten und Maßnahmen zur Erzeugung lokaler branchenspezifischer Cluster. Max-Planck-Institut zur Erforschung von Wirtschaftssystemen. ▶ https://www.unternehmen-region.de/_media/InnoRegio_Regionalspezifische_Cluster.pdf. Zugegriffen: 27. Aug. 2019.

Cooke, P. (2012). From clusters to platform policies in regional development. *European Planning Studies, 20*(8), 1414–1415.

David, P. A., Foray, D., & Hall, B. (2009). Smart specialization: The concept. Knowledge Economists Policy Brief No. 9. ▶ https://ec.europa.eu/invest-in-research/pdf/download_en/kfg_policy_brief_no9.pdf. Zugegriffen: 27. Aug. 2019.

Delgado, M., Porter, M. E., & Stern, S. (2012). Clusters, convergence, and economic performance. NBER Working Paper 18250. ▶ https://doi.org/10.3386/w18250.

European Association for Bioindustries. (2005). Industrial or White Biotechnology – A driver of sustainable growth in Europe. Working document. ▶ https://www.europabio.org/sites/default/files/industrial_or_white_biotechnology_-_a_driver_of_sustainable_growth_in_europe.pdf. Zugegriffen: 27. Aug. 2019.

European Commission. (2016). Smart guide to cluster policy. Guidebook series: How to support SME policy from structural funds. ▶ https://s3platform.jrc.ec.europa.eu/documents/20182/84453/Smart+Guide+to+Cluster+Policy/fd0f16b9-0759-43ca-b950-ec0192e220c8. Zugegriffen: 27. Aug. 2019.

Fromhold-Eisebith, M., & Eisebith, G. (2008). Clusterförderung auf dem Prüfstand. *Zeitschrift für Wirtschaftsgeographie, 52*(2–3), 79–94.

Kircher, M. (2012). Ho to turn industrial biotechnology into reality. *New Biotechnology, 29*(2), 243–247.

Kirchgeorg, M., & Fiedler, L. (2004). Clustermonitoring als Kontroll- und Steuerungsinstrument für Clusterentwicklungsprozesse – empirische Analysen von Industrieclustern in Ostdeutschland. HHL-Arbeitspapier Nr. 66, Leipzig.

Kirchgeorg, M., & Wurpts, K. (2011). Die Wettbewerbsfähigkeit Mitteldeutschlands – Statusbericht und Handlungsansätze. ▶ https://digital.zlb.de/viewer/rest/image/15628309/HHL_Mitteldeutschland_online_2_01.pdf/full/max/0/HHL_MitteldeutschlaMi_online_2_01.pdf. Zugegriffen: 27. Aug. 2019.

Leal Filho, W. (2018). Bioeconomy meets the circular economy. In W. Leal Filho, D.-M. Pociovalisteanu, P. Borges de Brito & I. Borges de Lima (Hrsg.), *Towards a sustainable bioeconomy: Principles, challenges and perspectives* (S. 567–575). Cham: Springer.

MOC (Microeconomics of Competitiveness). (2019). MOC student projects on country & cluster competitiveness. ▸ https://www.isc.hbs.edu/resources/courses/moc-course-at-harvard/Pages/sample-student-projects.aspx. Zugegriffen: 27. Aug. 2019.

Porter, M. (2008a). Competitive advantage of nations. In M. Porter (Hrsg.), *On competition* (S. 171–211). Boston: Harvard Business School.

Porter, M. (2008b). Clusters and competition: New agendas for companies, governments, and institutions. In M. Porter (Hrsg.), *On competition* (S. 213–303). Boston: Harvard Business School.

Sövell, Ö. (2009). *Clusters – Balancing evolutionary and constructive forces* (2. Aufl.). Stockholm: Ivory Tower.

Sövell, Ö., Ketels, C., & Lindqvist, G. (2009). The European cluster observatory – EU cluster mapping and strengthening clusters in Europe. *European Communities*. ▸ https://doi.org/10.2769/10419.

Thomi, W., & Sternberg, H. (2008). Cluster – zur Dynamik von Begrifflichkeiten und Konzeptionen. *Zeitschrift für Wirtschaftsgeographie, 52*(2–3), 72–78.

Tiwana, A. (2014). *Platform ecosystems: Aligning architecture, governance, and strategy*. Burlington: Morgan Kaufmann.

Prof. Dr. Manfred Kirchgeorg
(geb. 1958) ist Inhaber des Deutsche Post Lehrstuhls für Marketing an der HHL Leipzig Graduate School of Management. Forschungen im Bereich des Sustainability Marketing und Holistic Branding werden mit aktuellen Fragestellungen des E-Commerce und der crossmedialen Kommunikation verknüpft. Er nahm vielfältige Lehraufträge im In- und Ausland wahr und ist Mitglied in zahlreichen Verbänden und Beiräten. Er steht dem Curriculum Council des Netzwerks Microeconomics of Competitiveness an der Harvard Business School vor. Er ist u. a. Mitglied des Aufsichtsrats der Unilever Deutschland Holding GmbH und des Vorstands der Wissenschaftlichen Gesellschaft für marktorientierte Unternehmensführung e. V. Er nimmt Gutachtertätigkeiten wahr und ist Autor sowie Herausgeber vielfältiger Fachpublikationen.

Bioökonomie in Nordrhein-Westfalen

Ulrich Schurr und Heike Slusarczyk

D. Thrän, U. Moesenfechtel (Hrsg.), *Das System Bioökonomie*,
https://doi.org/10.1007/978-3-662-60730-5_12

12.1 Clusterpartner und Beiträge

Das Bioeconomy Science Center (BioSC) ist ein Forschungsverbund für nachhaltige Bioökonomie in Nordrhein-Westfalen, der im Jahr 2010 vom Forschungszentrum Jülich, der Rheinisch-Westfälischen Technischen Hochschule Aachen, der Heinrich-Heine-Universität Düsseldorf und der Friedrich-Wilhelms-Universität Bonn gegründet wurde. Die aktuell 68 Mitgliedsinstitute mit rund 1600 Mitarbeitern aus den vier BioSC-Partnereinrichtungen bilden den wissenschaftlichen Kern des Forschungsclusters (BioSC 2019a). Diese betreiben Forschung in vier Forschungsschwerpunkten: „Nachhaltige pflanzliche Bioproduktion und Ressourcenschutz", „Mikrobielle und molekulare Stoffumwandlung", „Verfahrenstechnik nachwachsender Rohstoffe" sowie „Ökonomie und gesellschaftliche Implikationen der Bioökonomie" (ebd.). Mission und wesentliches Merkmal des BioSC (Abb. 12.4) ist es, Forschung über die Disziplingrenzen hinweg in ganzheitlichen, integrierten Projekten zu betreiben und Beiträge für die Entwicklung einer nachhaltigen Bioökonomie auf regionaler, nationaler, europäischer und globaler Ebene bereit zu stellen. Diese reichen von der nachhaltigen Produktion von Pflanzen als Nahrungs- und Futtermittel sowie als nachwachsender Rohstoff in integrierten Bioraffineriekonzepten, in denen in (bio-)chemischen, biotechnologischen und verfahrenstechnischen Prozessen biobasierte Wertstoffe (Plattform- und Feinchemikalien, Pharmazeutika, funktionalisierte Materialien) und Energieträger erzeugt werden. Im Fokus stehen dabei eine möglichst ganzheitliche Nutzung des biobasierten Rohstoffs und seiner Nebenströme in Stufen (Kaskadennutzung) und die Schließung von (regionalen) Nährstoffkreisläufen (Kreislaufwirtschaft, *circular economy*) in innovativen, nachhaltigen Prozessen. Thematisch fokussiert sich die Forschung im BioSC auf drei Fokusthemenfelder und einer Kompetenzplattform (BioSC 2019b):

- smartes Management der Pflanzenproduktion,
- integrierte Bioraffinerien für eine nachhaltige Produktion und Prozessierung und
- modulare Biotransformationen zur Herstellung hochwertiger Chemikalien sowie
- einer Kompetenzplattform Ökonomie, Strategien und Konzepte für die Entwicklung und Umsetzung einer Bioökonomie.

Die Fokusthemenfelder werden im Wesentlichen Maße durch multi-disziplinäre, standortübergreifende Verbundprojekte umgesetzt, die sogenannten FocusLabs[1] mit einer Förderung von 2,4 Mio. € für drei Jahre pro Projekt.

Neben der breiten disziplinären wissenschaftlichen Kompetenz der Partner sind hochmoderne, einzigartige wissenschaftliche Infrastrukturen an den BioSC-Partnereinrichtungen wesentliche Säulen für die gemeinsame Forschung des BioSC:

- die Pilotbioraffinerie NGP[2] an der RWTH Aachen (2018),
- der landwirtschaftliche Versuchsstandort Campus Klein-Altendorf der Universität Bonn (2010),
- das Juelich Plant Phenotyping Centre – JPPC am FZJ (o. D.b),
- das Juelich Microbial Phenotyping am FZJ (o. D.a),
- Technologieplattformen zur molekularen Analytik an der Universität Düsseldorf sowie
- das Leistungszentrum German Crop BioGreenFormatics Network (GCBN) (de.NBI 2018).

Die wissenschaftlichen Infrastrukturen werden von den Partnern entwickelt und gemeinsam genutzt. Darüber hinaus bilden sie eine wichtige Basis für den Technologietransfer in Kooperation mit Industriepartnern (Chemie-, Pharma-, Nahrungs- und Futtermittelindustrie, Pflanzenzüchter, Energiewirtschaft).

1 Für weitere InformatioFarbigkeit (IST): siehe: ▶ https://www.biosc.de/FocusLabs.

12

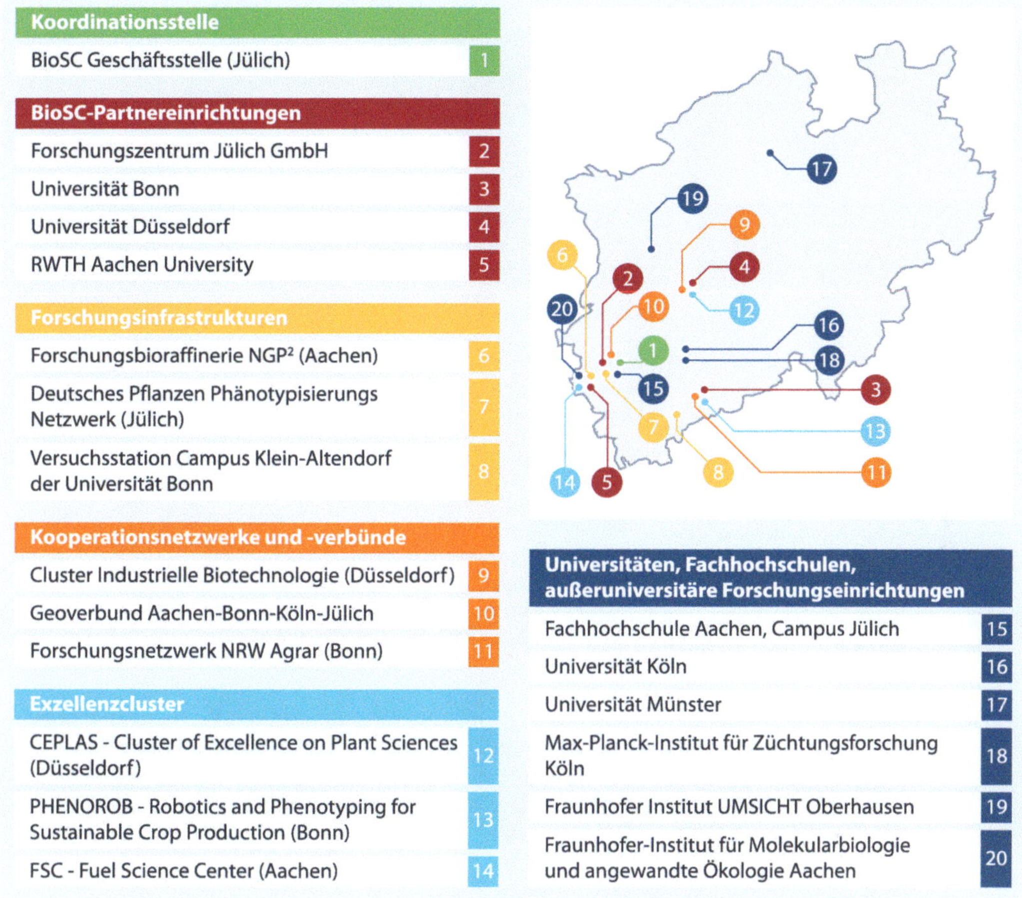

Abb. 12.1 Darstellung der regionalen Vernetzung des Bioeconomy Science Center (BioSC) in Nordrhein-Westfalen und deutschlandweit. (Quelle: eigene Darstellung)

Die Entwicklung von nachhaltigen biobasierten Produkten und Prozessen für verschiedene Wertschöpfungsnetze und eine branchenübergreifende Zusammenarbeit mit kleinen und großen Wirtschaftsunternehmen und Verbänden in der Region sind besondere Merkmale und wichtige Treiber des BioSC. Hierbei spielt auch der Einbezug vorhandener Infrastrukturen, die von Unternehmen oder öffentlichen Einrichtungen betrieben werden, eine maßgebliche Rolle, um auch in der Region vorhandene Technologiepotenziale zu bündeln und zu nutzen. BioSC-Mitgliedsinstitute *(Core Groups)* sind in verschiedenen Exzellenzclustern in Nordrhein-Westfalen im Bioökonomieumfeld tätig (z. B. Cluster für Industrielle Biotechnologie – CLIB2021, dem Geoverbund ABCJ und den DFG-Exzellenclustern CEPLAS[2], PHENOROB[3], Fuel Science Center[4]) und eng vernetzt (s. auch Abb. 12.1 und 12.2). In vielen Fällen sind wissenschaftliche Leiter der BioSC-Mitgliedsinstitute in Personalunion in

2 Für weitere Informationen siehe: ▶ https://www.ceplas.eu/de/home/.

3 Für weitere Informationen siehe: ▶ http://www.phenorob.de/.

4 Für weitere Informationen siehe: ▶ http://www.fuelcenter.rwth-aachen.de/go/id/irmy/?.

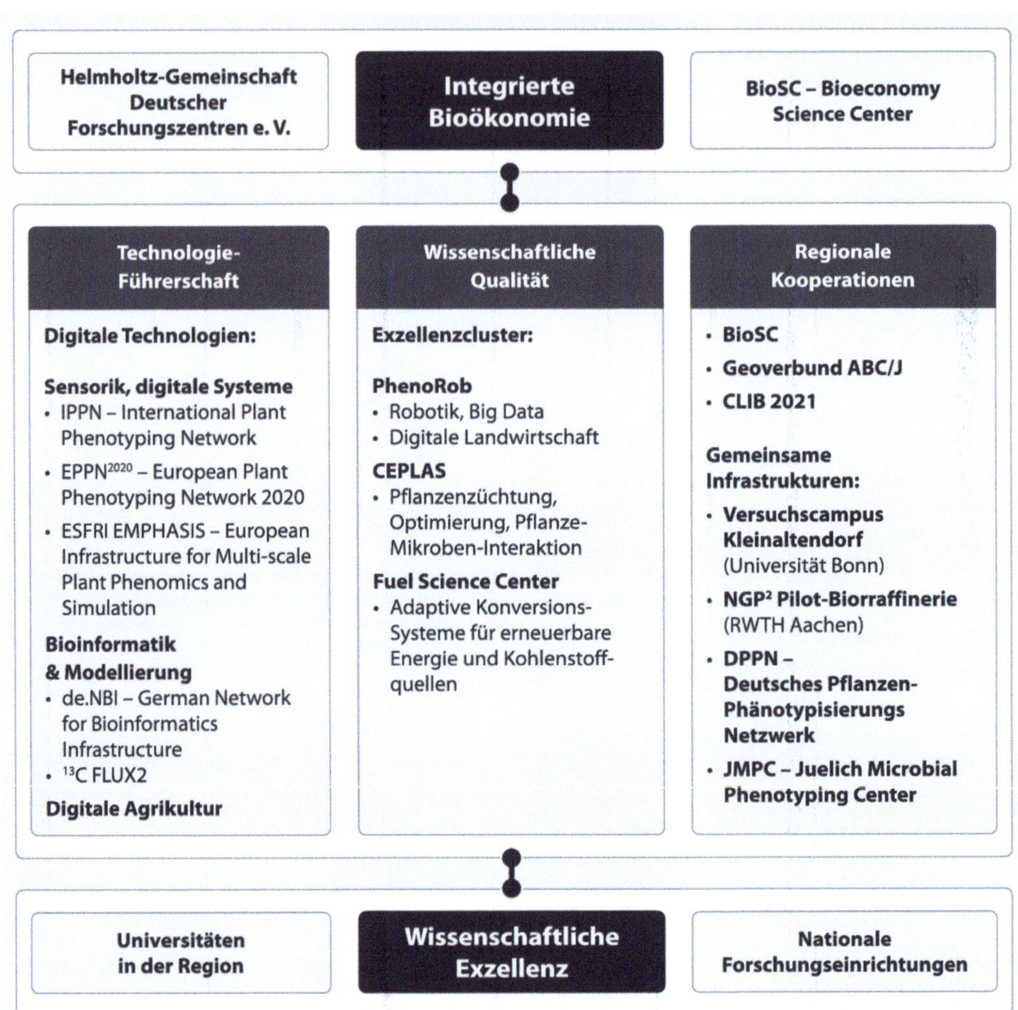

Abb. 12.2 Zwischen Wissenschaftlicher Exzellenz und Integrierter Bioökonomie – Darstellung der Einbettung des Bioeconomy Science Center (BioSC) in der regionalen, nationalen und internationalen Forschungslandschaft zur Bioökonomie (Beispiele). (Quelle: eigene Darstellung)

12

den Clustern leitend tätig. Auf nationaler Ebene ist das BioSC über das Forschungszentrum Jülich als Mitglied der Helmholtz-Gemeinschaft in den Helmholtz-Querschnittsverbund für nachhaltige Bioökonomie eingebunden, der vom FZJ koordiniert wird (Abb. 12.2).

Das BioSC bildet als wissenschaftliches Kompetenzzentrum für Bioökonomieforschung eine wesentliche Rolle im Akteursnetzwerk zur Entwicklung einer Modellregion BioökonomieRevier im Rheinland (Modellregion BioökonomieRevier 2019).

Die Transformation von einer auf fossilen Rohstoffen basierten zu einer auf nachwachsenden Rohstoffen basierten Ökonomie erfordert neben Innovation in allen beteiligten Sektoren und der Entwicklung und Etablierung hochmoderner Infrastrukturen und Demonstrationsanlagen gut ausgebildete Fachkräfte, die ein gesamtheitliches Verständnis der Anforderungen der Bioökonomie haben und diese disziplinübergreifend mit verschiedenen Stakeholdern bearbeiten können. Das BioSC bietet hierfür inter- und transdisziplinäre Trainingsmodule in den verschiedenen Themenfeldern der Bioökonomie für alle Ausbildungs- und Karrierestufen (Schüler, Studierende, Graduierte[5], Life-Long-Learning[6]) an. Ebenso ist der Dialog mit der Gesellschaft ein wichtiges Aufgabenfeld des Verbundes.

12.2 Management des Clusters

Das BioSC ist ein Forschungsverbund, der auf Basis eines langfristig angelegten Kooperationsvertrages zwischen den vier in Abschn. 12.1 genannten Einrichtungen in 2010 gegründet worden ist. Den Kern bilden die Mitgliedsinstitute aus den vier Partnereinrichtungen, deren Leiter das Direktorium bilden. Das Direktorium wählt aus seinen geborenen Mitgliedern das Geschäftsführende Direktorium: vier wissenschaftliche Leiter, für die zudem jeweils ein Stellvertreter gewählt wird. Das Geschäftsführende Direktorium koordiniert und setzt die konkreten Maßnahmen zur inhaltlichen und strategischen Entwicklung des BioSC mit der Unterstützung des Geschäftsführers um, der die Geschäftsstelle leitet und die täglichen Geschäfte koordiniert und führt (BioSC 2019d). Die Geschäftsstelle bearbeitet u. a. die wissenschaftlich-administrative Umsetzung des BioSC und die Öffentlichkeitsarbeit des BioSC. Das Geschäftsführende Direktorium und der Geschäftsführer stimmen sich in regelmäßigen Abständen ab und treffen sich. Die Leiter der vier Partnereinrichtungen, der Vorstandsvorsitzende und der stellvertretende Vorstandsvorsitzender des FZJ sowie die Rektoren und Kanzler der Universitäten bilden die Versammlung der Vertragspartner, die über Angelegenheiten von grundsätzlicher Bedeutung für das BioSC entscheidet. Die übergreifende strategische Entwicklung des BioSC wird durch einen wissenschaftlichen Beirat unterstützt, in dem nationale und internationale Persönlichkeiten aus Wissenschaft, Wirtschaft und weiteren Bereichen der Gesellschaft berufen werden, der das Direktorium und die Vertragspartner berät (ebd.) (■ Abb. 12.3). Die Versammlung der Vertragspartner und der Beirat tagen mindestens einmal im Jahr im Plenum. Darüber hinaus finden Arbeitstreffen mit Beiratsmitgliedern zu verschiedenen Themen (z. B. Ausbildung, Kooperation mit Industrie) mehrmals pro Jahr statt. Die wissenschaftlichen Leiter der Kerninstitute des BioSC (Direktorium) und ihre Mitarbeiter treffen sich regelmäßig einmal jährlich im BioSC-Forum zu einen internen *retreat.* Darüber hinaus finden zahlreiche themenorientierte BioSC-Veranstaltungen in unterschiedlichen Formaten (Integrationsforen, thematische Workshops, BioSC-Spotlights, Messepräsentationen) zur internen und externen Vernetzung und interdisziplinären wissenschaftlichen Kooperation statt, an denen in überwiegendem Maße auch Externe teilnehmen können. Seit 2016 richtet das BioSC einmal jährlich im Spätherbst das Internationale BioSC-Symposium „Towards an integrated bioeconomy" aus, in dem internationale Experten aus Wissenschaft und Wirtschaft aktuelle Forschungsergebnisse für Inventionen und Anwendungen in der biobasierten Wirtschaft vorstellen und diskutieren.

5 Z. B. Summer Schools, NRW-PhD Day „Future Bioeconomy".

6 Z. B. Einrichtung des Zertifikatskurses „Bioökonomie" an der FH Aachen, Campus Jülich in Kooperation mit Springer Verlag.

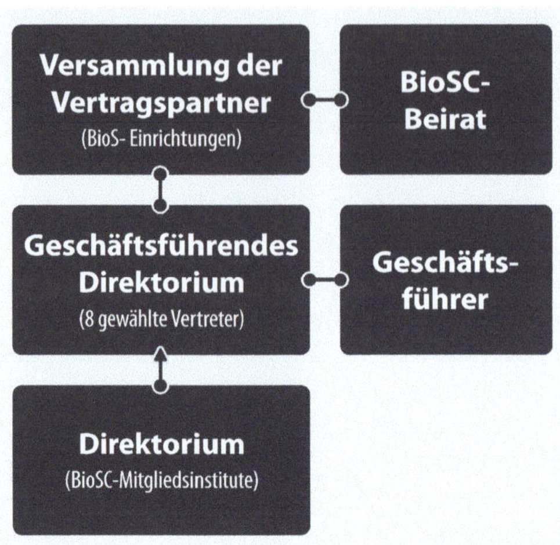

Abb. 12.3 Organisationsstruktur des Bioeconomy Science Center (BioSC). (Quelle: eigene Darstellung)

Das BioSC stellt eine Kooperationsplattform für verschiedene Akteure in der Bioökonomie auf nationaler und internationaler Ebene dar. Die Vernetzung mit anderen Clustern, Netzwerken und unterschiedlichen Stakeholdern der Bioökonomie ist ein Kernelement des BioSC-Konzeptes. Externe Kooperationspartner aus Wissenschaft, Wirtschaft und Gesellschaft können als assoziierte Mitglieder in das BioSC eingebunden werden. Diese sind teilweise als Kooperationspartner oder in beratender Rolle in BioSC-Forschungsprojekte eingebunden und tragen aktiv zu den Veranstaltungen des BioSC bei (z. B. Internationales BioSC-Symposium, themenspezifische Workshops, BioSC-Spotlights) bei. *Vice versa* fungieren die Mitgliedsinstitute des BioSC als Kooperationspartner, sodass Synergien zwischen den verschiedenen Forschungslandschaften in Deutschland und international gestärkt werden können.

Das BioSC versteht sich als ein Cluster für Forschung, Innovation und Ausbildung für eine nachhaltige Bioökonomie, das in allen vier Handlungsfeldern integrierte Ansätze verfolgt, diese regional vernetzt und umsetzt und international handelt. Dieses Verständnis spiegelt sich auch in der externen Kommunikation des BioSC-Konzeptes wider.

12.3 Vision und Mission

Ziel der Gründung des BioSC war es, die an den vier Institutionen vorhandenen komplementären Kompetenzen und Infrastrukturen in Forschung und Lehre in einem gemeinsamen wissenschaftlichen Forschungscluster zusammenzuführen, um integrierte Ansätze im Sinne der Vision einer wissensbasierten, nachhaltigen Bioökonomie zu entwickeln. Die räumliche Nähe der vier Institutionen, bereits langjährig vorhandene bi- und trilaterale Kooperationen zwischen den vier Partnern, eine auf eine langfristige Zusammenarbeit ausgerichtete gemeinsame Strategie sowie die Einbettung in einem einerseits von land- und forstwirtschaftlicher Primärproduktion geprägtem Umfeld als auch andererseits in einem der größten Energie- und Chemiestandorte in Deutschland bildeten eine profunde Basis für die Gründung des BioSC. Neben der Entwicklung von integrierten und gesamtheitlichen Ansätzen zwischen Natur-, Ingenieurs-, Wirtschafts- und Sozialwissenschaften in der Forschung sollte mittelfristig auch eine inter- und transdiziplinäre Ausbildung im Sinne der Bioökonomie umgesetzt werden. Mit dem BioSC wollen die Partner in Kooperation mit Wirtschaft, Politik und Gesellschaft wesentliche Beiträge zur Wissensbasis, zur Ausbildung qualifizierter Arbeitskräfte sowie zur Entwicklung und Umsetzung bioökonomischer Produktionsprozesse und Konzepte in Nordrhein-Westfalen und darüber hinaus leisten. Diese stehen im Einklang mit der Nationalen Bioökonomiestrategie (BMBF, BMEL 2020) wie auch der Politikstrategien zur „Sustainable Bioeconomy in Europe“ (EK 2018) und dem „European Green Deal“ (EK 2019) der Europäischen Union. Die Bedeutung der großen globalen Herausforderungen, aber auch die Potenziale einer nachhaltigen Bioökonomie und deren Umsetzung auf regionalen Ebenen sind auch in die Handlungsempfehlungen des Global Bioeconomy Summit 2018 (GBS 2018) eingegangen.

Auch Nordrhein-Westfalen hat bereits frühzeitig die Potenziale der Bioökonomie erkannt und im Jahr 2010 eine Potenzialstudie zur wissensbasierten Bioökonomie in NRW erarbeitet, auf deren Basis nachfolgend verschiedene Maßnahmen und Initiativen zur weiteren Entwicklung der Bioökonomie entwickelt und unterstützt worden sind. Ein Beispiel ist die Förderung der Entwicklung des BioSC als strategische Forschungsinfrastruktur in NRW im Rahmen des NRW-Strategieprojekts BioSC (nachfolgend Strategieprojekt BioSC genannt) im Rahmen einer langfristigen Projektförderung von mindestens zehn Jahren, die in drei Förderphasen gegliedert ist. Die erste Phase des Projekts wurde 2013 gestartet, die zweite mit Beginn des Jahres 2017. Im Jahr 2014 erfolgte dann in Nordrhein-Westfalen die Implementierung der „Regionalen Innovationsstrategie NRW" (MWIDE 2014), die Fördermittel für Wissenschaft und Wirtschaft bereitstellt. In dieser sind Leitmärkte definiert, die vielfältige Bioökonomiethemen und für diese relevante Technologien aufgreifen.

Abb. 12.4 Übersicht und Zusammenwirken der vier Forschungsschwerpunkte des Bioeconomy Science Center (BioSC). (Quelle: eigene Darstellung)

12.4 Benchmark und Erfolgskriterien

Die Zielsetzung des Forschungsclusters ist es, biobasierte Produkte, Prozesse sowie Bioökonomiekonzepte in integrierten, disziplinübergreifenden Forschungsprojekten und Kooperationen durch Vernetzung der vier Forschungsschwerpunkte des BioSC zu entwickeln und in die Anwendung zu bringen.

In der ersten Förderphase des vom Land geförderten Strategieprojekts BioSC stand die Vernetzung und Integration der zu diesem Zeitpunkt ca. 50 Mitgliedsinstitute in das BioSC-Konzept und die Initiierung von disziplinübergreifenden Forschungsprojekten unterschiedlichen Explorationsgrades im Vordergrund. Ein Maß für die fortschreitende Integration der vier verschiedenen BioSC-Forschungsschwerpunkte (Abb. 12.4) und wissenschaftlichen Disziplinen ist dabei u. a. die Beteiligung von Wissenschaftlern aus mindestens zwei Forschungsschwerpunkten in den Projektkonsortien. In den seit 2013 mehr als 60 durchgeführten bzw. laufenden Projekten ist eine zunehmende Anzahl an BioSC-Projekten zu verzeichnen, in denen alle vier Forschungsschwerpunkte des BioSC enthalten sind – von der Pflanzenproduktion, über die Biotechnologie, Verfahrenstechnik für nachwachsende Rohstoffe bis hin zu (sozio-) ökonomischen Implikationen. Die erfolgreiche Integration der BioSC-Mitglieder lässt sich auch an gemeinsamen Publikationen und Patenten belegen, die aus den Projekten hervorgegangen sind (BioSC 2019c). Ebenso zeigen die Nachfrage aus Wissenschaft und Wirtschaft nach Kooperationsmöglichkeiten in den multidisziplinären BioSC-Forschungsverbünden und eine steigende Einbindung von Unternehmen aus verschiedenen Branchen (z. B. Chemieunternehmen, Enzymhersteller, Düngemittelhersteller für Gartenbau und Landwirtschaft) den Erfolg des verfolgten Konzeptes. Zudem nimmt die Anzahl an weiterführenden inter- und multidisziplinären Projekten (BMBF Maßgeschneiderte Inhaltsstoffe oder Bioeconomy International) zu, die von anderen

Fördermittelgebern finanziert werden. Am Ende der ersten Förderphase hat ein Strategieprozess stattgefunden, der eine Fokussierung der thematischen Breite in der Initiierungsphase zur Stärkung des wissenschaftlichen Profils und der Potenziale des BioSC zum Ziel hatte. Ergebnis des Prozesses sind die unter Abschn. XX genannten drei Fokusthemenfelder und die Kompetenzplattform, auf die die Forschung in der zweiten, aktuellen Förderphase ausgerichtet ist.

Zielsetzung für die kommenden Jahre und dritte Förderphase des Strategieprojekts BioSC wird sein, im BioSC entwickelte Produkte, Prozesse und Konzepte für deren Anwendung weiterzuentwickeln (Science-2-Business) und neue zu generieren. Hierbei wird ein besonderer Fokus auf die Implementierung in der Region liegen.

12.5 Erfahrungen

Mit der Etablierung des BioSC hat sich im Rheinland ein international anerkanntes Cluster und ein Partner für Forschung, Innovation und Ausbildung für eine nachhaltige Bioökonomie entwickelt. Das Zusammenführen der verschiedenen Fachdisziplinen und Forschungskulturen aus mehr als 65 Instituten und ein Erreichen eines gemeinsamen Verständnisses der jeweiligen Herausforderungen für die Bioökonomie in den unterschiedlichen Forschungsfeldern hat Zeit benötigt. Neben dem zeitlichen Faktor ist eine langfristig ausgelegte finanzielle Förderung eine essenzielle Voraussetzung, um diese Zielsetzung erreichen zu können. Das Land Nordrhein-Westfalen hat diese Notwendigkeit erkannt und mit der langfristigen Förderstrategie den Aufbau und die inhaltliche Profilbildung des BioSC maßgeblich unterstützt. Erste Ergebnisse für mittelfristige Umsetzungen in die Anwendung zeichnen sich ab. Hierzu gilt es, die verschiedenen Stakeholder und Akteure, Wissen und Innovationen, technologische Kompetenzen und Infrastrukturen in Wissenschaft und Wirtschaft zukünftig noch enger zu vernetzen, Ausgründungen zu unterstützen, den Dialog zwischen Wirtschaft- Wissenschaft und Gesellschaft zu stärken und globale Herausforderungen durch Ausbau der internationalen Kooperationen anzugehen. Die in diesem Sinne begonnenen Entwicklungen fortzuführen, ist das angestrebte Ziel des BioSC.

Literatur

BioSC (Bioeconomy Science Center). (2019a). Core groups. ▶ https://www.biosc.de/core_groups. Zugegriffen: 29. Dez. 2019.

BioSC (Bioeconomy Science Center). (2019b). Forschungsprogramm. ▶ https://www.biosc.de/forschungsprogramm. Zugegriffen: 29. Dez. 2019.

BioSC (Bioeconomy Science Center). (2019c). Publikationen. ▶ https://www.biosc.de/publikationen. Zugegriffen: 29. Dez. 2019.

BioSC (Bioeconomy Science Center). (2019d). Über uns: Das Bioeconomy Science Center. ▶ https://www.biosc.de/bioeconomy_science_center. Zugegriffen: 29. Dez. 2019.

BMBF (Bundesministerium für Bildung und Forschung) u. BMEL (Bundesministerium für Ernährung und Landwirtschaft). (2020). Nationale Bioökonomiestrategie. ▶ https://www.bmbf.de/files/biooekonomiestrategiekabinett.pdf. Zugegriffen: 20. März. 2020.

de.NBI (German Network for Bioinformatics Infrastructure). (2018). German Crop BioGreenformatics Network. ▶ https://www.denbi.de/network/german-crop-biogreenformatics-network-gcbn. Zugegriffen: 29. Dez. 2019.

EC (European Commission). (2018). A sustainable Bioeconomy for Europe: Strengthening the connection between economy, society and the environment. COM/2018/673 final. ▶ https://eur-lex.europa.eu/legal-content/EN/TXT/?uri=CELEX%3A52018DC0673. Zugegriffen: 29. Dez. 2019.

EC (European Commission). (2019). The European Green Deal. COM/2019/640 final. ▶ https://eur-lex.europa.eu/legal-content/EN/TXT/?uri=CELEX%3A52018DC0673. Zugegriffen: 29. Dez. 2019.

FZ Jülich (Forschungszentrum Jülich). (o. D.a). Jülich Microbial Phenotyping Center. ▶ http://www.fz-juelich.de/ibg/ibg-1/DE/JuelichMicrobialPhenotypingCenter/_node.html. Zugegriffen: 29. Dez. 2019.

FZ Jülich (Forschungszentrum Jülich). (o. D.b). Jülich Plant Phenotyping Centre: ▶ https://www.fz-juelich.de/ibg/ibg-2/DE/Organisation/JPPC/JPPC_node.html. Zugegriffen: 22. März. 2020.

GBS (Global Bioeconomy Summit). (2018). Communiqué Global Bioeconomy Summit. Innovation in the global bioeconomy for sustainable and inclusive transformation and wellbeing. ▶ http://gbs2018.com/fileadmin/gbs2018/Downloads/GBS_2018_Communique.pdf. Zugegriffen: 29. Dez. 2019.

Modellregion BioökonomieRevier. (2019). Bioökonomierevier. ▶ https://www.biooekonomierevier.de/. Zugegriffen: 29. Dez. 2019.

MWIDE (Ministerium für Wirtschaft, Innovation, Digitalisierung und Energie des Landes Nordrhein-Westfalen). (2014). Regionale Innovationsstrategie des Landes Nordrhein-Westfalen im Rahmen der EU-Strukturfonds 2014–2020. ▶ https://www.efre.nrw.de/efre-programm/programmtexte/innovationsstrategie/. Zugegriffen: 29. Dez. 2019.

RWTH Aachen. (2018). NGP² -Center for Next Generation Processes and Products. ▶ http://www.avt.rwth-aachen.de/cms/AVT/Die-AVT/~kmbz/NGP2/. Zugegriffen: 29. Dez. 2019.

Universität Bonn. (2010). Campus Klein-Altendorf. ▶ https://www.cka.uni-bonn.de/. Zugegriffen: 29. Dez. 2019.

Prof. Dr. Ulrich Schurr

(geb. 1963) studierte Biologie an der Universität Bayreuth und promovierte 1992 an der Universität Bayreuth. Er entwickelt und nutzt nicht-invasive Verfahren für die Phänotypisierung – d. h., um Pflanzen zu vermessen – und durch Züchtung und Management zu optimieren. Er ist seit 2001 Leiter des Instituts für Pflanzenwissenschaften am Forschungszentrum Jülich. Er ist Sprecher des Bioecomomy Science Center und war Vorsitzender der Europäischen Technologie Plattform Plants for the Future. Zudem koordiniert er das Projekt EMPHASIS des Europäischen Strategieforums für Forschungsinfrastrukturen. Das Ziel ist der Aufbau einer paneuropäischen Forschungsinfrastruktur zur Pflanzenphänotypisierung mit Wissenschaft und Industrie. Darüber hinaus koordiniert er das Projekt BioökonomieRevier zur Implementierung einer Modellregion zur nachhaltigen Bioökonomie im Rheinischen Revier im Strukturwandel.

Dr. Heike Slusarczyk

(geb. 1967) studierte Biologie an der Rheinisch-Westfälischen Technischen Hochschule Aachen und promovierte 1997 an der Heinrich-Heine-Universität Düsseldorf im Bereich molekularer Enzymtechnologie. Nach der Postdoc-Zeit und einem Aufenthalt am California Institute of Technology (Caltech) in den USA wechselte sie 2002 ins Wissenschaftsmanagement Forschungszentrum Jülich. Hier begleitete sie in einer Stabsstelle die Forschungsbereiche Gesundheit, Erde und Umwelt sowie strategische Initiativen des Forschungszentrum Jülich und koordinierte das Büro der Initiative Knowledge-Based Bio-Economy. Sie gestaltete die Kooperationen des Forschungszentrums Jülich insbesondere zur Bioökonomie mit. Seit 2010 ist sie Geschäftsführerin des Bioeconomy Science Center und leitet die Geschäftsstelle am Institut für Pflanzenwissenschaften des Forschungszentrums Jülich. Sie ist in regionalen, nationalen und internationalen Netzwerken und Initiativen zu Forschung und Ausbildung zur nachhaltigen Bioökonomie aktiv.

Bioökonomie in Mitteldeutschland

Joachim Schulze und Anne-Karen Beck

D. Thrän, U. Moesenfechtel (Hrsg.), *Das System Bioökonomie*,
https://doi.org/10.1007/978-3-662-60730-5_13

13.1 Vision und Mission

Das BioEconomy Cluster fand sich 2011 als regionales Netzwerk (BioEconomy e. V.) mit 23 Mitgliedern in Sachsen-Anhalt zusammen. Die Ursprungsidee war, aus den vorhandenen regionalen Stärken wie dem Chemiepotenzial im Chemiedreieck Leuna – Schkopau – Bitterfeld-Wolfen, aber auch Zeitz und der Ressourcenverfügbarkeit von Holz – vor allem Buchenholz im Umkreis von 150 km um den Standort – ein branchenübergreifendes Cluster zu formen („Holz trifft Chemie").

Im Jahr 2012 dann gegründet, zählte das BioEconomy Cluster zu den Gewinnern der dritten Runde des Spitzenclusterwettbewerbs des Bundesministeriums für Wirtschaft und Bildung (BMBF). Allein von 2012 bis 2017 flossen im Rahmen dieser Förderperiode 80 Mio. € (davon 50 % Industriebeteiligung) in die Erforschung und Implementierung der Bioökonomie. Dabei unterstützt das BioEconomy Cluster die nationale Forschungsstrategie BioÖkonomie 2030 des Bundes und zielt auf die thematische wie räumliche Vernetzung ab mit übergreifenden Wertschöpfungsstufen (Hüsing et al. 2017).

13

Das Land Sachsen-Anhalt fördert den BioEconomy e. V. als Innovationscluster bis ins Jahr 2026. Sachsen-Anhalt hat die Regionale Innovationsstrategie Sachsen-Anhalt (RIS) 2014–2020 konzipiert, welche sich auf die bestehenden wirtschaftlichen Stärken und Forschungsfokusse im Land konzentrieren und deren Potenziale weiter ausbauen soll. Das besondere Profil des Landes Sachsen-Anhalt, mit der Spezialisierung auf z. B. Agro-, Fein- und Spezialchemie, aber auch mit neuen Anwendungsfeldern wie z. B. dem automobilen Leichtbau mit Composites, wird auch durch das BioEconomy Cluster weiter vorangetrieben. Die Bioökonomie verbindet forschungsintensive wirtschaftliche Aktivitäten der Land-, Forst- und Ernährungswirtschaft mit stofflicher und energetischer Nutzung nachwachsender Rohstoffe. Dem Wandel der erdölbasierten Chemiewirtschaft hin zu einer nachhaltigeren, ressourcen- und energieeffizienteren sowie stärker biobasierten Wirtschaft wird weltweit hohe Bedeutung beigemessen. Dieser Leitmarkt „Chemie und Bioökonomie" wird auch durch das BioEconomy Cluster maßgeblich mitgeprägt (MW Sachsen-Anhalt 2014).

13.2 Mission (Clusterstrategie)

Durch die Umsetzung des aufeinander abgestimmten Projektportfolios im BioEconomy Cluster soll die Vision einer weltweit einzigartigen Realisierung der Bioökonomie durch Verknüpfung der Bereiche Holz, Agrarwirtschaft, Chemie und Energie und in einer ganzen Region erreicht werden. Folgende Ziele leiten sich daraus ab: Maximierung der Wertschöpfung durch Koppel- und Kaskadennutzung zur Erzeugung von Chemikalien, Werkstoffen, neuen Materialien und Energie sowie die Beschleunigung von Innovationsprozessen durch integrierte und räumlich abgestimmte Skalierung von Prozessen und Anlagen vom Labor bis zum Demonstrationsmaßstab. Stoffströme werden idealerweise zu neuartigen Wertschöpfungsketten und -netzwerken verknüpft, neue Verfahren und Produktprototypen entwickelt. Die dafür notwendigen technischen Voraussetzungen (Ergebnisse der ursprünglich *technology-push*-orientierten Verfahrensentwicklungen) ermöglichten den Aufbau und die Inbetriebnahme neuer Labor-, Pilot- und Demonstrationsanlagen (Strategie des BioEconomy Clusters).

Mit der Herstellung erster biobasierter Produkte verlagerte sich diese Mission zu einer *market-pull*-Strategie. Dies führte Ende 2016 zu einer Neuausrichtung der übergeordneten strategischen Ziele. Dazu gehören die Markteinführung biobasierter Produkte in möglichst vielen Branchen und die Beförderung der gesellschaftlichen Akzeptanz der Bioökonomie. Es wird die Schaffung des europaweit dichtesten Netzwerks von Pilot-, Demonstrations- und Produktionsanlagen entlang der Wertschöpfungsketten der vordergründig holzbasierten Bioökonomie im BioEconomy

Cluster verfolgt. Übergeordnet wird langfristig die Schaffung und Sicherung von Arbeitsplätzen in der Bioökonomie und der chemischen Industrie angestrebt. Eine wichtige Zielanpassung ist die strategische Ausrichtung auf hochwertige Produkte in den Märkten Automotive (z. B. Verbundwerkstoffe, Schmierstoffe, Kraftstoffe und Additive), Baustoffindustrie („grüne" Baumaterialien und Ausbauprodukte), Verpackungen (Folien), Fein- und Spezialchemie (z. B. Klebstoffe, Riech-, Geschmacks- und Zuschlagsstoffe), Consumer und Lifestyle Produkte (z. B. Sportgeräte, Spielzeuge, Nahrungsergänzungsmittel) oder Farben und Lacke (z. B. Oberflächenbeschichtungen). Dem BioEconomy Cluster gelang es über regelmäßige Strategieworkshops seine Mitglieder einzubinden und das Projektportfolio entsprechend anzupassen (BioEconomy Cluster Management GmbH 2018).

Die weitere Ausrichtung und Vision des BioEconomy Clusters ist:

- Die Nutzung der deutschlandweit einzigartigen Infrastruktur in Mitteldeutschland von der chemischen Industrie (Chemiedreieck), der Forst- und Holzwirtschaft, der Agrarwirtschaft (bspw. Zucker) sowie dem Energiesektor. Daneben gibt es in der Region Leuna-Schkopau-Bitterfeld eine hohe Akzeptanz von chemischen/technologischen Anlagen. Dies gilt es zu nutzen und auszubauen (IHK Halle-Dessau 2017).
- Die bessere Einbindung lokaler als auch überregionalen Partner (Unternehmen/Institute) aus unterschiedlichen und bisher weitgehend getrennten Ökonomiesphären (Interdisziplinarität in der Bioökonomie – branchenübergreifend). Diese gilt es im Netzwerk zusammenzuführen – das Ziel ist eine Beschleunigung der Entwicklung der Bioökonomie.
- Die Schaffung und Sicherung von Arbeitsplätzen in Mitteldeutschland.
- Das langfristige Etablieren einer Führerschaft in der Bioökonomie.

13.3 Clusterpartner und ihre Beiträge zum Cluster

Im Fokus der Clusterarbeit des BioEconomy e. V. steht die Verwendung von nachwachsenden Rohstoffen für Anwendungen im innovativen Holzbau, automobilen Leichtbau, als biobasierte Verbundwerkstoffe, Verpackungen, Biopolymere und Fein- und Spezialchemiekomponenten, Holzwerkstoffe aber auch in die Biotechnologie z. B. als Nahrungsergänzungs- und Futtermittelzusatzstoffe, Düngemittel oder auch Kosmetika. Ende 2017 waren 80 Mitglieder im BioEconomy Cluster aktiv. Das Netzwerk erstreckt sich von dem Kerngebiet Sachsen-Anhalt und Sachsen aus nach Thüringen, Brandenburg und Niedersachsen. Mittlerweile ist das Cluster in ganz Deutschland aktiv (◘ Abb. 13.1).

Die Vernetzung verschiedener Wirtschaftsbereiche (z. B. Forst- und Holzwirtschaft, Chemie, Maschinen- und Anlagenbau, Kunststoff- und Verpackungsindustrie, Papier- und Zellstoffindustrie etc.) sowie der zentrale Ansatz zur Prozessskalierung sorgen für eine beschleunigte Entwicklung von Verfahren und Produkten vom Labor-/Pilot- zum Demonstrations-/Industriemaßstab. Das BioEconomy Cluster bündelt durch die Mitglieder ein großes Portfolio an Infrastruktur für Forschung und Entwicklung (FuE) vom ersten Laborversuch über Pilotanlagen bis hin zu Demonstratoren. Darüber hinaus gibt es zahlreiche Dienstleistungen als Service für die Clusterpartner von der Anbahnung von Projekten bis zum Zuwendungsbescheid als auch Zugang zu Experten-Know-how und Fördermöglichkeiten.

Als Beispiel für eine solche erfolgreiche Überführung im BioEconomy Cluster ist die Global Bioenergies GmbH zu nennen. Isobuten ist eines der Schlüsselmoleküle in der chemischen Industrie und wichtiger Ausgangsstoff für verschiedene Zwischen- und Endprodukte (bspw. Treibstoffzusätze, Polymere, Vitamine oder Duftstoffe). Bislang

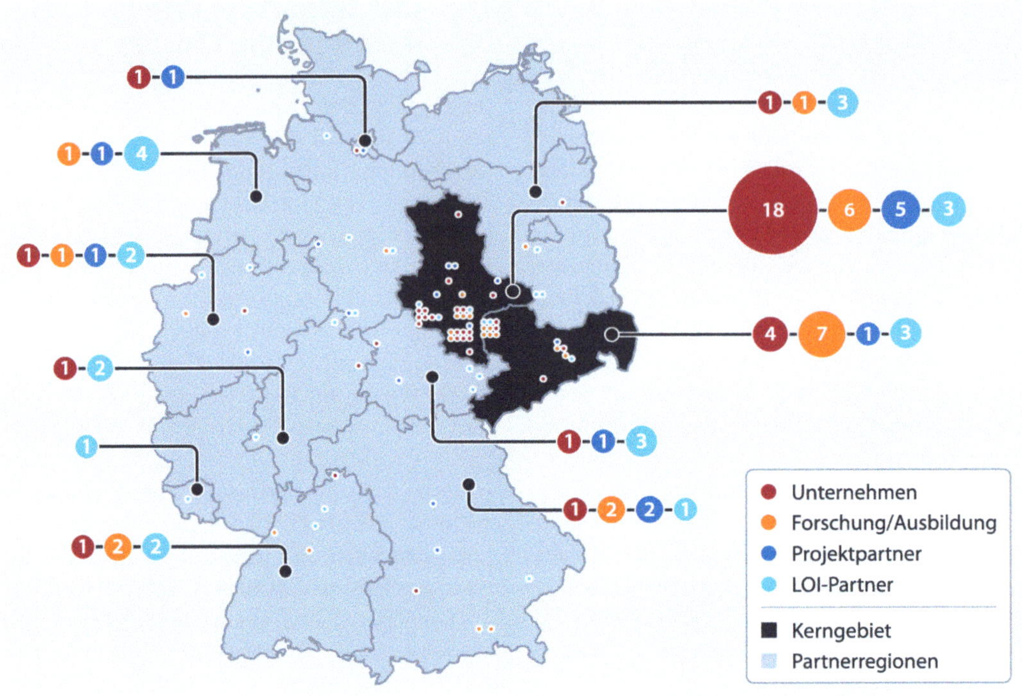

Abb. 13.1 Überblick regionale Vernetzung des BioEconomy Clusters deutschlandweit. (Quelle: eigene Darstellung)

13

wurde Isobuten kommerziell ausschließlich aus fossilen Quellen wie Erdöl gewonnen. Im Spitzencluster initiiert, machten sich die Global Bioenergies GmbH, das Fraunhofer-Zentrum für Chemisch-Biotechnologische Prozesse (CBP) und die Audi AG gemeinsam in einem Verbundprojekt auf den Weg und entwickelten ein Verfahren, das gasförmiges Isobuten aus Zuckern auf direktem Weg fermentativ zu erzeugen, also mithilfe von gentechnisch veränderten Mikroorganismen. Dieser im Labor erfolgreiche Entwicklungsprozess des Bio-Isobutens wurde in Leuna in einen vorindustriellen Maßstab überführt. Hierzu wurde eine Demonstrationsanlage mit einer Kapazität von 100 Tonnen pro Jahr errichtet und im Mai 2017 eingeweiht (BioEconomy Cluster o. D.b).

Neben solchen spannenden technologischen Neuerungen und *upscalings* konnte im Spitzencluster BioEconomy an der Martin-Luther-Universität Halle-Wittenberg zum Wintersemester 2017 zur Sicherung von Fachkräften ein neuer internationaler Masterstudiengang eingeführt werden. Am Lehrstuhl von Professor Dr. Markus Pietzsch wurde der Studiengang Pharmaceutical and Industrial Biotechnology etabliert. Auch beim Thema Aus- und Weiterbildung wurde im Verbund erfolgreich bei der Bildungsakademie Leuna GmbH (BAL) Anfang 2018 ein neues biotechnologisches Labor einweiht, was eine bessere praxisorientierte Ausbildung der Chemikanten und damit auch verfahrenstechnisches Verständnis im Umfeld der Bioökonomie fördert (BioEconomy Cluster o. D.c).

13.4 Management des Clusters

Das BioEconomy Cluster wurde 2011 als Verein von 23 Initiatoren gegründet. Gesteuert wird das Cluster von einem Vereinsvorstand sowie im Unterauftrag vom Clustermanagement (◘ Abb. 13.2).

Im Vorstand des e. V. waren seither und sind weiterhin Vertreter der Mitglieder, die diese Tätigkeit ehrenamtlich ausüben. So zählen zu den mindestens sieben maximal neun Vorständen Vertreter aus der Wissenschaft und der Industrie. Für die erfolgreiche Projektkoordination wurde eine Tochtergesellschaft gegründet, die als auszuführende Projektgesellschaft fungiert, da der Verein selbst kaum in Projektkonsortien vertreten sein kann. Neben dem Vorstand, der regelmäßig tagt und entscheidet, gibt es noch einen Vereinsbeirat, der das Cluster berät und unterstützt.[1]

Die Mitglieder selbst treffen sich regelmäßig mindestens zwei Mal pro Jahr bei den Mitgliederversammlungen. Darüber hinaus gibt es zahlreiche Vernetzungsangebote, wie z. B. Businesstreffs, *matchmakings*, gemeinsame Messeauftritte oder Konferenzen, die themenspezifisch aber auch interdisziplinar vernetzen. Neben den Mitgliedern und Partnern können auch Interessenten an den offiziellen Clusterveranstaltungen, wie z. B. den BioEconomy BusinessTreffs teilnehmen. Darüber hinaus organisiert das Cluster gemeinsam mit dem WissenschaftsCampus Halle (WCH) die International Bioeconomy Conference in Halle. Diese Konferenz findet jedes Jahr im Frühjahr statt und widmet sich der Vernetzung zwischen Wissenschaft und Wirtschaft. Dabei werden aktuelle Forschungsergebnisse, Anwendungen, Märkte und Unternehmen der biobasierten Wirtschaft vorgestellt. Jedes Jahr variieren der Hauptfokus und die Konferenzpartnerregion. Neben den Erfolgsmodellen und Erfahrungen der jeweiligen Partnerregion stellt sich parallel dazu die Region Mitteldeutschland/Deutschland mit ihren Innovationen vor.

Eine weitere wichtige Partizipationsmöglichkeit sind die laufenden, anzubahnenden und avisierten Projekte. Das BioEconomy Cluster ist dabei die Schnittstelle, bringt die richtigen Projektpartner zusammen (regional, national als auch international), stellt Projektkonsortien auf, geht teilweise selbst mit in die Koordination und macht auch Vorschläge für Projektentwicklungen und -themen. Diese Vernetzungsarbeit ist ein großer Mehrwert für alle Beteiligten.

13.5 Benchmark und Erfolgskriterien

Der Fokus allein auf Buchenholz war für die Anfänge des Spitzenclusters BioEconomy gut und richtig. Mittlerweile wurde die Ressourcenbasis vom Rohstoff Buchenholz auf alle lignocellulosehaltigen Rohstoffe erweitert. Darüber hinaus wurde die Rohstoffseite aber auch geöffnet für Agrarroh- bzw. -reststoffe, bspw. aus der Zuckerrübenverarbeitung, aber auch Algen, Altholz oder Pflanzenöle zählen zur Inputseite (◘ Abb. 13.3).

Neben der Biomasseerweiterung ist ein weiteres Erfolgskriterium und damit auch Alleinstellungsmerkmal des BioEconomy Clusters das Netzwerk aus Pilot- und Demonstrationsanlagen, mit dem seit 2012 allein über Clusteraktivitäten weit über 120 Mio. € umgesetzt wurden. Die gezielte Zusammenführung von Akteuren, Technologien, Wissen und Stoffströmen aus den volkswirtschaftlich bedeutsamen Branchen Forst, Holz, Chemie, Bau, Automotive, Energie und Verpackung führte in 146 Einzelprojekten, die in 44 Verbünden organisiert wurden, zur Entwicklung und Demonstration neuartiger Wertschöpfungsketten, Verfahren und Produkten (BioEconomy Cluster Management GmbH 2018).

1 Zur Vereinsstruktur siehe auch unter: ▶ http://www.bioeconomy.de/bioeconomy-e-v/.

Mitgliederversammlung
Vereinsoffice
Kommunikation/ Öffentlichkeitsarbeit
Unternehmens-entwicklung/ Projektmanagement
BioEconomy e. V.
Beirat
Vorstand
BCM BioEconomy Cluster Management GmbH
Clustermanager
Projektmanager/ Business Development
BioEconomy Cluster

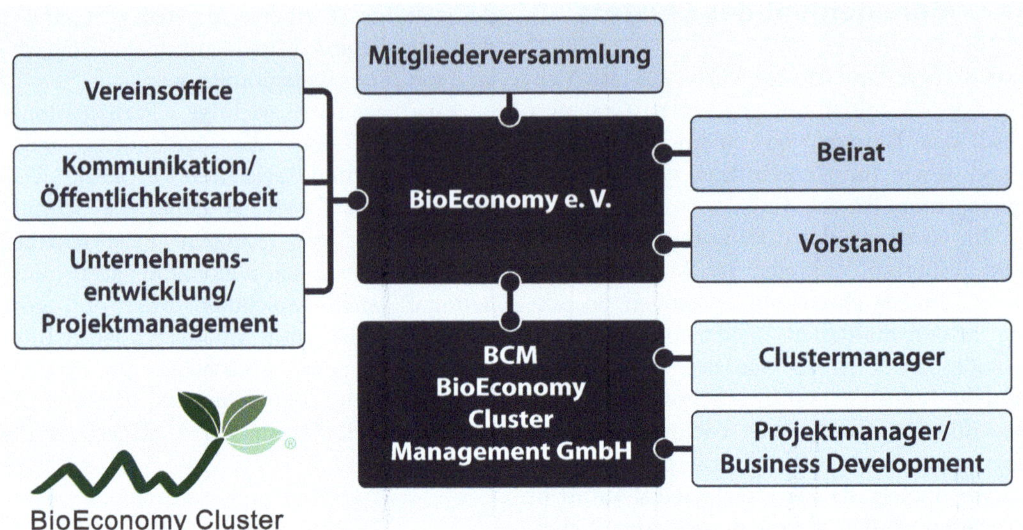

Abb. 13.2 Organisationsstruktur des BioEconomy Clusters Mitteldeutschland. (Quelle: eigene Darstellung)

Rohstoffe
Technologie-kompetenz
Zielmärkte/ Produkte
Zucker
Stärke
Pflanzenöle
Aquatische Biomasse
Reststoffe
...
Biotechnologisch, Chemisch
Mechanisch, Thermomechanisch
...
Verpackungen
Faserstoffe
Neue Materialien
Werkstoffe
Futtermittel
Nahrungs-ergänzungsmittel
Feinchemie
Spezialchemie
Pharmazie
Kosmetika
...
Reststoffe

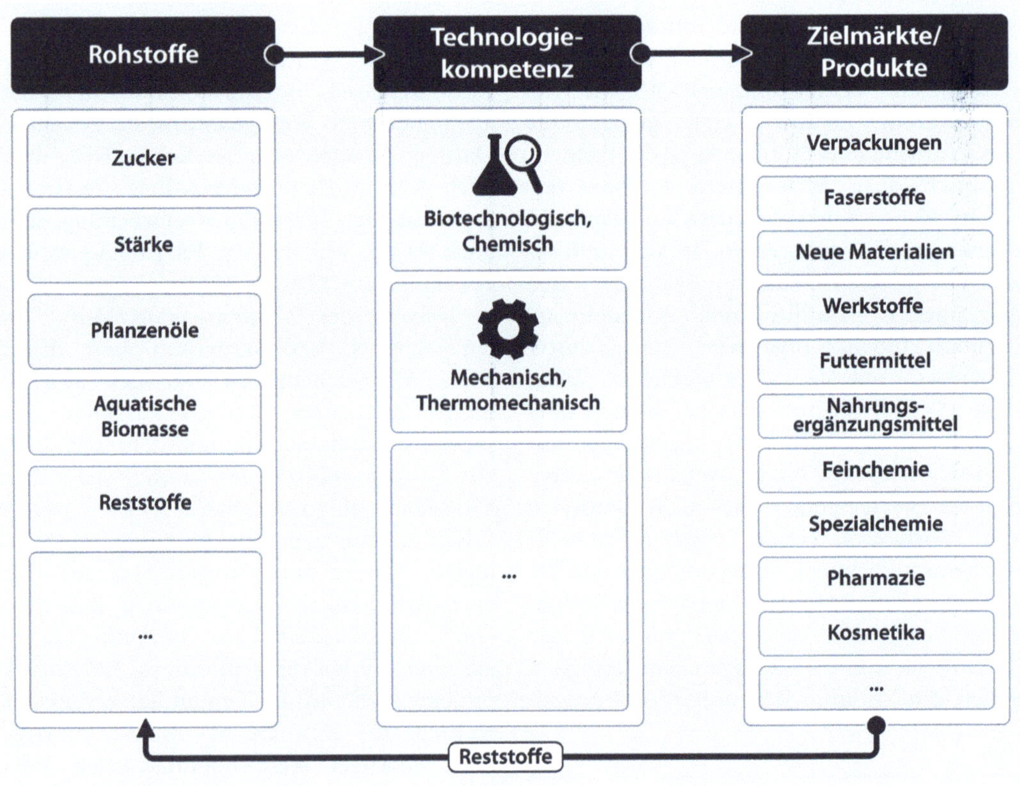

Abb. 13.3 Prozess zur Anwendung biobasierter Rohstoffe für bestimmte Zielmärkte. (Quelle: eigene Darstellung)

13

Das Spitzencluster bündelt als wichtigstes Asset im Forschungswettbewerb ein einzigartiges Portfolio an FuE-Infrastrukturen vom Labor-, Pilot- und Demonstrationsanlagenmaßstab. Im Netzwerk gibt es Anlagen der Forschungseinrichtungen (spezifische Fraunhofer Gesellschaften, Ressortforschung BMEL, Helmholzgesellschaft, Fachhochschulen, Hochschulen) und von der Wirtschaft betriebene oder finanzierte Strukturen (EW Biotech, vormals thyssenkrupp Industrial Solutions, Linde, Institut für Holztechnologie Dresden IHD, Global Bioenergies GBE etc.): Druckgeführte Biomasseaufschlussprozesse (Organosolv, Fraunhofer CBP), vollintegrierte Fermentationsanlagen z. B. für Isobuten (Global Bioenergies am CBP), Fermenter für Feinchemikalien (EW Biotech) und landwirtschaftliche Inputstoffe (Deutsches Biomasseforschungszentrum Leipzig DBFZ), eine Vielzahl von Anlagen zur Biopolymerherstellung und -verarbeitung (Fraunhofer Pilotanlagenzentrum PAZ, Fraunhofer IMWS), Trenntechnik, Faserstoff- und Bauprodukterzeugung bis hin zur Erntetechnik oder Reststoffaufbereitung sind über den Cluster miteinander verknüpft. Sie ermöglichen den Aufbau und die Demonstration branchenübergreifender Wertschöpfungsketten (◘ Abb. 13.1 und Abb. 13.4).

Daneben konnte das BioEconomy Cluster Management von Ende 2015 bis Ende 2017 erfolgreich das Thema „Gründungen In die Spitzencluster BioEconomy Region Transportieren“ (GISBERT) umsetzen und so eine Start-up-Kultur etablieren (BioEconomy Cluster o. D.a). Das Projekt GISBERT unterstützte die Etablierung von Gründungsförderungsaktivitäten durch die Verzahnung der Gründungs- und Innovationsstrukturen in der Region des BioEconomy Clusters sowie die Identifizierung und Sensibilisierung potenzieller Gründer im Bereich Bioökonomie und deren Unterstützung bei der Entwicklung geeigneter Geschäftsmodelle und Start-ups. Das Projekt wurde vom BMBF gefördert und federführend durch die HHL Leipzig Graduate School of Management sowie durch die BioEconomy Cluster Management GmbH koordiniert. In dem Projekt wurden Gründungs- und Ausgründungsvorhaben mit biobasierten Geschäftsmodellen durch vielfältige Dienstleistungen und ein weit verzweigtes Partnernetzwerk unterstützt.

Diese Thematik gilt es nun weiter fortzuführen – und darüber hinaus das entstandene

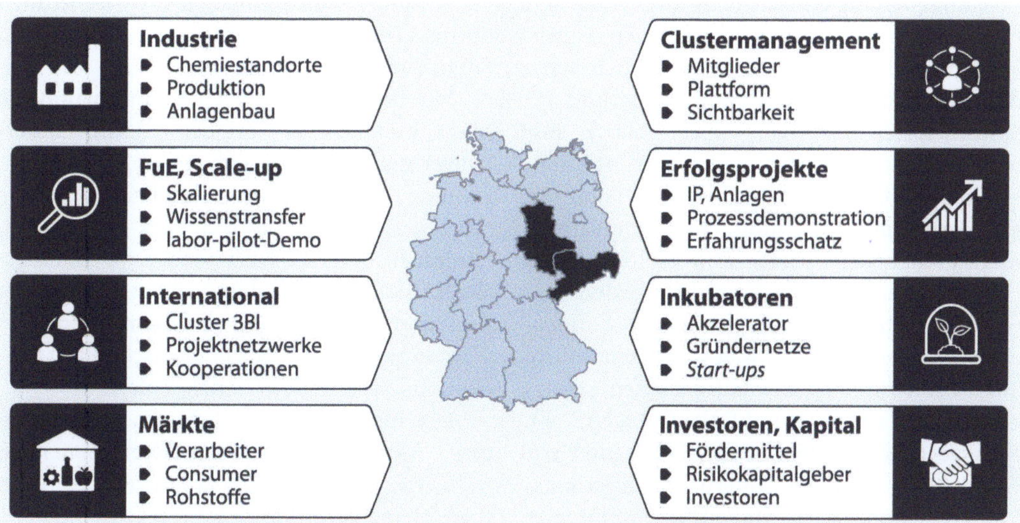

◘ **Abb. 13.4** Starke Basis aus dem Spitzencluster BioEconomy. (Quelle: eigene Darstellung)

Netzwerk auch für etablierte kleine und mittelständische Unternehmen (KMU) und deren Innovationsprozesse zu nutzen. Um die bisherigen Strukturen weiter auszubauen und einen eigenen und vor allem agileren Raum für Innovation, Gründung, Wachstum in der Bioökonomie zu etablieren, gibt es im Cluster BioEconomy diverse Ansätze und Überlegungen.

Die Netzwerke BIOPRO aus Baden-Württemberg oder CLIB aus Nordrhein-Westfalen sind dabei sowohl Vorbild als auch Partner, wobei jeder Cluster seinen eigenen Schwerpunkt legt.

13.6 Erfahrungen

Das BMBF-Spitzencluster BioEconomy hat sich zu einem leistungsfähigen und international anerkannten Innovationssystem der vordergründig lignocellulosebasierten Bioökonomie in Europa entwickelt. Das Cluster verknüpft öffentliche und von der Wirtschaft betriebene FuE-Infrastrukturen zu einer europaweit einzigartigen Technologiekompetenz, die eine beschleunigte Forschung, Entwicklung und Skalierung bioökonomischer Prozesse ermöglicht. Gerade hier hat sich durch das Netzwerk die interdisziplinäre Zusammenarbeit entscheidend zwischen den Beteiligten als auch über den eigenen Tellerrand hinaus verbessert. Das anfänglich stark durch Institute und Universitäten dominierte Spitzencluster (*technology-push*-Fokus) mit wenigen Ideen direkt aus der Wirtschaft, konnte mittlerweile aufgebrochen und in eine gesunde Mischung aus innovativen marktgetriebenen Ideen und zielführenden Forschungsergebnissen überführt werden.

Die stetig vorangetriebene Internationalisierung der Clusteraktivitäten führte 2015 zur Gründung des europäischen „Interclusters 3BI“ mit Biobased Delta (NL), IAR (F), BioVale (UK) als auch CLIC (FIN) und zur Entwicklung weiterer Internationalisierungskonzepte, wie z. B. das BMBF-geförderte Projekt zur Internationalisierung von Spitzenclustern „Beechwood International“.

Die BioEconomy Management GmbH (BCM) als Tochtergesellschaft des Clusters vertritt die KMU-Mitglieder des BioEconomy e. V. im BioBased Industries Consortium (BIC) und dem privaten Teil des PPP „Biobased Industries Joint Undertaking“ (BBI JU). Das ist ein großer Mehrwert gerade für kleine Unternehmen, die sich eine Mitgliedschaft nicht leisten könnten und so trotzdem partizipieren.

Mit der Umsetzung der Clusterstrategie wurde der Aufbau einer branchenübergreifenden Bioökonomieregion auf Basis des regional verfügbaren Rohstoffes Buchenholz angestrebt, was mittlerweile erweitert wurde zu verfügbarer Biomasse im Allgemeinen (Rohstoffoffenheit). Die Einbindung wichtiger chemisch-industrieller Produktionsstandorte führte zur Entwicklung einer integrierten Koppel- und Kaskadenproduktion von Holzbausystemen, chemischen Grund- und Zwischenstoffen, Biopolymeren, neuen Materialien und Verbundwerkstoffen, Bauteilen für die Automobilindustrie und Energieträgern.

Bestehende Innovationsstrukturen im Gründerbereich wurden erfolgreich eingebunden und eine erste eigene Gründer- und Innovationskultur aufgebaut, die zu einigen Aus- und Neugründungen sowie zur Ansiedlung FuE-treibender Unternehmen führte. Dies wird zukünftig noch mehr in den Fokus rücken.

Mit der Etablierung eines internationalen Masterstudiengangs an der Martin-Luther-Universität Halle-Wittenberg trägt das BioEconomy Cluster zur Fachkräftesicherung bei. Ebenso konnte das Netzwerk mit diversen Equipment- und Technikspenden die Bildungsakademie Leuna (BAL) unterstützen ein für die Aus- und Weiterbildung von technischem Personal notwendiges biotechnologisches bzw. bioökonomisches Kabinett einzurichten.

Der niedrige Ölpreis führt zu einer geringen Motivation der erdölverarbeitenden Industrie, mit ihrer infrastrukturell bedingten Pfadabhängigkeit und meist von Großindustrie geprägten Akteurswelt, in das FuE-Segment biobasierter Alternativen zu investieren. Der

13

Cluster strebt daher die Entwicklung hochpreisiger Produkte an, wie z. B. Fein- und Spezialchemikalien. Im Fokus stehen agile kleine und mittlere Firmen, für die gezielte Forschungs-, Entwicklungs- und Innovationsprojekte (FuEuI) wesentlich attraktiver erscheinen. Sie haben die Fähigkeit und Motivation, Nischenmärkte deutlich schneller zu erschließen (in Anlehnung an BioEconomy Cluster Management GmbH 2018).

Seit Mitte 2017 ist es dem Cluster gelungen, die vormals zu wenigen Treiber der Bioökonomie aus der Industrie (Mitglieder, die selbst wenig oder kaum Berührungen mit dem Thema Bioökonomie hatten/haben), vermehrt besser einzubinden und auch Großunternehmen bzw. Hidden Champions aus dem Bereich als engagierte Mitglieder zu gewinnen (bspw. UPM, Papiertechnische Stiftungen [PTS]), um künftig mehr nachhaltige Prozesse zu etablieren und Arbeitsplätze zu schaffen. Diese Entwicklung gilt es fortzuschreiben. Die bereits gut funktionierende Netzwerkstruktur, das mittlerweile international angesehene und angefragte BioEconomy Cluster und die ersten Erfolgsbeispiele sind Ansporn, mit dem Netzwerk vermehrt biobasierte Innovationen an den Markt zu bringen und damit gerade für die Mitglieder in dem Entwicklungsprozess Zeit, Kosten und Ressourcen zu sparen.

Der Bau großer Demonstrationsanlagen bspw. ist sehr kostenintensiv und langwierig. Alternative Konzepte sollen im BioEconomy Cluster durch passende Infrastrukturnutzungskonzepte angewendet werden. So können Partner erst einmal ohne teure neue Anschaffungen und Risiken vorhandene Infrastrukturen nutzen und eigene FuE-Entwicklungen höher skalieren. Der BioEconomy Cluster will den Ansatz einer *sharing economy* (geteilte Nutzung von ganz oder teilweise ungenutzten Ressourcen) nutzen und seine Skalierungs- und Forschungskapazitäten schnell und unkompliziert weltweit zugänglich machen. Er zielt auf die schnelle und effiziente Anbahnung und Umsetzung von FuEuI-Projekten.

Literatur

BioEconomy Cluster. (o. D.a). GISBERT: Ihr Weg zu einem biobasierten Unternehmen. ▶ http://www.bioeconomy.de/innovationen/gisbert/. Zugegriffen: 10. Dez. 2018.

BioEconomy Cluster. (o. D.b). Global Bioenergies: Der Bau der industriellen Demonstrationsanlage in Deutschland beginnt. ▶ http://www.bioeconomy.de/global-bioenergies-der-bau-der-industriellen-demonstrationsanlage-deutschland-beginnt/. Zugegriffen: 10. Dez. 2018.

BioEconomy Cluster. (o. D.c). „Nachbarschaftshilfe" im Clusterverbund BioEconomy. ▶ http://www.bioeconomy.de/nachbarschaftshilfe-im-clusterverbund-bioeconomy/. Zugegriffen: 10. Dez. 2018.

BioEconomy Cluster Management GmbH. (2018). Endbericht Spitzencluster BioEconomy: Zusammenfassung. ▶ https://www.tib.eu/de/suchen/id/TIBKAT%3A1025136128/Endbericht-Spitzencluster-BioEconomy-Zusammenfassung/. Zugegriffen: 10. Dez. 2018.

Hüsing, B., Kulicke, M., Wydra, S., Stahlecker, T., Aichinger, H., & Meyer, N. (2017). Evaluation der Nationalen Forschungsstrategie „BioÖkonomie 2030" – Wirksamkeit der Initiativen des BMBF – Erfolg der geförderten Vorhaben – Empfehlung zur strategischen Weiterentwicklung. Abschlussbericht. Im Auftrag des BMBF. ▶ https://www.isi.fraunhofer.de/content/dam/isi/dokumente/cct/2017/Evaluation_NFSB_Abschlussbericht.pdf. Zugegriffen: 11. Dez. 2018.

IHK Halle-Dessau (Industrie- und Handelskammer Halle-Dessau). (2017). Mehr Industrie wagen! Eine Studie der Industrie- und Handelskammer Halle-Dessau zur Akzeptanz von Industrieunternehmen. ▶ https://www.halle.ihk.de/share/flipping-book/3739486/flippingbook.pdf. Zugegriffen: 10. Dez. 2018.

MW Sachsen-Anhalt (Ministerium für Wirtschaft, Wissenschaft und Digitalisierung des Landes Sachsen-Anhalt). (2014). Regionale Innovationsstrategie Sachsen-Anhalt 2014–2020. ▶ https://mw.sachsen-anhalt.de/fileadmin/Bibliothek/Politik_und_Verwaltung/MW/Publikationen/RIS/Regionale_Innovationsstrategie_2014-2020_final.pdf. Zugriffen: 10. Dez. 2018.

Dr. Joachim Schulze

(geb. 1960) ist Diplomchemiker und hat 1987 in der Anorganischen Chemie promoviert. Seit Anfang 2017 war er Geschäftsführer der EW Biotech GmbH in Leuna, die darauf spezialisiert ist, neu entwickelte Biotechnologieprozesse in den industriellen Maßstab zu überführen. Er ist Gründer der Corvay Bioproduct GmbH und seit Mitte 2019 selbstständiger Unternehmensberater. Davor war er fast zehn Jahre bei ThyssenKrupp Industrial Solutions als Abteilungsleiter tätig. Seit 2016 ist er im BioEconomy Cluster aktiv und seit 2017 Vorstandsvorsitzender des BioEconomy e. V.

Anne-Karen Beck
(geb. 1980) studierte Betriebswirtschaftslehre an der Technischen Universität Dresden. Dabei fokussierte sie sich u. a. auf die Themen Umweltökonomie und Marketing. Sie ist seit 2016 beim mitteldeutschen Bioökonomiecluster (BioEconomy e. V.) tätig und koordiniert dort Projekte zu den Themen Unternehmensgründungen, Unternehmensentwicklung, Technologietransfer und Internationalisierung. Ebenso ist sie für die Kommunikation und das Controlling des Innovationsclusters Sachsen-Anhalt sowie der Außendarstellung des Netzwerkes verantwortlich. Dazu gehören bspw. die Organisation von fachspezifischen Veranstaltungen – etwa die jährlich stattfindende Internationale Bioeconomy Conference in Halle, Matchmaking-Events wie die BioEconomy BusinessTreffs oder die Repräsentanz auf internationalen Messen.

Bioökonomie in Baden-Württemberg

Annette Weidtmann, Nicolaus Dahmen, Thomas Hirth, Thomas Rausch und Iris Lewandowski

D. Thrän, U. Moesenfechtel (Hrsg.), *Das System Bioökonomie*,
https://doi.org/10.1007/978-3-662-60730-5_14

14.1 Clusterpartner und Beiträge

14.1.1 Initiatoren und Partner des Bioökonomie Forschungsprogramms

Die Regierung von Baden-Württemberg hat sich im Jahr 2012 als eines der ersten Bundesländer in Deutschland dazu entschlossen, eine eigene Bioökonomiestrategie zu entwickeln. Mit dem Verständnis, dass Forschung und Entwicklung die Grundlage für den angestrebten Strukturwandel sind, hat zunächst das Ministerium für Wissenschaft, Forschung und Kunst (MWK) einen Strategiekreis mit Experten aller relevanten Fachrichtungen einberufen, um aus den Universitäten und Forschungsinstituten heraus eine Forschungsstrategie zu entwickeln. Die ausführliche Analyse der baden-württembergischen Forschungslandschaft im Hinblick auf die Bioökonomie wurde gemeinsam mit einem Zukunftskonzept als Forschungsstrategie „Bioökonomie im System aufstellen" publiziert (MWK 2013) und wird seit 2014 durch die Förderung des Bioökonomie Forschungsprogramms mit bislang 14 Mio. € umgesetzt. (Abb. 14.1). Aus dem Forschungsprogramm ist die Initiative zur Gründung des Bioökonomie-Forschungs-, Innovations- und Ausbildungsclusters Baden-Württemberg hervorgegangen, um die entstandene Vernetzung fortzuführen und zu erweitern. Diese Initiative wird im Rahmen der neuen ressortübergreifenden Landesstrategie Nachhaltige Bioökonomie für Baden-Württemberg unterstützt (UM und MLR 2019). Partner im baden-württembergischen Forschungsprogramm sind zunächst die im Rahmen der Projektförderung beteiligten Institutionen (Abb. 14.2). Das sind acht Universitäten mit unterschiedlichen Schwerpunkten und acht außeruniversitäre Forschungseinrichtungen aus Baden-Württemberg.

Durch das Forschungsprogramm ist es gelungen, interdisziplinäre Expertisen aus den Bereichen Agrar- und Forstwissenschaften, Umweltwissenschaften, Natur- und Ingenieurwissenschaften, Lebensmitteltechnologie und Ernährungsmedizin sowie Ökonomie und Sozialwissenschaften im Land Baden-Württemberg zum Thema Bioökonomie zu bündeln (Abb. 14.3). So arbeiten im Forschungsprogramm 46 Institute an den 16 Einrichtungen zusammen. Diese Vernetzung war notwendig, um den systemischen Ansatz der Forschungsstrategie umzusetzen

14

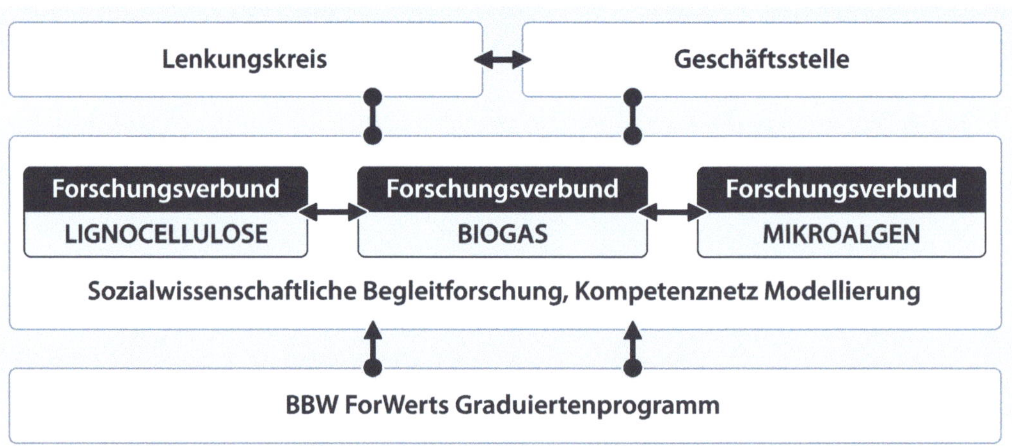

Abb. 14.1 Struktur des Forschungsprogramms Bioökonomie Baden-Württemberg. (Quelle: eigene Darstellung)

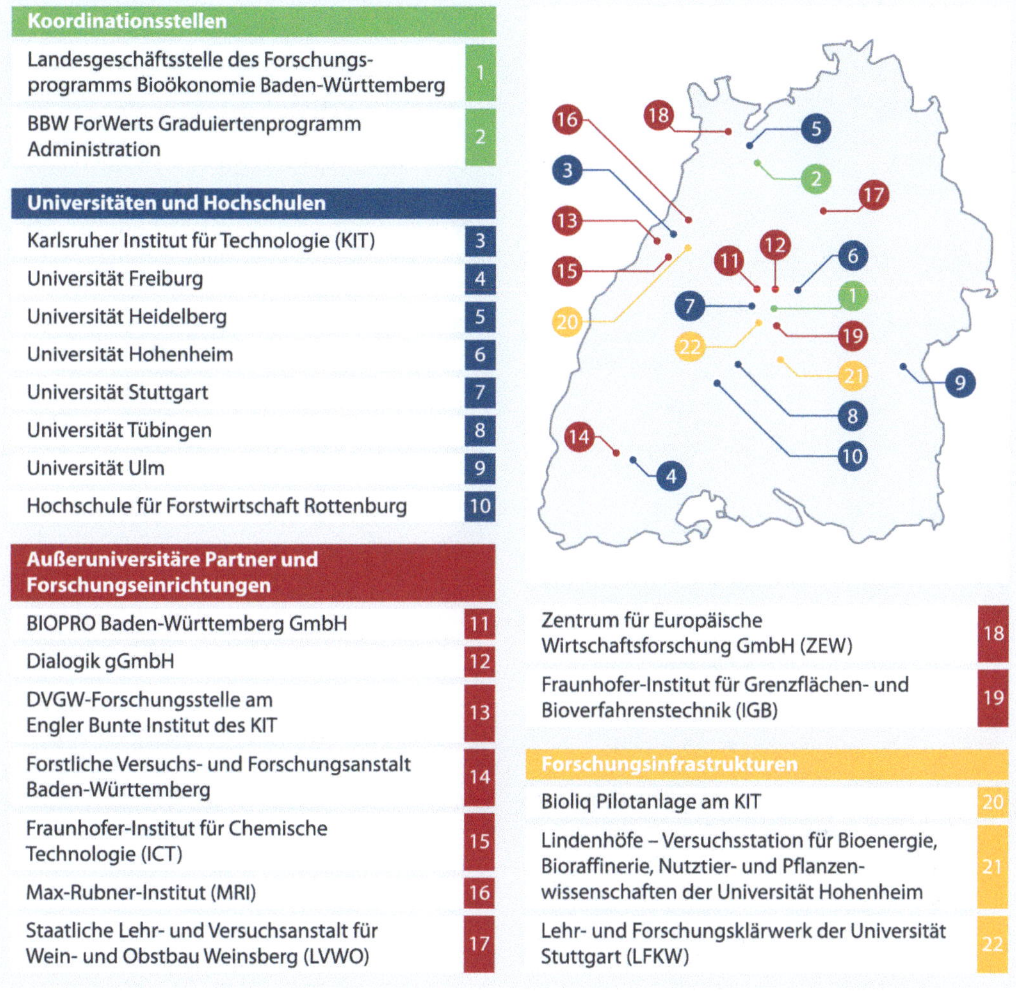

Abb. 14.2 Landkarte der Partner im Bioökonomie-Forschungsprogramm Baden-Württemberg. (Quelle: eigene Darstellung)

und die interdisziplinäre Zusammenarbeit an Wertschöpfungsketten in den verschiedenen Fokusbereichen zu fördern.

14.1.2 Förderschwerpunkte in der ersten Förderrunde des Bioökonomie-Forschungsprogramms

Zentrale Elemente in der ersten Förderrunde des MWK waren thematisch fokussierte Förderschwerpunkte, in denen jeweils mehrere Teilprojekte zu einem Forschungsverbund zusammengeführt wurden, um Kooperationen auszubauen oder zu initiieren. Die Auswahl dieser Förderschwerpunkte ging auf Empfehlungen des Strategiekreises zurück. Es wurden Forschungsfelder mit größtmöglichem Innovations- und Alleinstellungspotenzial sowie Umsetzungspotenzial in Baden-Württemberg ausgewählt, die die Bereiche Energie, Material und Ernährung abdecken und unterschiedliche zeitliche Perspektiven für die Umsetzung besitzen:

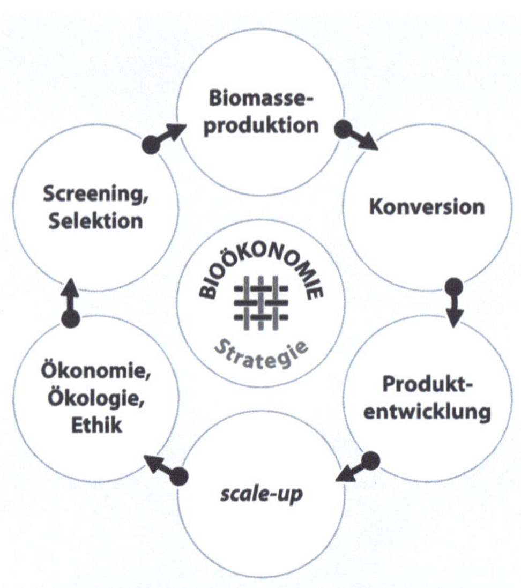

Disziplinen:	
Agrarwissenschaft	Verfahrenstechnik
Forstwissenschaft	Chemie
Umweltwissenschaften	Biologie
Lebensmitteltechnologie	Bodenkunde
Ernährungsmedizin	Ökologie
Sozialwissenschaften	Ökonomie

Abb. 14.3 Interdisziplinäre Erforschung von Wertschöpfungsketten. (Quelle: eigene Darstellung)

- Nachhaltige und flexible Wertschöpfungsketten für Biogas in Baden-Württemberg,
- Lignocellulose – Wechsel zu einer alternativen Rohstoffplattform für neue Materialien und Produkte,
- Integrierte Nutzung von Mikroalgen für die Ernährung,
- Kompetenznetz Modellierung der Bioökonomie.

Im Forschungsverbund Biogas wurde der Schwerpunkt auf die Optimierung und Evaluierung von Technologien gesetzt, in denen Baden-Württemberg eine Vorreiterrolle übernommen hat, die jedoch aufgrund von Änderungen im Erneuerbare-Energien-Gesetz (EEG) nicht mehr die bisherige Förderung erhalten (Bahrs und Angenendt 2018). Nun wird einerseits untersucht, wie die Biogasproduktion durch technische Innovationen (z. B. die Integration von Power-to-Gas-Konzepten) weiterentwickelt werden kann und wie Reststoffe (z. B. die Potenziale von Bioabfällen aus städtischen Sammlungen und von Klärschlamm) besser genutzt werden können. Zudem erarbeiten die Wissenschaftler Geschäftsmodelle, um Biogas als flexible Komponente in ein zukünftiges Energiesystem aus erneuerbaren Energien zu integrieren. Zu Biogas besteht in Baden-Württemberg mit der von der Universität Hohenheim betriebenen Forschungsbiogasanlage am Unteren Lindenhof mit einer elektrischen Leistung von 355 kW sowie speziellen Laboren in Hohenheim und am Karlsruher Institut für Technologie (KIT) eine besonders gut ausgebaute Forschungsinfrastruktur. Das Engler Bunte Institut für Brennstofftechnologie des KIT und die Institute für Energiewirtschaft und Rationelle Energieanwendung, Siedlungswasserbau, Wassergüte und Abfallwirtschaft und Grenzflächenbioverfahrenstechnik der Universität Stuttgart bringen technische Expertise und Know-how in der Bewertung von Abfallpotenzialen und Energiesystemen ein. Die Universität Hohenheim übernimmt die agrarökonomische Bewertung der Potenziale der Biogastechnologie. Das Internationale Zentrum für Ethik in den Wissenschaften der Universität Tübingen trägt zur normativen Bewertung und Entwicklung von Nachhaltigkeitsindikatoren bei, die Firma Dialogik mit der Etablierung von Good-Governance-Konzepten.

Im Rahmen des größten der drei Forschungsverbünde werden Ansätze vorangetrieben, die zur Entwicklung von nachhaltigen Wertschöpfungsketten zur Nutzung von Lignocellulose in neuen Materialien beitragen. Die Forschung zur Biomassebereitstellung (Anbau, Potenzialanalysen, ökologische Bewertung) wird durch in Deutschland führende Fakultäten im Bereich Forstwissenschaften (Universität Freiburg) und

Agrarwissenschaften (Universität Hohenheim) mit entsprechenden Forschungsinfrastrukturen und Versuchsanlagen getragen. Darüber hinaus ist die Forstliche Versuchs- und Forschungsanstalt des Landes eingebunden sowie die Universität Heidelberg für die pflanzenwissenschaftliche Grundlagenforschung. Hierbei konzentriert sich die Forschung zur Biomassebereitstellung auf Waldholz, Holz aus Kurzumtriebsplantagen sowie Miscanthus. Ein wichtiger Partner in diesem Bereich ist das KIT, welches u. a. über die in Deutschland einzigartige bioliq®-Pilotanlage zur Verarbeitung von Stroh und anderer lignocellulosebasierter Biomasse zu Synthesegas verfügt. Wichtige Expertisen und Anlagen zur Verarbeitung von Biomasse in chemischen, biochemischen und mikrobiologischen Prozessen zu Produkten wie biobasierten Plattformchemikalien, Tensiden und Polymeren befinden sich bei den beteiligten Fraunhofer Instituten (Fraunhofer Institut für Chemische Technologie (ICT), Fraunhofer Institut für Grenzflächen und Bioverfahrenstechnik (IGB)) sowie den Universitäten Freiburg, Karlsruhe, Hohenheim, Stuttgart und Ulm. In diesem Verbund ist es gelungen, Forschung zur Biomasseproduktion mit Forschung zu verschiedenen Ansätzen der Konversionstechnologien zu integrieren, um optimale Kombinationen der Technologien zu verknüpfen und Konzepte für konsequente Kaskaden- und Koppelnutzung zu entwickeln, in denen alle Bestandteile der Lignocellulose optimal verwertet werden (Dahmen et al. 2018). Ergänzt werden diese Untersuchungen durch Forschung zur ökonomischen Bewertung dieser Konzepte und Nachhaltigkeitsanalysen an der Universität Hohenheim und der Universität Stuttgart.

Im dritten Forschungsverbund werden die Möglichkeiten untersucht, mit Mikroalgen wertvolle Rohstoffe für die Futter- und Lebensmittelindustrie, wie Proteine, Lipide und Carotinoide, zu produzieren. Zur Produktion von Mikroalgen stehen in Baden-Württemberg Anlagen am KIT sowie an der Universität Stuttgart und dem Fraunhofer Institut IGB zur Verfügung. Im Rahmen des Forschungsprogramms wurden Kooperationen mit der Lebensmitteltechnologie, Ernährungsforschung und der Tierernährung an der Universität Hohenheim und am Max-Rubner-Institut aufgebaut. Die Universitäten in Freiburg und Tübingen übernehmen Aufgaben in der Grundlagenforschung. Durch die Zusammenarbeit zwischen Experten aus der Biotechnologie, Lebensmitteltechnologie, Ernährungsphysiologie und Verbraucherforschung sind neue vielversprechende Produktideen entstanden. Darüber hinaus wurden Konzepte entwickelt, mit denen die Mikroalgenproduktion gezielt auf die Herstellung bestimmter Inhaltsstoffe gesteuert werden kann. Die Kooperation mit der Ernährungsforschung ist wichtig, um die Bioverfügbarkeit und qualitative Bewertung der Inhaltsstoffe in Abhängigkeit der Produktionsschritte zu untersuchen. Das Institut für Technikfolgenabschätzung am KIT übernimmt Studien zur Nachhaltigkeitsbewertung und zur Verbraucherakzeptanz (Rösch et al. 2018), deren Ergebnisse wiederum für die Prozess- und Produktentwicklung verwendet werden, um nachhaltige und marktfähige Ansätze für die Umsetzung auszuwählen.

Das Kompetenznetz Modellierung der Bioökonomie beschäftigt sich mit den Auswirkungen einer verstärkten Biomassenutzung auf Wirtschaft und Umwelt und untersucht Nutzungskonkurrenzen zwischen den vier Schlüsselbereichen. Das Kompetenznetz agiert handlungsfeldübergreifend, um verschiedene Bioökonomie-Szenarien abzuleiten. Durch die Zusammenführung von bereits in den beteiligten Instituten etablierten Simulationsmodellen wird ein System geschaffen, mit dem Auswirkungen einer Änderung der Biomassenutzung holistisch abgebildet werden können. Dazu fließen Expertisen aus der Gesamtwirtschaftlichen Bewertung (Zentrum für Europäische Wirtschaftsforschung), Agrarökonomie und Agrarpolitik (Universität Hohenheim), Energiesystemmodellierung (Universität Stuttgart und KIT) und Nachhaltigkeitsbewertung (Universität Stuttgart und Universität Freiburg) ein.

14.1.3 Förderschwerpunkte in der zweiten Förderrunde des Bioökonomie-Forschungsprogramms

Im Rahmen der zweiten Förderrunde bis 2020 werden in der Förderlinie **„Technologische und methodologische Innovationen für neue Verfahren in der Bioökonomie"** weiterhin Projekte in der anwendungsorientierten Grundlagenforschung gefördert.

Die neue Förderlinie **„Bioökonomische Prozess- und Produktinnovationen mit konkreter Transferperspektive (Regionale Best-Practice-Beispiele)"** zielt darauf ab, den Transfer der entwickelten Ideen und Technologien in die Anwendung voranzubringen. So werden im Verbundprojekt „Lignozellulose Bioraffinerie für die Bioökonomie in Baden-Württemberg (B4B)" Ergebnisse aus Teilprojekten des Lignocellulose-Verbundes der ersten Förderrunde verwertet um eine Lignocellulose-Bioraffinerie als kontinuierliche Anlage im Technikumsmaßstab zu etablieren (Abb. 14.4 und 14.5). Ein weiteres Transferprojekt beschäftigt sich mit verschiedenen Anwendungen von Mikroalgen, einerseits als gesundheitsförderliches Nahrungsmittel, andererseits als Pflanzenstärkungsmittel im Weinbau und baut auf Ergebnissen des Mikroalgenverbundes auf.

A) Lignocellulose-Bioraffinerie für die Bioökonomie in Baden-Württemberg (B4B) Ziel des Verbundprojektes ist der Aufbau und Betrieb einer vollständigen Verwertungskette für Lignocellulose im Bioraffinerie-Technikum. Die Lignocellulose-Bioraffinerie setzt Innovationen aus verschiedenen Forschungsprojekten in einer modular aufgebauten Versuchsanlage um. Sie dient darüber hinaus als Plattform für die Prozess- und Produktentwicklung, auch im Rahmen neuer Projekte und Kooperationen.

Der Standort auf der landwirtschaftlichen Versuchsstation der Universität Hohenheim „Unterer Lindenhof" steht für die enge Kopplung von Biomasseproduktion, -verarbeitung und -konversion zur regionalen Verwertung von Biomassepotenzialen in integrierten Prozessketten.

Abb. 14.4 Lignocellulose-Bioraffinerie am „Unteren Lindenhof". (Quelle: Universität Hohenheim)

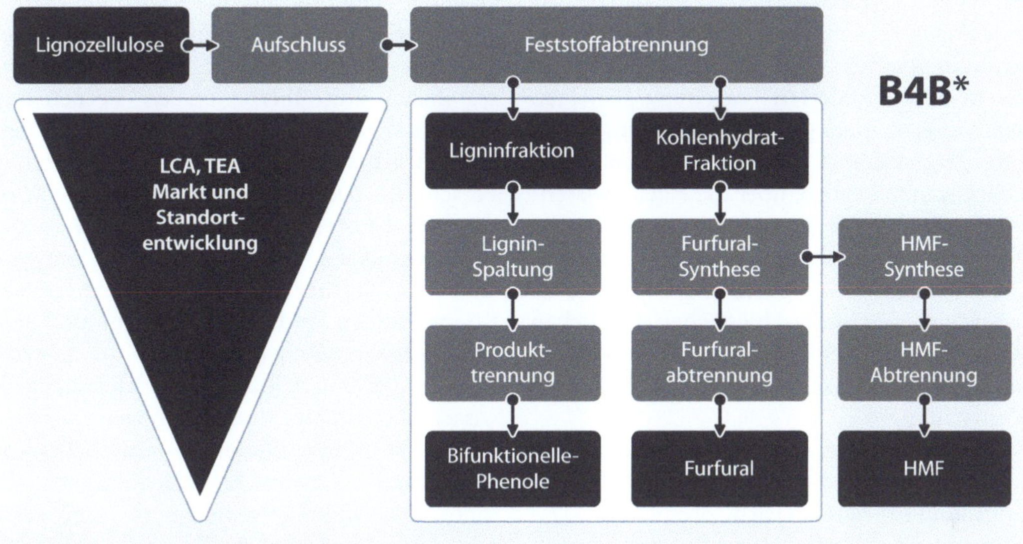

Abb. 14.5 Verwertung von Biomassepotenzialen in integrierten Prozessketten. (Quelle: Nicolaus Dahmen)

Partner:
- Universität Hohenheim
- Karlsruher Institut für Technologie (KIT)
- BIOPRO Baden-Württemberg GmbH

B) Mikroalgen-Wertschöpfungsketten für die Bioökonomie in Baden-Württemberg (MIATEST) Ziel des Verbundprojektes ist es, die Produktion von Mikroalgenbiomasse im Hinblick auf bestimmte Anwendungen zu optimieren und zwei neue Einsatzmöglichkeiten zu validieren. An der Universität Stuttgart erfolgt die Produktion und die Aufarbeitung von Mikroalgen zur Herstellung von angereicherten Produktmustern An der Universität Hohenheim wird in einer ersten Humanstudie untersucht, ob und inwieweit die Nahrungsstoffe aus ausgewählten Mikroalgen bioverfügbar und verträglich sind und ob sie gesundheitsförderliche Eigenschaften aufweisen. Im dritten Teilprojekt des Verbundes untersucht die Staatliche Lehr- und Versuchsanstalt für Wein- und Obstbau Weinsberg (LVWO), ob durch den Einsatz von Mikroalgen bzw. Laminarin im Weinbau pflanzliche Abwehrmechanismen induziert werden, die die Pflanzen vor Pilzinfektionen schützen. Damit könnte der Verbrauch umweltbelastender Fungizide bei der Bewirtschaftung von Rebflächen reduziert werden.

Partner:
- Universität Stuttgart
- Universität Hohenheim
- Staatliche Lehr- und Versuchsanstalt für Wein- und Obstbau Weinsberg (LVWO)
- BIOPRO Baden-Württemberg GmbH

14.1.4 Ausbildungskonzept im Bioökonomie-Forschungsprogramm

Um Hochschulabsolventen unterschiedlicher Fachdisziplinen für die sich ändernden Anforderungen in der Forschung und am Arbeitsmarkt auszubilden, wurde in Baden-Württemberg als Bestandteil der Forschungsstrategie ein standortübergreifendes Graduiertenprogramm BBW

ForWerts (Bioökonomie Baden-Württemberg – Erforschung innovativer Wertschöpfungsketten) aufgebaut. Hier erhalten die in den geförderten Forschungsprojekten beschäftigten Nachwuchswissenschaftler, die eine Promotion in unterschiedlichen Fachrichtungen anstreben, über die eigene wissenschaftliche Arbeit hinaus Einblicke in die vielfältigen Arbeitsbereiche der Bioökonomie. Die Nachwuchswissenschaftler profitieren dabei von den unterschiedlichen fachlichen Ausrichtungen der beteiligten Universitäten und den Möglichkeiten zur interdisziplinären Vernetzung.

Im Rahmen des Graduiertenprogramms werden die Wissenschaftler an ihrer Heimatinstitution in ihrem Fach promoviert. Das übergreifende Graduiertenprogramm vergibt ein Zertifikat über die im Rahmen von BBW ForWerts erbrachten Zusatzleistungen, wie die Teilnahme an Methodenkursen, Exkursionen und interdisziplinären Summer Schools.

Dabei unterstützen die Veranstaltungen des Graduiertenprogramms das übergeordnete Ziel der Vernetzung zwischen den Einrichtungen durch zielgruppengerechte Angebote für Nachwuchswissenschaftler. Die im Graduiertenprogramm aufgebauten persönlichen Kontakte werden vielfach für weiterführende Kooperationen genutzt. Darüber hinaus bietet das Graduiertenprogramm eine Plattform für die Vernetzung mit internationalen Partnern, die regelmäßig zu den Veranstaltungen eingeladen werden.

14.2 Management des Clusters

Die zum Management des Forschungsprogramms und der Clusterinitiative an der Universität Hohenheim eingerichtete Landesgeschäftsstelle Bioökonomie Forschung Baden-Württemberg koordiniert die interdisziplinäre Zusammenarbeit zwischen den beteiligten Teilprojekten, organisiert jährliche Statusseminare und betreibt Öffentlichkeitsarbeit über die Arbeit der Partner. Dadurch übernimmt sie wichtige Aufgaben im Hinblick auf die übergeordneten Ziele des Landes, die Unterstützung der regionalen und überregionalen Vernetzung sowie die Erhöhung der Sichtbarkeit der baden-württembergischen Bioökonomie Forschung. Die Landesgeschäftsstelle vertritt die Clusterinitiative nach außen, z. B. auf Fachmessen und Tagungen und unterstützt die Partner bei der Anbahnung von Kooperationen und Folgeprojekten und bei gemeinsamen Publikationen.

Mit der Ausrichtung von regelmäßigen wissenschaftlichen Veranstaltungen werden der Diskurs mit Akteuren außerhalb des Programmes sowie die Sichtbarkeit als innovative Bioökonomieregion gefördert. Die internationalen Bioökonomiekongresse (2014, 2017, 2020) mit jeweils ca. 350 Teilnehmern zeigen die Breite der Bioökonomie mit allen beteiligten Themen auf und tragen zu einer aktiven Kommunikationsstrategie bei. In kleineren Veranstaltungsformaten werden aktuelle Themen aufgegriffen.

Zur Steuerung des baden-württembergischen Bioökonomie Forschungsprogramms wurde ein Lenkungskreis eingerichtet, der mit Vertretern der Mitgliedsorganisationen aus unterschiedlichen Fachdisziplinen besetzt ist.

14.3 Vision und Mission

Hintergrund der Förderung der Bioökonomie durch die baden-württembergische Landesregierung seit 2013 war einerseits der politische Wille, den Strukturwandel voranzutreiben, andererseits die Empfehlung des Strategiekreises, dass sich exzellente Wissenschaftsstandorte im Forschungsgebiet Bioökonomie sehr gut ergänzen und dass ihre Stärken und Potenziale durch eine entsprechende Förderung und Zusammenarbeit ausgebaut werden können. Es sollten also sowohl die Weiterentwicklung nachhaltiger Wirtschaftsformen als auch die Innovationskraft und

Technologieführerschaft sowie die regionale Vernetzung von wissenschaftlichen Einrichtungen gefördert werden.

Um ein baden-württembergisches Profil aufzubauen und gleichzeitig durch Verdichtung in strategisch ausgewählten Forschungsbereichen konkrete Kooperationen zu etablieren, wurden Themenbereiche mit größtmöglichem Innovations- und Alleinstellungspotenzial und einem hohen Potenzial für die Umsetzung der Ergebnisse in der baden-württembergischen Wirtschaft identifiziert. Ziel der Zusammenarbeit ist die inter- und transdisziplinäre Betrachtung von exemplarischen Bioökonomiesystemen, d. h. von Wertschöpfungsketten ausgehend von den Rohstoffen über die Konversion und Verwertung bis zu den Produkten, inklusive der ökonomischen, sozialen, ökologischen und politischen Rahmenbedingungen unter Einbeziehung der Auswirkungen auf Umwelt und Gesellschaft. Die Forschungsverbünde zeigen exemplarisch anhand von Beispielen aus den Bereichen Ernährung und Futtermittel, Materialien und Energie die Möglichkeiten einer Bioökonomie auf und integrieren verschiedene Sichtweisen und Disziplinen einschließlich der gesellschaftlichen Herausforderungen und der Nachhaltigkeitsbewertung. Eine solche Ausrichtung auf Lösungsansätze für gesellschaftliche Herausforderungen ist auch in der nationalen Forschungsstrategie (BMBF 2010) zu finden.

Mit der Förderung der Forschungsverbünde hat Baden-Württemberg eine Profilbildung in den Bereichen Mikroalgen, Lignocellulose und Biogas erreicht, die jedoch im Rahmen der Weiterführung in der zweiten Förderrunde und einer zukünftigen Fortführung als Forschungs-, Innovations- und Ausbildungscluster auch auf neue Themenbereiche erweitert wird.

Jeder der Forschungsverbunde bildet den systemischen Ansatz mit einer engen Verknüpfung der an den Wertschöpfungsketten beteiligten Fachdisziplinen ab, dabei ist auch die sozialwissenschaftliche Begleitforschung eng in die Forschungsverbünde integriert. Darüber hinaus haben baden-württembergische Institutionen frühzeitig die Verbindung von Bioökonomie mit Informationstechnologie, Modellierung und Simulation vorangetrieben. Dieser Schwerpunkt hat u. a. zur Gründung eines Kompetenzzentrums für Biointelligenz beigetragen, in dem diese Verbindung weiterentwickelt werden soll, um den Transformationsprozess zu einer Bioökonomie methodisch zu unterstützen, z. B. durch die Verbindung von Bioökonomie und *smart-manufacturing*-Ansätzen (Bauernhansl et al. 2019). Die durch Universitäten und Forschungsinstitute geprägte Clusterinitiative zeichnet sich durch eine ausgeprägte Strategie zur Förderung des wissenschaftlichen Nachwuchses aus, die nicht nur durch das gemeinsame Graduiertenprogramm geprägt wird, sondern auch durch einschlägige Masterstudiengänge sowie durch Programme und Fördermaßnahmen für junge Gründer an den Mitgliedshochschulen.

Da die Transformation zur Bioökonomie als nachhaltige Wirtschaftsweise nur über eine gemeinsame Strategie aller beteiligter Sektoren und die Integration ökonomischer, ökologischer und sozialer Belange gelingen kann, wurden Stakeholder aus Industrie und Gesellschaft bereits bei der Konzeption des Programms einbezogen. Dieser interaktive Prozess wird nun bei der Diskussion der Ergebnisse fortgeführt.

Darüber hinaus beteiligt sich die Clusterinitiative am interregionalen Austausch zur Weiterentwicklung der Bioökonomie, insbesondere im Hinblick auf interdisziplinäre Forschungs-, Aus- und Weiterbildungskonzepte, und vermittelt Kooperationspartner für regionale, überregionale und internationale Projekte.

14.4 Benchmark und Erfolgskriterien

Die baden-württembergische Forschungsstrategie „Bioökonomie im System aufstellen“ wurde von einem Expertenkreis im Auftrag des MWK entwickelt und basiert auf einer SWOT-Analyse, in der zunächst die Stärken der Forschungsstandorte identifiziert wurden, um Alleinstellungsmerkmale und Zukunftspotenziale zu identifizieren.

Ziel der Projektförderung im Rahmen des Forschungsprogramms Bioökonomie Baden-Württemberg war zunächst die Erarbeitung von wissenschaftlichem Knowhow, welches in Form von Veröffentlichungen oder Patenten sowie Antragstellungen in Folgeprojekten verwertet wird. So sind aus dem Forschungsprogramm bereits heute über 120 wissenschaftliche Publikationen hervorgegangen (als Übersichtsartikel, s. auch Bahrs und Angenendt 2018; Dahmen et al. 2018; Rösch et al. 2018). Ein weiteres wichtiges Erfolgskriterium für das Programm ist der zukünftige Transfer der Forschungsergebnisse in die Praxis. Daher wurden im Rahmen der im Dezember 2017 lancierten zweiten Förderrunde des Forschungsprogramms gezielt Transfermaßnahmen unterstützt.

Neben der Projektförderung stand von Anfang an eine strukturbildende Komponente der Forschungsstrategie im Vordergrund, mit der die Zusammenarbeit und die regionale Vernetzung zwischen Akteuren entlang der Wertschöpfungskette angestoßen werden sollte. Die Komplexität von interdisziplinären Wertschöpfungsketten erfordert ein aktives Schnittstellenmanagement, daher werden Vernetzungsmaßnahmen mit hoher Priorität auch in aktuellen Bioökonomiestrategien empfohlen (z. B. Hüsing et al. 2017; EC 2017, 2018). Dies ist im Rahmen des Forschungsprogramms in Baden-Württemberg bereits sehr gut gelungen.

Im Bericht von Spatial Foresight et al. (2017) ist Baden-Württemberg als eine der Bioökonomieregionen mit dem größten „Bioökonomie Forschungs- und Innovations-Reifegrad Index“ gelistet. Der Bioökonomie Reifegrad Index bewertet die einschlägigen Forschungs- und Entwicklungsaktivitäten, strukturelle und strategische Maßnahmen sowie die Innovationskapazität der Region.

Seit 2017 wird vom Land Baden-Württemberg die Entwicklung einer ressortübergreifenden Landesstrategie „Nachhaltige Bioökonomie Baden-Württemberg“ vorangetrieben, um die Umsetzung in die Praxis zu fördern (UM 2016; MLR 2017, UM und MLR 2019). Die im Forschungsprogramm gemachten Erfahrungen und aufgebauten Strukturen sind dafür sehr hilfreich, da eine gemeinsame Interessenvertretung der Forschungs- und Ausbildungseinrichtungen zur Verfügung steht, die sich als Ansprechpartner für alle Stakeholder aus Wissenschaft, Wirtschaft, Politik und Gesellschaft zu Fragen der Bioökonomie versteht.

14.5 Erfahrungen

Im Forschungsprogramm Bioökonomie Baden-Württemberg ist es gelungen, Wissenschaftler aus den verschiedenen Disziplinen der Agrar- und Pflanzenwissenschaften, Forstwissenschaften, den Umwelt- und Ingenieurwissenschaften, aus den Sozial- und Wirtschaftswissenschaften sowie der Biodiversitätsforschung zusammenzubringen, die vorher trotz regionaler Nähe nicht in diesem Ausmaß verbunden waren. Hierbei wurden erfolgreich Synergiepotenziale, die sich durch die Zusammenarbeit zwischen den baden-württembergischen Universitäten, Hochschulen und außeruniversitären Forschungseinrichtungen ergeben können, ausgebaut, und es konnten neue interdisziplinäre Forschungskooperationen und neue Ausbildungsformate im Bereich Bioökonomie entwickelt werden.

So hat sich der konsequent interdisziplinäre und das gesamte biobasierte Wertschöpfungsnetz umfassende

Ansatz als sehr zielführend für eine Weiterentwicklung der Bioökonomie, gleichzeitig aber auch als große Herausforderung erwiesen. Die Zusammenführung von Experten in interdisziplinären Forschungs- und Ausbildungsverbünden erfordert das gegenseitige Verstehen und Entwickeln einer gemeinsamen Fachsprache sowie einer disziplinübergreifenden Denkweise. Hierbei gilt, es Respekt für unterschiedliche methodische Herangehens- und Sichtweisen in anderen Disziplinen zu entwickeln. Es wurden Gelegenheiten für den regelmäßigen persönlichen Austausch zwischen den Wissenschaftlern geschaffen. Durch die Organisation regelmäßiger Strategie- und Lenkungskreissitzungen, jährlicher Statusseminare sowie Treffen der interdisziplinären Forschungsverbünde und der Nachwuchswissenschaftler im Rahmen des Graduiertenprogramms BBW ForWerts wurde dieser Austausch innerhalb des Verbundes vorangetrieben. Darüber hinaus engagiert sich die Clusterinitiative durch die Organisation wissenschaftlicher Veranstaltungen und durch die Initiierung gemeinsamer Veröffentlichungen auch nach außen für den interdisziplinären Austausch und Diskurs über neue Forschungsergebnisse.

Im Bereich der Ausbildung hat das Bioökonomie-Graduiertenprogramm BBW ForWerts vielseitig interessierte Wissenschaftler mit einem hohen Potenzial für innovative Denkweisen und der Kapazität zum interdisziplinären und systembasierten Denken und Arbeiten hervorgebracht. Darüber hinaus hat sich ein institutionenübergreifender Austausch über Ausbildungskonzepte ergeben, und es wurden Lehrkooperationen in Masterstudiengängen entwickelt, aus denen bspw. das Lehrbuch „Bioeconomy – Shaping the Transition to a Sustainable, Biobased Economy“ unter Beteiligung mehrerer Forschungspartner aus dem Bioökonomie Forschungsprogramm entstanden ist (Lewandowski 2017). Der Ausbildung von Nachwuchskräften für die Bioökonomie wird in aktuellen Strategiepapieren zunehmend Bedeutung zugewiesen (European Bioeconomy Stakeholders Manifesto 2017; EC 2017; Bioökonomierat 2018). Durch die Zusammenarbeit und den Austausch über Bioökonomie-Ausbildungskonzepte hat Baden-Württemberg eine herausragende Ausgangsposition geschaffen, um Bioökonomiemodule auch in anderen Studiengängen zu etablieren.

Nach der erfolgreichen Etablierung des baden-württembergischen Forschungsprogramms im Rahmen der Finanzierung des MWK wird es nun die größte Herausforderung sein, die Clusterinitiative langfristig aktiv zu erhalten. So wird diese aktuell zu einem Bioökonomie Forschungs-, Innovations- und Ausbildungscluster Baden-Württemberg ausgebaut. Zur nachhaltigen Unterstützung der Vernetzung wird die Infrastruktur einer Geschäftsstelle und einer Koordinationsstelle der Graduiertenausbildung benötigt, deren langfristige Finanzierung noch sichergestellt werden muss. Durch die starke Vernetzung im Rahmen des Forschungsprogramms werben nun die baden-württembergischen Universitäten und Forschungseinrichtungen stärker gemeinsam nationale und europäische Fördermittel für Bioökonomieprojekte an. Darüber hinaus werden vorhandene Strukturen für den Technologietransfer und für Gründungen stärker genutzt.

Um den Transfer des generierten Wissens stärker in die Anwendung zu bringen, hat die baden-württembergische Landesregierung im Juni 2019 die ressortübergreifende Landesstrategie „Nachhaltige Bioökonomie Baden-Württemberg“ beschlossen (UM und MLR 2019). Erklärtes Ziel ist es, Baden-Württemberg zu einem Beispielland für eine nachhaltige und kreislauforientierte Wirtschaftsform zu machen. Die Strategie wurde im Dialog mit Akteuren aus Wissenschaft, Wirtschaft, Politik und Gesellschaft entwickelt und wird ab 2020 umgesetzt.

Literatur

Bahrs, E., & Angenendt, E. (2018). Status quo and perspectives of biogas production for energy and material utilization. *GCB Bioenergy*. ▶ https://doi.org/10.1111/gcbb.12548.

Bauernhansl, T., Brecher, C., Drossel, W.-G., Gumbsch, P., Hompel, M., & Wolperdinger, M. (Hrsg.). (2019). *Biointelligenz – Eine neue Perspektive für nachhaltige industrielle Wertschöpfung (BIOTRAIN)*. Aachen/Dortmund/Dresden/Freiburg/Stuttgart: Fraunhofer.

Bioökonomierat. (2018). Thesen zur Gestaltung der Bioökonomiepolitik. ▶ https://biooekonomierat.de/fileadmin/Publikationen/empfehlungen/BO__Thesenpapier_final_2.pdf. Zugegriffen: 3. Juni 2019.

BMBF (Bundesministerium für Bildung und Forschung). (2010). Nationale Forschungsstrategie Bioökonomie 2030. Unser Weg zu einer biobasierten Wirtschaft. ▶ https://www.bmbf.de/upload_filestore/pub/Nationale_Forschungsstrategie_Biooekonomie_2030.pdf. Zugegriffen: 3. Juni 2019.

Dahmen, N., Lewandowski, I., Zibek, S., & Weidtmann, A. (2018). Integrated lignocellulosic value chains in a growing bioeconomy: Status quo and perspectives. *GCB Bioenergy*. ▶ https://doi.org/10.1111/gcbb.12586.

European Bioeconomy Stakeholders Manifesto. (2017). ▶ https://ec.europa.eu/research/bioeconomy/pdf/european_bioeconomy_stakeholders_manifesto.pdf#view=fit&pagemode=none. Zugegriffen: 24. Mai 2019.

European Commission, Directorate-General for Research and Innovation. (2017). Review of the 2012 European bioeconomy strategy. *EU Publications*. ▶ https://doi.org/10.2777/8814.

14

European Commission, Directorate-General for Research and Innovation. (2018). A sustainable bioeconomy for Europe: Strengthening the connection between economy, society and the environment – Updated bioeconomy strategy. *EU Publications*. ▶ https://doi.org/10.2777/478385.

Hüsing, B., Kulicke, M., Wydra, S., Stahlecker, T., Aichinger, H., & Meyer, N. (2017). Evaluation der „Nationalen Forschungsstrategie BioÖkonomie 2030" – Wirksamkeit der Initiativen des BMBF – Erfolg der geförderten Vorhaben – Empfehlungen der strategischen Weiterentwicklung. Abschlussbericht. ▶ https://www.isi.fraunhofer.de/content/dam/isi/dokumente/cct/2017/Evaluation_NFSB_Kurzbericht.pdf. Zugegriffen: 3. Juni 2019.

Lewandowski, I. (Hrsg.). (2017). *Bioeconomy – Shaping the transition to a sustainable, biobased economy*. Basel: Springer International Publishing.

MLR (Ministerium für Ländlichen Raum und Verbraucherschutz). (2017). Bioökonomie in Baden-Württemberg – Wertschöpfung mit Zukunft. ▶ https://mlr.baden-wuerttemberg.de/fileadmin/redaktion/m-mlr/intern/dateien/publikationen/Wald/Biooekonomie.pdf. Zugegriffen: 3. Juni 2019.

MWK (Ministerium für Wissenschaft, Forschung und Kunst). (2013). Bioökonomie im System aufstellen – Konzept für eine baden-württembergische Forschungsstrategie „Bioökonomie". ▶ https://www.baden-wuerttemberg.de/fileadmin/redaktion/dateien/PDF/Broschuere_Konzept-baden-wuerttembergische-Forschungsstrategie-Biooekonomie.pdf. Zugegriffen: 3. Juni 2019.

Rösch, C., Roßmann, M., & Weickert, S. (2018). Microalgae for integrated food and fuel production. *GCB Bioenergy*. ▶ https://doi.org/10.1111/gcbb.12579.

Spatial Foresight, SWECO, ÖIR, t33, Nordregio, Berman Group, Infyde. (2017). Bioeconomy development in EU regions. Mapping of EU member states'/regions' research and innovation plans & strategies for smart specialisation (RIS3) on Bioeconomy for 2014–2020. ▶ https://ec.europa.eu/research/bioeconomy/pdf/publications/bioeconomy_development_in_eu_regions.pdf. Zugegriffen: 3. Juni 2019.

UM (Ministerium für Umwelt, Klima und Energiewirtschaft). (2016). Drucksache 16/989 Landtag von Baden-Württemberg. Chancen der Bioökonomie für Umwelt- und Ressourcenschutz nutzen. ▶ https://www.landtag-bw.de/files/live/sites/LTBW/files/dokumente/WP16/Drucksachen/0000/16_0989_D.pdf. Zugegriffen: 3. Juni 2019.

UM (Ministerium für Umwelt, Klima und Energiewirtschaft) und MLR (Ministerium für Ländlichen Raum und Verbraucherschutz). (2019). Landesstrategie Nachhaltige Bioökonomie Baden-Württemberg. ▶ https://stm.baden-wuerttemberg.de/fileadmin/redaktion/m-mlr/intern/dateien/PDFs/Bio%C3%B6konomie/Landesstrategie_Nachhaltige_Bio%C3%B6konomie.pdf. Zugegriffen: 9. Juni 2019.

Dr. Annette Weidtmann

(geb. 1969) studierte Biologie an der Universität Würzburg und promovierte im Fachbereich Verfahrenstechnik, Umwelttechnik und Werkstoffwissenschaften an der Technischen Universität Berlin. Seit 2015 leitet sie die Landesgeschäftsstelle des Forschungsprogramms Bioökonomie Baden-Württemberg und kümmert sich um die Koordination des Interdisziplinären Netzwerks, die Projektentwicklung, die Wissenschaftskommunikation und die Strategieentwicklung des Forschungsverbunds.

Prof. Dr. Nicolaus Dahmen
(geb. 1962) studierte Chemie an der Ruhr-Universität Bochum. Nach seiner Promotion auf dem Gebiet der Mischphasenthermodynamik befasste er sich ab 1992 im damaligen Forschungszentrum Karlsruhe mit überkritischen Fluiden als Medium für chemische Reaktionen und neue Trenntechniken. Zu diesem Gebiet habilitierte er sich 2010 an der Universität Heidelberg. Seit 2005 beschäftigt er sich mit der thermochemischen Umwandlung von Biomasse zu Kraft- und Brennstoffen. Zudem war er am Aufbau der bioliq-Pilotanlage zur Erzeugung synthetischer Kraftstoffe aus Biomasse am Karlsruher Institut für Technologie (KIT) beteiligt und ist dort für die wissenschaftliche Koordination zuständig. Seit 2014 ist er als leitender Wissenschaftler an der KIT-Fakultät für Chemieingenieurwesen und Verfahrenstechnik in der Lehre tätig.

Prof. Dr. Thomas Hirth
(geb. 1962) studierte Chemie an der Universität Karlsruhe und promovierte 1992 in Physikalischer Chemie. Anschließend war er mehr als 20 Jahre für die Fraunhofer-Gesellschaft tätig, zuletzt als Leiter des Fraunhofer-Institut für Grenzflächen- und Bioverfahrenstechnik (IGB) in Stuttgart und Professor an der Universität Stuttgart. Während dieser Zeit arbeitete er intensiv an der stofflichen Nutzung von Biomasse, der Entwicklung und Umsetzung von Bioraffineriekonzepten sowie der Entwicklung von Bioökonomiestrategien. Darüber hinaus ist er Autor zahlreicher Publikationen und Fachbücher. Seit 2016 ist er Vizepräsident für Innovation und Internationales des Karlsruher Instituts für Technologie (KIT). Thomas Hirth war Mitglied des Bioökonomierats der Bundesregierung und Vorsitzender des Lenkungskreises der Bioökonomie-Forschungsstrategie des Landes Baden-Württemberg. Darüber hinaus ist er in zahlreichen Funktionen tätig, z. B. als Mitglied des Deutschen Forschungsgemeinschaft-Fachkollegiums Verfahrenstechnik oder als Sprecher des Think Tank Industrielle Ressourcenstrategien.

Prof. Dr. Thomas Rausch
(geb. 1953) studierte Biologie und Chemie an der Johann Wolfgang Goethe-Universität in Frankfurt. Er erforscht Mechanismen der Metabolismussteuerung in Pflanzen. Er ist seit 1993 Professor am Centre for Organismal Studies der Ruprecht-Karls-Universität Heidelberg und leitet dort die Abteilung Molekulare Physiologie der Pflanzen. Aktuelle Forschungsschwerpunkte sind der Zucker-, der Sekundär-, sowie der Ligninmetabolismus. Seit 2013 koordiniert er den Forschungsrat der Heidelberg Molecular Life Sciences und ist Co-Direktor des Marsilius Kollegs (Centre for Advanced Study; 2014 bis 2020). Seit 2014 führt er das landesweite, interdisziplinäre Graduiertenprogramm Bioökonomie Baden-Württemberg – Erforschung innovativer Wertschöpfungsketten (BBW ForWerts).

Prof. Dr. Iris Lewandowski
(geb. 1964) studierte Agrarwissenschaften an den Universitäten Göttingen und Hohenheim und schloss 1992 ihre Promotion sowie 2000 ihre Habilitation an der Universität Hohenheim ab. Danach arbeitete sie für zehn Jahre in den Niederlanden an der Universität Utrecht sowie als Biomass Research and Development Program Manager bei Shell Global Solutions. Sie erforscht nachhaltige Systeme zur landwirtschaftlichen Produktion von Biomasse und deren Verwertungsoptionen. Sie ist Leiterin des Fachgebiets Nachwachsende Rohstoffe und Bioenergiepflanzen sowie des internationalen Masterstudiengangs Bioeconomy an der Universität Hohenheim. Als Chief Bioeconomy Officer koordiniert sie die Bioökonomie-Aktivitäten der Universität Hohenheim und ist zurzeit wissenschaftliche Sprecherin der European Bioeconomy University Allianz.

Bioökonomie in Bayern

Benjamin Nummert

D. Thrän, U. Moesenfechtel (Hrsg.), *Das System Bioökonomie*,
https://doi.org/10.1007/978-3-662-60730-5_15

15.1 Clusterpartner und Beiträge

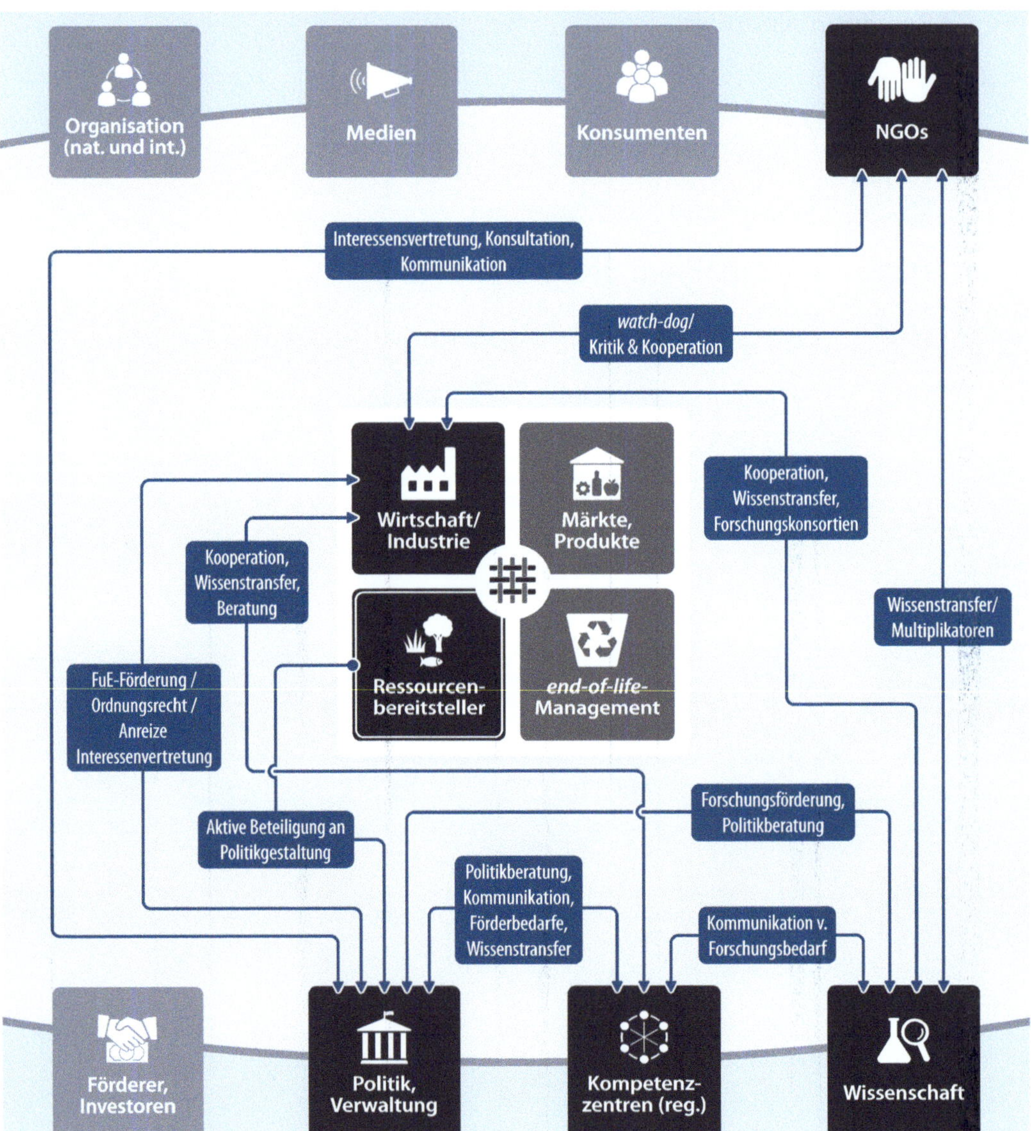

15

Ressourcenbereitsteller

- Land- und Forstwirtschaft, Bayerischer Bauernverband, Kompetenzzentrum für Ernährung, Verbände zur Förderung der Produktion und des Absatzes landwirtschaftlicher Erzeugnisse, z. B. Verein zur Förderung von Heil- und Gewürzpflanzen in Bayern

Wirtschaft/Industrie

- Cluster (zugehörig zu Cluster-Offensive Bayern): Cluster Forst und Holz in Bayern, Chemie Cluster Bayern GmbH, Umwelt Cluster Bayern, Cluster Neue Werkstoffe), Cluster Industrielle Biotechnologie, Regionale Cluster (z. B. BioCampus GmbH inkl. Gründerzentrum, BioPark Regensburg, IZB Martinsried)
- Innovationsnetzwerke (z. B. IBB Netzwerk GmbH, Bayern Innovativ GmbH)
- Wirtschaftsverbände (z. B. Die Bayerischen Chemieverbände – VCI Bayern, Verband der Bayerischen Textil- und Bekleidungsindustrie e. V.)

Märkte, Produkte

- Lebensmittel, Holzbau, biobasierte Werkstoffe (z. B. WPC, Folien, Lacke, Öle, Farben), Wasch- und Reinigungsmittel, Kosmetik, Medizin, Basischemikalien, Konsumartikel, Automobil, Energie (sowohl feste als auch gasförmige Energieträger)

***end-of-life*-Management**

- Kommunale Entsorgungsunternehmen (z. B. ZAW Straubing), Gütegemeinschaft Kompost Region Bayern e. V., OmniCert Umweltgutachter GmbH

Organisationen (nat. und int.)

- Nicht Bayernspezifisch: EU, UN, Bund

Medien

- Keine bayernspezifischen Medien mit explizitem Bezug zur Bioökonomie, Bayerisches Landwirtschaftliches Wochenblatt

Konsumenten

- Verbraucherzentrale Bayern

NGOs

- Zivilgesellschaft, Bund für Naturschutz in Bayern e. V., Landesbund für Vogelschutz, Arbeitsgemeinschaft bäuerliche Landwirtschaft

Förderer, Investoren

- Bayerische Forschungsallianz GmbH (BayFor), Bayerische Forschungsstiftung, Invest in Bavaria (Ansiedlungsagentur des Freistaats Bayern), Bio-based Industries Consortium (nicht bayernspezifisch), Bayerische Staatsministerien (ressortspezifische Förderprogramme), LfA Förderbank Bayern, Bayern Kapital

Politik, Verwaltung

- Bayerisches Staatsministerium für Wirtschaft, Landesentwicklung und Energie (StMWi), Bayerisches Staatsministerium für Ernährung, Landwirtschaft und Forsten (StMELF), Bayerisches Staatsministerium für Umwelt und Verbraucherschutz (StMUV), Interministerielle Arbeitsgruppe Bioökonomie, Bayerische Landesanstalt für Landwirtschaft (LfL), Bayerisches Landesamt für Umwelt (LfU)

Kompetenzzentren (reg.)

- Kompetenzzentrum für Nachwachsende Rohstoffe (KoNaRo): C.A.R.M.E.N. e. V., Technologie- und Förderzentrum, TUM Campus Straubing für Biotechnologie und Nachhaltigkeit, Sachverständigenrat Bioökonomie Bayern; Erweitert: Straubing Region der Nachwachsenden Rohstoffe (inkl. BioCampus, Zweckverband Hafen Straubing-Sand)
- München Planegg/Martinsried: konzentrierte Ansiedlung von Biotechnologie-Unternehmen (inkl. Innovations- und Gründerzentrum Biotechnologie Martinsried)

Wissenschaft

- Universitäten, Forschungseinrichtungen, z. B. Technische Universität München (insb. TUM Campus Straubing für Biotechnologie und Nachhaltigkeit), Ludwig-Maximilians-Universität München, Friedrich-Alexander-Universität Erlangen-Nürnberg, Hochschule Weihenstephan-Triesdorf, Technische Hochschule Rosenheim, Fraunhofer IGB Institutsteil Straubing, Fraunhofer UMSICHT Sulzbach-Rosenberg, Ifo Institut für Wirtschaftsforschung

Die Entwicklung der Bioökonomie erfolgt in Bayern ohne einen systemischen Handlungsrahmen, der durch ein dezidiertes „Bioökonomiecluster" vorgegeben wird. Verschiedenste Akteure leisten einen signifikanten Beitrag zur Entwicklung der Bioökonomie in Bayern. Sie prägen diesen Prozess, indem sie

- auf die Gestaltung politischer Rahmenbedingungen Einfluss nehmen,
- auf der Grundlage von Forschung und Entwicklung Innovationen in Wissenschaft und Wirtschaft fördern,
- Akteure der Bioökonomie miteinander vernetzen sowie
- den gesellschaftlichen Diskurs zu Bioökonomiethemen führen.

15

Das Bayerische Staatsministerium für Ernährung, Landwirtschaft und Forsten (StMELF) nahm im Jahr 2015 mit der Initiative „Bioökonomie für Bayern!" die Entwicklung eines übergreifenden Politikrahmens auf (StMELF 2018b). Im Rahmen dieser Initiative wurde der Sachverständigenrat Bioökonomie Bayern (SVB) einberufen. Seit Beginn des Jahres 2019 liegt die Federführung im Bereich Bioökonomie beim Bayerischen Staatsministerium für Wirtschaft, Landesentwicklung und Energie (StMWi). Entsprechend erarbeitet und formuliert der SVB als unabhängiges Beratungsgremium Handlungsempfehlungen für die Entwicklung einer Bioökonomiestrategie, politischer Rahmenbedingungen sowie zur Förderung des gesellschaftlichen Dialogs an das StMWi und weitere Ressorts der bayerischen Staatsregierung, die sich ebenfalls mit der Weiterentwicklung der Bioökonomie befassen. Das StMWi unterstützt die Bioökonomie insbesondere durch Fördermaßnahmen in den Bereichen Forschung und Entwicklung, *upscaling* und Unternehmensansiedlung sowie Fördermaßnahmen zur Weiterentwicklung der Bioenergie (StMWi 2018b). Ebenso hervorzuheben ist die Technologieförderung durch das StMWi, insbesondere der geplante Bau einer Mehrzweck-Demonstrationsanlage in Straubing. Diese soll Wissenschaft und Wirtschaft die Möglichkeit bieten, Produkte und Verfahren aus dem Labormaßstab zur Marktreife zu entwickeln (StMWi 2016). Im Haushalt des Freistaats Bayern für die Jahre 2019/2020 stellte der Landtag 40 Mio. € für den Bau der Anlage bereit (StMWi 2019a). Das Bayerische Staatsministerium für Umwelt und Verbraucherschutz (StMUV) fördert den Schutz natürlicher Ressourcen und die Steigerung der Ressourceneffizienz sowie der damit verbundenen Erarbeitung einer Bayerischen Ressourcenstrategie (z. B. Forschungsprojekt BayBioTech) (StMUV 2016). Zudem wurde Bioökonomie in die Bayerische Nachhaltigkeitsstrategie aufgenommen (StMUV 2017). Darüber hinaus ermöglicht eine interministerielle Arbeitsgruppe die intensive themenspezifische Abstimmung zwischen den Ressorts der bayerischen Staatsregierung (Bioökonomierat 2017).

Vor dem Hintergrund der Megatrends Nachhaltigkeit und Klimaschutz gewinnt die industrielle Nutzung nachwachsender Rohstoffe an Bedeutung. Aber auch bereits umgesetzte oder im Zuge der EU-Klimapolitik und EU-Bioökonomiestrategie mögliche weitere Regulierungen erhöhen die Aufmerksamkeit für dieses Thema auf Unternehmensebene. So basiert die Gestaltung der Bioökonomie, neben der *top-down*-Steuerung durch die zuständigen Staatsministerien, auch auf branchen- und unternehmensspezifischen Initiativen der Wirtschaft. Insbesondere ökonomische Interessen wie Kosten- und Ressourceneffizienz, die Reduktion der Abhängigkeit von Rohstoffimporten durch regional erzeugte Rohstoffe sowie die Aussicht auf nachhaltiges Wirtschaftswachstum stellen eine Motivation für unternehmens- und akteursspezifische Projekte zur Weiterentwicklung der Bioökonomie dar (SVB 2015). Darüber hinaus streben viele Wirtschaftsbereiche im Zuge von Nachhaltigkeitsinitiativen die Vernetzung von Wertschöpfungsketten an, um in bestehenden Produktionsprozessen anfallende Nebenstoffströme für zusätzliche innovative Wertschöpfung zu erschließen (SVB 2015). Die „Cluster Forst und Holz", „Cluster Biotechnologie" (Fokus Gesundheit), „Cluster Chemie", „Cluster Industrielle Biotechnologie" und das „Cluster Neue Werkstoffe" nehmen – gefördert im Rahmen der Cluster-Offensive Bayern – eine wichtige Rolle ein. Diese Förderung wird bereits in der vierten Periode (2020–2023) fortgesetzt (StMWi 2019b). Die Aufgabe der Cluster ist die Vernetzung von Unternehmen bzw. von Unternehmen und Forschungseinrichtungen. Dementsprechend basiert eine Vielzahl von Bioökonomie-Aktivitäten primär auf branchen- und unternehmensspezifischen, ökonomisch motivierten Initiativen der Wirtschaft bzw. der Wirtschaftsverbände und bereits genannten Cluster (SVB 2015).

Gesamte Wertschöpfungsketten sollen von der Forschung bis zum Endprodukt durch Kooperationen gestärkt und der Praxistransfer zur Umsetzung von Forschungsergebnissen in neue Produkte und Dienstleistungen unterstützt werden (StMWi 2017). Zudem schaffen Cross-Cluster-Projekte vermehrt Raum für neue branchenübergreifende Kooperationen und Technologietransfer (z. B. Cluster Forst und Holz in Bayern 2017). Weitere branchenspezifische Netzwerke bieten Plattformen für Wissens- und Praxistransfer von Forschungsergebnissen in die industrielle Anwendung (z. B. IBB Netzwerk GmbH 2018; Bayern Innovativ GmbH 2018b) oder für Aktionsbündnisse zur Vermarktung und Bewerbung des Einsatzes nachwachsender Rohstoffe (z. B. proHolz Bayern 2018a). Zusätzlich unterstützen regionale Cluster (z. B. BioCampus GmbH, BioPark Regensburg, Innovations- und Gründerzentren Biotechnologie (IZB) in Martinsried und Freising) die wirtschaftliche Entwicklung und Vernetzung und schaffen Synergien zwischen angesiedelten Unternehmen im Bereich der nachwachsenden Rohstoffe.

Eine ebenso zentrale Rolle nehmen die drei Säulen des Kompetenzzentrums für Nachwachsende Rohstoffe (KoNaRo) in Straubing ein: C.A.R.M.E.N. e. V., das Technologie- und Förderzentrum (TFZ) sowie der TUM Campus für Biotechnologie und Nachhaltigkeit (TUMCS) beraten, fördern und forschen dort zur Steigerung der stofflichen und energetischen Nutzung (KoNaRo 2018). Als überregionale Anlaufstelle berät C.A.R.M.E.N. e. V. Wirtschaft, Wissenschaft und Verbraucher zu industrieller und energetischer Biomassenutzung sowie erneuerbaren Energien und Ressourceneffizienz. Der Verein vermittelt zwischen Wissenschaft und Praxis, indem Forschungs- und Entwicklungsbedarf kommuniziert sowie Demonstrationsvorhaben initiiert und unterstützt werden (C.A.R.M.E.N. e. V. 2018). Als direkt dem StMELF zugeordnete Institution entwickelt und betreut das TFZ Förderprogramme und betreibt angewandte Forschung zu Anbau und Nutzung nachwachsender Rohstoffe. In dieser Funktion ist das TFZ Kooperationspartner zahlreicher Hochschulen, Forschungsanstalten und Unternehmen sowie Unterstützer des

Wissenstransfers in Industrie, Politik und Gesellschaft (TFZ 2018). Der TUMCS betreibt Grundlagenforschung in der energetischen und stofflichen Nutzung nachwachsender Rohstoffe und deren Ökonomie (TUMCS 2018a). Auch der Institutsteil „Bio-, Elektro- und Chemokatalyse BioCat" des Fraunhofer-Instituts für Grenzflächen- und Bioverfahrenstechnik (IGB) sitzt am KoNaRo. Dort stehen die Entwicklung neuer chemischer Katalysatoren und Biokatalysatoren und deren Anwendung in technisch-synthetischen und elektrochemischen Verfahren im Fokus (Fraunhofer IGB 2018).

Die Entwicklung der Bioökonomie profitiert zudem von einer breit aufgestellten, regional unterschiedlich gestalteten Forschungslandschaft. So sind im Großraum München etwa 270 Biotechnologie- und Pharma-Unternehmen aktiv (insbesondere Martinsried/Planegg), die, unterstützt durch das Innovationsnetzwerk Industrielle Biotechnologie Bayern GmbH sowie das Innovations- und Gründerzentrum Biotechnologie, Innovationen in der industriellen und medizinischen Biotechnologie entwickeln (BioM 2018). Während in der Region um Freising ein besonderer Fokus auf der Agrar- und Forstwirtschaft sowie der Ernährungswirtschaft liegt (z. B. TU München, Hochschule Weihenstephan-Triesdorf, Fraunhofer IVV – Institut für Verfahrenstechnik und Verpackung), liegt der Schwerpunkt in Straubing auf der Forschung im Bereich der nachhaltigen stofflichen und energetischen Nutzung nachwachsender Rohstoffe sowie ökonomischen Aspekten der Erzeugung und Vermarktung (TUMCS 2018b). Mit dem zukünftigen Ausbau des TUMCS erfolgt eine deutliche Ausweitung des Ausbildungsangebots im Bereich Bioökonomie. Bereits heute umfasst das Studienangebot Bachelor- und Masterstudiengänge zu Themenkomplexen nachwachsender Rohstoffe, Chemie biogener Rohstoffe, Bionik und Betriebswirtschaftslehre mit einem Fokus auf nachwachsenden Rohstoffen. Mit Beginn des Wintersemesters 2018/2019 erfolgt die Einrichtung eines interdisziplinären Studiengangs eigens zum Themenkomplex Bioökonomie (TUMCS 2018c). Zudem wird in Waldkraiburg ein neues Zentrum für natürliche Materialien und innovative Stoffe entstehen (Bayerische Staatsregierung 2018). Interdisziplinäre Kooperationsprojekte zwischen Universitäten und Forschungseinrichtungen tragen zudem bspw. zur Förderung ressourcenschonender Biotechnologie (BayBiotech), zur Harmonisierung von Bewertungsmethoden für die energetische Biomassenutzung (ExpRess-Bio) und zur Förderung der Kreislaufwirtschaft auf Basis einer bayerischen Ressourcenstrategie (FORCycle) bei.

Diese Akteursvielfalt in Bayern bietet einen großen, in seinen Grenzen fließenden Handlungsrahmen. Eine Analyse des SVB beschreibt die gute Rohstoffverfügbarkeit aus Land- und Forstwirtschaft sowie die Vielfalt der angesiedelten Unternehmen verschiedener Branchen als Chance für die Entwicklung der Bioökonomie. Wertschöpfungsnetze für nachwachsende Rohstoffe können aufgebaut und optimiert werden. Zudem bieten bestehende Kompetenz- und Ballungszentren die Möglichkeit, Stoffkreisläufe zu etablieren und eine effiziente Verwertung und vollständige Nutzung vorhandener Ressourcen sicherzustellen (SVB 2015). Als besonderes Pilotprojekt ist in diesem Zusammenhang die Demonstrationsanlage der Clariant AG in Straubing hervorzuheben: In Deutschlands größter Demonstrationsanlage entwickelten die Betreiber ein Verfahren zur Herstellung von Ethanol auf Basis von Agrarreststoffen zur Marktreife. Jährlich werden dort bis zu 1000 t Cellulose-Ethanol aus rund 4500 t Rohstoff erzeugt (Clariant 2018b; SVB 2017f). Im September 2018 hat Clariant mit dem Bau einer ersten eigenen kommerziellen Anlage im rumänischen Craiova begonnen. Die Anlage wird voraussichtlich 2020 in Betrieb gehen und jährlich 50.000 t Ethanol aus Getreidestroh produzieren. In der Anlage werden ca. 120 Mitarbeiter aus der Region beschäftigt sein, die dafür im Biotechnologiezentrum der Clariant in Planegg und in der Demonstrationsanlage in Straubing ausgebildet werden (Clariant 2018a) (▫ Abb. 15.1).

Abb. 15.1 Demonstrationsanlage der Clariant AG in Straubing. Quelle: Clariant AG (Foto Rötzer)

15.2 Vision und Mission

Ausgehend von ihren individuellen und branchenspezifischen Zielsetzungen verfolgen viele Akteure aus Politik, Wirtschaft, Wissenschaft und Zivilgesellschaft im Rahmen verschiedener Organisationsformen die Vision einer Transformation zu einer nachhaltigen Wirtschafts- und Lebensweise auf Basis nachwachsender Rohstoffe.

Der Sachverständigenrat Bioökonomie Bayern erarbeitet seit 2015 als unabhängiges Beratungsgremium Impulse zur Entwicklung einer nachhaltigen Bioökonomie in Bayern. Der SVB formulierte zunächst Grundsätze für die Entwicklung einer nachhaltigen Bioökonomie. Die darin geäußerte, auf einem systematischen Bioökonomieverständnis basierende Vision des SVB kann einen Rahmen für die Aktivitäten der eingangs genannten Akteure bieten. Sie verdeutlicht den Anspruch zur Gestaltung der Bioökonomie im Rahmen der Vereinbarkeit von Klimaschutz, Biodiversität, Ressourceneffizienz, Wohlstandssicherung und globaler Gerechtigkeit sowie der Vernetzung wissenschaftlich-technischer, volkswirtschaftlicher und gesellschaftlicher Innovation in einer postfossilen Gesellschaft (SVB 2017a):

> „Die Bioökonomie ist in Bayern Leitmotiv für die Entwicklung und Umsetzung nachhaltiger und biobasierter Lebens- und Wirtschaftsweisen. Durch die Bereitstellung und Nutzung nachwachsender Ressourcen sowie die Entwicklung und Vernetzung des Wissens darüber leistet sie einen wesentlichen Beitrag zur zukunftsfähigen wirtschaftlichen Entwicklung Bayerns. Ihr Ziel ist der Schutz des Ökosystems als Lebensgrundlage sowie eine klimaneutrale Gesellschaft durch eine möglichst weitgehende Reduzierung des Verbrauchs fossiler Ressourcen. Sie stellt wirtschaftliche und technische Innovation in den Dienst einer verantwortungsvollen Nutzung der natürlichen Ressourcen" (SVB 2017a, S. 3).

Zudem haben die fachlich zuständigen Ressorts der Bayerischen Staatsregierung die Entwicklung einer Bioökonomiestrategie aufgenommen (StMELF 2018b). Bereits 2015 hat das Bayerische Staatsministerium für Ernährung, Landwirtschaft und Forsten die Initiative „Bioökonomie für Bayern" ins Leben gerufen. Ihr Fokus liegt auf der Identifikation von Herausforderungen zur Entwicklung der Bioökonomie sowie der Konkretisierung von Handlungsfeldern zur Gestaltung von Politikmaßnahmen (StMELF 2015). Die Entwicklung eines übergreifenden Politikrahmens soll, angepasst an die regionalen Voraussetzungen Bayerns, einen Wertewandel zugunsten eines auf Erhalt und optimale Qualität ausgerichteten Umgangs mit natürlichen Ressourcen unterstützen. Dies beinhaltet u. a. die nachhaltige Nutzung der Ressourcen Boden und Wasser sowie die Synthese von moderner Technik und traditionellen Bewirtschaftungsmethoden in Land- und Forstwirtschaft (SVB 2015).

Zusätzlich kann die interdisziplinäre, branchenübergreifende Nutzung von Expertise Innovationsprozesse im Rahmen der Bioökonomie stärken (proHolz Bayern 2018b). Diese Kooperationen werden insbesondere durch Wirtschaftsverbände und Clusterplattformen sowie politische Unterstützung angeschoben. Sektorspezifische Cluster und Verbände sowie Initiativen einzelner Unternehmen fördern sowohl die brancheninterne als auch sektorenübergreifende Entwicklung von (Forschungs-) Kooperationen zur Entwicklung innovativer Anwendungen nachwachsender Rohstoffe. Dabei bilden die Wirtschaftszweige der Forst- und Holzwirtschaft, der Landwirtschaft, der Ernährungswirtschaft, der Chemie und der Biotechnologie die Schwerpunktbereiche der Bioökonomie in Bayern. Die bestehenden Clusterplattformen und regionalen Zusammenschlüsse ermöglichen eine starke Vernetzung bayerischer Unternehmen und schaffen zur Förderung des Wissenstransfers zudem eine Verbindung zwischen Wirtschaft und Wissenschaft. So verfolgt die Chemie Cluster Bayern GmbH die Vision, als „Markterschließer" (Chemie Cluster Bayern GmbH 2018) mit dem „Wertschöpfungspakt Chemie" neue Märkte für vorhandene Produkte, Technologien und Dienstleistungen zu identifizieren und gleichzeitig Innovationen der Branche zu fördern. Auch das Cluster Forst und Holz in Bayern gGmbH strebt hinsichtlich Innovationen, Waldbewirtschaftung, Technik und Holzverwendung eine Spitzenstellung in der europäischen Forst- und Holzwirtschaft an (Cluster Forst und Holz in Bayern 2018). Zusätzlich zu diesen branchenspezifischen Clustern agiert die Bayern Innovativ GmbH an Schnittstellen unterschiedlichster Branchen und Technologien mit dem Ziel, Innovationsdynamiken sowie den Technologie- und Wissenstransfer in Bayern zu erhöhen. Ein besonderer Fokus liegt hierbei auf den eigenen Clustern Energietechnik, Automotive und Neue Materialien sowie dem „Cross-Clustering" mit weiteren bayerischen Clustern (Bayern Innovativ GmbH 2018a).

Die Forschungslandschaft deckt zentrale Bereiche der Bioökonomie ab. Die hohe Dichte von Hochschulen, Forschungsinstituten und Bildungseinrichtungen bietet Spitzenforschung im Bereich der Grundlagen- und anwendungsorientierten Forschung sowie die Ausbildung qualifizierter Fachkräfte. In einigen Regionen haben sich Kompetenzzentren zu spezifischen Bereichen der Bioökonomie herausgebildet (z. B. Martinsried, Freising, Straubing, München) (SVB 2015).

Die dargestellte Vielzahl der Akteure und deren Vernetzung bildet ein besonderes Merkmal des Entwicklungsprozesses der Bioökonomie in Bayern. Zudem bietet Bayern neben einer leistungsstarken Land- und Forstwirtschaft attraktive Voraussetzungen als Wirtschafts- und Hochtechnologiestandort. Die Rohstoffverfügbarkeit sowie die Vielfalt der angesiedelten Unternehmen verschiedener Branchen stellen eine Chance für die Entwicklung der Bioökonomie hinsichtlich der Vernetzung und Optimierung innovativer Wertschöpfungsketten dar (ebd.).

15.3 Management des Clusters

Wie eingangs ausgeführt, besteht kein zentral gesteuerter Handlungsrahmen eines gesondert geschaffenen „Clusters Bioökonomie". Die dargestellten Aktivitäten zeigen eine ausgeprägte Struktur eigenständiger Akteure, die aufgrund ihrer Diversität das breite Spektrum des Konzepts Bioökonomie adressieren können. Dies umfasst eine Kombination von *bottom-up*-Initiativen (Netzwerk-, Forschungs- und Kooperationsprojekte) in Bayern angesiedelter Unternehmen und Forschungseinrichtungen sowie einer unterstützenden Rolle politischer Rahmenbedingungen *(top-down)*. Die enge „interne" Vernetzung von Wirtschaftsbranchen durch Clusterbildung und Innovationsplattformen stärken Forschungs- und Entwicklungsaktivitäten sowie die Entwicklung neuer Wertschöpfungsmöglichkeiten.

Wie in den vorhergehenden Abschnitten dargestellt, treiben viele eigenständige Akteure die Entwicklung der Bioökonomie in verschiedensten Wirtschaftsbereichen an. So entwickeln Cluster-Organisationen, Unternehmen, Verbände und Mitglieder der Zivilgesellschaft branchenspezifische Bioökonomie-Agenden – als Beispiel dient hier der Bereich der holzbasierten Bioökonomie – oder individuelle Projekte basierend auf Zielsetzungen und Geschäftsmodellen einzelner Unternehmen. So erfolgt je nach Kooperations- und Forschungsbedarf die Gründung von Forschungsverbünden oder branchenübergreifende Zusammenarbeit. Beides wird durch die im Rahmen der Bayerischen Clusteroffensive geförderten branchenspezifischen Cluster unterstützt. Hierbei sind, hinsichtlich der Entwicklung innovativer Materialien, Verfahren und Prozesse, zunehmend branchenübergreifende Aktivitäten zu vermerken. Die gemeinsamen Projekte der Cluster Forst und Holz in Bayern gGmbH, Chemie Cluster Bayern GmbH und der Bayern Innovativ GmbH verdeutlichen dies.

Einzelne Regionen heben sich durch eine Selbstbezeichnung auf Basis ihrer Kompetenzbereiche hervor. So wählte etwa Straubing die Namensgebung „Straubing – Region der Nachwachsenden Rohstoffe". Die Bezeichnung nimmt u. a. Bezug auf die breite Expertise der Institutionen des Kompetenzzentrums für Nachwachsende Rohstoffe, angesiedelter Forschungsinstitute sowie der im Industriepark angesiedelten Unternehmen inklusive des auf Biomasselogistik spezialisierten Hafens und des Gründerzentrums (Straubing Region Nawaro 2018). Darüber hinaus tragen vier Regionen als Gewinner eines bundesweiten Wettbewerbs den Titel „Bioenergie-Region" (Archental, Straubing-Bogen, Bayreuth, Oberland). Ziel des vom Bundesministerium für Ernährung, Landwirtschaft und Verbraucherschutz (BMELV) durchgeführten Wettbewerbs war die Förderung innovativer Konzepte zur Nutzung von Entwicklungschancen der Bioenergie und die Schaffung von Vorbildregionen für Kommunikation und nachhaltigen Einsatz von Bioenergie (FNR 2018).

Zur Förderung des gesellschaftlichen Diskurses zur Nutzung biogener Rohstoffe stellen viele Institutionen bereits Informationsangebote zur Verfügung, häufig in Form von Fachveranstaltungen – wenn auch nicht immer explizit unter der Bezeichnung „Bioökonomie". Beispielhaft seien hier Fachkonferenzen im Rahmen von Forschungskooperationen oder Cluster- und Innovationsplattformen (z. B. Bayern Innovativ, IBB Netzwerk GmbH, Cluster Forst und Holz) sowie der Bayerischen Staatsministerien genannt. Im Rahmen der vom SVB organisierten Veranstaltung „Chancen einer nachhaltigen Bioökonomie in Bayern" erfolgte 2017 ein Anstoß zur Debatte über notwendige Rahmenbedingungen zur Gestaltung einer nachhaltigen Bioökonomie. Dieser Diskurs findet nach wie vor primär in Fachkreisen statt. Um Informationen über die Vorteile der energetischen und stofflichen Nutzung nachwachsender Rohstoffe für die breite Öffentlichkeit bereitzustellen, erarbeiten bspw. C.A.R.M.E.N. e. V., das TFZ oder das Ökoenergie-Institut Bayern Informationsmaterialien und nehmen Auftritte auf Fach- und Verbrauchermessen wahr. Kernthemen bilden hierbei u. a. die Bereiche Werkstoffe, Bauen mit nachwachsenden Rohstoffen, Biokraftstoffe, Wärme- und Stromerzeugung aus nachwachsenden Rohstoffen und erneuerbare Energien.

Trotz der erörterten vielfältigen Aktivitäten variiert sowohl die Bekanntheit des Konzepts Bioökonomie als auch die Verfügbarkeit von Informationen über Anwendungsbereiche und Umgang der Nutzung bzw. Nutzungsmöglichkeiten nachwachsender Rohstoffe in Bayern. Ein sektorenübergreifender Informations- und Wissensaustausch könnte dieses Wissen und die Nutzung nachwachsender Rohstoffe weiter stärken (SVB 2015). Zu diesem Zweck befinden sich derzeit Kommunikationsformate in Entwicklung.

15.4 Benchmark und Erfolgskriterien

Wie eingangs erläutert, hat der Sachverständigenrat Bioökonomie Bayern im Jahr 2017 eine Vision für die Gestaltung der Bioökonomie als Beitrag zur nachhaltigen Entwicklung formuliert. Diese Vision trägt zu einem Diskurs über allgemeine Zielsetzungen der Bioökonomie bei und ermöglicht eine Zielformulierung, anhand derer die bayerischen Partner in der Zukunft ihre Maßnahmen zur Förderung der Produktion, Verarbeitung und Nutzung biogener Rohstoffe prüfen können. In seinem Grundsatzpapier erörtert der SVB Handlungsfelder und notwendige Bedingungen, die als „ethische Leitplanken" (Vogt 2016) die Gestaltung einer nachhaltigen biobasierten Wirtschafts- und Lebensweise sicherstellen sollen. Durch seine Impulse zur Gestaltung regionaler und überregionaler, konsistenter politischer Rahmenbedingungen strebt der SVB an, die Transformation bestehender Produktions- und Konsummuster zu Gunsten einer nachhaltigen, postfossilen Gesellschaft zu unterstützen (SVB 2017f). Entsprechend fördert der SVB durch seine Beratungstätigkeit die Erarbeitung einer bayerischen Politikstrategie, die zielgerichtet auf die regionalen Voraussetzungen angepasst werden soll (SVB 2017f). Das StMELF sieht in der Broschüre „Bioökonomie für Bayern!" hierzu einen spezifisch bayerischen Akzent im Verständnis und in der strategischen Ausrichtung der Bioökonomie vor. So setzt das StMELF entgegen anderer Bioökonomiestrategien, deren Fokus ausschließlich auf Rest- und Abfallstoffen liegt, auf den Einbezug des gezielten Anbaus nachwachsender Rohstoffe. Zudem verfolgt das StMELF einen technologieoffenen Ansatz ohne Festlegung auf eingesetzte Rohstoffe oder Verarbeitungsverfahren und die Entwicklung eines umfassenden Forschungs- und Entwicklungsrahmens zur Unterstützung anwendungsorientierter Projekte (StMELF 2015). Zudem formuliert das StMELF das Ziel, die Wirtschaftsweise zunehmend an natürlichen Stoffkreisläufen zu orientieren und die Ressourceneffizienz durch die Ausweitung der Kaskaden- und Koppelnutzung zu steigern. Um die Transformation zu einer nachhaltigen biobasierten Wirtschaftsweise sicherzustellen, setzt das StMELF auf heimischen Biomasseanbau auf Basis klarer Nachhaltigkeitskriterien, um potenzielle Einschränkungen der Ernährungssicherung oder die Beeinträchtigung natürlicher Lebensgrundlagen zu vermeiden. Diese Kriterien müssen auch für importierte Biomasse gelten. Zudem strebt das Ministerium an, eventuelle Markthürden für biobasierte Produkte abzubauen, Netzwerke für horizontale und vertikale Zusammenarbeit zu stärken und jungen Unternehmen Starthilfe zu leisten. Die Vorteile einer biobasierten Wirtschafts- und Lebensweise sollen aktiv kommuniziert werden, um durch Transparenz und Partizipation die Akzeptanz der angestrebten Transformation zu erhöhen (StMELF 2015). Im Rahmen dieser Entwicklung betont der SVB die Notwendigkeit, Standards zur Umwelt- und Sozialverträglichkeit zu garantieren und eine partizipatorische Gestaltung der Bioökonomie durch die Intensivierung des Dialogs mit allen gesellschaftlichen

Anspruchsgruppen, darunter Wirtschafts-, Verbraucher- und Umweltverbände, Verbände der Zivilgesellschaft (NGOs), Kirchen sowie Vertretern der Wissenschaft sicherzustellen. Dies erfordert Kommunikationsformate, die Stakeholder zu den Chancen, aber auch vorausschauend zu möglichen kritischen Themen, informieren und bei der Entwicklung der Bioökonomie einbeziehen (SVB 2017e).

Als eine Schüsseltechnologie für diese Transformation gilt die Biotechnologie. Bayern ist mit rund 25 % der Unternehmen, rund 30 % der Beschäftigten und rund 25 % des Umsatzes der führende Biotechnologiestandort in Deutschland (StMWi 2018a). Die Bayerische Staatsregierung verfolgt das Ziel, den Biotechnologiestandort Bayern auch europaweit nicht nur hinsichtlich der Zahl der Unternehmen, sondern auch hinsichtlich der Umsatz- und Beschäftigungszahlen an die Spitze zu führen. In den vergangenen zehn Jahren hat der Freistaat Bayern etwa 600 Mio. € in die Biotechnologie investiert. Diese Förderung fließt über den Ausbau der Forschung an den Universitäten und außeruniversitären Forschungseinrichtungen hinaus vor allem auch in die Unterstützung von Branchennetzwerken sowie in den Auf- und Ausbau von technologieorientierten Gründerzentren (ebd.).

Die angeführten Akteure haben in ihren Agenden Zielvorstellungen formuliert. Ein zentrales Benchmarking zur Überprüfung der Maßnahmen zu ihrer Umsetzung ist noch nicht vorgesehen.

15.5 Erfahrungen

Die bayerische Forst- und Landwirtschaft stellt eine Vielzahl hochwertiger biogener Rohstoffe zur Verfügung. Neben der Ernährungswirtschaft finden die bereitgestellten Erzeugnisse als nachwachsende Rohstoffe in stofflichen und energetischen Nutzungsbereichen Anwendung. Insgesamt wurden 2016 in Bayern auf rund 490.000 ha landwirtschaftlicher Fläche Rohstoffe zur *non-food*-Nutzung angebaut. Dabei ist die energetische Nutzung sehr ausgeprägt (451.000 ha für Energieerzeugung gegenüber 39.000 ha für eine stoffliche Verwendung) (StMELF 2018a). Zudem wurden laut Bundeswaldinventur in Bayern zwischen 2003 und 2012 jährlich durchschnittlich 22 Mio. fm Rohholz[1] eingeschlagen. Auch in der Forstwirtschaft überwiegt derzeit die energetische Nutzung: 60 % des Holzes wurden energetisch verwertet (Cluster Forst und Holz in Bayern 2016).

Begünstigt durch die kleinstrukturierte Landwirtschaft und die damit einhergehende Vielzahl landwirtschaftlicher Betriebe sowie entsprechende Fördermaßnahmen im Rahmen des Erneuerbare-Energien-Gesetzes (EEG) verfügt Bayern im Bundesländervergleich über die meisten Biogas-vor-Ort-Verstromungsanlagen (2017: 2493) sowie über die höchste installierte elektrische Nennleistung (1025 MWel). Diese ist verteilt auf viele kleinere Anlagen (mittlere elektrische Anlagenleistung: 284 kWel) (LfL 2017). Dieser starke Ausbau erneuerbarer Energien auf Basis biogener Rohstoffe wurde durch die Präsenz aktiver Wissens- und Beratungsnetzwerke (z. B. C.A.R.M.E.N. e. V., TFZ, Öko-Energie-Institut) gefördert.

Die gute Rohstoffverfügbarkeit sowie die Potenziale des Wirtschaftsstandorts, an dem der Produktion und Nutzung biogener Rohstoffe eine wichtige volkswirtschaftliche und gesellschaftliche Bedeutung zukommt, ermöglichen einen Ausbau der Biomasseverwertung, insbesondere im Bereich der industriellen Nutzung. In diesem Bereich sind aufgrund ungünstiger Rahmenbedingungen – speziell der preislichen Wettbewerbsfähigkeit in direkter Konkurrenz zu fossilbasierten Produkten – bislang wenige sektorenübergreifende Wertschöpfungsketten etabliert. Im Bereich fortschrittlicher Biokraftstoffe zeigen sich jedoch bereits die Etablierung neuer Wertschöpfungs-

1 Festmeter Rohholz.

ketten und die Nutzung von Synergieeffekten, die es weiter auszubauen gilt (SVB 2015). Hinsichtlich der Entwicklung von Biomassewertschöpfungsketten gilt es zu beachten, dass sich die Rohstoffnutzung in unterschiedlichen Anwendungsfällen ergänzen kann. Zu diesem Zweck ist die stoffliche Nutzung gleichrangig zur energetischen Nutzung zu behandeln und die Effizienz der gesamten Wertschöpfungskette zu betrachten (SVB 2017a).

Vor diesem Hintergrund ist die hohe Kompetenz und Vernetzung innerhalb der Wirtschaftsbranchen und wissenschaftlichen Disziplinen positiv zu werten. Die branchenübergreifende Vernetzung wird zunehmend intensiviert, zudem entstehen – bzw. entstanden – regionale Kompetenzzentren zu Fokusbereichen in Forschung und Entwicklung sowie zur Nutzung biogener Rohstoffe. Branchen- und Innovationsnetzwerke fördern den Transfer von Forschungsergebnissen in die Praxis. Insbesondere für kleine und mittlere Unternehmen (KMU) besteht jedoch nach wie vor die Herausforderung der Aufwendung genügender Ressourcen zur wirtschaftlichen Umsetzung von Produkt- und Prozessinnovationen. Um diesem Umstand Rechnung zu tragen, soll u. a. eine Mehrzweck-Demonstrationsanlage zur Erprobung und Skalierung biotechnologischer Verfahren in Straubing entstehen.

Da Industriekooperationen teilweise nicht zustande kommen, weil in geförderten Projekten die für die Industrieunternehmen wichtige Geheimhaltung von Ergebnissen und deren spätere Nutzung häufig nur schwierig dargestellt werden können, empfiehlt der SVB zudem neben der Forschungsförderung an Universitäten und Hochschulen, auch Förderprogramme für die anwendungsorientierte Forschung in mittelständischen Unternehmen und der Industrie auszubauen und vor diesem Hintergrund den Umgang mit geistigem Eigentum besonders zu berücksichtigen. Dies gilt insbesondere für Projekte, bei denen die geförderte Arbeit im Rahmen von Netzwerken stattfindet (SVB 2017d).

Zudem konkurrieren viele Werkstoffe und Produkte, die nachwachsende Rohstoffe enthalten, direkt mit herkömmlichen, aus fossilen Rohstoffen hergestellten Produkten. Da ihr Erfolg auch vom Ölpreis abhängt, können sie ihre Vorteile – sowohl ökologisch als auch technisch – nicht immer ausspielen. Um Produkte, die der Bioökonomie entstammen, zu fördern, sollte die Politik Gesetze und Verordnungen, die ihren Absatz behindern, anpassen bzw. vermeiden. So sollten innovative Produkte bereits in der aktuellen Gesetzgebung berücksichtigt werden, z. B. im Verpackungsgesetz (SVB 2017c). Gleichzeitig sollten direkte Anreize zur Stärkung der Nachfrage nach biobasierten Produkten eingeführt werden. Diese Schritte sind nicht ausschließlich auf Landesebene durchzuführen. Zu genannten Zielen sollte auch die Bundes- und europäische Ebene adressiert werden. Darüber hinaus ist die Intensivierung von Maßnahmen im Bereich der Öffentlichkeitsarbeit notwendig, um das Verbraucherbewusstsein für nachhaltigen Konsum zu stärken und die Akzeptanz für Produktinnovationen zu erhöhen. Durch sachgerechte Informationen sollten der Öffentlichkeit die Notwendigkeit und die Chancen der Bioökonomie nähergebracht sowie die Möglichkeit zu verantwortlicher Mitgestaltung der angestrebten Transformation gegeben werden. Kleine, ggf. sogar dezentrale Ausstellungen, Veranstaltungen, Lehrinhalte an Schulen, Ausbildungsstätten und auch Universitäten könnten eine breit angelegte Wissensvermittlung ermöglichen (SVB 2017b).

Literatur

Bayerische Staatsregierung. (2018). Das Beste für Bayern – Regierungserklärung des Bayerische Ministerpräsidenten Dr. Markus Söder, MdL, am 18. April 2018 vor dem Bayerischen Landtag. ▶ http://bayern.de/wp-content/uploads/2018/04/das_beste_fuer_bayern.pdf. Zugegriffen: 10. Sept. 2018.

Bayern Innovativ GmbH. (2018a). Unsere Mission. ▶ https://www.bayern-innovativ.de/cluster-neue-werkstoffe/seite/cluster-neue-werkstoffe. Zugegriffen: 9. Sept. 2018.

Bayern Innovativ GmbH. (2018b). WiProNa – Netzwerk für Nachhaltigkeit. ▶ http://www.bayern-innovativ.de/wiprona. Zugegriffen: 11. Juni 2018.

BioM (Biotechnologie Cluster Management für München & Bayern). (2018). München ist ein führender Biotechnologie-Standort. ▶ https://www.bio-m.org/zahlen-und-fakten/muenchner-biotech-cluster.html. Zugegriffen: 11. Juni 2018.

Bioökonomierat. (2017). Die Bioökonomie wird vermehrt von Bund und Ländern getragen. ▶ http://biooekonomierat.de/aktuelles/biooekonomie-im-bund-und-in-den-laendern/. Zugegriffen: 11. Juni 2018.

C.A.R.M.E.N. e. V. (2018). Nachwachsende Rohstoffe, Erneuerbare Energien und nachhaltige Ressourcennutzung. ▶ https://www.carmen-ev.de/infothek/c-a-r-m-e-n-e-v. Zugegriffen: 11. Juni 2018.

Chemie Cluster Bayern GmbH. (2018). Unsere Geschichte. ▶ http://chemiecluster-bayern.de/ueber-uns/unsere-geschichte/. Zugegriffen: 9. Sept. 2018.

Clariant Produkte (Deutschland) GmbH. (2018a). Spatenstich für die Sunliquid Cellulose-Ethanolanlage von Clariant in Rumänien. ▶ https://www.clariant.com/de/Corporate/News/2018/09/Groundbreaking-for-Clariantrsquos-sunliquidreg-cellulosic-ethanol-plant-in-Romanianbsp. Zugegriffen: 17. Okt. 2018.

Clariant Produkte (Deutschland) GmbH. (2018b). Zellulose-Ethanol aus Agrarreststoffen – Think ahead, think sunliquid. ▶ https://www.clariant.com/de/Business-Units/New-Businesses/Biotech-and-Biobased-Chemicals/Sunliquid. Zugegriffen: 11. Juni 2018.

Cluster Forst und Holz in Bayern. (2016). Clusterstudie Forst, Holz und Papier 2015 – Klimaschutz, Wirtschaftswachstum und Zukunftschance für Bayern und seinen ländlichen Raum. ▶ https://www.cluster-forstholzbayern.de/images/clusterstudie2015/Clusterstudie_ForstHolzPapier_Bayern_2015.pdf. Zugegriffen: 11. Juni 2018.

Cluster Forst und Holz in Bayern. (2017). Cross-Cluster-Projekt HoKuRo erfolgreich abgeschlossen. ▶ https://www.cluster-forstholzbayern.de/de/informationen/unsere-aktionen/1690-cross-cluster-projekt-hokuro-erfolgreich-abgeschlossen. Zugegriffen: 1. Okt. 2018.

Cluster Forst und Holz in Bayern. (2018). Agenda Forst und Holz in Bayern 2030. ▶ https://www.cluster-forstholzbayern.de/de/?option=com_content&view=article&id=1559. Zugegriffen: 9. Sept. 2018.

FNR (Fachagentur Nachwachsende Rohstoffe). (2018). Fördermaßnahme Bioenergie-Regionen. ▶ https://bioenergie.fnr.de/bioenergie-regionen/foerdermassnahme/. Zugegriffen: 11. Juni 2018.

Fraunhofer IGB (Institut für Grenzflächen- und Bioverfahrenstechnik). (2018). Bio-, Elektro- und Chemokatalyse BioCat, Institutsteil Straubing. ▶ https://www.igb.fraunhofer.de/de/forschung/kompetenzen/biocat.html. Zugegriffen: 1. Okt. 2018.

IBB Netzwerk GmbH (Industrielle Biotechnologie Bayern Netzwerk GmbH). (2018). Website. ▶ https://www.ibbnetzwerk-gmbh.com/de/startseite/. Zugegriffen: 11. Juni 2018.

KoNaRo (Kompetenzzentrum für Nachwachsende Rohstoffe). (2018). Kompetenzfelder. ▶ http://www.konaro.de/ueber-uns/kompetenzfelder. Zugegriffen: 11. Juni 2018.

LfL (Bayerische Landesanstalt für Landwirtschaft). (2017). Biogas in Zahlen – Statistik zur bayerischen Biogasproduktion. ▶ http://www.lfl.bayern.de/iba/energie/031607/. Zugegriffen: 11. Juni 2018.

proHolz Bayern GmbH. (2018a). Holz als Quelle einer nachhaltigen Bioökonomie und Ressource der Zukunft. ▶ https://proholz-bayern.de/pressemitteilungen/der-wald-steckt-voller-neuer-moeglichkeiten-holz-als-quelle-einer-nachhaltigen-biooekonomie-und-ressource-der-zukunft/. Zugegriffen: 11. Juni 2018.

proHolz Bayern GmbH. (2018b). Über uns ▶ https://proholz-bayern.de/ueber-uns/. Zugegriffen: 11. Juni 2018.

StMELF (Bayerisches Staatsministerium für Ernährung, Landwirtschaft und Forsten). (2015). Bioökonomie für Bayern!. ▶ https://www.bestellen.bayern.de/application/eshop_app000004?SID=540189955&ACTIONxSESSxSHOWPIC(BILDxKEY:%2708102015%27,BILDxCLASS:%27Artikel%27,BILDxTYPE:%27PDF%27). Zugegriffen: 11. Juni 2018.

StMELF (Bayerisches Staatsministerium für Ernährung, Landwirtschaft und Forsten). (2018a). Bayerischer Agrarbericht 2018. ▶ http://www.agrarbericht-2018.bayern.de/politik-strategien/index.html. Zugegriffen: 11. Juni 2018.

StMELF (Bayerisches Staatsministerium für Ernährung, Landwirtschaft und Forsten). (2018b). Bioökonomie für Bayern! Chancen der grünen Ressourcen nutzen. ▶ http://www.stmelf.bayern.de/nachwachsende_rohstoffe/103865/index.php. Zugegriffen: 11. Juni 2018.

StMUV (Bayerisches Staatsministerium für Umwelt und Verbraucherschutz). (2016). Bayerische Ressourcenstrategie. ▶ http://www.stmuv.bayern.de/themen/ressourcenschutz/ressourcenstrategie/index.htm. Zugegriffen: 11. Juni 2018.

StMUV (Bayerisches Staatsministerium für Umwelt und Verbraucherschutz). (2017). Bayerische Nachhaltigkeitsstrategie – Erhaltung und Bewirtschaftung der natürlichen Ressourcen. ▶ http://www.nachhaltigkeit.bayern.de/strategie/natuerliche_ressourcen/index.htm. Zugegriffen: 11. Juni 2018.

StMWi (Bayerisches Staatsministerium für Wirtschaft, Landesentwicklung und Technologie; zum Zeitpunkt der Publikation: Bayerisches Staatsministerium für Wirtschaft und Medien, Energie und Technologie). (2016). Aigner: „Wir investieren 20 Millionen Euro in die Zukunft der Biotechnologie". ► https://www.stmwi.bayern.de/presse/pressemitteilungen/pressemitteilung/pm/98-2016/. Zugegriffen: 11. Juni 2018.

StMWi (Bayerisches Staatsministerium für Wirtschaft, Landesentwicklung und Technologie; zum Zeitpunkt der Publikation: Bayerisches Staatsministerium für Wirtschaft und Medien, Energie und Technologie). (2017). Cluster Offensive Bayern; Im Netzwerk zum Erfolg. ► https://www.cluster-bayern.de/fileadmin/user_upload/stmwi/Publikationen/2017/2017-06-12_Cluster-Offensive_Bayern.pdf. Zugegriffen: 11. Juni 2018.

StMWi (Bayerisches Staatsministerium für Wirtschaft, Landesentwicklung und Technologie). (2018a). Biotechnologie. ► https://www.stmwi.bayern.de/innovation-technologie/schwerpunkte/biotechnologie/. Zugegriffen: 11. Juni 2018.

StMWi (Bayerisches Staatsministerium für Wirtschaft, Landesentwicklung und Energie). (2018b). Technologieförderung. ► https://www.stmwi.bayern.de/service/foerderprogramme/technologiefoerderung/. Zugegriffen: 12. Juni 2018.

StMWi (Bayerisches Staatsministerium für Wirtschaft, Landesentwicklung und Energie). (2019a). 40 Millionen Euro für neue Mehrzweckanlage für die Produktion von biobasierten Chemikalien. ► https://www.stmwi.bayern.de/presse/pressemitteilungen/pressemitteilung/pm/141-2019/. Zugegriffen: 19. Juni 2019.

StMWi (Bayerisches Staatsministerium für Wirtschaft, Landesentwicklung und Energie). (2019b). „Cluster Offensive Bayern" wird in der vierten Förderperiode fortgeführt. ► https://www.stmwi.bayern.de/presse/pressemitteilungen/pressemitteilung/pm/134-2019/. Zugegriffen: 19. Juni 2019.

Straubing Region NawaRo (Straubing – Region der nachwachsenden Rohstoffe). (2018). Die Region. ► http://www.straubing-region-nawaro.de/index.cfm?cid=166. Zugegriffen: 11. Juni 2018.

SVB (Sachverständigenrat Bioökonomie Bayern). (2015). Die Bioökonomie in Bayern – Ausgangssituation und Potenziale. ► http://www.biooekonomierat-bayern.de/dateien/Publikationen/SVB_2016_Die_Bio%C3%B6konomie_in_Bayern_Broschuere.pdf. Zugegriffen: 11. Juni 2018.

SVB (Sachverständigenrat Bioökonomie Bayern). (2017a). Die Grundsätze der Bioökonomie in Bayern. ► http://www.biooekonomierat-bayern.de/dateien/Publikationen/SVB_Grunds%C3%A4tze_der_Bio%C3%B6konomie_in_Bayern.pdf. Zugegriffen: 11. Juni 2018.

SVB (Sachverständigenrat Bioökonomie Bayern). (2017b). Schwerpunktthema 1-G-Bioethanoltechnologie im Raffinerieverbund. ► http://www.biooekonomierat-bayern.de/dateien/Publikationen/SVB-Schwerpunktthema_1G-Bioethanoltechnologie_im_Bioraffinerieverbund.pdf. Zugegriffen: 11. Juni 2018.

SVB (Sachverständigenrat Bioökonomie Bayern) (2017c). Schwerpunktthema Biologisch abbaubare Werkstoffe aus nachwachsenden Rohstoffen. ► http://www.biooekonomierat-bayern.de/dateien/Publikationen/SVB-Schwerpunktthema_Bioabbaubare_Werkstoffe_aus_NawaRo.pdf. Zugegriffen: 11. Juni 2018.

SVB (Sachverständigenrat Bioökonomie Bayern). (2017d). Schwerpunktthema Drop-In-Biokunststoffe. ► http://www.biooekonomierat-bayern.de/dateien/Publikationen/SVB-Schwerpunktthema_Drop-In-Biokunststoffe.pdf. Zugegriffen: 11. Juni 2018.

SVB (Sachverständigenrat Bioökonomie Bayern). (2017e). Schwerpunktthema Kommunikation und ethische Leitwerte. ► http://www.biooekonomierat-bayern.de/dateien/Publikationen/Schwerpunktthema_Kommunikation_und_ethische_Leitwerte.pdf. Zugegriffen: 11. Juni 2018.

SVB (Sachverständigenrat Bioökonomie Bayern). (2017f). Schwerpunktthema Zellulose-Ethanol. ► http://www.biooekonomierat-bayern.de/dateien/Publikationen/SVB-Schwerpunktthema_Zelluloseethanol.pdf. Zugegriffen: 11. Juni 2018.

TFZ (Technologie- und Förderzentrum). (2018). Organisation. ► http://www.tfz.bayern.de/tfz/organisation/index.php. Zugegriffen: 11. Juni 2018.

TUMCS (TUM Campus Straubing). (2018a). Campus Straubing für Biotechnologie und Nachhaltigkeit. Nachwachsende Rohstoffe (NawaRo), Erneuerbare Energien und Bio-Ökonomie in Forschung und Lehre. ► http://www.cs.tum.de/de/campus-straubing/. Zugegriffen: 12. Juni 2018.

TUMCS (TUM Campus Straubing). (2018b). Forschung. ► http://www.cs.tum.de/de/forschung/. Zugegriffen: 12. Juni 2018.

TUMCS (TUM Campus Straubing). (2018c). Meilenstein für richtungsweisen Forschung und Lehre – Spatenstich für neues Labor- und Hörsaalgebäude am künftigen Universitätsstandort Straubing. ► http://www.cs.tum.de/de/meilenstein-fuer-richtungsweise-forschung-und-lehre/. Zugegriffen: 12. Juni 2018.

Vogt, M. (2016). Ethische Fragen der Bioökonomie. Straubing 7.3.2016, Vortrag C.A.R.M.E.N. Forum. ► http://www.biooekonomierat-bayern.de/dateien/Publikationen/M.Vogt_Ethische_Fragen_der_Bio%C3%B6konomie_03.2016.pdf. Zugegriffen: 10. Dez. 2018.

Benjamin Nummert

(geb. 1988) studierte Europäische Studien an der Universität Osnabrück sowie Sustainable Development. Seinen Master in Environmental Governance schloss er an der Universität Utrecht in den Niederlanden ab. Bevor er 2017 die Leitung der Geschäftsstelle des Sachverständigenrats Bioökonomie Bayern übernahm, war er von 2015 bis 2017 als Projektmanager für den Sachverständigenrat Bioökonomie Bayern tätig. Im Jahr 2019 übernahm er dann eine Position als Referent im Brüsseler Europabüro des Verbands der Chemischen Industrie e. V.

Bioökonomienetzwerke in Europa

Nora Szarka und Ronny Kittler

D. Thrän, U. Moesenfechtel (Hrsg.), *Das System Bioökonomie*,
https://doi.org/10.1007/978-3-662-60730-5_16

16.1 Einleitung

Im Jahr 2012 verabschiedete und führte die Europäische Kommission (EK) die EU-Bioökonomiestrategie „Innovating for sustainable Growth: a Bioeconomy for Europe" ein, um aktuelle und zukünftige Umweltprobleme anzugehen und einen Wandel hin zu einer nicht fossilen europäischen Wirtschaft einzuleiten. Die übergeordneten Ziele sind:

> „Sicherung von Nahrung, nachhaltige Bewirtschaftung der natürlichen Ressourcen, Verringerung der Abhängigkeit von nicht nachhaltigen Ressourcen, Minderung und Anpassung an den Klimawandel, Umgestaltung der Produktion, Förderung einer nachhaltigen Produktion erneuerbarer Ressourcen aus der Landwirtschaft, Fischerei und Aquakultur sowie deren Umwandlung in Lebensmittel, Futtermittel, Fasern, biobasierte Produkte und Bioenergie, bei gleichzeitiger Sicherung der europäischen Wettbewerbsfähigkeit und Schaffung neuer Arbeitsplätze und Industrien" (EK 2018b, o. S.).[1]

Der EU-Ansatz wird in den meisten EU-Mitgliedstaaten durch die Entwicklung nationaler und regionaler Bioökonomiestrategien vorangetrieben – bereits 19 Mitgliedstaaten verfügen über eine Bioökonomiestrategie – oder ein ähnliches strategisches Dokument – oder bereiten diese derzeit vor (Spatial Foresight 2017).

Im Jahr 2013 wurde das „European Bioeconomy Stakeholder Panel" eingerichtet, um einen Expertenpool aus einem breiten Spektrum von Interessengruppen zusammenzustellen. Darin sind große und kleine Industrieunternehmen, staatliche und nichtstaatliche Organisationen, Verbände, Biomasseerzeuger und Regionen und Forschungseinrichtungen vertreten, die jeweils in verschiedenen Sektoren der Bioökonomie tätig sind. Das Stakeholder-Panel verstärkt die Zusammenarbeit in ganz Europa, war am Überarbeitungsprozess der EU-Bioökonomiestrategie beteiligt und veröffentlichte 2017 das Manifest der europäischen Bioökonomieakteure (Bioeconomy Stakeholders Panel 2017). Das Manifest soll die Herausforderungen und Chancen bei der Entwicklung von Bioökonomiestrategien in den europäischen Ländern aufzeigen und die Motivation der Interessengruppen erhöhen in die bioökonomische Transformation zu investieren. Ein Hauptziel des Manifests ist es, die Zusammenarbeit der Interessengruppen in verschiedenen Sektoren, entlang und über einzelne Wertschöpfungsketten hinweg, zu initiieren und zu fördern sowie *scale-up-* und Marktaufnahmeprozesse zu erleichtern. Das Manifest empfiehlt Maßnahmen zum Ausbau der interregionalen und länderübergreifenden Zusammenarbeit und zum Aufbau regionaler Zusammenarbeit, Infrastruktur und Cluster. Sowohl regionale als auch überregionale Cluster sind von entscheidender Bedeutung für die Stärkung regionaler Kompetenzen und die Unterstützung des Wissensaustauschs im Rahmen der Bioökonomie der Europäischen Union (Bioeconomy Stakeholders Panel 2017).

Das folgende Kapitel gibt einen Überblick über den Stand der regionalen, nationalen und transnationalen Bioökonomiecluster in der EU-28. In einem ersten Schritt werden die unterschiedlichen Definitionen der Begriffe „Custer" und „Bioökonomie" herausgearbeitet, um das jeweilige Selbstverständnis der europäischen Bioökonomiecluster zu skizzieren. In einem zweiten Schritt werden 32 Bioökonomiecluster analysiert und die jeweiligen Ansätze und Entwicklungen beschrieben und miteinander verglichen.

16.2 Clusterdefinitionen in Europa

Die am häufigsten verwendete Clusterdefinition stammt von Porter, der einen Cluster als „eine geographische Gruppe von

1 Übersetzt aus dem Englischen durch die Autoren.

miteinander verbundenen Unternehmen und verbundenen Institutionen in einem bestimmten Bereich" bestimmt, „die durch Gemeinsamkeiten und Externalitäten miteinander verbunden sind" (Porter 2008). Zu den Clustern können *downstream*-, Produkt- oder Dienstleistungsunternehmen, verschiedene Anbieter mit spezialisierten Inputs und Dienstleistungen, Finanzinstitute, Institutionen für spezialisierte Ausbildung, Forschung und technische Unterstützung sowie Normungseinrichtungen gehören (ebd.).

Die EK definiert Cluster umfassender als

> „Gruppen von Unternehmen, verwandte Wirtschaftsakteure und Institutionen, die nahe beieinander angesiedelt sind und eine ausreichende Größe erreicht haben um spezielle Fachkenntnisse, Dienstleistungen, Ressourcen, Lieferanten und Fähigkeiten zu entwickeln" (EK 2008, S. 2).[2]

Das Bundesministerium für Bildung und Forschung (BMBF) beschreibt Cluster als die Zusammenführung von Forschung, Industrie, Behörden und anderen Organisationen innerhalb eines thematischen Tätigkeitsfeldes. Die geographische und thematische Nähe schafft eine Plattform für Information, Kommunikation, Zusammenarbeit und Austausch (BMBF 2018).

Abhängig vom jeweiligen nationalen Rahmen und der Clusterpolitik sind die Definitionen und rechtlichen Ausgestaltungen von Clustern europaweit sehr vielfältig. Beispielsweise gibt es in Ungarn keine rechtliche Definition oder festgelegte Organisationsform eines Clusters. Bei der Gründung eines Clusters sollten jedoch Informationen über das gemeinsame Ziel, das Management und das Budget von der den Cluster initiierenden Stelle zur Verfügung gestellt werden (European Cluster Collaboration Platform (ECCP)[3]. Gerade in Mittel- und Osteuropa hat die Entwicklung und Politik von Clustern keine weit zurückgehende Geschichte wie in West- und Nordeuropa. Dänemark, Frankreich, Deutschland, Italien, Irland, die Niederlande, Portugal, Spanien und das Vereinigte Königreich haben bereits in den 1990er-Jahren nationale oder regionale Clusterstrategien und/oder Mechanismen zur Unterstützung der Clusterentwicklung umgesetzt. Insbesondere die nordischen Länder (Finnland, Schweden, Norwegen) haben starke nationale Clusterinstitutionen unter dem Dach der nationalen Regierung geschaffen, um deren Entwicklung zu unterstützen (Ketels 2004).

Die Schaffung und Weiterentwicklung von Clustern und Clusterdienstleistungen wird durch mehrere regionale, nationale und EU-Politiken unterstützt (Sölvell et al. 2003). In Deutschland unterstützen das Bundesministerium für Wirtschaft, Mittelstand und Energie (BMWi) und das Bundesministerium für Bildung und Forschung (BMBF) die Entwicklung effizienter und hochinnovativer Cluster. Erfolgreiche Beispiele sind das Programm „go-cluster" (das die Verbesserung des Clustermanagements und der internationalen Wettbewerbsfähigkeit unterstützt) und der „Spitzencluster-Wettbewerb" zur Erstellung von Clusterstrategien und deren Umsetzung im Bereich der deutschen Neuen Hightech-Strategie. Die BMBF-Programmfamilie „Unternehmerische Regionen" unterstützt die Entwicklung von Innovationsallianzen in den neuen Bundesländern mit dem Ziel, den Strukturwandel zu fördern. Neben nationalen Initiativen haben mehrere Bundesländer – insbesondere Bayern und Baden-Württemberg – zahlreiche Maßnahmen zur Unterstützung der Clusterentwicklung auf der

2 Übersetzt aus dem Englischen durch die Autoren.

3 Für weitere Informationen siehe: ► https://www.clusterplattform.de/CLUSTER/Navigation/DE/Home/home.html, ► http://www.spitzencluster.de/ und ► http://ec.europa.eu/growth/industry/policy/cluster_en.

Grundlage der individuellen Stärken und Strukturen der Regionen gestartet.

Auch in Norwegen, Finnland und Schweden gibt es spezielle Clusterprogramme zur Umsetzung nationaler Strategien. In Norwegen zielt das norwegische Innovation Cluster Programm (eine gemeinsame Initiative der Industrial Development Corporation of Norway und des Norwegian Research Council) darauf ab, kooperative Entwicklungsaktivitäten in Clustern unterschiedlicher Reife anzustoßen und zu verstärken (Norwegian Innovation Clusters 2018). Finnland startete Anfang der 1990er-Jahre das OSKE-Expertenprogramm, das zur Gründung von 13 Kompetenzzentren führte, die Forschung, Industrie, Technologieparks und regionale Behörden zusammenbringen (Synocus Group 2009). Das Vorzeigeprojekt der schwedischen Clusterpolitik ist „Vinnväxt – Regional Growth through Dynamic Innovation Systems", ein Programm, das seit 2001 von VINNOVA durchgeführt wird, der schwedischen Innovationsagentur. In einem Wettbewerbsprozess werden regionale Cluster für ein Zehnjahresprogramm mit bis zu 1 Mio. € Fördermitteln pro Jahr und paralleler Prozessunterstützung für das Wachstum ausgewählt (Ketels 2009; Vinnova 2016). Auf europäischer Ebene stehen im Rahmen von COSME und Horizon2020 Finanzierungssysteme für die Schaffung und Weiterentwicklung von Clustern, Cross-Clustering und Clusterinternationalisierung zur Verfügung (EK 2014). Durch die umfangreichen Clusterförderprogramme wurden Cluster zu einem Erfolgsmodell in der industriellen Zusammenarbeit in ganz Europa. Das Clusterpanorama zählt über 3000 „starke Cluster" in ganz Europa.[4] Unter den Top 20 % der europäischen Cluster sind 103 (über alle gemessenen Leistungsdimensionen hinweg) weltweit führend (Ketels und Protsiv 2016). Das europäische Clusterpanorama zeigt mehrere Hotspots in den Benelux-Staaten, dem Ostseeraum, Frankreich, Deutschland, Irland und dem Vereinigten Königreich (EK 2018a).

Trotz der unterschiedlichen Definitionen eines Clusters und der nationalen oder regionalen Clusterpolitikansätze, lassen sich einige Gemeinsamkeiten von Clustern feststellen:

- Sie zeichnen sich durch geographische Nähe und signifikante thematische/sektorale Überschneidungen aus.
- Sie gelten als ein wichtiges Instrument zur Steigerung der industriellen Wettbewerbsfähigkeit und der Innovation in Unternehmen.
- Sie integrieren Forschungseinrichtungen, öffentliche Einrichtungen, Finanzierungseinrichtungen und andere relevante Akteure.
- Sie erleichtern den Technologie- und Wissenstransfer zwischen Forschung und Industrie sowie das *scale-up* und die Marktaufnahme.
- Sie gelten als Triebkräfte für die regionale Entwicklung und die Schaffung von Arbeitsplätzen, indem sie die Umsetzung regionaler und/oder nationaler Entwicklungsstrategien oder intelligenter Spezialisierungsstrategien unterstützen.
- Sie konzentrieren sich meist auf innovative und hochtechnologische Sektoren.

16.3 Definitionen und Strategien der Bioökonomie

Im Gegensatz zum Konzept der Cluster und Clusterpolitik ist die Konzeptualisierung der Bioökonomie und ihre strategische Umsetzung ein relativ neuer Ansatz in der Europäischen Union – und darüber hinaus. Deutschland gehörte zu den ersten Ländern weltweit, die Strategien für Bioökonomie veröffentlicht hat: in 2010 eine „Nationale Forschungsstrategie Bioökonomie 2030"

4 Die Stärke eines Clusters erfasst der Gesamtgröße, der Spezialisierung, der Produktivität und der Dynamik. „Starke Cluster" sie sind so definiert, dass sie die führenden 20 % der Regionen nach ihrer Spezialisierung in jeder Clusterkategorien erfassen.

(BMBF 2010) und 2013 eine ganzheitliche und umfassende „Nationale Politikstrategie zur Bioökonomie" (BMEL 2014). Seitdem – und im Einklang mit den Ambitionen der Europäischen Union zur Umsetzung der EU-Bioökonomiestrategie – haben 19 Länder spezielle nationale und/oder regionale Bioökonomiestrategien oder ähnliche Dokumente erstellt oder bereiten diese gerade vor.

Die deutsche Strategie definiert Bioökonomie als „die wissensbasierte Produktion und Nutzung nachwachsender Rohstoffe, um Produkte, Prozesse und Dienstleistungen in allen Bereichen der Wirtschaft im Rahmen eines zukunftsfähigen Wirtschaftssystems anzubieten. Sie umfasst alle Wirtschaftszweige und die damit verbundenen kommerziellen Dienstleistungen, die sich mit der Erzeugung, Be- oder Verarbeitung, der Nutzung oder dem Handel mit nachwachsenden Rohstoffen befassen – wie Pflanzen, Tiere und Mikroorganismen und daraus hergestellte Produkte" (BMEL 2014). Nach Ansicht des deutschen Bioökonomierats ist Bioökonomie definiert als „die Produktion und Nutzung biologischer Ressourcen (einschließlich Wissen) zur Bereitstellung von Produkten, Prozessen und Dienstleistungen in allen Bereichen der Wirtschaft im Rahmen einer nachhaltigen Wirtschaft" (Bioökonomierat 2018).

Die EU-Bioökonomiestrategie definiert Bioökonomie als „die Produktion erneuerbarer biologischer Ressourcen und die Umwandlung dieser Ressourcen, Rückstände, Nebenprodukte und Nebenströme in Mehrwertprodukte wie Lebensmittel, Futtermittel, biobasierte Produkte, Dienstleistungen und Bioenergie" (EK 2014, S. 3). Mit anderen Worten: „[D]ie Bioökonomie umfasst diejenigen Teile der Wirtschaft, die erneuerbare biologische Ressourcen aus Land und Meer – wie Nutzpflanzen, Wälder, Fische, Tiere und Mikroorganismen – nutzen, um Lebensmittel, Materialien und Energie zu produzieren" (EK 2018b, o. S.).

Die Definitionen und Konzepte der Bioökonomie sind in Europa unterschiedlich. Dies resultiert aus unterschiedlichen strategischen Zielen und Technologieschwerpunkten sowie der Vielfalt der natürlichen Ausstattung sowie der geographischen Lage der jeweiligen Länder.

In Belgien

» „umfasst die Bioökonomie sowohl die Produktion erneuerbarer biologischer Ressourcen als auch die Nutzung dieser Ressourcen und Restströme. Konkret umfasst die Bioökonomie u. a. folgende Sektoren: Land- und Forstwirtschaft, Fischerei, Ernährungswirtschaft, Holzverarbeitung, Zellstoff- und Papierindustrie, Umwelttechnik, Baugewerbe, Energiesektor und Industriezweige wie Textilindustrie, chemische Industrie und Biotechnologie, Endverbraucher/Verbraucher und Logistiksektor" (Flanders Biobased Valley 2018, o. S.).[5]

Das Vereinigte Königreich definiert Bioökonomie als

» „die wirtschaftliche Chance, mithilfe der Biologie zur Lösung von Herausforderungen in den Bereichen Landwirtschaft, Energie, Gesundheit und mehr beizutragen, die das Potenzial haben, wirtschaftliche, ökologische und soziale Vorteile zu erbringen [...] und [...] sie umfasst alle wirtschaftlichen Aktivitäten, die aus biobasierten Produkten und Prozessen abgeleitet werden. Diese haben das Potenzial, zu nachhaltigen und ressourceneffizienten Lösungen für die Herausforderungen beizutragen, denen wir in den Bereichen Lebensmittel, Chemikalien, Materialien, Energieerzeugung, Gesundheit und Umweltschutz gegenüberstehen" (Department for Business, Energy & Industrial Strategy 2016, S. 3).[6]

5 Übersetzt aus dem Englischen durch die Autoren.
6 Übersetzt aus dem Englischen durch die Autoren.

Finnland

> „bezieht sich auf eine Wirtschaft, die bei der Erzeugung von Nahrungsmitteln, Energie, Produkten und Dienstleistungen auf erneuerbare natürliche Ressourcen angewiesen ist, und wird die Abhängigkeit von fossilen natürlichen Ressourcen verringern, den Verlust der biologischen Vielfalt verhindern und neues Wirtschaftswachstum und Arbeitsplätze im Einklang mit den Grundsätzen der nachhaltigen Entwicklung schaffen" (Bioeconomy Finland 2018, o. S.).[7]

In Frankreich wird Bioökonomie als „die Photosynthese-Ökonomie und ganz allgemein die lebende Weltwirtschaft" verstanden. Sie umfasst alle

> „Tätigkeiten zur Erzeugung und Verarbeitung von Biomasse, sei es in der Forstwirtschaft, der Landwirtschaft oder der Aquakultur, die auf die Herstellung von Lebensmitteln, Futtermitteln, biobasierten Produkten und erneuerbaren Energien ausgerichtet sind. Diese Definition umfasst eine Vielzahl von Sektoren: Land- und Forstwirtschaft, Verarbeitung in der Lebensmittel- und Holzindustrie, Energieerzeugung aus Biomasse, Produktion von Materialien und Molekülen sowie Bioabfallverwertung" (République Française 2017, o. S.).[8]

In Slowenien kann die Bioökonomie „als eine Wirtschaft beschrieben werden, die die Produktion erneuerbarer biologischer Ressourcen und deren Umwandlung in Lebensmittel, Futtermittel, biobasierte Produkte und Bioenergie umfasst" (BERST 2015, S. 3).[9]

16

Obwohl alle Länder Bioökonomie als Produktion und Umwandlung von Biomasse in Produkte mit Mehrwert definieren, unterscheiden sich die Schwerpunkte und Ziele. So sind bspw. in Deutschland die Hauptbereiche Landwirtschaft, Gesundheit, Ernährung und Energie, während in Finnland die effiziente Ressourcennutzung, die forstbasierte Biomasseveredelung und die grüne Chemie im Mittelpunkt stehen (Staffas et al. 2013). Portugal und Island konzentrieren sich bei ihrem strategischen Ansatz für die Bioökonomie stark auf die Ozeane und das blaue Wachstum. So variiert die nationale Ausrichtung der Bioökonomie je nach Branche (z. B. Holzsektor, Biopharmazeutika und Biotechnologie, Lebens- und Futtermittel, Biokraftstoffe, Grüne Chemie). In einigen Ländern (wie Bulgarien, Tschechien, Ungarn und Kroatien) beschränkt sich die Bioökonomie hingegen meist auf traditionelle Einzelsektoren der Bioökonomie wie Holzindustrie, Landwirtschaft und Biokraftstoffe.

16.4 Kriterien für die Analyse von Bioökonomieclustern

Beide Begriffe, Cluster und Bioökonomie, sind in ihrer konkreten Definition, in dem, was darunter verstanden wird und welche Bereiche sie jeweils umfassen, in den Ländern der Europäischen Union sehr heterogen. Es gibt also keine Blaupause für den „Bioökonomiecluster" als solchen. Ein Bioökonomiecluster wird eher durch seine tatsächliche Abdeckung von Sektoren und Aktivitäten definiert als durch den bloßen Namen „Bioökonomie". Für eine Status-quo-Analyse der Bioökonomiecluster in Europa werden einige Mindestkriterien herangezogen, um geeignete Cluster für die Analyse auszuwählen.

Definition/Sektorenabdeckung Das Cluster sollte mindestens zwei Zielsektoren und Branchen umfassen, die die Kaskadierung/Kopplung von Material und Energienutzung in wertschöpfungsübergreifenden Ketten idealerweise kombinieren. Cluster, die sich ausschließlich auf Biotech und

7 Übersetzt aus dem Englischen durch die Autoren.
8 Übersetzt aus dem Englischen durch die Autoren.
9 Übersetzt aus dem Englischen durch die Autoren.

Biopharmazeutika, landwirtschaftliche Lebensmittelproduktion oder traditionelle Holzindustrie konzentrieren, sind nicht enthalten.

Größe/Zusammensetzung der Interessengruppen Das Cluster sollte eine Mindestgröße von 30 Teilnehmern haben. Sie sollten mindestens zwei verschiedene Interessengruppen vertreten (kleine und große Industrien, Forschung, staatliche und nichtstaatliche Organisationen). Im Idealfall deckt der Cluster alle relevanten Interessengruppen ab. Bei neu eingerichteten Clustern (Initiativen) wird eine Ausnahme bezüglich der Mindestgröße angewendet.

Exzellenz/Zertifizierung Das Cluster sollte nach seiner Managementqualität bewertet worden sein und ein von der Europäischen Cluster-Exzellenzinitiative (ECEI) ausgestelltes Certificate of Cluster Management Excellence besitzen, alternativ ein ähnliches Zertifikat.

Um relevante Cluster anhand der definierten Kriterien zu identifizieren und auszuwählen, wurde in einem ersten Schritt die European Cluster Collaboration Platform (ECCP) analysiert (DG GROW & EK 2018). Die ECCP enthält Informationsprofile von über 795 Clusterorganisationen in Europa. Von diesen 795 Clustern haben 519 Cluster mehr als 51 Mitglieder und 276 bestehen aus 50 und weniger Mitgliedern. Die Suchmaschine bietet keine sektorale Branche „Bioökonomie“ an, so dass die Suche durch die unabhängige Auswahl aller relevanten sektoralen Bioökonomiebranchen durchgeführt wurde – d. h. nachgelagerte chemische Produkte, Lebensmittelverarbeitung und -herstellung, Holzprodukte und Forstwirtschaft. Es wurden 100 Cluster unter Betrachtung der definierten Auswahlkriterien identifiziert. Die Ergebnisse wurden einzeln überprüft, um nur die Cluster auszuwählen, die mindestens zwei sektorale Branchen miteinander kombinieren. In einem zweiten Schritt wurde eine Literatur- und Desktopanalyse durchgeführt, um auch neue Clusterinitiativen zu erfassen und relevante Informationen zu ergänzen.

Das Auswahlverfahren lieferte insgesamt 32 gültige „Bioökonomie-Cluster“, die weiter charakterisiert und analysiert wurden. Die Übersichtskarte in ◘ Abb. 16.1 enthält einige Hauptmerkmale wie Name, Land, Gründungsjahr, Anzahl der Mitglieder, Biomassearten (Input), sektoraler und industrieller Fokus (Output) und Reife (Initiative, Cluster, Megacluster).

16.5 Analyse von Bioökonomieclustern in Europa

Bioökonomiecluster sind in ganz Europa aktiv und entwickeln sich. Ein „Bioökonomiecluster-Dreieck“ zwischen Deutschland (mit drei Bioökonomieclustern), Frankreich, dem Ostseeraum (Dänemark, Schweden, Polen) sowie Belgien und den Niederlanden im Zentrum bildet den am weitesten entwickelten Bereich der Clusterentwicklung und -aktivität. Vor allem westeuropäische Cluster bilden transnationale Megacluster wie 3Bi – European Bioeconomy Intercluster (DE, NL, FR, UK) oder BIG-C – Bio Innovation Growth Mega Cluster (DE, NL, BE), um Regionen, Branchen, Wertschöpfungsketten sowie Technologietransfer und Investitionen infrastrukturell besser zu verbinden.

Die Mehrheit der Cluster hat einen regionalen Fokus. Kroatien, Dänemark, Finnland, Frankreich, Griechenland, Italien, die Niederlande, Norwegen, Rumänien, Slowenien und das Vereinigte Königreich sind im gesamten Bereich der Bioökonomie tätig. Neben dem nationalen Cluster beispielsweise in Finnland, Frankreich, Italien, Rumänien und Großbritannien gibt es auch regionale Cluster.

Die meisten der analysierten 32 Cluster wurden ab 2005 gegründet. Ab diesem Jahr ist eine leichte Aufwärtsdynamik der Gründungsaktivitäten zu verzeichnen. Nur fünf Cluster nahmen in den Jahren 1999 bis 2004 die

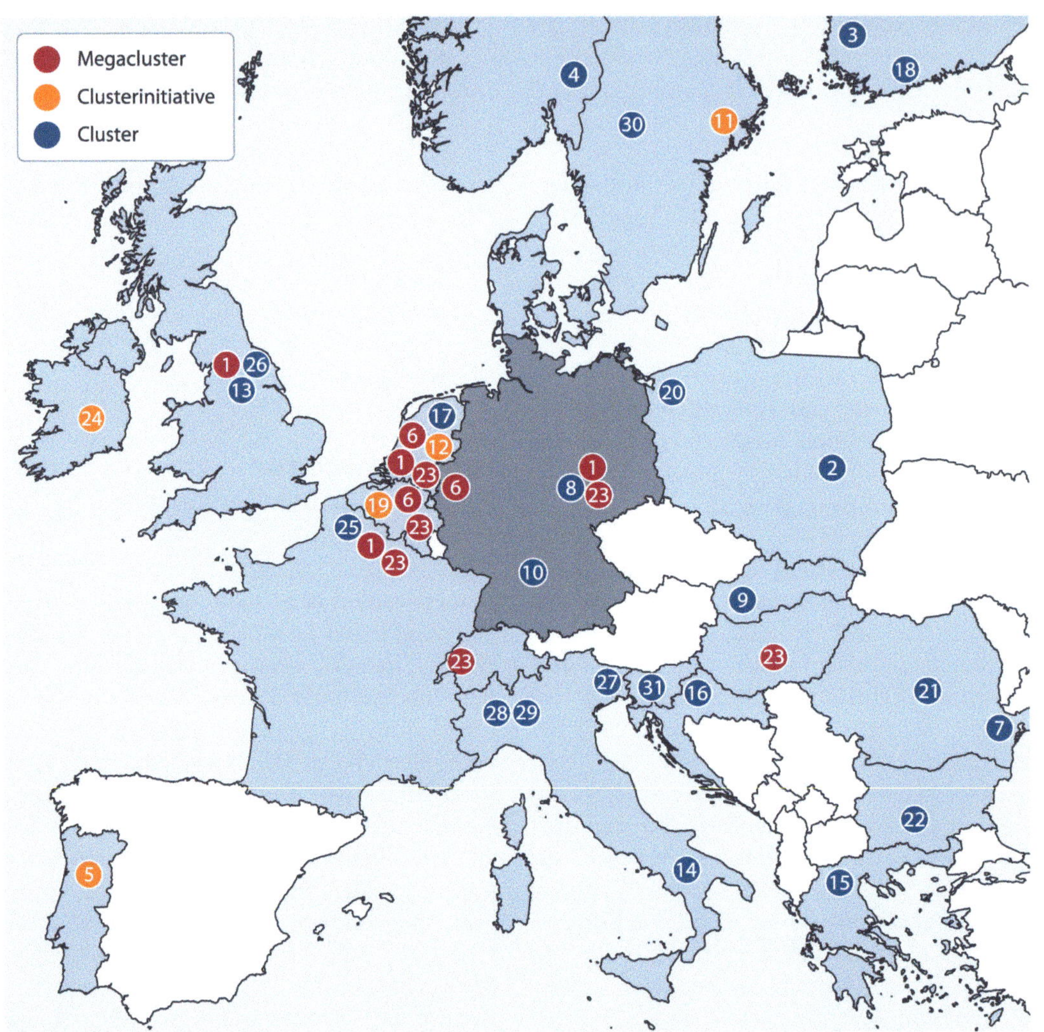

Abb. 16.1 Übersichtskarte der ausgewählten Bioökonomiecluster in Europa. (Quelle: eigene Darstellung)

16

Tätigkeit auf (Abb. 16.2). Die ersten operablen Cluster befinden sich vor allem in Nord- und Westeuropa (z. B. Schweden, Großbritannien, Finnland, Norwegen). In den letzten Jahren nehmen auch osteuropäische Cluster deutlich zu (z. B. Rumänien, Slowakei).

Einige Cluster begannen mit dem Fokus auf grüne Energie (z. B. Flandern Biobased Valley als Gent Bio-Energy Valley) oder konzentrierten sich auf den Forstsektor, der sich in den letzten Jahren erstmals Bioökonomiethemen zuwandte (z. B. der Finish Forest Cluster, der 2012 als Finish Bioeconomy Cluster neu organisiert wurde). Diese Entwicklung scheint sich in Osteuropa wieder zu vollziehen, wo bestehende Cluster (Holz, Ökostrom) die Abdeckung auf andere Sektoren ausweiten und zu einem „Bioökonomiecluster" werden.

In Frankreich, Deutschland, Italien und Schweden wurden Bioökonomiecluster neu geschaffen, um verschiedene Sektoren und Wertschöpfungsketten besser zu verbinden. In diesen Ländern wurde eine solche Clusterbildung auch durch nationale Politik und öffentliche Mittel unterstützt.

Nr.	Typ	Cluster Name	gegründet*	Mitglieder*	Input*	Output*
1	Megacluster	3Bi	2015	4**	Wald/Holz, Landwirtschaft/Viehhaltung, Algen, Abfall	Nachgelagerte chemische Produkte
2	Cluster	AgroBioCluster	2014	47	Landwirtschaft/Viehhaltung	Landwirtschaftlicher Input und Dienstleistungen, Be- und Verarbeitung von Lebensmitteln
3	Cluster	Arctic Smart Rural Community	2016	60	Landwirtschaft/Viehhaltung	Landwirtschaftlicher Input und Dienstleistungen, Be- und Verarbeitung von Lebensmitteln, Stromerzeugung und -übertragung
4	Cluster	Arena Heidner	2012	43	Landwirtschaft/Viehhaltung	Landwirtschaftlicher Input und Dienstleistungen, Be- und Verarbeitung von Lebensmitteln, Tierhaltung, Biogas und anaerobe Vergärung, Bildung und Wissen
5	Clusterinitiative	Association BLC3 – Technology and Innovation Campus	2010	21	Nicht spezifiziert	-
6	Megacluster	Bio Innovation Growth mega Cluster BIG-C Flanders	2004	3	Wald/Holz, Landwirtschaft/Viehhaltung, Abfall	Nachgelagerte chemische Produkte, Vorgelagerte chemische Produkte, Be- und Verarbeitung von Lebensmitteln
7	Cluster	BIODANUBIUS	2014	28	Landwirtschaft/Viehhaltung	Landwirtschaftlicher Input und Dienstleistungen, Be- und Verarbeitung von Lebensmitteln, Unternehmensdienstleistungen
8	Cluster	BioEconomy Cluster Central Germany	2011	109	Wald/Holz	Holzprodukte, Vorgelagerte chemische Produkte, Kunststoffe
9	Cluster	Bioeconomy Cluster Nitra	2015	16	Landwirtschaft/Viehhaltung, Abfall	Landwirtschaftlicher Input und Dienstleistungen, Be- und Verarbeitung von Lebensmitteln, Forstwirtschaft
10	Cluster	biomastec	2011	31	Wald/Holz	Landwirtschaftlicher Input und Dienstleistungen, Be- und Verarbeitung von Lebensmitteln, Stromerzeugung und -übertragung
11	Clusterinitiative	Biorefinery of the Future	2003	36	Wald/Holz	Papier und Verpackung, Holzprodukte
12	Clusterinitiative	Biorizon	2010	-	Nicht spezifiziert	Biopharmazeutikat, Bildung und Wissen
13	Cluster	BioVale	2014	40	Abfall	Vorgelagerte chemische Produkte, Landwirtschaftlicher Input und Dienstleistungen, Be- und Verarbeitung von Lebensmitteln
14	Cluster	Cluster Lucano di Bioeconomia	2016	52	Landwirtschaft/Viehhaltung	Vorgelagerte chemische Produkte, Landwirtschaftlicher Input und Dienstleistungen, Be- und Verarbeitung von Lebensmitteln
15	Cluster	Cluster of Bioenergy & Environment of W. Macedonia	2014	34	Wald/Holz, Landwirtschaft/Viehhaltung, Abfall	Umweltdienstleistungen, Bildung und Wissen, Unternehmensdienstleistungen
16	Cluster	Croatian Wood Cluster	2013	77	Wald/Holz	Holzprodukte, Forstwirtschaft
17	Cluster	Dutch Biorefinery Cluster	2010	17	Wald/Holz, Landwirtschaft/Viehhaltung, Abfall	Papier und Verpackung, Nachgelagerte chemische Produkte, Stromerzeugung und -übertragung
18	Cluster	Finnish Bioeconomy Cluster FIBIC	2007	19	-	-
19	Clusterinitiative	Flander biobased valley	2005	20	Wald/Holz, Landwirtschaft/Viehhaltung, Abfall	Bildung und Wissen, Unternehmensdienstleistungen
20	Cluster	Green Chemistry Cluster	2007	60	Landwirtschaft/Viehhaltung	Papier und Verpackung, Nachgelagerte chemische Produkte, Landwirtschaftlicher Input und Dienstleistungen
21	Cluster	GREEN ENERGY Romanian Innovative Biomass Cluster	2011	70	Wald/Holz, Landwirtschaft/Viehhaltung, Abfall	Landwirtschaftlicher Input und Dienstleistungen, Umweltdienstleistungen, Unternehmensdienstleistungen
22	Cluster	Green Synergy Cluster	2011	34	Abfall	Umweltdienstleistungen
23	Megacluster	IAR – The French Bioeconomy Cluster	2005	380	Wald/Holz, Landwirtschaft/Viehhaltung, Algen	Landwirtschaftlicher Input und Dienstleistungen, Be- und Verarbeitung von Lebensmitteln
24	Cluster	Irish Bioeconomy Foundation	2016	6	Landwirtschaft/Viehhaltung, Algen	Biopharmazeutikat, Be- und Verarbeitung von Lebensmitteln, Kunststoffe
25	Cluster	MATIKEM	2008	87	Nicht spezifiziert	Papier und Verpackung, Vorgelagerte chemische Produkte
26	Cluster	North East of England Process Industry Cluster (NEPIC)	2002	410	Nicht spezifiziert	Biopharmazeutikat, Nachgelagerte chemische Produkte, Vorgelagerte chemische Produkte
27	Cluster	Parco Agroalimentare FVG - Agrifood & BioEc. Clus. Agcy.	2006	21	-	Landwirtschaftlicher Input und Dienstleistungen, Be- und Verarbeitung von Lebensmitteln
28	Cluster	SPRING – Italian Cluster of Green Chemistry	2014	105	Wald/Holz, Landwirtschaft/Viehhaltung, Abfall	Wald/Holz, Nachgelagerte chemische Produkte, Bildung und Wissen
29	Cluster	The Lombardy Green Chemistry cluster	2013	46	Wald/Holz	Biopharmazeutikat, Holzprodukte, Nachgelagerte chemische Produkte
30	Cluster	The Paper Province ekonomisk förening	1999	115	Wald/Holz	Papier und Verpackung, Produktionstechnik und Schwermaschinenbau, Holzprodukte
31	Cluster	Wood Industry Cluster	2000	105	Wald/Holz	Holzprodukte

Cluster: Megacluster · Cluster · Clusterinitiative · gegründet · Mitglieder

Input: Wald/Holz · Landwirtschaft/Viehhaltung · Algen · Abfall · Nicht spezifiziert

Output: Biopharmazeutikat · Papier und Verpackung · Vorgelagerte chemische Produkte · Holzprodukte · Nachgelagerte chemische Produkte · Produktionstechnik und Schwermaschinenbau · Landwirtschaftlicher Input und Dienstleistungen · Forstwirtschaft · Unternehmensdienstleistungen · Stromerzeugung und -übertragung · Tierhaltung · Be- und Verarbeitung von Lebensmitteln · Umweltdienstleistungen · Bildung und Wissen · Biogas und anaerobe Vergärung · Kunststoffe

* die Daten basieren auf einer Literaturrecherche ** die Clustermitglieder sind Cluster

Abb. 16.1 (Fortsetzung)

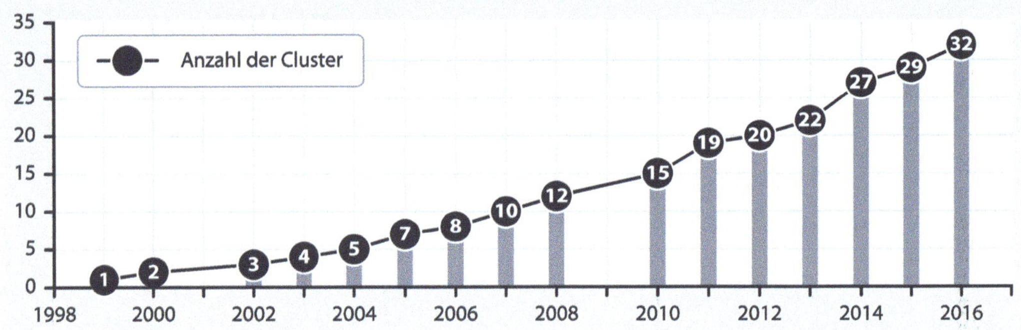

Abb. 16.2 Entwicklung der (analysierten) Clustergründungen in Europa. (Quelle: eigene Darstellung)

Hinsichtlich der Größe von 32 analysierten Clustern ist das Bild sehr unterschiedlich, und es gibt keinen offensichtlichen Zusammenhang zwischen der Anzahl der Mitglieder und dem nationalen bzw. regionalen Fokus. Die Teilnehmerzahl reicht von 16 bis 913 Clustermitgliedern. Das kleinste Cluster ist der kürzlich gegründete regionale Bioökonomiecluster Nitra (Slowakei) mit 16 Teilnehmern, während der regionale North East of England Process Industry Cluster (Großbritannien) 420 Teilnehmer zählt. Unter den nationalen Clustern variiert die Zahl der Teilnehmer ebenso erheblich, wobei das Dänische Innovationsnetzwerk für Biomasse (INBIOM) 913 Mitglieder und der Nationale Finnische Bioökonomische Cluster (FIBIC) 17 Mitglieder umfassen.

Für 32 Cluster war es möglich, detaillierte Informationen über die Clusterzusammensetzung zu erhalten. Die Industriepartner unter ihnen weisen den höchsten Anteil auf (Abb. 16.3). Im Durchschnitt sind 65 % der Clustermitglieder kleine und mittelständische Unternehmen (KMU) und weitere 10 % der Großindustrie zugehörig. Es gibt einige geringfügige Abweichungen von diesen Durchschnittswerten: so z. B. bei dem dänischen INBIOM-Netzwerk mit 74 % KMU und der britische BioVale Cluster mit nur 40 % an KMU-Mitgliedern.

Bis auf eine Ausnahme sind in allen Clustern Partner aus Forschung und Industrie vertreten. Mehr als die Hälfte der analysierten

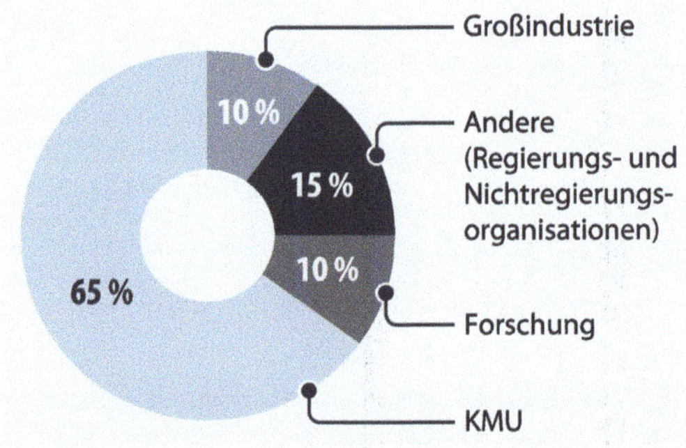

Abb. 16.3 Zusammensetzung der analysierten Cluster. (Quelle: eigene Darstellung)

Gruppe engagiert auch weitere Partner und Institutionen (Triple-Helix-Ansatz[10]). Forschung und Großunternehmen machen im Durchschnitt 10 % aller Teilnehmer aus.

Betrachtet man die sektorale Abdeckung, so werden landwirtschaftliche Inputs und Dienstleistungen von 13 und Lebensmittelverarbeitung und -verarbeitung von zwölf Clustern abgedeckt. Diese beiden stellen die wichtigsten Sektoren dar. Darüber hinaus sind die Holzprodukte sowie die nachgeschalteten chemischen Produkte die zweithäufigsten abgedeckten Sektoren mit jeweils sechs bis sieben Clustern. Interessanterweise ist der

10 In dem Triple-Helix-Ansatz einer wissensbasierten Wirtschaft wurden Universität, Industrie und Regierung zunächst als Hauptinstitutionen definiert (Leydesdorff 2010).

16

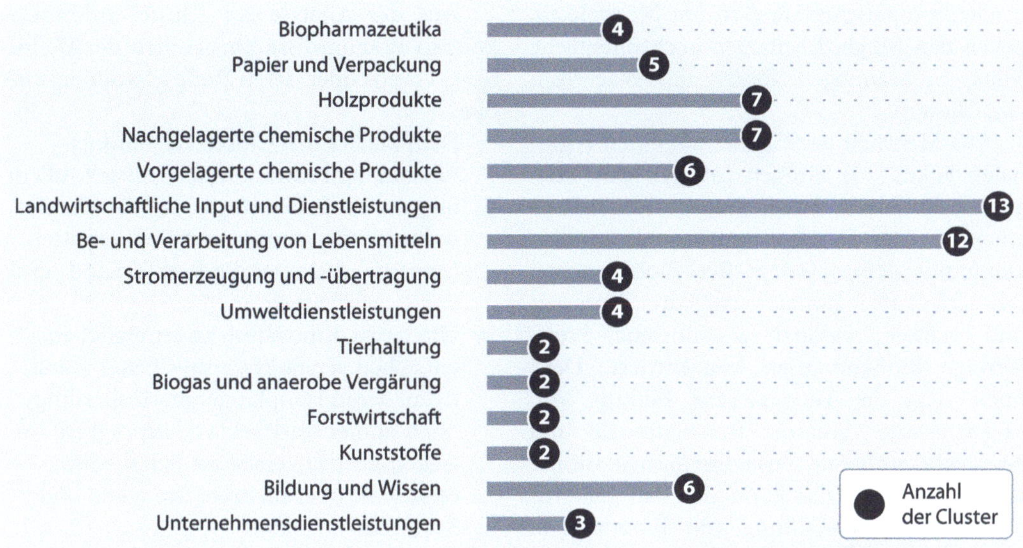

Abb. 16.4 Sektorale Industrien, die durch die Cluster abgedeckt werden. (Quelle: eigene Darstellung)

Sektor Bildung und Wissensvermittlung der drittgrößte Bereich (Abb. 16.4). Dies scheint ein wichtiger Sektor zu sein, insbesondere im Falle der Bioökonomie, die für Unternehmen, Verbraucher und auch Bildungseinrichtungen ein relativ neues Konzept darstellt.

16.6 Fazit und Ausblick

Bioökonomiecluster stehen im Widerspruch zur „typischen" Clusterdefinition, die sich (u. a.) auf eine Einheit mit thematischer Nähe ihrer Mitglieder bezieht. Die Herausforderung für die Bioökonomie(-Cluster) besteht darin, dieses „Silodenken" zu überwinden und Mitglieder verschiedener Branchen anzuziehen, um eine branchenübergreifende und bisher nicht vernetzte Zusammenarbeit zu erreichen.

Die Einrichtung eines Clusters, sei es regional oder national, folgt keinem bestimmten Konzept. Einige Cluster wurden neu gegründet und andere Cluster erweiterten ihren Anwendungsbereich in Richtung Bioökonomie, ausgehend von einer Spezialisierung auf beispielsweise Grüne Energie oder Holz. Bioökonomiecluster sind in West- und Nordeuropa weiter fortgeschritten, was auf eine frühere Clusterpolitik sowie die Verfügbarkeit öffentlicher Mittel zur Unterstützung der Clusterbildung zurückzuführen ist. Die Länder Süd- und Osteuropas sind auf dem Weg, diese Lücke zu schließen, was zum Teil mit verfügbaren EU-Mitteln zu begründen ist. Wie in West- und Nordeuropa gibt es zwei Entwicklungslinien. Zum einen werden neue Bioökonomiecluster geschaffen (Polen und Slowakei), zum anderen bestehende Cluster neu organisiert bzw. thematisch erweitert (Rumänien, Slowenien).

In den meisten Fällen wurden die Cluster mit Unterstützung der nationalen oder regionalen Clusterpolitik gegründet. In manchen Ländern wurden die Cluster gegründet, bevor eine offizielle Bioökonomiestrategie gestartet wurde (z. B. Finnland, Frankreich, Italien, Polen, Slowakei, Großbritannien).

Eine starke politische Unterstützung durch eine nationale Bioökonomiestrategie und einen damit verbundenen Finanzierungsmechanismus ist sicherlich der Motor für eine starke Clusterbildung in Belgien, Deutschland und den Niederlanden sowie ein stimulierender Faktor für die Weiterentwicklung bestehender Cluster in allen europäischen Ländern. Die Möglichkeit, neben den Mitgliedsbeiträgen auch öffentliche Mittel zu beantragen, fördert das Wachstum von Clustern.

Die Mehrheit der Cluster hat einen regionalen Fokus – in einigen Ländern existieren auch nationale und regionale Cluster nebeneinander. Der Regionalismus steht im Einklang mit dem Konzept der Bioökonomie, das sich auf regional verfügbare Biomasse und stärker regional geschlossene kreisförmige Bioökonomien konzentriert. Dennoch zeigt die Tendenz zur Bildung von Megaclustern, dass die transnationale und länderübergreifende Zusammenarbeit immer wichtiger wird. Dies kann der Fall sein für eine bessere Beschaffung von Biomasse in angrenzenden Regionen und die Vermarktung von Zwischenprodukten über Regionen und Grenzen hinweg. Außerdem erfordert die Bioökonomie hohe Investitionen in die Infrastruktur- und Technologieforschung (insbesondere in Bezug auf Bioraffinerien). Daher ist eine Zusammenarbeit mit dem Ziel einer gemeinsamen Infrastruktur und Investitionen sowie der Forschung und des Technologietransfers erforderlich.

Was die sektorale Abdeckung betrifft, so scheint eine starke Ausrichtung auf vier Branchen zu bestehen, nämlich Landwirtschaft, Lebensmittelproduktion, Holz- und Chemieindustrie. Der Schwerpunkt liegt auf der Beschaffung von Biomasse für die chemische Industrie und zukünftige Bioraffinerien. Dieser bioökonomische Ansatz, der auf Grüne Chemie und hochwertige Produkte abzielt, findet sich in den meisten der fortgeschrittenen Clustern des „Bioökonomiecluster-Dreiecks“ wieder. Eine breitere Verbindung zu anderen Branchen wie Bau und Kunststoff könnte die Synergien weiter erhöhen. Die Mehrheit der Cluster arbeitet mit Biomasseressourcen aus der Forst- und Landwirtschaft. Die Nutzung von Bioabfällen und Reströmen ist auf wenige westeuropäische Länder beschränkt.

Aus der Analyse der Cluster in Europa können Erkenntnisse hinsichtlich der Definition, Trends oder deren Rolle gewonnen werden:

- Dem klassischen Clusterverständnis folgend konzentrieren sich Cluster auf ein bis zwei Branchen (bspw. auf die Chemieindustrie, Nahrungs- und Genussmittelindustrie, Automobilindustrie, Land- und Forstwirtschaft etc.).
- Um Cross-Innovation zu ermöglichen, entstehen verstärkt Cross-Cluster-Initiativen, deren Hauptaugenmerk allerdings noch immer stark sektoral geprägt ist. Im Gegensatz dazu erstreckt sich die Bioökonomie über mehrere Branchen und Sektoren.
- Ein Cluster ist meist stark industriegetrieben, die Bioökonomie hingegen ist – abhängig vom Land – stark von der Politik und der Industrie getrieben und soll die Gesellschaft verstärkt in die Transformationsprozesse einbinden.
- Cluster sind ein wichtiger Pfeiler der Bioökonomietransformation (Technologie- und Produktentwicklung etc.), um diese industrieseitig zu vollziehen.
- Um diese Transformation auch politisch, wissenschaftlich, gesellschaftlich begleiten zu können, entstehen übergreifende Plattformen, in die auch Verbände, NGOs, Medien etc. eingebunden sind.

Es bleibt anzumerken, dass seit der Erarbeitung dieses Kapitels weitere Entwicklungen in diesem Themenfeld erfolgten, die hier jedoch nicht mehr dargestellt werden konnten. So wurden zwischenzeitlich beispielsweise eine neue EU-Bioökonomiestrategie veröffentlicht, die deutsche Bioökonomiestrategie überarbeitet und neue Cluster und Hubs (wie beispielsweise im EU-Projekt Power4Bio) etabliert.[11]

11 ▸ https://power4bio.eu/.

Literatur

BERST (Building Regional BioEconomics). (2015). Case Study (BERST region): Slovenia. ▶ https://berst.vito.be/sites/biobased.vito.be/files/Case%20Study%20%28BERST%20region%29%20Slovenia.pdf. Zugegriffen: 11. Dez. 2018.

Bioeconomy Finland. (2018). Finnish bioeconomy strategy. ▶ http://www.bioeconomy.fi/facts-and-contacts/finnish-bioeconomy-strategy/. Zugegriffen: 26. März 2018.

Bioeconomy Stakeholders Panel. (2017). European Bioeconomy Stakeholders Manifesto. ▶ https://ec.europa.eu/research/bioeconomy/pdf/european_bioeconomy_stakeholders_manifesto.pdf. Zugegriffen: 6. März 2018.

Bioökonomierat. (2018). What is bioeconomy? ▶ http://biooekonomierat.de/en/bioeconomy/. Zugegriffen: 11.Dez. 2018.

BMBF (Bundesministerium für Bildung und Forschung). (2010). Nationale Forschungsstrategie BioÖkonomie 2030. Unser Weg zu einer biobasierten Wirtschaft. ▶ https://www.bmbf.de/pub/Nationale_Forschungsstrategie_Biooekonomie_2030.pdf. Zugegriffen: 5. Dez. 2018.

BMBF (Bundesministerium für Bildung und Forschung). (2018). Clusterpolitik. ▶ http://www.clusterplattform.de/CLUSTER/Navigation/DE/Clusterpolitik/clusterpolitik.html;jsessionid=B2872D60C336DDBF061DEC168E3B6D61. Zugegriffen: 6. Febr. 2018.

BMEL (Bundesministerium für Ernährung und Landwirtschaft). (2014). National Policy strategy on Bioeconomy. Renewable resources and biotechnological processes as a basis for food, industry and energy. ▶ http://www.bmel.de/SharedDocs/Downloads/EN/Publications/NatPolicyStrategyBioeconomy.pdf?__blob=publicationFile. Zugegriffen: 26. März 2018.

Deperatment for Business, Energy & Industrial Strategy. (2016). UK Bioeconomy. Call for evidence. ▶ https://assets.publishing.service.gov.uk/government/uploads/system/uploads/attachment_data/file/579732/uk-bioeconomy-call-for-evidence.pdf. Zugegriffen: 26. März 2018.

DG Grow & EK (Europäische Kommission). (2018). The European Cluster Collaboration Platform (ECCP). ▶ https://www.clustercollaboration.eu/. Zugegriffen: 22. Febr. 2018.

EK (Europäische Kommission). (2008). Towards world-class clusters in the European Union: Implementing the broad-based innovation strategy. ▶ https://eur-lex.europa.eu/legal-content/EN/TXT/PDF/?uri=CELEX:52008DC0652R(01)&from=EN. Zugegriffen: 6. Febr. 2018.

EK (Europäische Kommission). (2014). For a European Industrial Renaissance. ▶ https://eur-lex.europa.eu/legal-content/EN/TXT/PDF/?uri=CELEX:52014DC0014&from=EN. Zugegriffen: 6. Febr. 2018.

EK (Europäische Kommission). (2018a). EU Cluster Portal. Internal Market, Industry, Entrepreneursjop and SMEs. ▶ http://ec.europa.eu/growth/industry/policy/cluster_en. Zugegriffen: 6. Febr. 2018.

EK (Europäische Kommission). (2018b). Horizon 2020. Policies, information and services. ▶ http://ec.europa.eu/programmes/horizon2020/en/h2020-section/bioeconomy. Zugegriffen: 26. März 2018.

Flanders Biobased Valley. (2018). Who if FBBV? Mission. ▶ http://www.fbbv.be/en/who-is-fbbv/mission. Zugegriffen: 6. März 2018.

Ketels, C. H. (2004). European Clusters. Structual Change in Europe 3 – Innovative City and Business Regions. Hagbarth Publications. ▶ https://www.hbs.edu/faculty/Publication%20Files/Ketels_European_Clusters_2004_b69f9f19-35c6-4626-b8c2-84c6cbcf1459.pdf. Zugegriffen: 23. Aug. 2019.

Ketels, C. H. (2009). Clusters, cluster policy, and Swedish competitiveness in the global economy. Expert report to Sweden's Globalisation Council. ▶ https://www.government.se/49b731/contentassets/d668d31368c7492f9d2ca4970e8cf57b/clusters-cluster-policy-and-swedish-competitiveness-in-the-global-economy. Zugegriffen: 11. Dez. 2018.

Ketels, C. H., & Protsiv, S. (2016). European cluster panorama 2016. European cluster obersvatory report. ▶ ec.europa.eu/DocsRoom/documents/20381/attachments/1/translations/en/renditions/native. Zugegriffen: 26. März 2018.

Leydesdorff, L. (2010). The knowledge-based economy and the triple helix model. Annual review of information science and technology. ▶ https://arxiv.org/ftp/arxiv/papers/1201/1201.4553.pdf. Zugegriffen: 11. Dez. 2018.

Norwegian Innovations Clusters. (2018). Norwegian innovation clusters. ▶ http://www.innovationclusters.no/english. Zugegriffen: 26. März 2018.

Porter, M. (2008). *On competition*. Boston: Harvard Business Review Press.

République Française. (2017). A bioeconomy strategy for France. What is the bioeconomy? Ministère de l'agriculture et de l'alimentation. ▶ https://agriculture.gouv.fr/telecharger/84625?token=e13f5ba7a8d26a552c8509c3c551418f. Zugegriffen: 20. Febr. 2018.

Sölvell, Ö., Lindqvist, G., & Ketels, C. (2003). The Cluster Initiative Greenbook. ▶ https://www.hhs.se/contentassets/f51b706e1d644e9fa6c4d232abd09e63/greenbooksep03.pdf. Zugegriffen: 6. März 2018.

Spatial Foresight, SWECO, ÖIR, t33, Nordregio, Berman Group, Infyde. (2017). Bioeconomy development in EU regions. Mapping of EU Member States'/regions' Research and Innovation plans & Strategies for Smart Specialisation (RIS3) on

Bioeconomy for 2014-2020. ▶ https://ec.europa.eu/research/bioeconomy/pdf/publications/bioeconomy_development_in_eu_regions.pdf. Zugegriffen: 11. Dez. 2018.

Staffas, L., Gustavsson, M., & McCormick, K. (2013). Strategies and policies for the bioeconomy and bio-based economy: An Analysis of official national approaches. *Sustainability*. ▶ https://doi.org/10.3390/su5062751.

Synocus Group. (2009). Workshop 6 – Lessons from the finnish cluster policy. Balancing local cluster development needs and a national innovation agenda in Center of Exertise Program. ▶ http://www.tci-network.org/media/download/3315. Zugegriffen: 26. März 2018.

Vinnova. (2016). Vinnväxt. A programme renewing and moving Sweden ahead. Regional growth through dynamic innovation systems. ▶ https://rio.jrc.ec.europa.eu/en/file/8180/download?token=3TWBZ38j. Zugegriffen: 6. März 2018.

Dr. Nora Szarka

(geb. 1978) studierte Umweltingenieurwissenschaft an der Universität Miskolc in Ungarn und promovierte an der österreichischen Montanuniversität Leoben. Sie erforscht Bioenergiesysteme und ist seit 2011 am Deutschen Biomasseforschungszentrum tätig. Dort leitet sie die Arbeitsgruppe Biomasse im Energiesystem. Nach dem Studium von 2001 bis 2007 arbeitete sie am Institut für technische Ökosystemanalyse an der Montanuniversität Leoben in Österreich in nationalen und EU-Forschungsprojekten zu erneuerbaren Energien und regionaler Entwicklung. Zwischen 2007 und 2010 unterstützte sie die Abteilung Technologieentwicklung an der Universität Concepcion in Chile und arbeitete zu Themen wie Umwelt, Biomassepotenziale und energetische Nutzung der Biomasse.

Ronny Kittler

(geb. 1979) legte nach seinem Studium der Politikwissenschaft an der Universität Leipzig seinen Schwerpunkt auf den Bereich Wissens- und Technologietransfer in der Umwelt- und Energiebranche. Zunächst auf die internationale Ebene bezogen war er bei den Vereinten Nationen in Neu-Delhi, dem Europäischen Parlament in Brüssel und der Europäischen Kommission in New York tätig. Im Anschluss widmete er sich der Verwertung von Forschungsergebnissen in Beratungsprojekten der Engage Key Technology Ventures AG. Am Deutschen Biomasseforschungszentrum war er sechs Jahre lang in nationalen und internationalen Projekten zur Etablierung einer biobasierten Wirtschaft tätig. Seit 2018 ist er Projektmanager für Wissenschaft und Transfer bei futureSAX, der Innovationsplattform des Freistaates Sachsen.

Rahmenbedingungen und Wegweiser der Bioökonomie

Inhaltsverzeichnis

Der deutsche Bioökonomiediskurs

Franziska Wolff

D. Thrän, U. Moesenfechtel (Hrsg.), *Das System Bioökonomie,*
https://doi.org/10.1007/978-3-662-60730-5_17

17.1 Einleitung

Die politische Gestaltung und Gestaltbarkeit eines Themenfeldes hängt in bedeutendem Maße davon ab, wie gesellschaftliche Akteure – Wirtschaft, organisierte Zivilgesellschaft, Medien, breite Öffentlichkeit etc. – dieses Themenfeld wahrnehmen: Wird es als Chance, als Risiko, als unvermeidbar, aufhaltbar oder gestaltbar empfunden? Wo genau werden Probleme, Problemursachen und Verantwortlichkeiten ausgemacht, welche Lösungsansätze sind denk-, sag- und machbar? Sprache und Diskurse spielen hierbei eine zentrale Rolle: Sie rahmen Inhalte, weisen Bedeutung zu, lenken Assoziationen und Interpretationen, prägen Vorstellungen und Ideen und „konstruieren" so letztlich „Wirklichkeit" (Berger und Luckmann 1967) und öffentliche Ordnung (Majone 1989). Sprache wird die Fähigkeit zugeschrieben, „Politik zu machen und dabei Zeichen und Symbole zu schaffen, die Machtgleichgewichte verschieben können und auf Institutionen und Politikinhalte Einfluss nehmen" (Hajer 2008, S. 213).

Entsprechend spielen Diskurse eine Rolle für die politische Gestaltung der Bioökonomie. Ob und wie die Politik die Entwicklungen der Biomasseproduktion, -transformation und -nutzung zu lenken versucht, hängt u. a. davon ab, ob sich zentrale gesellschaftliche Kräfte in ihrer Wahrnehmung, Deutung und Bewertung des Konzepts einig sind oder ob der Diskurs von großen Differenzen geprägt ist. Dabei sind Diskurse und (materielle) Interessen nicht unabhängig voneinander, sondern durchdringen sich (Blyth 2003).

17

Der Diskurs um die Bioökonomie besitzt einige Vorläufer und Nebenbuhler. So überlappt er mit dem breiteren Nachhaltigkeitsdiskurs und mit den Diskursen zu einer „grünen" oder „zirkulären" Ökonomie. Zudem baut er auf älteren Diskurssträngen auf, wie denen zur grünen Gentechnik, zu Agrartreibstoffen, zur stofflichen Biomassenutzung, zur Kommodifizierung von Natur und zur „Biopiraterie". Zu beobachten sind außerdem sektorale Teildiskurse zur Bioökonomie in der Forstwirtschaft (z. B. Kleinschmit et al. 2017), der Landwirtschaft (z. B. Schmidt et al. 2012) oder im Gesundheitssektor (z. B. Pavone und Goven 2017). Während bereits Analysen dieser Teildiskurse vorliegen, ist der Autorin keine Untersuchung des deutschen Bioökonomiediskurses in seiner Breite – d. h. über unterschiedliche Sektoren und Wertschöpfungsstufen hinweg – bekannt. Übersektorale Untersuchungen wie die von Hausknost et al. (2017) oder Birch und Tyfield (2012) beziehen sich auf den europäischen oder internationalen, nicht den deutschen Diskurs.

Vor diesem Hintergrund wurde im Forschungsprojekt „Nachhaltige Ressourcennutzung – Anforderungen an eine nachhaltige Bioökonomie aus der Agenda 2030/SDG-Umsetzung" im Auftrag des Umweltbundesamts (UBA)[1] eine Argumentative Diskursanalyse zum Bioökonomiediskurs in Deutschland durchgeführt. Dieses Kapitel stellt ihre Methode und Ergebnisse im Überblick vor.

17.2 Methode

Bei der Argumentativen Diskursanalyse handelt es sich um einen Zweig der diskursanalytischen Politikforschung, der auf die argumentative Struktur von Diskursen fokussiert und auf die Rolle von Diskurskoalitionen, die solche Argumentationen stützen. Diskurse selbst werden dabei als „Ensemble von Ideen, Konzepten und Kategorien" verstanden, die einem Phänomen Bedeutung verleihen und die durch spezifische Praktiken hervorgebracht werden (Hajer 1995). Der Ansatz wird um Elemente der Frame-Analyse ergänzt. „Frames" werden als Deutungsrahmen verstanden, die Wissen

1 Forschungskennzahl 3717 31 103 0. Vgl. Wolff (2019).

strukturieren, Informationen Sinn zuordnen, und zugleich normativ und emotional besetzt sind (Lakoff 2010; Snow und Benford 1988).

Insgesamt wurden 148 (fast ausschließlich deutsche) Texte staatlicher, wirtschaftlicher und zivilgesellschaftlicher Akteure und eine Reihe von Medienbeiträgen untersucht. Nicht betrachtet wurde die Diskursarena der Wissenschaft, mit Ausnahme von Positionspapieren wissenschaftlicher Beiräte der Regierung.[2] Grundsätzlich wurden Texte berücksichtigt, die sich auf Bioökonomie in unterschiedlichen Sektoren und Wertschöpfungsstufen beziehen. Die Analyse umspannt einen Zeitraum von 2007 bis Ende 2018. Zur Identifizierung der argumentativen Strukturen im Diskursfeld „Bioökonomie" wurde zunächst das grundlegende Verständnis und „Framing" von Bioökonomie im jeweiligen Teildiskurs herausgearbeitet, einschließlich ihres Nutzens und ihrer Grenzen, des darin zum Vorschein kommenden Mensch-Natur-Verhältnisses, der Gerechtigkeitsbezüge und der für relevant erachteten Akteure. Darüber hinaus wurden die jeweils identifizierten Regelungsbedarfe und Regelungsansätze untersucht sowie die diskursiven Strategien, mit denen die jeweilige Diskurskoalition ihren Diskurs zu stärken sucht.

17.3 Ergebnisse

Auf Basis der Untersuchung werden drei Teildiskurse und die sie stützenden Diskurskoalitionen voneinander abgegrenzt: ein „affirmativer", ein „pragmatischer" und ein „kritischer" Bioökonomiediskurs. Diese Einteilung ist nicht immer trennscharf und vor allem als eine Heuristik zu verstehen – als Hilfsmittel, um die Daten zu strukturieren. Beim affirmativen Bioökonomiediskurs handelt es sich um den dominanten Teildiskurs.

17.3.1 Der *affirmative* Bioökonomiediskurs

Der *affirmative Bioökonomiediskurs* betont die Chancen der Bioökonomie. Ihn stützen eine Reihe staatlicher Akteure (u. a. Bundeslandwirtschafts-, Forschungsministerium, Fachagentur für Nachwachsende Rohstoffe), der Bioökonomierat als wissenschaftliches Beratungsgremium sowie wirtschaftliche Akteure: „konventionelle" Akteure aus Land- und Forstwirtschaft als Produzenten von Biomasse sowie Verarbeiter und Nutzer biobasierter (Zwischen-)Produkte. Diese umfassen u. a. den Biotechnologiesektor und die chemische Industrie, den Bioenergiesektor, den Biokraftstoffsektor, die Ernährungs- und Automobilindustrie. Auch das Bioeconomy Stakeholders Panel der Europäischen Union steht hinter dem affirmativen Diskurs.

Der Teildiskurs rahmt Bioökonomie als globales Nachhaltigkeitsprojekt mit ökologischem Nutzen:

> » „Knappe Ressourcen, eine wachsende Weltbevölkerung und der fortschreitende Klimawandel stellen Industrie und Gesellschaft vor große Herausforderungen. […] Die Bioökonomie kann helfen, Antworten auf diese Frage zu finden" (BMBF und BMEL 2014, Vorwort).

Dabei wird Bioökonomie als quasi alternativlos dargestellt: *„Angesichts der Negativtrends, die mit der Bevölkerungsexplosion einhergehen, ist das Konzept der Bioökonomie zur notwendigen Vision geworden"* (Scheper und Wagemann 2012, S. 42). Bioökonomie wird zugleich als Innovations- und Technologieprojekt verfolgt, das sektoral und national (bzw. EU-, OECD-) Wachstum und Wettbewerbsfähigkeit stärken kann. Eine herausragende Rolle wird der Forschung und Entwicklung (FuE)

2 Hintergrund ist, dass die Argumentationen wissenschaftlicher Akteure für die Analyse des gesellschaftlichen Diskurses eher mittelbar relevant sind, d. h. in dem Maße, in dem sie von den Diskursteilnehmern aufgenommen werden.

zugeschrieben, insbesondere den Lebens- und Technikwissenschaften mit der **Biotechnologie** als „Schlüsseltechnologie". Teilweise wird das Ziel, durch die Bioökonomie Nachhaltigkeitsherausforderungen zu bewältigen, durch das Ziel, Wachstumschancen zu erschließen: „Bioökonomie steht daher auch und gerade für die Stärkung der Wettbewerbsfähigkeit sowie für Wachstum und Beschäftigung" (BMBF 2010, S. 5). Grundsätzlich argumentiert der affirmative Bioökonomiediskurs innerhalb eines marktwirtschaftlichen, wachstumsorientierten Paradigmas sozioökonomischer Entwicklung.

Das zentrale Risiko im Kontext der Bioökonomie wird in den physischen Grenzen der Ressourcenverfügbarkeit gesehen: „Um diese Nachfrage bedienen zu können, muss sich die Versorgung mit Biomasse schneller entwickeln als in der Vergangenheit" (DIB 2013, S. 1).

Gerechtigkeitsbezüge finden sich in den Dokumenten wirtschaftlicher Akteure selten explizit, wohingegen staatliche Träger des Diskurses zumindest die Problematik von Flächenkonkurrenz und Ernährungssicherung (Hunger) in Produktionsländern und auch das Nord-Süd-Wohlstandsgefälle erwähnen. Damit greifen sie Aspekte der Verteilungsgerechtigkeit bei der Verteilung ökonomischer und sozialer Auswirkungen einer Bioökonomie, mit Fokus auf Schwellen- und Entwicklungsländern, im Prinzip auf. Allerdings werden die Auswirkungen als Mengen-, Ressourcen- oder Verschmutzungsprobleme gerahmt, nicht als Verteilungs-, Gerechtigkeits- oder soziale Probleme. Es wird unterstellt, dass sie durch eine effizientere Ressourcenbereitstellung und -nutzung technisch – durch Einsatz von Biotechnologie oder die Digitalisierung und Automatisierung in der Landwirtschaft etc. – gelöst werden können. Bioökonomie wird damit als technologischer Lösungsansatz *(technological fix)* präsentiert.

Als „relevante" Akteure der Bioökonomie wird ein breites Spektrum von Primärproduktion, Industrie und Wissenschaft benannt, wobei (wie erwähnt) dem Biotechnologiesektor und den Lebenswissenschaften eine Schlüsselfunktion zugesprochen wird.

Das Mensch-Natur-Verhältnis im affirmativen Bioökonomiediskurs ist stark anthropozentrisch mit utilitaristischer Prägung. Natur wird als **„Ressource"** bzw. **„Rohstoffquelle"** gerahmt – beides sind Dinge, die sich über ihre Zweckdienlichkeit für den Menschen ableiten. Eine intensive Nutzung biologischer Ressourcen, auch ihre biotechnologische Veränder- und Patentierbarkeit, gelten als unproblematisch.

Was politische Strategien zur Förderung der Bioökonomie betrifft, so schwankt der affirmative Teildiskurs zwischen Zurückhaltung des Staates oder industriepolitischem Engagement, fokussiert auf Sicherung und Ausweitung der Biomasseverfügbarkeit sowie Effizienzsteigerung in der Biomasseerzeugung und -nutzung. Darüber hinaus werden in unterschiedlichem Umfang und in unterschiedlicher Konkretion Anforderungen an die ökologische und soziale Nachhaltigkeit gestellt. Sprachlich-rhetorisch versucht der affirmative Bioökonomiediskurs u. a. durch eine Win-Win-Win-Argumentation zu überzeugen; durch Aufgreifen bestimmter Zielkonflikte (u. a. Flächenkonkurrenzen, Ernährungssicherheit), aber weitgehendes Ausblenden anderer Zielkonflikte (u. a. Naturschutz, Gerechtigkeitsfragen).

Der Diskurs schließt an Begriffe und Argumente bewährter umweltbezogener Diskurse und Narrative, insbesondere des Nachhaltigkeits- und Planetare-Grenzen-Diskurses an. Er formuliert einige starke Claims („große Herausforderungen" der globalen Zukunft, „große Chancen" durch die Bioökonomie) in starker Sprache und nutzt gelegentlich auch polarisierende Formulierungen und Zuschreibungen für mögliche Skeptiker der Bioökonomie.

Zu den Widersprüchlichkeiten des affirmativen Bioökonomiediskurses gehört, dass er sich wenig mit den Ursachen der Nachhaltigkeitsprobleme befasst, die die

Bioökonomie „lösen" soll, und daher die Bioökonomie nicht gegen alternative oder komplementäre Lösungsansätze abwägt. Auch erscheint ungewiss, ob sich der prognostizierte ökologische, ökonomische und soziale Nutzen der Bioökonomie angesichts der sich intensivierenden Flächenkonkurrenzen, neuen Importabhängigkeiten und einer globalen Ausweitung intensiven Biomasseanbaus realisieren lässt. Widersprüchlich scheint auch das Wechselspiel industrieller Bioökonomieprotagonisten zwischen dem bereitwilligen Empfangen von Milliardensubventionen, der Forderung nach Akzeptanzschaffung und der gleichzeitigen Mahnung nach regulatorischer Zurückhaltung. In Sachen Partizipation und gesellschaftlicher Dialog hinkt die Umsetzung den Ankündigungen hinterher.

17.3.2 Der *pragmatische Bioökonomiediskurs*

Der *pragmatische Bioökonomiediskurs* wägt die Chancen und Risiken der Bioökonomie gegeneinander ab und schlägt stringente Nachhaltigkeitsstandards vor. Träger des Teildiskurses sind umweltorientierte staatliche Akteure (Bundesumweltministerium, Umweltbundesamt) inklusive wissenschaftlicher Beiräte (Sachverständigenrat für Umweltfragen, Wissenschaftlicher Beirat Globale Umweltveränderungen, punktuell der Wissenschaftliche Beirat für Agrarpolitik) sowie einige wenige zivilgesellschaftliche Akteure und Unternehmen bzw. Wirtschaftsverbände, die außerhalb der Bioökonomiesektoren stehen (z. B. Wasserwirtschaft).

Ähnlich wie im affirmativen Diskurs wird Bioökonomie im pragmatischen Bioökonomiediskurs als Chance für Nachhaltigkeit im globalen Norden und Süden gesehen. Allerdings wird eine undifferenzierte Einstufung ihres Nachhaltigkeitspotenzials abgelehnt. Im Kontext der *Bioenergie* begründet der WBGU dies folgendermaßen: „Die zahllosen möglichen Bioenergienutzungspfade, deren unterschiedliche Eigenschaften und die globale Vernetzung ihrer Auswirkungen machen eine pauschale Bewertung unmöglich" (WBGU 2008, S. 2).

Zentrale Grenzen einer Bioökonomie werden in der Verfügbarkeit *nachhaltig* erzeugter bzw. bereitgestellter Biomasse (und damit in möglichen Auswirkungen auf Klimaschutz, Biodiversität, Böden, Wasser etc.) gesehen. Auch Landnutzungskonkurrenzen stellen wegen ihrer Auswirkungen auf Ernährungssicherheit für die Diskurskoalition eine solche Grenze dar. Unter anderem wird die Rolle indirekter Landnutzungsänderungen (iLUC) ins Spiel gebracht. Eindeutiger als im affirmativen Diskurs wird im pragmatischen Diskurs daher formuliert, dass eine Bioökonomie nur innerhalb von **globalen Nachhaltigkeitsleitplanken** entwickelt werden soll – wirtschaftliche Motive für eine Ausweitung der Bioökonomie werden dem gegenüber hintangestellt.

Die Risiken der Bioökonomie werden stärker gewichtet und mögliche Folgen für die Länder des globalen Südens mehr in den Blick genommen. Der Nutzen der Bioökonomie als Innovations- und Technologieprojekt nimmt eine deutlich schwächere Stellung ein. Die Erwartungen bezüglich Wachstums- und Beschäftigungseffekten im Kontext Biomasse und Bioenergie sind gegenüber denen im affirmativen Diskurs eher gedämpft, mögliche negative Wirkungen auf Land-, Nahrungs- und Futtermittelpreise werden erwartet.

Der pragmatische Bioökonomiediskurs thematisiert Verteilungsgerechtigkeit im Hinblick auf ökologische, ökonomische und soziale Auswirkungen der Bioökonomie sowohl im globalen Süden als auch in Deutschland, wobei auf nationaler Ebene soziale Auswirkungen weniger betrachtet werden.

Im Hinblick auf „relevante" Akteure nehmen Landwirte (insbesondere im globalen Süden) eine wichtigere Stellung, der Forschungs- und Biotechnologiesektor eine weniger zentrale Stellung als im affirmativen Diskurs ein.

Im pragmatischen Bioökonomiediskurs ist das Mensch-Natur-Verhältnis im Wesentlichen anthropozentrisch, allerdings mit einer protektionistischen Prägung. Die biotechnologische Veränder- und Designbarkeit von Lebendigem und die Patentierbarkeit biologischer „Innovation" werden zurückhaltend-skeptisch bewertet. Zu industrieller Biotechnologie finden sich in den untersuchten Texten keine Aussagen.

Was politische Strategien betrifft, müsse der politische Rahmen starke umweltfachliche Grenzen in Förderpolitiken und Ordnungsrecht verankern, um sicherzustellen, dass der Ausbau der Biomassenutzung einen Beitrag zum Klimaschutz leiste, die Ernährungssicherung nicht einschränke und die biologische Vielfalt nicht degradiere. Darüber hinaus gelte es, Nutzungspfade intelligent zu kombinieren. Dabei sei der Biomasseeinsatz gegenüber der Nutzung anderer erneuerbarer Energieträger, die weniger in Flächenkonkurrenz zur Nahrungsmittelproduktion stünden, aber auch gegenüber der Nutzung alternativer Technologien (wie Elektromobilität) oder Strategien (z. B. Energieeffizienz) im Hinblick auf das größte Klimaschutzpotenzial abzuwägen. Neben alternativen Förderpolitiken und neuen ordnungsrechtlichen Standards für mehr Nachhaltigkeit werden auch solche Ansätze vorgeschlagen, mit denen bestehende Politiken zurückgeführt oder beendet oder bestimmte nicht-nachhaltige Technologien, Nutzungspfade oder Praktiken ausgeschleust werden sollen. Schließlich wird ein internationaler Regulierungsrahmen für die Bioökonomie auf Grundlage bestehender Regelungsregime gefordert (u. a. zu Klima, Biodiversität, Verwüstung und im Kontext der UN Landwirtschaftsorganisation).

17

Auf sprachlich-rhetorischer Ebene sucht der pragmatische Diskurs Unterstützung zu gewinnen, indem er die Debatte um eine offene Diskussion von Zielkonflikten weitet, Anschlussfähigkeit an den breiteren umwelt- und wirtschaftspolitischen Diskurs der „Ökologischen Modernisierung" sucht und argumentativ wie sprachlich ausgewogen bleibt.

17.3.3 Der *kritische* *Bioökonomiediskurs*

Der *kritische Bioökonomiediskurs* verbindet mit dem „dominanten" (vom affirmativen Teildiskurs geprägten) Konzept der Bioökonomie mehr ökologische und soziale Risiken als Chancen und fordert einen grundsätzlicheren Wandel. Die Protagonisten des kritischen Bioökonomiediskurses sind zivilgesellschaftliche Organisationen aus Umwelt- und Naturschutz, Entwicklungspolitik, der kritischen Wald- und Agrarszenen, gentechnikkritische Verbände der Land- und Lebensmittelwirtschaft, aber auch Vertreter von Bündnis 90/Die Grünen und der grünennahen Böll-Stiftung.

Der Teildiskurs wertet den Begriff der Bioökonomie als „große Erzählung" und wirft zugleich die Frage auf, inwieweit es sich um ein Marketingkonzept handelt, um die Legitimität wenig nachhaltiger (teils explizit strittiger) Industrien zu erhöhen. Zugleich hinterfragt der kritische Bioökonomiediskurs jedoch den Anspruch der Bioökonomie, ein „ganz groß-e[r] Wurf" zu sein: „Kann Bioökonomie wirklich die Welt retten?" (Forum Umwelt und Entwicklung 2018, S. 1). Er verweist darauf, dass der Bioökonomiebegriff als **„Neusprech"** und rhetorische Irreführung eingesetzt würde:

> „Auch die Akteure der Bioökonomie bedienen sich dieser rhetorischen Mittel. Das beginnt bei dem irreführenden Begriff ‚Bioökonomie' selbst: Durch diese an Ökolabels erinnernde Bezeichnung wird der Eindruck erweckt, es ginge hier um eine Neuausrichtung der Wirtschaft nach ökologischen Prinzipien, während die Kombination von ‚bio' mit ‚Ökonomie' in Wahrheit nichts anderes meint als die restlose kommerzielle Nutzung und Ausbeutung der Natur" (Gottwald und Krätzer 2014, S. 111).

Der Fokus des kritischen Bioökonomiediskurses liegt nicht auf den Chancen, sondern den ökologischen Risiken der Bioökonomie im globalen Süden wie auch im Norden. Thematisiert werden u. a. steigender Nutzungsdruck auf Wälder und sensible Ökosysteme, die Ausdehnung agrarindustrieller Praktiken (Monokulturen, geringe Fruchtfolgen, hoher Dünger- und Pestizideinsatz), „Vermaisung" von Landschaften, Treibhausgasemissionen durch Umwandlung in Ackerflächen und ihre agrarindustrielle Bewirtschaftung – um deren Vermeidung es der Bioökonomie ja originär gehe – sowie Risiken grüner Gentechnik und neuer Züchtungstechniken. Bedrohungen der Ernährungssicherung, Konflikte und Vertreibungen infolge der Landnahme durch ausländische Investoren *(„land grabbing")*, Arbeitsplatzverluste und steigende Abhängigkeiten in der Landwirtschaft werden als soziale Folgen der Flächenkonkurrenz und der weiteren Diffusion von Intensivlandwirtschaft thematisiert.

Der Teildiskurs kritisiert das dominante Bioökonomieverständnis wird als industriegetrieben, undemokratisch und machtblind. Statt einer technologiezentrierten Substitution fossiler Energien und Rohstoffe müsse Bioökonomie umfassender die sozioökonomischen und sozioökologischen Herausforderungen von Klima-, Ressourcenschutz und Ernährungssicherung lösen.

Im kritischen Bioökonomiediskurs werden Fragen der Verfahrensgerechtigkeit und der Verteilungsgerechtigkeit (im Hinblick auf die ökologischen, sozialen, ökonomischen) Auswirkungen der Bioökonomie für Deutschland wie auch für Biomasseexportländer aufgegriffen. In höherem Maße als in den anderen Teildiskursen werden Gerechtigkeitsbezüge auch zu künftigen Generationen gespannt.

Das Mensch-Natur-Verhältnis des Teildiskurses ist teils anthropozentrisch (protektionistischer Prägung), teils biozentrisch. Natur wird zwar durchaus als Ressource begriffen, aber als eine, mit der schonend und vorsorgend umgegangen werden muss. Auch werden der Natur jenseits ihrer wirtschaftlichen Bedeutung und ökologischen Leistungen auch kulturelle oder spirituelle Werte beigemessen. Sie ist nicht nur ein „Rohstofflager", aus dem man sich frei bedienen darf; die immer effizientere Nutzung von Natur, ihre kommerziellen Ausbeutung und Inwertsetzung sowie die biotechnologische Veränderung von Natur werden problematisiert. Dies wird einerseits damit begründet, dass eine Ausbeutung von Natur die Ökosysteme und die menschlichen Lebensgrundlagen degradiere. Andererseits wird auf einen – im affirmativen Diskurs „untergrabenen" – Eigenwert der Natur verwiesen. Impliziert wird hier auf den Wert „respektvolles Verhältnis zur Mitwelt" Bezug genommen. Bioethisch wird hinterfragt, ob der Mensch überhaupt das Recht habe, zur Befriedigung seiner Bedürfnisse biotechnologisch in andere Lebewesen einzugreifen.

Im Hinblick auf politische Regelungsbedarfe und Strategien wird übergreifend die Einbettung der Bioökonomie in eine sozial-ökologische Transformation gefordert:

» „Wohlstand und Lebensqualität in einer Welt mit endlichen Ressourcen müssen neu definiert werden. Einfach nur die Rohstoffbasis zu wechseln ist keine Option, und es darf nicht alleine darum gehen, den Industrienationen anhaltendes Wachstum bei gutem Gewissen zu sichern" (NABU 2018, o. S.).

Darüber hinaus geht es den Vertretern des kritischen Diskurses um die Demokratisierung von Bioökonomie (mithilfe von zivil-/gesellschaftlicher Partizipation) und um starke Leitplanken für ihre Nachhaltigkeit hier und in Erzeugerländern gefordert. Den kritischen Diskurs kennzeichnet diesbezüglich ein rechtebasierter Ansatz, ein über das Primat der Ernährungssicherheit hinausgehendes Leitbild der Ernährungssouveränität und ein klares Bekenntnis zu agrarökologischen, gentechnikfreien und (klein-)bäuerlichen Ansätzen der Biomasseerzeugung.

Sprachlich-rhetorisch sucht der kritische Teildiskurs Unterstützung, indem er materielle Interessen und rhetorische Strategien des affirmativen Bioökonomiediskurses aufdeckt, Zielkonflikte benennt, starke ethische bzw. Gerechtigkeitsbezüge herstellt, auf politisch gesetzte Nachhaltigkeitsziele (u. a. die UN-Nachhaltigkeitsziele) verweist, ein „*naming*" problematischer Akteure und „*shaming*" schädlicher Praktiken auf lokaler Ebene betreibt (z. B. Landraub, Vermaisung). Er setzt zudem Ironie ein und bringt Sorge und Empörung zum Ausdruck.

17.4 Diskussion und Schlussfolgerungen

Von den drei geschilderten Teildiskursen hat sich der affirmative Bioökonomiediskurs als der „dominante" Teildiskurs etabliert. Er prägt das Verständnis von Bioökonomie in staatlichen Strategiedokumenten und Politiken.

Grundsätzlich haben sich die Teildiskurse zur Bioökonomie im Zeitablauf geändert: So hat sich der affirmative Bioökonomiediskurs nach den Anfangsjahren für ökologische und soziale Ziele geöffnet und der kritische Diskurs, der zunächst stärker auf Teilaspekte wie energetische Biomassenutzung, industrielle Landwirtschaft und Gentechnik fokussiert war, hat sich verstärkt dem übergreifenden Konzept der Bioökonomie zugewendet.

Obwohl alle drei Teildiskurse zur Bioökonomie auf einer Nachhaltigkeitsargumentation basieren, lässt sich eine Polarisierung zwischen ihnen beobachten. Sie findet sich insbesondere im Hinblick auf die mit der Bioökonomie übergreifend verfolgten Ziele, das implizite Mensch-Natur-Verhältnis und Fragen der Verteilungsgerechtigkeit. Die in den untersuchten Dokumenten verwendete Sprache ist teilweise geeignet, die Polarisierung zu verstärken. Weil die Polarisierung Ziel- und Wertkonflikte reflektiert und nicht „nur" Interessens- oder Mittelkonflikte, ist die reine Aushandlung einer Kompromissposition zwischen den Antagonisten wenig aussichtsreich. Zwei Möglichkeiten, damit umzugehen, wären folgende: Einerseits könnten die unterschiedlichen Ziele und Werthaltungen transparent gemacht und zwischen den Trägern der Teildiskurse diskutiert werden. Andererseits könnte eine offene, gesellschaftspolitische Debatte um die Bioökonomie geführt werden. Voraussetzung beider Herangehensweisen wäre eine glaubwürdig starke Rolle zivilgesellschaftlicher Organisationen und/oder der Bürgerschaft in der Definition, Weiterentwicklung und Umsetzung der Bioökonomiestrategie der Regierung und in ihrer Begleitung durch den Bioökonomierat.

17

Literatur

Berger, P. L., & Luckmann, T. (1967). *The social construction of reality. A treatise in the sociology of knowledge*. New York: Anchor Books. (Reprint).

Birch, K., & Tyfield, D. (2012). Theorizing the bioeconomy. *Science, Technology and Human Values, 38*(3), 299–327.

Blyth, Mark. (2003). Structures do not come with an instruction sheet. Interests, ideas, and progress in political science. *Perspectives on Politics, 1*(4), 695–706.

BMBF (Bundesministerium für Bildung und Forschung). (2010). Nationale Forschungsstrategie Bio-Ökonomie 2030. Unser Weg zu einer biobasierten Wirtschaft. ▶ https://www.bmbf.de/upload_filestore/pub/Nationale_Forschungsstrategie_Biooekonomie_2030.pdf. Zugegriffen: 20. Aug. 2019.

BMBF (Bundesministerium für Bildung und Forschung) & BMEL (Bundesministerium für Ernährung und Landwirtschaft). (2014). Bioökonomie in Deutschland Chancen für eine biobasierte und nachhaltige Zukunft. ▶ https://www.bmbf.de/upload_filestore/pub/Biooekonomie_in_Deutschland.pdf. Zugegriffen: 20. Aug. 2019.

DIB (Deutsche Industrievereinigung Biotechnologie). (2013). Diskussionspapier der Deutschen Industrievereinigung Biotechnologie (DIB) zur Bioökonomie. ▶ https://www.vci.de/langfassungen-pdf/diskussionspapier-zur-biooekonomie.pdf. Zugegriffen: 20. Aug. 2019.

Forum Umwelt und Entwicklung. (2018). Rundbrief 1/2018. Mit Bioökonomie die Welt retten? Neue Geschäftsmodelle und alte Strukturen. ▶ https://www.forumue.de/wp-content/uploads/2018/04/FORUM_rundbrief118_Bio%C3%B6konomie.pdf. Zugegriffen: 20. Aug. 2019.

Gottwald, F.-T., & Krätzer, A. (2014). *Irrweg Bioökonomie. Kritik an einem totalitären Ansatz*. Berlin: Suhrkamp.

Hajer, M. A. (1995). *The politics of environmental discourse: Ecological modernization and the policy process*. Oxford: Claredon Press.

Hajer, M. A. (2008). Diskursanalyse in der Praxis. Koalitionen, Praktiken und Bedeutung. In F. Janning & K. Toens (Hrsg.), *Die Zukunft der Policy-Forschung. Theorien, Methoden, Anwendungen* (S. 211–222). Wiesbaden: VS Verlag.

Hausknost, D., Schriefl, E., Lauk, C., & Kalt, G. (2017). A transition to which bioeconomy? An exploration of diverging techno-political choices. *Sustainability, 9*(4), 669.

Kleinschmit, D., Arts, B., Giurca, A., Mustalahti, I., Sergent, A., & Pülzl, H. (2017). Environmental concerns in political bioeconomy discourses. *International Forestry Review, 19,* 41–55.

Lakoff, G. (2010). Why it matters how we frame the environment. *Environmental Communication, 4*(1), 70–81.

Majone, G. (1989). *Evidence, argument and persuasion in the policy process*. New Haven: Yale University Press.

NABU (Naturschutzbund Deutschland). (2018). Noch ganz am Anfang. Viele offene Fragen beim Ausbau der Bioökonomie. ▶ https://www.nabu.de/umwelt-und-ressourcen/ressourcenschonung/biooekonomie/19308.html. Zugegriffen: 20. Aug. 2019.

Pavone, V., & Goven, J. (Hrsg.). (2017). *Bioeconomies. Life, technology and capital in the 21st century*. Cham: Palgrave Macmillan.

Scheper, T., & Wagemann, K. (2012). „Bio-Technologien" ebnen den Weg zur Bioökonomie. Wie sich ganze Industrien durch biotechnologische Methoden verändern werden. *Itranskript, 7/2012,* 42–48.

Schmidt, O., Padel, S., & Levidow, L. (2012). The bioeconomy concept and knowledge base in a public goods and farmer perspective. *Bio-based and Applied Economics, 1*(1), 47–63.

Snow, D. A., & Benford, R. D. (1988). Ideology, frame resonance, and participant mobilization. *International Social Movement Research, 1*(1), 197–217.

WBGU (Wissenschaftlicher Beirat der Bundesregierung Globale Umweltveränderungen). (2008). Welt im Wandel. Zukunftsfähige Bioenergie und nachhaltige Landnutzung. ▶ https://www.wbgu.de/fileadmin/user_upload/wbgu/publikationen/hauptgutachten/hg2008/pdf/wbgu_jg2008.pdf. Zugegriffen: 20. Aug. 2019.

Wolff, F. (2019). Der deutsche Bioökonomiediskurs: Schlüsselindustrie der Zukunft oder neue Ausbeutung der Natur? In Z. Kiresiewa, M. Hasenheit, F. Wolff, M. Möller, & B. Gesang (Hrsg.), *Bioökonomiekonzepte und Diskursanalyse. Teilbericht des Projekts „Nachhaltige Ressourcennutzung – Anforderungen an eine nachhaltige Bioökonomie aus der Agenda 2030/SDG-Umsetzung". TEXTE 78/2019* (S. 68–128). Dessau-Roßlau: Umweltbundesamt.

Franziska Wolff

(geb. 1973) studierte Politikwissenschaften und Volkswirtschaftslehre an den Universitäten Freiburg und Glasgow. Die Wissenschaftlerin arbeitet zu Governance-Aspekten von nachhaltiger Landnutzung und nachhaltigem Wirtschaften. Seit 2014 leitet sie den Bereich Umweltrecht und Governance am Öko-Institut e. V. Sie ist Mitglied im Stiftungsrat der Stiftung Zukunftserbe.

Innovation und Bioökonomie

Stefanie Heiden

D. Thrän, U. Moesenfechtel (Hrsg.), *Das System Bioökonomie*,
https://doi.org/10.1007/978-3-662-60730-5_18

18.1 Einführung

Innovationsfähigkeit und Innovationstätigkeit von Volkswirtschaften gelten als zentrale Erfolgskriterien für wirtschaftliches Wachstum. Da Innovationen meist mit umfangreichen Investitionen verbunden sind, gehen von ihnen Multiplikator- und (Kapital-)Akkumulationswirkungen aus. Somit gelten Innovationen als Motor einer konjunkturellen Entwicklung (Vahs und Brem 2015). Und so darf die Vokabel Innovation in Veröffentlichungen und Diskursen zum Thema Zukunftsbranchen, Schlüsseltechnologie und Wachstum nicht fehlen (European Commission 1994). Dabei erfährt sie ein ähnliches Schicksal wie der Begriff Nachhaltigkeit, der sich seit Brundlandt (1987) zu einem Beliebigkeitsbegriff entwickelt hat, der überall vorkommt, dessen eigentliche Bedeutung aber immer mehr in den Hintergrund tritt. So liegt es nahe, hier zunächst einige Definitionen voranzustellen.

So spricht die Enquete-Kommission (1998) davon, dass

> „Innovationen Prozesse der Erneuerung seien oder Prozessergebnisse, wobei diese – je nach Erklärungsebene – in neuen Produkten, Verfahren und Dienstleistungen, aber auch im Resultat gesellschaftlichen oder organisatorischen Wandels bestehen können" (Enquete-Kommission 1998, S. 194).

Die National Science Foundation (NSF) betont den Prozess und stellt damit deutlich heraus, dass Innovation nicht gleichzusetzen ist mit Invention:

> „Der Innovationsprozess umfasst den gesamten Vorgang von der Entstehung einer Idee bis hin zu ihrer verbreiteten Anwendung in der Gesellschaft; der Prozess beginnt mit dem Erkennen des Problems bzw. dem Finden einer Idee, erstreckt sich über die Problemlösung und das Schaffen von Produktionskapazitäten bis hin zur Einführung des neuen Produkts auf dem Markt" (NSF 2010, o. S.)[1]

1 Übersetzt aus dem Englischen durch die Autorin.

Das Oslo Manual der OECD (2005) hält fest, dass es sich bei Innovationen um die Einführung eines neuen oder deutlich verbesserten Produkts (Gut oder Dienstleistung) oder Prozesses, einer neuen Marketingmethode oder einer neuen Organisationsmethode bei Geschäfts-/Wirtschaftspraktiken, der Arbeitsplatzorganisation oder Außenbeziehungen handele. Innovationsaktivitäten seien alle wissenschaftlichen, technologischen, organisatorischen, finanziellen und kommerziellen Aktivitäten, welche tatsächlich oder beabsichtigt zur Umsetzung von Innovationen führten. Einige Innovationsaktivitäten seien selbst innovativ, andere seien keine neuen Aktivitäten, sondern notwendig für die Umsetzung von Innovationen. Zu den Innovationsaktivitäten gehörten auch Forschung und Entwicklung, die nicht in direktem Zusammenhang mit der Entwicklung einer bestimmten Innovation stünden (OECD 2005).

In Publikationen zum Thema Innovationsmanagement werden häufig Autoren wie Vahs und Brem (2015), zitiert, die Innovation als zielgerichtete Durchsetzung neuer technischer, wirtschaftlicher, organisatorischer und sozialer Problemlösungen definieren, die darauf ausgerichtet sind, die Unternehmensziele auf neuartige Weise zu erreichen. Sie beziehen sich damit auf die ergebnisorientierte Betrachtung unternehmerischen Wirkens. Innovation grenzen sie ab von Technologie. Unter Technologie wird gesammeltes Expertenwissen verstanden, das auf einer theoretischen Basis aufbaut und versucht, dieselbe weiterzuentwickeln. Dabei steht die Frage nach dem Funktionsprinzip im Mittelpunkt, nach dessen Erklärung und Beschreibung. Erst die Technik setzt die aus der Technologie gewonnenen Erkenntnisse in konkrete Produkte und Verfahren um. Schließlich bewirken die Aktivitäten von Forschung und Entwicklung die Veränderung von Technologie und Technik. Dabei betonen bereits Thomas und Ford (1995), dass Innovation mehr braucht als nur Wissen: „not simply the possession of knowledge, but rather the ability to apply that knowledge to a particular problem" (S. 275).

18.1.1 Invention und Innovation

Die nachhaltige Steigerung des Unternehmenserfolgs ist Ausgangspunkt, Kern und Ziel jeder Investition in Innovationen (Hauschildt et al. 2016); für die Volkswirtschaften bedeuten analoge Überlegungen die Steigerung der Wettbewerbsfähigkeit durch Innovation. Bedeutend ist jedoch, dass das jeweilige Innovationsverständnis immer über die Invention hinausgehen muss und das Innovationsmanagement die Gestaltung des bestehenden Innovationssystems als Schwerpunkt sieht.

Invention (lateinisch *invenire* = entdecken, erfinden) bezeichnet die Ergebnisse von Forschung und Entwicklung und ist eine notwendige Vorstufe von Innovation; sie bezeichnet den Vorgang vom Prozess der Ideengenerierung bis zur erstmaligen Umsetzung einer neuen Idee.

Dagegen bezeichnet Innovation (lateinisch *innovare* = erneuern) grundsätzlich die erstmalige wirtschaftliche Umsetzung einer Idee *(exploitation);* d. h., sie bezeichnet die ökonomische Wissensverwertung und damit den wirtschaftlichen Erfolg. Sie umfasst die Markteinführung (im engeren Sinn) bis hin zur Marktdiffusion bzw. -bewährung im weiteren Sinn.

18.2 Kapitalmarkt, Nachhaltigkeit und Bioökonomie

Der österreichische Nationalökonom Joseph Alois Schumpeter definierte Innovationen als die Durchsetzung neuer Kombinationen, mit denen Unternehmen aus Gewinnstreben die ausgefahrenen Bahnen der statischen Wirtschaft verlassen (Röpke und Stiller 2006). Dabei sind unter der Durchsetzung neuer Kombinationen laut Schumpeter sowohl die Einführung neuartiger Produktionsmethoden zu verstehen als auch die Erschließung neuer Absatzmärkte oder neuer Bezugsquellen (für Rohstoffe oder Halbfabrikate), die Umsetzung einer Neuorganisation oder die Herstellung eines neuen Produkts.

Schumpeter gilt durch seine Erklärungsansätze der mittel- bis langfristigen Entwicklung von Volkswirtschaften – mittels Verknüpfung technologischer, wirtschaftlicher, psychologischer und soziologischer Überlegungen – als Urheber des heutigen Verständnisses von Ursachen und Wirkungen von Innovation(-sgeschehen). Dabei lenkt Schumpeters Vorstellung von der Durchsetzung neuer Kombinationen, die nicht kontinuierlich, sondern diskontinuierlich auftreten, den Blick von einer vordergründig technischen oder technologischen Orientierung auf eine ökonomische und gleichzeitig organisatorische Problematik: Damit ist Innovation nicht nur Thema der Naturwissenschaft und Technik, sondern gleichermaßen auch der Ökonomie und der Managementlehre; damit stehen Märkte und Organisation gleichrangig neben Technik und Produktion:

Folglich umfassen die drei Dimensionen des „Integrierten Innovationsmanagements"

1. technische Innovationen (Produkte, Prozesse, Wissen),
2. organisationale Innovationen (Strukturen, Kulturen, Systeme, Management) sowie
3. geschäftsbezogene Innovationen (Erneuerung des Geschäftsmodells, der Branchenstruktur, der Marktstruktur, deren Grenzen und der Spielregeln) (Zahn und Weidler 1995).

Eine vierte Dimension müsste ergänzt werden, nämlich die der

4. sozialen Innovation (politische Innovation, neue Lebensstile) (Zapf 1994).

Die aktuellen Innovationsdiskussionen reflektieren diese Überlegungen, verdeutlichen sie doch, dass Innovation bei Weitem kein Privileg von (Industrie-)Unternehmen ist, sondern vielmehr auch für Non-Profit-Organisationen und damit im Letzten für die Gesamtgesellschaft von erheblicher Bedeutung sind. Diese Innovationen werden auch als „postindustrielle Innovationen" bezeichnet.

Schumpeter macht zwei zentrale Akteursgruppen für das Grundphänomen der ökonomischen Weiterentwicklung in seinem Werk „Theorie der wirtschaftlichen Entwicklung“ (1912) aus, nämlich die a) dynamischen Unternehmer und die b) dynamischen Financiers: Erstere verwirklichen durch die Neukombination von Produktionsfaktoren einen Wettbewerbsvorsprung und erhalten eine Pionierstellung, wodurch einer Volkswirtschaft zu höherer Produktivität und höherem Wohlfahrtsniveau verholfen wird. Letztere ermöglichen erst den Wachstumsprozess durch auskömmliche Finanzierung, welche die Kombination der unterschiedlichen Faktoren erst realisierbar machen.

Diese Erkenntnis, mittlerweile mehr als 100 Jahre alt, ist aktueller denn je, betrachtet man – insbesondere in Deutschland – die nach wie vor bestehenden Schwierigkeiten beim Zugang zu Wachstumsfinanzierungsmöglichkeiten und Wagniskapital: Seit 2014 macht sich eine Gruppe renommierter Unternehmer (CEOs und Gründer von High-tech-Unternehmen) für eingängige Modelle stark, womit Privatkapital mobilisiert werden soll („1 % für die Zukunft – Innovationen zum Erfolg bringen“) (E&Y Report 2014 sowie Mietzsch 2018), um die Finanzierung der High-tech/High-risk-Geschäfte von Biotech-Unternehmen zu bewirken, wie sich die Herausgeber explizit ausdrücken. So werden Financiers von Hochtechnologiefirmen belohnt, wenn sie sich mittels Eigenkapital-Beteiligung langfristig an ein Unternehmen binden und auch Verlustrisiken eingehen, indem Erträge nach mehrjähriger Haltedauer von der Besteuerung ausgenommen werden sollen und Verluste selbst zu tragen sind. Dieses Modell soll insbesondere die „als Instrument ungeeigneten teuren Förderprogramme“ des Bundes ablösen; gleichzeitig sollten damit Anreize geschaffen werden, neue Eigenkapitalfonds zu etablieren, womit Unternehmen der „Finanzierungsfalle“ entkommen sollten und Innovationen auf den Markt gebracht werden könnten.

18

18.3 Innovationsansätze in der Bioökonomie

In der Bioökonomie sind verschiedene Definitionen und (Selbst-)Verständnisse von „Innovation“ vertreten, überschneiden sich oder gehen Hand in Hand. Für eine vereinfachte Beschreibung hier werden unter Innovation Prozesse der Erneuerung verstanden bzw. Prozessergebnisse, die aus neuen Produkten, Verfahren und Dienstleistungen bestehen oder aber auch Resultate gesellschaftlichen und organisatorischen Wandels (Transformation). Diese vollziehen sich systemisch, also durch Wechselspiel zwischen verschiedenen Akteuren oder Akteursgruppen, die strukturell sowie prozedural miteinander verwoben sind und durch iterative Wechselwirkungen ein Innovationssystem bilden.

18.3.1 Systeminnovation

Die Bioökonomie als solches wird oft auch als „Systeminnovation“ begriffen, da sie mit der Idee einer tiefgreifenden Veränderung unterschiedlichster Wirtschaftsbereiche und damit auch der Gesellschaft verknüpft ist. So wird in verschiedenen Strategien z. B. häufig betont, dass bioökonomische Innovationen „im System“ aufzustellen seien. So stellt das Institut für Innovation und Technik (IIT) in der VDI/VDE Innovation + Technik GmbH entsprechend fest, dass Systeminnovationen technologisch basierte Innovationen seien,

> » „die sich in wirtschaftlich tragfähige und gesellschaftlich akzeptierte Produkte oder Dienstleistungen umsetzen lassen, wenn es gelingt, die notwendigen Komponenten und Kompetenzen in funktionierende Systemarchitekturen einzubinden. Sie überwinden organisatorische und fachliche Grenzen, sind geprägt durch

> ein funktionierendes Zusammenwirken unterschiedlicher Stakeholder entlang von Wertschöpfungsprozessen und ermöglichen Geschäftsmodelle, die erst durch die Akzeptanz der relevanten Akteure und Akteurinnen zum Erfolg geführt werden können" (IIT o. D.; o. S.).

Systeminnovationen werden als eine notwendige Antwort gesehen, um auf den Druck globaler Umweltveränderungen reagieren zu können, etwa auf den Klimawandel. Es wird in dem Zusammenhang auch von „transitions to sustainable development" gesprochen (Grin et al. 2010). Diese Systeminnovationen zeichnen sich zum einen durch signifikant verschiedene Wissensbasen und technische Fähigkeiten aus (Blind und Quitzow 2016; Geels 2002, 2004, 2005, 2006). Zum anderen verändern sich auch Konsumentenverhalten und Märkte. Schließlich müssen sich Infrastrukturen, Politiken und Kulturen ändern, um Systeminnovationen zu ermöglichen. Systeminnovationen erfordern i. d. R. auch neue Forschungs- und Entwicklungsprogramme oder Innovationsinitiativen, aber auch rechtliche und regulatorische Veränderungen und verbesserte Steuerungsmechanismen.

Als ein Beispiel für Systeminnovation wird häufig die deutsche Energiewende herangezogen, die letztlich zu umfassenden politischen, ökonomischen und sozialen Veränderungen führt (SRU 2013; WBGU 2011). Schließlich gilt es, alle für die Umsetzung relevanten Stakeholder (vom Unternehmer, Dienstleister und Ausbilder, aber auch Nutzer, Konsumenten, NGOs, wie Gewerkschaften, Umweltverbände etc.) durch wirksame, neue Methoden zu überzeugen und einzubinden.

Die Biowissenschaften und die Biotechnologie werden oft als Basis einer „Systeminnovation" beschrieben, die ihrerseits eine Welle von Erfindungen auslösen kann (The Economist 2015; Zinke et al. 2016).

18.3.2 Umwelt-/Öko- und Nachhaltigkeitsinnovationen

Die Europäische Union (EU) definiert Ökoinnovationen in ihrem Aktionsplan für Öko-Innovation als „jede Form der Innovation, die wesentliche und nachweisbare Fortschritte zur Erreichung des Ziels der nachhaltigen Entwicklung herbeiführt oder anstrebt, indem sie Umweltbelastungen verringert, die Widerstandsfähigkeit gegen Umweltbelastungen stärkt oder eine effizientere und verantwortungsvollere Nutzung natürlicher Ressourcen bewirkt" (Europäische Kommission 2019, o. S.).

Blind und Quitzow zitieren in ihrem Beitrag Rennings (2000), welcher als Umweltinnovationen „Maßnahmen verschiedener Akteure, wie Unternehmen und private Haushalte, um neue Ideen, Verhaltensweisen, Produkte und Prozesse zu entwickeln, anzuwenden oder einzuführen und damit Umweltbelastungen zu reduzieren oder zu anderen ökologischen Nachhaltigkeitszielen beizutragen" (Rennings 2000 in Blind und Quitzow 2016).

Gleichzeitig wird in den politischen Papieren gern zum Ausdruck gebracht, dass Bioökonomie stets mit ökologischer Vorteilhaftigkeit einhergehe, weshalb sie häufig als „Nachhaltigkeitsinnovation" betrachtet wird (Zinke et al. 2016). Ziel bioökonomischer Ansätze soll es nach diesem Verständnis sein, neue, nachhaltig erzeugte Produkte und Dienstleistungen unter Einsatz von Wissen und biologischer Ressourcen hervorzubringen und damit Wirtschaftswachstum mit ökologischer Verträglichkeit zu vereinen (German Presidency of the Council of the European Union 2007; OECD 1998, 2009; European Commission 2012). Lösungen mit geringem CO_2-*impact* gehört die Zukunft: „The business success of tomorrow is born to the low carbon opportunities of today" (Christiana Figueres, Executive Secretary UNFCCC at the CEO Sustainability Forum 2011, S. 3).

18.3.3 Digitale Innovationen

In den letzten Jahren wird vor allem auf die vorteilhafte Verknüpfung von Bioökonomie und Digitalisierung als neue Systeminnovation hingewiesen. Die Synergien, die daraus erwartet werden, haben führende deutsche Protagonisten auf dem Gebiet der als nachhaltig verstandenen Biotechnologie bereits 2015 dazu bewogen, eine Verknüpfung der Ansätze „Biologisierung“ und „Digitalisierung“ auf politischer Ebene zu fordern. Eine Verknüpfung dieser Ansätze auf politischer Ebene ist derzeit jedoch noch kaum der Fall, wenngleich kürzlich (2019) einige FhG-Institute mit Baden-Württembergischen Universitäten „biointelligente Konzepte“ (Kompetenzzentrum Biointelligenz 2019) vorlegten. Nähere Ausführungen zum Thema Digitale Bioökonomie finden sich im ▶ Kap. 9.

18.3.4 Innovationsansätze in Bioökonomie-Strategien

Bioökonomiestrategien spiegeln unterschiedliche Verständnisse von Bioökonomie wieder. Damit definieren sie auch die Felder, in denen Innovationen stattfinden bzw. stattfinden sollten. Es können dabei verschiedene Gruppen von Strategie- und damit auch Innovationsansätzen ausgemacht werden:

- **Technologie-orientierte Ansätze**
  - konzentrieren sich auf die Entwicklung und Anwendung moderner Biotechnologie und Erkenntnisse aus den Biowissenschaften und stellen ihr Innovationspotenzial heraus (USA/OECD),
  - zählen die Nutzungen von Biotechnologie im Gesundheitsbereich (wie bspw. individualisierte Lösungen in Medizin und Pharma, sogenannte Rote Biotechnologie) zur Bioökonomie,
  - messen der Rohstoffbasis Biomasse keine herausragende Bedeutung bei und
  - verstehen unter Bioökonomie die Überführung der Life-Sciences-Erkenntnisse in neue, nachhaltige/öko-effiziente und wettbewerbsfähige Produkte (Europäische Kommission 2005; German Presidency of the Council of the European Union 2007).
- **Transformationsorientierte Ansätze**
  - stellen die Ablösung petrochemischbasierter Verfahren und Produkte durch biobasierte in den Mittelpunkt ihrer Betrachtungen und
  - beziehen dabei alle Wirtschaftssektoren mit ein, die mit der Erzeugung, Verarbeitung und Nutzung biologischer Ressourcen befasst sind.
- **Ressourcenorientierte Ansätze**
  - setzen sich in Europa seit ca. 2010 durch und
  - beschreiben eine biobasierte Wirtschaft; sie befassen sich schwerpunktmäßig mit der Produktion biologischer Ressourcen (Pflanzen, Tiere, Mikroorganismen) und ihrer Konversion in biobasierte Produkte und Bio-Energie.
- **Wirtschaftsorientierte Ansätze**
  - sind eng mit ressourcenorientierten Ansätzen/Definitionen verknüpft und
  - zählen im Allgemeinen zur Bioökonomie die Agrar- und Forstwirtschaft sowie alle produzierenden Sektoren und zugehörigen Dienstleistungen, die biologische Ressourcen entwickeln, produzieren, ver- und bearbeiten oder in irgendeiner Weise nutzen (BioÖkonomieRat 2009a, 2009b; Bioökonomie 2012; BMBF 2010; BMEL 2014).
- **Zielorientierte Ansätze**

Diese Ansätze enthalten noch eine normative Komponente, wie etwa anhand der Definition der Bioökonomie des deutschen Bioökonomierates deutlich wird (▶ Kap. 1). Alle Strategien teilen mehr oder weniger stark die Erwartung, durch neue Erkenntnisse insbesondere der Biowissenschaften und den daraus hervorgehenden Innovationen zu ökonomischem Wachstum, verbesserter internationaler Wettbewerbsfähigkeit und neuen Arbeitsplätzen zu gelangen. Somit werden die Erwartungen der letzten Jahrzehnte an die Biotechnologie und Lebenswissenschaften, nunmehr in diesem Kontext, fortgeführt.

In der großen Mehrzahl der Strategien wird die Biotechnologie als Schlüsseltechnologie betrachtet. Dabei soll eine Integration der Biotechnologie über verschiedene Wirtschaftssektoren hinweg erfolgen. Im Gegensatz zur Vergangenheit ist zudem bei der Bioökonomie eine Öffnung hin zu anderen Technologiefeldern und Innovationsansätzen zu beobachten.

In den vergangenen Jahren hat die Integration von Forschung und Innovation zunehmend an politischer Bedeutung gewonnen (Aguilar et al. 2013). Dies spiegelt sich auch in den Bioökonomiestrategien wieder. Mit der zunehmenden Bedeutung des Ziels, Innovationen zu fördern, werden über forschungspolitische Ansätze hinaus verschiedene Handlungsfelder zur Verbesserung der Rahmenbedingungen für Innovationen in die Strategien integriert. Die Integration verschiedener Politikfelder ist am stärksten ausgeprägt in der ressortübergreifenden Politikstrategie Bioökonomie der Bundesregierung (BMEL 2014). Sie ist eingebettet in andere Strategien von der Hightechstrategie 2020 (HTS) bis zur Nationalen Nachhaltigkeitsstrategie, um so die Bioökonomiepolitik sowohl als konsistenten Bestandteil einer umfassenden Technologie- und Innovationspolitik als auch der gleichermaßen zu berücksichtigenden Nachhaltigkeitspolitik sicherzustellen. Somit erfolgt eine aus Sicht der Innovationsforschung notwendige Einbettung in eine vorliegende dynamische und innovative Wissensgesellschaft.

18.4 Innovationsstandort Deutschland

In keinem anderen europäischen Land wurde 2016 so viel Geld für Innovationen ausgegeben wie in Deutschland, wie auch der EFI-Report und die Studien der gleichnamigen Expertenkommission Forschung und Innovation der deutschen Bundesregierung eindrucksvoll bestätigen (EFI 2018 ff.). Die Innovationsintensität misst den Anteil der Innovationsausgaben der deutschen Wirtschaft am Umsatz: Dieser lag 2016 in Deutschland wie im Jahr zuvor bei 3 %. Die Innovationsausgaben deutscher Unternehmen beliefen sich laut Zentrum für Europäische Wirtschaftsforschung (ZEW) 2016 auf 158,8 Mrd. €, wovon über 75 % davon auf die Industrie entfielen: Im Vorjahresvergleich stiegen die Innovationsausgaben um 2 % (BMBF 2018). Den Anstieg der Innovationsausgaben im Jahr 2016 wurde nicht nur von Großunternehmen, sondern auch von den kleinen und mittelständischen Unternehmen (KMU) getragen. Zwischen Großunternehmen und KMU öffnet sich seit Ende der 1990er-Jahre zunehmend eine Schere in der Innovationsintensität. Während Großunternehmen 3,8 % des Umsatzes für die Finanzierung von Innovationsaktivitäten bereitstellen, liegt der Wert für KMU nur bei 1,4 %.

Die Innovatorenquote misst den Anteil der Unternehmen, die innerhalb eines zurückliegenden Dreijahreszeitraums mindestens eine Produkt- oder Prozessinnovation eingeführt haben. Insgesamt zählten im Jahr 2016 rund 36 % der Unternehmen, nach 35 % im Jahr 2015, zu den Innovatoren. Damit setzte sich der seit einigen Jahren zu beobachtende Rückgang der Innovatorenquote, der auch in den meisten anderen EU-Mitgliedstaaten zu beobachten ist, in Deutschland vorerst nicht fort.

Die Branchengruppen Elektronik, Messtechnik und Optik sowie Pharma, Chemie und der sonstige Fahrzeugbau weisen die höchsten Innovatorenquoten aus. Im europäischen Vergleich belegt Deutschland bei diesem Indikator weiterhin einen Spitzenplatz. Die deutsche Wirtschaft erreichte im Jahr 2016 mit Produktinnovationen einen Umsatz von 719 Mrd. €, etwa 3 % mehr als im Jahr zuvor. Der Anteil der Umsätze mit neuen Produkten am Gesamtumsatz lag 2016 nahezu unverändert im Vergleich zum Vorjahr bei 13,6 %. Überdurchschnittlich ist der Umsatzanteil mit Produktinnovationen vor allem in Branchen, die intensiv von Forschung und Entwicklung (FuE) bestimmt sind (Fahrzeugbau, Elektroindustrie und Maschinenbau).

Die Investitionen von Wissenschaft und Wirtschaft in FuE schlagen sich in volkswirtschaftlichen Erträgen nieder, wenn aus Inventionen Innovationen werden, die den Markt erreichen und breit diffundieren. Marktneuheiten stellen einen höheren Neuheitsgrad dar, da die entsprechende Innovation zuvor noch nicht im Markt angeboten wurde. Über 8 % aller deutschen Unternehmen führten 2016 Marktneuheiten als erste Anbieter ein. Der damit erzielte Umsatz belief sich auf rund 154 Mrd. €. Der Anteil von Marktneuheiten am gesamten Umsatz lag 2016 bei etwa 3 %.

Die internationale Wettbewerbsfähigkeit wissensbasierter Volkswirtschaften zeigt sich im Handel mit forschungsintensiven Waren. Im Jahr 2016 lag der Anteil forschungsintensiver Erzeugnisse an den gesamten industriellen Weltexporten bei 46 %. Davon entfielen 16,4 % auf Spitzentechnologien und 29,6 % auf hochwertige Technik. Der Anteil forschungsintensiver Erzeugnisse am gesamten industriellen Warenhandel nimmt seit 2013 wieder zu. Im Jahr 2016 lag der Anteil Deutschlands am weltweiten Handel mit forschungsintensiven Gütern bei 11,6 %. Im europäischen Vergleich nimmt Deutschland damit einen Spitzenplatz ein. Mit einem weltweiten Anteil von 14,6 % ist China allerdings mittlerweile der größte Exporteur von forschungsintensiven Waren.

Deutschland gilt als eine der innovativsten Volkswirtschaften der Welt: Dies spiegelt sich nicht nur im Innovations-Ranking gemäß European Innovation Scoreboard (EIS) der Europäischen Kommission (EK) wider, sondern auch in den beiden internationalen Innovationsindizes, dem Global Innovation Index (GII, Cornell University) sowie dem Global Competitiveness Index (GCI, INSEAD und WIPO), in denen Deutschland in den Rangfolgen zwischen dem fünften und neunten Platz zu finden ist und auf einem Niveau mit den USA, Japan und Schweden sowie vor China und Südkorea liegt.

Als besondere Stärken Deutschlands werden der hohe Anteil der Wirtschaft an den FuE-Ausgaben sowie die Patentierungsaktivitäten herausgestellt (◘ Abb. 18.1). Zudem wird die Arbeit von Clustern positiv eingeschätzt. Die Schweiz führt verschiedene Innovationsrankings an (BMBF 2018).

Vor diesem Hintergrund sei auch auf die Ergebnisse des aktuellen Gutachtens der EFI-Kommission 2019 verwiesen (EFI 2018 ff.), welches die Hightechstrategie 2025 (Bundesregierung 2018) ausdrücklich lobt (im September 2018 vom Bundeskabinett beschlossen): Hierin wird das Ziel formuliert, bis zum Jahr 2025 Mittel in Höhe von 3,5 % des Bruttoinlandsprodukts für FuE aufzuwenden. Außerdem wird auf die Bedeutung von Start-ups für die Innovations- und Wettbewerbsfähigkeit des Landes: Diese verfolgen neue Geschäftsmodelle, erweitern und modernisieren mit ihren Innovationen das Angebot an Produkten und Dienstleistungen. Gründungen aus der Wissenschaft spielen eine wichtige Rolle beim Erkenntnis- und Technologietransfer in die Praxis. Start-ups gelten nach EFI auch als Trendscouts und Impulsgeber für etablierte Unternehmen. Als Kooperationspartner etablierter Unternehmen tragen sie zur gemeinsamen Entwicklung und Vermarktung von Innovationen bei.

Start-ups haben, und das wird im EFI-Gutachten eigens betont, in Deutschland – insbesondere in der Wachstumsphase – noch immer Probleme,

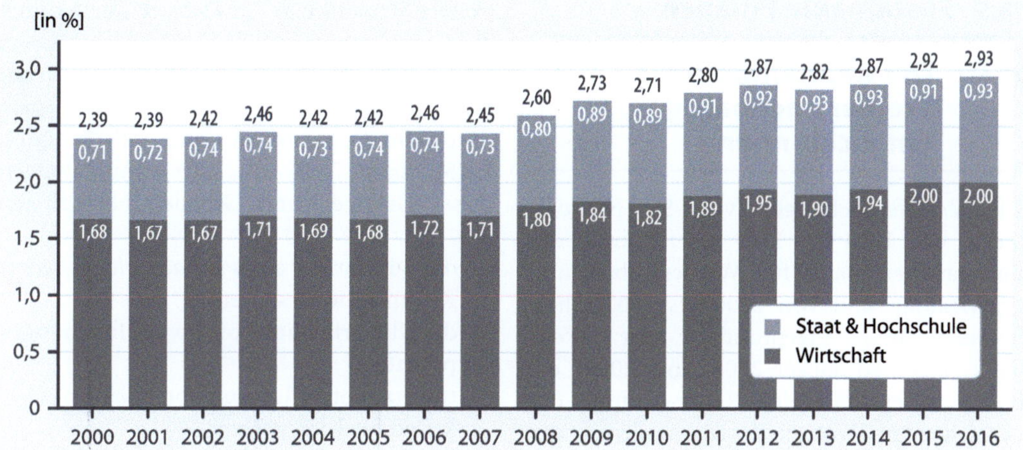

Abb. 18.1 Anteil der FuE-Aufwendungen am BIP im Ländervergleich 2016 (Stifterverband Statistik 2016); in der Schweiz und in Schweden gehen die höheren FuE-Quoten der Wirtschaft einher mit höheren öffentlichen FuE-Quoten. (Quelle: Darstellung Stifterverband für die deutsche Wirtschaft 2016, S. 2)

Wagniskapital zu bekommen. Sie stehen zudem aufgrund ihrer Größe und ihrer Geschäftsmodelle vor spezifischen Herausforderungen, die zum Teil durch rechtliche Rahmenbedingungen gesetzt bzw. beeinflusst sind. Vor diesem Hintergrund spricht die Expertenkommission u. a. folgende Empfehlungen aus:

- Um Gründungen aus der Wissenschaft zu befördern, muss die Gründungskultur an Hochschulen weiter gestärkt werden.
- Die Gründungsausbildung sollte in allen Studiengängen verankert werden.
- Hochschulen und außeruniversitäre Forschungseinrichtungen sollten zur Rechteübertragung an ausgegründete Start-ups Standard-Lizenz-Verträge entwickeln, um Gründern eine zügige Lizenzierung zu ermöglichen
- Die Rahmenbedingungen für private Investitionen in Start-ups sind, sich weiter zu verbessern. Da es in Deutschland an Ankerinvestoren mangelt, spricht sich die Expertenkommission dafür aus, Anreize für institutionelle Anleger zu setzen, stärker in Wagniskapital zu investieren. Zudem sollte die Umsatzsteuerpflicht für Verwaltungsleistungen von Fondsmanagern aufgehoben werden.

In Ländern wie USA, Kanada und Israel haben sich über Jahrzehnte funktionsfähige Kapitalmärkte *(private equity markets)* für innovierende Unternehmen entwickelt. Der Erfolg dieser Wirtschaftsräume, gerade in den Bereichen Pharma, aber auch Software/IT und Internet, ist ganz wesentlich auf diese Akteursgruppen zurückzuführen. Interessanterweise haben in diesen Wirtschaftsräumen direkte staatliche Interventionen, Subventionen oder auch Forschungsfördermittel zu Gunsten neuer Unternehmen eher geringe Bedeutung. Vielmehr werden steuerliche Anreize auf Anlegerseite oder die Anpassung von Kapitalmarktregulierungen an die Bedürfnisse von kleinen und mittleren Unternehmen (etwa JOBSAct USA 2014) als Instrumente genutzt, die eine enorme Dynamik herbeiführen können.

Die Berücksichtigung der EFI-Empfehlungen sowie die analoge Anpassung dieser beispielgebenden, funktionierenden Innovationssysteme an die jeweils spezifischen deutschen und/oder europäischen Gegebenheiten sind von ausschlaggebender Bedeutung das vollumfängliche Ausschöpfen der Potenziale, die aus den Life Sciences für die Bioökonomie resultieren.

18.5 Sustainable Finance

18.5.1 Der Kapitalmarkt als Treiber nachhaltiger Entwicklungen

Die Veröffentlichungen von Sir Nicholas Stern, von 1994 bis 1999 Chefökonom der Europäischen Bank für Wiederaufbau und Entwicklung und von 2000 bis 2003 Chefökonom und Vizepräsident der Weltbank, aus den Jahren 2006 und 2009, die nichts anderes als eine Kehrtwendung der herrschenden Nutzen-Kosten-Analysen des Klimaschutzes einleiteten, haben die Finanzwirtschaft deutlich beeindruckt (Stern 2006, 2009). So forderte Stern eine an Nachhaltigkeit orientierte Ökonomie ein und stellt vor Augen, dass „Treibhausgasemissionen das größte Marktversagen in der Weltgeschichte darstellen". Die globalen volkswirtschaftlichen Kosten des Klimawandels ohne weitere Klimaschutzmaßnahmen, so ein Ergebnis, werden die Weltwirtschaftsleistung bis 2050 um etwa 5 % bis 20 % belasten.

Wichtigste Katalysator der *sustainable-finance*-Entwicklung sind daher die Pariser Klimaschutzkonferenz im Dezember 2015, in deren Rahmen das 2-Grad-Ziel bei der Begrenzung der Erderwärmung beschlossen wurde, sowie die internationale Vereinbarung der 17 Sustainable Development Goals (SDGs). Im Umfeld dieser beiden Initiativen sind auch zahlreiche neue Entwicklungen im Finanzmarkt angestoßen worden. So gründeten z. B. die G20-Staaten Anfang 2016 eine Green Finance Study Group (mittlerweile in Sustainable Finance Study Group umbenannt), die sich mit dem Umgang von Umweltaspekten in der Finanzwirtschaft auseinandersetzte. Entscheidende Impulse kamen auch von der beim Financial Stability Board angesiedelten Task Force on Climate-related Financial Disclosures (TCFD), die sich intensiv mit der Entwicklung von freiwilligen und einheitlichen Angaben zu klimabezogenen Finanzrisiken befasst hat. Eine weitere Verstärkung der Debatte setzte durch die Gründung der High-Level Expert Group on Sustainable Finance (HLEG) seitens der Europäischen Kommission (s. hierzu auch European Commission 2012, 2013, 2014, 2015) Ende 2016 ein. Die Empfehlungen dieser Gruppen und Gremien beinhalteten u. a.

- die Einführung eines *sustainable-finance*-Klassifikationsrahmens,
- die Überarbeitung von Veröffentlichungspflichten,
- transparentere Informationsmöglichkeiten für Kleinanleger,
- die Entwicklung offizieller europäischer Nachhaltigkeitsstandards (z. B. für Green Bonds) sowie
- die stärkere Verankerung von Nachhaltigkeitsaspekten in der Governance der Finanzinstitute sowie der Finanzaufsicht.

An diese Vorarbeiten anknüpfend legte die EK 2018 schließlich den EU-Aktionsplan „Financing Sustainable Growth" vor, der darauf abzielt, die Kapitalströme auf nachhaltige Investitionen auszurichten, um damit ein nachhaltiges und integratives Wachstum zu erreichen (European Commission 2018) (■ Abb. 18.2). Darüber hinaus sollen die finanziellen Risiken bewältigt werden können, die sich aus dem Klimawandel, der Erschöpfung von Ressourcen und der Umweltzerstörung sowie sozialen Problemen ergeben. Außerdem sollen die Aspekte der Transparenz und der Langfristigkeit bei Finanz- und Wirtschaftsaktivitäten unterstützt werden. Die EU-Resolution zu Sustainable Finance schwört die Finanzwelt ebenfalls auf Nachhaltigkeit ein. Sie wurde am 29. Mai 2018 im EU Parlament mit 455 Stimmen angenommen (bei 87 Gegenstimmen und 92 Enthaltungen). Im Report selbst wird ausgeführt, dass es insbesondere auf ein politisches Rahmenwerk ankomme, welches die Investments in Richtung decarbonisierte, katastrophenresiliente und ressourceneffiziente ökonomische Aktivitäten leite.

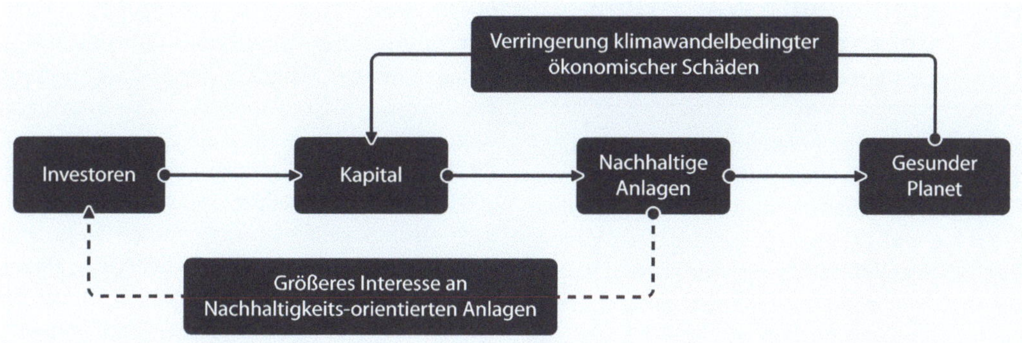

Abb. 18.2 EU-Aktionsplan „Sustainable growth" – Investitionen in eine nachhaltige Zukunft unseres Planeten. (Quelle: Darstellung nach European Commission 2018)

18.5.2 Nachhaltige Bioökonomie als Investitionsmöglichkeit

Eine nachhaltige Bioökonomie wird durch die globalen Finanzmärkte als zukunftsträchtige Investitionsmöglichkeit angesehen: Private und institutionelle Anleger interessieren sich zunehmend für gesellschaftlich verantwortliche Anlageformen, auch bekannt als SRI-Investitionen *(sustainable and responsible investment)* oder ESG-geleitete Investitionen, wobei ESG für *environmental-social-and-governance*-Kriterien steht, also: Umwelt, Soziales und gute Unternehmensführungskriterien. Dabei steht nicht mehr ausschließlich der Wunsch nach einem guten Gewissen, der dieses Anlagesegment begünstigt, im Mittelpunkt. Vielmehr nutzen zahlreiche Investoren die Methodik von Nachhaltigkeitsfonds zunehmend für die Verwaltung traditioneller Investmentfonds: So werden Nachhaltigkeitskriterien auch als Frühwarnsysteme durch viele Fondsgesellschaften wie u. a. die DWS oder Invesco Ltd. verwendet, um Risiken rechtzeitig zu erkennen, bevor sie sich in den Quartalsberichten von Unternehmen und damit im Aktienkurs niederschlagen (FNG, Berlin o. D.).

Im Gegenzug zu diesen Investingstrategien werden Wertpapiere von Unternehmen ohne entsprechende Nachhaltigkeitsbemühungen eingeschränkt oder abgestoßen. Die Kapitalanlagen im Bereich nachhaltiger Impact-Investitionen wachsen kontinuierlich. Laut Forum for Sustainable and Responsible Investment (US SIF) wurden in den USA Ende 2017 bei einem Anlagevolumen von rund 12 Bio. US$ SRI-Strategien angewandt. Es existieren zahlreiche Beispiele für diesen Trend. So hat z. B. die Weltbank Ende 2017 bekanntgegeben, ab 2019 nicht mehr in Ölförderprojekte oder Kohlebergbau zu investieren; nur in Ausnahmefällen zur Vermeidung sozialer Probleme in ärmeren Ländern soll dies zukünftig noch geschehen. Das norwegische Parlament hatte schon Mitte 2015 beschlossen, den Staatsfond – mit einem Volumen von umgerechnet über 800 Mrd. € einer der größten und erfolgreichsten Fonds dieser Art – aus Unternehmen abzuziehen, bei denen klimaschädliche Kohlegeschäfte mehr als 30 % des Geschäfts generieren. In Deutschland hat zeitgleich die Allianz SE eine ebensolche Strategiewende vollzogen. Im Mai 2018 legte Allianz wiederum nach und verzichtet seither auf die Einzelversicherung von Kohlekraftwerken und Kohlebergbauprojekten; bis 2040 will sie sich nach eigenem Bekunden ganz aus dem Kohlegeschäft verabschiedet haben.

18.5.3 Signifikante Wachstumspotenziale nachhaltiger Lösungen

Bereits 2010 schätzt Roland Berger, dass die Leitmärkte für Umwelttechnik (u. a. erneuerbare Energien, rohstoffeffiziente und energieeffiziente Produkte und Prozesse, Recycling und Wasseraufbereitungstechniken) ein weltweites Umsatzvolumen von rund 1,7 Bio. US$ verzeichneten. Bis ins Jahr 2020 dürften es rund 3,2 Bio. US$ sein, was einem durchschnittlichen Wachstum von 6,5 % entspräche. Gerade bei diesen Zielsetzungen existieren bereits heute zahlreiche biobasierte Lösungen, die eine nachhaltige Bioökonomie auch als Rendite-trächtiges Investment interessant erscheinen lassen. Analysen des DIW, des Fraunhofer Instituts für Innovations- und Systemforschung ISI und der Strategie- und Unternehmensberatung Roland Berger im Auftrag des Bundeswirtschaftsministeriums zeigen auf, dass ab 2020 Umwelttechnologien in Deutschland eine größere Bedeutung haben werden als die gesamte Automobilindustrie. Diese Analysen zeigen einmal mehr die Wirkmächtigkeit der „kreativen Zerstörung“ in Schumpeters Sinne.

18.6 Biotechnologie – Treiber nachhaltiger Problemlösungen

18

Eine der Schlüsseldisziplinen, die einem neuen Wirtschaftszyklus zugrunde liegen, stellt die innovationsträchtige Biotechnologie dar. Sie bietet aufgrund ihrer breiten Aufstellung, ihrer zahlreichen Anwendungsfelder und Methoden und der Berücksichtigung der Erkenntnisse Jahrmillionen währender Evolution ein vielversprechendes, auf Ressourcenoptimierung und Kreislaufführung fußendes Problemlösungspotenzial (Heiden und Zinke 2006). Dabei stellt Biotechnologie selbst die Integration vieler Disziplinen dar und interagiert ihrerseits mit vielen Wissenschafts- und Technikbereichen. Sie steht für eine Querschnittsdisziplin, die die klassischen Disziplingrenzen längst überwunden hat (s. ▶ Kap. 9). Durch Integration von *proteomics, metabolomics, transkriptomics, genomics, genetic engineering,* Biochemie, Mikrobiologie, Bio-Informatik und Digitalisierung steht sie als *pars pro toto* für gelebtes *open innovation* (Heiden et al. 2001). Einerseits befasst sie sich mit Fragen der Grundlagenforschung, andererseits mit ganz konkreten Fragen der industriellen Praxis bzw. des gesellschaftlichen Bedarfs in einer sich wandelnden Welt. Eine breite Durchdringung im Sinn einer gesamtgesellschaftlichen nachhaltigen Transformation wird nur möglich sein, wenn es gelingt, frühzeitig alle relevanten Stakeholder mit einzubeziehen und deren Bedürfnisse in den Mittelpunkt zu stellen. Die normativen Analogien der Risikobewertung von ziviler Nutzung der Atomenergie einerseits und der Nutzung von Bio-/Gentechnologie andererseits ist nicht zuletzt auf die misslungene Einbindung aller Beteiligten zurückzuführen und stellt heute ein Innovationshemmnis dar.

Nachhaltigkeit wird auch heute nicht nur positiv gesehen, sondern durchaus immer mit „Kostentreiberschaft“ assoziiert: Das stellten schon Dyllick et al. (1997) fest: 1995 gaben rund 77 % aller im Auftrag der Europäischen Kommission befragten Unternehmen an, dass die von ihnen durchgeführten, gesetzlich induzierten Umweltschutzmaßnahmen eine kostensteigernde Wirkung hatten. Der Anteil an Umweltschutzinvestitionen an den Gesamtinvestitionen in ökologisch besonders bedeutsamen Branchen bewegte sich bei 15 bis 30 %. Wie das Statistische Bundesamt 1996 darlegte, betrugen die laufenden Umweltschutzaufwendungen in diesen Branchen bis zu 5 % des Umsatzes. Gleichzeitig aber entfielen noch 1989 in Deutschland 82 % aller Umweltschutzinvestitionen auf *end-of-pipe*-Maßnahmen. So nimmt es einerseits nicht Wunder, wenn Umweltschutzmaßnahmen von Unternehmen als Kostenfaktor empfunden werden; andererseits ist damit aber auch das häufig geäußerte Vorurteil widerlegt, dass die Darstellung der kostensteigernden Wirkung von Umweltschutzmaßnahmen rein unternehmerische Abwehrstrategien seien.

Zusammenfassend gilt also, dass additive Antworten (*end-of-pipe-* oder *add-on*-Technologien) auf Umweltschutzanforderungen wohl immer Kostenfaktor, niemals aber Produktivitätsfaktor sein werden.

Ganz anders verhält es sich dagegen mit produktionsintegrierten Umweltschutzmaßnahmen (PIUS), welche den Einsatz von Rohstoffen und Energie reduzieren und nach ihrer Umsetzung geringere laufende Kosten als *end-of-pipe*-Technologien verursachen (Energie-, Material- und Personaleinsatz). Durch produktionsintegrierte Umweltschutzmaßnahmen können so strategische wie konkrete Wettbewerbsvorteile entstehen. So wird Umweltschutz als Produktivitätsfaktor (Bringezu 1997).

Das bedeutet aber gerade für das Verständnis von **Integrierter oder Weißer Biotechnologie,** dass dieselbe in allen anderen genannten Anwendungsfeldern ebenso zum Einsatz gelangen und zu einer nachhaltigen Entwicklung – für das betroffene Unternehmen wie auch für die Gesamtgesellschaft – beitragen kann. Und genau dieses Verständnis spiegelt sich unter auch in den BIO-ECONOMY-Programmen wieder, die von Seiten der Politik wie auch innovativ aufgestellter Unternehmen weltweit mit großer Verve verfolgt werden.

In der der Biotechnologie eigenen, interdisziplinären Herangehensweise, die die konventionellen Grenzen klassischer Wissenschaftsbereiche schon seit Langem überwunden hat, ist die Faszination und das enorme Potenzial dieser Technologie zu sehen. Mit ihren Ansätzen wird es möglich sein, energie- und ressourceneffiziente Prozesse und Produkte zu entwickeln und auf dem Markt zu etablieren und den Wandel zu einer nachhaltigen Gesellschaft zu befördern. Biotechnologie ist und wird auch in Zukunft eine treibende Kraft eines neuen, nachhaltig orientierten Kondratieff-Zyklus sein. Damit kommt ihr in der Tat eine Bedeutung zu, wie sie manche Analysten und Forscher derzeit der Digitalisierung zuschreiben. Vielleicht müsste man gar so weit gehen, dieses Zeitalter als **Epoche der Digitalisierung und Biologisierung** zu beschreiben.[2]

Ein Reüsssieren der Bioökonomie wird eng verknüpft sein mit Innovationen und Forschungs- und Entwicklungsansätzen auf dem Gebiet der Digitalisierung: Diese steht einerseits für einen umfassenden, derzeit nur in Ansätzen begreifbaren, gesellschaftlichen Wandel, andererseits für einen industriellen, teilweise durchaus revolutionären Wandel. Neue digitale Technologien, wie beispielsweise Cloud-Computing oder Big Data, können eine schnelle Vernetzung verschiedener Industriebranchen und Unternehmen (KMU, Großunternehmen und Dienstleister) realisieren: Material, Maschinen und Anlagen beginnen in sogenannten smarten Produktionsstätten *(smart factories)* in Echtzeit damit, über das Internet miteinander zu kommunizieren, dabei Informationen auszutauschen und sogar komplette Fertigungsprozesse selbstständig zu koordinieren. Zugleich lassen sich somit Produktion und Logistik entlang der gesamten industriellen Wertschöpfungskette miteinander verknüpfen. Ressourcen- und energieeffizientere Produktionen, Prozessintensivierungen, Flexibilisierungen und Individualisierungen (in der Fertigung) werden möglich, und damit wird die Wettbewerbsfähigkeit von Unternehmen maßgeblich gestärkt werden (Fischer-Kowalski et al. 2014; Heiden und Zinke 2006). Solche Zielsetzungen wurden bereits von der Enquete-Kommission „Schutz des Menschen und der Umwelt" des 12. Deutschen Bundestages (1994) gefordert und veröffentlicht: „Die Industriegesellschaft gestalten – Perspektiven für einen nachhaltigen Umgang mit Stoff- und Materialströmen".

In einer solch vernetzten Welt der Wirtschaft entstehen zudem mit enormer Geschwindigkeit neue Geschäftsmodelle. Bestehende Branchengrenzen werden durchbrochen, Digitalunternehmen erobern neue Märkte und Start-ups fordern alteingesessene Marktteilnehmer im

---

2 Die acatec bevorzugt die Begrifflichkeit der biologischen Transformation.

Wettbewerb heraus. Um weiterhin am Markt bestehen zu können, gilt es insbesondere für etablierte Unternehmen, das bestehende Geschäftsmodell auf mögliche Potenziale zur Integration dieser neuen Technologien zu überprüfen, ggf. Start-ups zu integrieren sowie ganz neue Geschäftsmodelle zu entwickeln.

Schumpeter beschreibt Innovation als die kreative Zerstörung des Vorhandenen (Schumpeter 2006, 2008); und da jeder Wandel Widerstände mit sich bringt, sollte man bei allem Lippenbekenntnis zur Innovation im Allgemeinen darauf gefasst sein, dass Innovationen im Zweifel nicht willkommen sind. So verwundert es nicht, dass D´Este et al. (2012) feststellen, dass branchenübergreifend empirisch ein enger Zusammenhang festgestellt werden konnte zwischen dem Ausmaß der Innovationsaktivitäten und dem Ausmaß relevanter finanzieller, wissensbezogener, marktbezogener und regulativer Barrieren. So halten Hauschildt et al. (2016) in ihrem Buch Innovationsmanagement fest, dass die „Historie von Innovationen eine unendliche Geschichte des Widerstands gegen" dieselben sei (Hauschildt et al. 2016, S. 31). Die Autoren spitzen Ihre Beschreibung der Widerstände gegen Innovationen in folgender Aussage zu: „Widerstand gegen Innovationen erwächst daraus, dass das betroffene Individuum tatsächlich oder vermeintlich nicht in der Lage ist, diese intellektuellen Anforderungen zu bewältigen" (ebd., S. 40).

18.7 Wird der neue Kondratieff-Zylus ein „grüner" Zyklus?

Die gesellschaftliche Einsicht in die Dringlichkeit und Notwendigkeit der Transformation sowie das Bereitstehen und Entwickeln neuer Schlüssel-Technologien (Digitalisierung, Biologisierung, Umweltschutztechnologien ...) werden einen historisch beispielhaften Megatrend auslösen, den manche Autoren bereits als neue, als „grüne" (oder nachhaltige) Kondratieff-Welle bezeichnen:

Fünf lange Wachstumszyklen lassen sich seit der industriellen Revolution Ende des 18. Jahrhunderts feststellen (siehe Abb. 18.3 und 18.4): Die von der Dampfmaschine ausgelöste Welle, auf welche die, durch die Innovationen Stahl und Eisenbahn, neue Welle folgte. Sie wurden von Chemie und Elektrizität abgelöst, bevor sich Petrochemie und Automobil durchsetzen. Die bisher letzte

Kondratieff Zyklen	1. Zyklus	2. Zyklus	3. Zyklus	4. Zyklus	5. Zyklus
Zeitraum	1780 bis 1830	1830 bis 1880	1880 bis 1930	1930 bis 1970	1970 bis Gegenwart
Basis-Innovation	Dampfmaschine	Eisenbahn, Stahl	Elektrizität, Chemie	Automobil, Petrochemie	Informations-, Kommunikations-technik, Digitalisierung
Bedarf	Textilindustrie	Massentransport	Massen-produktion	Individuelle Mobilität	Information, Kommunikation, Vernetzung
Epoche	Frühe bis späte Industrialisierung			Dienstleistungs-gesellschaft	Wissens-gesellschaft, Gesellschaft der Gesundheits- und Lebenswissen-schaften

Abb. 18.3 Kondratieff-Zyklen. (Quelle: eigene Darstellung in Anlehnung an Bullinger, FhG)

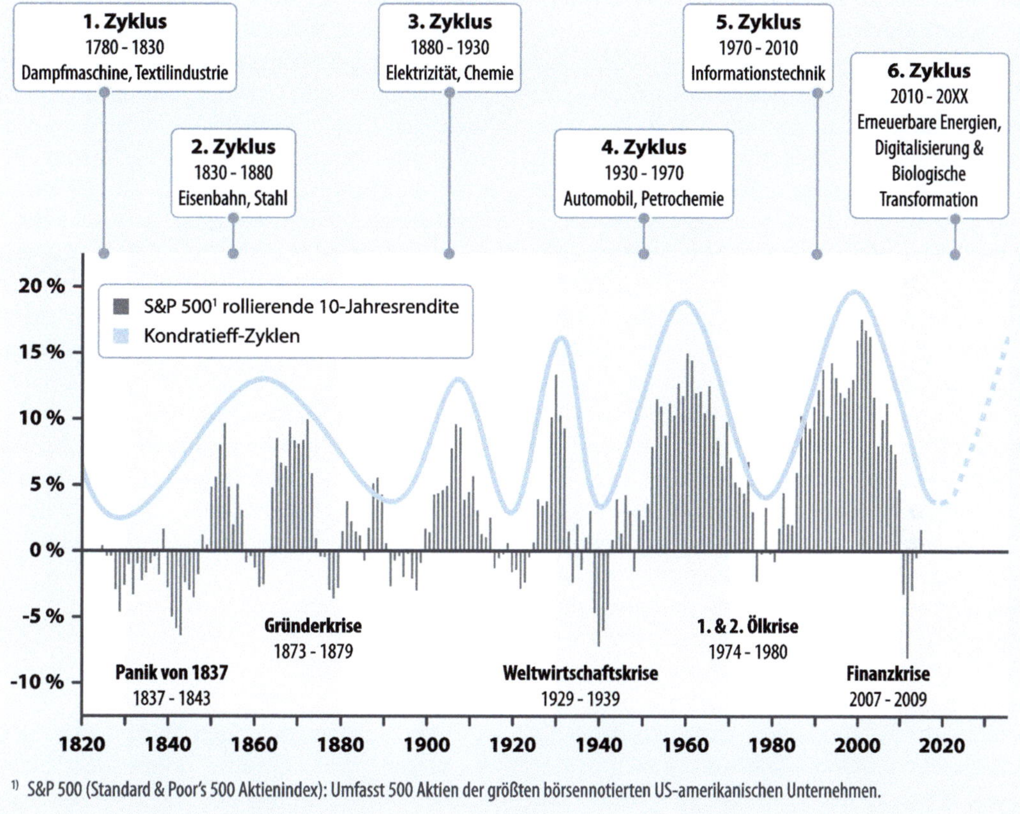

Abb. 18.4 Historische Betrachtung der Kondratieff-Zyklen: Geschichte von Wohlstand und zugehöriger Krisen. (Quelle: Darstellung nach AGI 2010)

Welle wurde von Informationstechnologie und Kommunikation geprägt.

18.7.1 Aufbruch durch Krisen

Allen aufkommenden Wachstumswellen gemeinsam ist die jeweils vorauslaufende Krise, die zum Abbruch des alten Zyklus führt (s. Abb. 18.4); aus jeder Krise geht ein neuer Aufschwung hervor: Sei es die Panik von 1837, die Gründerkrise des späten 19. Jahrhunderts, die große Depression der Neunzehnhundertdreißigerjahre oder auch die beiden Ölpreiskrisen der 1970er-Jahre des 20. Jahrhunderts. Die „schöpferische Zerstörung", wie es der österreichische Ökonom Joseph Schumpeter ausdrückte, stand immer am Beginn des Neuen. Dabei stellte schon Nikolai Kondratieff fest, dass ein langer Wachstumszyklus, der Wirtschaft und Gesellschaft durchdringt und verändert, eine Reifephase durchschreitet, an Kraft verliert und schließlich in der Krise endet. Die neu geschaffene Infrastruktur bleibt und mit dem Aufschwung des nächsten Zyklus wird die Krise durchschritten und überlebt.

Voraussetzung für jeden neuen Aufschwung bilden neue zugrundeliegende Innovationen und Schlüsseltechnologien, die durch eine wachsende Nachfrage in die Breite getragen werden. Die Nachfrage wiederum wird getrieben vom Engpassfaktor Produktivität. Erst wenn dieser Engpassfaktor überwunden ist, können neue Produktivitätsgewinne freigesetzt werden.

Offensichtlich sind Krisen unabdingbare Elemente unserer wirtschaftshistorischen Entwicklung: Jeder der seit Entdeckung der Dampfmaschine Ende des 18. Jahrhunderts betrachteten Kondratieff-Zyklen endete in einer Krise, auf die ein langer Aufschwung folgte. Der hieraus über die vergangenen rund 200 Jahre resultierende Wohlstand einer breiten Bevölkerung – vor allem in den Industriestaaten – ist historisch wohl einzigartig zu nennen. So könnte man sich der Feststellung der Allianz-Global-Investors-Analysten anschließen (AGI 2010), dass die Geschichte unseres Wohlstands auch die Geschichte der zugehörigen Krisen sei.

Die bezeichneten Zyklen sind demnach stets von Zeiten technologischen Umbruchs markiert und ähneln sich in ihren Konsequenzen: So werden alte Industriezweige von neuen verdrängt; Unternehmenskulturen und -prozesse wandeln sich, neue Berufsfelder entstehen und mehrjährige Phasen langfristigen Wohlstandswachstums gehen einher. Diese waren in der Vergangenheit immer mit steigenden CO_2-Emissionen verbunden, was im neuen Zyklus anders sein wird, da diese Entwicklungen auf nachhaltige Lösungen und damit auf die Entkopplung von Wohlstand und Treibhausgasemissionen setzt.

In Gegenwart und naher Zukunft erfahren wir die Veränderungen in unserer Wissensgesellschaft durch Innovationen u. a. auf dem Gebiet der Kommunikationstechnologie, der Digitalisierung, der Künstlichen Intelligenz und der „Biologisierung" (Biotechnologie, *bioeconomy*), die unser Leben bereits stark verändert haben und im Weiteren noch sehr verändern werden (s. auch Geels 2005).

18

Zudem können wir jedem der betrachteten Strukturzyklen eine wichtige Rolle der Finanzmärkte und deren Entwicklungen zuordnen: So spielten hohe Verschuldung, übertriebene Spekulationen und aufgeblähte Vermögenspreisblasen eine wichtige Rolle, die letztlich zur Beendigung der jeweiligen Zyklen beitrugen. Finanzanalysten gehen sogar so weit, ihnen die entscheidende Rolle in diesem Abschwung zuzuschreiben: Gleichzeitig schreiben sie den Finanzmärkten auch die Rolle des Beschleunigers eines neuen Aufschwungs zu:[3] Nach der Krise benötigen Unternehmer viel Geld, um die produktiveren Techniken auf dem Markt zu verbreiten und denselben zu durchdringen. Sind die Märkte erschlossen, sinkt die Kreditnachfrage, die Realzinsen sinken gegen Null, und der Verlauf wiederholt sich. Diesen zyklischen Verläufen mit ihren unterschiedlichen Konsequenzen widmen sich mittlerweile auch populäre Wirtschaftsmagazine und Zeitungen, wie Wirtschaftswoche oder Handelsblatt (s. u. a. etwa Hanke 2012 oder Müller 2010), wobei auch betont wird, dass die Sicht der Ökonomen auf scheinbar auf der Hand liegende Analogien durchaus differenziert ist.

18.8 Ausblick

Während in den bisherigen Wirtschaftszyklen der vergangenen 200 Jahre primär der Faktor Arbeit ein ökonomischer Engpassfaktor war, wird diese Rolle im 21. Jahrhundert den Engpassfaktoren Energie- und Rohstoffressourcen mit ihren impliziten Umweltwirkungen zuzuschreiben sein. Damit steht nicht mehr die Steigerung der Arbeitsproduktivität im Vordergrund zur Sicherung unseres Wohlstands, sondern die Steigerung von Ressourcen- und Energieproduktivität als Treiber der Sicherung von Lebensqualität, Wohlstand und Frieden.

Unter den veränderten Voraussetzungen von Globalisierung, demographischer Entwicklung, Klimawandel und Ressourcenverknappung sowie einem wachsenden Verantwortungsbewusstsein um die eine Welt wird Wachstum zukünftig durch nachhaltige Lösungen/Innovationen generiert, die zur Entkopplung von Lebensqualität (Wirtschaftswachstum) und Naturverbrauch beitragen

3 Für weitere Informationen siehe ► www.allianzgi/de/kapitalmarkt.

(s. hierzu Stern 2006, 2009; Hennicke 2010). Genau hierzu liefert Biotechnologie wichtige Beiträge.

Bioökonomie und die Digitalisierung adressieren durch sinnvolle Verknüpfung alle relevanten Megatrends, d. h. Globalisierung, Urbanisierung, demographischer Wandel, Energie und Ressourcen, Umwelt- und Klimaschutz, Gesundheit, Mobilität, Wissensgesellschaft sowie Leben und Arbeiten (s. Bundesregierung 2018).

Der Erfolg dieses Vorgehens wird im Wesentlichen von der erfolgreichen Partizipation der Akteure aus den unterschiedlichsten Lebensbereichen der Gesellschaft resultieren und damit die Bedarfe adressieren, die nicht nur aktuell, sondern auch langfristig bestehen und angesichts der globalen Herausforderungen, vor denen die Gesellschaft steht, ebenfalls einem enormen Wandel unterliegen.

Um eine solche weitreichende Verknüpfung auch langfristig mit Leben zu erfüllen, ist aber auch eine mutige und gestaltende Politik gefragt, die sich aufmacht, auch durch legislative, fiskalische und ressortübergreifende – auf nationaler wie internationaler Ebene – für das Thema einzutreten. Die erforderlichen Instrumente sind bekannt. Wie dringlich ein solcher Aufruf ist, wird nicht nur beim Blick auf die Verteilung der FuE-Mittel im BMBF Bericht 2018 ersichtlich, sondern insbesondere bei der Betrachtung der Situation von Life Sciences Unternehmungen im Vergleich mit USA oder anderen europäischen Ländern.

Stets möge man bedenken, was Geheimrat Johann Wolfgang von Goethe schon zu seiner Zeit einforderte: „Es ist nicht genug, zu wissen, man muss auch anwenden; es ist nicht genug, zu wollen, man muss auch tun."

Einer nachhaltigen Bioökonomie und den ihr zugrundeliegenden Technologien wird dabei die Rolle eines Schrittmachers und Motors zur Etablierung einer großen Transformation zukommen. Digitalisierung und Biologisierung und insbesondere deren Verknüpfung sind die Treiber einer neuen Dynamik nachhaltig orientierten Wachstums, eines „grünen" Kondratieff-Zyklus.

Literatur

AGI (Allianz Global Investors Kapitalmarktanalyse). (2010). Der 6. Kondratieff – Wohlstand in langen Wellen. ▶ https://pfafi.de/wp-content/docs/4115722-1696571-AGI-Analysen—Trends-Der-6.-Kondratieff—Wohlstand-in-langen-Wellen.pdf.

Aguilar, A., Magnien, E., & Thomas, C. (2013). Thirty years of European biotechnology programmes: From biomolecular engineering to the bioeconomy. *New Biotechnology, 30*(5), 410–425.

Bioökonomie (2012). Empfehlungen aus dem BioÖkonomieRat 04. Arbeitsperiode 2009–2012. *Weiterentwicklung des Förderinstrumentariums von öffentlicher und privater Forschung im Hinblick auf die Anforderungen der Bioökonomie-Empfehlungen des BioÖkonomieRats.* ▶ www.bioökonomierat.de. Zugegriffen: 30. Mrz. 2020.

BioÖkonomieRat (2009a). Berichte aus dem BioÖkonomieRat 04. Arbeitsperiode 2009–2012. *Empfehlungen zum Aufbau einer wettbewerbsfähigen und nachhaltigen Bioökonomie – Beiträge der Industriellen Biotechnologie zum wirtschaftlichen Wandel in Deutschland; Positionspapier der AG Biotechnologie des BioÖkonomieRats.* ▶ www.bioökonomierat.de. Zugegriffen: 30. Mrz. 2020.

BioÖkonomieRat (2009b). Empfehlungen aus dem BioÖkonomieRat 01. Arbeitsperiode 2009–2012. *Kompetenzen bündeln, Rahmenbedingungen verbessern,internationale Partnerschaften eingehen Erste Empfehlungen zum Forschungsfeld Bioökonomie in Deutschland.* ▶ www.bioökonomierat.de. Zugegriffen: 30. Mrz. 2020.

Blind, K., & Quitzow, R. (2016). Nachhaltige Innovationen. Aktueller Stand der Forschung und Ausblick aus innovationsökonomischer Perspektive. In G. Gordon & A. Nelke (Hrsg.), *CSR und Nachhaltige Innovation. Zukunftsfähigkeit durch soziale, ökonomische und ökologische Innovationen* (S. 13–24). Berlin: Springer Gabler.

BMBF. (2010). Nationale Forschungsstrategie Bioökonomie 2030. Unser Weg zu einer bio-basierten Wirtschaft. bmbf.de/pub/biooeokonomie.pdf.

BMBF (Bundesministerium für Bildung und Forschung). (2018). Bundesbericht Forschung und Innovation 2018. Forschungs- und innovationspolitische Ziele und Maßnahmen. ▶ https://www.bmbf.de/upload_filestore/pub/Bufi_2018_Hauptband.pdf.

BMEL (Bundesministerium für Ernährung und Landwirtschaft). (2014). Nationale Politikstrategie Bioökonomie. Nachwachsende Ressourcen und biotechnologische Verfahren als Basis für Ernährung, Industrie und Energie. ▶ https://www.bmel.de/SharedDocs/Downloads/Broschueren/BioOekonomiestrategie.pdf?__blob=publicationFile.

Bringezu, S. (1997). *Umweltpolitik: Grundlagen, Strategien und Ansätze ökologisch zukunftsfähigen Wirtschaftens*. München: R. Oldenbourg.

Bundesregierung. (2018). Forschung und Innovation für die Menschen. Die High-Tech Strategie 2025. ▶ https://www.hightech-strategie.de/files/HTS2025.pdf.

D'Este, P., Iammarino, S., Savona, M., & von Tunzelmann, N. (2012). What hampers innovation? Revealed barriers versus deterring barriers. *Research Policy, 21*(2), 482–488.

Dyllick, T., Belz, F., & Schneidewind, U. (1997). *Ökologie und Wettbewerbsfähigkeit von Unternehmen*. München: Hanser Fachbuch.

EFI Report. (2018 ff.). Gutachten und Studien. ▶ www.e-fi.de/gutachten-und-studien/gutachten.

Enquete-Kommission „Schutz des Menschen und der Umwelt" des 12. Deutschen Bundestages. (1994). Die Industriegesellschaft gestalten – Perspektiven für einen nachhaltigen Umgang mit Stoff- und Materialströmen. ▶ http://dip21.bundestag.de/dip21/btd/12/082/1208260.pdf.

Enquete-Kommission „Schutz des Menschen und der Umwelt" des 13. Deutschen Bundestages. (1998). Konzept Nachhaltigkeit – Vom Leitbild zur Umsetzung. ▶ http://dipbt.bundestag.de/doc/btd/13/112/1311200.pdf.

Europäische Kommission. (2005). Janez POTOCNIK, Europäischer Kommissar für Wissenschaft und Forschung, stellt erstmals in seiner Rede das Konzept „Transforming life sciences knowledge into new, sustainable, eco efficient and competitive products" vor, im Rahmen der „Conference on Knowledge-based bio-economy", Brüssel, September 2005.

Europäische Kommission. (2019). Der Aktionsplan für Öko-Innovationen. ▶ https://ec.europa.eu/environment/ecoap/about-action-plan/objectives-methodology_de. Zugegriffen: 05. Aug. 2019.

European Commission. (1994). Growth, competitiveness and employment: The challenges and ways forward into the 21st century. ▶ https://publications.europa.eu/en/publication-detail/-/publication/0d563bc1-f17e-48ab-bb2a-9dd9a31d5004.

European Commission. (2012). Innovating for sustainable growth. A bioeconomy for Europe. ▶ http://bookshop.europa.eu/en/innovating-for-sustainable-growth-pbKI3212262.

18

European Commission. (2013). Options for strengthening responsible research and innovation: report of the expert group on the state of art in Europe on responsible research and innovation. ▶ https://ec.europa.eu/research/science-society/document_library/pdf_06/options-for-strengthening_en.pdf.

European Commission. (2014). Bioeconomy information system and observatory project. Set up of the Bioeconomy Observatory. Methodology Report. ▶ https://biobs.jrc.ec.europa.eu.

European Commission. (2015). The Paris Protocol – A blueprint for tackling global climate change beyond 2020. ▶ https://eur-lex.europa.eu/legal-content/EN/TXT/?qid=1425546396765&uri=COM:2015:81:FIN.

European Commission. (2018). Financing sustainable growth. European Commission Action Plan. ▶ https://ec.europa.eu/info/sites/info/files/180308-action-plan-sustainable-growth-factsheet_en.pdf. Zugegriffen: 05. Aug. 2019.

E&Y Report (Ernst and Young). (2014). 1% für die Zukunft. Innovation zum Erfolg bringen. Deutscher Biotechnologie-Report 2014. ▶ https://www.ey.com/Publication/vwLUAssets/ey-biotech-report-2014-1-prozent-fuer-die-zukunft/$FILE/ey-biotech-report-2014-1-prozent-fuer-die-zukunft.pdf. Zugegriffen: 05. Aug. 2019.

Figueres, C. (2011). CEO Sustainability Fourm. Address by Christiana Figueres, Executive Secretary United Framework Convention on Climate Change. ▶ https://unfccc.int/files/press/statements/application/pdf/110926_speech_ceo_sustainability.pdf. Zugegriffen: 05. Aug. 2019.

Fischer-Kowalski, M., von Weizsäcker, E. U., Ren, Y., Moriguchi, Y., Crane, W., Krausmann, F., Eisenmenger, N., Giljum, S., Hennicke, P., Kemp, R., Romero Lanko, P., & Siriban Manalang, A. B. (2014). Decoupling natural resource use and environmental impacts from economic growth: Report of the Working Group on Decoupling to the International Resource Panel. ▶ http://www.gci.org.uk/Documents/Decoupling_Report_English.pdf. Zugegriffen: 16. Sept. 2019.

FNG, Berlin (o. D.). Forum Nachhaltige Geldanlagen, Fachverband für Nachhaltige Geldanlagen in Deutschland, Österreich, Liechtenstein und Schweiz. ▶ https://forum-ng.org/de.

Geels, F. W. (2002). Technological transitions as evolutionary reconfiguration processes: A multi-level perspective and a case-study. *Research Policy, 31*(8–9), 1257–1274.

Geels, F. W. (2004). From sectoral systems of innovation to socio-technical systems: Insights about dynamics and change from sociology and institutional theory. *Research Policy, 33*(6–7), 897–920.

Geels, F. W. (2005). *Technological transitions and system innovations: A co-evolutionary and socio-technical analysis*. Northampton: Elgar.

Geels, F. W. (2006). System innovations and transitions to sustainability: Challenges for innovation theory. Paper, presented at the SPRU 40th Anniversary Conference, 11–13 September 2006.

German Presidency of the Council of the European Union. (2007). En route to the knowledge-based bio-economy. ▶ https://dechema.de/

dechema_media/Downloads/Positionspapiere/Cologne_Paper-p-20000945.pdf.

Grin, J., Rotmans, J., & Schot, J. (2010). *Transitions to sustainable development: New directions in the study of long term transformative change*. London: Routledge.

Hanke, U. (2012). Trendsetter Deutschland: Energiewende wird zum Kondratieff-Zyklus. Wirtschaftswoche 15.06.2012. ▶ https://www.wiwo.de/politik/konjunktur/trendsetter-deutschland-energiewende-wird-zum-kondratieff-zyklus/6756334.html. Zugegriffen: 16. Sept. 2019.

Hauschildt, J., Salomo, S., Schultz, C., & Kock, A. (2016). *Innovationsmanagement* (6. Aufl.). München.

Heiden, S., & Zinke, H. (2006). *Weiße Biotechnologie - Industrie im Aufbruch*. Berlin: BIOCOM AG.

Heiden, S., Burschel, C., & Erb, R. (2001). *Biotechnologie als interdisziplinäre Herausforderung*. Heidelberg: Spektrum Akademischer Verlag.

Hennicke, P. (2010). Ressourcen- und Klimaschutz: Ökologischer Imperativ und ökonomischer Megatrend? Wuppertal Papers 183. Wuppertal Institut für Klima, Umwelt, Energie. ▶ http://epub.wupperinst.org/frontdoor/deliver/index/docId/3623/file/WP183.pdf. Zugegriffen: 05. Aug. 2019.

IIT (Institut für Innovation und Technik). (o. D.). SystemInnovation. ▶ www.iit-berlin.de/de/themenfelder/systeminnovationen. Zugegriffen: 05. Aug. 2019.

Kompetenzzentrum Biointelligenz. (2019). Die Biointelligente Wertschöpfung. White Paper des Kompetenzzentrums Biointelligenz. Fraunhofer. ▶ https://www.iao.fraunhofer.de/images/iao-news/bio-intelligenz.pdf.

Mietzsch, A. (2018). Biotechnologie: Wo bleibt die industrielle Revolution? In A. Mietzsch (Hrsg.), *BioTechnologie Jahr 2018* (S. 33–42). Berlin: BIOCOM AG.

Müller, A. (2010). Theorie der langen Wellen: Das Comeback von Kondratieff. Handelsblatt 18.04.2010. ▶ https://www.handelsblatt.com/politik/konjunktur/oekonomie/nachrichten/theorie-der-langen-wellen-das-comeback-von-kondratieff/3414216.html?ticket=ST-5480308-XddoQ4moHhjGNZp7sTMj-ap5.

NSF Directorate for Engineering. (2010). The role of the National Science Foundation in the innovation ecosystem. ▶ https://www.nsf.gov/eng/iip/innovation.pdf.

OECD (Organisation for Economic Co-operation and Development). (1998). Biotechnology for clean industrial products and processes - Towards industrial sustainibility. ▶ http://www.oecd.org/science/emerging-tech/1895218.pdf.

OECD (Organisation for Economic Co-operation and Development). (2005). The measurement of scientific and technological activities: Proposed guidelines for collecting and interpreting innovation data. Oslo manual, third edition' prepared by the working party of national experts on scientific and technology indicators. ▶ http://www.oecd.org/science/inno/2367614.pdf.

OECD. (2009). Strategiepapier "The Bioeconomy to 2030. Designing a Policy" OECD 2010. ▶ http://www.oecd.org/document/18/0,3343,en_2649_34537_44776082_1_1_1_100.html.

Rennings, K. (2000). Redefining innovation - Eco innovation research and the contribution from ecological economics. *Ecological Economics, 32*(2), 319–332.

Röpke, J., & Stiller, O. (Hrsg.). (2006). *Theorie der wirtschaftlichen Entwicklung: Nachdruck der 1. Auflage von 1912*. Berlin: Duncker & Humblot.

Schumpeter, Joseph A. (2006). *Theorie der wirtschaftlichen Entwicklung: Nachdruck der ersten Auflage von 1912*. Berlin: Duncker & Humblot. Herausgegeben und ergänzt um die Einleitung von Jochen Röpke und Olaf Stiller (Erstveröffentlichung 1911).

Schumpeter, Joseph A. (2008). *Capitalism, socialism and democracy*. New York: Routledge. (Erstveröffentlichung 1942).

SRU (Sachverständigenrat für Umweltfragen). (2013). Sondergutachten - Den Strommarkt der Zukunft gestalten. ▶ https://www.umweltrat.de/SharedDocs/Downloads/DE/02_Sondergutachten/2012_2016/2013_10_SG_Strommarktdesign_Eckpunktepapier.pdf?__blob=publicationFile&v=4.

Stern, N. (2006). *The economics of climate change. The Stern review*. Cambridge: Cambridge University Press.

Stern, N. (2009). *A blueprint for a safer planet. How to manage climate change and create a new era of progress and prosperity*. London: Bodley Head.

Stifterverband für die deutsche Wirtschaft. (2016). Forschung und Entwicklung in der Wirtschaft 2016. ▶ https://www.stifterverband.org/forschung-und-entwicklung/fue-erhebung-2016#branchen.

The Economist. (2015). The process of invention. Now and Then. ▶ https://www.economist.com/science-and-technology/2015/04/25/now-and-then. Zugegriffen: 16. Sept. 2019.

Thomas, R., & Ford, D. (1995). Technology and networks. In K. Möller & D. Wilson (Hrsg.), *Business marketing: An interaction and network perspective* (S. 263–290). Boston: Kluwer.

Vahs, D., & Brem, A. (2015). *Innovationsmanagement: Von der Idee zur erfolgreichen Vermarktung* (5. Aufl.). Stuttgart: Schäffer-Poeschl.

WBGU (Wissenschaftlicher Beirat der Bundesregierung Globale Umweltveränderungen). (2011). Hauptgutachten - Welt im Wandel. Gesellschaftsvertrag für eine große Transformation. ▶ https://issuu.com/wbgu/docs/wbgu_jg2011?e=37591641/69400318.

Zahn, E., & Weidler, A. (1995). Integriertes Innovationsmanagement. In E. Zahn (Hrsg.), *Handbuch Technologiemanagement* (S. 351–376). Stuttgart: Schäfer-Poeschel.

Zapf, W. (1994). Über Soziale Innovationen. *Soziale Welt, 40,* 170–183.

Zinke, H., El-Chichakli, B., Dieckhoff, P., Wydra, S., & Hüsing, B. (2016). Bioökonomie für die Industrienation. Ausgangslage für biobasierte Innovationen in Deutschland verbessern. Bioökonomierat. ▶ https://biooekonomierat.de/fileadmin/Publikationen/berichte/Hintergrundpapier_ISA_Vero__ffentlichung.pdf.

Prof. Dr. Stefanie Heiden

(geb. 1966) ist studierte Mikrobiologin und Biochemikerin und promovierte am Max-Planck-Institut für Terrestrische Mikrobiologie in Marburg. Sie befasst sich seit den frühen 1990er-Jahren mit nachhaltigkeitsbezogenen Fragen von Innovationsforschung (I), Technologiemanagement (T) und Entrepreneurship (E); den ITE-Lehrstuhl hat sie seit August 2019 an der Leibniz Universität Hannover inne. Als Honorarprofessorin vertat sie von 2005 bis 2019 das Fach Industrielle- und Umwelt-Biotechnologie an der Universität Osnabrück. Sie ist in führenden Positionen an der Schnittstelle von Wissenschaft, Wirtschaft, Gesellschaft und Politik tätig, u. a. für die Deutsche Bundesstiftung Umwelt der Arbeitsgemeinschaft Industrieller Forschungsvereinigungen „Otto von Guericke" e. V. Zudem ist sie Mitglied zahlreicher Gremien, Beiräte und Aufsichtsräte – u. a. BMBF-Koordinationskreis Biotech 2020+, Beirat der Fraunhofer-Gesellschaft, Bioökonomierat-Arbeitsgemeinschaft Industrielle Biotechnologie, Hochschulrat der Christian-Albrechts-Universität zu Kiel, Zentralkomitee der deutschen Katholiken, Aufsichtsrat des Helmholtz-Zentrums für Umweltforschung (UFZ) sowie Aufsichtsratsvorsitzende der BIOCOM AG.

Szenarien und Modelle zur Gestaltung einer nachhaltigen Bioökonomie

Rüdiger Schaldach und Daniela Thrän

D. Thrän, U. Moesenfechtel (Hrsg.), *Das System Bioökonomie*,
https://doi.org/10.1007/978-3-662-60730-5_19

19.1 Einleitung

Szenarien sind Geschichten über die Zukunft, die uns helfen sollen, aktuelle Entscheidungen zu treffen. Sie stellen hypothetische Folgen von Entwicklungen und Ereignissen auf, um auf kausale Prozesse und Entscheidungsmomente aufmerksam zu machen. Geschichten von der Zukunft hantieren naturgemäß mit vielen Unbekannten und ihren Wechselwirkungen. Verschiedene Wechselwirkungen können sich zudem ausgleichen oder verstärken: Ein prägendes Beispiel für Deutschland sind die Entwicklungen, die letztlich zur innerdeutschen Grenzöffnung führte. Diese wurden von sich gegenseitig verstärkenden politischen, wirtschaftlichen aber auch ökologischen, sozialen und weiteren Faktoren angetrieben. Der Effekt – die Öffnung der Grenze – kam für fast alle Entscheidungsträger dennoch sehr unerwartet.

Um eine Vorstellung vom künftigen – erwünschten oder auch unerwünschten – Bioökonomiesystem zu erhalten, sind also nicht nur Geschichten über die Zukunft notwendig, sondern auch ihre Untermauerung mit einer möglichst präzisen Beschreibung der das System bestimmenden Elemente und ihren Wechselwirkungen. In der Vergangenheit wurden aus dieser Erkenntnis heraus verschiedene Systembeschreibungen und Systemmodelle entwickelt. So lassen sich heute Prozesse im Klimasystem der Erde mit hochkomplexen mathematischen Erdsystemmodellen nachbilden und besser verstehen (Hurrell et al. 2013).

19

Dieses Kapitel liefert einen Übersicht, wie sich die Szenariotechnik für das System Bioökonomie anwenden lässt (▶ Abschn. 19.2) und welche Modelle zur Beschreibung der Bioökonomie verfügbar sind, um die Zukunftsbilder zu spezifizieren (▶ Abschn. 19.3). Als Fazit wird eingeordnet, welchen Beitrag Szenarien und Modelle leisten können, um die nachhaltige Gestaltung der Bioökonomie zu unterstützen (▶ Abschn. 19.4).

19.2 Bioökonomieszenarien

19.2.1 Grundgedanken der Szenarienentwicklung

Ursprünglich in der Militärtechnik entwickelt, ist die Szenariotechnik eine Methode der strategischen Planung, der Prognosetechnik, aber auch der Folgenabschätzung, die in Politik, Wissenschaft und Wirtschaft verwendet wird (Kosow und Gaßner 2008). Ziel ist es, mögliche Entwicklungen der Zukunft zu analysieren und zusammenhängend darzustellen. Beschrieben werden dabei alternative zukünftige Situationen sowie Wege, die zu diesen zukünftigen Situationen führen. Neben der Darstellung, wie eine hypothetische Situation in der Zukunft zustande kommen kann, werden Varianten und Alternativen dargestellt und aufgezeigt, welche Möglichkeiten es in jedem Stadium für verschiedene Akteure gibt, um den weiteren Prozess zu steuern. In diesem Rahmen zielt die Szenariotechnik insbesondere auf

- die Analyse von extremen künftigen Entwicklungen (positive oder negative **Extremszenarien**)
- oder besonders relevanter bzw. aktuelle Trends reflektierender Zukunftsbilder **(Trendszenario).**

Die Art des Szenarios hängt dabei von der zu beantwortenden Fragestellung ab.

In der nationalen und internationalen Politik haben sich in den vergangenen Jahren beide Arten von Szenarien etabliert. Im Bereich der Klima- und Energieszenarien werden z. B. Trend- und Zielszenarien gegenübergestellt: Erstere untersuchen z. B. die Klimagasemissionen, wenn die Gesellschaft nichts unternimmt *(business as usual),* während die Zielszenarien versuchen, Wege aufzuzeigen, wie z. B. Deutschland bis zum Jahr 2050 klimaneutral wirtschaften könnte. Daraus werden konkrete politische Handlungsempfehlungen abgeleitet, die notwendig sind, um diese Ziele zu erreichen.

Für die Bioökonomie, wo die Ziele noch deutlich unschärfer definiert sind, braucht es eher explorative Szenarien, die zunächst mögliche Auswirkungen bestimmter Entwicklungen und Ereignisse beschreiben. Auch aus explorativen Szenarien lassen sich politische Handlungsempfehlungen ableiten, wie z. B. für den Umgang mit künftig besonders nachgefragten Biomassen, aber auch für die Unterstützung des Markteintritts neuer Produkte und Dienstleistungen. Solche Szenarien liegen bspw. für die Bioenergiepolitik in Deutschland vor (Thrän et al. 2017).

Um zu Szenarien zu gelangen, werden in einem ersten Schritt künftige Entwicklungspfade grob umrissen. In einem zweiten Schritt werden dann die Faktoren identifiziert, die die Zukunft zentral beeinflussen. Dies sind, z. B. Bevölkerungsentwicklung, Ernährungsgewohnheiten, Veränderungen in der Landnutzung oder Onlinezugang in der Bevölkerung. Bei komplexeren, längerfristigen Szenarien werden die Faktoren oftmals aus Hintergrundgeschichten abgeleitet (sogenannte Storylines), etwa: „Die Rolle des Staates nimmt ab, es ist eine rasante Globalisierung der Wirtschaft zu verzeichnen.“ Anschließend werden die Entwicklung bzw. die Entwicklungsmöglichkeiten dieser Faktoren projiziert, um aus den möglichen Entwicklungslinien der Faktoren kombinatorisch Zukunftsszenarien zu erstellen.

Um den wesentlichen Szenarien ausreichend Beachtung zu schenken, werden inkonsistente Kombinationen ausgeschlossen (z. B. zunehmende Dürre und gleichzeitig stark steigende Biomasseproduktion), ähnliche Szenarien zusammengefasst und die Einflussgrößen systematisch abgeleitet (Jordan et al. 2019), die die Zukunft am stärksten gestalten, weil sie sehr gewichtig und/oder sehr unsicher sind. Es entsteht dabei ein Set an Entwicklungsmöglichkeiten, die eine Art Zukunftsraum trichterförmig aufspannen und nicht ein exaktes Bild der Zukunft wiedergeben (▫ Abb. 19.1). Teilweise werden diese noch klassifiziert und bewertet.

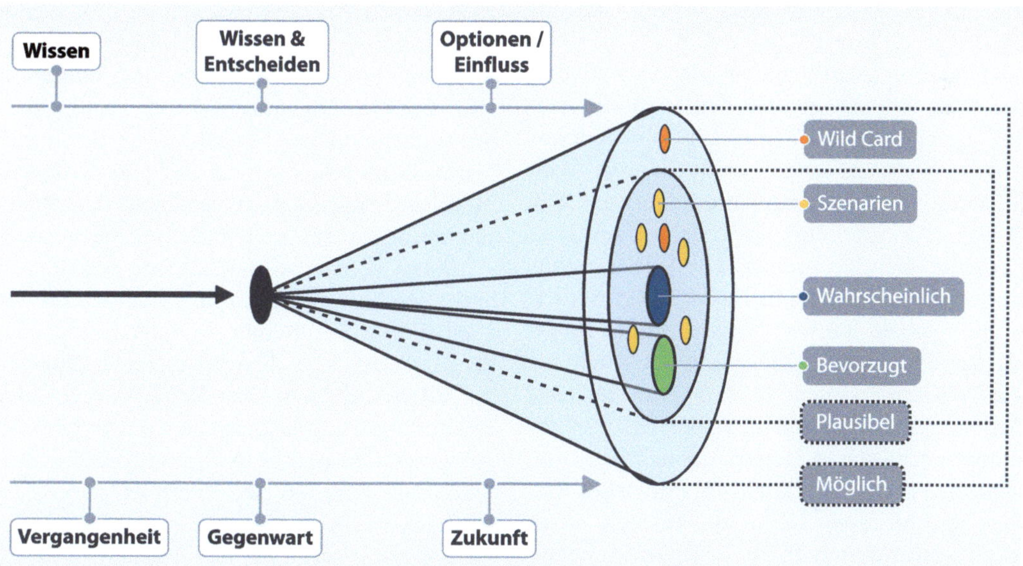

▫ **Abb. 19.1** Der „Zukunftskegel". Es könnte vier verschiedene Arten alternativer Zukünfte geben: mögliche, plausible, wahrscheinliche und bevorzugte - auch "die 4P" genannt. (Quelle: eigene Darstellung nach Kosow und Gaßner 2008, S. 133)

19.2.2 Welche Szenarien sind für die Bioökonomie vorstellbar?

Bioökonomieszenarien können dazu dienen, die Zukunft zu erkunden und die vielen Unsicherheiten in größere Zukunftsbilder zu bündeln. Zu diesen Unsicherheiten zählen z. B. die Verfügbarkeit von Landflächen, die Nutzbarkeit zur Produktion von Biomasse, der Bedarf an Nahrungsmitteln und insbesondere Fleisch, die Nachfrage nach Ersatzprodukten der Erdölchemie und der Energiewirtschaft. Weiterhin spielt der künftige technische Fortschritt eine zentrale Rolle, sowohl für die Effizienzsteigerungen entlang der Kette (Biomasseproduktion, Verarbeitung und Nutzung) als auch für die Marktetablierung neuer Produkte der Biotechnologie und der synthetischen Biologie. Und schließlich können ein nachhaltigerer Umgang mit der Natur sowie die Implementierung der Sustainable Development Goals (SDGs), die z. B. auch Veränderung von menschlichem Verhalten und Konsum beinhalten, einen starken Einfluss auf die Zukunft entfalten (Nilsson und Costanza 2015).

Die Einflussgrößen auf die Entwicklung der Welt von morgen werden auch als Treiber bezeichnet. Sie sind für die Bioökonomie weit gefächert und können sich je nach Fragestellung unterscheiden. Die ◘ Abb. 19.2 gibt eine Übersicht über ausgewählte wichtige Treiber. Für Szenarien zur weiteren Entwicklung in Deutschland werden große globale Entwicklungen in der Regel als Randbedingung übernommen. Auch für die Wirtschaftsleistung wird auf etablierte Annahmen zurückgegriffen. Für die bioökonomiespezifischen Szenarienannahmen gilt, dass man zum einen konkrete Entwicklungen für verschiedene Szenarien ableiten kann (z. B. landwirtschaftliche Entwicklungen), zum anderen aber auch integrierte Modelle benötigt (▶ Abschn. 19.3), um hier zu Einschätzungen zu kommen. Auch wenn Szenarien den Anspruch haben, die Bandbreite der künftigen Entwicklungen in ihrer möglichen Breite darzustellen, werden extreme Einzelereignisse (z. B. atomare Unfälle), aber auch kulturelle Veränderungen (z. B. Abkehr von der Wissensgesellschaft) und die damit verbundenen Auswirkungen auf die Entwicklung aller anderer Treiber in der Regel nicht oder nur unvollständig berücksichtigt, weil sie in ihren Kausalbeziehungen und Dynamiken weniger gut beschreibbar und in ihren Auswirkungen kaum quantifizierbar sind.

19.2.3 Entwicklung von Storylines als ein Element der Szenariengestaltung

Die in der ◘ Abb. 19.2 dargestellten 15 Treiber sind nicht alle darstellbar (3. Spalte der Tabelle). Jedoch gerät die Anzahl der Optionen schon bei weit weniger Treibern ins Unermessliche: Wenn man z. B. für zehn Einflussfaktoren jeweils eine Alternative aus zwei möglichen Entwicklungen annimmt, ergäben sich 2^{10}, also 512 mögliche Szenarien. Dies bedeutet nicht nur einen erheblichen Analyse- und Rechenaufwand, sondern übersteigt auch unseren Vorstellungsbereich. Außerdem erzeugt die „planlose" Kombination von Entwicklungsmöglichkeiten auch sehr unwahrscheinliche Szenarien (z. B. hoher Nahrungsmittelbedarf durch Fleischkonsum, niedrige Ertragssteigerungen in der Landwirtschaft und hoher Anteil an Schutzgebieten).

Einen Weg, eine handhabbare Anzahl von Szenarien zu erzeugen, ohne die Vielzahl der Treiber von vornherein zu reduzieren, stellt der Entwurf von Narrativen („Storylines") dar. Man konzipiert eine Geschichte von der Zukunft und modifiziert die Treiber passend zu dieser Geschichte. Narrative für die Bioökonomie könnten zum Beispiel sein: „Die Welt ändert sich generell wenig, und die Bioökonomie kommt nur langsam voran." Oder: „Durch sehr schnelle und große technische Fortschritte, Innovationsreichtum und schnelle Investitionen bietet die Gesellschaft auch dem Fortschritt der Bioökonomie sehr gute Entwicklungsbedingungen." Oder:

Bevölkerung	Entwicklung der Bevölkerung und der Altersverteilung durch Geburten, Todesfälle und Migration.	Wird in der Regel aus großen (internationalen) Szenarien (z. B. Klimaszenarien) übernommen
Weltpolitik	Entwicklung von demokratischen Systemen, internationalem Austausch, Wettbewerb und Friedenssicherung.	Wird in der Regel aus großen internationalen Szenarien übernommen (z. B. Klimaszenarien)
Klimaveränderung	Entwicklung der Temperaturveränderung, Auswirkungen bzw. Maßnahmen zu Klimaschutz.	Wird in der Regel aus großen internationalen Szenarien übernommen (z. B. Klimaszenarien)
Wirtschaftsleistung	Entwicklung des Bruttoinlandprodukts oder vergleichbarer Parameter.	Wird in der Regel aus großen nationalen Szenarien übernommen (z. B. Dellink et al. 2017)
Energiebedarf	Welche Entwicklung nimmt die Energiewende? Erfolgt die Energieerzeugung dezentral oder zentral? Wieviel Energie kommt aus Biomasse?	Spezifische Annahmen für Bioökonomie auf Basis der Energieszenarien notwendig
Technologieentwicklung	Wie schnell kommen die Technologien, die gegenwärtig erforscht werden, in den Markt? Welche alten Technologien werden verdrängt?	Spezifische Annahmen für Bioökonomie notwendig
Landwirtschaft	Wie wird Biomasse erzeugt (intensiv oder extensiv) und welche flächenspezifischen Erträge sind damit verbunden?	Spezifische Annahmen für Bioökonomie notwendig
Forstwirtschaft	Wie entwickelt sich die Waldbewirtschaftung und welche Holzerträge sind damit verbunden?	Spezifische Annahmen für Bioökonomie notwendig
Schutzgebiete	In welchem Umfang werden Land- und Wasserflächen unter Schutz gestellt?	Spezifische Annahmen für Bioökonomie notwendig
Ernährung	Welche Nahrungsmittel werden in welchem Umfang konsumiert? Wie groß ist die Spannbreite der Ernährungsmuster?	Spezifische Annahmen für Bioökonomie notwendig
Güterverbrauch & Recycling	Wie entwickelt sich die Ressourceneffizienz? Wie stellt sich Art und Umfang des Güterverbrauchs dar? Wo werden Recyclingmaterialien eingesetzt?	Spezifische Annahmen für Bioökonomie notwendig
Handel	In welchem Umfang werden welche Güter gehandelt? Welche Effekte in Drittländern werden durch Importe hervorgerufen?	Nur über integrierte Modelle darstellbar
Landnutzung	Wieviel Flächen stehen für die Produktion von Biomasse zur Verfügung? Welche Arten des Biomasseanbaus werden bevorzugt?	Nur über integrierte Modelle darstellbar
Wasser	Wieviel Wasser steht für die Produktion von Biomasse zur Verfügung? Wie wirkt sich das auf Landnutzung und Landwirtschaft aus?	Nur über integrierte Modelle darstellbar
Kultur und Werte	Welche Werte bestimmen das Verhalten der Menschen? Wie wirkt sich das auf alle anderen Einflussfaktoren aus?	In der Regel nicht berücksichtigt

Abb. 19.2 Einflussfaktoren auf Bioökonomieszenarien. (Quelle: eigene Darstellung)

„Durch Zersplitterung und weniger demokratische Entwicklungen in vielen Ländern entwickelt sich insbesondere eine dezentrale, auf die heimischen Bedarfe ausgerichtete Bioökonomie."

19.2.4 Bioökonomieszenarien für Deutschland und Europa

Bioökonomieszenarien wurden auf europäischer Ebene entwickelt, um die Forschungs- und Innovationsagenda der Bioökonomie in Europa bis 2050 an den entscheidenden Herausforderungen auszurichten (Mathijs et al. 2015). Das künftige Angebotswachstum von Biomasse und das Nachfragwachstum nach Biomasse für Werkstoffe und Energie waren dabei als besonders große Unsicherheiten identifiziert worden. Für ein wachsendes Biomasseangebot wurden die Einführung neuer Technologien und die Intensivierung der Produktion als zentrale Einflussgrößen gesehen. Die wachsende Nachfrage nach Biomasse für Werkstoffe und Energie war von den generellen ökonomischen Entwicklungen, aber auch von den alternativen Optionen, also dem Verharrungsvermögen von fossilen Rohstoffen und die Verfügbarkeit alternativer erneuerbarer Energien wie Wind und Photovoltaik getrieben.

Es wurden drei verschiedene Szenarien definiert, in denen sich die Einflussgrößen unterschiedlich entwickeln und die mit unterschiedlichen Angebots- und Nachfragemengen und -qualitäten verbunden sind: ein Szenario mit einem bescheidenen Biomasseangebot und moderater Biomassenachfrage („bescheidenes Biomasseangebot"), ein Szenario, in dem das Angebot und die Nachfrage stark steigen („Bio-Boom"), und ein Szenario, in dem die Nachfrage steigt, das Angebot aber nicht zunimmt, weil sich neue Technologien nicht im notwendigen Maße entwickeln („Bio-Knappheit"). Wesentliche Kenngrößen und Charakteristika der drei Szenarien sind in ■ Abb. 19.3 zusammengefasst. Die Szenarienergebnisse zeigen bspw., dass bei gering steigendem Angebot an Biomasse und gleichzeitig stark zunehmender Nachfrage zum einen die Nachfrage wegen der hohen Rohstoffpreise nicht gedeckt werden kann und dass zusätzliche Politikmaßnahmen notwendig sind, um negative Nebeneffekte auf die Landnutzung zu reduzieren (ebd.).

Für Deutschland liegen vergleichbare Bioökonomieszenarien aktuell noch nicht vor. Sie werden aber mit unterschiedlichen Blickwinkeln entwickelt. Die derzeit prominentesten deutschen Projekte zur Entwicklung von Bioökonomieszenarien sind „Szenarien einer Bioökonomie 2050 – Potenziale, Zielkonflikte, Lösungsstrategien", das vom Thünen Institut für Marktanalyse geleitet wird[1] und „Zukunftsbilder aus dem Leben einer Bioökonomie (BioKompass)", das von Fraunhofer ISI geleitet wird[2]. Ergebnisse werden für 2020 erwartet.

Dabei müssen sich Bioökonomieszenarien künftig zunehmend daran messen lassen, in welchem Umfang sie die Erwartungen und Präferenzen der verschiedenen Bioökonomieakteure bei der Szenarienentwicklung berücksichtigt haben und inwieweit sie in der Lage sind, auch die Wechselwirkungen und Zielkonflikte, die sich künftig ergeben, so abzubilden, dass man daraus Handlungswissen ableiten kann. Eine zentrale Frage ist hier, wie mit den global begrenzten Flächen und den darauf produzierten Biomassen umgegangen werden soll, und welchen Einfluss diese Grenzen auf die nationalen Entwicklungsstrategien der Bioökonomie haben sollen bzw. haben werden (O'Brien et al. 2015; Egenolf und Bringezu 2019). Hierfür stellen insbesondere integrierte Modellierungsansätze ein vielversprechendes Werkzeug dar.

1 Für weitere Informationen s. ▶ https://www.thuenen.de/de/institutsuebergreifende-projekte/szenarien-einer-biooekonomie-2050-potenziale-zielkonflikte-loesungsstrategien/.

2 Für weitere Informationen s. ▶ https://www.isi.fraunhofer.de/content/dam/isi/dokumente/ccv/2018/Zukunftsbilder_BioKompass_Langfassung.pdf.

Szenarientitel	Bio-Knappheit	Bescheidenes Bio-Angebot	Bio-Boom
Angebot an Biomasse (in Mrd t/Jahr)	Gering (13)	Mittel (18)	Groß (24)
Nachfrage nach Werkstoffen und Energie	Stark (plus 100 %)	Gering (plus 50 %)	Stark (plus 100 %)
Nachfrage nach Nahrungs- und Futtermitteln	Nach FAO (plus 19 %)	Nach FAO (plus 19 %)	Nach FAO (plus 19 %)
FuE-Investitionen	Gering (verbunden z. B. mit Widerstand in der Öffentlichkeit gegen neuartige Nahrungsmittel)	Erforderlich (verbunden mit z. B. relativ geringem Druck zur Nutzung bio-basierter Innovationen)	Hoch (verbunden z. B. mit Akzeptanz in der Öffentlichkeit für neuartige Nahrungsmittel)
Energieversorgung / Werkstoffproduktion	Noch immer starker Einsatz fossiler Brennstoffe; biobasierte Industrien sind etabliert	Weitergehende Nutzung von Solar- & Windenergie und anderen sauberen Energiearten	Bio-Abfälle werden u. a. zur Erzeugung von Bioenergie, Kraftstoffen und Werkstoffen eingesetzt
Auswirkungen auf die Flächen	Mehr Flächen werden zur Erzeugung von Biomasse genutzt und hohe Preise für Agrarrohstoffe, verbunden mit *land grabbing* und geopolitischen Spannungen	Werkstoffe und Energie können nachhaltig erzeugt werden	Bahnbrechende Innovationen etwa durch Nutzung neuer Quellen von Biomasse, z. B. Insekten und Meeresumwelt ermöglichen nachhaltige Bereitstellung aller Biomassen

Abb. 19.3 Szenarien zur Ausrichtung der Forschungs- und Innovationsagenda der Bioökonomie in Europa 2050. Mengenangaben beziehen sich auf das Jahr 2050; Veränderungen auf die Entwicklung 2015 bis 2050. Das Biomasseangebot im Jahr 2015 wurde auf etwa 12 Mrd. t geschätzt. (Quelle: Darstellung ausgewählter Aspekte auf Basis von: Mathijs et al. 2015)

19.3 Modelle zur Darstellung der Bioökonomie

19.3.1 Grundgedanken von Systemmodellen

In den Systemwissenschaften wird ein System vereinfacht definiert als ein Objekt der realen Welt, das einen bestimmten Zweck erfüllt (Bossel 1994). Es ist demnach bestimmt durch eine Anzahl von Systemelementen, die seine Struktur festlegen und sein Verhalten, das sich aus den Wechselwirkungen zwischen diesen Elementen und dem Wirken von äußeren Einflüssen ergibt. Bezogen auf den „Bioökonomiezirkel", der das System Bioökonomie in vereinfachter Form beschreibt, sind die zentralen Systemelemente Märkte, Wirtschaft/Industrie, Ressourcenbereitsteller sowie *End-of-life*-Management. Diese wechselwirken miteinander sowie mit den unterschiedlichen Rahmenakteuren. Modelle sind vereinfachte Abbilder eines Ausschnitts der realen Welt. In diesem Kapitel verstehen wir unter „Modell" die mathematische Beschreibung von Struktur und Funktion des Systems „Bioökonomie" bzw. von Teilaspekten dieses Systems. Analog zu Laborexperimenten in den Naturwissenschaften ermöglichen mathematische Modelle die Durchführung von Experimenten (= Berechnungen oder Simulation) etwa zum Verhalten des abgebildeten Systems unter sich verändernden Rahmenbedingungen, ohne das reale System zu verändern oder gar zu beschädigen. Ein prominentes Beispiel ist die Nutzung von Erdsystemmodellen zur Analyse, inwieweit menschgemachte Treibhausgasemissionen das globale Klima beeinflussen (Anderson et al. 2016).

Es stellt sich daher die Frage, wie das System Bioökonomie - in seiner heutigen Form aber auch in seinen verschiedenen Zukunftsbildern (Szenarien) - abgebildet werden kann. Aus dem Bioökonomiezirkel wird ersichtlich, dass eine modellhafte Abbildung von Struktur und Funktion des Systems Bioökonomie die übergreifende Betrachtung von gesellschaftlichen, ökonomischen, politischen, technischen und ökologischen Prozessen, Akteuren und deren Wirkbeziehungen untereinander erfordert. Ein Modellansatz, der dieses System in Gänze abbildet, existiert bisher nicht, wohl aber sehr ausgereifte Modelle für einzelne Bereiche und Aspekte, die auf unterschiedliche Weise miteinander kombiniert werden können, um gezielt Fragestellungen im Kontext Bioökonomie zu beantworten (O'Brien et al. 2017). Die folgenden Abschnitte konzentrieren sich zunächst auf Modellansätze für die Bereiche Ökonomie (Märkte und Wirtschaft/Industrie), Landnutzung und Umwelt (Ressourcenbereitsteller) sowie zur integrierten Modellierung und Analyse der Wechselwirkungen zwischen diesen Bereichen. Anschließend werden Modelle zur Analyse von Materialströmen zwischen den zentralen Systemelementen der Bioökonomie sowie den daraus resultierenden Umweltwirkungen vorgestellt.

19

19.3.1.1 Ökonomische Modelle

Ökonometrische Modelle können in makro- und mikroökonomische Ansätze unterteilt werden. Erstere beschreiben das Zusammenspiel von Angebot und Nachfrage auf Ebene von Volkswirtschaften und zielen auf die globale Analyse der Auswirkungen von Ereignissen, z. B. in Form von Zöllen oder einer veränderten Nachfrage nach Gütern auf die Entwicklung von Märkten und Handelsströmen. Wichtigste Vertreter sind berechenbare numerische Gleichgewichtsmodelle, welche entweder die gesamte Ökonomie (CGE) oder nur einzelne Wirtschaftssektoren umfassen.

Gesamtökonomische Modelle haben dabei den Vorteil, dass Interaktionen zwischen verschiedenen Wirtschaftssektoren abgebildet werden können. Mögliche Anwendungen in Bezug auf die Nutzung von Biomasse im Kontext der Bioökonomie finden sich u. a. in Markanalysen zu den Bereichen Ernährung und Bioenergie. Ein kritischer Aspekt der Anwendung zur Abbildung von Biomasseströmen ist die vergleichsweise grobe Aggregation von Produkten und Rohstoffen (z. B. Holz, Agrargüter). Kern vieler CGE-Modelle ist der Modellansatz des „Global Trade Analysis Projects“ (GTAP) (Aguiar et al. 2016). Modelle wie MAGNET (Woltjer und Kuiper 2014) und MIRAGE (Bchir et al. 2002) erweitern diesen Kern um spezifische Komponenten, etwa zur Analyse der Umweltwirkungen von Biokraftstoffen (Laborde und Valin 2012).

Im Bereich der Sektor spezifischen Modelle sind für die Bioökonomie insbesondere Ansätze für die Land-, Forst- und Energiewirtschaft interessant. Der Detailgrad der betrachteten Produkte und Teilmärkte ist in vielen Fällen wesentlich höher als bei den gesamtökonomischen Modellen; eben mit dem Problem, dass keine Verbindung zu anderen Sektoren besteht, was für die Betrachtung einer Bioökonomie problematisch ist, da gerade in diesem Fall starke Kopplungen entstehen können, z. B. zwischen Landwirtschaft, Energiewirtschaft und chemischer Industrie.

Mikroökonomische Modelle bilden Entscheidungen auf Ebene von Individuen, etwa einer Person, eines Haushalts, Unternehmens oder landwirtschaftlichen Betriebs ab, häufig nach der Prämisse der Nutzenmaximierung.

Hier kommen häufig agentenbasierte Modellierungsansätze zum Einsatz, die eine Simulation der Interaktionen zwischen den einzelnen Individuen und der sich daraus ergebenden dynamischen Entwicklung ermöglichen, etwa der Landnutzung innerhalb einer Region (Matthews et al. 2007). Zahlreiche Publikationen dokumentieren Beispiele für die Kombination dieser Modelle mit Umweltmodellen (An 2012). Anwendungen mit Relevanz für die Bioökonomie reichen von Fragen zur Technologie- und Innovationsausbreitung bis hin zur Analyse der Entwicklung ländlicher Räume unter veränderten politischen und ökonomischen Rahmenbedingungen.

19.3.1.2 Landnutzungsmodelle

Eine wichtige Rolle zur Verknüpfung von makroökonomischen Modellen und Umweltmodellen nehmen räumliche Allokationsmodelle zur Berechnung von Landnutzungsänderungen ein (Schaldach und Priess 2008). Sie verorten Agrar- und Forstproduktion auf einem räumlichen Gitter und ermöglichen damit eine detaillierte Analyse möglicher Umweltwirkungen bzw. des Einflusses von Umweltveränderungen auf Marktpreise von Agrargütern, etwa durch negative Einflüsse des Klimawandels auf Ernteerträge. Beispiele für globale Modelle sind ClueMondo (van Asselen und Verburg 2013) und LandSHIFT (Schaldach et al. 2011).

19.3.1.3 Umweltmodelle

Im Bereich der Umweltmodelle findet sich eine Vielzahl unterschiedlicher Ansätze. Empirische Umweltmodelle arbeiten datenbasiert und stellen mathematisch einen funktionalen Zusammenhang zwischen Eingabe- und Ausgabedaten her. Beispiele umfassen Ansätze zur Berechnung der biologischen Kohlenstoffspeicherung in Abhängigkeit von Klima, Boden und Bewirtschaftung (Egglestone et al. 2006) sowie zur Bestimmung des Verlustes von Biodiversität durch Landnutzung (Newbold et al. 2015; Alkemade et al. 2009). Demgegenüber zielen prozessorientierte Modelle auf die Simulation der Vorgänge innerhalb realer Umweltsysteme (z. B. Rosenzweig et al. 2014). Im Vergleich zu den empirischen Ansätzen sind sie dabei wesentlich datenintensiver und ihre Entwicklung und Betrieb sind mit einem erheblich höheren Aufwand verbunden. Prozessorientierte Modelle decken ein breites thematisches Spektrum ab, von Boden-Wasser-Pflanze-Interaktionen in natürlichen und bewirtschafteten Ökosystemen (z. B. Bondeau et al. 2007) über Wasserflüsse (Arnold et al. 2012) bis hin zum regionalen und globalen Wetter- und Klimageschehen (McGuffie und Henderson-Sellers 2005). Beide Arten von Umweltmodellen werden auch in Kombination mit ökonomischen Modellen verwendet. In Bezug auf das System Bioökonomie sind Umweltmodelle insbesondere relevant für die Beschreibung von Ernteerträgen unter sich verändernden Klimabedingungen sowie von Umweltwirkungen, etwa durch Abholzung von Wäldern für die Anlage neuer Agrarflächen oder die Einleitung von Nähr- und Schadstoffen in Gewässer durch industrielle Prozesse oder die Landwirtschaft (Wirtschaft/Industrie, Ressourcenbereitsteller).

19.3.1.4 Integrierte Modelle

Das Ziel von integrierten Modellen ist die Abbildung von ökonomischen Prozessen, technischen Prozesse und Umweltprozessen sowie deren Wechselwirkungen auf unterschiedlichen räumlichen und zeitlichen Skalen (Rotmans und van Asselt 2001). Eine Übersicht über bestehende integrierte Modelle geben Stanton et al. (2009). Auf technischer Ebene kann diese Integration durch die Formulierung des gesamten Modells mit einem einheitlichen mathematischen Ansatz oder durch die Kopplung bereits bestehender Modelle erfolgen (Hamilton et al. 2015). In letzterem Fall besteht eine zentrale Herausforderung darin, eine für alle beteiligten Modelle konsistente Datenbasis bereitzustellen sowie geeignete Kommunikationswege zwischen den Modellen zu realisieren. Ein wichtiger Vertreter für die zweite Gruppe von integrierten Modellen ist das IMAGE-Modell (Stehfest et al. 2014), das prozessbasierte Umweltmodelle zu den Bereichen Klima und Pflanzenwachstum u. a. mit ökonometrischen Modellansätzen für den Energie- und Agrarsektor koppelt. IMAGE zielt auf globale Analysen, wobei die Berechnungen auf Ebene von Weltregionen sowie auf einem geographischen Gitter erfolgen. Anwendung findet das Modell im Bereich der Politikberatung, beispielsweise bei der Analyse der Folgen eines anthropogenen Klimawandels sowie der Berechnung von Szenarien künftiger Treibhausgasemissionen.

Im Kontext Bioökonomie sind als weitere Beispiele die globalen Modelle GLOBIOM (Havlík et al. 2011) und MagPie (Lotze-Campen et al. 2008) zu nennen. Beide koppeln ein ökonomisches Modell für den Agrarsektor u. a. mit Pflanzenwachstumsmodellen, um die Einflüsse des Klimawandels auf Ernteerträge sowie Effekte einer veränderten Biomassenachfrage auf Landnutzung und daraus resultierende Umweltveränderungen auf einem geographischen Gitter zu simulieren.

19.3.1.5 Modelle zur Ökobilanzierung

Ökobilanzen zielen auf die Analyse der Umweltwirkungen entlang des gesamten Lebenszyklus eines Produktes oder einer Dienstleistung; von der Rohstoffgewinnung über die Fertigung und Nutzung bis hin zur Entsorgung bzw. Verwertung. Zugrunde liegen in der Regel ein Material- und Energieflussmodell, das die involvierten Einzelprozesse hinsichtlich ihrer Eingabe- und Ausgabegrößen entsprechend beschreibt. Im Rahmen des Systems Bioökonomie können diese eine wichtige Rolle z. B. für die Zertifizierung von Produkten, oder die nachhaltige Gestaltung von Lieferketten spielen (O'Brien et al. 2017). Beispiele umfassen Studien zur Nachhaltigkeit von Biokraftstoffen oder von biobasierten Schmierstoffen (z. B. Miller et al. 2007; Zah et al. 2009).

19.3.2 Was können Modelle im Kontext der Bioökonomie leisten?

Die vorgestellten Modellansätze sind in ihrem Wesen wissenschaftliche Instrumente, die es Forschern ermöglichen, ihr Wissen über das System Bioökonomie zu formalisieren sowie über Experimente zu verifizieren und zu erweitern. Darüber hinaus können Modelle eine zentrale Rolle für die Etablierung einer nachhaltigen Bioökonomie spielen, indem sie für Akteure in Politik und Wirtschaft, aber auch für Konsumenten wertvolle Informationen zur Unterstützung von Entscheidungsfindungsprozessen an die Hand geben. Anhand von Beispielen aus den Bereichen Ökonomie und Umwelt konnte deutlich gemacht werden, dass es bereits mit bestehenden Modellen möglich ist, fundierte Aussagen zu unterschiedlichen Teilaspekten des Systems Bioökonomie, etwa über die Entwicklung und die damit einhergehenden Umweltwirkungen der Land- und Forstwirtschaft auf nationaler und internationaler Ebene zu machen, die dann in die Bewertung und Ausgestaltung von Politiken einfließen können. Ein sehr interessantes Beispiel ist hierbei die Debatte über indirekte Landnutzungsänderungen und deren Einfluss auf die Treibhausgasbilanz von Biokraftstoffen durch den Anbau von Energiepflanzen, die wesentlich durch die Ergebnisse von Modellierungsstudien getragen und unterstützt wurde (Lapola et al. 2010; Laborde und Valin 2012). Insbesondere integrierte Modelle können dabei einen wichtigen Beitrag zur Entwicklung eines tieferen disziplinübergreifenden Verständnisses über das Zusammenwirken unterschiedlicher Prozesse leisten. Die erfolgreiche Nutzung von integrierten Modellen auf Ebene der internationalen Klimapolitik deutet auf ein hohes Potenzial als Analyse-Instrument auch im Bioökonomiekontext hin. Auf Ebene von Unternehmen bzw. Produkten können Ökobilanzen wertvolle Informationen zur nachhaltigen Gestaltung von Liefer- und Wertschöpfungsketten bereitstellen. Zu beachten ist dabei auf allen Ebenen, dass gerade bei komplexen Modellen eine transparente Dokumentation der Ergebnisse und ihres Zustandekommens erfolgen muss, um die Akzeptanz der Ergebnisse durch die Nutzer zu gewährleisten (Uusitalo et al. 2015). Um die Robustheit der Modellergebnisse bewerten zu können, sind daher umfangreiche Tests zu Unsicherheiten durch die verwendete Datengrundlage sowie der Modellstruktur notwendig.

Ein wichtiges Anwendungsfeld für Modelle sind die in diesem Kapitel bereits diskutierten Szenario-Analysen, mit denen künftige Entwicklungspfade und ihre Wirkungen auf Gesellschaft und Umwelt untersucht werden können. Diese Szenarien können Annahmen zu Politiken, Konsumgewohnheiten und Rahmenbedingungen des internationalen Handels ebenso beinhalten wie Annahmen zum Klimawandel. Beispiele reichen von Analysen zu den Entwicklungspotenzialen einer landwirtschaftlich geprägten Region über künftige Entwicklungspfade von Biomassebedarfen einer Volkswirtschaft und den mit ihrer Produktion einhergehenden Umweltwirkungen bis hin zur Unterstützung der Entwicklung von nationalen und internationalen Strategien für eine nachhaltige Ausgestaltung der Bioökonomie im Rahmen eines gesellschaftlichen Transformationsprozesses. Es gibt eine Reihe ausgereifter Ansätze, um Szenarien, im Sinne eines Co-Designs, d. h. durch das Zusammenwirken von Wissenschaftlern, Akteuren und Betroffenen (Stakeholdern), zunächst in Form von Narrativen zu entwickeln und dann mit numerischen Modellergebnissen zu unterfüttern bzw. ihre Plausibilität zu testen (Alcamo 2008).

Einen weiteren interessanten Beitrag zur nachhaltigen Gestaltung der Bioökonomie auf nationaler Ebene verspricht die Nutzung von Modellen im Rahmen eines Systems zum Monitoring der Nachhaltigkeit der deutschen Bioökonomie (O'Brien et al. 2017). Eine zentrale Rolle für die Bewertung der Umweltfolgen kann in diesem Rahmen die Berechnung von sogenannten Ressourcenfußabdrücken spielen (Tukker et al. 2016). Diese beschreiben die lokalen und globalen Umweltwirkungen des Konsums eines Haushalts, einer Region bzw. in diesem Falle einer Nation. In diesen Analysen werden Datenbanken über Handelsströme von Biomasse und Zwischenprodukten, wie sie in ähnlicher Form auch in makroökonomischen Modellen Verwendung finden, verknüpft mit Landnutzungs- und Umweltmodellen zur detaillierten Verortung und Quantifizierung der Inanspruchnahme etwa von Land und Wasserressourcen in den Herkunftsregionen der biogenen Rohstoffe (O'Brien et al. 2015; Mekonnen und Hoekstra 2011).

Es gibt derzeit noch einen erheblichen Forschungs- und Entwicklungsbedarf, um alle für die Bioökonomie relevanten Aspekte in Modelle zu integrieren. Beispielsweise werden Faktoren wie technologischer Wandel, eine veränderte Nachfrage nach Biomasse oder Aspekte der Kreislaufwirtschaft in ökonomischen und integrierten Modellen nicht in ausreichend detailliertem Maße abgebildet. Gesellschaftliche Aspekte wie Akzeptanz von Technologien oder der demographische Wandel werden als exogene Größen, z. B. in Form von Szenario-Annahmen vorgegeben und nicht explizit modelliert. Insbesondere bei der Abbildung von Biomasseflüssen in technischen Prozessen existiert eine große Lücke zwischen den sehr detaillierten Methoden der Ökobilanzierung und ihrer Abbildung in ökonomischen bzw. integrierten Modellen. Auf der anderen Seite bietet die zunehmende Verfügbarkeit von hochaufgelösten Fernerkundungs- und anderen Umweltdaten, etwa zur Biodiversität (Hudson et al. 2014), gerade für die Umwelt- und Landnutzungsmodellierung große Potenziale für weitere Entwicklungen, die im Kontext Bioökonomie Anwendung finden können.

19.4 Fazit

Anhand der genannten Beispiele wurde verdeutlicht, dass Szenarien und Modelle wertvolle Instrumente zur Wissensgenerierung und zur Unterstützung von Entscheidungsprozessen mit dem Ziel einer nachhaltigen Entwicklung der Bioökonomie darstellen können. Während bei den Modellansätzen das System Bioökonomie durch schrittweise Erweiterung der bestehenden Modelle zunehmend detaillierter abgebildet werden kann, bedarf die Szenarienentwicklung vor allem der gesellschaftlichen Debatte um Zukunftsbilder der Bioökonomie. Sie liefern Orientierung bei der Gestaltung der Wege in die Zukunft, zum Beispiel welche Ressourcen in welchem Umfang als verfügbar erwartet werden können oder welche Anstrengungen für eine klimaneutrale Bioökonomie notwendig sind.

Auf das System Bioökonomie ausgerichtete Szenarien und Modelle können grundlegende Entscheidungsunterstützung liefern. Darüber hinaus können sie auch genutzt werden, um die Entwicklungen in der Bioökonomie regelmäßig in ihren Auswirkungen zu beschreiben und, z. B. im Rahmen eines Monitorings, auf den Prüfstand zu stellen (▶ Kap. 20).

Literatur

Aguiar, A., Narayanan, B., & McDougall, R. (2016). An overview of the GTAP 9 data base. *Journal of Global Economic Analysis, 1*(1), 181–208.

Alcamo, J. (2008). Chapter six the SAS approach: combining qualitative and quantitative knowledge in environmental scenarios. *Developments in integrated environmental assessment, 2*, 123–150.

Alkemade, R., Van Oorschot, M., Miles, L., Nellemann, C., Bakkenes, M., & ten Brink, B. (2009). GLOBIO3: A framework to investigate options for reducing global terrestrial biodiversity loss. *Ecosystems*. ▶ https://doi.org/10.1007/s10021-009-9229-5.

An, L. (2012). Modeling human decisions in coupled human and natural systems: Review of agent-based models. *Ecological Modelling, 229*, 25–36.

Anderson, T. R., Hawkins, E., & Jones, P. D. (2016). CO2, the greenhouse effect and global warming: From the pioneering work of Arrhenius and Callendar to today's earth system models. *Endeavour*. ▶ https://doi.org/10.1016/j.endeavour.2016.07.002.

Arnold, J. G., Moriasi, D. N., Gassman, P. W., Abbaspour, K. C., White, M. J., Srinivasan, R., Santhi, C., Harmel, D., van Griensven, A., van Liew, M. W., Kannan, N., & Jha, M. K. (2012). SWAT: Model use, calibration, and validation. *Transactions of the ASABE, 55*(4), 1491–1508.

Bchir, H., Decreux, Y., Guérin, J. L., & Jean, S. (2002). MIRAGE, a computable general equilibrium model for trade policy analysis. CEPII. ▶ https://www.gtap.agecon.purdue.edu/resources/download/1256.pdf. Zugegriffen: 28. Aug. 2019.

Bondeau, A., Smith, P. C., Zaehle, S., Schaphoff, S., Lucht, W., Cramer, W., Gerten, D., Lotze-Campen, H., Müller, C., Reichstein, M., & Smith, B. (2007). Modelling the role of agriculture for the 20th century global terrestrial carbon balance. *Global Change Biology, 13*(3), 679–706.

Bossel, H. (1994). *Modellbildung und Simulation: Konzepte, Verfahren und Modelle zum Verhalten dynamischer Systeme; ein Lehr-und Arbeitsbuch*. Braunschweig: Vieweg.

Egenolf, V., & Bringezu, S. (2019). Conceptualization of an indicator system for assessing the sustainability of the bioeconomy. *Sustainability, 11*(2), 443.

Eggleston, S., Buendia, L., Miwa, K., Ngara, T., & Tanabe, K. (2006). *Intergovernmental panel on climate change guidelines for national greenhouse gas inventories, intergovernmental panel on climate change*. Paris: IPCC Secretariat.

Hamilton, S. H., ElSawah, S., Guillaume, J. H. A., Jakeman, A. J., & Pierce, S. A. (2015). Integrated assessment and modelling: Overview and synthesis of salient dimensions. *Environmental Modelling and Software*. ▶ https://doi.org/10.1016/j.envsoft.2014.12.005.

Havlík, P., Schneider, U. A., Schmid, E., Böttcher, H., Fritz, S., Skalský, R., Aoki, K., De Cara, S., Kindermann, G., Kraxner, F., Leduc, S., McCallum, I., Mosnier, A., Sauer, T., & Obersteiner, M. (2011). Global land-use implications of first and second generation biofuel targets. *Energy policy*. ▶ https://doi.org//10.1016/j.enpol.2010.03.030.

Hudson, L. N., Newbold, T., Contu, S., Hill, S. L. L., Lysenko, I., De Palma, A., … & Purvis, A. (2014). The PREDICTS database: a global database of how local terrestrial biodiversity responds to human impacts. *Ecology and evolution, 4* (24), 4701–4735.

Hurrell, J. W., Holland, M. M., Gent, P. R., Ghan, S., Kay, J. E., Kushner, P. J., … & Marshall, S. (2013). The community earth system model: a framework for collaborative research. *Bulletin of the American Meteorological Society, 94*(9), 1339–1360.

Jordan, M., Lenz, V., Millinger, M., Oehmichen, K., & Thrän, D., (2019): Future competitive bioenergy technologies in the German heat sector: Findings from an economic optimization approach. Energy

189, art. 116194. ▶ https://doi.org/10.1016/j.energy.2019.116194.

Kosow, H., & Gaßner, R. (2008). Methods of future and scenario analysis: Overview, assessment, and selection criteria. DIE Studies 39. Bonn: Deutsches Institut für Entwicklungspolitik. ▶ https://www.ssoar.info/ssoar/handle/document/19366. Zugegriffen: 1. Aug. 2019.

Laborde, D., & Valin, H. (2012). Modeling land-use changes in a global CGE: assessing the EU biofuel mandates with the MIRAGE-BioF model. *Climate Change Economics, 3*(03), 1250017.

Lapola, D. M., Schaldach, R., Alcamo, J., Bondeau, A., Koch, J., Koelking, C., & Priess, J. A. (2010). Indirect land-use changes can overcome carbon savings from biofuels in Brazil. *Proceedings of the National Academy of Sciences, 107*(8), 3388–3393.

Lotze-Campen, H., Müller, C., Bondeau, A., Rost, S., Popp, A., & Lucht, W. (2008). Global food demand, productivity growth, and the scarcity of land and water resources: A spatially explicit mathematical programming approach. *Agricultural Economics, 39*(3), 325–338.

Mathijs, E., Brunori, G., Carus, M., Griffon, M., Last, L., Gill, M., Koljonen, M., Lehoczky, Olesen, I., & Potthast, A. (2015). Sustainable Agriculture, Forerstry and Fisheries in the Bioeconomy – A Challenge for Europe. Standing Committee on Agricultural Research 4th Foresight Exercise.

Matthews, R. B., Gilbert, N. G., Roach, A., Polhill, J. G., & Gotts, N. M. (2007). Agent-based land-use models: A review of applications. *Landscape Ecology, 22*(10), 1447–1459.

McGuffie, K., & Henderson-Sellers, A. (2005). *A climate modelling primer*. Hoboken: Wiley.

Mekonnen, M., & Hoekstra, A. Y. (2011). National water footprint accounts: the green, blue and grey water footprint of production and consumption. Value of water research report No. 50. Delft: Unesco-IHE Institute for Water Education. ▶ https://ris.utwente.nl/ws/portalfiles/portal/5146137/Report50-NationalWaterFootprints-Vol1.pdf. Zugegriffen: 1. Aug. 2019.

Miller, S. A., Landis, A. E., Theis, T. L., & Reich, R. A. (2007). A comparative life cycle assessment of petroleum and soybean-based lubricants. *Environmental Science and Technology, 41*(11), 4143–4149.

Newbold, T., Hudson, L. N., Hill, S. L., Contu, S., Lysenko, I., Senior, R. A., … & Purvis, A. (2015). Global effects of land use on local terrestrial biodiversity. *Nature, 520*(7545), 45–50.

Nilsson, M., & Costanza, R. (2015). Overall framework for the sustainable development goals. In A.-S. Stevance (Hrsg.), *Review of targets for the sustainable development goals: The science perspective* (S. 7–12). Paris: International Council for Science (ICSU), International Social Science Council (ISSC).

O'Brien, M., Schütz, H., & Bringezu, S. (2015). The land footprint of the EU bioeconomy: Monitoring tools. Gaps and needs. *Land Use Policy, 47*, 235–246.

O'Brien, M., Wechsler, D., Bringezu, S., & Schaldach, R. (2017). Toward a systemic monitoring of the European bioeconomy: Gaps, needs and the integration of sustainability indicators and targets for global land use. *Land Use Policy, 66*, 162–171.

Rosenzweig, C., Elliott, J., Deryng, D., Ruane, A. C., Müller, C., Arneth, A., … & Jones, J. W. (2014). Assessing agricultural risks of climate change in the 21st century in a global gridded crop model intercomparison. *Proceedings of the National Academy of Sciences, 111*(9), 3268–3273.

Rotmans, J., & van Asselt, M. B. A. (2001). Uncertainty management in integrated assessment modeling: Towards a pluralistic approach. *Environmental Monitoring and Assessment, 69*(2), 101–130.

Schaldach, R., & Priess, J. A. (2008). Integrated models of the land system: A review of modelling approaches on the regional to global scale. Living reviews in landscape research 2.

Schaldach, R., Alcamo, J., Koch, J., Kölking, C., Lapola, D. M., Schüngel, J., & Priess, J. A. (2011). An integrated approach to modelling land-use change on continental and global scales. *Environmental Modelling and Software, 26*(8), 1041–1051.

Stanton, E. A., Ackerman, F., & Kartha, S. (2009). Inside the integrated assessment models: Four issues in climate economics. *Climate and Development, 1*(2), 166–184.

Stehfest, E., van Vuuren, D., Kram, T., & Bouwman, L. (Hrsg.). (2014). *Integrated assessment of global environmental change with IMAGE 3.0: Model description and policy applications*. The Hague: PBL Netherlands Environmental Assessment Agency.

Thrän, D., Arendt, O., Banse, M., Braun, J., Fritsche, U., Gärtner, S., Hennenberg, K. J., Hünneke, K., Millinger, M., Ponitka, J., Rettenmaier, N., Schaldach, R., Schüngel, J., Wern, B., & Wolf, V. (2017). Strategy elements for a sustainable bioenergy policy based on scenarios and systems modeling: Germany as example. *Chemical Engineering and Technology, 40*(2), 211–226.

Tukker, A., Bulavskaya, T., Giljum, S., de Koning, A., Lutter, S., Simas, M., Stadler, K., & Wood, R. (2016). Environmental and resource footprints in a global context: Europe's structural deficit in resource endowments. *Global Environmental Change, 40*, 171–181.

Uusitalo, L., Lehikoinen, A., Helle, I., & Myrberg, K. (2015). An overview of methods to evaluate uncertainty of deterministic models in decision support. *Environmental Modelling and Software, 63*, 24–31.

Woltjer, G. B., & Kuiper, M. H. (2014). *The MAGNET model: Module description* (S. 14–057).

Wageningen: LEI Wageningen University & Research Centre, LEI Report.

van Asselen, S., & Verburg, P. H. (2013). Land cover change or land-use intensification: Simulating land system change with a global-scale land change model. *Global Change Biology, 19*(12), 3648–3667.

Zah, R., Faist, M., Reinhard, J., & Birchmeier, D. (2009). Standardized and simplified life-cycle assessment (LCA) as a driver for more sustainable biofuels. *Journal of Cleaner Production, 17*(1), 102–105.

Apl. Prof. Dr. Rüdiger Schaldach

(geb. 1971) studierte Geoökologie an der Technischen Universität Braunschweig und promovierte an der Universität Kassel. Er erforscht Aspekte des globalen Wandels mit besonderem Schwerpunkt auf Mensch-Umwelt-Beziehungen in Landnutzungssystemen. Im Zentrum steht dabei die Entwicklung von integrativen Modellansätzen und deren Anwendung im Kontext von Szenario-Analysen. Er ist seit 2016 Geschäftsführer des Center for Environmental Systems Research (CESR) und außerplanmäßiger Professor am Fachbereich Elektrotechnik/Informatik der Universität Kassel. Zudem ist er aktuell tätig als Mitglied der zentralen Ethikkommission der Universität Kassel sowie als Beirat im deutschen Verein zur Förderung des Internationalen Instituts für angewandte Systemanalyse e.V. (IIASA).

Prof. Dr.-Ing. Daniela Thrän

(geb. 1968) studierte Technischen Umweltschutz an der Universität Berlin und promovierte an der Bauhaus Universität Weimar. Sie erforscht, wie Biomasse möglichst nachhaltig erzeugt und verwertet werden kann. Seit 2003 ist sie Bereichsleiterin Bioenergiesysteme am Deutschen Biomasseforschungszentrum in Leipzig. Seit 2011 leitet sie das Department Bioenergie am Helmholtz-Zentrum für Umweltforschung (UFZ) in Leipzig und hat seitdem den Lehrstuhl Bioenergiesysteme an der Universität Leipzig inne. Ihre Expertise zur nachhaltigen Nutzung und Produktion von Biomasse bringt sie in zahlreiche Gremien ein. Sie leitet Forschungsprojekte im Bereich Bioenergie, Bioökonomie und Raumwirkungen der erneuerbaren Energien und hat u. a. das Smart-Bioenergy-Konzept entwickelt.

Monitoring der Bioökonomie

Daniela Thrän

D. Thrän, U. Moesenfechtel (Hrsg.), *Das System Bioökonomie*,
https://doi.org/10.1007/978-3-662-60730-5_20

20.1 Einleitung

Entscheidungen aller Art benötigen Informationen: für die Analyse einer Situation, für die Entwicklung von Zielen, zur Planung und Umsetzung von Handlungsschritten und zu deren Kontrolle. Informationsbasierte Entscheidungen sichern idealerweise durch ihre Validität, Reliabilität und Objektivität die Bindung der von einer Entscheidung abhängigen Personen an die jeweilige Entscheidung. Die Informationen können qualitativ oder quantitativ sein. Um diese zu sammeln, ordnen, miteinander in Bezug zu setzen und so aufzubereiten, dass sie für Entscheidungen genutzt werden, bedarf es systematischer und etablierter Erfassungen und Auswertungen, die auch als Monitoringsystem bezeichnet werden. Monitoringsysteme liefern idealerweise Informationen, die Retrospektiven ermöglichen und aus denen sich Zukunftserwartungen entwickeln lassen.

In Zeiten der Digitalisierung wird die Sammlung, Verarbeitung und Nutzung von Informationen immer leistungsfähiger. Entscheidend sind jedoch die Formulierung von zielgenauen Fragestellungen und die Organisation von Informationen in Indikatoren, die die Fragestellungen spezifisch und umfassend abbilden. Darüber hinaus muss ein Monitoring „handhabbar" sein, benutzerspezifischen Anforderungen gerecht werden und langfristig angelegt sein, damit eine Vergleichbarkeit von Informationen über einen langen Zeitraum möglich ist. Nur so lassen sich auf der Grundlage eines Monitorings Strategien entwickeln.

Monitoringsysteme gibt es in allen denkbaren Anwendungsbereichen. Das System Bioökonomie zu monitoren ist jedoch mit Herausforderungen verbunden, die im Folgenden beschrieben werden:

20.2 Monitoringsysteme für die Bioökonomie

Die Bioökonomie ist durch ihre intersektoralen Bearbeitungs- und Entscheidungsebenen von einer hohen Komplexität. Möchte man Aussagen über die Bioökonomie treffen und diese als Entscheidungsgrundlage nutzen, bedarf es eines Monitorings, auf dessen Grundlage sich verlässliche, transparente, überindividuelle und datenbasierte Aussagen generieren lassen. Jedoch sind auch hier zunächst grundsätzliche Fragen zu klären: Wer will etwas messen? Warum soll etwas gemessen werden? Wie und was soll gemessen werden? Und welche Aussagen sollen und wollen auf der Basis dieser Messungen getroffen werden? Diese Kernfragen sind entsprechend der Diversität der Bioökonomie herausfordernd.

Für Teilbereiche der Bioökonomie sind vielfältige Monitoringsysteme nutzbar, z. B. liefert das Monitoring der Energiewende Informationen zur Entwicklung der Stromerzeugung aus Biomasse (BMWi 2018), das Biodiversitätsmonitoring liefert vergleichbare Daten zu Zustand und Veränderung der Biodiversität, um damit Analysen der Ursachen von Veränderungen durchzuführen (Krüß 2017), und in der Wirtschaft wird bspw. die Wertschöpfung durch Bioökonomie ausgewiesen (Ronzon und M'Barek 2018). Auch im Wirtschaftsbereich wurden verschiedene Leitlinien formuliert, deren Nachverfolgung Informationen zur Entwicklung der Bioökonomie liefern kann, wie zum Beispiel die Nachhaltigkeitsinitiative der Chemie.[1]

Wenn die Bioökonomie aber als System entwickelt und gesteuert werden soll, so sind diese Informationssysteme unzureichend: Die Vielzahl von Akteuren und Stoffströmen sowie deren Auswirkungen in den unter-

1 ▶ https://www.chemiehoch3.de/home.html

schiedlichsten Teilbereichen von Ökonomie, Ökologie und Gesellschaft (und ihren Interdependenzen) wie auch die hohe Dynamik in der Entwicklung, erfordern eine weitreichendere Informationsbasis, um die Bioökonomie als Ganzes zu managen, aber auch Zielkonflikte frühzeitig zu erkennen und zu reduzieren. Die Anforderungen an ein solches System umfassen die folgenden fünf Aspekte:

1. **Systemdefinition:** Wer definiert Bioökonomie wie? Wer und was „gehört" zu ihr, wer und was nicht? Welche Bereiche, Sektoren und Akteure werden zur Bioökonomie als zugehörig verstanden? Was sollte auf der Grundlage dieser Definition(en) der Untersuchungsgegenstand eines Monitorings sein?
2. **Zieldefinition:** Was sind die dem Monitoring zugrundeliegende klaren, übergreifenden (politische, wirtschaftlichen, wissenschaftlichen und gesellschaftlichen) Ziele der Bioökonomie? Wer erhebt welche Anforderungen und Erwartungen an die Bioökonomie und sollte daher bei der Zielbestimmung von Monitoringsystemen entsprechend einbezogen werden? Wer/welche Instanz entscheidet darüber, wer mit einbezogen wird?
3. **Indikatorentwicklung:** Wie und durch wen sollen diese Ziele mit welchen Indikatoren untersetzt werden und dauerhaft gemessen werden? Welche Implikationen ergeben sich für ein Monitoring aufgrund unterschiedlicher Zieldefinitionen?
4. **Vernetzung mit anderen Indikatorsystemen**: Welche bestehenden Informations- und Monitoringsysteme können genutzt werden und welche müssen speziell für die Bioökonomie neu aufgebaut werden?
5. **Implementierung und stetige Weiterentwicklung:** Wie kann sichergestellt werden, dass das Monitoringsystem stetig an neue Ziele, Vereinbarungen und Erkenntnisse in der Bioökonomie angepasst wird?

Die Systemdefinition entscheidet, was der Bioökonomie zugerechnet wird. In ▶ Kap. 2 wurde gezeigt, dass dies bereits innerhalb der Wirtschaft unterschiedlich abgegrenzt wird, und dass dies unmittelbar Auswirkungen auf den Indikator „Wertschöpfung der Bioökonomie" hat. Eine Systemdefinition, die die Entwicklung der Bioökonomie als System verfolgt, wird als systemisches Monitoring bezeichnet. Sie muss sowohl die verschiedenen Teilsysteme der Bioökonomie beinhalten als auch:

- gesamte Wertschöpfungs- bzw. Prozessketten in den Blick nehmen und mit Stoffstrom- und Lebenszyklusanalysen beschreiben,
- den Import und Export von Biomasse sowie von Zwischen- und Endprodukten einschließlich einer Bewertung der jeweiligen Produktionsbedingungen vor Ort einbeziehen,
- verschiedene Skalenniveaus beinhalten, um sowohl als aggregiertes Maß die Entwicklung im globalen Maßstab zu beschreiben wie auch disaggregiert auf lokaler bzw. regionaler Ebene Informationen zu liefern sowie
- wesentliche Auswirkungen, wie Wohlstandsentwicklung, Wertschöpfung, Innovationsdynamik, Landnutzung, Nachhaltigkeit sowie ökologische und soziale Effekte umfassen.

Die Auswirkungen der Bioökonomie sind gewollte Effekte, also Zielbeiträge oder ungewollte Effekte, also Zielkonflikte. Je konkreter die Ziele definiert sind, umso einfacher ist die Gestaltung von Monitoringsystemen. Die Zielvorstellungen in den aktuellen Bioökonomiestrategien sind bisher sehr breit angelegt. Die Bundesregierung hat sich in ihrer Politikstrategie nur sehr generelle Ziele gesetzt, wie „sichere Versorgung der Bevölkerung in Deutschland mit

Lebensmitteln hoher Qualität und darüber hinaus, im Rahmen der Möglichkeiten, Leistung des Beitrags zur Sicherung der Welternährung“ (BMEL 2014, S. 20), „Stärkung des Wandels von einer überwiegend auf fossilen Rohstoffen basierenden Wirtschaft zu einer zunehmend auf nachwachsenden Ressourcen beruhenden, rohstoffeffizienten Wirtschaft“ (ebd.) etc., und diese nicht quantifiziert. Ein Monitoringsystem für diese Ziele ist damit auch schwieriger zu entwickeln als ein Monitoringsystem zur Erreichung der Energiewende oder der Klimaziele von Paris. Wenn auch die Ziele der Bioökonomie noch vage sind, so bilden die Sustainable Development Goals (SDGs) einen umfassenden Anknüpfungspunkt für die Ableitung von Indikatoren, der – unter Beachtung der Prioritäten der verschiedenen Handlungsträger – geschärft werden muss (Bogdanski 2019; Zeug et al. 2019).

Ein starkes Bedürfnis nach repräsentativen und konsistenten Daten und Indikatoren zur Bioökonomie in Deutschland besteht bei Handlungsträgern aus Politik, Wirtschaft, Wissenschaft und der Zivilgesellschaft, wie auch weiteren Akteuren wie z. B. den Medien, Finanzgebern etc., die entweder direkt in der Bioökonomie tätig sind, oder aber deren Handlungsfelder von der Bioökonomie betroffen sind. Von besonderem Interesse sind Informationen zur wirtschaftlichen Entwicklung der Bioökonomie, den Verfügbarkeiten und Nutzungsmöglichkeiten von Ressourcen, zu ökologischen Nachhaltigkeitseffekten der Bioökonomie sowie zu gesellschaftlichen Wandlungsprozessen, die mit der Bioökonomie einhergehen (▶ Kap. 1 sowie ▶ Abschn. 20.4). Wenn die Bioökonomie als dynamisches System verstanden wird, das eine Vielzahl von Interdependenzen aufweist, dann sollte das Ziel eines systemischen Monitorings erklärende Modelle sein, also Kausalanalysen auf der Basis solider Daten. Solch ein Monitoring existiert für die Bioökonomie bislang nicht.

Gleichwohl ist es nicht notwendig, ein solches Monitoringsystem von Null aufzubauen. Es lässt sich an verschiedene Indikatoren und Modelle anknüpfen – und sollte auch angeknüpft werden: So bieten bspw. etablierte Messgrößen der Wirtschaftsentwicklung eine Einordnung der ökonomischen Bedeutung der Bioökonomie (▶ Kap. 2). Ebenso kann bspw. mit Klimafußabdrücken, Landnutzung pro Produkt oder dem Wasserfußabdruck, wie sie z. B. von Egenolf und Bringezu beschrieben werden (Egenolf und Bringezu 2018), die Ressourcenrelevanz des Konsums biobasierter Produkte eingeordnet werden. Die Liste lässt sich fortsetzen und führt zu der Schlussfolgerung, ein systemisches Monitoring muss sicherstellen, dass die Prioritäten und Zielvorstellungen zur Bioökonomie in geeigneter Weise abgebildet sind.

Aber auch die Prioritäten, Zielvorstellungen und Auswirkungen der Bioökonomie sind nicht in Stein gemeißelt, sondern zeitlichen Veränderungen unterworfen: Wir sehen heute andere Möglichkeiten und Risiken für die Bioökonomie als bspw. vor zehn Jahren, als Biomasse im Überfluss vorhanden schien und andererseits die Möglichkeiten der Biotechnologie deutlich begrenzter. Die regelmäßige Überprüfung der Systembeschreibung ist daher ein weiterer wichtiger Baustein für ein systemisches Monitoring. Es muss lernfähig sein und auf die vielfältigen Stakeholdererwartungen reagieren können.

20.3 Stakeholdererwartungen

Die Vielfalt der Beteiligten zieht sich wie ein roter Faden durch die Bioökonomie. Sie agieren in vielfältiger Weise und bestimmen das System Bioökonomie. Ein Monitoringsystem muss entsprechend substanzielle Informationen für möglichst alle agierenden oder interessierten Stakeholder liefern. Ein an Stakeholderbedürfnissen orientiertes Monitoring muss sich einerseits auf relevante Parameter und Indikatoren (Schlüsselfaktoren) konzentrieren, andererseits diese aber in übergreifende Narrative und Szenarien einbetten, die für ein Großteil der Stakeholder schlüssig ist und somit ihre Zustimmung erfährt.

Im Rahmen des Monitoringprojekts SYMOBIO des BMBF (Dimension 2, ► Abschn. 20.4) ist der Versuch unternommen worden, die Stakeholderprioritäten für ein Bioökonomiemonitoring zu erfassen und zu diskutieren. Dies erfolgte im Rahmen einer mehrtägigen Workshopreihe, bei der Vertreter aus Wirtschaft, Wissenschaft und Zivilgesellschaft eingeladen wurden. Die 64 Teilnehmer bewerteten zum einen den Beitrag der Bioökonomie für die Erreichung der 169 Unterziele der SDGs und formulierten zum anderen ihre Erwartungen an ein Bioökonomiemonitoring. Da die Workshops innerhalb der verschiedenen gesellschaftlichen Gruppen stattfanden, dienten sie vor allem der Standortfindung der beteiligten Akteure. Die sich daraus ergebenden Prioritäten wurden für die 17 SDGs zusammengefasst (Zeug et al. 2019) und lieferten erwartungsgemäß ein heterogenes Bild (◘ Abb. 20.1).

Dabei zeigt sich, dass alle Stakeholder den Beitrag der Bioökonomie zu den Zielen 2 (Kein Hunger), 12 (Nachhaltige/r Konsum und Produktion), 13 (Maßnahmen zum Klimaschutz), 14 (Leben unter Wasser) und 15 (Leben an Land) sehr hoch einschätzen. Ein Monitoringsystem muss diese Bereiche entsprechend gut abdecken. Der Beitrag zu den Zielen 1 (Keine Armut), 7 (Bezahlbare und Saubere Energie) und 8 (Menschenwürdige Arbeit und Wirtschaftswachstum) wird jedoch sehr unterschiedlich gewertet. Diese Heterogenität kann als Hinweis für anstehende Diskurse und Debatten gewertet werden – auch für diese ist eine gute Informationsbasis notwendig und das Monitoringsystem entsprechend zu entwickeln.

Aus den Diskussionsprozessen des Stakeholderworkshops, lassen sich zudem folgende Positionen festhalten:

So betonten Stakeholder aus der Gruppe „Wissenschaft“, dass nicht nur nationale, sondern unbedingt globale Effekte einer deutschen-, europäischen oder transnationalen Bioökonomie berücksichtigt werden müssen, um trade-offs, leakage-Effekte sowie Re- und backfire-Effekte zu identifizieren und zukünftig vermeiden zu können. Daraus lässt sich die Anforderung nach überregionalen Bilanzierungsgrenzen ableiten. Die Stakeholder der Wirtschaft hatten besonderes Interesse an den – gerade auch internationalen – legislativen Rahmenbedingungen für bioökonomische Aktivitäten, d. h. Marktzugänge, Rohstoffrestriktionen, Handelsbeschränkungen, Subventionen und Finanzierungsmöglichkeiten. Außerdem sind für sie Preisindikatoren von Produkten und Rohstoffen sowie politisch-ökonomische Instrumente relevant, bspw. die Internalisierung von Externalitäten oder physische Stoffströme – letztendlich also Informationen für strategische ökonomische Entscheidungen in Unternehmen der Bioökonomie.

Für die Stakeholder der Gruppe „Gesellschaft“ stand die Beantwortung der Frage im Fokus, inwiefern die Bioökonomie lediglich eine Substitution der Ressourcenbasis des etablierten Wirtschaftssystems darstellt oder einen tatsächlichen gesellschaftlichen Wandel hin zu einer nachhaltigeren Welt bedeutet. Hinsichtlich der Identifikation von Flächenkonkurrenzen, der Auswirkungen auf Nahrungsmittelpreise und damit die Ernährungssituation einer wachsenden Bevölkerung sowie den ökologischen Auswirkungen sind dabei besonders Aspekte interessant, die diese Zielkonflikte mit Daten hinterlegen können (Zeug et al. 2019).

20.4 Monitoringaktivitäten in Deutschland und international

Aktuell werden in Deutschland verschiedene Monitoringkonzepte der Bioökonomie beschrieben und erprobt.

Wesseler und von Braun (2017) plädieren generell dafür Prozessmonitorings der zwei großen Bereiche „Ressourcen und Innovationen“ sowie „Politik und Governance“ mit einem Ergebnismonitoring zu den jeweiligen respektiven wie prospektiven

Abb. 20.1 Analyse der Perspektiven und Interessen deutscher Stakeholdergruppen zu den SDGs im Bereich der Bioökonomie. Relevanzen der SDGs basierend auf den Relevanzen der entsprechenden Teilziele der Stakeholdergruppen. Die Präferenzordnung wird durch Mittelwerte der Relevanzen (Ø) eines SDGs aller Stakeholdergruppen bestimmt. (Quelle: eigene Darstellung nach Zeug et al. 2019)

Auswirkungen der Bioökonomie miteinander zu verschneiden. O'Brien et al. (2015) empfehlen die stoffstrombasierte Darstellung der Entwicklungen in Form von einem großen Armaturenbrett, in dem alle wesentlichen Entwicklungen und Steuergrößen aufgespielt werden *(dashboard)*. Adler et al. (2015) schlagen vor, ausgehend von zentralen Zielindikatoren, wie „steigende Wertschöpfung pro genutzter Flächeneinheit“ und „steigender Beitrag zur Klimagasreduktion durch die Bioökonomie“, gut messbare Steuerindikatoren abzuleiten (z. B. erzielte Wertschöpfung pro eingesetzter Biomasseeinheit) und diese mit Schutzindikatoren aus der Umweltberichterstattung zu ergänzen. Alle diese Ansätze verfolgen einen systemischen Ansatz, wie sie im ► Abschn. 20.2 beschrieben werden, wählen jedoch unterschiedliche Schwerpunkte.

In Deutschland wird aktuell umfassend an dem Aufbau eines Bioökonomiemonitorings gearbeitet. Dies wird durch drei Ministerien gefördert und in „Dimensionen“ unterteilt (◘ Abb. 20.2). Dabei fokussiert das Bundesministerium für Ernährung und Landwirtschaft (BMEL) (Dimension 1) auf die Bereitstellung umfassender Daten zu biogenen Rohstoffen und Reststoffen sowie deren Verbleib, das Bundesministerium für Wirtschaft und Energie (BMWi) (Dimension 2) auf die Bereitstellung aussagekräftiger wirtschaftlicher Kennzahlen bzw. der Entwicklung bioökonomiespezifischer Kennzahlen und das Bundesministerium für Bildung und Forschung (BMBF) (Dimension 3) auf die systematische Betrachtung und Modellierung der Bioökonomie. Die verschiedenen geplanten Beiträge zu einem systemischen Monitoring im Einzelnen:

Dimension 1 Entwickelt werden die Grundlagen für ein deutschlandweites Bioökonomiemonitoringsystem heutiger und zukünftiger Biomasseströme und deren Bewertung. Entsprechend werden Daten zur Ressourcenbasis (Biomassenutzung/Biomassepotenzial) erfasst und aufbereitet und analysiert, wie viel Biomasse für Endnutzer zur Verfügung steht. Dabei werden Änderungen der Wertschöpfungskette als Folge zukünftiger Weiterentwicklungen berücksichtigt. Die Schwerpunkte der Tätigkeiten liegen auf der Erarbeitung einer soliden Datenbasis zu faktischen Entwicklungen, der Entwicklung zusammenfassender Bilanzen und Indikatoren, der Bündelung der Daten zu aussagekräftigen Kennzahlen sowie der Entwicklung eines integrierten Konzepts zur energie- und stoffstrombasierten, sektorübergreifenden gesamtwirtschaftlichen Nachhaltigkeitsbilanzierung der Bioökonomie.

Dimension 2 Entwickelt werden wirtschaftliche Kennzahlen und Indikatoren für ein Monitoring des Voranschreitens der Bioökonomie und die Sichtbarmachung von Fortschritten, Hemmnissen und Zielkonflikten. So sollen alle wirtschaftlichen Dimensionen der Bioökonomie messbar gemacht werden. Inhaltliche Schwerpunkte sind

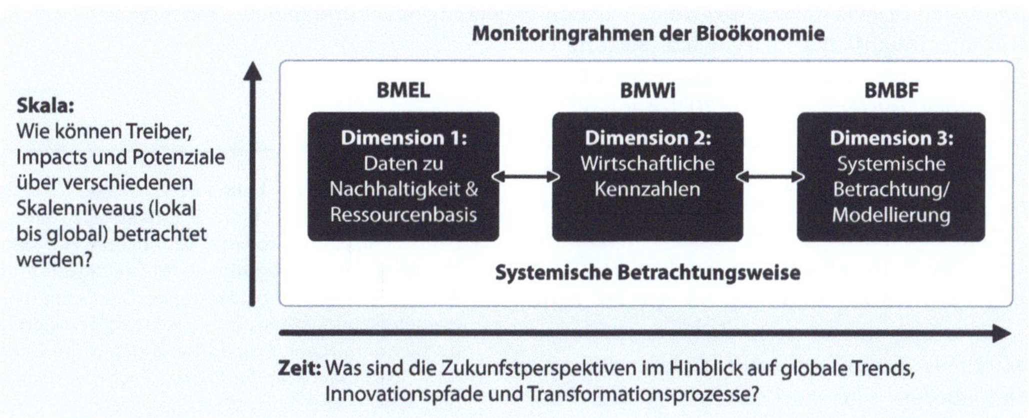

◘ **Abb. 20.2** Institutionelle Aufgabenteilung des Bioökonomiemonitorings für Deutschland. (Quelle: eigene Darstellung basierend auf O'Brien et al. 2015)

die Untersuchung von Biomasseströmen und die Nutzung von Nebenerzeugnissen, die Entwicklung einer Indikatorik zur Untersuchung der Bioökonomie in ihren wirtschaftlichen Dimensionen/NACE-Klassifizierungen (NACE = Nomenclature statistique des activités economiques dans la Communauté européene/Statistische Systematik der Wirtschaftszweige in der Europäischen Gemeinschaft), Analysen zu den Themen Innovationen, Patente und Bildung, die Bereitstellung ökonomischer Kennzahlen und ökologischer Bilanzierungen sowie eine Detailbetrachtung der Chemie- und Kunststoffindustrie.

Dimension 3 Entwickelt werden die wissenschaftlichen Grundlagen für ein systemisches Monitoring und für die integrierte Modellierung der Bioökonomie in Deutschland, die Schlüsseltreiber für die Transformation der Bioökonomie, die Modellierung der Trends und ihrer umweltbezogenen und sozioökonomischen Auswirkungen berücksichtigt. Dabei werden schwerpunktmäßig Nachhaltigkeitsaspekte auf nationaler und internationaler Ebene in den Blick genommen.

Diese drei Monitoringprozesse und Ansätze sollen letztlich zusammengeführt werden. Es finden bereits regelmäßige Statuskonferenzen statt, auf denen über die jeweiligen Projektstände informiert wird und wo ein inhaltlicher Austausch stattfindet. Erste Pilotberichte des zusammengeführten Monitoringsystems sind für 2020 geplant.

International bestehen Aktivitäten zum Monitoring der Bioökonomie u. a. auf Ebene der Europäischen Union und der FAO (EC 2018; Bogdanski 2019). Diese Vorhaben sind noch in einem vergleichsweise frühen Bearbeitungsstadium. So zeigen erste Auswertungen zwischen den europäischen Mitgliedsstaaten zu sozio-ökonomischen Indikatoren eine starke Relation von Pro-Kopf-Bruttosozialprodukt und der Reife der Bioökonomie (Ronzon und M'Barek 2018).

20.5 Ausblick

Die Abbildung der Bioökonomie als System bildet die Grundlage für ihre zielgerichtete Entwicklung und Steuerung. Die Notwendigkeit ein systemisches Monitoring zu erarbeiten, ist auf unterschiedlichen politischen Gestaltungsebenen erkannt und mit Forschungs- und Entwicklungsaktivitäten untersetzt worden. Mit dem Idealbild eines Bioökonomiemonitorings wird dabei sowohl deskriptive als prospektive Aussagekraft verbunden, die die Fortschritte und Auswirkungen von Handlungsentscheidungen skizziert bzw. die Grundlage für Managementaktivitäten in diesem Bereich bietet. Ebenso werden die SDGs zunehmend als Basis für ein systemisches Monitoring der Bioökonomie gesehen. Diese können aber nur den Rahmen bilden. Politische und gesellschaftliche Prioritäten und konkrete Zukunftsbilder der Bioökonomie bilden eine weitere wichtige Grundlage für das Monitoring. Auch sie müssen noch weiterentwickelt und verhandelt werden (▶ Kap. 19).

Darüber hinaus ist auch notwendig, aktuelle und umfassende Daten bereitzustellen, damit das Monitoring der Bioökonomie gelingt. Auch hier gilt: Je klarer die Erwartungen an die Bioökonomie in Monitoringsysteme und Indikatoren überführt sind, umso effizienter können die Daten bereitgestellt und genutzt werden.

Literatur

Adler, P., Budzinski, M., Erdmann, G., Majer, S., Meisel, K., Schock, S., & Thrän, D. (2015). Sachstandsbericht über vorhandene Grundlagen für ein Monitoring der Bioökonomie: Nachhaltigkeit und Ressourcenbasis der Bioökonomie. Deutsches Biomasseforschungszentrum. ▶ https://www.dbfz.de/fileadmin/user_upload/Referenzen/Studien/P3310038_Sachstandsbericht_Nachhaltigkeit_und_RessRessourcenb.pdf. Zugegriffen: 29. Aug. 2019.

BMEL (Bundesministerium für Ernährung und Landwirtschaft). (2014). Nationale Politikstrategie Bioökonomie. Nachwachsende Ressourcen und biotechnologische Verfahren als Basis für Ernährung, Industrie und Energie. ▶ https://www.bmel.de/SharedDocs/Downloads/Broschueren/BioOekonomiestrategie.pdf;jsessionid=FE433FAFDA625A9797E0CF52F1B88DA9.2_cid367?__blob=publicationFile. Zugegriffen: 29. Aug. 2019.

BMWi (Bundesministerium für Wirtschaft und Energie). (2018). Die Energie der Zukunft. Berichtsjahr 2016. Sechster Monitoring-Bericht zur Energiewende. ▶ https://www.bmwi.de/Redaktion/DE/Publikationen/Energie/sechster-monitoring-bericht-zur-energiewende.pdf?__blob=publicationFile&v=37. Zugegriffen: 2. Sept. 2019.

Bogdanski, A. (2019). Towards sustainable bioeconomy guidelines: Monitoring & evaluation. ENRD thematic group in ‚mainstreaming the bioeconmy'. FAO. ▶ https://enrd.ec.europa.eu/sites/enrd/files/tg_bioeconomy_videoconf_fao_bogdanski.pdf. Zugegriffen: 29. Aug. 2019.

European Commission (EC), Directorate-General for research and innovation. (2018). A sustainable bioeconomy for Europe. Updated bioeconomy strategy, S. 15, Luxembourg.

Egenolf, V., & Bringezu, S. (2018). Indikatorensystem zur Bewertung der Nachhaltigkeit der deutschen Bioökonomie. Arbeitspapier. Center for Environmental Systems Research Universität Kassel. ▶ https://symobio.de/wp-content/uploads/2018/03/Indikatorensystem-23.03.2018_final-1.pdf. Zugegriffen: 29. Aug. 2019.

Krüß, A. (2017). Aktueller Stand und weitere Entwicklung der bundesweiten Monitoring-Programme als Grundlage für ein umfassendes nationales Biodiversitätsmonitoring. Nationales Biodiversitätmonitoring Revisisted: Bericht zum Ne-Fo Fachgespräch am 27. Juni 2018 (S. 8–10). netzwerk-forum zur biodiversitätsforschung deutschland. ▶ http://www.biodiversity.de/sites/default/files/products/reports/2017_fachgespraech-nationales-biodiversitaetsmonitoring_final_0.pdf. Zugegriffen: 2. Sept. 2019.

O'Brien, M., Wechsler, D., Bringezu, S., & Arnold, K. (2015). Sachstandsbericht über vorhandene Grundlagen und Beiträge für ein Monitoring der Bioökonomie: Systemische Betrachtung und Modellierung der Bioökonomie. Wuppertal Institut für Klima, Umwelt, Energie GmbH, Wuppertal. ▶ https://www.biosc.de/lw_resource/datapool/_items/item_644/5851_biooekonomie.pdf. Zugegriffen: 11. Dez. 2019.

Ronzon, T., & M'Barek, R. (2018). Socioeconomic indicators to monitor the EU's bioeconmy in transition. *Sustainability, 10*(6), 1745.

Wessler, J., & von Braun, J. (2017). Measuring the bioeconomy: Economics and policies. *Annual Review of Resource Economics, 9,* 275–298.

Zeug, W., Bezama, A., Moesenfechtel, U., Jähkel, A., & Thrän, D. (2019). Stakeholders' interests and perceptions of bioeconomy monitoring using a sustainable development goal framework. *Sustainability, 11*(6), 1511.

Prof. Dr.-Ing. Daniela Thrän

(geb. 1968) studierte Technischen Umweltschutz an der Universität Berlin und promovierte an der Bauhaus Universität Weimar. Sie erforscht, wie Biomasse möglichst nachhaltig erzeugt und verwertet werden kann. Seit 2003 ist sie Bereichsleiterin Bioenergiesysteme am Deutschen Biomasseforschungszentrum in Leipzig. Seit 2011 leitet sie das Department Bioenergie am Helmholtz-Zentrum für Umweltforschung (UFZ) in Leipzig und hat seitdem den Lehrstuhl Bioenergiesysteme an der Universität Leipzig inne. Ihre Expertise zur nachhaltigen Nutzung und Produktion von Biomasse bringt sie in zahlreiche Gremien ein. Sie leitet Forschungsprojekte im Bereich Bioenergie, Bioökonomie und Raumwirkungen der erneuerbaren Energien und hat u. a. das Smart-Bioenergy-Konzept entwickelt.

Berufsfelder der Bioökonomie

Rudolf Hausmann und Markus Pietzsch

D. Thrän, U. Moesenfechtel (Hrsg.), *Das System Bioökonomie*,
https://doi.org/10.1007/978-3-662-60730-5_21

21.1 Einleitung

Die Bioökonomie erfordert einen umfassenden Umdenkprozess, der zur nachhaltigen Nutzung biogener Ressourcen für ein zukunftsfähiges, an natürlichen Stoffkreisläufen orientiertes Wirtschaftssystem führt. Eine biobasierte Wertschöpfungskette umfasst die Primärproduktion biobasierter Ressourcen, deren Umwandlung in höherwertige Güter durch Verarbeitung und ihre Vermarktung am Markt. Sie erfordert somit neben einer neuen Basis biogener Ressourcen auch einen technologischen, ökonomischen und gesellschaftlichen Wandel. Die Ausbildung sollte stark multi- und transdisziplinär sowie praxisnah ausgerichtet sein (Lask et al. 2018). Von den ausgebildeten Fachleuten der Bioökonomie wird erwartet, dass sie sich einerseits auf ein Gebiet spezialisiert haben, andererseits aber auch in der Lage sind, die wissenschaftliche Fachsprache der angrenzenden Disziplinen zu verstehen.

21.2 Was macht einen „Bioökonomiker" aus?

Die Kompetenzen eines „Bioökonomie-Absolventen" ergeben sich idealerweise aus dem Berufsumfeld der entstehenden Bioökonomie (Lask et al. 2018). Hierbei wird „Bioökonomie" als Umdenkprozess verstanden, der hin zu der nachhaltigen Nutzung biogener Ressourcen für ein zukunftsfähiges, an natürlichen Stoffkreisläufen orientiertes Wirtschaftssystem führt. Die Bioökonomie wird aber auch oft synonym zu einer biobasierten Wirtschaft verwendet. Sie umfasst die Produktion biobasierter Ressourcen und deren Umwandlung in Lebensmittel, Futtermittel, Bioenergie, biobasierte Materialien, Chemikalien, Biopharmaka und auch Daten bzw. Wissen über bioökonomische Prozesse. Eine biobasierte Wertschöpfungskette umfasst die Primärproduktion biobasierter Ressourcen, deren Umwandlung in höherwertige Güter durch Verarbeitung und Vermarktung am Markt. Sie erfordert somit neben einer neuen Basis biogener Ressourcen auch einen technologischen, ökonomischen und gesellschaftlichen Wandel. Ein neuer Wirtschaftszweig oder eine neue Disziplin ist die Bioökonomie hingegen nicht.

In der Agrar-, Forst- und Lebensmittelindustrie ist die nachhaltige Nutzung biogener Ressourcen als Notwendigkeit bereits erkannt worden und wird auf vielfältige Weise angestrebt. Dieser traditionelle Bereich kann auch als ressourcenbasierte Bioökonomie bezeichnet werden. Insbesondere der Lebensmittelsektor sowie die biopharmazeutische Industrie umfassen den Großteil der aktuellen Bioökonomie in Deutschland. Der Strukturwandel zu einer nachhaltigen Wirtschaftsweise auch in allen übrigen Branchen erfordert jedoch neue Technologien und den Ersatz fossiler Kohlenstoffquellen, sowohl für die Materialproduktion als auch als Energieträger. Die Nutzung biogener Ressourcen ist daher eng mit der Nutzung erneuerbarer Energiequellen verknüpft. Diese Veränderungen sind für die in diesem Feld aktiven Unternehmen und Personen mit großen Chancen für Wachstum und Beschäftigung verbunden, benötigen aber gleichzeitig intensive Anstrengungen in Forschung und Innovation. Um in der Bioökonomie erfolgreich tätig zu sein, bedarf es daher eines vielfältigen, multidisziplinären Verständnisses und die Fähigkeit zum systemischen Denken. Die Ausbildung sollte stark multi- und transdisziplinär sowie praxisnah ausgerichtet sein. Die Kombination eines übergreifenden Verständnisses des Wirtschaftssystems und den natürlichen Stoffkreisläufen sowie Fachkompetenzen aus den Bereichen Verfahrenstechnik, Agrar- und Forstwissenschaften, Lebensmitteltechnologie und -chemie Biotechnologie, Medizin, Pharmazeutik, Materialwissenschaften, Volkswirtschaft oder Betriebswirtschaft zeichnen Bioökonomieabsolventen aus.

21.3 Wie wird man zum Bioökonomiker bzw. dazu ausgebildet?

Der Bedarf an speziell ausgebildeten Fachkräften, die inter- und transdisziplinären Kompetenzen in der Bioökonomie aufweisen, nimmt stetig zu, da immer mehr Unternehmen eine nachhaltige Produktion und Konsum befördern. Im Gegensatz dazu entwickeln die meisten Hochschul- und Universitätscurricula profunde Kenntnisse in einer Disziplin, wobei oft noch zusätzliche Spezialisierungen angeboten werden. Dagegen ist das Angebot an Studiengängen, die den Schwerpunkt auf eine breite, multidisziplinäre Ausbildung legen, eher gering. Die Bioökonomie ist hier ein hervorragendes Beispiel für eine multidisziplinäre Ausbildung (Bioökonomie.de 2018; Lask et al. 2018).

Die Mehrzahl der international bereits etablierten interdisziplinären Programme im Bereich der Bioökonomie sind Masterstudiengänge. Seit wenigen Jahren werden Studiengänge spezifisch für die Bioökonomie angeboten. Gemeinsame Elemente der Lehrpläne sind biobasierte Wertschöpfungsketten und der Fokus auf die ökologischen, sozialen und ökonomischen Auswirkungen bioökonomischer Entwicklungen. Das allgemeine Ziel ist die Ausbildung von Fachleuten, die in der Lage sind, sehr komplexe interdisziplinäre Probleme zur nachhaltigen Nutzung biogener Ressourcen zu bearbeiten. Dazu sind Integrations- und Kooperationsfähigkeit wichtige Voraussetzungen, die in der Bioökonomieausbildung praktisch erlernt werden müssen.

Als Fundament der Bioökonomie wird ein solides Vorwissen in den naturwissenschaftlichen Grundlagenfächern Physik, Chemie, Biologie und Mathematik sowie in den Sozial-, Wirtschafts-, Forst- und Agrarwissenschaften benötigt. Naheliegende und sinnvolle Vertiefungsfächer sind organische Chemie, Biochemie, Mikrobiologie, Lebensmittel- und Biotechnologie, Betriebs- und Volkswirtschaftslehre, Produktion und Nutzung biogener Ressourcen, Statistik, Informatik, Medizin, Pharmazeutik, Materialwissenschaften, Energietechnik, Umwelttechnik, chemische, biologische und thermische Verfahrenstechnik oder Methoden der Ökobilanzierung. Auf dem Fundament der Grundlagenfächer und der Vertiefungsrichtung kann das Bioökonomiekonzept als Querschnittsdisziplin aufgebaut werden. Die Lebenswissenschaften und die Biotechnologie spielen hierzu eine Schlüsselrolle. Die gezielte Nutzung molekularbiologischer Vorgänge markiert den Anfang einer möglicherweise revolutionären Entwicklung in der wissensbasierten Bioökonomie und hat das Potenzial einen tiefgreifenden Wandel in allen Bereichen der Gesellschaft und der Industrie auszulösen.

Ziel der Bioökonomieausbildung ist es, die Zusammenhänge zwischen den natürlichen Stoffkreisläufen der bestehenden Wirtschaftsweise zu vermitteln und die Bioökonomie-Absolventen zu befähigen, eine innovationsgetriebene, wissensbasierte und nachhaltige Wirtschaftsweise zu prägen.

Viele Vertreter der Bioökonomie betonen insbesondere den Aspekt der Innovationsorientierung. Um bisherige klima- und umweltschädliche Herstellungsprozesse zu substituieren, müssen neue Produkte aus erneuerbarer Biomasse oder Kohlendioxid erzeugt werden. Dazu müssen bioökonomische Innovationen einerseits ressourceneffizient Technologien zur Produktivitätssteigerung in der Land-, Forst- und Aquakultur hervorbringen und andererseits neue biogene Produkte und Konsumgüter verfügbar machen. Dadurch werden die Einführung von innovativen und ressourcenschonenden Produktionstechnologien sowie der Übergang zu einer nachhaltigen Gesellschaft ermöglicht. Dies bedeutet nicht nur, biogene Ressourcen zu nutzen, sondern auch, im Sinne von Umwelt- und Biodiversitätsschutz, zu erhalten. Die ökologischen, ökonomischen und sozialen Dimensionen des gesellschaftlichen Umdenkprozesses sind stark miteinander verwoben und erfordern einen komplexen gesellschaftlichen Problemlösungsprozess. Um mit den erworbenen transdisziplinären Kompetenzen einen wichtigen Beitrag zu leisten, sollten Bioökonomen bereits frühzeitig die Kommunikation zu gesellschaftlichen Interessenvertretern in der Praxis erlernen können.

21.4 Was gibt es an Ausbildungen schon?

Genauso breit gefächert wie die Forschungsaktivitäten zur Bioökonomie ist auch das Spektrum möglicher Ausbildungswege. Ein Weg sind klassische Abschlüsse in Agrarwissenschaften, Biotechnologie, Chemie, Lebensmitteltechnik, Wirtschaftswissenschaften oder Gesellschaftswissenschaften. Daneben richten immer mehr Universitäten und Hochschulen spezialisierte Studiengänge und Abschlüsse zum Thema Bioökonomie ein (Bioökonomie.de 2018).

In Deutschland werden transdisziplinäre bioökonomische Studiengänge an der Technischen Universität München (B.Sc. Bioökonomie), der Universität Hohenheim (M.Sc. Bioeconomy) und der Martin-Luther-Universität Halle-Wittenberg (B.Sc. und M.Sc. Management natürlicher Ressourcen) angeboten.

Europaweit bestehen an den Universitäten Wageningen (M.Sc. Biobased Sciences) und Maastricht (M.Sc. Biobased Materials), beide in den Niederlanden, an den vier Universitäten Bologna, Mailand-Bicocca, Neapel und Turin (M.Sc. Biocircle (Bioeconomy in the Circular Economy) sowie auch an der Universität Edinburgh (M.Sc. Management of Bioeconomy, Innovation and Governance) Studiengänge, die sich auf das Thema Bioökonomie fokussieren. Darüber hinaus besteht mit dem Master „Biorefinery Engineering" der TU Graz ein stark ingenieurwissenschaftlich geprägter Bioökonomiestudiengang.

Alle genannten Studiengänge sind als Reaktion auf das Wachstum der globalen Bioökonomie und dem damit einhergehenden steigenden Bedarf an qualifizierten Fachkräften, die das notwendige Grundwissen und die erforderlichen Fähigkeiten aufweisen, eingerichtet worden. Beispielhaft werden hier nun einige Studiengänge vorgestellt.

Der B.Sc.-Studiengang „Bioökonomie" an der TU München vermittelt mathematische, naturwissenschaftliche umweltökonomische, volkswirtschaftliche Grundlagen sowie vertiefte Kenntnisse in Chemie, Physik, Biologie und Betriebs- und Volkswirtschaft.

Der englischsprachige internationale M.Sc.-Studiengang „Bioeconomy" an der Universität Hohenheim steht unter dem Motto „Change the system. Shape the future.". Der interdisziplinäre Masterstudiengang betrachtet die gesamte biobasierte Wertschöpfungskette und Netzwerke. Die Studierenden lernen, die ökologischen, sozialen und ökonomischen Dimensionen der Bioökonomie auf Mikro- und Makroebene sowie die Anforderungen an Innovationen und die entsprechenden politischen Rahmenbedingungen zu berücksichtigen. Hierbei besteht ein starker Fokus auf die internationalen Perspektiven der Bioökonomie.

Der Studiengang B.Sc.- und M.Sc.-Studiengang „Management natürlicher Ressourcen" an der Martin-Luther-Universität Halle-Wittenberg verbindet die Themenfelder „Wasser – Boden – Pflanze". Neben dem naturwissenschaftlichen Prozessverständnis der drei Umweltkompartimente wird das nachhaltige Management dieser natürlichen Ressourcen behandelt.

Der M.Sc. „Biobased Sciences" an der Universität Wageningen konzentriert sich auf den Übergang von einer petrochemisch basierten zu einer biobasierten Gesellschaft. Das Programm umfasst die multidisziplinäre Gestaltung von Produktionsketten einschließlich Biomasseproduktion, Biokonversion, Bioraffinerie und gesellschaftlicher, logistischer und wirtschaftlicher Transformationsprozesse.

Der M.Sc. „Biobased Materials" an der Universität Maastricht vermittelt das Wissen und die Fähigkeiten zur Entwicklung, Produktion und Anwendung von nachhaltigen Materialien aus biologischen Ressourcen.

Der M.Sc. „Biocircle", der von den vier Universitäten Bologna, Mailand-Bicocca, Neapel und Turin angeboten wird, bietet eine Kombination von theoretischen Kenntnissen in den Biowissenschaften mit einem praktischen Fokus auf die Bioökonomie und ihre Wertschöpfungsketten aus unterschiedlichen Perspektiven.

Der M.Sc. „Management of Bioeconomy", Innovation and Governance an der Universität Edinburgh fokussiert auf verantwortungsvolle Entwicklung nachhaltiger Innovationen. Das Spektrum erstreckt sich über Innovationen im Bereich der Biowissenschaften über Unternehmensstrategien und Politik.

Im Masterstudium „Biorefinery Engineering" an der TU Graz erlangen die Absolventen technische Kenntnisse aus den Bereichen Verfahrenstechnik, Chemie, Biotechnologie sowie Energietechnik und Umwelttechnik zur wirtschaftlichen und nachhaltigen Nutzung biogener Ressourcen.

Neben diesen transdisziplinären Studiengängen gibt es zahlreiche weitere Bachelor- und Master-Studiengänge, die einen mehr oder weniger spezifischen Bezug zu einem biowissenschaftlichen Fach aufweisen. Eine Darstellung dieser Studiengänge, die in Deutschland, Österreich und der Schweiz angeboten werden, würde den Rahmen dieses Buches sprengen. Deshalb sei an dieser Stelle auf die Konferenz biologischer Fachbereiche (KBF) verwiesen, die die biologischen Fachbereiche und Fakultäten der deutschen Universitäten vertritt. Für Studieninteressierte hat sie einen Führer über Bachelor-Studiengänge in den Biowissenschaften erstellt.[1] Im Rahmen eines vom BMBF geförderten Projekts wurden auch sämtliche einschlägigen Master-Studiengänge gesammelt.[2] Dabei reicht das Angebot von A wie „Agrar- und Gartenbauwissenschaften/Landwirtschaft oder Gartenbau" (Bachelor-Studiengang der Humboldt-Universität Berlin) bis Ö, wie „Ökotrophologie" (Bachelor-Studiengang an der Universität Kiel) und umfasst sowohl natur- als auch ingenieurwissenschaftliche als auch Lehramtsstudiengänge, Grenzgebiete zur Medizin (z. B. Medizintechnik), Verfahrenstechnik (Bioingenieurwesen) und Wirtschaftswissenschaften (z. B. Agrarmanagement, Entrepreneurship Renewable Energy).

Von den 519 (788) gelisteten Bachelor-(Master)-Studiengängen in einem biowissenschaftlichen Fach tragen 44 (81) die Bezeichnung „Biotechnologie". 13 Master-Studiengänge Biotechnologie werden in englischer Sprache angeboten. Davon werden sechs von Fachhochschulen und sieben von (Technischen) Universitäten angeboten.

Einen guten Einblick in die biowissenschaftlichen Berufe geben mehr als 70 Wissenschaftler im Buch „Perspektiven – Berufsbilder von und für Biologen, Biowissenschaftler und andere Naturwissenschaftler" (VBio 2015).

Wegen der Vielzahl an bioökonomischen „Ansatzpunkten" wird zunehmend eine Systematisierung der Bioökonomie betrieben, d. h. der Versuch, die angebotenen Studiengänge unter verschiedene Überschriften bzw. in „Schubladen" einzusortieren (z. B. Untergliederung in Studiengänge Bioökonomie, Industrielle Biotechnologie oder Nachhaltigkeit und Ressourcenmanagement) (Bioökonomie.de 2018). Da die Überschriften für sich nicht aussagekräftiger sind als die Namen der Studiengänge, empfiehlt sich für Studieninteressente daher der (zeitaufwändige) Blick in die spezifischen Modulhandbücher.

21.5 Was braucht der Bioökonomiker zusätzlich?

Das Ziel der Bioökonomie, zu einer nachhaltig wirtschaftenden Gesellschaft zu kommen, ist eine höchst komplexe Aufgabe. Die Bereitschaft aller gesellschaftlicher

1 Für weitere Informationen s. ► https://www.bachelor-bio.de/.

2 Für weitere Informationen s. ► https://www.master-bio.de/.

Gruppen, insbesondere von Unternehmen und Konsumenten, zum gesellschaftlichen Wandel beizutragen, hängt nicht nur von den aktuellen bioökonomischen Rahmenbedingungen ab, sondern auch von der zukunftsperspektivischen Akzeptanz moderner Technologien. Beispielhaft können hier moderne Methoden der Geneditierung bei Nutzpflanzen genannt werden. Die aktuelle Diskussion in Europa und weltweit über die juristische Stellung geneditierter Organismen lässt den Bedarf an einem bioökonomischen Innovations- und Schnittstellenmanagement klar zutage treten (Lask et al. 2018). Dieses Innovations- und Schnittstellenmanagement erfordert von den Akteuren die Fähigkeit mit verschiedensten Disziplinen und gesellschaftlichen Gruppen zu kommunizieren. Die transdisziplinäre Kommunikationsfähigkeit von Bioökonomen ist hierzu die Voraussetzung. In einigen Bereichen der Bioökonomie können bereits heute bemerkenswerte Fortschritte beobachtet werden. Zusätzlich können Kenntnisse über politische Entscheidungswege und Gründungskompetenzen für Bioökonomen relevant sein, um Innovationen voranzutreiben.

21.6 Sollte es also mehr Studiengänge „Bioökonomie" geben?

Es ist zu erwarten, dass der bioökonomische Wirtschaftsbereich zukünftig deutlich expandieren und somit zahlreiche neue Beschäftigungsmöglichkeiten schaffen wird. Dies wird von verschiedenen nationalen und internationalen Studien nahegelegt. Mit dem Fokus auf hohe Wertschöpfung und die Schaffung neuer wirtschaftlicher Aktivitäten wird die wissensbasierte Bioökonomie qualifizierte Fachkräfte benötigen. Im Bereich der ressourcenbasierten Bioökonomie entlang der biobasierten Wertschöpfungsketten können in der Agrar- und Forstwirtschaft weitere dezentrale Beschäftigungsmöglichkeiten erwartet werden. Hier werden Bioökonomen für den Aufbau und die Organisation von Wertschöpfungsketten erforderlich sein. Es ist entsprechend davon auszugehen, dass ein langfristig steigender Bedarf an Bioökonomen national, aber auch international entsteht. Auch wenn noch keine empirischen Studien zur Arbeitsmarktsituation von Bioökonomieabsolventen vorliegen, erscheint heuristisch ein steigender Bedarf an Studienangeboten und Studiengängen im Bereich Bioökonomie als äußerst sinnvoll.

Literatur

Bioökonomie.de. (2018). Ausbildungswege: Bioökonomie studieren. ▸ https://biooekonomie.de/ausbildungswege-biooekonomie-studieren. Zugegriffen: 23. Aug. 2019.

Lask, J., Maier, J., Tchouga, B., & Vargas-Carpintero, R. (2018). The Bioeconomist. In I. Lewandowski (Hrsg.), *Bioeconomy – Shaping the transition to a sustainable, biobased economy* (S. 343–356). Cham: Springer International Publishing.

VBio (Verband Biologie, Biowissenschaften und Biomedizin in Deutschland) (Hrsg.). (2015). *Perspektiven. Berufsbilder von und für Biologen, Biowissenschaftler und andere Naturwissenschaftler* (2. Aufl.). München: VBio.

Prof. Dr.-Ing. Rudolf Hausmann
(geb. 1970) ist seit 2012 ordentlicher Professor und Leiter der Abteilung für Bioverfahrenstechnik an der Universität Hohenheim in Stuttgart. Zuvor war er Assistenzprofessor am Karlsruher Institut für Technologie (KIT). Er studierte Chemieingenieurwesen an der Universität Karlsruhe und promovierte im Jahr 2000 am Institut für Technische Chemie, Wasser und Geotechnik des Forschungszentrums Karlsruhe. Rudolf Hausmann hat mehr als 80 Artikel und Buchkapitel verfasst und hält mehrere Patente.

Prof. Dr. Markus Pietzsch
(geb. 1964) ist seit 2001 ordentlicher Professor und Leiter der Abteilung Downstream Processing am Institut für Pharmazie der Martin-Luther-Universität Halle-Wittenberg. Zuvor studierte er an der Technischen Universität Braunschweig Chemie und promovierte 1992 an der Naturwissenschaftlichen Fakultät der Technischen Universität Braunschweig. Nach seiner Habilitation an der Universität Stuttgart und dem Erhalt der venia legendi für den Bereich Technische Mikrobiologie war er Administrator des Lehrstuhls für Biochemie und Biotechnologie an der Technischen Universität Braunschweig. Markus Pietzsch hat mehr als 50 Artikel und Buchbeiträge über Biokatalyse und Enzyme verfasst. Er ist Mitglied der Gesellschaft für Chemische Technik und Biotechnologie e. V., der Vereinigung für Allgemeine und Angewandte Mikrobiologie e. V. und der Gesellschaft Deutscher Chemiker e. V.

Governance der Bioökonomie am Beispiel des Holzsektors in Deutschland

Erik Gawel

D. Thrän, U. Moesenfechtel (Hrsg.), *Das System Bioökonomie*,
https://doi.org/10.1007/978-3-662-60730-5_22

22

22.1 Governance von Bioökonomie

Der Begriff „Governance" beschreibt ganz allgemein ein Steuerungs- und Regelungssystem, das staatliche Eingriffe, aber auch die Regeln des Zusammenspiels privater Akteure umfasst (Märkte, Verbände, Akteursnetzwerke wie z. B. Cluster; ◘ Abb. 22.1) (▶ Kap. 23) Die holzbasierte Bioökonomie gilt als wichtiger Anwendungsfall des Wirtschaftens mit nachwachsenden Ressourcen. Hierfür finden sich in Deutschland verschiedene Formen von Governance, die die Interaktionen der Akteure strukturieren – neben direkten staatlichen Vorgaben (z. B. das Waldgesetz) naturgemäß auch Märkte für Primär- und Sekundärrohstoffe, Interessenverbände und Unternehmens-Cluster sowie Aushandlungsprozesse für informelle Regeln. Governance hat dabei zwei wichtige Funktionen.

- Sicherungsfunktion: Zum einen bedarf es expliziter Sicherungen von ökonomischer, sozialer und ökologischer Nachhaltigkeit durch geeignete Governance-Ansätze. Bioökonomie muss mehr sein als das bloße Wirtschaften mit biogenen Ressourcen. Sie muss eine nachhaltige Wirtschaftsform auf der Grundlage kreislaufgeführter biobasierter Rohstoffe sein (Bioökonomierat 2018). Es ist davon auszugehen, dass eine derart nachhaltige, biobasierte und kreislaufgeführte Wirtschaftsform einen insgesamt effizienteren und umweltverträglicheren Umgang mit Rohstoffen ermöglicht, als dies heute der Fall ist, und deshalb auch volkswirtschaftlich anzustreben ist. Um diesen Pfadübergang anzustoßen und angemessen zu steuern, ist jedoch ein wirksamer Governancerahmen unerlässlich, der die politischen und volkswirtschaftlichen Akteure konsistent anleitet (◘ Abb. 22.2). Bioökonomiekonzepte sind deshalb für einen umfassenden Pfadübergang von der gegenwärtigen, vorwiegend auf fossilen Rohstoffen basierenden „Durchfluss- und Senkenwirtschaft" hin zu einer auf erneuerbare Ressourcen ausgerichteten Kreislaufwirtschaft mit Nachhaltigkeitsleitplanken auszustatten (BMBF 2010; Staffas et al. 2013; Richardson 2012; BMEL 2013; Pannicke et al. 2015).
- Ermöglichungsfunktion: Neben dieser Nachhaltigkeitssicherung kommt dem Steuerungsrahmen aber auch die Aufgabe

◘ **Abb. 22.1** Gegenstände einer Bioökonomiegovernance. (Quelle: eigene Darstellung)

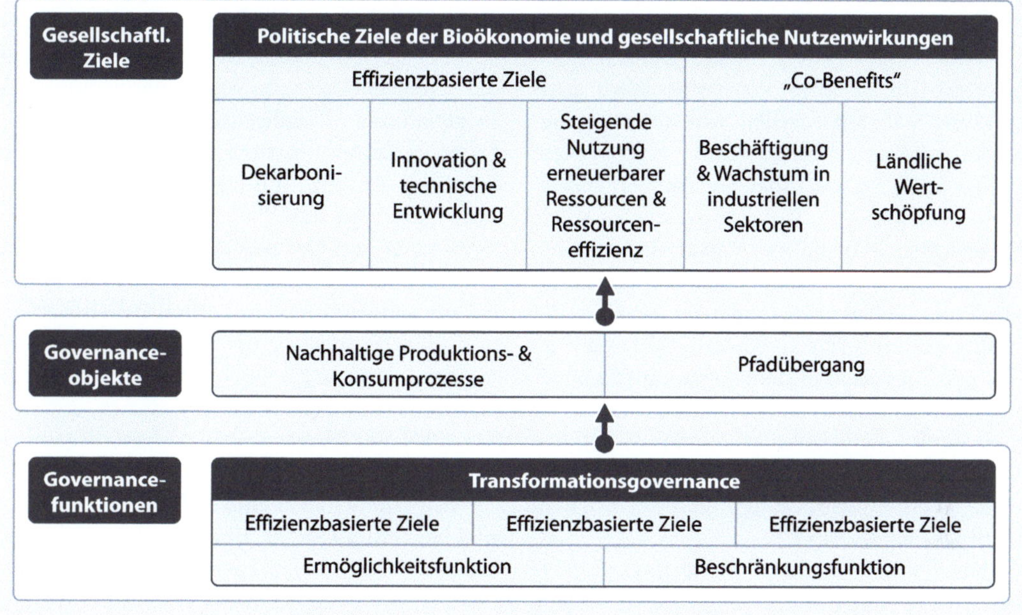

Abb. 22.2 Zur Rolle der Bioökonomiegovernance. (Quelle: Gawel et al. 2016, S. 4)

zu, überhaupt erst einmal faire Wettbewerbsbedingungen für Bioökonomieprozesse und -produkte sicherzustellen und so effiziente Entscheidungen zwischen alternativen Technologien sowie biogenen und nicht-biogenen Ressourcen auf Märkten zu ermöglichen (Ermöglichungsfunktion der Governance für die Bioökonomie). Die Schaffung von Anreizen für Innovationsbestrebungen im Bereich der Ressourcennutzung und Schließung von Stoffströmen ist dabei auch deshalb von besonderer Bedeutung, um den Druck zu begrenzen, den eine Ausweitung der Bioökonomie auf natürliche Ökosysteme ausübt (BMEL 2013; Carus et al. 2014).

22.2 Die Rolle der Politik beim Pfadübergang

Der komplexe Übergang zu einer nachhaltigen Bioökonomie setzt vielfältige technische, marktliche und soziale Innovationen voraus – er wird aber vor allem nicht ohne geeignete staatliche Steuerung gelingen können (Hagemann et al. 2016); (► Kap. 23). Denn bestehende Wettbewerbsverzerrungen zu Lasten biobasierter Produkte und Kreislaufführungen begünstigen das Verharren von Märkten und institutionellen Strukturen in der bisherigen fossilbasierten und durchflussorientierten Wirtschaftsform. Unternehmen können z. B. bei fossilbasierten Verfahren auf eine bestehende Infrastruktur sowie Erfahrungen und Netzwerke zurückgreifen, die bei biobasierten Verfahren noch nicht etabliert sind. Wechsel in der Produktion und Innovationen sind dagegen mit Umstellungskosten sowie erheblichen Markt- und Rechtsunsicherheiten verbunden. Zudem spiegelt der Marktpreis von fossilbasierten Produkten nicht deren volle volkswirtschaftliche Kosten wider, z. B. mit Blick auf Umwelt- und Klimaschäden oder aufgrund nichtgeschlossener Kreisläufe (Lahl 2014). Diese sogenannten Externalitäten sowie technologischen und institutionellen Pfadabhängigkeiten bevorzugen derzeit noch fossile vor nachwachsenden Rohstoffen und Senken- vor

Kreislaufwirtschaften. Ein fairer Wettbewerb ist so derzeit noch nicht möglich.

Diese verzerrenden Effekte werden noch verstärkt durch eine ko-evolutionäre Entwicklung von auf fossilen Rohstoffen basierenden Infrastrukturen und Netzwerken, wechselseitig voneinander abhängigen Industrien, etablierten Konsummustern sowie bestehenden formellen und informellen Regeln, was zu einer schwer zu überwindenden Beharrungstendenz zugunsten der fossilbasierten Wirtschaftsweise führt *(carbon lock-in)*. Diese und andere sogenannte Marktversagen erfordern die politische Gestaltung einer aktiv korrigierenden Regelungsstruktur, die einen Wechsel zu einer Bioökonomie über faire Wettbewerbsbedingungen ermöglicht (Pannicke et al. 2015).

Doch auch staatliche Steuerungseingriffe sehen sich erheblichen Herausforderungen ausgesetzt, wenn es darum geht, den Pfadübergang zu einer kreislauforientierten Bioökonomie angemessen zu befördern und gleichzeitig wirksame Nachhaltigkeitssicherung zu betreiben. Ein wichtiger Grund hierfür sind Informationsprobleme, die sich aus Unsicherheiten über wirtschaftliche, ökologische und soziale Auswirkungen vielfältiger und verschiedenartiger Bioökonomiewertschöpfungsketten ergeben (McCormick und Kautto 2013).

Vor allem bei der Einführung von Innovationen sind bspw. langfristige und komplexe Umweltauswirkungen oder die Kosten- und Technologieentwicklung im Zeitablauf durch politische Entscheidungsträger kaum zuverlässig abzuschätzen. Bei der Auswahl von „förderungswürdigen" Bioökonomie-Anwendungen laufen politische Entscheidungsträger so Gefahr, Optionen zu fördern, die sich im Nachhinein als zu teuer oder nicht zielkonform erweisen. Gleichzeitig ist die Festsetzung einer angemessenen Förderhöhe bzw. eines Förderumfangs schwierig, wie etwa die kritische Diskussion um Biokraftstoffe mit vergleichsweise hohen Treibhausgasvermeidungskosten zeigt (WBGU 2008). Hier drohen Über- und Fehlförderungen.

Probleme bei der Nachhaltigkeitssicherung ambitionierter Biokraftstoffquoten weisen zudem darauf hin, dass bei der Ausweitung von Nischenanwendungen (sogenanntes Skalierungsproblem) neue Schwierigkeiten zutage treten können, die bei einer Anwendung auf „kleinem Niveau" noch gar nicht absehbar waren. Umso wichtiger ist es, bei der Politikgestaltung Kosten, Nutzen und Nachhaltigkeitsrisiken einer Bioökonomieförderung im Blick zu behalten, und eine „Förderung um jeden Preis" zu vermeiden. Dies schließt Offenheit gegenüber alternativen Zielerreichungsoptionen, etwa im Bereich nicht-biogener erneuerbarer Ressourcen, mit ein.

Um derartige Fehlsteuerungen zu vermeiden, empfiehlt es sich daher, soweit wie möglich bei der Steuerung Gebrauch zu machen von einem nur dezentral verfügbarem Kosten- und Nutzenwissen über die Ressourcennutzung und ihre Auswirkungen. Das heißt, es müssen Märkte aktiviert und für Ressourcenentscheidungen genutzt werden. Dies kann geschehen, indem im Wege der Gestaltung ordnungspolitischer Rahmenbedingungen die Entscheidungen von Marktakteuren gezielt in Richtung nachhaltigkeitskonformer Verhaltensweisen gelenkt werden. Dies setzt jedoch Klarheit über die Priorisierung von politischen Zielen voraus, die mit der Bioökonomie verbunden werden. Fehlsteuerungspotenzial ergibt sich insbesondere aus ungeklärten Zielkonflikten, etwa zwischen den mit der Bioökonomie u. a. verfolgten Zielen von Umweltschutz, Wirtschaftswachstum und ländlicher Wertschöpfung, die jeweils gänzlich andere Förderstrategien implizieren. Für die Etablierung einer nachhaltigen Bioökonomie ist es wichtig, Zielkonflikte offenzulegen und Priorisierungen zu diskutieren. So ergeben sich andere Politikempfehlungen, wenn bspw. das Ziel des Klimaschutzes konsequent priorisiert würde, weil dann nicht mehr alle biobasierten Stoffströme gesellschaftlich vorteilhaft wären (dazu für das Beispiel Bioenergie Gawel 2011). Aus Sicht der politischen Akteure ist dies jedoch nicht immer zweckmäßig, um bspw. bestimmte Wählergruppen nicht zu verlieren (Kay und Ackrill 2012).

22.3 Governance der holzbasierten Bioökonomie in Deutschland

22.3.1 Überblick

In einer Fallstudie zur holzbasierten Bioökonomie in Deutschland (Gawel et al. 2016) wurden vom Helmholtz-Zentrum für Umweltforschung – UFZ aktuelle Governance-Ansätze in Deutschland darauf hin untersucht, ob und inwieweit sie gegenwärtig bereits die „Ermöglichungs- und Sicherungsfunktionen" (dazu oben ► Abschn. 22.1) erfüllen und damit den angestrebten Pfadübergang zu einer nachhaltigen Holzbioökonomie in Deutschland unterstützen können.

Die holzbasierte Bioökonomie stellt einen Teilbereich der Bioökonomie dar und umfasst die materielle und/oder energetische Nutzung von ligninhaltigen und somit festen Teilen von Gewächsen (z. B. Bäumen und Sträuchern) in einer Vielzahl von Anwendungsbereichen. Dies schließt Holz aus Wäldern (wie etwa Rundholz, Faserholz und Waldrestholz), Holz aus Kurzumtriebsplantagen und Reststoffe aus der Landschaftspflege sowie Nebenprodukte, Holzverarbeitungsreste und recyceltes Holz ein. Als Fallstudie ist die holzbasierte Bioökonomie insbesondere deshalb vielversprechend, weil sie jedenfalls auf Produktebene nicht in direktem Wettbewerb zur Nahrungsmittelproduktion steht. Angesichts der Tank-oder-Teller-Debatte um Energiepflanzen ist das Interesse an Rohstoffen, die nicht der Lebensmittelerzeugung dienen, in den vergangenen Jahren deutlich gestiegen.

Die holzbasierte Bioökonomie zeichnet sich durch eine Vielzahl an relevanten Akteuren und Interessen aus (Pannicke et al. 2015). Auf Produzentenseite spielen sowohl forst- als auch landwirtschaftliche Akteure eine Rolle. Sie richten ihre Produktion vor allem nach den Kriterien des Marktes aus. Da in Deutschland bereits eine hohe Nachfrage nach Holz im verarbeitenden Sektor sowie im Energiebereich besteht, gibt es für sie gegenwärtig nur geringe Anreize, die zunehmende stoffliche Verwendung von Holz aktiv zu unterstützen. Der verarbeitende Sektor als eine zweite große Akteursgruppe schließt Unternehmen wie Sägewerke, Chemiekonzerne, Bauunternehmen sowie Papierindustrie ein. Diese zeigen bislang kein signifikantes Interesse an einem stringenten Pfadwechsel (Bioökonomierat 2015).

Konsumenten erweisen sich ebenfalls als zurückhaltend bei der Nachfrage nach biobasierten Produkten. Als problematisch erweist sich, dass biobasierte Produkte zumeist bestenfalls über ähnliche Eigenschaften verfügen wie Produkte, die auf fossilen Rohstoffen basieren, aber oftmals teurer sind (Vandermeulen et al. 2012). Zudem können Nachhaltigkeits- oder Funktionalitätsbedenken auftreten (Pfau et al. 2014).

Im politischen Bereich ist für die entscheidenden Akteure die Einstellung der Öffentlichkeit (öffentliche Meinung, Wähler) relevant. Wähler bevorzugen i. d. R. Nachhaltigkeits- und umweltpolitische Maßnahmen ohne hohe Zusatzkosten. Interessengruppen wie Umweltverbände sowie grüne Parteien könnten zwar einen Pfadwechsel unterstützen, indem sie die Öffentlichkeit sensibilisieren und die politische Nachfrage für eine nachhaltige Bioökonomie erhöhen. Die Verbände sind allerdings erst noch dabei, sich hinsichtlich des Themas zu positionieren.

Im Folgenden werden vorwiegend staatliche Governance-Ansätze betrachtet, welche die holzbasierte Bioökonomie gegenwärtig in Deutschland prägen. Es werden dabei unterschieden (■ Abb. 22.3):

- Regeln, die die Ressourcenbasis der Bioökonomie beeinflussen,
- Regeln, welche biobasierte Prozesse und Produkte betreffen, und schließlich

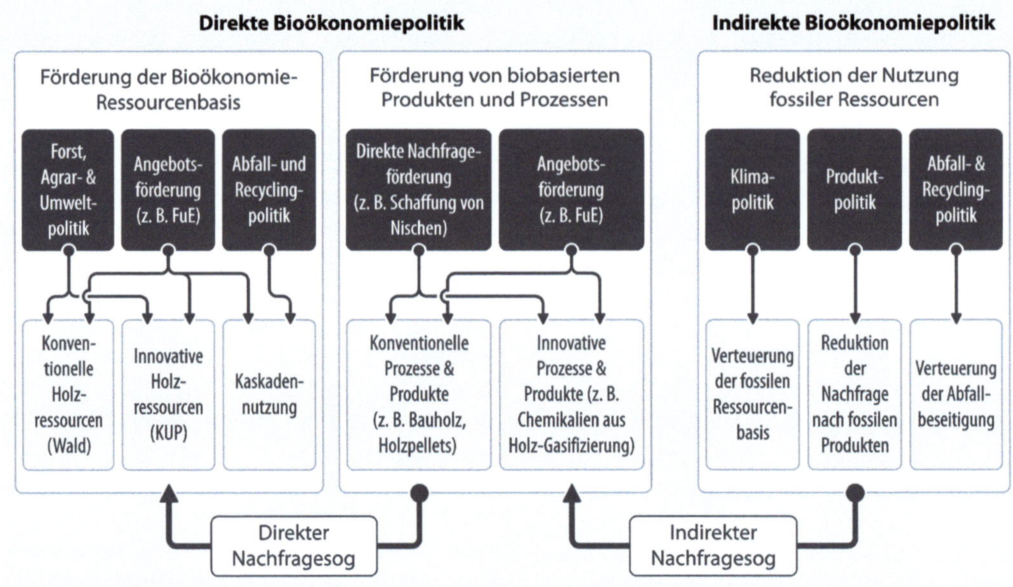

Abb. 22.3 Die drei Säulen der holzbezogenen Bioökonomiepolitik. (Quelle: eigene Darstellung nach Pannicke et al. 2015, S. 226)

- Regeln, die das Ziel haben, den Einsatz fossiler Ressourcen als konkurrierende Rohstoffe zu senken (indirekte Bioökonomiepolitik).

Bei staatlich gestalteten Regeln entsprechen die ersten beiden Punkte einer „direkten" Bioökonomiepolitik, da hier entweder das Angebot an biobasierten Ressourcen und Technologien direkt gefördert wird *(technology-push)* oder eine Nachfrage nach biobasierten Prozessen oder Produkten unmittelbar geschaffen wird *(demand-pull)*. Maßnahmen, welche die Nutzung fossilbasierter Konkurrenzoptionen verteuern oder beschränken, stehen hingegen für eine „indirekte" Bioökonomiepolitik, welche die Wettbewerbsfähigkeit biobasierter Produkte und Verfahren indirekt verbessern. Über die Suche nach Substituten wird hier indirekt ein Nachfragesog nach biobasierten Produkten, aber auch anderen Optionen angereizt (z. B. Erhöhung der Ressourcennutzungseffizienz).

22.3.2 Holzproduktion

Für die Holzproduktion gibt es in Deutschland gegenwärtig zahlreiche staatliche Vorgaben, die sich der Sicherungsfunktion der Bioökonomiegovernance zuordnen lassen. Gesetzliche Regelungen wie das Bundeswaldgesetz, die Waldgesetze der Bundesländer und das Holzhandels-Sicherungs-Gesetz (HolzSiG) verankern Nachhaltigkeit als Kriterium für die konventionelle Holzproduktion. Für die innovative Holzproduktion in Kurzumtriebs-Plantagen ist hingegen das Agrarrecht relevant. Das Kreislaufwirtschaftsgesetz (KrWG) regelt wiederum den Ressourcenfluss von genutztem Holz. Insgesamt präsentiert sich der rechtliche Rahmen für die holzbasierte Bioökonomie in Deutschland stark fragmentiert und noch nicht konsistent auf einen Pfadwechsel hin ausgerichtet. Effektive Anreize für Kaskadennutzungskonzepte dürften beispielsweise eine Anpassung der gegenwärtigen Recyclingregulierung erfordern (Ludwig et al. 2014, 2015).

Innerhalb der Schranken, die das Forst- und das Holzhandelsrecht setzen, werden Entscheidungen in der konventionellen Holzproduktion hauptsächlich durch Märkte koordiniert. Für Netzwerke wie Vereinigungen von Forstbetrieben und Waldbesitzern hat die Reduzierung von Produktions- und Transaktionskosten Vorrang. Zu einem Pfadwechsel (s. Erläuterung zu „Ermöglichungsfunktion“ in ▶ Abschn. 22.1) tragen Politikinstrumente bei, die das Angebot an Holz fördern. Dazu zählt die finanzielle Unterstützung für Kurzumtriebsplantagen oder Aufforstungen. Entsprechende Instrumente stellen jedoch nur teilweise Nachhaltigkeitsbedingungen. Direkt angebotsförderlich sind außerdem Maßnahmen der Forschung und Entwicklung (F&E) in diesem Bereich (Purkus et al. 2018).

22.3.3 Innovative stoffliche Produkte und Prozesse

Der relevante Steuerungsrahmen unterscheidet sich danach, ob holzbasierte Ressourcen als Inputs für stoffliche Wertschöpfungszwecke genutzt oder aber zur Energieerzeugung eingesetzt werden.

Bei der stofflichen Nutzung würde vor allem eine höhere Zahlungsbereitschaft der Konsumenten für biobasierte Produkte einen Pfadwechsel über den Marktmechanismus ermöglichen. Hilfsmittel für die Vermarktung dieser Produkte sind freiwillige Zertifizierungen, bspw. der Blaue Engel für nachhaltige Holzprodukte („Beschränkungsfunktion“). Zudem dienen einige internationale Normen der Kennzeichnung von biobasierten Produkten im Holzbereich (z. B. EN 15440). Letztere beinhalten keine umfassenden Nachhaltigkeitsanforderungen, tragen durch Standardisierung und Informationsbereitstellung jedoch zur „Ermöglichungsfunktion“ der Bioökonomiegovernance bei. Die Nachfrage auf Konsumentenseite ist bislang jedoch gering, ebenso wie die Bereitschaft, deutliche Preisaufschläge für „grüne“ Produkteigenschaften zu zahlen. Eine Internalisierung externer Umweltkosten über den Markt findet so nur bei Nischenprodukten statt.

Die staatliche Förderung stofflicher biobasierter Prozesse und Produkte konzentriert sich auf Forschung und Entwicklung sowie auf die Unterstützung von Clustern und Innovationsnetzwerken (z. B. das BMBF-Spitzencluster Bioökonomie[1] oder die Clusterinitiativen „Forst und Holz“ der Bundesländer[2]). Ergänzend kommt die selektive Förderung von Nischenanwendungen hinzu. Die Nachfrage nach biobasierten Produkten wird bspw. gefördert, wenn in der öffentlichen Beschaffung Umweltkriterien wie nachhaltige Holzbewirtschaftung berücksichtigt werden. In der Praxis erweist sich dies jedoch aufgrund von Informationsdefiziten in der Verwaltung sowie komplexer Ausschreibungsverfahren als schwierig (Ludwig et al. 2014).

22.3.4 Staatliche Förderung energetischer Holznutzungen

Im Bereich der energetischen Holznutzung existiert dagegen eine Reihe an staatlichen Förderinstrumenten, die sich in der Vergangenheit als sehr effektiv erwiesen haben (Ludwig et al. 2015). Dazu gehören Regelungen im Strom- und Wärmesektor, die auf die Verwendung erneuerbarer Energien zielen (bspw. Einspeiseprämien im Stromsektor oder Investitionszuschüsse für die Installation von Heizsystemen, die erneuerbare Energien nutzen). Nachhaltigkeitskriterien für die energetische Holznutzung sind hier freilich noch nicht verankert. Zudem hat die Förderung der energetischen Verwendung von Holz durch

1 Siehe ▶ http://www.bioeconomy.de/.
2 Siehe ▶ https://www.forstwirtschaft-in-deutschland.de/forstwirtschaft/forstwirtschaft-in-deutschland/cluster-forst-holz/.

22

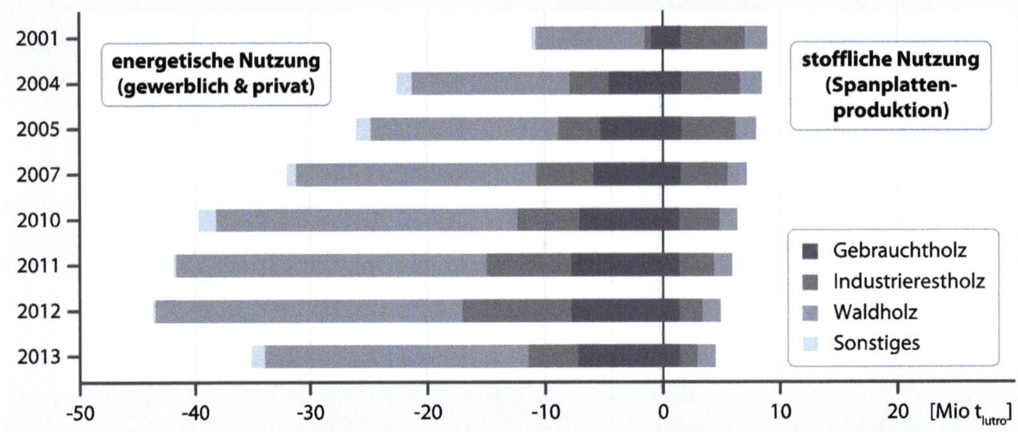

Abb. 22.4 Stoffliche und energetische Verwendung von Wald- und Altholz in Deutschland 2001 bis 2013. (Quelle: eigene Darstellung. Datengrundlagen: Weimar und Mantau 2006; Mantau et al. 2007; Mantau 2012, 2013; Weimar et al. 2012; Weimar 2015. Einzelne Jahre wurden z. T. interpoliert. Waldholz umfasst Industrieholz, Waldrestholz, Rinde und Landschaftspflegeholz. Industrierestholz umfasst auch Sägenebenprodukte und Pellets. Nicht erfasst wurden andere stoffliche Verwertungsverfahren für Alt- und Waldholz)

das Recht der erneuerbaren Energien zu Verzerrungen im Konkurrenzverhältnis mit stofflichen Nutzungen geführt. Folge davon dürfte eine wohl volkswirtschaftlich zu geringe ein- und mehrstufige Kaskadennutzung von Holz sein (Bioökonomierat 2016; Ludwig et al. 2016a, b – s. auch Abb. 22.4).

22.3.5 Reduzierung der Nutzung fossiler Rohstoffe: ökologische und ökonomische Kostenwahrheit

Beim Setzen von Anreizen für einen Pfadwechsel spielen Politikinstrumente eine wichtige Rolle, die – wenigstens teilweise – die Umwelteffekte der Nutzung fossiler Ressourcen angemessen im Preis widerspiegeln („internalisieren"). Allerdings konzentrieren sich die bestehenden Instrumente der Klimapolitik – wie der europäische Emissionshandel sowie Steuern auf Strom, Energieträger und Kraftfahrzeuge – bislang wesentlich auf den Energiesektor und nicht gleichermaßen auch auf stoffliche Anwendungen. Zudem ist die Anreizwirkung des Emissionshandels aufgrund der niedrigen und schwankenden Preise für CO_2-Zertifikate in den vergangenen Jahren äußerst begrenzt geblieben. Gleichzeitig legen weder Emissionshandel noch Steuervorschriften Nachhaltigkeitsanforderungen für Holzprodukte fest, was sich als problematisch erweisen könnte, wenn diese Instrumente tatsächlich einmal eine erhöhte Nachfrage nach Holzressourcen auslösen sollten (z. B. im Kontext der Ko-Feuerung von Holz in Kohlekraftwerken).

Im Bereich der stofflichen Verwendung könnten die europäische Chemikalienregulierung (REACH) und das deutsche Kreislaufwirtschaftsgesetz durch die Reduzierung des Verbrauchs fossiler Rohstoffe indirekt dazu beitragen, die Entwicklung einer holzbasierten Bioökonomie zu begünstigen (Ludwig et al. 2014). Die Chemikalienregulierung stellt biobasierte Substanzen allerdings nicht besser als solche, die aus fossilen Ressourcen gewonnen werden, und sie beinhaltet auch keine spezifischen Nachhaltigkeitsanforderungen. Auch die Wirksamkeit des KrWG als Instrument zur Förderung von Müllvermeidung und Gebrauchtholz-Recycling ist derzeit begrenzt, da Recyclinganforderungen an die „wirtschaftliche Verhältnismäßigkeit" geknüpft sind, was beträchtlichen Interpretationsspielraum lässt (Ludwig et al. 2015).

Im Bereich der der ökologischen und ökonomischen Kostenwahrheit fossiler Inputs, Produkte und Prozesse sind daher – im Sinne einer indirekten Bioökonomiepolitik – noch erhebliche Schritte nötig.

22.4 Perspektiven einer aktiven Bioökonomiepolitik

Die Fallstudie zur holzbasierten Bioökonomie in Deutschland zeigt, dass die bisherigen Preisentwicklungen auf Märkten oder auch private Governance-Initiativen wie freiwillige Nachhaltigkeitszertifikate nicht ausreichen, um die „Ermöglichungsfunktion" der Bioökonomiegovernance für mehr als eng begrenzte Nischenanwendungen zu erfüllen (Gawel et al. 2016). Um Umweltexternalitäten, Pfadabhängigkeiten und andere sogenannte Marktversagen, die Allokationsentscheidungen zu Lasten biobasierter Produkte und Prozesse derzeit noch verzerren, umfassend adressieren zu können, sind deshalb weitergehende politische Maßnahmen nötig. Dasselbe gilt für die „Beschränkungsfunktion" der Bioökonomiegovernance zur umfassenden Nachhaltigkeitssicherung innovativer Verfahren und Produkte.

Allerdings macht die Fallstudie auch deutlich, dass der gegenwärtige Politikmix (◻ Abb. 22.5) und die zugehörigen rechtlichen Rahmenbedingungen (dazu ◻ Abb. 22.6) für die Bioökonomie bislang noch sehr fragmentiert sind (Ludwig et al. 2015; Pannicke et al. 2015) und weder vom Ansatz, ihrer Stärke noch ihrer Gesamtkomposition ausreichen, um einen konsistenten Pfadübergang anzustoßen. Die Herausforderung liegt hier darin, die Koordination zwischen unterschiedlichen Rechtsbereichen und Akteurssystemen (Staat, Märkte, Verbände) zu verbessern und stofflich oder energetisch ausgerichtete Politikinstrumente zu einem kohärenten Instrumentenmix zu vereinen. Bei der „direkten" Förderung von stofflichen Bioökonomiewertschöpfungsketten liegt der Fokus bislang auf Maßnahmen, die das Angebot an Technologien (über Cluster- und FuE-Förderung) und Holzressourcen vergrößern. Eine direkte Nachfrageförderung ist hingegen nur bei energetischen Holznutzungen wirksam. Und auch „indirekte" Bioökonomiepolitikmaßnahmen (z. B. europäischer Emissionshandel, KrWG) sind noch deutlich von dem Ziel entfernt, faire Wettbewerbsbedingungen zwischen biobasierten und fossilen Prozessen und Produkten herzustellen. Gleichzeitig wird ein umfassender Transformationspolitikmix auf sogenannten „politischen Märkten", wo sich das Angebot und die Nachfrage nach politischen Lösungen treffen, bislang wenig gefordert (Pannicke et al. 2015).

Um einen Pfadwechsel zu erreichen, sollte zunächst die Wirkung vorhandener Instrumente erhöht werden. Akute Verbesserungen sind z. B. bei Politikmaßnahmen erforderlich, die den Einsatz fossiler Ressourcen angemessen verteuern (z. B. stoffliche, aber auch energetische Klimapolitik, Kreislaufwirtschaftsgesetz). Gleichzeitig sollten Politiker ein klares langfristiges Bekenntnis zu einem Pfadübergang in Richtung einer nachhaltigen Bioökonomie – analog zur „Energiewende" – kommunizieren.

Zudem sollte die bestehende F&E-Förderung mit der gezielten Unterstützung von Nischen kombiniert werden. Dazu zählen z. B. ein verbessertes „grünes" Beschaffungswesen, Kampagnen zur Verbesserung der Akzeptanz biobasierter Produkte bei den Konsumenten ebenso wie die Unterstützung von Netzwerken und Wissenstransfer auf Produzenten- wie Konsumentenseite. Erforderlich ist ein Bioökonomie-Innovationssystem mit einem Mix aus *technology-push-* und direkten und indirekten *demand-pull-*Maßnahmen.

Wie das Beispiel Bioenergie gezeigt hat, empfiehlt es sich, Transformationspolitiken nur schrittweise zu implementieren, um Lernprozesse sowie Korrekturen

22

Art der Politikmaßnahme		Fokus von Politikmaßnahmen		
		Unterstützung für Bioökonomie-ressourcenbasis	**Unterstützung für biobasierte Prozesse und Produkte**	**Reduzierung fossiler Ressourcen-nutzung**
Konventionelle Holzressourcen & -anwendungen	**Politikinstrumente mit Nachhaltigkeits-anforderungen**	• Waldgesetze, • Finanzielle Unterstützung, z. B. durch GAK • Handelsrecht	• FuE-Förderung • Freiwillige Öko-Label • Vergaberecht • Forschungs-netzwerke und Clusterförderung	
	Politikinstrumente ohne Nachhaltigkeits-anorderungen		• EnEV • Anreize für energetische Holznutzung im Stromsektor (EEG) & Wärmesektor (insb. EE WärmeG)	• EU-ETS • Steuern, z. B. Stromsteuern und Energiesteuern • Fördergelder und Kredite für Invest. in Energieeffizienz • Energieeffizienz-standards- und Labels • KrWG
Innovative Holzressourcen & -anwendungen	**Politikinstrumente mit Nachhaltigkeits-anforderungen**	• FuE-Fördeung • Agrarrecht (für KUP) nach GAP ("greening pillar")	• FuE-Förderung • Forschungsnetz-werke und Clusterförderung • Biokraftstoff-quote: Anreize z. B. für Biomass to Liquid (mit Nach-haltigkeits-zertifizierung)	
	Politikinstrumente ohne Nachhaltigkeits-anorderungen	• Finanzielle Unterstützung für KUP nach GAK • Förderung des Holzrecyclings (KrWG)	• Normen und Standarts, z. B. zu biobasierten Inhaltsstoffen • Anreize für Holzvergasung im Stromsektor	• Chemikalien-regulierung (REACH)

Abb. 22.5 Politikmaßnahmen in der holzbasierten Bioökonomie. (Quelle: eigene Darstellung, basierend auf Pannicke et al. 2015; Gawel et al. 2016)

zu ermöglichen, sollten sich Probleme u. a. hinsichtlich der Nachhaltigkeitssicherung ergeben (Gawel et al. 2016). Andererseits sollten Politiken vermieden werden, die einen umfangreichen Nachfragesog für bestimmte Holznutzungen erzeugen. Zum einen würden politische Entscheidungsträger für die Planung solcher Maßnahmen ein hohes Maß an Information über unsichere Sachverhalte und Entwicklungen benötigen, zum anderen wären damit u. U. auch erhebliche Verzerrungen von Holzstoffströmen verbunden.

Die Umsetzung der „Ermöglichungsfunktion" der Bioökonomiegovernance erfordert vielmehr die Schaffung eines Selektionsumfelds, das dezentrale Suchprozesse

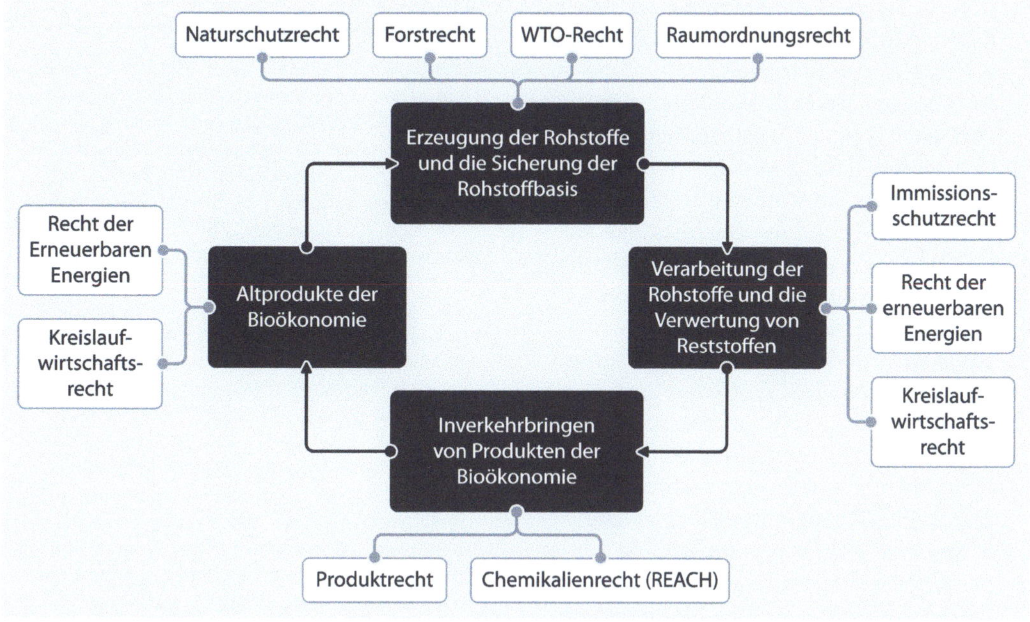

Abb. 22.6 Der Rechtsrahmen der holzbasierten Bioökonomie. (Quelle: eigene Darstellung)

in Richtung nachhaltiger Holzressourcen, Prozesse und Produkte lenkt, z. B. Lieferketten, die auf Recyclingmaterial und Altholz basieren. Konkrete Vorschläge umfassen z. B. das Zurückfahren der Förderung der energetischen Verwertung von Primär- und Altholz (Ludwig et al. 2016a, b). Zur Förderung von Nutzungskaskaden bei biobasierten Rohstoffen sind Anpassungen im Kreislaufwirtschaftsrecht, etwa in Form einer Überarbeitung der Altholzverordnung oder der Etablierung von Getrennthaltungspflichten, Sortierquoten und Recyclingquoten erforderlich (ausführlich Ludwig et al. 2016a, b).

Weiterhin sollte die Politik nachhaltigkeitssteigernde Innovationen in der Altholznutzung und dem Recycling gezielt fördern. Außerdem ist es notwendig, bestehende Forst-, Landwirtschafts-, Umwelt- und Handelspolitiken in Bezug auf ihre Fähigkeit zu überprüfen, Nachhaltigkeit auch im Falle eines starken Anstiegs der Biomassenachfrage zu sichern. Mit der Zeit können diese ersten Schritte einer „beschränkenden" und „ermöglichenden" Bioökonomiegovernance dazu beitragen, eine „Koalition der Befürworter" zu bilden, die einen umfänglicheren Transformationspolitikmix unterstützt.

- Anzustreben ist langfristig ein selbsttragender Transformationsprozess, der die Vorteile einer nachhaltigen Bioökonomie am Markt selbst honoriert sieht und auf ausreichende „politische" wie ökonomische Nachfrage trifft. Substanzielle Schritte hin zu einem Pfadwechsel von einer fossilbasierten Wirtschaftsweise zu einer nachhaltigen, biobasierten Kreislaufwirtschaft benötigen dazu aber eine Reihe wichtiger Governancebedingungen:
- Der Staat schafft langfristig stabile Rahmenbedingungen für die Entwicklung einer holzbasierten Bioökonomie. Diese umfassen sowohl die direkte Förderung innovativer Anwendungen und Technologien als auch die konsequente Verteuerung der fossilen Konkurrenz. Dabei ist eine Koordination mit globalen wirtschaftlichen Entwicklungen ebenso

22

haltigkeitstransformation notwendig wie die Sicherung einer dauerhaften politischen Zustimmung zur Nachhaltigkeitstransformation.

- Es wird eine lernende Bioökonomiepolitik verfolgt, die gezielt Unsicherheiten einer gesteigerten Nachfrage nach Biomasse für energetische und stoffliche Nutzungen berücksichtigt und der Nachhaltigkeitssicherung von biobasiertem Wirtschaften einen hohen Stellenwert zumisst (keine Förderung „um jeden Preis").
- Es bilden sich dazu ein klar konturiertes, genuines Politikfeld Bioökonomie und ein konsistent ausgeprägtes, korrespondierendes Bioökonomierecht heraus.
- Konsumenten erkennen in nachhaltigen biobasierten Produkten gesellschaftliche Mehrwerte, artikulieren eine erhöhte Zahlungsbereitschaft für entsprechende Produkte und sind Innovationen gegenüber aufgeschlossen. Eine konsequent nachhaltigkeitsbezogene Preispolitik, aber auch Kommunikation und Information vonseiten der Politik und Unternehmen, die in der Bioökonomie tätig sind, können dazu beitragen.
- Unternehmen suchen langfristige Entwicklungschancen, sind innovations- und qualitätsorientiert und bilden politische Koalitionen, die den Befürwortern der Beibehaltung „fossiler Entwicklungspfade" auch im politischen Raum (und nicht nur auf Märkten) gegenübertreten. Sie fokussieren dabei auf volkswirtschaftliche Mehrwerte, die der Gesellschaft als „Nachhaltigkeits-Service" etwas „anbieten" und nicht etwas von ihr „fordern". Unternehmen integrieren Wertschöpfungsketten, insbesondere durch die Verknüpfung von stofflichen und energetischen Nutzungen, etwa durch das Kaskadenprinzip, und verfolgen eine konsequent transparente und aktive Kommunikation sowohl von Risiken als auch von Verbrauchernutzen.

Literatur

Bioökonomierat. (2015). Die deutsche Chemieindustrie – Wettbewerbsfähigkeit und Bioökonomie. BÖRMEMO 02. ▶ http://biooekonomierat.de/fileadmin/Publikationen/berichte/BOERMEMO_Chemie_final.pdf. Zugegriffen: 05. Dez. 2018.

Bioökonomierat. (2016). Holz in der Bioökonomie – Chancen und Grenzen. BÖRMEMO 05. ▶ http://biooekonomierat.de/fileadmin/Publikationen/empfehlungen/BOER_Memo_Holz.pdf. Zugegriffen: 05. Dez. 2018.

Bioökonomierat. (2018). Thesen zur Gestaltung der Bioökonomiepolitik 2018. ▶ http://biooekonomierat.de/fileadmin/Publikationen/empfehlungen/BO___Thesenpapier_final.pdf. Zugegriffen: 05. Dez. 2018.

BMBF (Bundesministerium für Bildung und Forschung). (2010). Nationale Forschungsstrategie BioÖkonomie 2030. Unser Weg zu einer biobasierten Wirtschaft. ▶ https://www.bmbf.de/pub/Nationale_Forschungsstrategie_Biooekonomie_2030.pdf. Zugegriffen: 05. Dez. 2018.

BMEL (Bundesministerium für Ernährung und Landwirtschaft). (2013). Nationale Politikstrategie Bioökonomie. Nachwachsende Ressourcen und biotechnologische Verfahren als Basis für Ernährung, Industrie und Energie. ▶ https://www.bmbf.de/files/BioOekonomiestrategie.pdf. Zugegriffen: 05. Dez. 2018.

Carus, M., Raschka, A., Fehrenbach, H., Rettenmaier, N., Dammer, L., Köppen, S., Thöne, M., Dobroschke, S., Diekmann, L., Hermann, A., Hennenberg, K., Essel, R., Piotrowski, S., Detzel, A., Keller, H., Kauertz, B., Gärtner, S., & Reinhardt, J. (2014). Ökologische Innovationspolitik – Mehr Ressourceneffizienz und Klimaschutz durch nachhaltige stoffliche Nutzungen von Biomasse. Umweltforschungsplan des Bundesministeriums für Umwelt, Naturschutz und Reaktorsicherheit. ▶ https://www.umweltbundesamt.de/sites/default/files/medien/378/publikationen/texte_01_2014_druckfassung_uba_stofflich_abschlussbericht_lang_20_2_2014_2.pdf. Zugegriffen: 05. Dez. 2018.

Gawel, E. (2011). Stoffstromanalyse und Stoffstromsteuerung im Bereich der Bioenergie. In F. Beckenbach & A. I. Urban (Hrsg.), *Methoden der Stoffstromanalyse. Konzepte, agentenbasierte Modellierung und Ökobilanz* (S. 255–283). Marburg: Metropolis.

Gawel, E., Purkus, A., Pannicke, N., & Hagemann, N. (2016). Die Governance der Bioökonomie – Herausforderungen einer Nachhaltigkeitstransformation am Beispiel der holzbasierten Bioökonomie in Deutschland. UFZ Discussion Papers 02/2016, Helmholtz-Zentrum für Umweltforschung – UFZ, Leipzig. ▶ https://www.econstor.eu/bitstream/10419/142760/1/861932153.pdf. Zugegriffen: 05. Dez. 2018.

Hagemann, N., Gawel, E., Purkus, A., Pannicke, N., & Hauck, J. (2016). Possible futures towards a wood-based bioeconomy – A scenario analysis for Germany. *Sustainability*. ▶ https://doi.org/10.3390/su8010098.

Kay, A., & Ackrill, R. (2012). Governing the transition to a biofuels economy in the US and EU: Accommodating value conflicts, implementing uncertainty. *Policy and Society*. ▶ https://doi.org/10.1016/j.polsoc.2012.10.001.

Lahl, U. (2014). Bioökonomie für den Klima- und Ressourcenschutz – Regulative Handlungskorridore. BZL Kommunikation und Projektsteuerung/NABU (Naturschutzbund Deutschland e.V.). ▶ https://www.nabu.de/imperia/md/content/nabude/gentechnik/studien/140821-nabu-biooekonomie-studie_2014.pdf. Zugegriffen: 05. Dez. 2018.

Ludwig, G., Gawel, E., & Pannicke, N. (2016a). Altholz in der Kaskadennutzung – eine Bestandsaufnahme für Deutschland. *Wasser und Abfall, 18*(11), 52–56.

Ludwig, G., Gawel, E., & Pannicke, N. (2016b). Kreislaufwirtschaft im Bereich Holz – Rechtliche Bestandsaufnahme und Reformvorschläge für Kaskadennutzung. *Zeitschrift für das Recht der Abfallwirtschaft, 15*(4), 170–178.

Ludwig, G., Tronicke, C., Köck, W., & Gawel, E. (2014). Rechtsrahmen der Bioökonomie in Mitteldeutschland. Bestandsaufnahme und Bewertung. UFZ Discussion Papers 22/2014. Helmholtz-Zentrum für Umweltforschung – UFZ, Leipzig. ▶ https://www.econstor.eu/bitstream/10419/103565/1/802930913.pdf. Zugegriffen: 10. Dez. 2018.

Ludwig, G., Tronicke, C., Köck, W., & Gawel, E. (2015). Der Rechtsrahmen für die Bioökonomie in Deutschland. *Die Öffentliche Verwaltung, 68*(2), 41–53.

Mantau, U., Sörgel, C., & Weimar, H. (2007). *Holzrohstoffbilanz Deutschland: Bestandsaufnahme 1987 bis 2005. Zentrum für Holzwirtschaft, Arbeitsbereich Ökonomie der Holz- und Forstwirtschaft*. Hamburg: Universität Hamburg.

Mantau, U. (2012). Holzrohstoffbilanz Deutschland: Entwicklungen und Szenarien des Holzaufkommens und der Holzverwendung von 1987 bis 2015. Zentrum für Holzwirtschaft, Arbeitsbereich Ökonomie der Holz- und Forstwirtschaft. Universität Hamburg. ▶ https://www.dhwr.de/docs/dyn/5842/00_holzrohstoffbilanz_2012.pdf. Zugegriffen: 10. Dez. 2018.

Mantau, U. (2013). Umsatzentwicklung energetischer Holzverwendung in Deutschland 2000 bis 2012: Abschlussbericht. Im Auftrag des Zentrum für Sonnenenergie- und Wasserstoff-Forschung. ▶ https://literatur.thuenen.de/digbib_extern/dn053145.pdf. Zugegriffen: 10. Dez. 2018.

McCormick, K., & Kautto, N. (2013). The bioeconomy in Europe: An overview. *Sustainability*. ▶ https://doi.org/10.3390/su5062589.

Pannicke, N., Gawel, E., Hagemann, N., Purkus, A., & Strunz, S. (2015). The political economy of fostering a wood-based bioeconomy in Germany. German Journal of Agricultural Economics. ▶ http://www.gjae-online.de/news/pdfstamps/freeoutputs/GJAE-817_2015.pdf. Zugegriffen: 10. Dez. 2018.

Pfau, S., Hagens, J., Dankbaar, B., & Smits, A. (2014). Visions of sustainability in bioeconomy research. *Sustainability*. ▶ https://doi.org/10.3390/su6031222.

Purkus, A., Hagemann, N., Bedtke, N., & Gawel, E. (2018). Towards a sustainable innovation system for the German wood-based bioeconomy: Implications for policy design. *Journal of Cleaner Production*. ▶ https://doi.org/10.1016/j.jclepro.2017.04.146.

Richardson, B. (2012). *From a fossil-fuel to a bio-based economy: The politics of industrial biotechnology*. Environment and Planning C: Politics and Space. ▶ https://doi.org/10.1068/c10209.

Staffas, L., Gustavsson, M., & McCormick, K. (2013). Strategies and policies for the bioeconomy and bio-based economy: An analysis of official national approaches. *Sustainability*. ▶ https://doi.org/10.3390/su5062751.

Vandermeulen, V., Van der Steen, M., Stevens, C. V., & Van Huylenbroeck, G. (2012). Industry expectations regarding the transition towards a biobased economy. *Biofuels, Bioproducts and Biorefining*. ▶ https://doi.org/10.1002/bbb.1333.

WBGU (Wissenschaftlicher Beirat der Bundesregierung Globale Umweltveränderungen). (2008). Welt im Wandel: Zukunftsfähige Bioenergie und nachhaltige Landnutzung. ▶ https://www.wbgu.de/fileadmin/user_upload/wbgu.de/templates/dateien/veroeffentlichungen/hauptgutachten/jg2008/wbgu_jg2008.pdf. Zugegriffen: 10. Dez. 2018.

Weimar, H. (2015). Altholz- und Holzaufkommen und -verwendung in Europa (und Deutschland),

Präsentation auf dem Altholztag des BAV – Bundesverband der Altholzaufbereiter und -verwerter e. V., Speyer. (unveröffentlicht)

Weimar, H., Döring, P., & Mantau, U. (2012). Einsatz von Holz in Biomasse-Großfeuerungsanlagen 2011. Zentrum für Holzwirtschaft, Arbeitsbereich Ökonomie der Holz- und Forstwirtschaft. Universität Hamburg. ▶ https://literatur.thuenen.de/digbib_extern/dn051277.pdf. Zugegriffen: 10. Dez. 2018.

Weimar, H., & Mantau, U. (2006). Standorte der Holzwirtschaft: Einsatz von Holz in Biomasse- und Holzfeuerungsanlagen: Abschlussbericht. Zentrum für Holzwirtschaft, Arbeitsbereich Ökonomie der Holz- und Forstwirtschaft. Universität Hamburg. ▶ https://literatur.thuenen.de/digbib_extern/dn051277.pdf. Zugegriffen: 19. Dez. 2019.

Prof. Dr. Erik Gawel

(geb. 1963) studierte Volks- und Betriebswirtschaftslehre sowie Statistik an der Universität zu Köln. Er promovierte dort und habilitierte sich dann an der Universität Augsburg für Volkswirtschaftslehre. Er ist seit 2008 Direktor des Instituts für Infrastruktur und Ressourcenmanagement der Universität Leipzig und leitet das Department Ökonomie am Helmholtz-Zentrum für Umweltforschung (UFZ). Er ist Mitglied im Ausschuss für Umwelt- und Ressourcenökonomie im Verein für Socialpolitik sowie Mitglied der European Academy of Sciences and Arts. Er ist öffentlich bestellter und vereidigter Sachverständiger für die Kalkulation von Entgelten. Zu seinen Forschungsgebieten gehören neben der Finanzwissenschaft und der Institutionenökonomik vor allem die Umwelt- und Energieökonomik.

Governance der Bioökonomie im weltweiten Vergleich

Thomas Dietz, Jan Börner, Jan Janosch Förster und Joachim von Braun

D. Thrän, U. Moesenfechtel (Hrsg.), *Das System Bioökonomie*,
https://doi.org/10.1007/978-3-662-60730-5_23

23.1 Einleitung

Wie bereits in der Einleitung zu diesem Band ausgeführt, bietet eine innovative und nachhaltige Verwendung biogener Ressourcen in unterschiedlichen Sektoren der Wirtschaft (biobasierte Transformation) große Chancen für die Erreichung vieler Sustainable Development Goals (SDGs) zur Verbesserung der sozialen, wirtschaftlichen und ökologischen Lebensbedingungen, insbesondere auch zur nachhaltigen Überwindung der Risiken des Klimawandels (De Besi und McCormick 2015). Jüngere wissenschaftliche Studien betonen allerdings in diesem Zusammenhang die Abhängigkeit einer nachhaltigen, biobasierten Transformation von technischen, ökonomischen und gesellschaftlichen Vorraussetzungen, die die Bioökonomie selbst nicht erschaffen kann (Pfau et al. 2014). Daher betonen Wissenschaftler heute zunehmend die Entwicklung eines umfassenden Governance-Rahmens für die Bioökonomie, der die bioökonomische Transformation sowohl fördert als auch reguliert, um die die Entstehung einer nachhaltigen bioökonomischen Transformation tatsächlich zu gewährleisten (Dietz et al. 2018; El-Chickakli et al. 2017; ▶ Kap. 22).

Die bisherige Forschung[1] zu diesem Thema ist dabei vor allem in Fallstudien organisiert, die sich auf die Governance ausgewählter Teilbereiche der Bioökonomie in einzelnen Ländern konzentrieren (Bosman und Rotmans 2016; Purkus et al. 2015; Pannicke et al. 2015; ▶ Kap. 22). Wir nehmen demgegenüber eine breiter angelegte, vergleichende Perspektive ein. Es existiert mittlerweile eine Gruppe von mehr als vierzig Staaten weltweit, die explizite politische Strategien zum Ausbau ihrer Bioökonomien verfolgen. Das Ziel dieses Beitrags ist es daher, einen systematischen Überblick über diese Vielzahl unterschiedlicher nationaler Bioökonomiestrategien zu entwickeln: Was für einen Typus Bioökonomie streben die einzelnen Staaten an? Warum bedarf es zur Entfaltung einer nachhaltigen Bioökonomie eines sie befördernden Governance-Rahmens? Welche politischen Mittel stehen Staaten prinzipiell zur Verfügung, um ihre Bioökonomien nachhaltig zu gestalten? Und was unternehmen die einzelnen Staaten in ihren nationalen Bioökonomiestrategien tatsächlich, um diesen Bedarf nach einem Governance-Rahmen für die Bioökonomie zu erfüllen?

Im Folgenden werden auf diese forschungsleitenden Fragen Antworten gesucht. Grundlage der Betrachtungen ist folgendes Verständnis der Bioökonomie. Wir unterscheiden zwischen vier biobasierten Transformationspfaden:

1. Substitution fossiler durch biobasierte Rohstoffe,
2. Steigerung der Produktivität in biobasierten Primärsektoren,
3. Steigerung der Effizienz in der Biomassenutzung und
4. biomasseunabhängige Wertschöpfung durch Anwendung biologischer Prinzipien und Prozesse.

Welche Auswirkungen eine bioökonomische Transformation entlang dieser vier Pfade auf eine nachhaltige Gesellschaftsentwicklung im Sinne der SDGs hat, ist umstandsbedingt. Eine Herausforderung besteht darin, dass eine solche Transformation mit hohen Umstellungskosten verbunden sein kann (Bröring et al. 2017). Die im Zeitalter fossiler Energieträger und vor-biotechnologischer Produktionsmethoden gewachsenen Pfadabhängigkeiten und ökonomischen Anreizsysteme führen dazu, dass wirtschaftliche Akteure diese Kosten scheuen. Die Frage, wie in dieser Situation die Entwicklung einer potenziell nachhaltigen Bioökonomie durch entsprechende politische Fördermaßnahmen unterstützt werden kann (ermöglichende Governance), stellt dementsprechend eine erste zentrale Herausforderung für die Entwicklung einer nachhaltigen Bioökonomie dar (▶ Kap. 22). Staaten steht dabei prinzipiell

1 Eine Vorabversion dieses Kapitels ist als wissenschaftliche Publikation erschienen: *Sustainability* 2018, 10: 3190; ▶ https://doi.org/10.3390/su10093190.

ein weites Feld unterschiedlicher Mechanismen zur Verfügung, um ihre Bioökonomien zu fördern. Diese Mechanismen können eine bioökonomische Forschungs- und Entwicklungsstrategie genauso umfassen, wie eine Verbesserung der Marktfähigkeit bioökonomischer Produkte durch Subventionen oder der Umsetzung politischer Aufklärungskampagnen zur Erhöhung des gesellschaftlichen Mittragens der bioökonomischen Transformation, einschließlich nachhaltigen Konsums.

Technischer Fortschritt bietet allerdings selten ausschließlich positive Chancen, sondern bringt i. d. R. auch neue Gefahren und Risiken mit sich. Dies gilt auch für die Bioökonomie. Forscher sprechen in diesem Zusammenhang von Zielkonflikten zwischen einzelnen SDGs, die durch bioökonomische Transformationsprozesse ausgelöst werden können. Die Diskussion um Zielkonflikte geht dabei heute weit über die ursprüngliche „Tank-versus-Teller"-Debatte im Rahmen der Bioenergie-Entwicklung hinaus. Der erfolgreiche Umgang mit diesen Zielkonflikten stellt somit die zweite große Herausforderung für eine nachhaltige Governance der Bioökonomie dar. Auch in diesem Bereich existieren unterschiedliche staatliche, internationale und private Governance-Ansätze, die Staaten verfolgen oder unterstützen können, um die Bioökonomie effektiv zu regulieren (beschränkende Governance).

Wie aber reagieren nun die einzelnen Staaten konkret auf diese beiden Governance-Herausforderungen in der Entwicklung einer nachhaltigen Bioökonomie und welche Mittel setzen sie ein, um ihre Bioökonomien nachhaltig zu gestalten? Unsere Ergebnisse zeigen Folgendes: Weite Teile der internationalen Staatenwelt verfolgen heute das Ziel, ihre Bioökonomien breit[2] zu entwickeln und auszubauen. Um dieses Ziel zu erreichen, sind die Staaten bereit, ihre Bioökonomie umfassend politisch zu fördern. Wir können damit festhalten, dass sich Staaten weltweit zu einem hohen Maß der ersten wesentlichen Herausforderung (ermöglichende Governance) einer nachhaltigen Governance der Bioökonomie angenommen haben. Anders sieht es hingegen für den politischen Umgang mit Zielkonflikten aus, die unweigerlich mit dem Aufstieg der Bioökonomie verbunden sind. Lediglich eine Minderheit der Staaten erwähnt überhaupt die potenziell auch negativen Folgen der bioökonomischen Transformation für die nachhaltige Entwicklung und diejenigen Staaten, die an dieser Stelle einer weitergehende nachhaltigere Strategie verfolgen, setzen, bis auf sehr wenige Ausnahmen auf eher weiche politische Mittel für eine Regulierung dieser Konflikte. Die zweite wichtige Herausforderung (beschränkende Governance) für eine nachhaltige Governance der Bioökonomie tritt daher deutlich in der Gewichtung der nationalen Bioökonomiestrategien hinter der ersten Herausforderung zurück.

Unser Beitrag besteht aus zwei Teilen: Teil 1 (▶ Abschn. 23.2) legt die konzeptionellen Grundlagen für unsere empirische Studie. Wir beginnen mit einer kurzen Anmerkung zum Begriff der Governance. Anschließend charakterisieren wir die vier unterschiedlichen Transformationspfade, entlang derer die bioökonomische Transformation prinzipiell verlaufen kann. Wir arbeiten sodann die allgemeinen zentralen Governance-Herausforderungen für eine nachhaltige bioökonomische Transformation heraus und stellen die zentralen Governance-Mechanismen dar, auf die Staaten für eine nachhaltige Ausrichtung ihrer Bioökonomien zurückgreifen können. Der zweite Teil (▶ Abschn. 23.3) beinhaltet dann unsere empirische Analyse von insgesamt 41 nationalen Bioökonomiestrategien. Hier zeigen wir auf, welchem bioökonomischen Transformationspfad bzw. welcher Kombination von Transformationspfaden die Staaten strategisch folgen, auf welche der im ersten Teil spezifizierten Governance-Mechanismen, Staaten

2 Viele Staaten streben Entwicklungen entlang mehrerer oder sogar aller der genannten vier biobasierten Transformationspfade an.

konkret setzen, um ihre Bioökonomien zu fördern, welche Zielkonflikte sie dabei identifizieren und wie sie diese regulieren möchten. Zum Schluss fassen wir die Ergebnisse der Studie nochmals zusammen und stellen Perspektiven für die weitere Forschung dar.

23

23.2 Konzeptionelle Grundlagen

23.2.1 Eine kurze Anmerkung zum Begriff der Governance

Unter Governance verstehen wir im Folgenden allgemein den Vorgang, wie Gesellschaften ihre Regeln an neue Herausforderungen anpassen (Sweet 1999). Governance hat dabei sowohl eine inhaltliche Dimension (Was sind die Regeln?) als auch eine prozessuale Dimension (Wie entstehen die Regeln,) sowie schließlich eine strukturelle Dimension (Welche Verfahrensregeln und Institutionen bestimmen die Regelsetzung? Wie werden die Regeln implementiert und durchgesetzt? Wie werden Konflikte über Regeln gelöst?). Die Anpassung gesellschaftlicher Regeln an neue Herausforderung kann spontan und informell auf der Ebene von sozialen Beziehungen und Netzwerken erfolgen (▶ Kap. 11). Andererseits gehört es zu den prägenden Merkmalen des Zusammenlebens in modernen Gesellschaften, die Governance-Funktion an darauf spezialisierte Institutionen zu delegieren, die dann das Regelwerk für ihr jeweiliges Kollektiv in formal organisierten Verfahren setzen und durchsetzen (▶ Kap. 11). In den Blick gerät so vor allem der Staat auf lokaler, regionaler und nationaler Ebene, aber auch inter- und supranationale Organisationen sowie private Standardsetzer, die heute gemeinsam komplexe und interagierende Systeme pluraler Autoritäten bilden. In diesem Sinne definiert auch die UN-Kommission den Begriff Governance dementsprechend als

> „[...] the sum of the many ways individuals and institutions, public and private, manage their common affairs. It is a continuing process through which conflicting or diverse interests may be accommodated and co- operative action may be taken. It includes formal institutions and regimes empowered to enforce compliance, as well as informal arrangements that people and institutions either have agreed to or perceive to be in their interest [...]" (Commission on Global Governance 1995, o. S.).

23.2.2 Vier bioökonomische Transformationspfade

Der Verlauf und die Auswirkungen bioökonomischer Transformationsprozesse hängen u. a. vom Entwicklungsstand, Ressourcenausstattung und politischen System eines Landes ab (◘ Abb. 23.1).

Transformationsprozesse können durch das Zusammenwirken von treibenden Kräften wie Bevölkerungswachstum und technologischer Innovation, oder aber auch gezielt durch politisches bzw. gesellschaftliches Handeln angestoßen werden. Je nach Landeskontext und Interaktion mit anderen Ökonomien, z. B. in Form von Handel und Wissenstransfer, verläuft bioökonomische Transformation dann entlang eines oder mehrerer der vier genannten Pfade mit unterschiedlichen möglichen Auswirkungen.

Transformationspfad 1 (TP1) Dieser relativ intensiv beforschte Transformationspfad ist in der Vergangenheit vielfach durch temporär erhöhte Erdölpreise und förder- bzw. umweltpolitische Maßnahmen angestoßen worden. So haben z. B. Biokraftstoffrichtlinien in der Europäischen Union und den USA zu einer erhöhten Nachfrage nach energetisch verwertbarer Biomasse geführt und in einigen Ländern Zielkonflikte im Bereich der Ernährungssicherheit oder, über eine gesteigerte Nachfrage nach landwirtschaftlich nutzbarem Land, dem Tropenwaldschutz, ausgelöst (Ceddia et al. 2013, 2014; Searchinger et al. 2015).

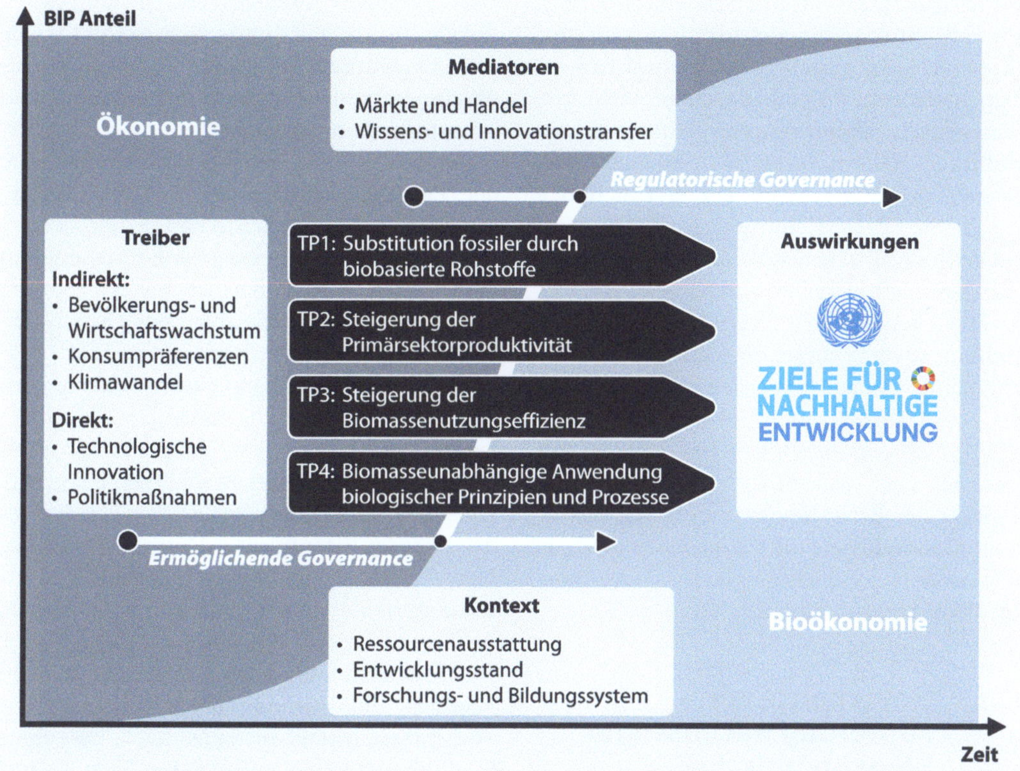

Abb. 23.1 Wirkungszusammenhänge im Kontext bioökonomischer Transformation. (Quelle: eigene Darstellung)

Transformationspfad 2 (TP2) Wenn technologische Innovation die Produktivität in der Land-, Forst- oder auch Fischereiwirtschaft erhöht, kann sie transformative Kräfte freisetzen, die zur Erschließung neuer Produktionsmethoden oder -standorte führen. Auf globaler Ebene hat dies in der Vergangenheit entsprechend der sogenannten Borlaug-Hypothese immer wieder zur Entspannung auf Lebensmittelmärkten trotz steigendem Bevölkerungswachstum geführt (Lobell et al. 2013). Regional und lokal kann die gesteigerte Flächenproduktivität jedoch erwiesenermaßen auch zu einer erhöhten Nachfrage nach Land mit negativen Umweltfolgen führen (Ceddia et al. 2014; Angelsen und Kaimowitz 2001).

Transformationspfad 3 (TP3) Innovation in den den Primärsektoren nachgelagerten Bereichen hat oft zum Ziel, die Effizienz der Verwertung von Biomasse- und Abfallströmen zu erhöhen, z. B. in Form von Recyclingsystemen. Auch in diesem Bereich kann es zu sogenannten Rebound-Effekten kommen, also zu einer gesteigerten Nachfrage aufgrund verbesserter Bereitstellung. Langfristig hängen die Auswirkungen jedoch von der Angebotsdynamik, dem Verbraucherverhalten und den regulatorischen Rahmenbedingungen ab (Herring und Roy 2007; Smeets et al. 2014).

Transformationspfad 4 (TP4) Biologische Prinzipien und Prozesse können auch weitgehend unabhängig von Biomasseströmen industrielle Anwendung finden, wie z. B. im Falle von enzymatischer Synthese und *biomimicry*. In diesen wissens- und technologieintensiven Bereichen setzen viele bioökonomisch ambitionierte Länder große Hoffnung (▶ Abschn. 23.3). Entsprechende Transformationsprozesse ergeben sich u. a. durch die Bereitstellung günstigerer und umweltfreundlicherer Produktionsmethoden oder komplett neuer Produkte.

Die genannten Transformationspfade können sowohl angebots- als auch nachfrageseitig induziert werden. Die Dynamik auf der Nachfrageseite wird in diesem Kapitel aus Platzgründen weitgehend ausgespart. Dennoch sei betont, dass Governance-Aspekte der Beförderung nachhaltigen Konsums durch Regelwerke und Anreizsysteme auch zu den Governance-Herausforderungen der Bioökonomie zählen.

23.2.3 Governance zur Förderung nachhaltiger bioökonomischer Dynamiken

Die vier im vorherigen Abschnitt darstellten Pfade bioökonomischer Transformation bieten Chancen, aber auch Risiken für eine nachhaltige Umgestaltung unserer bestehenden Wirtschafts- und Gesellschaftssysteme. Wie dargestellt, zählt zu den Chancen vor allem die Möglichkeit, stark wachsende Technologiebranchen, wie die Bio- und Informationstechnologie, in den Dienst der Nachhaltigkeit zustellen.

Die bioökonomische Transformation ist jedoch kein Selbstläufer. Die aktuelle Literatur zur Bioökonomie betont zwar immer wieder die großen Potenziale der Bioökonomie für eine nachhaltige Entwicklung im Sinne der SDGs, weist aber gleichzeitig darauf hin, dass die tatsächliche Realisierung dieser Potenziale vor Hürden steht. Die Ursache des Problems sehen Forscher dabei vor allem in der Pfadabhängigkeit wirtschaftlicher und politischer Entwicklung (Gawel et al. 2016). Dies bedeutet: Frühere Entscheidungen in Politik, Wirtschaft und Gesellschaft – die getroffen wurden, bevor sich die enormen Entwicklungspotenziale einer bioökonomischen Transformation abzeichneten (z. B. Fördermaßnahmen und Investitionen in den Ausbau der Energiegewinnung aus fossilen Energieträgern) – haben das Wirtschaftssystem in einer Weise geprägt, die heute eine Umstellung auf biobasiertes Wirtschaften erschweren, obwohl eine solche Umstellung mit deutlichen Nachhaltigkeitsgewinnen verbunden wäre.

Konkrete Pfadabhängigkeitsprobleme können sich aus einer mangelnden Anpassung des bestehenden Institutionengefüges an die spezifischen Bedürfnisse der Bioökonomie ergeben. Die politischen und rechtlichen Institutionen (bspw. Patentrechte, Verbraucherschutz, Umweltrechte), in die unsere heutigen Wirtschaftssysteme eingebettet sind, haben sich in der Tat über lange Zeiträume entwickelt, ohne dass die technologischen Möglichkeiten der heutigen Bioökonomie bekannt waren. Die Wahrscheinlichkeit ist daher hoch, dass diese Institutionen in vielen Fällen wenig an die institutionellen Bedürfnisse einer sich technisch rasant entwickelnden, innovativen Bioökonomie angepasst sind. Dies wiederum kann zu hohen Regulierungs- und Transaktionskosten im Bereich der Bioökonomie führen, was letztlich einer möglichen wirtschaftlichen Dynamik in diesem Wirtschaftsbereich entgegensteht.

Weitere Pfadabhängigkeitsprobleme finden sich auf Ebene der Produktionsmethoden und der Organisationsstrukturen der Wirtschaft. Viele der heute existierenden Wertschöpfungsketten sind auf die Verwendung fossiler Rohstoffe sowie vor-biotechnologischer Produktionsmethoden spezialisiert. Das gleiche gilt für weite Teile der existierenden Infrastruktur, auf der dieses wirtschaftliche Handeln beruht. Dies führt zu starken *lock-in*-Effekten (Unruh 2000, 2002). Das heißt, selbst wenn bioökonomische Transformationen langfristig sowohl individuelle als auch gesamtgesellschaftliche Nachhaltigkeitsgewinne im Sinne der SDGs versprechen, scheuen Unternehmen die mit einer solchen Transformation verbunden Wechselkosten, weil dies zumindest aktuell noch Wettbewerbsnachteile für sie bedeuten kann, wie z. B. in der chemischen Industrie. Es scheint damit so, dass die auch heute noch in ihren Produktionsmethoden und Organisationsstrukturen stark durch die Nutzung fossiler Rohstoffe und vor-biotechnologischer Technologien geprägten Wirtschaftssysteme zum jetzigen Zeitpunkt aus sich selbst heraus noch nicht die notwendigen Anreizstrukturen hervorbringen, um eine umfassende bioökonomische Transformation tatsächlich zu ermöglichen.

Beiden bisher genannten Punkten ist gemeinsam, dass sie die Pfadabhängigkeitsprobleme der Bioökonomie als ökonomische Anreizprobleme begreifen. Von diesem Ansatz lässt sich eine gesellschaftstheoretische Perspektive unterscheiden. Grundlegend für diese Perspektive ist die Annahme, dass sowohl unsere Einstellung als auch unser Wissen darüber, wie die Welt funktioniert, von übergeordneten gesellschaftlichen Strukturen (bspw. Kultur, Ideologie) geprägt ist, die letztlich unsere Identität damit auch unser wirtschaftliches Entscheiden bestimmen (Finnemore 1996).

Offensichtlich besitzen gesellschaftlich gewachsene, normative und kognitive Strukturen eine noch wesentlich größere Beharrungskraft als ökonomische Anreizsysteme. Das Pfadabhängigkeitsproblem der Bioökonomie stellt sich damit auf der gesellschaftlichen Ebene noch einmal wesentlich verschärfter da, als auf der Ebene der politischen und rechtlichen Institutionen sowie der Ebene der ökonomischen Organisations- und Produktionsstrukturen. Aufgrund von Falschinformationen oder fehlendem Wissen über die Eigenschaften biologisch hergestellter Produkte bzw. einer begrifflichen Reduzierung der Bioökonomie auf Risikotechnologien können sich gesellschaftliche Ängste verfestigen, die die Akzeptanz der Bioökonomie insgesamt unterminieren – siehe etwa die Debatte um gentechnisch veränderte Lebensmittel. Die Bioökonomie hat Einfluss auf nahezu alle Bereiche des sozialen Lebens. Sie ändert, was wir essen, wie wir wohnen, wie wir uns fortbewegen, wie wir uns kleiden und vieles mehr. Konsummuster in allen diesen Bereichen sind tief in den kulturellen Gewohnheiten von Gesellschaften verwurzelt und dementsprechend schwierig zu ändern (Bröring et al. 2017).

Festzuhalten bleibt damit, dass nicht nur die in der Ära der fossilen Rohstoffe gewachsenen Produktionsmethoden pfadabhängig entstandenen Institutionengefüge, Produktionsmethoden und Organisationsstrukturen der Wirtschaft, sondern auch die in dieser Ära entstanden übergeordneten Gesellschaftsstrukturen, die aktuellen Dynamiken hin zu einer umfassenden bioökonomischen wirtschaftlichen Transformation blockieren können, auch wenn diese zu erheblichen Nachhaltigkeitsgewinnen führen würde. Die Pfadabhängigkeitsprobleme der Bioökonomie mithilfe politischer Maßnahmen aufzubrechen, um dadurch bislang blockierte bioökonomische nachhaltige Entwicklungsdynamiken zur Entfaltung zu verhelfen, sieht die aktuelle Forschung dementsprechend als eine der zentralen Herausforderungen an, für die eine Governance der Bioökonomie Lösungen finden muss.

Aber auf welche konkreten Governance-Mechanismen können Staaten prinzipiell zurückgreifen, um diese Herausforderung zu bewältigen? Eine Strategie sehen Forscher darin, die bioökonomische Transformation durch eine gezielte Strategie für Forschung und Entwicklung (FuE) zu fördern, um grundlegende technologische und institutionelle Innovationen für eine bioökonomische Transformation zu ermöglichen, deren Kosten und Risiken wirtschaftliche Akteure unter den genannten ökonomischen Rahmenbedingungen alleine nicht bereit wären zu tragen (Bosman und Rotmans 2016). Des Weiteren können Fördermaßnahmen darauf abzielen, die Wettbewerbsfähigkeit bioökonomischer Produkte durch Subventionen strategisch zu erhöhen, um dadurch Märkte für die Bioökonomie zu schaffen, die sich im Wirtschaftssystem alleine nicht entwickeln (Dabbert et al. 2017). In dieselbe Richtung zielt auch eine spezifisch auf die

Bioökonomie ausgerichtete Standortpolitik, die bspw. eine dezentrale Bereitstellung von Energie aus Biomasse regional-spezifisch unterstützt (Cooke 2007). Durch konkrete Maßnahmen, wie der Schaffung günstiger rechtlicher und politischer Rahmenbedingungen, der staatlichen Ausbildung geeigneter Arbeitskräfte oder aber der Förderung industrieller Cluster, sollen für Unternehmen die ökonomischen Anreize verbessert werden, in den Bereich der Bioökonomie zu investieren. Diese Form der politischen Unterstützung der Bioökonomie schließt auch Maßnahmen für strategische internationale Forschungskooperationen und ausländische Direktinvestitionen im Bereich der Bioökonomie ein. Schließlich können Staaten die bioökonomische Transformation auf der gesamtgesellschaftlichen Ebene durch bewusste politische Kampagnen fördern, um die Legitimation und Akzeptanz der Bioökonomie insgesamt zu erhöhen (Bröring et al. 2017).

Die zentralen Governance-Mechanismen, die Staaten verwenden können, um die bioökonomische Transformation zu fördern sind im Kasten ▶ „Überblick: Mechanismen ermöglichender Governance in der Bioökonomie" strukturiert aufgeführt. Später im empirischen Teil (▶ Abschn. 23.3), dient uns diese Tabelle als Kategoriensystem, um zu analysieren, auf welche politischen Mittel Staaten tatsächlich setzten, um ihre jeweiligen Bioökonomien zu fördern.

Überblick: Mechanismen ermöglichender Governance in der Bioökonomie

I. **Förderung von Forschung und Entwicklung für eine bioökonomische Transformation**
   - Finanzierung von Forschung für die bioökonomische Transformation
   - Einrichtung spezifischer Forschungseinrichtungen
   - Förderung von Forschungsnetzwerken und strategischen Partnerschaften
   - Förderung von Wissens- und Technologietransfer (Wissenschaft–Praxis)

II. **Verbesserung der Markfähigkeit der Bioökonomie durch Subventionen**
   - Quoten für die Bioökonomie
   - Förderung einer bioökonomischen öffentlichen Beschaffung
   - Förderung nachhaltigen Konsumverhaltens
   - Steuervergünstigungen für die Bioökonomie
   - Spezifische Kreditprogramme für die Bioökonomie

III. **Standortpolitik für eine bioökonomische Industrie**
   - Förderung von *„industry-clusters"* im Bereich der Bioökonomie
   - Förderung von Wissens- und Technologietransfer zwischen Forschung und Industrie
   - Förderung von Ausbildungen und Berufen im Bereich der Bioökonomie
   - Schaffung geeigneter geistiger Eigentumsrechte
   - Förderung von ausländischen Direktinvestitionen (FDI) im Bereich der Bioökonomie

IV. **Politische Unterstützung für einen bioökonomischen gesellschaftlichen Wandel**
   - Förderung öffentlicher Dialoge, um das Verständnis über die Funktionsweisen der Bioökonomie zu erhöhen
   - Förderung öffentlicher Dialoge über technologische Risiken im Bereich der Bioökonomie

23.2.4 Governance zur Regulierung von Zielkonflikten

Die Vorrausetzungen für eine dynamische Bioökonomie zu schaffen, stellt eine aktuelle politische Herausforderung für die Governance der Bioökonomie dar. Dies allein garantiert aber noch nicht die Entwicklung einer nachhaltigen Bioökonomie. Die SDGs können hier als globaler und allgemein anerkannter normativer Rahmenkatalog für die Zielsetzungen einer nachhaltigen Bioökonomie dienen. Das Problem ist, dass die Bioökonomie zwar einen unmittelbaren Beitrag für die Erreichung einer Reihe unterschiedlicher SDGs leistet, im Zuge dieser Entwicklung aber ggf. andere Entwicklungsziele gefährdet (Kleinschmit et al. 2017; Fritsche und Rösch 2017). Der erfolgreiche Umgang mit diesen Zielkonflikten stellt die zweite große Herausforderung für eine nachhaltige Governance der Bioökonomie dar.

Die Bioökonomie ist auf der Idee gegründet, biologische Prinzipien und Prozesse in allen Wirtschaftsbereichen anzuwenden und fossile Rohstoffe im Wirtschafskreislauf zunehmend durch biogene Rohstoffe zu ersetzten. Je nach zugrundeliegenden Problemanalysen und Annahmen ergeben sich daraus Chancen oder Risiken in mehreren Nachhaltigkeitsdimensionen, von denen einige zentrale beispielhaft in ◻ Abb. 23.2 zusammengefasst sind.

Aus der Übersicht in ◻ Abb. 23.2 wird deutlich, dass Erwartungen bezüglich der Nachhaltigkeitseffekte bioökonomischen Wandels stark von Annahmen über die Art und das Ausmaß der Nutzung neuer Technologien und Produktionsformen abhängen. Wir veranschaulichen dies an den nachfolgenden Beispielen.

Beispiel 1 Die Europäische Union fördert Biokraftstoff mit dem Ziel der Emissionsvermeidung (SDG 13). Dies kann global zum Verlust von Tropenwald durch direkten und indirekten Landnutzungswandel, aber auch zur Ausbreitung umwelt- und gesundheitsgefährdender Produktionsmethoden führen (Konflikte mit SDG 3, 14, 15). Sowohl technologische Innovation (z. B. Ermöglichung der Produktion von Biomasse auf marginalen Standorten mit höheren Erträgen) als auch Governance-Mechanismen (z. B. Umsetzung existierender Gesetzgebung zur Vermeidung illegaler Entwaldung bzw. unsachgemäßen Umgangs mit Agrochemikalien oder Anreizsysteme für nachhaltige Produktionsformen) können helfen, diesen Zielkonflikt zu entschärfen.

Beispiel 2 Industrieländer fördern biobasierte Anwendungen in der chemischen Industrie oder dem pharmazeutischen Sektor (SDG 3). Die damit verbundene Wertschöpfung kommt aufgrund restriktiver Patentrechte und oft langwierigen und komplexen Genehmigungsverfahren aber nur dem wohlhabenden Teil der Weltbevölkerung zugute. Dadurch entstünde ein Konflikt mit

	Chancen	**Risiken**
Armut/Ungleichheit (SDG 1, 10)	Reduzierung durch Technologietransfer und *leap frogging*	Steigerung durch Ausgrenzung vom technischen Fortschritt
Natürliche Ressourcen (SDG 7, 14, 15)	Ressourcenschutz durch fortentwickelte Produktionsmethoden	Degradierung/Verlust durch Übernutzung
Gesundheit (SDG 3)	Verbesserung durch verbesserte und innovative Therapieformen	Gefährdung durch unsachgemäße Nutzung von Risikotechnologien
Klima (SDG 13)	Schutz durch Emissionsvermeidung	Gefährdung durch direkten und indirekten Landnutzungswandel

◻ **Abb. 23.2** Häufig genannte Chancen und Risiken bioökonomischer Transformation

dem SDG 10. Dieser Konflikt könnte durch Innovationstransfer, effizientere Verwaltungsstrukturen und ein inklusives Patentrechtssystem entschärft werden.

Die beiden Beispiele zeigen, dass hinter der Erwartung von Risiken oft die Annahme steht, dass regulative Governance-Mechanismen nicht greifen oder effizienz- und effektivitätssteigernde Technologien und Verfahren fehlen bzw. nicht zur Anwendung kommen. Demgegenüber steht hinter der Erwartung von Chancen in der Regel die Annahme, dass sich effizienzsteigernde Technologien evolutionär durchsetzen und entsprechende politische Steuerungsinstrumente geschaffen werden können, um die verbleibenden potenziell negativen Effekte der Bioökonomie wirksam zu regulieren[3].

Die zentrale Herausforderung für eine effektive Regulierung solcher Zielkonflikte liegt dabei heute weniger in der Entwicklung geeigneter Regelwerke, denn solche Regelwerke wurden bereits vielfach von unterschiedlichen Organisationen und Akteuren entwickelt. Multistakeholderinitiativen wie bspw. die Global Bioenergy Partnership oder die im Rahmen der Vereinten Nationen entwickelten „Voluntary Guidelines on the Responsible Governance of Tenure, Land, Fisheries and Forests in the Context of National Food Security" zielen darauf ab, den Vorrang des Rechts auf Nahrung in der Bioökonomie sicherzustellen, bzw. schädliche Praktiken des *land grabbings* zu unterbinden. Weitere Beispiele sind der internationale Normentwurf DIN EN ISO 14046:2015-11, der Leitlinien für die Ermittlung des Wasserfußabdrucks von Produkten auf der Grundlage einer Ökobilanz festlegt, oder die UN-Konvention zu biologischer Vielfalt (Convention on Biological Diversity), die darauf abzielt die Bioökonomie mit dem Naturschutz zu verbinden.

Die zentrale Herausforderung für eine effektive Regulierung der Bioökonomie liegt vielmehr in der Implementation und Durchsetzung dieser Regelwerke. Die Übernahme der Regelwerke in die staatliche Gesetzgebung ist eine Möglichkeit, setzt aber die Existenz einer funktionierenden Staatlichkeit voraus, die in vielen Schwellen- und Entwicklungsländern in nicht ausreichendem Maße gegeben ist. Außerdem wirken staatliche Regulierungen nur innerhalb des Territoriums eines Staates, vermögen es aber nicht, grenzüberschreitende ökonomische Prozesse zu regulieren, die in der globalen Bioökonomie heute immer bedeutsamer werden. Der Ausbau des internationalen Rechts kann hier eine Lösung bieten, ist aber selbst mit großen *compliance*-Problemen behaftet, weil jenseits der Einzelstaaten keine Autorität existiert, die die Einhaltung internationalen Rechts garantieren könnte (Dietz 2014). Staaten können in diesem Umfeld von einer reinen rechtlichen Durchsetzungslogik absehen und positive Anreize schaffen, um die globale Bioökonomie zu regulieren (Beispiel: Zahlung für Ökosystemdienstleistungen), auf weichere Instrumentarien wie die private Standardsetzung und Zertifizierung entlang globaler Wertschöpfungsketten unterstützen (Auld et al. 2009).

Am Ende wird eine effektive Regulierung der Bioökonomie nur durch eine Kombination gezielter unterschiedlicher Mechanismen möglich sein. Wir fassen die einzelnen regulatorischen Ansätze, die dabei eine Rolle spielen können, in dem folgenden Kasten erneut zusammen.

3 In vielen, aber längst nicht allen Bereichen der Bioökonomie kann diese Diskussion (▶ Kap. 17) auf eine umfangreiche wissenschaftliche Literatur zur Bewertung von Chancen und Risiken und sich daraus kontextbedingt ergebenden Zielkonflikten zurückgreifen (z. B. in den Agrar-, Ernährungs-, und Umweltwissenschaften, der Ökonomie und der biologischen und chemischen Fachliteratur).

Überblick: Regulatorische Mechanismen

I. Staatliche Regulierung der Bioökonomie
II. Schaffung positiver Anreize durch Regierungen (Zahlungen für Ökosystemdienstleistungen)
III. Private Standards und Zertifizierungen
IV. Internationalen Zusammenarbeit (Internationale Organisationen und Regime)

23.3 Empirische Analyse von 41 nationalen Bioökonomiestrategien

Nachdem wir dargestellt haben, was für Typen (vier Pfade bioökonomischer Transformation) von Bioökonomien grundsätzlich unterschieden werden können, vor welchen prinzipiellen Herausforderungen Staaten heute im Hinblick auf eine nachhaltige Gestaltung ihrer Bioökonomien stehen und welche Mechanismen ihnen prinzipiell für eine Governance ihrer Bioökonomien zur Verfügung stehen, zeigen wir im Folgenden auf, was Staaten tatsächlich unternehmen, um ihre Bioökonomien nachhaltig zu gestalten. Im Einzelnen zielen wir mit unserer empirischen Analyse von insgesamt 41 unterschiedlichen nationalen Bioökonomiestrategien darauf ab, die folgenden drei Fragen zu beantworten:

I. Typus der Bioökonomie: Welche der vier bioökonomischen Transformations-formationspfade bzw. Kombination von Transformationspfaden verfolgen die einzelnen Länder mit ihren Strategien?
V. Ermöglichende Governance: Auf welche Mittel der politischen Steuerung setzen die einzelnen Länder in ihren Strategien, um die genannten Pfadabhängigkeitsprobleme in der Entwicklung einer nachhaltigen Bioökonomie zu überwinden?
VI. Beschränkende Governance: Welche Zielkonflikte in der Entwicklung einer nachhaltigen Bioökonomie identifizieren die einzelnen Länder in ihren Strategien, und auf welche politischen Mittel setzten die einzelnen Strategien, um diese Zielkonflikte zu regulieren?

Methodisch führen wir eine qualitative Dokumentenanalyse nationaler Bioökonomiestrategien mithilfe der atlas.ti-Analysesoftware durch (Mayring 2010; Muhr 1991). Die entwickelten Überblickstabellen (Kasten ► „Überblick: Mechanismen ermöglichender Governance in der Bioökonomie", ◘ Abb. 23.2, Kasten ► „Überblick: Regulatorische Mechanismen" inklusive ◘ Abb. 23.1) dienen uns dabei als Kategoriesysteme zur Codierung der nationalen Bioökonomiestrategien.

23.3.1 Typus der Bioökonomie

Praktisch alle Länder mit Bioökonomiestrategien streben Transformationsprozesse entlang von mindestens zwei der in ◘ Abb. 23.3 skizzierten Pfade an. Dabei liegt in Ländern mit nur zwei explizit benannten Transformationspfaden oft ein besonderes Gewicht auf der Bereitstellung von Biomasse für TP1 sowohl im Inland als auch für Handelspartner, etwa im Falle Brasiliens.

Die Mehrzahl der Industrienationen, aber auch einige Schwellenländer, zielen dagegen auf diversifizierte Transformationsprozesse entlang aller Transformationspfade ab. In einem Großteil der Fälle reflektiert die Auswahl und Fokussierung auf einzelne Transformationspfade in den untersuchten Strategien die jeweilige Ressourcenausstattung der Länder (z. B. Verfügbarkeit bzw. Knappheit landwirtschaftlicher Fläche), historisch gewachsene Vorreiterrollen in speziellen Technologie- und Forschungsbereichen (z. B. Biotechnologie) oder aber auch das Ziel landesspezifische Entwicklungsdefizite zu überwinden. So geht z. B. die deutsche Bioökonomiestrategie intensiv auf Anwendungen im Bereich der Verwertung von Abfallströmen und der effizienteren bzw.

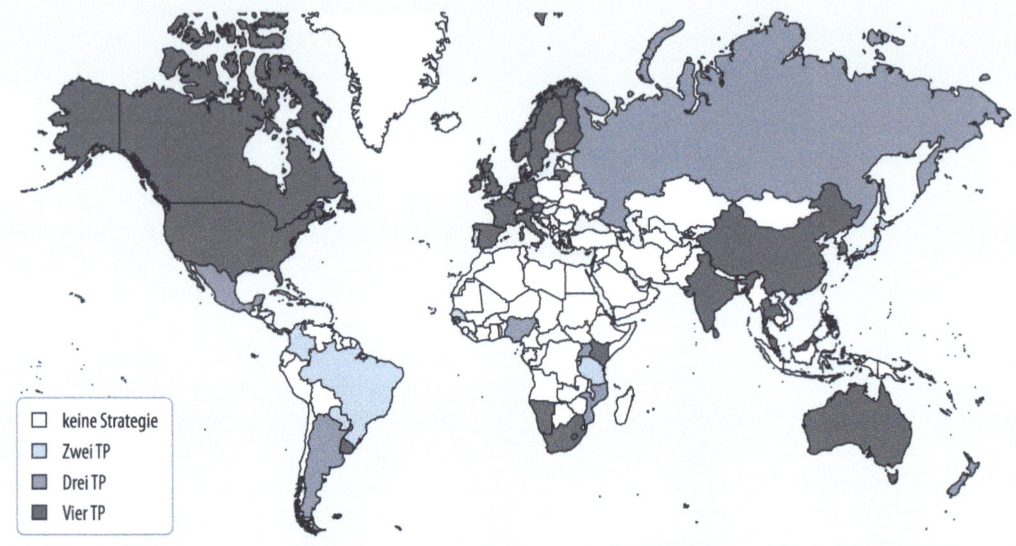

Abb. 23.3 Transformationspfade in nationalen Bioökonomiestrategien. (Quelle: eigene Darstellung)

Kaskadennutzung von Biomasse ein (TP2). China wiederum richtet seine Strategie auch dezidiert auf die biobasierte Substitution von Kraftstoffen und Materialien aus (TP1).

23.3.2 Wie fördern Staaten ihre Bioökonomien?

Nachdem wir im vergangenen Abschnitt dargestellt haben, welchen Typus Bioökonomie die einzelnen Staaten entwickeln möchten, interessiert uns im Folgenden die Frage, wie intensiv die einzelnen Staaten beabsichtigen, ihre Bioökonomien politisch zu fördern und auf welche konkreten politischen Mittel sie dabei setzen. Die Karte (Abb. 23.4) macht in diesem Zusammenhang zunächst die sehr deutliche Bereitschaft der einzelnen Staaten deutlich, ihre jeweiligen Bioökonomien sehr umfassend politisch zu unterstützen. In unserem konzeptionellen Rahmen (s. Box ► „Mechanismen ermöglichender Governance in der Bioökonomie" in ► Abschn. 23.2.3) hatten wir zwischen vier Governance-Mechanismen unterschieden, auf die Staaten prinzipiell zurückgreifen können, um ihre Bioökonomien zu fördern. Unsere Analyse der Dokumente zu den nationalen Bioökonomiestrategien auf Basis dieser Kategorien zeigt nun, dass die einzelnen Staaten in der Tat sehr intensiv auf alle diese Mittel setzen.

Fast alle Staaten mit einer expliziten Bioökonomiestrategie greifen auf mindestens drei, und die Mehrzahl der Staaten sogar auf alle vier der genannten Governance-Mechanismen zur Entwicklung ihrer Bioökonomien zurück. Das heißt, sie verfolgen eine gezielte Forschungs- und Entwicklungsstrategie für eine bioökonomische Transformation und wollen die Markfähigkeit der Bioökonomie durch Subventionen verbessern. Außerdem betreiben viele Länder eine aktive Standortpolitik für eine Verbesserung der Rahmenbedingungen der bioökonomischen Industrie und planen die Akzeptanz der Bioökonomie durch bewusste Aufklärungskampagnen gezielt zu verbessern.

Als Zwischenfazit können wir damit festhalten, dass die internationale Staatenwelt in sehr weiten Teilen die Entwicklung umfassender Bioökonomien als strategisches politisches Ziel (Abb. 23.4) definiert und gleichzeitig bereit ist, diese Entwicklung sehr

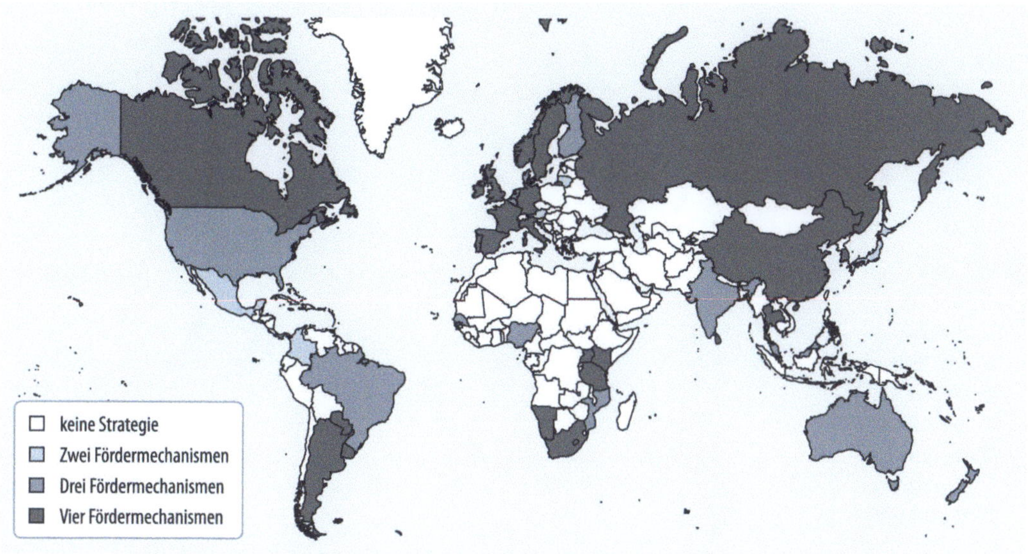

Abb. 23.4 Politische Förderung nationaler Bioökonomiestrategien. (Quelle: eigene Darstellung)

intensiv politisch zu fördern (Abb. 23.4). Dies lässt insgesamt erwarten, dass die bioökonomische Transformation in den nächsten Jahren stark an Dynamik gewinnen wird.

23.3.3 Wie regulieren Staaten ihre Bioökonomien?

Wie umfassend aber stellt sich die internationale Staatenwelt der zweiten entscheidenden Herausforderung einer nachhaltigen Governance der Bioökonomie, d. h., der Regulierung der mit der Entwicklung der Bioökonomie verbundenen Zielkonflikte? Die folgende Karte (Abb. 23.5) zeigt in diesem Zusammenhang zunächst, in welchem Umfang der politische Umgang mit den genannten Zielkonflikten erfolgt (Abb. 23.5). Bestandteil der einzelnen nationalen Bioökonomiestrategien ist. In der Intensität lässt sich ein deutlicher Unterschied zu den beiden Karten zuvor erkennen. Die Mehrzahl der Staaten mit einer expliziten Bioökonomiestrategie schenkt den Zielkonflikten überhaupt keine Beachtung (26 von 41 Staaten). Dies schließt auch Staaten mit potenziell sehr großen Bioökonomien ein, wie die USA, Russland, Brasilien und Argentinien. Die Bioökonomiestrategien der europäischen Staaten weisen insgesamt die höchste Sensibilität für potenziell durch die Entwicklung der Bioökonomie verursachte Zielkonflikte auf. Aber auch China und Teile Afrikas erkennen den Umgang mit Zielkonflikten ausdrücklich als politische Herausforderung in der Gestaltung einer nachhaltigen Bioökonomie an.

Die Abb. 23.6 macht deutlich, dass im Vergleich der einzelnen Zielkonflikte die Staaten vor allem einen negativen Einfluss der Bioökonomie auf die die Ressourcen Land und Wasser, sowie die weltweite Ernährungssicherheit befürchten. Dies spiegelt die Debatte über die mit der ersten Generation von Biokraftstoffen verbundenen Nachhaltigkeitsrisiken wieder. Weitere Probleme, wie das der Ungleichheit und Armut oder mit der Bioökonomie potenziell verbundene negative oder positiven Auswirkungen auf das Klima oder die Gesundheit spielen hingegen in den staatlichen Bioökonomiestrategien bislang eine nur untergeordnete Rolle.

Unsere Inhaltsanalyse zeigt des Weiteren, dass Staaten für eine Regulierung der mit der Bioökonomie verbundenen Zielkonflikte in

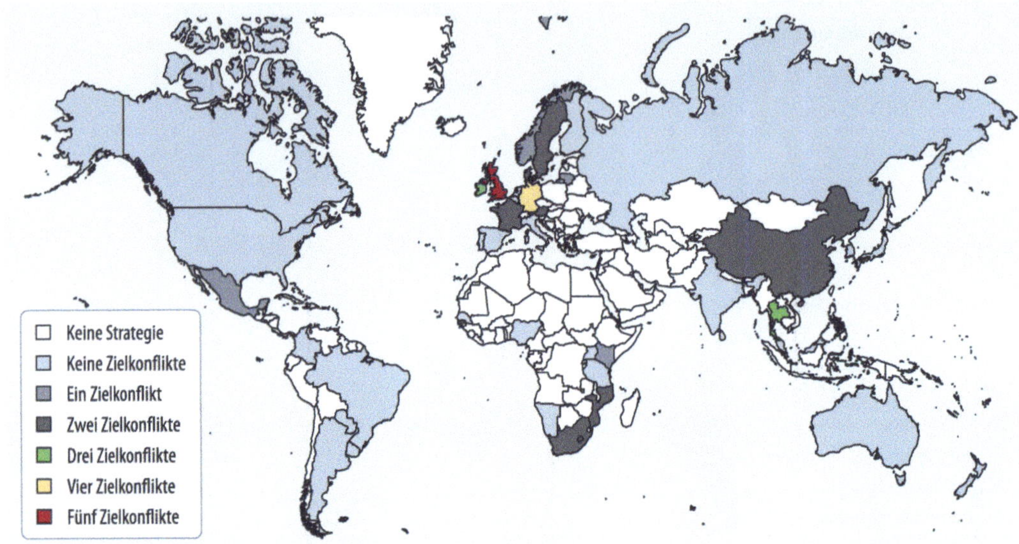

Abb. 23.5 Identifizierte Zielkonflikte in nationalen Bioökonomiestrategien. (Quelle: eigene Darstellung)

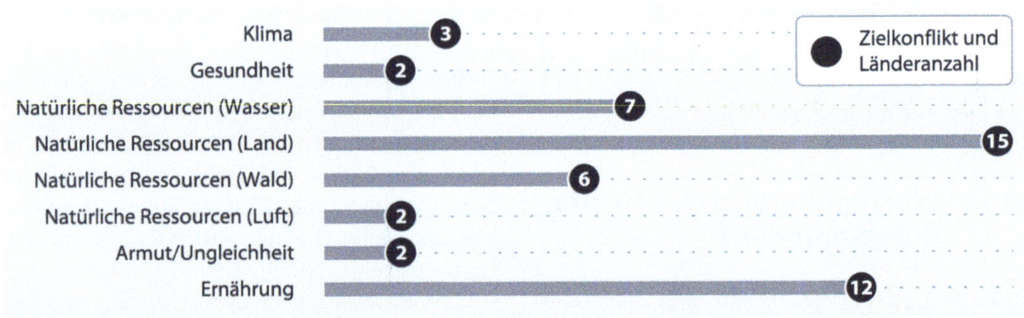

Abb. 23.6 Art des identifizierten Zielkonfliktes und Länderanzahl. (Quelle: eigene Darstellung)

hohem Maße auf das vergleichsweise weiche regulatorische Mittel der Selbstregulierung globaler Wertschöpfungsketten durch private Standards und Zertifizierungen setzen. Außerdem strebt die Mehrzahl der Staaten, die sich in ihren Strategien für eine umfänglichere Regulierung der Bioökonomie zur Vermeidung von Zielkonflikte aussprechen – so auch Deutschland –, die Intensivierung der internationalen Zusammenarbeit in diesem Bereich an. Die Notwendigkeit auch mit konkreten Gesetzesänderung auf die bioökonomischen Zielkonflikte zu reagieren, steht hingegen insgesamt weniger im Fokus der untersuchten nationalen Bioökonomiestrategien. Auch lässt sich aus unserer Analyse keine breite Bereitschaft aufseiten der internationalen Staatenwelt ausmachen, den Schutz natürlicher Ressourcen über die Schaffung positiver Anreize sicherzustellen, wie etwa den heute breit diskutierenden Zahlungen für Ökosystemdiensteistungen (Börner et al. 2017) (Abb. 23.7).

Insgesamt lassen sich die Ergebnisse unserer Analyse wie folgt zusammenfassen: Weite Teile der internationalen Staatenwelt verfolgen heute das Ziel, ihre Bioökonomien

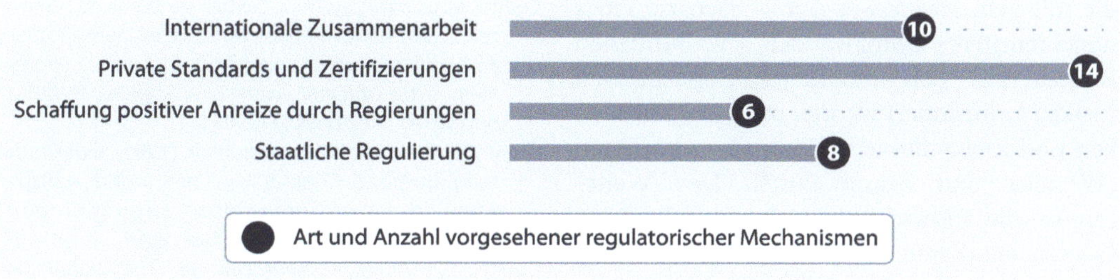

Abb. 23.7 Art und Anzahl regulatorischer Mechanismen. (Quelle: eigene Darstellung)

zu entwickeln und auszubauen. Um dies zu erreichen, sind die Staaten außerdem bereit, ihre Bioökonomien umfassend politisch zu fördern. Wir können damit festhalten, dass sich Staaten weltweit der ersten beschriebenen wesentlichen Herausforderung einer nachhaltigen Governance der Bioökonomie (Förderung der Bioökonomie) zu einem hohen Maße angenommen haben. Anders sieht es hingegen für den politischen Umgang mit Risiken und Zielkonflikten aus, die mit dem Aufstieg der Bioökonomie verbunden sein können. Lediglich eine Minderheit der Staaten erwähnt überhaupt die potenziell auch negativen Folgen der bioökonomischen Transformation für die nachhaltige Entwicklung und diejenigen Staaten, die an dieser Stelle eine weitergefasste, nachhaltigere Strategie verfolgen, setzen bis auf sehr wenige Ausnahmen eher auf weiche politische Mittel der Risikominderung und Zielkonfliktbewältigung. Die zweite wichtige Herausforderung für eine nachhaltige Governance der Bioökonomie (Umgang mit Risiken und Zielkonflikten) tritt daher in der Gewichtung der nationalen Bioökonomiestrategien deutlich hinter der ersten Herausforderung zurück.

23.3.4 Perspektiven

Der Begriff der Governance umfasst den Vorgang, wie Gesellschaften ihre Regeln an neue Herausforderungen anpassen. Wir hatten bereits ausgeführt, dass Governance sowohl eine inhaltliche Dimension (Was sind die Regeln?) als auch eine prozessuale Dimension (Wie entstehen die Regeln?) hat sowie auch eine strukturelle Dimension aufweist (Welche Verfahrensregeln und Institutionen bestimmen die Regelsetzung, wie werden die Regeln implementiert und durchgesetzt, wie werden Konflikte über Regeln entschieden?) Mit der globalen Analyse nationaler Bioökonomiestrategien haben wir uns in diesem Beitrag zunächst auf die inhaltliche Dimension einer Governance der Bioökonomie konzentriert. Daraus ergeben sich weitere Fragen: Warum unterscheiden sich die jeweiligen staatlichen Strategien? Wie gut gelingt es einzelnen Staaten, ihre Strategien tatsächlich zu implementieren und welche Auswirkungen auf die Erreichung von SDGs folgen auf die Implementierung der Bioökonomiestrategien tatsächlich. Festzuhalten bleibt: Die Bioökonomie gilt heute weltweit als Schlüsselstrategie für eine nachhaltige gesellschaftliche Entwicklung. Doch um dieses Ziel zu erreichen, bedarf die Bioökonomie eines effektiven Governance-Rahmens. Welche Eigenschaften ein solcher Governance-Rahmen im Detail ausweisen müsste und wie er praktische Politik werden kann, sind zentrale Themen für die zukünftige interdisziplinäre Forschungsarbeit im Bereich des Politikfeldes der Bioökonomie.

Grundvoraussetzung für eine angemessene Governance sind dabei geeignete Ansätze zur Messung und Bewertung der Bioökonomie. Unzureichendes Monitoring und fehlende Wirkungsmessung könnten andernfalls zur Über- oder Unterregulierung führen (Förster et al. 2020). Dabei sei betont, dass die mit dem *business-as-usual-* Szenario eines ungebremsten Klimawandels verbundenen Risiken mit den bioökonomie-spezifischen Risiken konfrontiert werden müssten, um Risiken und Zielkonflikte umfassend zu bewerten (Wesseler und Braun 2017). Des Weiteren ist die Entwicklung eines zielführenden Governance-Rahmens für die Bioökonomie äußerst komplex. Zum einen bedarf sie der Koordination politischer Maßnahmen zwischen einer Vielzahl unterschiedlicher politischer Sektoren wie bspw. der Forschungs-, Wirtschafts-, und Umweltpolitik. Zum anderen müssen nationale Politikstrategien in einen größeren grenzüberschreitenden, internationalen politischen Rahmen eingebettet werden, um die entsprechenden Bedingungen für die Entwicklung für eine globale nachhaltige biobasierte Transformation zu schaffen – Themen für die zukünftige Forschungsarbeit.

Literatur

Angelsen, A., & Kaimowitz, D. (Hrsg.). (2001). *Agricultural technologies and tropical deforestation*. Oxon: CABI.

Auld, G., Balboa, C., Bernstein, S., & Cashore, B. (2009). The emergence of Non-State Market Driven (NSMD) global environmental governance: A cross sectoral assessment. In M. A. Delmas & O. R. Young (Hrsg.), *Governance for the environment. Perspectives* (S. 183–218). Cambridge: Cambridge University Press.

Börner, J., Baylis, K., Corbera, E., Ezzine-de-Blas, D., Honey-Rosés, J., Persson, U. M., & Wunder, S. (2017). The effectiveness of payments for environmental services. *World Development*. ▶ https://doi.org/10.1016/j.worlddev.2017.03.020.

Bosman, R., & von Rotmans, J. (2016). Transition governance towards a bioeconomy: A comparison of Finland and the Netherlands. *Sustainability*. ▶ https://doi.org/10.3390/su8101017.

Bröring, S., Baum, C. M., Butkowski, O., & Kircher, M. (2017). Kriterien für den Erfolg der Bioökonomie. In J. Pietszch (Hrsg.), *Bioökonomie für Einsteiger* (S. 161–177). Wiesbaden: Springer Spektrum.

Ceddia, M. G., Sedlacek, S., Bardsley, N. O., & Gomez-y-Paloma, S. (2013). Sustainable agricultural intensification or Jevons paradox? The role of public governance in tropical South America. *Global Environmental Change*. ▶ https://doi.org/10.1016/j.gloenvcha.2013.07.005.

Ceddia, M. G., Bardsley, N. O., Gomez-y-Paloma, S., & Sedlacek, S. (2014). Governance, agricultural intensification, and land sparing in tropical South America. *Proceedings of the National Academy of Sciences*. ▶ https://doi.org/10.1073/pnas.1317967111.

Commission on Global Governance. (1995). Our Global Neighborhood. Chapter 1 – A new world. ▶ http://www.gdrc.org/u-gov/global-neighbourhood/chap1.htm. Zugegriffen: 05. Dez. 2018.

Cooke, P. (2007). *Growth cultures: The global bioeconomy and its bioregions*. London: Routledge.

Dabbert, S., Lewandowski, I., Weiss, J., & Pyka, A. (Hrsg.). (2017). *Knowledge-driven developments in the bioeconomy: Technological and economic perspectives*. Cham: Springer.

De Besi, M., & McCormick, K. (2015). Towards a bioeconomy in Europe: National, regional and industrial strategies. *Sustainability*. ▶ https://doi.org/10.3390/su70810461.

Dietz, T. (2014). *Global order beyond law – How information and communication technologies facilitate relational contracting in international trade*. Oxford: Hart.

Dietz, T., Börner, J., Förster, J. J., & von Braun, J. (2018). Governance of the bioeconomy: A global comparative study of national bioeconomy strategies. *Sustainability*. ▶ https://doi.org/10.3390/su10093190.

El-Chickakli, B., von Braun, J., Lang, C., Barben, D., & Philp, J. (2017). Policy: Five cornerstones of a global bioeconomy. *Nature*. ▶ https://doi.org/10.1038/535221a.

Finnemore, M. (1996). *National interests in international society*. Ithaca: Cornell University Press.

Förster, J.J., Downsborough, L., Biber-Freudenberger, L., Kelboro, G., & Börner, J. (2020). Exploring criteria for transformative policy capacity in South Africa's Biodiversity Economy. *Policy Sciences* (accepted Feb 2020, forthcoming).

Fritsche, U., & Rösch, C. (2017). Die Bedingungen einer nachhaltigen Bioökonomie. In J. Pietszch (Hrsg.), *Bioökonomie für Einsteiger* (S. 177–203). Wiesbaden: Springer Spektrum.

Gawel, E., Purkus, A., Pannicke, N., & Hagemann, N. (2016). Die Governance der Bioökonomie – Herausforderungen einer Nachhaltigkeitstransformation am Beispiel der holzbasierten Bioökonomie in Deutschland. UFZ Discussion Papers 02/2016, Helmholtz-Zentrum für Umweltforschung – UFZ, Leipzig. ▶ https://www.econstor.eu/bitstream/10419/142760/1/861932153.pdf. Zugegriffen: 05. Dez. 2018.

Herring, H., & Roy, R. (2007). Technological innovation, energy efficient design and the rebound effect. *Technovation*. ▶ https://doi.org/10.1016/j.technovation.2006.11.004.

Kleinschmit, D., Arts, B., Giurca, A., Mustalahti, I., Sergent, A., & Pülzl, H. (2017). Environmental concerns in political bioeconomy discourses. *International Forestry Review*. ▶ https://doi.org/10.1505/146554817822407420.

Lobell, D. B., Baldos, U. L. C., & Hertel, T. W. (2013). Climate adaptation as mitigation: The case of agricultural investments. *Environmental Research Letters*. ▶ https://doi.org/10.1088/1748-9326/8/1/015012.

Mayring, P. (2010). *Qualitative Inhaltsanalyse*. Weinheim: Beltz.

Muhr, T. (1991). ATLAS/ti – ein Interpretations-Unterstützungs-System. In N. Fuhr (Hrsg.), *Information Retrieval* (Bd. 289, S. 64–77). Berlin: Springer.

Pannicke, N., Gawel, E., Hagemann, N., Purkus, A., & Strunz, S. (2015). The political economy of fostering a wood-based bioeconomy in Germany. German Journal of Agricultural Economics. ▶ http://www.gjae-online.de/news/pdfstamps/freeoutputs/GJAE-817_2015.pdf. Zugegriffen: 05. Dez. 2018.

Pfau, S., Hagens, J., Dankbaar, B., & Smits, A. (2014). Visions of sustainability in bioeconomy research. *Sustainability*. ▶ https://doi.org/10.3390/su6031222.

Purkus, A., Röder, M., Gawel, E., Thrän, D., & Thornley, P. (2015). Handling uncertainty in bioenergy policy design – A case study analysis of UK and German bioelectricity policy instruments. *Biomass and Bioenergy*. ▶ https://doi.org/10.1016/j.biombioe.2015.03.029.

Searchinger, T., Edwards, R., Mulligan, D., Heimlich, R., & Plevin, R. (2015). Do biofuel policies seek to cut emissions by cutting food? *Science*. ▶ https://doi.org/10.1126/science.1261221.

Smeets, E., Tabeau, A., van Berkum, S., Moorad, J., van Meijl, H., & Woltjer, G. (2014). The impact of the rebound effect of the use of first generation biofuels in the EU on greenhouse gas emissions. A critical review. *Renewable & Sustainable Energy Reviews*. ▶ https://doi.org/10.1016/j.rser.2014.05.035.

Sweet, A. S. (1999). Judizialisation and the construction of governance. *Comparative Political Studies*. ▶ https://doi.org/10.1177/0010414099032002001.

Unruh, G. C. (2000). Understanding carbon lock-in. *Energy Policy*. ▶ https://doi.org/10.1016/S0301-4215(00)00070-7.

Unruh, G. C. (2002). Escaping carbon lock-in. *Energy Policy*. ▶ https://doi.org/10.1016/S0301-4215(01)00098-2.

Wessler, J., & von Braun, J. (2017). Measuring the bioeconomy: Economics and policies. *Annual Review of Resource Economics*. ▶ https://doi.org/10.1146/annurev-resource-100516-053701.

Prof. Dr. Thomas Dietz

(geb. 1975) studierte Politikwissenschaft an der Universität Bonn und promovierte an der Universität Bremen im Rahmen des Sonderforschungsbereichs 597 „Staatlichkeit im Wandel". Er ist seit 2013 Professor für Internationale Beziehungen und Recht am Institut für Politikwissenschaft der Westfälischen Wilhelms-Universität Münster. Einer seiner Forschungsschwerpunkte ist die nachhaltige Entwicklung.

Prof. Dr. Jan Börner

(geb. 1975) ist Professor für Ökonomik nachhaltiger Landnutzung und Bioökonomie an der Landwirtschaftlichen Fakultät der Universität Bonn. Zwischen 2000 und 2012 war er insgesamt sieben Jahre in internationalen Forschungsvorhaben in Südamerika beschäftigt. Aktuell leitet er Drittmittelprojekte mit dem Schwerpunkt Bioökonomie und Landnutzung in Südamerika, Afrika, und Südostasien. Inhaltlich und methodisch beschäftigt er sich mit quantitativen Methoden zur Messung der Effektivität von Umweltpolitikmaßnahmen sowie Modellansätzen für die Politik- und Technologiefolgenabschätzung im Bereich Landnutzung.

Dr. Jan Janosch Förster

(geb. 1979) studierte Politikwissenschaften an der Freien Universität Berlin. An ein Studium des Integrated Water Management an der University of Queensland schloss er dann eine Promotion an der ebenfalls australischen Monash University an. Für seine Doktorarbeit sowie in späteren Forschungsprojekten erforschte er nachhaltige Ressourcennutzung in sozioökonomischen Systemen und Formen kollaborativer Wasser-Governance in Südafrika. Zurzeit forscht er zu Themen der Nachhaltigkeitspolitik und Governance in der Bioökonomie. Sein Forschungsinteresse liegt dabei auf den Möglichkeiten politischer Steuerung von gesellschaftlichen Transformationsprozessen in einer immer stärker durch die Auswirkungen des Klimawandels geprägten Welt. Seit 2017 ist er wissenschaftlicher Mitarbeiter am Zentrum für Entwicklungsforschung der Universität Bonn.

Prof. Dr. Joachim von Braun

(geb. 1950) studierte in Bonn Agrarwissenschaften und promovierte in Göttingen in Agrarökonomie. Er ist Direktor des Zentrums für Entwicklungsforschung und Professor für wirtschaftlichen und technologischen Wandel an der Universität Bonn. Zudem ist er Co-Sprecher des Exzellenzbereichs Innovation und Technologie für nachhaltige Zukünfte der Universität Bonn. Seine wissenschaftlichen Arbeiten konzentrieren sich auf wirtschaftliche Entwicklung, Landwirtschaft, Ernährung, Armut, Nachhaltigkeit und Innovation. Er ist Präsident der päpstlichen Akademie der Wissenschaften, Mitglied der deutschen Akademie Leopoldina, der Akademie der Technikwissenschaften sowie der Nordrhein-Westfälischen Akademie der Wissenschaften. Von 2009 bis 2019 war er Mitglied und seit 2012 ist er Vorsitzender des Bioökonomierates der Bundesregierung.

Nachhaltigkeit und Bioökonomie

Bernd Klauer und Harry Schindler

D. Thrän, U. Moesenfechtel (Hrsg.), *Das System Bioökonomie*,
https://doi.org/10.1007/978-3-662-60730-5_24

24.1 Einleitung

Mit der Veröffentlichung der Studie „Die Grenzen des Wachstums" (Meadows et al. 1972) durch den Club of Rome im Jahr 1972 wurde die Endlichkeit der fossilen und anderen nichterneuerbaren Ressourcen ins öffentliche Bewusstsein gebracht. Die Studie hatte einen großen Anteil an der Erstarkung der Umweltbewegung in Deutschland und weltweit. Aufgegriffen wurde die Diskussion um die Endlichkeit von Ressourcen in den 1980er-Jahren u. a. im sogenannten Brundtland-Bericht der UN-Kommission für Umwelt und Entwicklung, der eindrücklich das Ziel einer nachhaltigen Entwicklung formuliert (WCED 1987): Die Möglichkeiten der zukünftigen Generationen, ihre Bedürfnisse zu befriedigen, dürfen nicht durch die derzeit lebende Generation eingeschränkt werden. In der UN-Konferenz 1992 in Rio wurde Nachhaltigkeit dann von fast allen Staaten der Erde als politisches Ziel anerkannt und in der Nachfolgekonferenz Rio+20 mit konkreten Nachhaltigkeitszielen untersetzt, den Sustainable Development Goals (SDGs). Eine im Wesentlichen auf fossilen Rohstoffen und anderen nicht erneuerbaren Ressourcen basierende Wirtschaft – wie sie derzeit weltweit noch vorherrscht – ist nicht nachhaltig, weil nicht sichergestellt ist, dass den nachfolgenden Generationen in ausreichendem Maße Ressourcen zur Verfügung stehen werden.

Die Vision der Bioökonomie ist es, die bisher zu einem wesentlichen Teil auf fossilen Rohstoffen basierenden Wirtschaft zu einer Marktwirtschaft zu transformieren, in der die fossilen Ressourcen durch nachwachsende Rohstoffe ersetzt werden. Auch andere nichterneuerbare Ressourcen sollen soweit wie möglich erneuerbaren Ressourcen weichen. Insofern ist eine Bioökonomie die notwendige Voraussetzung und Basis für jede am Ziel der Nachhaltigkeit ausgerichtete Wirtschaft (▶ Kap. 1) oder überspitzt gesagt: Eine nachhaltige Wirtschaft ist zur Bioökonomie gezwungen. Gleichzeitig besteht die Gefahr, dass der Biomasseanbau in der praktischen Ausgestaltung negative Begleiterscheinungen mit sich bringt, etwa mit Blick auf die Ökologie oder der Ernährungssicherheit der Bevölkerung.

Im vorliegenden Kapitel wird angesichts der Verheißungen, aber auch praktischen Schwierigkeiten und Probleme einer Bioökonomie das Verhältnis von Nachhaltigkeit und Bioökonomie näher beleuchtet. Hierfür wird zunächst der häufig unzureichend spezifizierte Begriff der Nachhaltigkeit näher erläutert (▶ Abschn. 24.2). Anschließend wird der Gedanke der Nachhaltigkeit in Beziehung zum Konzept Bioökonomie gesetzt und Kernideen des nachhaltigen Wirtschaftens mithilfe biogener Ressourcen skizziert (▶ Abschn. 24.3). Anhand ausgewählter UN-Nachhaltigkeitsziele werden dann maßgebliche Berührungspunkte der Bioökonomie zum Konzept der Nachhaltigkeit beleuchtet (▶ Abschn. 24.4) und auf dieser Grundlage wesentliche Herausforderungen für eine nachhaltige Bioökonomie skizziert (▶ Abschn. 24.5). Den Abschluss des Kapitels bildet ein kurzer Ausblick auf die notwendigen Schritte hin zu einer Transformation zu einer Bioökonomie und die Rollen der verschiedenen relevanten Akteure (▶ Abschn. 24.6).

24.2 Was versteht man unter Nachhaltigkeit?

Der Begriff der Nachhaltigkeit stammt ursprünglich aus der Forstwirtschaft. Hans-Carl von Carlowitz formulierte 1713 in seinem Buch „Sylvicultura oeconomica – Anweisung zur wilden Baumzucht", erstmalig das Nachhaltigkeitsprinzip, dass man von einer nachwachsenden Ressource nicht mehr ernten darf als wieder nachwächst, um sie dauerhaft nutzen zu können (Grober 2010). Dieses Prinzip von Carlowitz lässt sich auf die gesamte Biomasseproduktion übertragen. Die Grundidee leuchtet unmittelbar ein und kann durch ressourcenökonomische Überlegungen und Modelle erhärtet werden (z. B. Fisher 1981).

Das Prinzip ist allgemein anerkannt. Wenn es berücksichtigt wird, lassen sich erneuerbare Ressourcen zeitlich unbegrenzt nutzen. Deshalb heißt es in der Nachhaltigkeitsstrategie des Bundes unter dem Stichwort „Natürliche Lebensgrundlagen erhalten“ (Bundesregierung 2018, S. 51):

> „[…] nicht-erneuerbare Naturgüter (wie z. B. mineralische Rohstoffe oder fossile Energieträger) [sind] so sparsam wie möglich zu nutzen. Erneuerbare Ressourcen sollen die Nutzung nicht-erneuerbarer Ressourcen ersetzen, soweit dies die Umweltbelastung mindert und diese Nutzung auch in allen Aspekten nachhaltig ist."

Dies könnte man als ein Programm für eine Bioökonomie verstehen. Es wird dabei aber auch angedeutet, dass es wohl weitere Aspekte von Nachhaltigkeit gibt, die ebenfalls zu berücksichtigen sind.

Tatsächlich wird in der aktuellen Diskussion der Begriff der Nachhaltigkeit in einer im Vergleich zur Formulierung von Carlowitz viel umfassenderen Bedeutung verwendet. In dem bereits erwähnten Abschlussbericht der Kommission für Umwelt und Entwicklung (World Commission for Environment and Development, WCED) (WCED 1987, deutsch: Hauff 1987) wird Nachhaltigkeit – oder wie es dort heißt „dauerhafte Entwicklung“ – als Gerechtigkeitsprinzip formuliert (Hauff 1987, S. 46):

> „Dauerhafte Entwicklung ist eine Entwicklung, die die Bedürfnisse der Gegenwart befriedigt, ohne zu riskieren, daß zukünftige Generationen ihre eigenen Bedürfnisse nicht befriedigen können. Zwei Schlüsselbegriffe sind wichtig: – Der Begriff der ‚Bedürfnisse', insbesondere der Grundbedürfnisse der Ärmsten der Welt, die die überwiegende Priorität haben sollten; und – der Gedanke der Beschränkung, die der Stand der Technologie und der sozialen Organisation auf die Fähigkeit der Umwelt ausübt, gegenwärtige und zukünftige Bedürfnisse zu befriedigen."

Es gibt noch viele weitere Versuche, den Begriff der Nachhaltigkeit zu klären und zu definieren, auf die wir hier nicht näher eingehen möchten (vgl. aber Klauer 1999). Sie unterscheiden sich durchaus im Detail, stimmen aber in einigen zentralen Aspekten überein (Klauer et al. 2013). Dazu zählen insbesondere

1. das Verständnis von Nachhaltigkeit, dass unsere Wirtschaftsweise nicht zulasten zukünftiger Generationen und zulasten des globalen Südens gehen darf (Nachhaltigkeit als ein Prinzip „Intra- und intergenerationelle Gerechtigkeit“) und
2. die Überzeugung, dass Nachhaltigkeit fordert, eine langfristige Perspektive einzunehmen und auch Effekte unseres heutigen Handelns einzubeziehen, die erst weit in der Zukunft ihre Wirkung entfalten werden.

24.3 Bioökonomie als Baustein für Nachhaltigkeit

Jede Wirtschaft beruht auf Ressourcen: Rohstoffe werden mithilfe von Arbeit und Kapital in Güter verwandelt, die dazu dienen, die Bedürfnisse der Menschen zu befriedigen. Wie kann man es schaffen, heute so zu wirtschaften, dass auch die zukünftigen Generationen die Möglichkeit haben, ihre Bedürfnisse zu befriedigen, wie es in der Nachhaltigkeitsdefinition des Brundtland-Berichtes gefordert wird? Drei Antworten: Erstens dürfen Natur und Umwelt nicht zerstört werden. Zweitens müssen die Produktivkräfte erhalten bleiben. Und drittens müssen die Ressourcen – Bodenschätze und Naturkapital – auf eine Weise genutzt werden, dass es möglich ist, dies dauerhaft fortzuführen. Die Forderung nach einer nachhaltigen Bioökonomie fokussiert auf diese dritte Forderung, ohne freilich die anderen beiden außer Acht zu lassen.

Eine naheliegende, vielversprechende und doch zugleich utopisch anmutende Idee ist es, die Stoffe in der Wirtschaft immer wieder zu verwenden, sie im Kreis zu führen. Aus Rohstoffen werden Güter, die nach ihrem Gebrauch zu Abfällen werden, um aber dann ggf. nach einer Aufbereitung wiederverwendet zu werden. Eine solche ideale Kreislaufwirtschaft braucht keine neuen Rohstoffe und produziert keine Abfälle. Angetrieben wird sie allein von der Energie der Sonne und den Ideen der Menschen.

In der Praxis einer Kreislaufwirtschaft ergeben sich jedoch zahlreiche Probleme und Schwierigkeiten. Abfälle lassen sich kaum zu 100 % recyceln. Tatsächlich nutzen sich Güter ab, Stoffe vermischen sich untrennbar. Ein 100 %iges Recycling ist oft nicht nur wirtschaftlich herausfordernd, sondern auch technisch vielfach nicht machbar. Nichterneuerbare Ressourcen wie manche Mineralien, Metalle oder seltene Erden etc. müssen – zumindest derzeit – auch bei fortschrittlichster Technik unserem Wirtschaftssystem zugeführt werden.

Wenn stets – in gewissem Umfang – neue Ressourcen benötigt werden, ist ein nachhaltiges Wirtschaftssystem nur möglich, wenn die verwendeten Ressourcen erneuerbar sind. Dieser Gedanke kann als Ausgangspunkt des Konzepts der Bioökonomie gesehen werden. Im Gegensatz zur Kreislaufwirtschaft konzentriert sich die Bioökonomie auf einen vergleichsweise einfachen, handhabbaren Aspekt – obwohl auch dieser eine radikale Transformation des bestehenden Wirtschaftssystems bedeutet: das Ersetzen von nichterneuerbaren Ressourcen und insbesondere fossilen Ressourcen durch Biomasse. Biomasse ist eine erneuerbare Ressource, weil sie mit Sonnenenergie durch Photosynthese stets neu erschaffen werden kann. Dabei dient sie auf vielfältige Weise als Ressource – zum einen als Energielieferant, bei dem durch Verbrennung genauso viel CO_2 entsteht, wie beim Entstehen aus der Atmosphäre gebunden wurde, zum anderen als vielfältiger Rohstofflieferant in Form von Nahrungsmitteln, Holz und anderen Faserstoffen, Grundstoff der chemischen Industrie, um nur einige der wichtigsten Verwendungen zu nennen.

24.4 Maßgebliche Nachhaltigkeitsdimension der Bioökonomie

Sicherlich gilt für eine nachhaltige Bioökonomie, dass der Carlowitz'sche Nachhaltigkeitsgrundsatz einzuhalten ist, nämlich, dass nicht mehr Biomasse verbraucht werden darf, als wieder nachwächst. Hierdurch allein ist eine nachhaltige Bioökonomie allerdings nicht gewährleistet. Zwar könnte eine so verstandene Bioökonomie unter Umständen global betrachtet positive Verteilungseffekte auslösen (und damit einen Beitrag zu intragenerationaler Gerechtigkeit leisten; Foust et al. 2015) sowie eine Ressourcenbasis schaffen, die nicht durch die Endlichkeit fossiler Ressourcen beschränkt wäre. Außer Acht blieben dabei aber ökologische und soziale Risiken im Zusammenhang mit der Biomasseproduktion und Begehrlichkeiten zur Nutzung von Ökosystemen, die keine substanziellen Beiträge zur Bioökonomie leisten, aber dennoch wichtige Ökosystemdienstleistungen bereitstellen.

Um eine umfassende Vorstellung von den verschiedenen Schnittstellen der Konzepte Bioökonomie und Nachhaltigkeit zu bekommen, ist eine grobe Sortierung dieser Bezugspunkte entlang der UN-Nachhaltigkeitsziele hilfreich (El-Chichakli et al. 2016; Issa et al. 2019; Zeug et al. 2019). Diese Ziele können als eine Konkretisierung der erwähnten abstrakten Nachhaltigkeitsdefinition des Brundtland-Berichtes verstanden werden, die durch die Staatengemeinschaft im Rahmen der Rio-Konferenz über Umwelt und Entwicklung 1992 und des nachfolgenden, bis heute andauernden Prozesses erarbeitet und beschlossen wurden. Gemäß Zeug et al. (2019) verweisen insbesondere folgende SDGs auf relevante Nachhaltigkeitsdimensionen der Bioökonomie:

- **SDG 2 – Sichere Ernährung:** Im Rahmen der „Teller-oder-Tank"-Debatte wird kontrovers diskutiert, in welchem Maße der verstärkte Anbau von Biomasse (u. a.) zur Erzeugung von biobasierten Kraftstoffen eine Verknappung von Flächen für die Nahrungsmittelerzeugung bewirkt. Die hieraus folgenden Preisanstiege für Nahrungsmittel können für einkommensschwache Haushalte zu einer existenziellen Bedrohung werden. Diesem Risiko gegenüber stehen Chancen für eine Verbesserung der Ernährungssicherheit in Entwicklungsländern, u. a., weil steigende Agrarpreise Einkommenszuwächse für landwirtschaftliche Produzenten ermöglichen oder weil die Entwicklung und Verbreitung moderner Bioenergietechnologien Möglichkeiten zur Kühlung von Lebensmitteln oder zur verbesserten Bewässerung eröffnen (Lynd und Woods 2011; Foust et al. 2015). Auch können biotechnologische Verfahren dazu beitragen, die Effizienz des Pflanzenwachstums substanziell zu erhöhen und somit zusätzliche Nahrungsmittel ohne vergrößerten Flächenverbrauch bereitzustellen (South et al. 2019). Der hier angesprochene *trade-off* wird dadurch verkompliziert, dass die im globalen Durchschnitt beobachteten positiven Auswirkungen auf die Ernährungssicherheit (Bureau und Swinnen 2018) nicht ausschließen, dass es lokal zu gravierenden Verschlechterungen in dieser Hinsicht kommt. Das betrifft insbesondere urbane Kontexte, in denen Menschen mit steigenden Lebensmittelpreisen konfrontiert sind, gleichzeitig aber mangels landwirtschaftlicher Erwerbsgrundlagen keine Einkommensverbesserungen erfahren (Osseweijer et al. 2015).
- **SDG 3 – Gesundes Leben:** Mit dem Ausbau von Bioenergiequellen und -technologien verbindet sich die Hoffnung, traditionelle Formen der Biomassenutzung zu ersetzen, die mit einer erheblichen Schadstoffbelastung in Innenräumen und daraus folgenden Erkrankungen einhergehen (Verbrennung von Holz, Kohle oder Dung in offenen Feuerstellen) (Avato et al. 2009). Nicht unerhebliche Gesundheitschancen werden zudem den steigenden Möglichkeiten der elterlichen Fürsorge für Säuglinge und Kleinkinder zugeschrieben, wenn das Erfordernis des langwierigen Sammelns traditioneller Brennmaterialien entfällt (Foust et al. 2015). Darüber hinaus werden Gesundheitschancen durch die Entwicklung neuer Medikamente und Therapien auf Basis biotechnologischer Verfahren als Potenziale der Bioökonomie hervorgehoben (Larroche et al. 2016). Die Ausbreitung multiresistenter Bakterien kann bspw. mithilfe der Genomsequenzierung deutlich effektiver als in der Vergangenheit eingedämmt werden (Marks 2017).
- **SDG 7 – Energie für alle:** Die Substitution traditioneller Formen der Bioenergienutzung ist zudem ein Ziel an sich, wenn dadurch die Versorgungssicherheit und Bezahlbarkeit der Energieversorgung verbessert werden kann. Die Verwirklichung dieses Ziels strahlt wiederum positiv auf andere Nachhaltigkeitsziele aus. So kann die angesprochene Freisetzung zeitlicher Ressourcen durch das Wegfallen des Erfordernisses zum Sammeln traditioneller Bioenergieträger Freiräume für die Wahrnehmung von Bildungschancen schaffen und die Sicherheit von Kindern und jungen Frauen erhöhen, die häufig mit dieser Aufgabe betraut sind (Sudhakara Reddy und Nathan 2013). Ebenfalls bereits erwähnt wurden potenzielle Verbesserungen der Ernährungssicherheit durch die energiebasierte Kühlung von Lebensmitteln oder landwirtschaftlicher Einkommenssituationen durch erweiterte Möglichkeiten der Bewässerung.
- **SDG 8/9 – Wachstum, Industrie, Innovation:** Neben den Ansätzen Kreislaufwirtschaft und Green Economy wird auch die Bioökonomie als konzeptionelles Gerüst

für eine Wirtschaftsform verstanden, die sich nicht auf ökologische Nachhaltigkeit durch Suffizienz beschränkt (D'Amato et al. 2017). Sofern biologische Innovationen nicht nur ressourceneffizienteres Wirtschaften ermöglichen, sondern zusätzliches Einkommen generieren, wirken sie sich zudem tendenziell positiv auf eine Reihe sozialer Nachhaltigkeitsaspekte aus (Gesundheit/Lebenserwartung, Bildung) (z. B. Ulas und Keskin 2017; Bechtel 2018). Biologische Innovationen können darüber hinaus eine wichtige Komponente für die Gestaltung einer nachhaltigen Industrie darstellen, die ressourcenschonend sowie auf Grundlage erneuerbarer Ressourcen wirtschaftet und hochwertige Beschäftigungsmöglichkeiten bietet (z. B. Pätari et al. 2016; Pyka 2017).

- **SDG 13 – Klimawandel:** Aus ökologischer Sicht ist die Substitution fossiler Energieträger insbesondere im Hinblick auf die damit verbundenen Chancen zur Verringerung von Treibhausgasemissionen relevant. So ist etwa in der Petrochemie eine substanzielle Reduktion des Energieverbrauchs durch die Substitution von fossilem Öl durch biologische Rohstoffe möglich, weil auf dieser Grundlage bestimmte chemische Umwandlungsprozesse leichter zu bewerkstelligen sind und die weitere Verarbeitung oftmals geringere Temperaturen und Drücke voraussetzt (Burk und van Dien 2016). Zusätzlich zur Schonung fossiler Treibhausgassenken kann der Anbau von Biomasse in Kombination mit CCS-Technologien zur Reduktion von Klimagasen in der Atmosphäre beitragen (Fridahl und Lehtveer 2018). Andererseits geht die Ausdehnung der Biomasseerzeugung auf Flächen mit hohen Treibhausgasbeständen (z. B. Torfmoore oder Wälder) mit dem Risiko zumindest kurz- und mittelfristig steigender Emissionen einher (Searchinger et al. 2018; Norton et al. 2019). Auch der Einsatz energieintensiver Mineraldünger für die Kultivierung von Bioenergiepflanzen kann die Treibhausgasbilanz der Bioenergie beeinträchtigen.
- **SDG 14, 15 – Aquatische und terrestrische Ökosysteme:** Wird verstärkt Anbau von Biomasse in Form intensiver Landwirtschaft betrieben – d. h. unter Einsatz von Monokulturen, schweren Maschinen, Mineraldüngern, Pestiziden –, droht eine Ausweitung der damit verbundenen Risiken für Böden und Gewässer. Hierzu zählen die Verschlechterung der Bodenqualität einschließlich Verdichtung, Erosion, die Verringerung der Biodiversität, lokale Verschärfungen der Wasserknappheit u. a. durch eine weitere Verschmutzung von Grund-, Oberflächen, Küsten- und Meeresgewässern (Karp et al. 2017; Kluts et al. 2017). Auf der anderen Seite ermöglicht u. a. eine extensive Flächenbewirtschaftung mit ausgewählten Bioenergiepflanzen (bspw. Dauergras) qualitative Verbesserungen von Ökosystemen, etwa durch die Absorption von Salzen und Schwermetallen aus degradierten Böden (Osseweijer et al. 2015). Zudem können biotechnologische Innovationen dazu beitragen, dass weniger synthetische Düngemittel und Pestizide benötigt werden, was zur Reduzierung diffuser Emissionen in Gewässer beiträgt. So können bspw. Pflanzen so verändert werden, dass sie verstärkt Stickstoff aus der Luft absorbieren, wodurch die Aufbringung zusätzlicher Düngemittel vermindert werden kann (Oldroyd und Dixon 2014).

Über die hier in Ansätzen dargestellten Nachhaltigkeitsdimensionen der Bioökonomie hinaus lassen sich weitergehende Nachhaltigkeitsbezüge herstellen (Issa et al. 2019; Zeug et al. 2019). Angesichts der grundlegenden Bedeutung des Konzepts für die Transformation des Wirtschaftssystems ist das nicht überraschend. Die Bewertung des Verhältnisses von Bioökonomie und Nachhaltigkeit stellt somit eine vielschichtige

Herausforderung dar und impliziert eine Analyse auf Grundlage einer Vielzahl von sozialen, wirtschaftlichen und ökologischen Kriterien, die weit über den Grundsatz der Beschränkung des Biomasseverbrauchs auf das nachwachsende Potenzial hinausreichen.

24.5 Diskurse und Herausforderungen für eine nachhaltige Bioökonomie

Die dargestellten komplexen Bezüge zwischen dem Konzept Bioökonomie und einer nachhaltigen Entwicklung dürften eine Ursache dafür sein, dass es konkurrierende Diskurse in Bezug auf den Nachhaltigkeitsbeitrag „der" Bioökonomie gibt (Pfau et al. 2014; Bugge et al. 2016; Hausknost et al. 2017; Ramcilovic-Suominen und Pülzl 2018). Ein Extrempunkt stellt dabei die Sichtweise dar, dass eine Bioökonomie aufgrund der Substitution nicht-erneuerbarer Ressourcen *per se* nachhaltig(er) ist als ein *business-as-usual*-Szenario. Diese Perspektive stellt primär auf die mangelnde intergenerationale Gerechtigkeit der Übernutzung fossiler Energieträger einschließlich der damit verbundenen Klimafolgen ab. Das andere Extrem bildet die Position, die Bioökonomie diene lediglich der herkömmlichen Wachstums- und Wettbewerbslogik als ökologische Fassade, und forciere zudem nicht nachhaltige Lebens- und Konsumstile durch eine Verschärfung des Raubbaus an der Natur. Häufig wird hierbei unterstellt, dass ein massiver Ausbau der Biomasseerzeugung zulasten von arten- und kohlenstoffreichen Land- und Waldflächen geht.

Eine vermittelnde Perspektive auf die Bioökonomie weisen Ansätze auf, welche dem Konzept umfangreiche Chancen in Bezug auf eine ressourcenschonendere Wirtschaftsweise einräumen, die damit verbundenen Risiken jedoch aufgreifen und anschließend zu minimieren versuchen. Die Bioökonomie hat hierbei keine festen Konturen, sondern nimmt vielmehr erst durch den Prozess der Abwägung zwischen Chancen und Risiken Gestalt an.

Wie eine nachhaltige Bioökonomie konkret aussieht, ist deshalb nicht leicht zu beantworten. Die hohe Komplexität des Gegenstands und die bereits erwähnten Interaktionen zwischen den verschiedenen Dimensionen der Nachhaltigkeit stellen eine große Herausforderung bei der Auswahl und Gestaltung konkreter Maßnahmen dar. Dass sich die Bioökonomie auf zahlreiche verschiedene Nachhaltigkeitsdimensionen auswirkt, birgt das Risiko von Zielkonflikten. Es ist, mit anderen Worten, möglich, dass Fortschritte in einer Nachhaltigkeitsdimension durch die Verschiebung des (nicht nachhaltigen) Ressourcenverzehrs in eine andere Nachhaltigkeitsdimension erkauft werden (Purkus 2016). Prominentes Beispiel hierfür ist der potenzielle Klimaschutzbeitrag durch die Substitution fossiler Energieträger, der jedoch mit dem Risiko des Verzehrs anderer Arten von nicht erneuerbaren Ressourcen einhergeht, etwa der Verringerung von Biodiversität durch die zunehmende Flächeninanspruchnahme durch Energiepflanzen (Immerzeel et al. 2014; Hof et al. 2018).

Die Gestaltung einer nachhaltigen Bioökonomie ist zweitens mit der Herausforderung konfrontiert, dass nachhaltigkeitsbezogene Zielkonflikte oftmals auf unterschiedlichen Skalen auftreten und darüber hinaus nicht-substituierbare Güter betreffen. So dürfte etwa kaum zu beantworten sein, ab welchem Ausmaß Treibhausgaseinsparungen durch den verstärkten Anbau von Biomasse einen bestimmten Verlust an Biodiversität aufwiegen.

Drittens steht eine Bioökonomiepolitik vor der Herausforderung hoher Unsicherheiten in Bezug auf die Folgen der gewählten Maßnahmen. Vielfach ist nicht mit hinreichender Sicherheit oder zu vertretbaren Kosten feststellbar, geschweige denn vorhersehbar, welche Auswirkungen eine verstärkte Nachfrage nach biogenen Ressourcen etwa auf Lebensmittelpreise oder indirekte Landnutzungen hat.

24.6 Ausblick

Als Baustein einer Nachhaltigkeitstransformation sind im Rahmen einer Bioökonomiepolitik daher zuerst *no-* und *low-regret*-Maßnahmen zu identifizieren und umzusetzen, deren Folgen überschaubar und vertretbar sind. Hierzu zählen insbesondere die Nutzung biologischer Abfall- und Reststoffe sowie die Erschließung von Effizienzpotenzialen in den betroffenen Wirtschaftssektoren. Soll die stoffliche oder energetische Biomassenutzung darüber hinaus ausgebaut werden, bedarf es sektoren- und ggf. länderübergreifender ökologischer und sozialer Leitplanken, um positive Nachhaltigkeitsbeiträge sicherzustellen (Gawel et al. 2019). Aufgrund der angesprochenen Unsicherheiten ist dabei ein schrittweises Vorgehen empfehlenswert, bei dem die Handlungsfolgen der Politik regelmäßig überprüft und die entsprechenden Regelungen bei Bedarf nachjustiert werden (Purkus 2016).

Zentrale Akteure für die Etablierung einer nachhaltigen Bioökonomie sind sowohl Unternehmen, Politik, als auch die Zivilgesellschaft: Unternehmen müssen ihre Forschungs- und Entwicklungsanstrengungen ausbauen, um kostengünstige biobasiere Substitute verfügbar zu machen und Ressourcenkreisläufe stärker zu schließen (Verwendung von Produktionsabfällen bzw. Recyclaten). Das gilt insbesondere für ressourcenintensive Branchen wie Energieerzeugung, Bauwirtschaft, Chemie, Verkehr und Landwirtschaft. Aufgabe der Politik ist es, zu gewährleisten, dass biobasierte Produkte auch die ökologischen und sozialen Kosten ihrer Herstellung widerspiegeln. Gleiches gilt selbstverständlich für fossilbasierte Alternativen, da sich biobasierte Produkte andernfalls noch weniger als bislang an den Märkten behaupten können. Darüber hinaus ist die Politik – zusammen mit NGOs – gefordert, wenn es darum geht, das Konzept der Bioökonomie stärker in der Gesellschaft zu verankern und für die Akzeptanz der Transformation zu werben. Der Zivilgesellschaft kommt schließlich die Aufgabe zu, „Nachfrage“ nach einer nachhaltigen Bioökonomiepolitik und nach ökologisch und sozial „wahren Preisen“ zu entwickeln und auszudrücken. Ein verändertes Konsumverhalten allein wird hingegen nur begrenzt wirksam sein, da in der Abwesenheit umfassender sozialer und ökologischer Produktstandards die Auswahl nachhaltiger Produkte durch die Komplexität der Umwelt- und Sozialwirkungen behindert wird. Zugleich würden die Mehrkosten eines solchen individuellen Konsumverhaltens den Teil der freiwillig partizipierenden Gesellschaft konzentriert, wohingegen die restlichen Konsumenten verschont blieben (Trittbrettfahrerproblem). Insgesamt bedarf es also einer umfassenden Beteiligung und Kooperation zwischen einer Vielzahl gesellschaftlicher Akteure. Ansätze zur Formulierung gemeinsamer Positionen in Form des European Bioeconomy Stakeholders Manifesto weisen daher in die richtige Richtung.

In struktureller Hinsicht ist zu beachten, dass Beiträge der Bioökonomie zur Nachhaltigkeit – ebenso wie andere ökonomisch relevante Nachhaltigkeitsbestrebungen – ein effizientes und international abgestimmtes Vorgehen voraussetzen. Ineffiziente Transformationsstrategien insbesondere auf Basis ordnungsrechtlicher Maßnahmen wie Quoten für biobasierte Rohstoffe bzw. Produkte können die Kosten der Bioökonomiepolitik erheblich erhöhen und die Akzeptanz potenzieller Nachhaltigkeitsbeiträge in der Gesellschaft somit gefährden. Stattdessen bedarf es einer effizienten Steuerung mithilfe direkt preissteuernder Instrumente (handelbare Nutzungsrechte, Abgaben), die einen kostenminimierenden Anpassungspfad gewährleisten. Die Gewährleistung von Akzeptanz setzt darüber hinaus die Berücksichtigung der internationalen Wettbewerbsfähigkeit der Wirtschaft voraus. Ein international koordiniertes Vorgehen bietet u. a. Chancen auf einen breiteren und damit zügigeren Innovationsprozess, durch den die

Kosten der Transformation hin zur nachhaltigen Bioökonomie verringert werden können.

Mit Blick auf das Verhältnis von Bioökonomie und Nachhaltigkeit ist schließlich auch zu beachten, dass bestimmte Technologien bzw. Grundlagen der Bioökonomie (Gentechnik, synthetische Biologie) ethische Fragen aufwerfen, die auf Nachhaltigkeitsaspekte jenseits der SDGs verweisen können. So lässt sich u. a. fragen, inwieweit die Umsetzung der SDGs als Nachhaltigkeitsfortschritt (bzw. als Nachhaltigkeitsgarant) zu bewerten ist, wenn nicht absehbar ist, ob aus den verwendeten Methoden selbst fundamentale Risiken für die Bewahrung des menschlichen Lebens erwachsen (Hoffmann 2019). Ein häufig genanntes Beispiel hierfür ist die mögliche Verringerung der Schwelle zur Herstellung biologischer Waffen (Bennett et al. 2009; DiEuliis und Giordano 2018). Darüber hinaus kann debattiert werden, ob eine Welt in gleicher Weise lebenswert ist, in der die Grenze zwischen Natur und Technik zunehmend verschwimmt und der Mensch als „Schöpfer" in Erscheinung tritt (Caroll und Charo 2015; Achatz 2018). Zusammen mit den erwähnten potenziell widersprüchlichen Auswirkungen einer Bioökonomie innerhalb und zwischen verschiedenen Nachhaltigkeitsdimensionen ergibt sich somit ein hochkomplexes Beziehungsgeflecht zwischen beiden Konzepten. Eine ganzheitliche Betrachtung und Bewertung von Maßnahmen zur Gestaltung einer nachhaltigen Bioökonomie stellt daher eine erhebliche Herausforderung dar, die weitergehender Forschung jenseits disziplinärer Grenzen bedarf und ggf. auf einem neuen (wissenschafts-)ethischen Fundament basieren muss.

Literatur

Achatz, J. (2018). Warum Synthetische Biologie ein Thema der Ethik ist. Bundeszentrale für Politische Bildung (bpb). ▶ https://www.bpb.de/gesellschaft/umwelt/bioethik/271583/warum-synthetische-biologie-ein-thema-der-ethik-ist. Zugegriffen: 05. Sept. 2019.

Avato, P., Brown, R. J., & Kairo, M. (2009). Energie aus Biomasse. In S. Albrecht & A. Engel (Hrsg.), *Weltagrarbericht: Synthesebericht* (S. 101–114). Hamburg: Hamburg University Press.

Bechtel, G. (2018). The human development index as isoelastic GDP. Evidence from China and Pakistan. *Economies, 6*(2), 32–40.

Bennett, G., Gilman, N., Stavrianakis, A., & Rabinow, P. (2009). From synthetic biology to biohacking. Are we prepared? *Nature Biotechnology, 27*(12), 1109–1111.

Bugge, M., Hansen, T., & Klitkou, A. (2016). What is the bioeconomy? A review of the literature. *Sustainability, 8*(7), 691–713.

Bundesregierung. (2018). Deutsche Nachhaltigkeitsstrategie – Aktualisierung 2018. ▶ https://www.bundesregierung.de/resource/blob/975274/1546450/65089964ed4a2ab07ca8a4919e09e0af/2018-11-07-aktualisierung-dns-2018-data.pdf?download=1. Zugegriffen: 11. Juni 2019.

Bureau, J.-C., & Swinnen, J. F. M. (2018). EU policies and global food security. *Global Food Security, 16*, 106–115.

Burk, M. J., & van Dien, S. (2016). Biotechnology for chemical production. Challenges and opportunities. *Trends in Biotechnology, 34*(3), 187–190.

Carroll, D., & Charo, R. A. (2015). The societal opportunities and challenges of genome editing. *Genome Biology, 16*, 242–251.

D'Amato, D., Droste, N., Allen, B., Kettunen, M., Lähtinen, K., Korhonen, J., Leskinen, P., Matthies, B. D., & Toppinen, A. (2017). Green, circular, bio economy: A comparative analysis of sustainability avenues. *Journal of Cleaner Production, 168*, 716–734.

DiEuliis, D., & Giordano, J. (2018). Gene editing using CRISPR/Cas9. Implications for dual-use and biosecurity. *Protein Cell, 9*(3), 239–240.

El-Chichakli, B., von Braun, J., Lang, C., Barben, D., & Philp, J. (2016). Five cornerstones of a global bioeconomy. *Nature, 535*(7611), 221–223.

Fisher, A. C. (1981). *Resource and environmental economics*. Cambridge: Cambridge University Press.

Foust, T. D., Arent, D., de Carvalho Macedo, I., Goldemberg, J., Hoysala, C., Maciel Filho, R., Nigro, F. E. B., Richard, T. L., Saddler, J., Samseth, J., & Somerville, C. R. (2015). Energy security. In G. M. Souza, V. R. L. Victoria, & C. A. Joly (Hrsg.), *Bioenergy & sustainability. Bridging the gaps* (S. 61–89). Paris: SCOPE.

Fridahl, M., & Lehtveer, M. (2018). Bioenergy with carbon capture and storage (BECCS): Global potential, investment preferences, and deployment barriers. *Energy Research & Social Science*. ▶ https://doi.org/10.1016/j.erss.2018.03.019.

Gawel, E., Pannicke, N., & Hagemann, N. (2019). A path transition towards a bioeconomy – The crucial role of sustainability. *Sustainability, 11*(11), 3005–3027.

24

Grober, U. (2010). *Die Entdeckung der Nachhaltigkeit – Kulturgeschichte eines Begriffes*. München: Kunstmann.

Hauff, V. (1987). *Unsere gemeinsame Zukunft*. Greven: Eggenkamp.

Hausknost, D., Schriefl, E., Lauk, C., & Kalt, G. (2017). A transition to which bioeconomy? An exploration of diverging techno-political choices. *Sustainability, 9*(4), 669–691.

Hof, C., Voskamp, A., Biber, M. F., Böhning-Gaese, K., Engelhardt, E. K., Niamir, A., Willis, S. G., & Hickler, T. (2018). Bioenergy cropland expansion may offset positive effects of climate change mitigation for global vertebrate diversity. *Proceedings of the National Academy of Sciences of the United States of America*. ► https://doi.org/10.1073/pnas.1807745115.

Hoffmann, A. F. (2019). The precautionary principle: Origin, ethical implications, and theological outlook. In C. Dürnberger, S. Pfeilmeier, & S. Schleissing (Hrsg.), *Genome editing in agriculture. Between precaution and responsibility* (S. 251–258). Baden-Baden: Nomos.

Immerzeel, D. J., Verweij, P. A., van der Hilst, F., & Faaij, A. P. C. (2014). Biodiversity impacts of bioenergy crop production: A state-of-the-art review. *Global Change Biology Bioenergy*. ► https://doi.org/10.1111/gcbb.12067.

Issa, I., Delbrück, S., Hamm, U., & Sarangi, P. K. (2019). Bioeconomy from experts' perspectives – Results of a global expert survey. *PLoS ONE, 14*(5), 1–22.

Karp, A., Artaxo Netto, P. E., Berndes, G., Cantarella, H., El-Lakany, H., Moellwald Duque Estrada, T. E., Faaij, A., Fincher, G. B., Huntley, B. J., Ravindranath, N. H., Van Sluys, M.-A., Verdade, L. M., & Youngs, H. (2017). Environmental and climate security. In G. M. Souza, V. R. L. Victoria, & C. A. Joly (Hrsg.), *Bioenergy & sustainability. Bridging the gaps* (S. 139–183). Paris: SCOPE.

Klauer, B. (1999). Defining and achieving sustainable development. *The International Journal of Sustainable Development and World Ecology, 6*(2), 114–121.

Klauer, B., Manstetten, R., Petersen, T., & Schiller, J. (2013). *Die Kunst langfristig zu denken. Wege zur Nachhaltigkeit*. Baden-Baden: Nomos.

Kluts, I., Wicke, B., Leemans, R., & Faaij, A. (2017). Sustainability constraints in determining European bioenergy potential: A review of existing studies and steps forward. *Renewable and Sustainable Energy Reviews*. ► https://doi.org/10.1016/j.rser.2016.11.036.

Larroche, C., Sanromán Ángeles, M., Du, G., & Pandey, A. (Hrsg.). (2016). *Current developments in biotechnology and bioengineering. Bioprocesses, bioreactors and controls*. Amsterdam: Elsevier.

Lynd, L. R., & Woods, J. (2011). Perspective: A new hope for Africa. *Nature, 474*(7352), 20–21.

Marks, L. (2017). Introduction: Biotechnology – An ever expanding toolbox for medicine. In L. Marks (Hrsg.), *Engineering health. How biotechnology changed medicine* (S. 1–26). London: Royal Society of Chemistry.

Meadows, D. H., Meadows, D. L., Randers, J., & Behrens, W. W., III. (1972). *The limits to growth – A report for the Club of Rome's project on the predicament of mankind*. New York: Universe Books.

Norton, M., Baldi, A., Buda, V., Carli, B., Cudlin, P., Jones, M. B., Korhola, A., Michalski, R., Novo, F., Oszlányi, J., Duarte Santos, F., Schink, B., Shepherd, J., Vet, L., Walloe, L., & Wijkman, A. (2019). Serious mismatches continue between science and policy in forest bioenergy. *Global Change Biology Bioenergy, 11*, 1256–1263.

Oldroyd, G. E. D., & Dixon, R. (2014). Biotechnological solutions to the nitrogen problem. *Current Opinion in Biotechnology, 26*, 19–24.

Osseweijer, P., Watson, H. K., Johnson, F. X., Batistella, M., Cortez, L. A. B., Lynd, L. R., Kaffka, S. R., Long, S. P., van Meijl, H., Nassar, A. M., & Woods, J. (2015). Bioenergy and food security. In G. M. Souza, V. R. L. Victoria, & C. A. Joly (Hrsg.), *Bioenergy & sustainability. Bridging the gaps* (S. 91–137). Paris: SCOPE.

Pätäri, S., Tuppura, A., Toppinen, A., & Korhonen, J. (2016). Global sustainability megaforces in shaping the future of the European pulp and paper industry towards a bioeconomy. *Forest Policy and Economics, 66*, 38–46.

Pfau, S., Hagens, J., Dankbaar, B., & Smits, A. (2014). Visions of sustainability in bioeconomy research. *Sustainability, 6*(3), 1222–1249.

Purkus, A. (2016). *Concepts and instruments for a rational bioenergy policy. A new institutional economics approach*. Basel: Springer.

Pyka, A. (2017). Dedicated innovation systems to support the transformation towards sustainability. Creating income opportunities and employment in the knowledge-based digital bioeconomy. *Journal of Open Innovation: Technology, Market, and Complexity., 3*(1), 385–397.

Ramcilovic-Suominen, S., & Pülzl, H. (2018). Sustainable development – A ‚selling point' of the emerging EU bioeconomy policy framework? *Journal of Cleaner Production, 172*, 4170–4180.

Searchinger, T. D., Beringer, T., Holtsmark, B., Kammen, D. M., Lambin, E. F., Lucht, W., Raven, P., & van Ypersele, J.-P. (2018). Europe's renewable energy directive poised to harm global forests. *Nature Communications*. ► https://doi.org/10.1038/s41467-018-06175-4.

South, P. F., Cavanagh, A. P., Liu, H. W., & Ort, D. R. (2019). Synthetic glycolate metabolism pathways stimulate crop growth and productivity in the field. *Science, 363*(6422), 1–11.

Sudhakara Reddy, B., & Nathan, H. S. K. (2013). Energy in the development strategy of Indian households – The missing half. *Renewable and Sustainable Energy Reviews, 18,* 203–210.

Ulas, E., & Keskin, B. (2017). Is there a relation between HDI and economic performances? In D. Procházka (Hrsg.), *New trends in finance and accounting* (S. 61–70). Cham: Springer.

WCED (World Commission on Environment and Development). (1987). *Our common future*. Oxford: Oxford University Press.

Zeug, W., Bezema, A., Moesenfechtel, U., Jähkel, A., & Thrän, D. (2019). Stakeholder's interests and perceptions of 2 bioeconomy monitoring – Using an 3 SDGs-framework. *Sustainability, 11,* 1511–1534.

Prof. Dr. Bernd Klauer

(geb. 1965) studierte Mathematik, Physik und Volkswirtschaftslehre an der Ruprecht-Karls-Universität Heidelberg und der University of Kentucky, USA. Er promovierte 1997 in Heidelberg mit einer Arbeit zum Thema Nachhaltigkeit und Naturbewertung. Am Helmholtz-Zentrum für Umweltforschung (UFZ) ist er stellvertretender Leiter des Departments Ökonomie und lehrt gleichzeitig als Honorarprofessor für Nachhaltigkeit und Wasserressourcenmanagement an der Universität Leipzig. Zu seinen Forschungsschwerpunkten zählen Methoden der Bewertung und Entscheidungsunterstützung, Governance, Nachhaltigkeit, Wasserressourcenmanagement, Biodiversitätsschutz und Verkehrspolitik. Er beriet bereits verschiedene Ministerien des Bundes sowie die Europäische Kommission und arbeitete für das Büro für Technikfolgenabschätzung beim deutschen Bundestag.

Dr. Harry Schindler

(geb. 1983) studierte Politikwissenschaft, Soziologie und Geschichte an der Technischen Universität Dresden. Er promovierte als Stipendiat der Deutschen Bundesstiftung Umwelt am Helmholtz-Zentrum für Umweltforschung (UFZ) zum Thema Ausgestaltung von Umweltlenkungsabgaben. Seit 2019 ist er als wissenschaftlicher Mitarbeiter am Deutschen Biomasseforschungszentrum tätig und arbeitet dort zu politischen und volkswirtschaftlichen Aspekten der Bioökonomie.

Standortbestimmung des Systems Bioökonomie in Deutschland

Daniela Thrän und Urs Moesenfechtel

D. Thrän, U. Moesenfechtel (Hrsg.), *Das System Bioökonomie*,
https://doi.org/10.1007/978-3-662-60730-5_25

25.1 Einleitung

In diesem Buch haben wir die Bioökonomie in Deutschland auf der Grundlage einer Systemperspektive beschrieben. Dazu wurde die Bioökonomie zur besseren Darstellung des Gesamtsystems in Teilbereiche untergliedert. Diese Gliederung orientierte sich an den jeweilig schwerpunktmäßig genutzten Ressourcen. Zwar ist diese Aufteilung nicht ganz trennscharf, da z. B. „Bäume" (holzbasierte Bioökonomie) selbstverständlich auch Pflanzen sind oder sich die Verfahrenstechniken in der Bioökonomie der Pflanzen und der Mikroorganismen und Pilze überschneidet. Weil diese ressourcenbasierten Sichtweisen auf die Bioökonomie aber in Wirtschaft, Wissenschaft, Politik und Zivilgesellschaft häufig spezifisch betrachtet und eigenständig verhandelt werden, liefern sie wesentliche Einsichten in das System Bioökonomie. Neben den ressourcenbasierten Teilbereichen wurden auch konkrete Akteure innerhalb ihrer Vernetzungsstrukturen dargestellt sowie der Handlungsrahmen in dem sich die Bioökonomie in Deutschland (und Europa) gestalten und entwickeln kann.

Trotz der Unterschiede in den Teilsystemen und Teilsichten, auf die nachfolgend genauer eingegangen wird, gibt es ein breites gemeinsames Verständnis von Bioökonomie als Chance zur Transformation von Wirtschaft und Gesellschaft. Dies lässt sich an der allgemeinen Aufbruchsstimmung und dem damit einhergehenden Erfindergeist festmachen, die die Teilsysteme und auch die Handlungsfelder – auch 15 Jahre nach ihren ersten Anfängen – in Deutschland und Europa prägt. Die Akteure verstehen sich selbst nicht nur auf einer diskursiven Metaebene dem System zugehörig, sie bilden auch reale Kooperationsstrukturen untereinander aus und investieren damit in die Zukunft eines größeren Bioökonomiebildes. Sie beschreiben auch ähnliche Zielkonflikte und benennen in ihren Visionen gleichlautende Hoffnungen und Wünsche, die nur durch eine stärkere Integration der jeweiligen eigenen Bestrebungen mit denen anderer Bioökonomie-Akteure erreicht werden können.

Im Folgenden werden einzelne zentrale Punkte dieser Zielkonflikte und Visionen des Systems Bioökonomie in Deutschland zusammengeführt sowie eine Einordnung in die internationalen und zukünftigen Entwicklungen und ein Ausblick auf das System Bioökonomie in Deutschland vorgenommen.

25.2 Ressourcen für die Bioökonomie von morgen

Ob in Deutschland oder global: Biomasse wird seit jeher dazu genutzt, unterschiedliche Bedarfe nach Nahrung, Wohnung, Mobilität, Information etc. zu erfüllen. Die „Bioökonomie" ist somit „*per se*" keine Erfindung der Neuzeit. Neu ist aber, dass die Bioökonomie neue Verfahren, Produkte und Prozesse entwickelt, die diese Nutzung ökologischer und ökonomischer ermöglichen soll – und vor allem neue Nutzungsmöglichkeiten eröffnet. Wie jedoch unterschiedliche Teilsysteme der Bioökonomie die (zukünftigen) Nutzungsmöglichkeiten von Biomasse definieren und welche Zielkonflikte sie dabei sehen, ist divers.

So versteht die pflanzenbasierte Bioökonomie ihre grundsätzliche Zielsetzung darin, möglichst viel und möglichst nachhaltig (vor allem unter Wahrung der Biodiversität) Biomasse zu erzeugen, um sowohl die Ernährung zu sichern als auch eine fossilbasierte Wirtschaft durch eine biobasierte Wirtschaft ablösen zu können. Sie stellt aber auch die Möglichkeiten ihrer Forschungen, Produkte und Verfahren heraus, die zu einer Mehrung oder qualitativen Verbesserung der Ressourcenbasis führen sollen. Allerdings sieht sie sich bezüglich bestimmter Verfahrensweisen und Produkten mit einer gesellschaftlichen Kontroverse konfrontiert, sodass die möglichen Potenziale bisher nicht ausgeschöpft werden können; dies gilt in erster Linie für Verfahren der Genomeditierung und der synthetischen Biologie.

Die holzbasierte Bioökonomie fokussiert vor allem die forstwirtschaftliche Ressourcenbasis in Deutschland und beschreibt diese als stabil, sofern die bereits begonnenen Klimaanpassungsmaßnahmen fortgeführt werden. Die zukünftige Holznutzung soll aber nicht allein die bekannten Rohstoffbedarfe erfüllen, sondern auch neue Produkte liefern sowie gleichzeitig stärker in die Waldpflege und den Waldumbau investieren. Die Erwartung ist, dass nur eine Nachfrage hochwertiger Produkte durch entsprechende Verarbeitungsunternehmen einen dauerhaften, nachhaltigen gepflegten und produktiven Forst sichert.

Die tierbasierte Bioökonomie stellt die Herausforderungen der globalen Welternährung, die Ressourcenknappheit und anstehende Konkurrenzen um pflanzenbasierte Biomasse besonders deutlich heraus. In der Schlussfolgerung liegt das Innovationsverständnis der tierbasierten Bioökonomie in einem umfassenden Zusammenspiel von Effizienzsteigerungen im Bereich der Pflanzen, Mikroorganismen, Pilze und Tiere. Vor allem soll die Fähigkeit monogastrischer Nutztiere, nicht-essbare Biomasse zu verwerten, reaktiviert werden und dafür Verbesserungen in der Pflanzenzüchtung, den Anbautechniken sowie Ernte- und Konservierungsverfahren zur Erhaltung des Futterwerts der zumeist verderblichen Biomasse erfolgen. Gleichzeitig sind Nebenprodukte, die bei der Verarbeitung von Pflanzen zu Lebens-, Futtermitteln und Materialien entstehen, konsequent in den Kreislauf der Futterwirtschaft zurückzuführen und damit die Nachfrage nach angebauten Futtermitteln zu reduzieren.

Auch die marine Bioökonomie setzt bei der Ressourcenfrage an und versteht sich als Möglichkeit, den Nutzungsdruck senken, insbesondere auf landwirtschaftliche Flächen. So soll bspw. die Lebensmittelproduktion wieder dichter an Städte herangeholt und somit lange Transportwege vermieden werden. So werden etwa Aquaponikanlagen als mögliche Lösung zur Entlastung landwirtschaftlicher Nutzflächen beschrieben.

Ebenso sieht sich die Bioökonomie der Mikroorganismen in der Pflicht, den Bedarf an nachwachsenden Rohstoffen und die damit verbundene Landnutzungsänderung in Maßen zu halten. Sie will mikrobielle Verfahren auf die Produktbereiche konzentrieren, die von Kohlenstoff abhängen. Dies sind Produkte der organischen Chemie (einschließlich Lebens- und Futtermittelzusätzen und Pharmaprodukten) und Teilbereiche des Treibstoffmarktes (Schwerlast-, Schiffs- und Flugverkehr). Großes Innovationspotenzial wird in der Vielfalt der Anwendungen von Mikroorganismen gesehen, das von neuen Verfahren und Produkten bis hin zum Maschinen- und Anlagenbau und der Prozessorganisation reicht. Verfahrensinnovationen betreffen alle Verfahrensschritte; beginnend bspw. beim enzymatischen Aufschluss von Holz, der Entwicklung und Optimierung von mikrobiellen Stämmen und Enzymen, mikrobiellen und enzymatischen Umsetzungsverfahren und der Aufarbeitung und Produktreinigung.

Die abfallbasierte Bioökonomie zeigt auf, dass zwar einerseits bereits eine erhebliche Nutzung an biogenen Rest-und Abfallstoffen erfolgt, andererseits aber auch, dass die Erschließung ungenutzter Reststoffströme noch erfolgen müsste, um den Nutzungsdruck auf Landflächen weiter zu reduzieren. Die abfallbasierte Bioökonomie fordert dafür die Weiterentwicklung des bestehenden Anlagen- und Abfallrechtes hin zu einer umfassenden Kreislaufwirtschaft ein.

Die digitale Bioökonomie zeigt die Möglichkeiten auf, die sich z. B. durch die Nutzung von Big Data zur Ressourcenschonung in allen anderen Teilbereichen ergeben können. Die Ressourcenbasis der digitalen Bioökonomie ist der Betrieb von Datensystemen, also Strom. Sie ist der Teilbereich, der sich noch in einem frühen Stadium befindet – die Akteure sind noch wenig vernetzt, die Stoff- und Energieströme nicht klar umrissen.

Es zeigt sich, dass das Bewusstsein dafür, dass eine Transformation von Wirtschaft und Gesellschaft nur dann gelingen kann, wenn ein umsichtiger und gesunder Umgang mit den begrenzten Ressourcen erfolgt und dies in allen Teilsystemen handlungsleitend ist – nicht nur in Deutschland, sondern weltweit. Die Erwartung begrenzter Biomasseressourcen und der weitgehende Ersatz fossilbasierter Produkte (zumindest bei dem bisherigen Konsumniveau) werden jedoch in keinem Teilsystem postuliert. Nichtdestrotz will und kann die Bioökonomie die fossilbasierte Wirtschaft zumindest in einigen Anwendungsbereichen ersetzen – mit besonderem Fokus auf hochpreisige Produkte. Dies soll durch die Umsetzung vielfältiger Potenziale zur besseren Nutzung von Biomasse als Rohstoff erfolgen: indem bisherige Biomassestoffströme nachhaltiger gestaltet oder aber neue Stoffströme erschlossen werden. Dabei werden insbesondere ungenutzte Ressourcen genannt; die Erwartung von zunehmenden Biomasseimporten spielt eine untergeordnete Rolle.

Zusammenfassend lassen sich drei wesentliche Elemente festhalten, wie die Akteure eine nachhaltige, effiziente Nutzung von Biomasse realisieren möchten, bzw. ihren eigenen Prozessen bereits implizit unterstellen. Grundsätzlich hegen die Akteure die Erwartung, durch diese Maßnahmen ihre bereits genutzte Ressourcenbasis steigern zu können. Damit sind jedoch auch Herausforderungen verbunden:

1. **Zugang zu neuen Ressourcen außerhalb der etablierten Landnutzung**
   Relevant für - Teilbereiche der marinen Bioökonomie, der pflanzenbasierten Bioökonomie sowie der Bioökonomie der Mikroorganismen
   Herausforderungen - Die potenziellen Ressourcen außerhalb der etablierten Landnutzung lassen sich nur mit großen Unsicherheiten einschätzen. Darüber hinaus führen landbasierte Systeme der marinen Bioökonomie (Aquaponikanlagen) u. U. zu weiteren Flächennutzungskonflikten oder einem höheren Einsatz von Energie oder weiteren Einsatzmitteln (wie z. B. Nährstoffen), wie es z. B. beim *vertical farming* der Fall ist (s. auch Punkt 2)

2. **Erhöhung der Ausbeute durch bessere Informationen und neue Herstellungstechnologien**
   Relevant für - alle Teilbereiche der Bioökonomie
   Herausforderungen - Bessere Informationen und Herstellungsverfahren sind i. d. R. mit zusätzlichem Aufwand an Energie verbunden. Die Energiebereitstellung wird aber – mit Ausnahme der geringen Wertschöpfung der hohen Emissionen der direkten energetischen Holznutzung – in keinem Teilbereich der Bioökonomie als limitiertes Produktionselement beschrieben. Entsprechend werden die Herausforderungen und Umwelteffekte eines erhöhten Energiebedarfs einer innovativen Bioökonomie nicht problematisiert

3. **Verlängerung der Wertschöpfungskette durch mehrstufige Nutzungskaskaden**
   Relevant für - insbesondere die Teilbereiche holzbasierte Bioökonomie, Bioökonomie der Mikroorganismen und abfallbasierte Bioökonomie
   Herausforderungen - Im Fokus der Koppel- und Kaskadennutzung steht die Bereitstellung hochwertiger Produkte. Dies bedarf jedoch der Zusammenführung von Stoffströmen über die einzelnen Teilbereiche hinweg, was derzeit jedoch durch vielfältige Einschränkungen behindert wird. Ein grundlegendes Problem ist z. B. die nur unzureichende Zusammenarbeit der Akteure zwischen den Sektoren, die zu Informationsdefiziten führt. Auch sind Anforderungen an Kaskaden unterschiedlich gut etabliert: Während die energetische Nutzung eine große Bandbreite an Materialien nutzen kann, sind stoffliche Wiederverwertungen oft schwierig. Ein recyclinggerechtes Konstruieren würde die Wiederverwertungsmöglichkeiten erhöhen, jedoch sind entsprechende Konzepte bisher kein fester Bestandteil der Bioökonomie.

Widersprüchlich sind die Erwartungen, ob die effizientere und stärker kaskadierte Rohstoffnutzung auch Auswirkungen auf die Größe und Verortung der Produktionsstrukturen haben wird: Die marine Bioökonomie weist bspw. auf die Möglichkeiten hin, durch stadtnahe Aquaponiksysteme die Transportwege von Nahrungsmitteln deutlich zu reduzieren. Die Bioökonomie der Mikroorgansimen thematisiert die Auswirkungen einer breiten Umstellung auf mikrobielle Verfahren auf hiesige Industriezentren. Es wird erwartet, dass bisherige, traditionelle (land-, forst- und marinebasierte) Produktionsstandorte von Biomasse wegfallen oder neu agglomerieren, da sie durch neue, industrielle Produktionsformen von Biomasse ersetzt werden oder aber sich gänzlich in andere Teile der Welt verlagern, wo die dazu nötigen Infrastrukturen bereits bestehen oder zügiger etabliert werden. Dabei kann es zu einer gänzlichen Neuordnung regionaler, überregionaler und internationaler

Versorgungsketten für biobasierte Rohstoffe kommen, deren konkrete Ausgestaltung jetzt aber noch nicht absehbar ist.

Gemein ist allen Teilbereichen und Akteuren, dass sie in ihren Zielbildern, Biodiversität als wichtiges Handlungskonzept im Rahmen ihrer eigenen Nachhaltigkeitsansprüche nennen. Konkret wird Biodiversitätserhalt als Handlungsziel in den Bereichen holzbasierte, pflanzenbasierte und marine Bioökonomie genannt. Bei der marinen Bioökonomie wird der Anspruch, Ökologie und Ökonomie miteinander zu verbinden, konkretisiert. Biodiversität wird allerdings als Handlungsrahmen erwartet und weniger in den Teilsystemen selbst gestaltet: Wie aber genau „Biodiversität" durch Bioökonomie erhalten, geschützt oder gemehrt wird, wird bisher nicht (im Detail) ausgeführt. Anders als die Überlegungen zur Ressourceneffizienz bleibt die Frage der Biodiversität damit programmatisch.

25.3 Innnovationserwartungen und Zielbilder

Viele Akteure, vor allem die Regionen mit Bioökonomieschwerpunkt, wollen Innovationen durch Vernetzung beschleunigen. Dabei gehen sie unterschiedlich vor. Den dargestellten deutschen Bioökonomieregionen und -clustern ist gemein, dass sie sich spezielle Sektoren und/oder Produktbereiche vornehmen. Solche Spezifizierungen sind auch bei den weiteren deutschen Bioökonomieverbünden festzustellen (die in diesem Buch jedoch nicht aufgeführt sind). Mit unterschiedlichen Organisationsformen sollen der Austausch zwischen den Akteuren verbessert und umfassendere Wertschöpfungsketten aufgebaut werden. Dabei kann man den aktuellen Stand dieser Bemühungen als Investition begreifen: Es werden Vernetzungsstrukturen geschaffen, um sektorübergreifende Produkte und Innovationen zu entwickeln. Diese Vernetzungsaktivitäten sind laut aller Akteure mit einem erheblichen Zeitaufwand verbunden.

Der Ertrag dieser Investitionen steht noch aus: Bisher sind die neuen Produkte vor allem Nischenanwendungen. Die Produktionszahlen und Bioökonomieanteile entwickeln sich in Deutschland wie auch in Europa nur langsam. ◻ Abb. 25.1 zeigt die geschätzten Bioökonomieanteile in verschiedenen Sektoren, basierend auf den eingesetzten Mengen in Europa. Auch wenn innovative Produkte mit geringem Mengenbedarfen in dieser Darstellung nicht ausgewiesen sind, lässt sich doch erkennen, dass zumindest der Bedarf an nicht-bioökonomischen Mengen in den verschiedenen Bereichen durch diese Innovationen nicht reduziert werden konnte (M'Barek et al. 2018). Lediglich im Energiesektor wurden – infolge starker Förderung – zwischenzeitlich stärkere Anteile erreicht, u. a. bei Holzbrennstoffen, Biokraftstoffen und Biogas.

Die Zielbilder der Bioökonomie werden von allen Teilereichen und Teilsichten umfassend formuliert. Es entwickelt sich also ein zunehmend gemeinsames Verständnis der Bioökonomie in Deutschland. So betonen z. B. alle Akteure, dass die Bioökonomie aufgrund knapper werdender (fossiler) Ressourcen, des demografischen Wandels und der dadurch bedrohten globalen Ernährungssicherung des Verlusts von Biodiversität, Landungsnutzungskonflikten etc. notwendig sei. Ebenso wird gemeinsam hervorgehoben, dass nur durch nachhaltigere, ökonomisch und ökologisch vorteilhaftere Produkte und Verfahrensweisen eine Konkurrenz zu bisherigen, etablierten und gleichzeitig bestehenden Wirtschaftsweisen möglich ist. Alle Teilbereiche weisen entsprechend Lösungsansätze aus, durch die eine Transformation von Wirtschaft und Gesellschaft realisiert werden könnte. Das in der Bioökonomiestrategie der Bundesregierung von 2014 angelegte umfassende Systemverständnis der Bioökonomie ist damit in den vergangenen Jahren von den Akteuren und Teilbereichen aufgenommen worden.

25

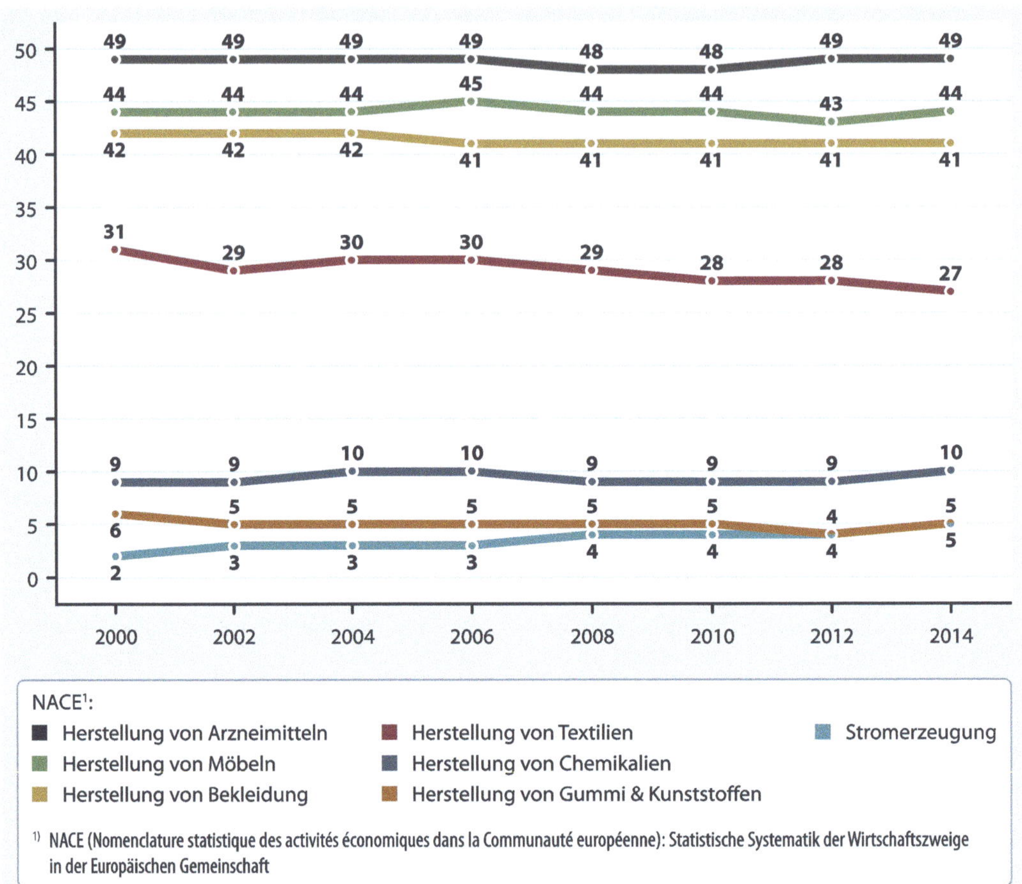

Abb. 25.1 Entwicklung der sektoralen biobasierten Anteile in der EU (2008–2015). Die Entwicklung der sektoralen biobasierten Aktien 2008–2015 ist in dieser Abb. auf der Ebene der EU-28 dargestellt. Die Entwicklungen können auf der Ebene der Mitgliedstaaten unterschiedlich sein. (Quelle: eigene Darstellung nach M'Barek et al. 2018, S. 9)

25.4 Akteure als Ausgangspunkt für die Ausbildung eines Bioökonomiesystems

Die Vernetzung der Akteure untereinander vollzieht sich im Wesentlichen entlang der jeweiligen Ressourcennutzungsschwerpunkte und ihrer Wertschöpfungsketten (mit den Teilbereichen Bereitstellung, Verarbeitung, Distribution, Nutzung und Entsorgung). Sie erfolgt vor allem in Clustern, Plattformen und Netzwerken. Diese Zusammenschlüsse eint die Herausforderung, verschiedene Fachdisziplinen und Forschungskulturen zu vereinen und ein gemeinsames Verständnis der jeweiligen Herausforderungen und Chancen zu etablieren. Hinzu kommen Akteure, die die Bioökonomie kritisch begleiten, ob im Rahmen von NGO-Tätigkeiten oder medial. Alle Teilbereiche der Bioökonomie, wie sie in diesem Buch beschrieben wurden, verstehen sich selbst als zugehörig zu einem „Gesamtsystem Bioökonomie". Dabei verfolgen die (in diesem Buch dargestellten) Akteure einen Mittelweg zwischen dem affirmativen und pragmatischen Ansatz (s. ► Abschn. 17.3.1 und 17.3.2).

Abgesehen von dieser „Metaerzählung Bioökonomie" wird jedoch vor allem auf den eigenen Teilbereich fokussiert, was bspw. durch die nur schwach ausgeprägte Zusammenführung von Stoffströmen zwischen diesen Teilbereichen deutlich wird. Das Ziel, Kreisläufe zu schließen, wird zwar formuliert, aber bisher hauptsächlich im eigenen Handlungsbereich verfolgt. Ebenso ist die Verschränkung von stofflicher und energetischer Nutzung von Biomasse nur teilweise realisiert. Eine weitere Verbesserung der Kaskadennutzung von Holzprodukten in Deutschland könnte bspw. zu erheblichen Treibhausgasreduktionen führen. Für eine zukünftige Bioökonomie gilt es, durch ein stärkeres Zusammendenken einzelner Teilbereiche ungenutzte Potenziale ausfindig zu machen.

Die Aktivitäten der Bioökonomieakteure lassen sich in zwei handlungsprägende Hauptlinien unterteilen: Die einen richten ihr Augenmerk auf die Frage, wie mehr und besser nutzbare Biomasse erzeugt werden kann. Die anderen sind daran interessiert, Biomasse besser zu nutzen und intelligenterer, nachhaltiger Produkte zu erzeugen. Die Zukunft der Bioökonomie wird davon abhängen, wie stark diese beiden Akteursgruppen zusammenarbeiten werden, da nur so absehbare Nutzungskonkurrenzen überwunden werden können.

25.5 Wieviel Bioökonomie werden wir uns leisten können?

Grundsätzlich ist der Einfluss einer deutschen Bioökonomie auf ein globales Wirtschaftssystem begrenzt. Deutschland ist nur ein Puzzlestein in der Welt. Aktuell umfasst der Beitrag von Deutschland zur weltweiten Entwicklung 1,0 % der Weltbevölkerung, 1,4 % der Holzproduktion, 2,2 % der Bioenergienutzung, 2,4 % des Ausstoßes an anthropogenen Klimagasen und 2,5 % der Fleischproduktion. Dazu werden 0,3 % der globalen Forstflächen und 0,8 % der globalen Ackerflächen genutzt. Bei Beiträgen von 1 bis 3 % Prozent erscheint Deutschland als kleiner Baustein in einer globalen Bioökonomie. Ebenso sind die Entwicklungsmöglichkeiten einer deutschen Bioökonomie limitiert – zumindest, wenn sie nur auf heimischen Ressourcen basieren sollte. Nichtsdestotrotz würde ein Umbau unserer nationalen Wirtschaft und Gesellschaft – wenn bestehende Konsummuster nicht verändert werden – nicht nur zu Auswirkungen auf Ressourcen aus Deutschland, sondern auf der ganzen Welt führen.

Die Entscheidung darüber, wie viele dieser Ressourcen – ob national oder international – für die Bioökonomie eingesetzt werden sollen, muss dabei letztlich gesellschaftlich ausgehandelt werden. Sowohl national wie international. Der bisherige Bioökonomiediskurs in Deutschland und Europa bzw. weltweit spiegelt diesen Aushandlungsprozess wieder: Unterschiedliche Zielbilder führen zu sehr diversen Einschätzungen darüber, „wie viel Bioökonomie" wir uns als Gesellschaft und Weltgemeinschaft leisten können und sollten. Diese Einschätzung hängt davon ab, ob die Bioökonomie als Weiterführung und ggf. Steigerung derselben, bisherigen nicht-nachhaltigen Wirtschaftsweisen (nun jedoch auf der Basis biogener Ressourcen), als Substitution oder als kompletter Wechsel (nicht nur der Rohstoffbasis, sondern auch sämtlicher Stoffströme, Produktionsverfahren und Konsummuster) gedacht wird. Welche Möglichkeiten und Herausforderungen hier bestehen, kann nur im globalen Kontext diskutiert werden.

25.6 Ausblick auf die globalen Stoffströme

Eine Betrachtung der fünf entscheidenden Produktgruppen des menschlichen Bedarfs zeigen, dass die damit einhergehenden globalen Stoffströme unterschiedliche Ansatzpunkte zur Gestaltung einer Bioökonomie beinhalten:

Fleisch ist derzeit der wichtigste Proteinlieferant innerhalb der menschlichen Ernährung. In vielen Ländern der Welt ist der Fleischkonsum unmittelbar mit dem persönlichen Wohlstand verknüpft. Jedoch ist die Proteinaufnahme mittels Fleisch durch geringe Umwandlungseffizienzen und einen großen ökologischem Aufwand bzw. hohe Folgekosten gekennzeichnet. Darüber hinaus betrachten auch Gesundheitsexperten den Fleischkonsum in vielen Ländern der Welt als deutlich zu hoch und gesundheitsschädigend: 42,5 kg pro Jahr und Person beträgt der durchschnittliche Fleischkonsum weltweit (Ritchie und Roser 2017). Dem gegenüber empfehlen z. B. deutsche Ernährungswissenschaftler maximal 300 bis 600 g Fleisch pro Woche (DGE 2017), was 16 bis 32 kg Fleisch pro Jahr und Person entspricht. Ergo könnte oder müsste die weltweite Fleischproduktion schon aus Gesundheitsgründen halbiert werden. Eine solche Halbierung ginge mit einem Minderbedarf an 660 kg Futtermitteln pro Jahr und Erdeinwohner einher, oder – anders ausgedrückt – etwa 1760 m^2 landwirtschaftlicher Fläche, die dann anderweitig genutzt werden könnte.[1] Ein Freiwerden dieses Landnutzungspotenzials hätte massive Auswirkungen auf die Entwicklungsmöglichkeiten der Bioökonomie.

Holzverbrennung in offenen Feuerstellen ist in vielen Regionen der Welt der dominierende Weg zur Bereitstellung von Haushaltswärme für die Nahrungszubereitung. Um die 3 Mrd. Menschen weltweit sind ganz oder teilweise von dieser Energiequelle abhängig (Nijhuis 2017). Diese Feuerstellen nutzen nur einen geringen Teil der Energie, die im Brennholz gebunden ist, über 80 % verraucht in der Regel ungenutzt (Thrän 2015). Offene Feuerstellen in Hütten und Häusern, die Ruß und Staub erzeugen, sind eine große Gesundheitsbelastung für die Anwesenden – meist Frauen und Kinder. Würde das Holz in modernen Kochern und Öfen genutzt, wäre die Energieausbeute mindestens dreimal höher und damit die gleiche Energie mit weniger als einem Drittel der Holzmenge möglich (Adria und Bethge 2013). Über 20 EJ an Holzbrennstoffen ließen sich damit jedes Jahr einsparen. Das sind jedes Jahr 1,5 Mrd. m^3 Holz, das für andere Produkte zur Verfügung stehen könnte – oder auch das Anderthalbfache des gesamten jährlichen Energieeinsatzes in Deutschland, der 2017 bei 13,7 EJ lag (BMWi 2018).[2] Auch hier kann die Bioökonomie mit neuen Innovationen bei der energetischen Nutzung von Biomasse ansetzen.

Chemieprodukte aus nachwachsenden Rohstoffen können vielfältige Produkte aus fossilen Rohstoffen ersetzen. Die aktuellen und erwarteten Innovationen sind umfangreich und werden in allen Teilbereichen der Bioökonomie gesehen. Die Kohlenstoffverbindungen, die die Natur synthetisiert, bilden hochwertige Ersatzstoffe für die heutigen fossilen Kohlenstoffverbindungen in Kunststoffen, Wirkstoffen, Schmierstoffen etc. Sie ersparen alternative Aufwendungen, die nötig wären, den Kohlenstoff aus dem CO_2 der Luft nutzbar zu machen und die Forscher der RWTH Aachen mit einer Erhöhung des weltweiten Strombedarfs von aktuell 26 auf über 44 PWh beziffern (Le Page 2019). Und dieser Strombedarf müsste aus erneuerbaren Energien bereitgestellt werden, denn sonst werden fossile Ausgangsmaterialein durch fossile Energieträger ersetzt. Jedoch ist auch für nachwachsende Rohstoffe die aktuelle Bedeutung von Chemieprodukten noch sehr niedrig: Von den aktuell etwa produzierten 350 Mio. Kunststoffen (Statista 2019) sind knapp 5 Mio. Biokunststoffe (Recyclingportal 2016), d. h. Kunststoffe aus nachwachsenden Rohstoffen, die jedoch überwiegend nicht abbaubar sind. Und der Markt wächst nur langsam – zwischen 5 und 10 % lag die Steigerung der Produktqualitäten in den vergangenen Jahren

---

1 Eigene Berechnungen auf Basis von Ritchie und Roser (2017) und Campogeno (2016). Angenommen wurde die Halbierung der aktuellen Schweine-, Geflügel- und Rindfleischproduktion.

2 Folgende Umrechnungsgrößen: 13 GJ pro Festmeter.

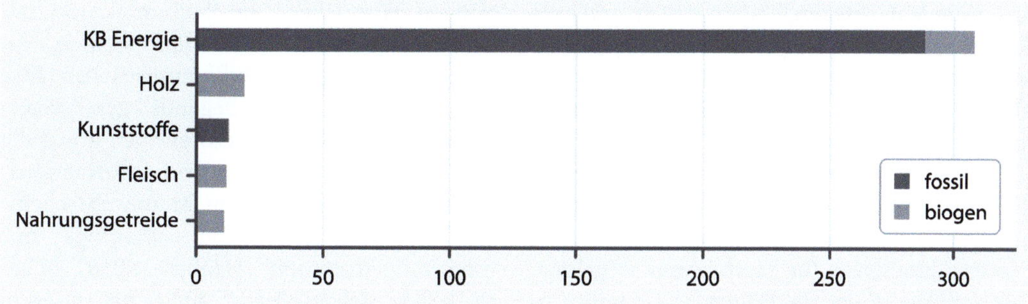

Abb. 25.2 Die Energiegehalte der größten fünf Produktgruppen im Vergleich; Umfang wichtiger kohlenstoffbasierte Produkte für die Jahre 2017/2018 in Energieeinheiten (EJ/Jahr), KB steht für kohlenstoffbasiert; nicht berücksichtigt sind Nuklearenergie und erneuerbare Energie. (Quelle: eigene Darstellung auf der Basis von FAO 2009; Kaltschmitt et al. 2009; Proplanta 2018; REN 21 2019)

(ebd.). Selbst wenn ab morgen in jedem Jahr noch einmal die aktuelle Produktionskapazität (5 Mio. t) zugebaut würde, läge der Anteil an Biokunststoffen im Jahr 2030 erst bei 12 %.

Baustoffe müssen deutlich regenerativer werden, denn die Zementherstellung verursacht durch den hohen Energiebedarf und die prozessbedingten Emissionen aktuell 8 % der anthropogenen Klimagase (Rodgers 2018). Wenn in Europa der Baubereich konsequent auf nachwachsende Rohstoffe umsteigt, dann könnte sich der Einsatz von Bauholz in der Zeit zwischen 2015 und 2030 maximal von 15 auf 30 Mio. m^3 verdoppeln (Hildebrandt et al. 2017). Die zusätzliche Nachfrage würde ungefähr 5 %[3] der aktuellen europäischen Brennholznutzung entsprechen. Als Brennstoff werden diese Baustoffe erst verfügbar, wenn sie ihre stoffliche Nutzungsdauer erreicht haben.

Die **regenerative Energiebereitstellung** ist eine Löwenaufgabe, die weit über die Möglichkeiten der Bioökonomie hinausgeht. Bioökonomie braucht also andere erneuerbare Energien für den Umstieg auf klimaneutrale Ressourcen. Bioenergie ist in der Bioökonomie daher kein Basisenergieträger, sondern eine Premiumenergie für die Bereiche, in denen Alternativen aus anderen erneuerbaren Energien deutlich teurer wären, wie im Flugverkehr oder Wärme für die Industrie. Verzichtet man darauf, wären die Klimagaseinsparungen nur langsamer realisierbar, der Bedarf an erneuerbarem Strom stiege noch einmal deutlich an und auch die Kosten zur Klimagasvermeidung wären deutlich höher (Thrän et al. 2019).

Energie als Schlüsselfrage:
Wenn die Stoffströme der biogenen und fossilen Produkte auf Basis Ihrer Energieinhalte in Relation gesetzt werden, wird sichtbar, welche Relevanz die Produkte haben und welche Einsparungen sie einbringen (s. Abb. 25.2). Sie zeigen, dass, bezogen auf die Energieinhalte, die weltweite Nutzung von Nahrungsgetreide, Fleisch und Kunststoffen eine vergleichbare Größenordnung haben, während die die Energieverwendung auf Basis von Kohlenstoffverbindungen den Energieumfang der genannten Produktgruppen um den Faktor 6 übersteigt. Die Energiebereitstellung ist damit also die Schlüsselfrage für eine nachhaltige Bioökonomie.

25.7 „Neue Spieler" jenseits der Stoffströme

Neben den großen Stoffströmen gibt es eine Reihe von Innovationen und Innovationserwartungen, die intelligente Dienstleistungen und Produkte jenseits der großen Stoffströme

3 Eigene Rechnung.

in Aussicht stellen, aber auch weitere Unbekannte, die das System in den kommenden Jahren und Jahrzehnten umfassend beeinflussen. Als wichtige Beispiele sind hier zu nennen:

Neue Verwendungswege für die verfügbaren Ressourcen werden in allen Teilsystemen gesehen. So gibt es bspw. grundlegend neue Verwendungswege für Holz, wenn es gelingt, hochwertige Einzelfraktionen wie Lignin zu generieren und parallel kostengünstige Produkte bereitzustellen, die Tiere und Menschen verstoffwechseln können. Diese, aber auch andere Rohstoffe, könnten dann in Zukunft eine große Bandbreite an Lebensmitteln (Stichwort synthetisches Fleisch) bereitstellen, und so z. B. den Bedarf an Futtermitteln grundlegend reduzieren. Dies ist nur ein Beispiel, ein reduzierter Ressourcenbedarf wird in vielen Innovationsbildern formuliert. Allerdings wird nicht ausgeführt, welcher Energiebedarf damit verbunden ist. Ein ähnliches Bild zeigt sich für die Nutzung von CO_2 als Rohstoff für künftige kohlenstoffbasierte Produkte: CO_2 fällt als Nebenprodukt in verschiedenen Produktionsprozessen an, diese Mengen sind jedoch im Vergleich zum Bedarf an künftigen Produkten eher gering (Billig et al. 2019). Nutzt man atmosphärisches CO_2 um z. B. Kunststoffe herzustellen, ist eine erhebliche Entlastung der biogenen Rohstoffbasis gegeben, jedoch ist dafür der Energieaufwand erheblich: Würde man z. B. Kunststoffe künftig aus CO_2 herstellen, ginge das – so die Berechnungen der RWTH Aachen – mit einer Erhöhung des weltweiten Strombedarfs von 26 auf 44 PWh einher (Plasticker 2019).

Neue Systeme: Der entscheidende neue Spieler ist aber die digitale Bioökonomie – die Nutzung von Wissen aus der Informationstechnologie in der Biotechnologie und umgekehrt. Die gemeinsamen Technologieansätze sind verfügbar und werden außerhalb von Europa deutlich nachdrücklicher verfolgt. Aus der Vergangenheit wissen wir, dass mit solchen grundlegenden Neuerungen häufig auch grundlegende gesellschaftliche Veränderungen verbunden waren: So bringen Historiker den Buchdruck mit der Reformation und die Dampfmaschine mit der Entwicklung der kommunistischen Idee in Verbindung. Grundlegende gesellschaftliche Veränderungen, hervorgerufen durch die Verschmelzung von Bio- und Informationstechnologie, sind daher nicht unwahrscheinlich. Sie werden bisher allerdings nur vereinzelt diskutiert (Harari 2018). Und sie lassen sich vielleicht auch mit unserem Erfahrungswissen nur begrenzt abschätzen. Um Prozesse und Institutionen, die diese grundlegenden Innovationen gesellschaftlich bändigen, wird gegenwärtig in verschiedenen Foren gerungen (Rechtsdepesche 2017; BfR 2019; BÖR 2018). Was jedoch in groben Zügen ableitbar ist, sind die Wirkungen der Innovationen auf den Energiebedarf: Es gibt klare Hinweise, dass der Energiebedarf einer solchen Technologiefusion erheblich sein dürfte. Den aktuellen Energiebedarf der Rechner der Firma Bitcoin schätzen Experten der TUM auf etwa 45,8 Bio. Wh im Jahr 2018, was etwa dem Stromverbrauch von Bangladesch entspricht (BUND 2019). Dies führt der Studie zufolge zu einem jährlichen Ausstoß von 22 bis 22,9 Mio. t CO_2. Vergleichbare Abschätzungen zu den Auswirkungen der Konvergenz aus Bioökonomie und Digitalisierung werden aktuell jedoch nicht thematisiert.

Der Klimawandel stellt eine weitere Unbekannte im System Bioökonomie dar. Werden die internationalen Klimaschutzmaßnahmen nicht intensiviert, könnte der globale durchschnittliche Temperaturanstieg schon kurz nach 2060 2 °C erreichen. Während in den Teilbereichen der Bioökonomie Vorstellungen beschrieben sind, wie bioökonomische Innovationen zur Verlangsamung und Abmilderung des Klimawandels beitragen können, sind die Wirkungen des Klimawandels auf die Bioökonomie weit unklarer: Für die Ökosysteme (und ihre biologische Vielfalt) auf der ganzen Welt sowie für die Landwirtschaft hat die Erderwärmung über 2 °C verheerende Folgen: immer häufigere, extreme Wetterereignisse und zunehmenden Niederschlägen sowie verstärkt extreme Hitzewellen und Dürren. Erhebliche Ernteverluste, die Verbreitung von Krankheiten und die Beschädigung von Infrastrukturen wären (und sind bereits jetzt) zu erwarten. Am stärksten betroffen werden Branchen wie Land- und Forstwirtschaft, Energie und Tourismus sein, für die bestimmte Temperatur- und Niederschlagsniveaus besonders wichtig sind (IPCC 2019).

Die weltweite Biodiversitätsverlustrate ist bereits jetzt mindestens zehn- bis einhundertmal höher als im Durchschnitt der letzten 10 Mio. Jahre – und weiter zunehmend: Maßgeblich durch den Einfluss des Menschen sind ca. 25 % der Arten in den meisten Tier- und Pflanzengruppen, also bis zu 1 Mio. Arten, bereits vom Aussterben bedroht. Wie das Aussterben selbst schreitet auch die potenzielle Gefährdung immer schneller voran: Das Aussterberisiko in den am besten untersuchten Organismengruppen war in den letzten 40 Jahren am größten. Dieses Risiko wird viele Arten innerhalb der nächsten Jahrzehnte betreffen – es sei denn, es werden Maßnahmen ergriffen, um die Intensität der Treiber zu verringern, die für den Verlust der biologischen Vielfalt verantwortlich sind (IPBES 2019). Der Biodiversitätsverlust hat unmittelbare Folgen für die Menschen. Biodiversität und intakte Lebensräume sind eine unverzichtbare Grundlage für gesunde, funktionierende Ökosysteme. Ist deren Funktion durch einen Biodiversitätsverlust stark eingeschränkt oder nicht mehr gegeben, hat dies bspw. negative Auswirkungen auf die Wasser- und Luftqualität, die Ernährungssicherheit, eine gesicherte Energieversorgung und damit letztlich auf die menschliche Gesundheit und damit unsere Existenzgrundlage (ebd.). Ob die Bioökonomie dazu beitragen kann, einen fortschreitendend weltweiten Artenverlust weiter zu verschärfen oder abzufedern, ist derzeit noch nicht absehbar. Eine Folgeabschätzung des Biodiversitätsverlustes auf die Bioökonomie sowie Untersuchungen zu den Einflüssen der Bioökonomie auf die Biodiversität stehen noch aus.

Die neuen Spieler bringen große Ungewissheiten. Aktuell werden sie nur unzureichend betrachtet. Unter anderem ist ein zusätzlicher Energiebedarf zu erwarten. Das System Bioökonomie hängt aber nicht nur von diesem sondern auch von den weiteren neuen Einflussfaktoren umfassend ab. Das Systemverständnis sollte auf diese Aspekte erweitert werden. Es besteht Forschungsbedarf, die neuen Einflussfaktoren in ihrer Bandbreite beschreibbar und damit ihre Auswirkungen abschätzen zu können.

25.8 Aussicht auf das System Bioökonomie in Deutschland

Die systemische Sicht auf die Bioökonomie ist in Deutschland in den vergangenen Jahren auf verschiedenen Ebenen gereift: Die Teilsysteme der Bioökonomie haben sich in informellen und formellen „Bioökonomiezirkeln" aufgestellt, die Akteure investieren in regionale und intersektorale Vernetzung, um neue Innovationen zu ermöglichen und die unterstützenden Systeme haben die Gestaltung der Bioökonomie auf die Agenda gesetzt.

Das Versprechen von Innovation zur Effizienzerhöhung und Produktverbesserung ist konkret. Spezifische Ressourcen- und Klimagaseinsparungen können in allen Teilbereichen der Bioökonomie erwartet werden. Der aktuelle Markt unterstützt diese Ideen nur unzureichend: Niedrige Preise für fossile Rohstoffe, ein vielfach nicht auf Bioökonomieprodukte und -dienstleistungen abgestimmter Rechtsrahmen und eine diffuse Konsumentennachfrage konzentrieren die Innovationen bisher in Nischenanwendungen mit geringen Produktvolumen (z. B. in den Bereichen Pharma-, Lebens- und Futtermittelzusätze und Hautpflegeprodukte). Auf den intendierten Rohstoffwandel hat die Bioökonomie damit derzeit noch keinen großen Einfluss. Nicht nur Forschung und Entwicklung, sondern auch angepasste Finanzierungs- und Marktmechanismen sind nötig, um die Wettbewerbsfähigkeit bioökonomischer Produkte zu steigern und die damit verbundenen Ressourcenentlastungen in den Produkten und Dienstleistungen zu realisieren.

Jenseits der Teilsysteme ist die Aussicht auf den Erhalt der natürlichen Ressourcen allerdings programmatisch: Die Beiträge zum Klimaschutz und Artenschutz werden als zentral beschrieben, sollen jedoch vor allem durch „mehr aus derselben Basis" erreicht werden. Wenn sich die Wettbewerbsfähigkeit von Bioökonomieprodukten angesichts der Notwendigkeit, Klimagase einzusparen, ändert, dürfte sich daraus ein zentraler Zielkonflikt ergeben, der weit über das deutsche Bioökonomiesystem hinausgeht: Klimaschutz erfordert die schnelle und umfassende Schließung der Kohlenstoffkreisläufe. Und: Der Kohlenstoff, der nicht aus biobasierten Quellen bereitgestellt wird, muss künftig mit energieaufwendigen Verfahren gewonnen werden. Unter diesen Prämissen gibt es keine konkreten Vorstellungen, wie die Teilbereiche zusammenwachsen können.

Zukunftsbilder der Bioökonomie sind daher schwierig, aber dringend nötig, um der Bioökonomie aus der aktuellen „Übergangsphase" zu helfen. Das gewachsene Systemverständnis der Akteure in den Teilbereichen der Bioökonomie und den rahmengebenden Systemen bildet eine gute Basis für eine notwendige gesellschaftliche Debatte über eine erforderliche Transformation von Wirtschaft und Gesellschaft, aus der heraus ein gemeinsames Zielbild formuliert werden kann. Dabei werden folgende Elemente zentral zu berücksichtigen sein, die jenseits unserer bisherigen Erfahrungen liegen, aber darüber entscheiden werden, wie nachhaltig das System Bioökonomie ist: Zum einen wird die Konvergenz von Informationstechnologie und Biotechnologie das Potenzial zu grundlegenden Umwälzungen haben, zum anderen ist die Notwendigkeit zur Begrenzung des Verbrauchs alternativlos.

Und so steht hinter allen Überlegungen eines Systems Bioökonomie möglicherweise die grundlegende, bisher wenig beachtete Frage: Ist Bescheidenheit ein auseichend starkes biologisches Prinzip, dass es eine Bioökonomie antreiben kann?

Literatur

Adria, O., & Bethge, J. (2013). The overall worldwide saving potential from domestic cooking stoves and ovens. bigEE. ▶ http://www.bigee.net/media/filer_public/2014/03/17/appliance__residential_cookingstoves__worldwide_potential__20140220__8.pdf. Zugegriffen: 11. Okt. 2019.

BfR (Bundesinstitut für Risikobewertung). (2019). BfR-Verbraucherkonferenz Genome Editing. ▶ https://www.bfr.bund.de/de/verbraucherkonferenz_genome_editing.html. Zugegriffen: 20. Jan. 2020.

Billig, E., Decker, M., Benzinger, W., Ketelsen, F., Pfeifer, P., Peters, R., Stolten, D., & Thrän, D. (2019). Non-fossil CO_2 recycling – The technical potential for the present and future utilization for fuels in Germany. *Journal of CO_2 Utilization*. ▶ https://doi.org/10.1016/j.jcou.2019.01.012.

BMWi (Bundesministerium für Wirtschaft und Energie). (2018). Primärenergieverbrauch in Deutschland 2017. ▶ https://www.bmwi.de/Redaktion/DE/Infografiken/Energie/Energiedaten/Energiegewinnung-und-Energieverbrauch/energiedaten-energiegewinnung-verbrauch-03.html. Zugegriffen: 11. Okt. 2019.

BÖR (Bioökonomierat). (2018). Genome editing: Call for new EU legislation. Germany and EU should help to shape bio-innovations. ▶ https://biooekonomierat.de/en/news/genome-editing/. Zugegriffen: 20. Jan. 2020.

BUND Regionalverband Südlicher Oberrhein. (2019). Bitcoin Kritik! Energieverbrauch, Stromverbrauch, Umweltzerstörung, Klimawandel, Betrug, Verluste & Gier. ▶ http://www.bund-rvso.de/bitcoin-strom-energie-verbrauch-umwelt-gier.html. Zugegriffen: 11. Okt. 2019.

Campogeno. (2016). Wie wir unsere Ressourcen verschwenden. ▶ https://campogeno.wordpress.com/2016/05/29/wie-wir-unsere-ressourcen-verschwenden/. Zugegriffen: 11. Okt. 2019.

DGE (Deutsche Gesellschaft für Ernährung). (2017). Vollwertig essen und trinken nach den 10 Regeln der DGE. ▶ https://www.dge.de/fileadmin/public/doc/fm/10-Regeln-der-DGE.pdf. Zugegriffen: 11. Okt. 2019.

FAO (Food and Agriculture Organization of the United Nations). (2009). Global demand for wood products. State of the World's Forests. ▶ http://www.fao.org/3/i0350e/i0350e02a.pdf. Zugegriffen: 11. Okt. 2019.

Harari, Y. N. (2018). *21 Lektionen für das 21. Jahrhundert*. München: Beck.

Hildebrandt, J., Hagemann, N., & Thrän, D. (2017). The contribution of wood-based construction materials for leveraging a low carbon building sector in europe. *Sustainable Cities and Societies*. ▶ https://doi.org/10.1016/j.scs.2017.06.013.

IPBES (Intergovernmental Platform on Biodiversity and Ecosystem Services). (2019). Summary for policymakers of the global assessment report on biodiversity and ecosystem services of the Intergovernmental Science-Policy Platform on Biodiversity and Ecosystem Services. ▶ https://www.ipbes.net/sites/default/files/downloads/spm_unedited_advance_for_posting_htn.pdf. Zugegriffen: 11. Okt. 2019.

IPCC (Intergovernmental Panel on Climate Change). (2019). Summary for policymakers. In V. Masson-Delmotte, P. Zhai, H.-O. Pörtner, D. Roberts, J. Skea, P. R. Shukla, A. Pirani, W. Moufouma-Okia, C. Péan, R. Pidcock, S. Connors, J. B. R. Matthews, Y. Chen, X. Zhou, M. I. Gomis, E. Lonnoy, T. Maycock, M. Tignor, & T. Waterfield (Hrsg.), *Global warming of 1.5°C. An IPCC Special Report on the impacts of global warming of 1.5°C above pre-industrial levels and related global greenhouse gas emission pathways, in the context of strengthening the global response to the threat of climate change, sustainable development, and efforts to eradicate poverty* (S. 3–24). ▶ https://www.ipcc.ch/site/assets/uploads/sites/2/2019/06/SR15_Full_Report_Low_Res.pdf. Zugegriffen: 11. Okt. 2019.

Kaltschmitt, M., Hartmann, M., & Hofbauer, H. (Hrsg.). (2009). *Energie aus Biomasse: Grundlagen, Techniken und Verfahren*. Berlin: Springer.

Le Page, M. (2019). Greening the chemical industry requires massive amount of renewables. NewScientist. ▶ https://www.newscientist.com/article/2202691-greening-the-chemical-industry-requires-massive-amount-of-renewables/. Zugegriffen: 11. Okt. 2019.

M'Barek, R., Calikowski, T., Lier, M., Kovacs, B., Ronzon, T., Martti, A., Iost, S., Kwant, K., Lansac, R., Dollet, E., Jurga, P., Parisi, C., & Spekreijse, J. (2018). Getting (some) numbers right – Derived economic indicators for the bioeconomy. *European Commission*. ▶ https://doi.org/10.2760/2037.

Nijuis, M. (2017). Three billion people cook over open fires – With deadly consequences. National Geographic. ▶ https://www.nationalgeographic.com/photography/proof/2017/07/guatemala-cook-stoves/. Zugegriffen: 11. Okt. 2019.

Plasticker. (2019). RWTH Aachen: Ist CO_2 das neue Erdöl? – Studie zu einem geschlossenen Kohlenstoffkreislauf für die chemische Industrie. ▶ https://plasticker.de/Kunststoff_News_34981_RWTH_Aachen_Ist_CO2_das_neue_Erdoel___Studie_zu_einem_geschlossenen_Kohlenstoffkreislauf_fuer_die_chemische_Industrie. Zugegriffen: 11. Okt. 2019.

Proplanta. (2018). Größter Teil der Getreideernte geht in den Futtertrog. ▶ https://www.proplanta.de/Agrar-Nachrichten/Pflanze/Groesster-Teil-der-Getreideernte-geht-in-den-Futtertrog_article1514903567.html. Zugegriffen: 11. Okt. 2019.

Rechtsdepesche. (2017). Debatte zu Genome-Editing. ▶ https://www.rechtsdepesche.de/ethikrat-fordert-debatte-zu-genome-editing/. Zugegriffen: 20. Jan. 2020.

Recyclingportal. (2016). Produktionskapazitäten für Biokunststoffe steigen global trotz niedrigem Ölpreis. ▶ https://recyclingportal.eu/Archive/28041. Zugegriffen: 11. Okt. 2019.

REN 21. (2019). Renewable 2019. Global Status Report. ▶ https://www.ren21.net/wp-content/uploads/2019/05/gsr_2019_full_report_en.pdf. Zugegriffen: 11. Okt. 2019.

Ritchie, H., & Roser, M. (2017). Meat and dairy production. Our World in Data. ▶ https://ourworldindata.org/meat-production. Zugegriffen: 11. Okt. 2019.

Rodgers, L. (2018). Climate change: The massive CO_2 emitter you may not know about. ▶ https://www.bbc.com/news/science-environment-46455844. Zugegriffen: 11. Okt. 2019.

Statista. (2019). Weltweite und europäische Produktionsmenge von Kunststoff in den Jahren von 1950 bis 2017 (in Millionen Tonnen). ▶ https://de.statista.com/statistik/daten/studie/167099/umfrage/weltproduktion-von-kunststoff-seit-1950/. Zugegriffen: 11. Okt. 2019.

Thrän, D. (2015). Introduction. In D. Thrän (Hrsg.), *Smart bioenergy: Technologies and concepts for a more flexible bioenergy provision in future energy systems* (S. 1–9). Cham: Springer.

Thrän, D., Lauer, M., Dotzauer, M., Kalcher, J., Oehmichen, K., Majer, S., Millinger, M., Jordan, M. (2019). Techno-ökonomische Analyse und Transformationspfade des energetischen Biomassepotentials (TATBIO). Endbericht. Deutsches Biomasseforschungszentrum. ▶ https://www.ufz.de/export/data/2/231891_technooekonomische-analyse-und-transformationspfade-des-energetischen-biomassepotentials(1).pdf. Zugegriffen: 11. Okt. 2019.

Prof. Dr.-Ing. Daniela Thrän

(geb. 1968) studierte Technischen Umweltschutz an der Universität Berlin und promovierte an der Bauhaus Universität Weimar. Sie erforscht, wie Biomasse möglichst nachhaltig erzeugt und verwertet werden kann. Seit 2003 ist sie Bereichsleiterin Bioenergiesysteme am Deutschen Biomasseforschungszentrum in Leipzig. Seit 2011 leitet sie das Department Bioenergie am Helmholtz-Zentrum für Umweltforschung (UFZ) in Leipzig und hat seitdem den Lehrstuhl Bioenergiesysteme an der Universität Leipzig inne. Ihre Expertise zur nachhaltigen Nutzung und Produktion von Biomasse bringt sie in zahlreiche Gremien ein. Sie leitet Forschungsprojekte im Bereich Bioenergie, Bioökonomie und Raumwirkungen der erneuerbaren Energien und hat u. a. das Smart-Bioenergy-Konzept entwickelt.

Urs Moesenfechtel
(geb. 1978) studierte von 1998 bis 2005 an den Universitäten Köln und Leipzig Germanistik, Erwachsenenpädagogik und Politikwissenschaften und ist seitdem an den Schnittstellen von Presse- und Öffentlichkeitsarbeit, Veranstaltungsorganisation und Bildungsmanagement tätig. Die Vermittlung von Umwelt- und Naturschutzthemen bildet dabei einen Schwerpunkt seiner Arbeit. Seit 2013 arbeitet er am Helmholtz-Zentrum für Umweltforschung (UFZ) und war dort bereits als Presse- und Öffentlichkeitsreferent für die Projekte „Naturkapital Deutschland (TEEB DE)", „Boden als nachhaltige Ressource für die Bioökonomie (BONARES)" sowie „Netzwerk-Forum zur Biodiversitätsforschung Deutschland (NeFo)" tätig. Ebenso arbeitet er seit 2013 am UFZ-Department Bioenergie als Wissenschaftskommunikator mit dem Schwerpunkt Bioökonomie. Dort leitete er u. a. die Kommunikationsaktivitäten im Rahmen der Begleitforschung des Spitzenclusters Bioökonomie sowie das BioökonomieInformationsBüro.

Serviceteil

D. Thrän, U. Moesenfechtel (Hrsg.), *Das System Bioökonomie*,
https://doi.org/10.1007/978-3-662-60730-5